Der
Gartenfreund

oder

Inbegriff

des Wesentlichsten aus allen Theilen

der

Gartenkunst

in alphabetischer Ordnung herausgegeben

von

G. F. Ideler

Prediger zu Bentwisch in der Priegnitz.

Fünfter Band.

Mit 3 Kupfern.

Von *Malu's* bis *Oxys.*

Berlin, 1805.

In der Buchhandlung des Königl. Preußischen Geh. Commerzien=Raths Pauli.

Nachweisung der Figuren.

M. M.

Malum, die Frucht des Apfelbaums, ein Apfel, s. den Art. Apfelbaum. Es wird aber dieser Name auch noch manchen andern Früchten beygelegt, die in ihrer äußern Form einige Aehnlichkeit mit einem Apfel haben. Daher:

Malum Adami oder Assyricum, der Adams- oder Paradies-Apfel eine Art Lumien, s. Art. Limonienbaum, Th. II, S. 479.; auch Adamsapfel, Th. I. 111.

Malum oder Pomum amoris, Liebesapfel, die Frucht des Solanum Lycopersicum Linn., s. unter Nachtschatten.

Malum Armeniacum, die Apricose, s. Armeniaca Th. I. S. 407.

Malum Assyricum, s. Malum Adami.

Malum aurantium, auratum, aureum, die Pomeranze, s. Aurantium Th. I, pag. 407.

Malum aureum ist entweder das eben genannte Malum aurantium, oder auch so viel als Malum amoris.

Malum citreum, auch citrium und citraeum, s. Citrone Th. II, pag. 479.

Malum cotoneum oder cydoneum, die Frucht von Pyrus Cydonia L., s. Quitte.

Malum granatum, die Frucht des Granatbaum, Punica Granatum Linn., s. Th. III, 333.

Malum hespericum, die Frucht des Citronenbaums oder auch überhaupt der Orangen-Bäume.

Malum hortense, die Frucht von einem veredelten Apfelbaume, zum Unterschiede von den wilden Aepfeln.

Malum insanum, s. Malum melanzanum.

Malum Medicum, s. Citrone, Th. II, pag. 479.

Malum melanzanum, die Frucht des Solanum Melongena Linn., s. Eyerpflanze, Th. II, 678.

Malum Persicum, die Frucht des Pfirsichbaums; Amygdalus Persica Linn., s. Pfirsche.

Malum Punicum, s. Malum granatum Th. III, pag. 333.

Malum Sinicum, Sinense, s. Apfelsine im Art. Aurantium Th. I. 407.

Malum sylvestre, im Gegensatz von Malum hortense, ein Holzapfel.

Malus, der Apfelbaum, muß hier unter seinem lateinischen Namen abgehandelt werden, weil er nach der anfänglichen Einrichtung der Encyklopädie des sel. D. Krünitz im Buchstaben A übergangen worden ist. Er hatte anfänglich den Plan, alle Gewächse unter ihren Linnéisch-botanischen Namen abzuhandeln, und es wäre zu wünschen gewesen, daß er diesem Plane durchaus gefolgt wäre, da in den teutschen Namen so viele Verwirrung herrscht. Mit dem dritten Bande änderte er jedoch seine Meinung hierin, und von da her-

her gab er den teutschen Namen den Vorzug, und daher ist die Birne mit ihren verschiedenen Spielarten schon im II. Bande des G. F. beschrieben. Nach botanischen Grundsätzen gehört der Apfelbaum, wegen seiner großen Aehnlichkeit im Bau der Blüte, mit dem Birnbaume unter eine Gattung (Genus), und v. Linné vereinigt beyde unter dem Namen Pyrus, wozu er noch den Quittenbaum (Pyrus Cydonia) rechnet. Die neuern Botaniker gehen noch weiter und vereinigen auch die Gattungen Mespilus (Mispel), Crataegus (Weisdorn) und Sorbus (Eberesche) mit der Gattung Pyrus. Ich werde hier der einmal angenommenen Einrichtung folgen und Mispel und Weisdorn unter diesen Namen beschreiben, so wie vom Sorbus schon unter Eberesche Th. II, p. 553 das nöthige beygebracht ist.

Die allgemeinen Gattungs-Kennzeichen und die Classification im System sind schon unter dem Artikel Birn Th. II, pag. 109 in der Anmerkung beygebracht, wohin ich den Leser also verweise.

Die Fruchtart, von welcher hier eigentlich unter dem Namen Malus gehandelt werden soll, ist so allgemein bekannt und geschätzt, daß es überflüssig seyn würde, erst auf dieselbe näher hinzuweisen. Aber außer dem eigentlichen Apfel, Pyrus Malus, giebt es noch verschiedene Arten, die mit zu dieser Gattung gehören, und von welchen ich vorher das Nöthige beybringen will, ehe ich von dem eigentlichen Apfelbaum und dessen Abänderungen rede. Und also

1. Pyrus (spectabilis) umbellis sessilibus, foliis ovali-oblongis serratis laevibus, ungui-

bus calyce longioribus, stylis basi lanatis. *Linn.* Spec. plant. edit. *Willdenow*. II. pag. 1018. Willd. berl. W. Baumz. 263. Die prächtige Birne. Sie ist in China zu Hause, und macht einen dauerhaften Baum, der unser Klima in einem beschützten Standorte sehr gut verträgt. Die Blätter stehen wechselsweise, sind gestielt elliptisch, und länglich, an beyden Enden etwas schmaler, am Rande einfach scharf gesägt, auf beyden Seiten glatt, drittehalb Zoll lang, einen Zoll breit. In der Jugend sind die Blätter auf der Unterseite, auf der Mittelrippe, und an der Basis mit kurzen, weißlichen, weichen Haaren bedeckt. Der Blattstiel ist einen halben Zoll lang, glatt, und in der Jugend haarig. Die Blumen kommen im May, an der Spitze der Zweige, in einer einfachen Dolde, sind röthlich weiß, und von der Größe der Apfelblumen, einige Staubfäden sind in Blumenblätter verwandelt, daher ist sie halb gefüllt. Die Blumenstiele sind $1\frac{1}{2}$ bis 2 Zoll lang, etwas haarig; der Kelch ist äußerlich glatt, die Einschnitte desselben sind innerhalb mit feinen weißen Härchen überzogen. Die Blumenblätter haben an ihrer Basis eine verlängerte Spitze, die länger als der Kelcheinschnitt ist; die 5 Griffel sind an der Basis haarig. Die Frucht ist ein kleiner eßbarer Apfel.

Die Vermehrung geschieht durch Saamen, auch **Pfropfen** und **Oculiren** auf andern Kernobststämmen. — Diese Obstart, die sich durch ihre schönen zahlreichen Blumen vor andern auszeichnet, verdiente mehr angepflanzt zu werden, da sie unser Klima so gut erträgt.

2. Pyrus (prunifolia) umbellis sessilibus, pedunculis pubescentibus, stylis basi lanatis,

tis, foliis ovatis acuminatis. *Linn.* Spec. plant. ed. *Willd.* II. 1018. *Willdenow* berl. Baumz. 264. **Pflaumenblättrige Birne**, wächst in Sibirien, und wird ein Baum von mittl. Größe, der sehr ästig ist. Die Zweige sind braun, rund und gestreift. Die Blätter stehen wechselsweise, sind langgestielt, eyförmig, lang zugespitzt, am Rande einfach, ziemlich gleich gesäget, auf der Oberfläche glatt, dunkelgrün, auf der Unterseite blaßgrün, glatt, nur an den Adern sparsam behaart. Sie sind viertehalb Zoll lang, und 2 breit. Der Blattstiel ist über 1 Zoll lang, sehr fein weißlich behaart. Die Blumen kommen im May, an den Spitzen und Seiten der Zweige, in sitzenden, fünf bis sechsblumigen, einfachen Dolden. Die Blumenstiele sind anderthalb Zoll lang, fein weiß behaart; auch der Kelch ist fein weiß behaart. Die Blumenkrone ist groß und weiß. Die Spitze an der Basis der Blumenblätter ist verlängert, aber kürzer als die Kelcheinschnitte. Fünf Griffel sind länger als die Staubfäden, an der Basis dick, weißwollig. Die Frucht ist ein kleiner, runder, gelber, rothbäckiger, herber Apfel von der Größe einer Wallnuß, der an der Spitze mit dem stehen gebliebenen Kelch versehen ist.

Die Vermehrung geschieht, so wie bey der vorhergehenden Art, theils durch Saamen, theils durch Veredlung auf andere Kernstämme.

3. Pyrus (baccata) foliis aequaliter serrulatis, pedunculis confertis, pomis baccatis, calycibus deciduis *Linn.* Spec. plant. edit. *Willd.* II. pag. 1018. **Willd. berl. Baumz.** 264. **Beerentragende Birne**, wächst in Sibirien und wird ein hoher Strauch, dessen Rinde

scharf,

scharf, rissig, und graubraun ist. Die Blätter stehen wechselsweise, sind gestielt, eyförmig, lanzettförmig zugespitzt, am Rande gleichförmig einfach gesäat, auf beyden Seiten glatt, auf der obern dunkel, auf der untern blaßgrün, über 2 Zoll lang und fünfviertel Zoll breit. Der Blattstiel ist glatt, und fast einen Zoll lang.

Die grossen weissen Blumen kommen im May aus den Seitenknoepen, in drey- bis sechsblumigen, einfachen, sitzenden Dolden. Der Blumenstiel ist an zwey Zoll lang, der Kelch etwas behaart, die Blumenblätter an der Basis mit einer sehr kurzen verlängerten Spitze. Die Frucht ist gelb, rothbäckig, halb so groß, als bey der vorigen Art, und hat an der Spitze keinen Kelch. Dieser fällt gleich nach dem Verblühen ab.

4. Pyrus (coronaria) foliis serrato-angulatis, umbellis pedunculatis *Linn.* Spec. plant. edit. *Willd.* II. pag. 1019. Pfl. Syst. I. 790. *Mill.* dict. n. 2. du Roi Harbk. w. Baumz. II. 229. Willd. berl. w. Bz. pag. 265. Lueder b. p. Lustgärt. II. p. 566. n. 6. **Wohlriechende Birne oder Virginischer Apfelbaum.** Sein Vaterland zeigt der Name. Er wird ein ziemlich hoher Baum. Die Zweige sind braun und rund. Die Blätter stehen wechselsweise, sind gestielt, länglich eyförmig, stumpf zugespitzt, an der Basis schwach herzförmig, am Rande auf jeder Seite drey bis viermal eingeschnitten, und weitläuftig stumpf gezähnt, zwey und einen halben bis 3 Zoll lang, $1\frac{1}{4}$ bis 2 Zoll an der Basis breit, auf der Oberfläche vollkommen glatt, auf der untern Seite an den Adern in der Jugend weißhaarig. Die Blattstiele sind fünfvierthel Zoll lang und ebenfalls in

der

der Jugend weißhaarig. Die Blumen kommen am Ende des May, an der Spitze der Zweige in 5 — 6 blumigen Doldentrauben. Die Blumenstiele und der Kelch sind glatt. Die Einschnitte des Kelchs sind spitz lanzettförmig, außerhalb glatt, auf der innern Seite mit weißer Wolle überzogen. Die Blumenkrone ist kleiner als bey der gewöhnlichen Apfelblüte, blaß rosenroth, und hat einen sehr angenehmen Geruch. Die 5 Griffel sind glatt. Die Frucht ist klein, gelb und roth, von saurem herben Geschmack.

Er wird, so wie alle die vorhergehenden Arten, entweder aus dem Saamen, oder durch Veredlung auf andere Apfelstämmchen fortgepflanzt.

5. Pyrus (dioica) foliis ovalibus serratis, floribus solitaribus dioicis petalis linearibus logitudine calycis. *Linn.* Spec. plant. edit. *Willd.* II. 1018. **Willd. berl. w. Baumz.** p. 162. **Grünblühende Birne.** — Das Vaterland ist unbekannt. Ein mäßiger Baum, der sehr dauerhaft ist. Die Zweige haben eine braune gestreifte Rinde, die jungen Zweige sind mit einer feinen Wolle überzogen. Die Blätter stehen wechselsweise, sind gestielt, länglicht, eyförmig, stark zugespitzt, am Rande doppelt gesägt, auf der Oberfläche dunkelgrün, auf der untern mit einem dünnen feinen weißen Filze überzogen, drey Zoll lang, und 2 breit. Der Blattstiel ist fein weißhaarig, über 1 Zoll lang. Man kann diese Blätter kaum von den gewöhnlichen Apfelblättern unterscheiden, sie sind nur etwas mehr länglich, und nicht so stark eyförmig. Die Blumen kommen im May auf einzelnen weißhaarigen Blumenstielen, die einblumig sind, und an der Spitze der jungen Triebe einzeln zwischen

schen den Blättern stehen, so, daß sie eine kleine Dolde zu bilden scheinen. Der Kelch ist an allen seinen Theilen mit einem weißlichen Filze überzogen. Die Blumenblätter sind schmal, und nur so breit und lang als die Kelcheinschnitte, gelblich grün, linienförmig. Die Frucht ist ein kleiner rothbäckiger Apfel.

Mit diesem grünblühenden Apfelbaum muß man aber den sogenannten *Feigenapfel*, Franz. Pommy figue, Engl. Fig Apple nicht verwechseln. Dies ist keine besondere Art, sondern eine bloße Spielart des gewöhnlichen Apfels (Pyrus Malus) die das Eigene hat, daß ihre Blüte aus Mangel an Blumenblättern nicht ins Auge fällt. Daher glaubte man sonst, daß der Baum, den Feigenbäumen gleich ohne Blüte, wenigstens ohne sichtbare Blüte, Früchte trage, und gab ihm deswegen den Namen *Feigenapfel*. Es beruht dies aber blos auf Mangel sorgfältiger Beobachtungen, weil die Blüte nur so schwach in die Augen fällt, und von sehr kurzer Dauer ist. Denn es sind auf dem Fruchtknoten oder auf der ersten Grundlage zur Frucht, alle Theile der Blume, 5 kleine grüne Kelchblättchen nicht ausgenommen, anzutreffen. Die Frucht bleibt meistens grün, ist von mittler Größe und gehört zu den plattrunden. Das Fleisch ist zart und weiß, und hat einen angenehmen süßschmeckenden Saft, daß sich also der Apfel recht gut essen läßt; und da er im Anfange des Augusts reift, und zu den ersten Aepfeln des Jahres gehört, so kann er auch wohl zur Abwechselung auf die Tafel gebracht werden. Er wird besonders wegen der Sonderbarkeit seiner Blüte gesucht, und auf gewöhnliche Apfelstämme veredelt.

Alle diese 5 Arten der Gattung Pyrus L. sind mehr des Vergnügens und der Seltenheit wegen merkwürdig. Auch können sie allerdings dazu dienen, die Mannigfaltigkeit in unsern Anlagen und Lustgebüschen zu vermehren, weil sie in mancherley Betracht nicht ohne eigenthümliche Schönheiten sind. In Ansehung eines reellen Nutzens kommen sie aber den eigentlichen Apfelsorten nicht bey. Ich wende mich jetzt zur nähern Beschreibung derselben.

Es ist viel darüber gestritten worden, woher die zahllosen Arten, zum Theil so äußerst schätzbarer Apfelsorten entstanden sind, und welche Art man als die Stammart oder den Vater aller übrigen annehmen müsse. Viele nehmen unbedingt den wilden, sauren Holzapfelbaum Pyrus Malus sylvestris, (von dem ich sogleich mehr sagen werde) dafür an, da im Gegentheil andere dies leugnen, indem sie den Unterschied zwischen den Früchten desselben und zwischen den zum Thei so äußerst delikaten Früchten des Gartenapfelbaums zu groß finden und sich deswegen gedrungen fühlen, schon mehrere ursprüngliche gute Apfelsorten anzunehmen, von welchen dann die übrigen entstanden wären. Ich will hier des sonderbaren Schlusses nicht weiter gedenken, daß Eva im Paradiese durch die schlechte unschmackhafte Frucht des wilden Apfelbaums wohl schwerlich habe lüstern gemacht werden können, und daß sie, wenn sie dieselbe gekostet, ihrem Manne nicht würde davon angeboten haben. Ich bin völlig überzeugt, daß der Holzapfelbaum der Stammvater aller übrigen Apfelsorten sey Und zwar aus folgenden Gründen:

1.

1. Widerspricht dieser Behauptung die Analogie anderer Gewächse keinesweges. Alle unsere schätzbaren Kohlarten, den Blumenkohl nicht ausgenommen, stammen ursprünglich von einer einzigen Art, nämlich von Brassica oleracea *Linn.*, der ursprünglich in Großbritanien an den Seeufern wild wächst, ab, und seine Abkömmlinge sind zum Theil so sehr von ihm verschieden, daß es fast unmöglich fällt, die ursprüngliche Art in ihnen wieder zu erkennen. Eben so ist es nicht nur mit mehrern Gewächsen des Küchengartens, sondern vorzüglich auch im Blumengarten, wo das äußerst mannigfaltige Farbenspiel, und die Mannigfaltigkeit im Bau der Blumen oft nur mit Mühe auf die wildwachsende Stammart rathen läßt. Warum sollten also nicht auch die vielen Abänderungen der Äpfelsorten aus dem wilden Holzapfel durch Kultur, verändertes Klima und andere günstige Umstände haben entstehen können?

2. Wenn man die Kerne von diesen edleren Obstsorten ansäet, so gehen die jungen Stämme, die daraus erzogen werden, mehr oder weniger in ihre ursprüngliche Wildheit zurück, wie dies ihre Dornen, und wenn man sie zum Fruchttragen kommen läßt, ihre kleinen herben Früchte bestimmt genug beweisen. Durch Kultur veredelte Gewächse aber können wohl wieder ausarten, das heißt: mehr oder weniger von den Vollkommenheiten verlieren, die sie durch die Kultur erhalten hatten, — aber sie können nie schlechter werden, als die Stammart ist, aus welcher sie

sie ursprünglich entstanden waren. Wenn nun der edle Borstorfer, die Reinetten, Calwillen und mehrere andere Arten einen bessern Ursprung hätten, wie könnten ihre Saamenstammchen bis zur ursprünglichen Wildheit zurück kehren, welches doch nicht selten geschiehet.

Mich dünkt, diese 2 Gründe beweisen hinlänglich, daß alle Apfelarten von dem wilden Holzapfel abstammen. Hiemit stimmt z. B. Hirschfeld in seinem Handbuche der F. B. Zucht I. 168 überein, wenn er sagt: Der wilde Apfelbaum, der ohne Zweifel der Stammvater der Gartenapfelbäume ist, wächst überall in den Wäldern von Europa. (Er nimmt es also als eine ausgemachte Sache an, die keinem Zweifel unterworfen ist, und fährt fort:) Viele der edlen Arten von Aepfeln wurden zuerst in den Ländern bekannt, die eine frühere Kultur erhielten, wozu Bewohnung, Klima, Boden, Thätigkeit und Ausbildung des Geistes ihren gemeinschaftlichen Beytrag lieferten. So gingen schon manche feinere Aepfel, sowohl aus Africa als auch aus den entfernteren Provinzen von Asien nach Griechenland, und von da nach Italien und Gallien über.

Ganz neuerlich hat die Academie nützlicher Wissenschaften in Erfurt eine eigene Preisfrage über den Ursprung der edlen Obstarten aufgegeben, deren Beantwortungen schon eingelaufen, aber noch nicht im Druck erschienen sind. So viel man von dem Inhalte der beyden Beantwortungen, denen der Preis zuerkannt ist, und deren eine dem Hrn. Professor Willdenow in Berlin angehört, erfahren hat, so stimmen die

Hrn.

Hrn. Verfasser dahin überein, „daß man in der **Hauptsache nur eine Stammart, nämlich den Holzapfelbaum**, annehmen dürfe, und daß die vielen, noch so verschiedenen Abänderungen nur durch den Einfluß eines mildern Klimas, und sorgfältigern Behandlung und Pflege von Menschen entstanden sind. — Eine ausführlichere vorläufige Nachricht über die, auf Veranlassung dieser Preisfrage eingelaufenen Abhandlungen findet man in den Nachrichten von gelehrten Sachen, herausgegeben von der Academie nützlicher Wissenschaften zu Erfurt, 1800. 38 Stück ꝛc.

Uebrigens ist es wohl ausgemacht, daß dieser wilde Apfelbaum sich schon von Hause aus in 2 Hauptfamilien theilt, in den **wilden Apfelbaum** und **Apfelstrauch**. Die Botaniker nehmen freylich nur eine Art an:

Pyrus (Malus) umbellis sessilibus, foliis ovato - oblongis, acuminatis serratis glabris, unguibus calyce brevioribus, stylis glabris. *Linn.* Spec. Plant. edit. *Willd.* II. 1017. Aiton Kewens. 2. p. 175. **Linn. Pfl. Syst.** I. p. 787. **Willdenows berl. Baumz.** S. 261. du Roi **Harb. Baumz.** 2. p. 222. *Mill.* dict. n. 1. Fr. Pommier sauvage, Engl. Wilding Apple, Crab Apple. Er unterscheidet sich von den Gattungsverwandten (von den übrigen Arten der Gattung Pyrus) durch sitzende Blumendolden, eyförmig längliche, zugespitzte gesägte und glatte Blätter, durch Nägel der Blumenblätter, die kürzer als der Kelch sind, und durch glatte Griffel. Die Blumen sind größer als an den Birnen, erscheinen später. Die Früchte sind mehr rund, nicht nach dem Stiele zugespitzt, sondern eingedrückt. Das Kernhaus sitzt in der Linie

zwi=

zwischen dem Stiele und dem gemeiniglich verschlossenen Auge genau in der Mitte. Wenn manche Apfelarten etwas spitzig sind, so ist es nach der Blume zu, da die Birnen hingegen allemal gegen die Blume zu am spitzesten sind. Das Fleisch ist fester als in den Birnen und enthält nie Steine, auch nicht einmal um das Kernhaus her. Der Saft ist in den Aepfeln nie so reichlich als in den Birnen, hängt auch mit der übrigen Masse fester zusammen. In den Birnen ist die Süßigkeit herrschend, in den Aepfeln hingegen das Säuerliche, das mehr oder weniger mit der Süßigkeit verbunden ist, und wenn es auch ganz süße Aepfel giebt, so ist die Süßigkeit von einer ganz andern Beschaffenheit, als in den Birnen. Die Kerne sind kleiner, dicker, runder, im Geschmack bitterer, nicht so glänzend und so eckig. Die Stiele sind kürzer, ~~dünner, biegsamer,~~ als an den Birnen und gehen allezeit mitten aus der Frucht, und nie zur Seite. Auch ist das Holz des Apfelbaums nicht so hart als von den Birnbäumen; dafür ist es aber auch nicht so spröde.

Dieser wilde Apfelbaum theilt sich offenbar, wie ich schon bemerkt habe, in 2 Familien.

1. **Den wilden Apfelbaum, Sauapfel, Buschapfel, Holzstöcklingbaum, Hermelingbaum, Holzströmlingbaum, Holzströmling, Hölzchen, Hölken, Wildling, Sauerling.** Pyrus Malus sylvestris. *Linn.* Spec. Plant. edit. *Willd.* II. p. 1017. Malus sylvestris foliis ovatis serratis, caule arboreo. *Mill.* dict. n. 1. Pyrus foliis acuminatis subtus hirsutis, petiolis florigeris brevissimis. *Hall.* Hist. stirp. Helv. Tom. II. Malus sylvestris C. Bauh. Pin. 433. Fr. Pommier sau-

vage.

vage. Der Unterschied dieses wilden Apfelbaums von den veredelten Bäumen bestehet hauptsächlich darin, daß er mit langen, steifen Dornen bewaffnet ist, und daß er kleine harte Früchte trägt, die einen sehr herben zusammenziehenden Saft haben, und nicht zu genießen sind. Da viele der jungen, aus den Saamen guter Aepfelsorten erzogenen Stämmchen auch oft mit Dornen besetzt sind, so pflegt man sie auch deswegen wilde Stämme zu nennen, und sie den veredelten entgegen zu setzen.

Man findet den wilden Apfelbaum in ganz Europa. Sein Wuchs ist niedrig, seine Zweige gehen unter einander, und werden leicht mit Moos und Flechten bedeckt. In mildem fruchtbaren Boden ist sein Wuchs, ob zwar langsam, doch reiner, als in hoher, rauher Lage, in welcher die dicken dornigen Zweige verworrener durch einander wachsen, und die Stämme auch nur niedriger bleiben, anstatt daß sie unter günstigen Umständen zu ziemlich starken Bäumen erwachsen. Die Rinde junger Zweige ist grau, an den alten Aesten und Stämmen ist sie schwärzlich und geborsten. Die Blätter sind eyförmig, an der Basis rund, am Rande doppelt scharf gesägt, und mit einer kürzern Spitze, als an den wilden Birnbäumen versehen. Ihre obere Seite ist dunkelgrün, die untere Fläche ist mit einem feinen Filze überzogen; sie stehen wechselsweise, sind gestielt, und brechen im May aus. Der Blattstiel ist etwas dünne, weißlich behaart, und über ¾ Zoll lang. Die Blumen kommen im May hervor, haben einen angenehmen Geruch und eine röthliche Krone, die viel größer als die Krone der wilden Birnen ist. Die Staubfäden belaufen sich von 19—25 Stück.

Der Apfel ist klein, rund, oben breit, unten am Stiele ausgehöhlt, sehr herbe und sauer. Er wird im Herbste reif, und erhält eine gelbe Farbe.

2. **Den Paradies- oder Johannisapfelbaum**, Pyrus (Malus) paradisiaca *Linn.* Pyrus praecox dumosa, foliis serratis villosis, umbellis sessilibus, *Pallas* flor. rossic. I. p. 51. Malus pumila foliis ovatis, serratis, caule fruticoso *Mill.* dict. n. 3. Malus pumila, quae potius frutex quam arbor *C. Bauh.* pin. 433. Fr. Le pommier de St. Jean. Dieser Baum, der auch in Europa, besonders in Frankreich wildwachsend angetroffen wird, hat einen sehr niedrigen Wuchs, der sich durch alle Generationen erhält. Er gehört offenbar mehr zu den Sträuchern als zu den Bäumen, wird an seinem Stamme fast nie über 3 Zoll dick, nicht über 8 — 10 Fuß hoch, und treibt, wie alle Sträucher, beständig viele Wurzeltriebe, die aber nicht, wie die Wurzelbrut der Kernstämme, auf den stärkern Wurzeln ohne eigenthümliche Wurzeln stehen, sondern welche schon ihre eigene Wurzeln ansetzen, wenn sie kaum die Dicke einer Rabenfeder haben, wodurch sie dann auch dem Mutterstamm nicht sehr schaden, und sich sehr leicht abnehmen lassen. Als Baum selbst treibt er sehr langsam, aber seine Wurzelausläufer erreichen meistens im ersten Jahre schon eine Höhe von 3 — 4 Fuß. Auch hat er, wie die Sträucher, nur kriechende und nie Pfahlwurzeln, die nur Bäume im eigentlichen Sinne nöthig haben.

Dieser **Apfelstrauch** oder **Paradiesapfel** unterscheidet sich zu bestimmt in seinem ganzen Wesen von dem wilden Apfelbaum, daß man ihn durchaus für eine verschiedene Art annehmen muß,

so

so wenig die Botaniker bis jetzt dazu geneigt scheinen. Denn außer der großen Verschiedenheit im eigenthümlichen Wuchse dieser beyden wilden Äpfelarten, unterscheiden sie sich hauptsächlich auch darin, daß der wilde Äpfelbaum saure, herbe Früchte, der Äpfelstrauch hingegen süße, obgleich sehr fade unschmackhafte Früchte bringt, und daß die Früchte von jenem erst im Herbste, diese hingegen, besonders in dem wärmeren Frankreich, schon bald nach Johannis reifen, woher er den Namen **Johannisapfel**, pomme de St. Jean erhalten hat.

Von diesem wilden Äpfelstrauch hat man 3 Arten:

a) Der **eigentlich sogenannte Johannisapfel**, den man gewöhnlich den französischen nennt, und welcher so allgemein bekannt ist, daß jeder Gärtner ihn kennt. Auf diesen bezieht sich vorzüglich die eben gegebene Erklärung. Diese Gattung ist am Wuchs die kleinste, hat die meisten Bartwurzeln, und die Blätter sind dunkelgrüner, glänzender, stark gezahnt, kleiner und lanzettförmig.

b) **In Holland findet sich die zweyte Art**; die Wurzeln von dieser sind stärker, die Rinde der ältern mehr dem Weißdorne ähnlich, und es erzeugen sich die Wurzeln zwar auch in Büscheln, wie bey der erstern Art, jedoch einzelner, und nicht aus solchen Warzen, die auch in freyer Luft in Wurzeln auslaufen. Die Blätter haben eine hellgrüne Farbe, sind weicher im Anfühlen, von einer oval zugespitzten Form, tief gezahnt, und haben einen wellenförmigen gekräuselten Rand. Die jährigen Sommertriebe von die-

diesem sind gelblich grün, von der ersteren Gattung hingegen braunroth — Ausläufer treibt der holländische so häufig, als der französische. In Frankreich nennt man diese holländische Gattung Doucin auch Doucain und Fichet. Man bedient sich desselben hauptsächlich zu Halbstämmen, denn in einem guten Erdreiche treiben diese Stämme fast eben so stark, als die frechsten Wildlinge; jedoch mit dem Unterschiede, daß sie sehr frühzeitig fruchtbar werden.

c) Der Heckapfelbaum, Pyrus Malus frutescens, v. Münchhausens Hausvater, V. S. 247. Er heißt auch Splitapfel, in Niedersachsen Splittche. Dieser Strauch zeichnet sich durch seine starken Triebe aus der Wurzel aus, macht einen dicken Busch, aber einen schlechten Stamm.

Alle 3 Arten haben dieses gemein, daß sie frühzeitig mit eigenen Wurzeln begabte Ausläufer treiben, die stets etwas vom Stamm ab, oft aber einen Fuß breit davon aus der Erde hervorkommen. Obgleich diese Ausläufer, wenn man sie zur Unterlage bey der Veredlung der Zwergbäume gebraucht, immer wieder dergleichen Ausläufer treiben, so sind sie doch zu allen niedrigen Baumformen, und besonders die erstere Art zu den jetzt so beliebten Obstorangerie-Bäumchen unentbehrlich, weil sie niedrigen Wuchs, eingeschränktes Wurzelvermögen und eben daher frühe Fruchtbarkeit mit einander verbinden. Weiter unten in diesem Artikel und besonders im Art. Orangerie wird mehr davon vorkommen.

Als eine Seltenheit will ich hier noch einen Apfel anführen, der nicht eigentlich in das folgende Apfel-Register gehört, nemlich den **Sibirischen Eisapfel, oder durchsichtigen Apfel.** Malus fructu magno, albido, glaciato, Du Hamel arb. fruit. n. 38. Malus Sibirica Busch. Cat. 2. Fr. Pomme de Glace, Transparente. Engl. The transparente Apple. Dieser Apfel ist nach Millers Versicherung etwa in der Mitte des abgelaufenen Jahrhunderts über Petersburg in England eingeführt. Er wird wegen seiner Seltenheit, nicht aber wegen einer besondern Schönheit im Geschmacke gezogen. Der Apfel ist dick, besonders nach dem Stiele hin aufgeblasen; nach dem Auge zu läuft er aber beynahe in eine stumpfe Spitze aus. Auf alten Bäumen, oder auf Paradiesapfelstämme veredelt, wird er vorzüglich groß, so daß er über 3 Zoll im Durchmesser, und 3 Zoll in der Länge beträgt.

Der Stiel ist dick und kurz und in einer tiefen Höhle befestigt; das Auge ist klein, und stehet in einer schmalen Vertiefung, deren Rand gemeiniglich einige kleine Hügel einschließen. Die Schale ist dünn, glänzend, von hellgrüner Farbe, welche gegen die Zeit der Reife weißlich wird. Bisweilen wird sie auf der Sonnenseite gelb mit einigen kleinen lebhaften rothen Flecken, über ihre ganze Fläche aber finden sich kleine weiße Punkte. In diesem Zustande der Reife ist das Fleisch weiß und zart, und mit einem säuerlichen Safte angefüllt, der den Apfel gekocht oder gebacken angenehm macht. Allein sobald dieser bestimmte Augenblick der Reife verflossen ist, wird das Fleisch etwas zäher, ein wenig durchsichtig, grünlich, als wenn es vom Froste angegriffen wäre.

Er

Er hält sich in diesem Zustande lange Zeit ohne zu faulen, nur ist der Saft ohne Geschmack. Die Durchsichtigkeit seines Fleisches, die ihm seinen Namen gegeben, macht ihn vornämlich merkwürdig. In Liefland, woher er hauptsächlich gekommen ist, soll er auch so klar und durchsichtig seyn, daß man die Kerne in ihm liegen sehen kann. In unsern Gegenden verliert er diese Durchsichtigkeit, wie dies mehrere Erfahrung im Hollsteinschen und andern Gegenden Deutschlands und in England bezeugen. Diese Veränderung, sagt Hirschfeld (Handbuch der Fruchtb. S. I. 196) verdiente näher untersucht zu werden, so wie auch der wahrscheinliche Unterschied, der sich zwischen einem deutschen hier und da beschriebenen Eisapfel, und dem kleinen siberischen Eisapfel oder Glasapfel befinden möchte. Nach der Beschreibung die Henne davon giebt, ist er etwa 1 Zoll lang, ein Pigeon im Kleinen, von harter, feiner, ungemein glatter Schale, überall röthlich gelb, und so glänzend, als wenn er mit Wachs überzogen wäre.

Daß die so eben beschriebenen beyden Abarten des wilden Apfelbaums die Stammväter der ganzen Apfelfamilie sind, leidet wohl keinen Zweifel. Aber wie sind denn nun aus jenen schlechten ungenießbaren Früchten diese vortrefflichen und so zahlreichen Apfelarten entstanden? Alles, was man hierüber sagen kann, bleibt immer nur Muthmaßung, da es uns ganz an historischen Datis fehlt, die uns in dieser Dunkelheit leiten könnte. Nur erst zu den Zeiten Römer und Griechen finden wir einige Nachrichten,

 wie

wie die bereits vorhandenen guten Obstarten aus einem Lande in das andere sind übergetragen und verpflanzt worden; aber von ihrer Entstehung selbst, schweigt die Geschichte ganz, d. Hr. Pf. Sickler im T. O. G. B. IV. p. 97. stellt sich die Sache ungefähr so vor:

Ohne aber anzunehmen, daß der erste Obstbaum der schlechteste gewesen, (oder ich möchte lieber sagen, unter jenem milden Klima der Morgenländer, die zuerst angebauet wurden, und wo also auch wahrscheinlich der Apfelbaum zuerst seiner Wildheit entrissen wurde, waren auch ursprünglich seine Früchte milder, als er sie uns in unsern rauhen, nördlichen Himmelsstrichen liefert) kann man gar wohl glauben, daß es auch gute, zum wenigsten nach dem Geschmacke jener Menschen, die von einem bessern Genusse nichts wußten, gegeben hat. Eine schlechte Sorte, wenn sie auf einen bessern Boden kommt, erhält schon dadurch eine Verbesserung. Man siehet es schon äußerlich an dem Wuchse des Baums, der aus einem schlechtern Boden in einen bessern kommt. Die Rinde wird glatter, wenn sie vorhin rauh und bemoost war, die Aeste stärker, die Sommerschossen frecher und freudiger. Dies setzt doch auch eine Verbesserung der Holzfiebern voraus, und da am Zuflusse des Safts nun auch kein Mangel ist, sollte man da nicht auch eine bessere Frucht zu erwarten Grund haben? Man war nur anfänglich bey der Obstkultur nicht gleich auf alles aufmerksam. Von ungefähr fand jemand einen wilden Apfel von einem bessern Geschmack, als gewöhnlicher Weise die andern waren. Er zog ihn daher näher an sich, versetzte ihn an den Ort seines Aufenthalts, und gerieth damit wieder auf einen bessern Boden, weil doch die Menschen sich immer den fruchtbarsten Boden und die beste Lage zu den Oertern ihrer Wohnungen aussuchten; und siehe da, der Apfel wurde durch dies Versetzen noch besser am Geschmack. Dieses lehrte ihn den ersten Grundsatz: **die Früchte der Obstbäume werden dadurch verbessert, wenn man ihnen einen guten Boden, wenigstens einen solchen aussucht und giebt, der ihnen anständig ist.** Man dachte weiter nach und fand, daß auch Lage und Stand dazu beytrug, und dies gab der Kultur des Obstes vielleicht ihren ersten Stoß. Der Obstbaum war nun in die Gesellschaft der Menschen versetzt, und nicht mehr den Wüsten überlassen; es wurde daher alles bemerkt, was an ihm vorging, und Nachdenken und Zufall lehrte seine zweckmäßigste Behandlung immer bestimmter. Ein Zufall lehrte das Aufeinandersetzen der Sorten, oder das Pfropfen, und da auch noch die Erfahrung gemacht worden war, daß durch das Begatten der Blüten neue Obstsorten entstehen könnten, so kam die Obstpflege endlich auf denjenigen Grad der Höhe, auf welchen wir sie jetzt sehen.

Daß überhaupt die edlern Arten von Aepfeln zuerst in den Ländern bekannt wurden, die eine frühere Kultur erhielten, wozu Bewohnung, Klima, Boden, Thätigkeit und Ausbildung des Geistes ihren gemeinschaftlichen Beytrag lieferten, ist selbst historisch gewiß. So gingen schon manche feinere Aepfel sowohl aus Africa, als auch aus den entfernten Provinzen von Asien nach Griechenland, und von da nach Italien und Gallien über. Verschiedene Apfelnamen, die bey Columella und Plinius vorkommen, zeigen theils das

Vater=

Vaterland, theils die Personen an, durch welche sie zuerst bey den Römern eingeführt worden. Sie kamen aus Umbrien, Syrien, Egypten u. s. w. Einige erhielten den Namen ihrer Einführer, als Sextiana, Mariana, Scantiana, Appia u. a. m. Vielleicht haben sich einige dieser alten Aepfel bis zu uns erhalten. Denn noch hat man den kleinen Api und den Traubenapfel, der vor allen andern so gerne paarweise an den Zweigen hängt, wie die Gemella oer Römer. Daß diese nach ihren Kolonien in Gallien, mit andern Fruchtbäumen, auch die edlern Apfelarten verpflanzt haben, daran läßt sich nicht zweifeln, man weiß, daß man sie vor der Ankunft der Römer nicht gekannt hat, und daß sie sich nachher von da in andere Länder von Europa verbreitet haben.

In Frankreich ist es besonders die Normandie, wo die Apfelbäume am meisten angepflanzt und vermehrt worden sind. Die Einwohner, die in ihrer am nördlichsten in Frankreich gelegenen Provinz, keine Reben fortbringen konnten, suchten einen Fruchtbaum, der stark genug war, die Kälte ihres Klima, und die Feuchtigkeit ihres Bodens besser zu ertragen, und wählten den Apfelbaum. Besonders ward er von ihnen gepflanzt, weil sie von seinen Früchten ein Getränk machen konnten, das ihnen den Werth des Biers und des Wassers, worauf sie eingeschränkt waren, zu übertreffen schien. Man findet allein an guten Aepfeln, die sie zum Cider gebrauchen, über 50 Sorten. Der edlere Theil davon ist wohl ursprünglich aus Spanien. Bey ihrem Seehandel hatten die Normänner den Gebrauch des Cider in Biskaja kennen gelernt. Sie hohlten von da edlere Pfropfreiser zu ihren Apfelstämmen.

stämmen. Diese vermehrten sich; der Gebrauch des Ciders ward allgemein, und der Weinbau niedergelegt. Seit ungefähr 3 Jahrhunderten haben die Aepfelbäume in der Normandie die Stelle der Reben eingenommen. Nach dem Beyspiele der Normandie haben auch die Engländer vornämlich die Anpflanzung des Apfelbaums, des Ciders wegen, ernstlich zu betreiben angefangen. Auch in andern Provinzen von Frankreich hat man den Apfelbaum fleißig und glücklich angepflanzet, besonders in der Picardie, die hierin der Normandie mit dem glücklichsten Erfolge nacheiferte. Viele Einwohner dieser Provinzen erwerben sich beträchtliche Einkünfte von den jungen Apfelstämmen, die sie aus den Kernen erziehen, und schon nach Verlauf von 2 Jahren verkaufen, indem sie alsdann 2 Fuß hoch zu seyn pflegen, und in Baumschulen, zur weitern Erziehung versetzt werden.

So scheint also der Apfelbaum vornämlich wegen des Getränks, das er giebt, in einigen Ländern von Europa seine häufigere Anpflanzung gefunden zu haben. Denn schon vor 300 Jahren und länger ist der Gebrauch des Ciders in der Normandie allgemein, und dieser setzt doch eine nicht geringe Anzahl von Früchten voraus. Biskaja könnte fast das Vaterland des europäischen Apfelbaums zu seyn scheinen, sowohl der frühern Kultur, als auch der außerordentlichen Menge von verschiedenen Arten wegen, die man noch jetzt darin bewundert. Als der Geschmack an Cider sich weiter aus der Normandie in den übrigen Provinzen von Frankreich, und zugleich nach England verbreitete, so mußte bald die Kultur des Apfelbaums, sowohl an Menge, als an

Werth

Werth der Arten gewinnen. England hat daher nicht weniger Verdienst um die Fortpflanzung dieses Baums, als Frankreich. In beyden Reichen sind verschiedene neue und ganz vorzügliche Arten gezogen worden. Die französischen Reinetten, die durch die Schweiz nach Deutschland und vornämlich nach Norden geführt werden, sind eine sehr schätzbare Frucht, und machen einen beträchtlichen Handlungszweig aus. Und der Pippin mit seiner nicht weniger zahlreichen Abänderungen, als die Reinette der Franzosen, scheint der König der brittischen Nationaläpfel zu seyn.

Nicht weniger hat sich Deutschland um die Anzucht des Apfelbaums verdient gemacht. Der Apfelbaum ist hier zwar erst spät bekannt geworden, und es vergingen Jahrhunderte, in denen der Apfelbaum in Italien und Gallien schon mit dem sorgsamsten Fleiße behandelt wurde, bis die Deutschen einen Geschmack am Gartenbaue und der Obstkultur gewannen. Unsere ältesten Vorfahren begnügten sich in ihren Wildnissen mit den wilden Früchten der Bäume, wie Tacitus berichtet, daß das alte Germanien nur wilde Holzäpfel (poma sylvestria) gehabt, und den Weinstock wenig gekannt habe. Bey ihrer Barbarey, Völkerwanderung, und ihren beständigen Kriegen, beschäftigten sie sich mehr mit ritterlichen Uebungen und Abentheuern, als mit der Kultur der Felder und Gärten. Nachdem aber mehrere Ruhe auf ihre Kriege erfolgte, der Handel mit dem südlichen Europa und mehrere Aufklärung sich verbreitete, so erwachte auch der Hang zur Anpflanzung des Obstbaumes, und das Vergnügen an diesen edlen und nützlichen Beschäftigungen. Man sahe nach und nach ihre Wälder und

Wüsteneyen sich in fruchtbare Gärten und Felder verwandeln, und in spätern Zeiten hohlten sie auch aus Italien und Frankreich die Kunst zu Pfropfen und Okuliren. Seitdem haben die Deutschen nicht nur manche ihnen eigenthümliche und ganz vorzügliche Arten erzogen, sondern auch ihre Vermehrungen in einheimischen Baumschulen, zugleich mit den besten ausländischen Sorten beträchtlich befördert. Viele Namen unserer Apfelarten kündigen gleich die Orte an, wo sie zuerst bey uns erzogen und bekannt geworden sind. So haben wir den Rostocker, den Berliner, den Stettiner, den Annaberger, den Wiener und andere Aepfel. Der Fürst der deutschen National-Aepfel ist wohl der Borstorfer, dessen wahrscheinliche Heimat in Chursachsen, entweder Borstorf bey Meißen, oder Borstorf bey Leipzig ist. Wenigstens ist gewiß, daß in diesen Gegenden der Borstorfer nicht allein in einer großen Menge seit vielen Jahren angepflanzt ist, sondern auch seine Früchte zu einer vorzüglichen Vollkommenheit bringt. Es giebt noch manche andere schätzbare Apfelarten, die ursprünglich Deutschland zugehören, und es ist nicht leicht eine Provinz, besonders in Sachsen, Schwaben, Franken und in der Pfalz, die nicht wenigstens einige vorzügliche Arten aufzuweisen hätte. Selbst in Niedersachsen finden wir einige vortreffliche Arten, die in andern Gegenden unbekannt scheinen. Die Hollsteinischen Melonen- oder Flaschäpfel, und die Gravensteiner aus dem Herzogthum Schleßwieg können sich Frankreichs herrlichsten Aepfeln zur Seite setzen.

Für jeden, der sich nicht blos mit einigen wenigen Obstbäumen, die er schon in seinem Garten vorfand, behelfen will, — für solche ist dieser Artikel nicht geschrieben — sondern der zum Nutzen und Vergnügen Obstpflanzungen anlegen und ferner warten will, ist es durchaus nöthig, daß er sich um Kenntniß der verschiedenen Obstarten selbst bemühe. Ohne diese Kenntniß wird sein Fleiß oft schlecht belohnt werden, wenn er aufs Gerathewohl jede Sorte auf Treu und Glauben annimmt, die ihm in die Hände fällt, und sich hinterher in seiner Hoffnung betrogen siehet, wenn vielleicht ein sorgfältig gepflegter Baum ihm eine Frucht liefert, die ohne Werth ist. In Ansehung des Obstes selbst ist auch durchaus zu wissen nöthig, zu welcher Zeit es reift, wie lang es dauert, und wozu es hauptsächlich zu gebrauchen ist, um es zur rechten Zeit zu sammeln, und es auch zur rechten Zeit zu gebrauchen, und auf die beste Art zu benutzen.

Diese wichtige Kenntniß der Obstsorten ist aber mit vielen und sehr großen Schwierigkeiten verbunden, die theils von der Menge der Apfelnamen, theils von der Verwirrung, die unter denselben herrscht, herrühret. Wenn man Obstbeschreibungen, (Pomologien) Obstverzeichnisse, Baumschulen Register u. s. w. ansieht, und mit einander vergleicht, so wird man über die große Menge derselben erstaunen; denn es ließen sich, wie Th. II. S. 115 bey den Birnen bemerkt ist, sehr leicht auch bey den Aepfeln, einige Tausend Apfel Namen zusammen bringen. Daß es nicht so viele ganz von einander verschiedene Apfel-Arten gebe, ist leicht begreiflich, und auch, daß eben deswegen mehrere dieser Namen einer und

eben

eben derselben Sorte zukomme, und folglich als Synonyma angesehen werden müssen. Aber welches ist nun der rechte Name einer Sorte, und welches sind gleichbedeutende Namen? Eine und eben dieselbe Sorte wird in verschiedenen Gegenden auch ganz verschieden benannt. Ich will dies nicht einmal auf ganze Länder ausdehnen, wodurch französische, englische, holländische, teutsche rc. Namen entstehen, sondern in den verschiedenen Provinzen Deutschlands selbst, hat eben derselbe Apfel oft mehrere Namen.

Das allerschlimmste bey der Sache aber ist, daß nicht nur eine Sorte mehrere Namen hat, sondern daß auch sehr oft ein Name mehreren Sorten beygelegt wird, woraus denn nothwendig die größte Verwirrung in der Nomenklatur der Obstarten entstehen muß.

Ohne Zweifel, sagt **Hr. Sickler** T. O. G. I. pag. 17, rührt diese Verwirrung bey den Namen der Obstsorten, und die ewige Verwechselung derselben von mehr als einer Ursache her. Man gab wohl anfangs, da man die verschiedenen Sorten des einheimischen Obstes unterscheiden wollte, ihnen nach jeder Gegend und Landes-Mundart einen Namen, welcher bald von dem Orte, wo man zuerst auf eine Gattung aufmerksam wurde, bald von der Person, die sie bekannt machte, oder vorzüglich schätzte, bald von der Absicht, wozu sie dienlich war, bald von äußerlichen Merkmalen hergenommen war. Dies that man nun ganz einseitig, und in einer andern Gegend, wo man dieselbe Sorte auch fand, oder durch Zufall ohne Namen erhielt, that man das nämliche, nur auf eine andere Art. Nachdem man sich nun mit mehrerem Fleiße auf die Kultur des

Obstes

Obstes gelegt hatte, und sich aus entfernten Gegenden, vielleicht aus andern Ländern Sorten verschrieb, so erhielt man mit ihnen zwar auch Namen, aber doch immer solche, welche ihnen Zufall und Umstände gegeben hatten, und noch dazu oft in einer fremden Sprache. Diese wurden der Bequemlichkeit wegen oft übersetzt, oder, wenn sie blieben, von Unwissenden so geradebracht und verstümmelt, daß sie gar nicht mehr zu erkennen waren, und also neue Namen daraus entstanden. Oft gingen mit dem Tode des ersten Besitzers die wahren Namen verlohren, und es mußten ihnen neue gegeben werden. — So entstand denn endlich eine Verwirrung unter den Obstnamen, aus der es jetzt schwer hält, sich herauszufinden.

Die Pomologen oder Obstkenner haben verschiedene Wege betreten, um aus dieser höchst nachtheiligen Verwirrung zu kommen. Sie haben, um eine Obstart von der andern bestimmt zu unterscheiden, gewisse Merkmale aufzusuchen und festzusetzen gesucht, woran man die Sorten richtiger unterscheiden könne. Manche haben dabey allein auf die Frucht, ihre Größe, Figur, Farbe, Fleisch, Geschmack, Saft rc. gesehen; andere haben zugleich den ganzen Habitum des Baums mit in Anschlag gebracht; noch andere haben endlich zugleich die Blätter, Blüten, Knospen, Blatt- und Fruchtstiele rc dazu genommen.

Außer diesen zum Theil sehr mühsamen und sorgfältigen Beschreibungen, haben mehrere Pomologen, um kurz aus aller Verwirrung zu kommen, die Obstsorten selbst in Kupfer stechen lassen, und illuminirt oder schwarz dem Publikum vor die Augen gelegt. Aber auch dies ist entweder in Ansehung der verschiedenen Obstsorten nicht

auf

auf die vollständigste Art geschehen, oder man hat auch die Sache wieder nur einseitig betrachtet, und ohne weitere Vergleichung mit andern, die eben Besessene für die rechte Sorte, und den Namen davon für den wahren Namen gehalten. Zudem sind die Bücher, worin dies geschehen ist, und noch geschiehet, meistens so hoch im Preise, daß nur sehr reiche Liebhaber sie anschaffen können, und solcher Gestalt, der Nutzen, der davon gezogen werden könnte, für das größere Publikum größtentheils verlohren gehet.

Ich will bey dieser Gelegenheit einige dieser theuren Kupferwerke anführen.

Joh. Herrman Knoop, Pomologia, d. i. Beschreibung und Abbildung der besten Sorten der Aepfel und Birnen. Uebers. v. Huth, Nürnberg, 1760. Fol.

Dieser Pomologie 2ter Theil vom Konsistorialrath J. C. Zinck, herausgegeben von Seligmann. Die Kupfer in beyden Theilen sind illuminirt aber schlecht.

Des du Hamel de Monceau Abhandlungen von den Obstbäumen rc. 3 Theile mit 178 Kupfern, übersetzt von C. C Oelhafen von Schöllenbach, Nürnberg, 1783. 4. kostet unilluminirt 26 Rthl.

Pomona franconica, v. J. Mayer, 3 Bände, Nürnberg, 1776. 61 Fl.

Pomona Austriaca, oder Abhandl. von den Obstbäumen, v. Joh. Kraft. Wien, 1792. 1-20stes Heft. 90 Fl.

Der teutsche Obstgärtner oder gemeinnütziges Magazin des Obstbaues in Teutschlands sämmtlichen Kreisen rc. von J. V. Sickler, mit ausgemahlten und schwarzen Kupfern, Weimar

Weimar im Ind. Comptoir. Bis jetzt 15 Bände.

Der zuletzt angeführte Hr. Pf. Sickler hat den bisherigen Bemühungen der Pomologen, die Baumfrüchte zu versinnlichen, und sie den Liebhabern kenntlich zu machen, die Krone aufgesetzt, indem er die, in T. O. G. beschriebenen und in schönen erleuchteten Kupfern dargestellten Obstfrüchte zugleich in Wachs abformen, und auf das täuschendste koloriren läßt. Es ist nicht zu leugnen, daß sich keine größere Aehnlichkeit, als diese Wachsfrüchte mit ihren Originalen denken läßt, so daß es, ohne sie selbst anzufassen, schwer ist, das Original von der Copie zu unterscheiden. Allein ihr theurer Preis, bey aller übrigen Billigkeit, macht den Gebrauch derselben vielen unmöglich.

Ich übergehe die verschiedenen Systeme, die Johnston, Manger, und nach ihnen mehrere entworfen haben, um wo möglich in dieser Finsterniß der Nomenklatur einiges Licht anzuzünden. Ihre Systeme sind zum Theil mit eisernem Fleiße entworfen, und doch mehr bloßes Tabellenwerk und raisonnirender Catalog.

Das erste wirklich brauchbare Werk in dieser Art ist Sicklers t. Obst-Gärtner, in welchem die verschiedenen Obstfrüchte nicht nur genau nach der Beschaffenheit der Frucht selbst, sondern auch nach der Beschaffenheit des Baumes, der sie trug, seines Blatts, der Zeit der Reife u. s. w. beschrieben, und alle Synonymen, so viele davon bekannt sind, angeführt werden. Dies vortreffliche Werk enthält jetzt, bis zum IX. Stück von 1801 79 Aepfel, und der würdige Verfasser desselben fährt mit unermüdetem Eifer fort, die übrigen,

gen, ihm bekannten Arten zu liefern. Aber er bindet sich dabey an keine gewisse Ordnung, und will erst am Ende des Werks alle beschriebenen Sorten unter gewisse Klassen und Ordnungen bringen, und ein System errichten. Weil aber sein Obstverzeichniß jetzt noch zu unvollkommen ist, und noch zu viele anerkannt vortreffliche Sorten fehlen, so will ich dem neuerlich vom Hrn. **Hoffrath und Stadtphysikus Diel zu Diez an der Lahn** aufgestellten Systeme in der Beschreibung der Apfelsorten folgen.

Ehe er sein System selbst aufstellt, und die Apfelsorten nach demselben ordnet, schickt er eine Beschreibung der charakteristischen Merkmale voraus, worauf man bey einer richtigen Beschreibung eines Apfels zu sehen habe, und wodurch man einen von den andern unterscheiden könne.

Er sagt: die Form eines Apfels allein ist nicht hinreichend, bestimmte Gewißheit zu verschaffen; wir müssen also noch mehrere Kennzeichen zu Hülfe nehmen, wovon einige sehr wichtig sind, andere nur mithelfend, gleichsam das Siegel der Gewißheit noch aufdrücken.

Ein Hauptkennzeichen ist der **Geschmack**; hat es aber mit der Form, oder dem äußern Umrisse einer Frucht schon seine Schwierigkeiten, so treffen diese hier noch mehr zusammen. Es ist wohl nichts schwerer zu beschreiben, als dieser Sinn. Alles beruht hierbey auf Citation der Aehnlichkeit; und was die Sache noch schwieriger macht, ist, daß eben der Geschmack bey eben derselben Frucht nach Klima, Jahreszeit, Standort, Kultur und Art des Bodens so leicht veränderlich ist. Der Geschmack bleibt also immer nur ein allgemeiner Begriff, oder wird zwischen Süß und

und Saller nur bestimmt, und wir müssen, bey dem Prüfen einer Frucht, ihre Güte nur dadurch erst abwägen, wenn wir die Grade der Güte unserer bekannten Früchte von eben dem Jahre taxirt haben. Dadurch bringen wir die Mittelzahl heraus, und fehlen dann nicht leicht über den Werth. Aller Geschmack der Früchte hat eigentlich nur 4 Stufen; **rein sauer** — Essigsäure — **weinsäuerlich, zuckerartig**, mit mehr oder weniger Weinsäure vermischt, und **rein süß**. Ihre unzähligen Uebergänge aber, mit einer Beymischung von balsamischen oder aromatischen Aehnlichkeiten uns bekannten Substanzen, geben uns oft eine Aushülfe, die Frucht näher zu bezeichnen.

Form und Geschmack sind also zwar wesentlich bey der Beschreibung einer Frucht, aber unzulänglich, uns Gewißheit über ein Individuum zu geben.

Um also aus diesem Labyrinth zu kommen, muß sich unsere Aufklärung noch nach mehrern Stützen umsehen, und diese gewähren uns:

1. **Zeit der Reife und der Dauer der Früchte.** Auch diese sind indessen nicht so strenge zu nehmen, und so wenig zwar aus einer Sommerfrucht eine Winterfrucht wird, so liegt doch zwischen diesen beyden die große Menge von Herbstfrüchten mitten inne, und machen dadurch in diesen 3 Uebergängen viele Schwierigkeit, die uns in manchen Jahren sehr verwirrt machen kann, das Klima nicht einmal zu erwähnen, da dieses nach der Reifzeit bekannter Früchte sehr leicht auf die unbekannten anzuwenden ist. Jedes Jahr hat hierin seine Eigenheit, und der Obstkenner muß hier das zu Frühe, oder das zu Späte, nach der ihm bekannten, oft beobachteten

Reifzeit

Reifzeit anderer Früchte berechnen. Reifzeit und Dauer einer Obstsorte bleiben deshalb für sie wesentliche Merkmale.

2. **Die Abzeichen der Früchte.** Diese sind sehr wesentlich, und ändern sich bey frey besonnten Früchten unter jedem Himmelsstrich nur um mehr oder weniger ab. Hierher gehören die Art und Weise, wie die Sonnenseite geröthet wird, ob solche rein verwaschen, rein gestreift, oder beydes vermischt ist, und von welcher Schattirung diese Röthe ist. Ferner die Punkte, ob solche fühlbar oder nicht sind, ob rein oder eingefaßt. Die Rostflecken, Rostanflüge und Rostüberzüge. Die Grundfarbe der Schale vom Baume und auf dem Lager. Die Farbe der unbesonnten Früchte gegen die besonnten, denn erstere bekommen entweder dann gar keine Abzeichen, oder sie sind so wesentlich, daß stets mehr oder weniger von denselben an solchen Früchten zu bemerken ist, z. B. der Rost bey der grauen Reinette, den Fenchelreinetten, da hingegen der unbesonnte Borstorfer weiß, der rothe Stettiner aber nie ohne Röthe im Schatten bleibt.

3. **Die Größe der Frucht.** So leicht veränderlich diese zwar ist, und ein Apfel vom Spalier, ein Monstrum gegen einen auf einem nicht kultivirten Hochstamm, werden kann, so ist die Größe des Obstes doch immer ein wesentliches Kennzeichen. Der Pomologe wählt nie zu seiner Norm Obst von jungen Spaliren, sondern wo möglich von gesunden, in gebauetem guten Obstlande stehenden Hochstämmen. Aber auch der Halbkenner weiß schon, daß er von der Vollkommenheit einer Frucht von einem kranken, moo-

sigten, auf dürrem mageren Lande, oder zu überladen tragendem Hochstamm nicht urtheilen kann. Ist der Baum hingegen gesund, ist er nur regelmäßig voll, so weiß ich gewiß, daß bey den schönsten Früchten nie die Höhe oder Breite $\frac{1}{4}$ Zoll von dem in den Beschreibungen angeführten Maaß verschieden seyn werde: und es bleibt uns also stets wichtig, die wahre Größe des Obstes in seiner natürlichen Vollkommenheit zu wissen.

4. **Kelch und Stiel mit ihren Höhlen und Einsenkungen, nebst ihrer Beschaffenheit.** Es giebt viele Früchte, wo diese beyden ein wesentliches Kennzeichen ausmachen, eine große Menge aber auch, wo sie gar nichts entscheiden. Z. B. der Stiel unterscheidet schon den großen von dem kleinen Bohnenapfel wesentlich. Die Kelchhöhle den gestreiften Herbstcalville.

5. **Das Kernhaus** — dieses hat auf der einen Seite ein so großes Gewicht, als es wieder auf der andern Seite ganz unbedeutend wird. Seine verhältnißmäßige Größe gegen die Frucht bestimmt die ganze Klasse der Calvillesorten mit ihren nächsten Anverwandten. Ist das Kernhaus hingegen regelmäßig, so entscheidet es meistens nichts.

6. **Der Geruch der Frucht und des Fleisches.** Es giebt wirklich äußerlich sehr ähnlich scheinende Früchte, die sich schon dadurch wesentlich von einander unterscheiden.

7. **Die Farbe und die Textur des Fleisches.** Diese geben uns wichtige Entscheidungsgründe für die Abstammung und Unterscheidung der Früchte ab. Nichts verändert diese wesentlich, obgleich das Jahr, der Standort, der Boden rc. kleine Veränderungen bewirken können.

Die

Die Textur des Fleisches ist das wichtigste zur Bestimmung einer Reinette.

8. **Die Vegetation des Baums.** Unter allen bleibt diese das Wesentlichste, wenn es darauf ankömmt, unter äusserst ähnlichen Früchten zu entscheiden, ob solche nur zufällig, z. E. durch fettern Boden, Standort, Art des Wildlings u. s. w. oder wesentlich verschieden sind. Nirgend ändert sich die wahre Vegetation des Baums ab, und in Italien hat das Blatt einer weißen oder rothen Magdalenen-Pfirsche die tiefe eingebogene Zahnung, wie an der Ostsee. **Größe, Form und Zahnung des Blatts, Farbe, Punkte und Stärke der jährigen Triebe,** und oft die **Winkel der Aeste gegen die Vertikallinie des Baums,** sind äusserst wesentliche Erfordernisse, um sich bey großen Sippschaften, z. B. dem Heer der Streiflinge, den einfärbigen Reinetten, u. s. w. herauszuhelfen.

Aus allem diesem ergeht die Unmöglichkeit, durch eine bloße logische Definition irgend eine Frucht so zu bestimmen, daß sie richtig und bestimmt wieder erkannt werden könne. Hier muß uns allein eine treue Beschreibung aushelfen, und diese muß uns **zugleich aufmerksam machen, worauf wir eigentlich zu achten haben.**

Du Hamel war der erste, der uns solche Beschreibungen mittheilte, und nur wenige ahmten ihm nach. Er beschrieb indessen die Früchte zu sehr nach einer allgemeinen Norm, hob nichts charakteristisches aus, und hielt sich bey Dingen auf, die fast immer wenig oder gar nichts helfen; z. E. Größe der Blüte, Farbe und Form der Kerne.

Die oben erwähnten Erfordernisse müssen uns zur Beschreibung einer Frucht heilig seyn, wenn sie uns belehren sollen, ob wir die nämliche Frucht besitzen, ihr Name, unter dem wir sie erhalten haben, mag lauten, wie er will.

Ein vollständiges System der Pomologie zu entwerfen, ist zur Zeit noch zu früh. Es sind zwar schon z. B. bey den Aepfeln eine große Menge von manchem Obstfreunde gesammlet, verglichen und ihre Namen berichtiget; aber es giebt gewiß noch manche schätzbare Frucht, die bisher ihrer Aufmerksamkeit entging. Es sind folglich gewiß noch nicht alle Formen bekannt, und es werden noch mehrere Merkmale aufzufinden seyn, die in der Charakteristik der Obstsorten wichtig werden können. — Die Natur selbst hat kein System, nur der eingeschränkte Mensch schafft sich ein solches, um dadurch leichter das Ganze zu fassen, und seine Einzelnheiten wieder auffinden zu können.

Sobald es also, nach der wirklichen Lage der Gegenstände, noch zur Zeit unmöglich ist, ein reines System aufzustellen, so bleibt dasjenige System das vorzüglichste und vollkommenste, in dem man ungezwungen die mehrsten Klassen und Ordnungen aufführen kann. Hier häuft sich der Vorrath zum Auffinden nicht übermäßig, und der Täuschungen sind also weniger.

Nach den Formen des Obsts zu ordnen, war zu einfach; die Menge mußte zu Bergen werden, und in der Natur zusammengehörige Verwandte trennen sich zu oft ganz widernatürlich. — Die Farben mit den Abzeichen und dem Geschmack zum Grunde zu legen, hat nicht nur noch auffallender den letzten, eben gerügten Fehler,

ler, sondern jedes Kennzeichen der Klassen und Ordnungen ist leicht nach jedem Himmelsstrich täuschend; denn in heißen Gegenden giebt es selten ganz einfärbige Früchte, und der Geschmack müßte fast nach jeder Polhöhe bestimmt werden können.

Es bleibt also am sichersten, alle vorhin bestimmten Merkmale in der Beurtheilung einer Frucht zusammen zu nehmen, darnach hat **Hr. Hoffrath Diel in Diez** folgendes System der Apfelsorten entworfen, und darnach (in seinem **Versuche einer systematischen Beschreibung in Deutschland vorhandener Kernobstsorten, Frankfurt am M. 1799 1 : 4tes Heft**) 200 Apfelsorten geordnet und beschrieben.

Erste Klasse. Kantäpfel.

Ordnung 1. Aechte Calville.
— — 2. Schlotteräpfel.
— — 3. Gulderlinge.

Zweite Klasse. Rosenäpfel.

Ordnung 1. Zugespitzte, conische oder walzenförmige.
— — 2. Kugelförmige oder platte.

Dritte Klasse. Rambouräpfel.

Ordnung 1. Mit weitem Calvilleartigen Kernhaus.
— — 2. Mit engem Kernhaus.

Vierte Klasse. Reinetten.

Ordnung 1. Einfärbige.
— — 2. Rothe.
— — 3. Graue.
— — 4. Goldreinetten.

Ge-

Geschlecht 1. Aechte Reinetten.
— — 2. Peppings.

Fünfte Klasse. Streiflinge.

Ordnung 1. Platte.
— — 2. zugespitzte.
— — 3. längliche, conische oder walzenförmige.

Sechste Klasse. Spitzäpfel.

Ordnung 1. längliche, conische, walzenförmige.
— — 2. zugespitzte.

Siebente Klasse. Plattäpfel.

Ordnung 1. wahre Plattapfel.
— — 2. kugelförmige Plattapfel.

In Ansehung des Werths jeder Obstsorte, nehmen manche 4, andern 3 Rangordnungen an. Ich will hier bey dem letztern bleiben.

Erster Rang: begreift alle diejenigen Sorten, die sich zum rohen Genuß oder für die Tafel vorzüglich auszeichnen.

Zweyter Rang: enthält solche Sorten, die für die Küche vorzüglich sind — wenn obige fehlen, die Tafel versehen können, und das erste und vorzüglichste Obst für den Landmann sowohl zum rohen Genuß, als für die Küche und zum Backen auszumachen. Auch rechnet man dahin Aepfel, die durch ihre lange Dauer vorzüglich schätzbar sind, wenn auch ihre innere Güte sie sonst in den dritten Rang brächte.

Dritter Rang. Dieser begreift alle diejenigen Obstsorten in sich, die nur für die Küche, zum

zum Trocknen, zur Verfertigung des Ciders und Essigs, und zu Anpflanzungen in magern, rauhen Gebirg-Gegenden zu empfehlen sind.

Ich werde in dem nun folgenden Obstregister dem auf der vorigen Seite vorgelegten Systeme des Hrn. H. Diel folgen, weil dasselbe, und die Beschreibungen der verschiedenen Apfelsorten die vorzüglichsten sind, die man bis jetzt hat, und auch von den erfahrensten Pomologen dafür erkannt werden.

Erste Klasse.

Kantäpfel.

Allgemeine Kennzeichen der Klasse.

1. Sind sowohl am Kelch als an der Frucht selbst, mit sichtbaren, jedoch regelmäßigen, die Form der Frucht nicht entstellenden Rippen versehen.
2. Haben ein der Frucht nach sehr großes, nicht geschlossenes, und oft sehr unregelmäßiges Kernhaus.

Ordnung. I. Aechte Calville.

Besondere Kennzeichen der Ordnung.

1. Laufen erst über der Mitte des Apfels zugespitzt gegen den Kelch zu.
2. Sind an dem Baume mit Duft belaufen.
3. Haben, oder bekommen eigentlich im Liegen eine faltige Schale.
4. Sind nie blos rein gestreift.

5. Haben leichtes, lockres, feines Fleisch und
6. Einen den Erd- oder Himbeeren ähnlichen Geschmack.

1) Gestreifter Herbstcalville. La Calville rayée d'Automne. *Knoop.* Tab. 2. T. O. G. n. XVIII. Christ's geflammter rother H. Calville. Diel. I. S. 69.

Ein schöner großer, ansehnlicher Tafelapfel, 5 Z. breit, und öfters eben so hoch, gewöhnlich aber niedriger. Der Kelch steht fast flach, oder nur in einer seichten Einsenkung, und ist mit feinen Rippen oder Falten umgeben, die aber sehr flach über die Frucht hinlaufen. Der Kelch hat das Eigene, daß seine Röhre unterwärts etwas weiter und rostfarbig wird, und sich erst grade über dem Kernhaus zuschließt. — Der oft ein Zoll lange dünne Stiel steht ebenfalls in einer seichten, selten etwas tiefen, und selten rostfärbigen Höhle, ja scheint oft, wie in das Fleisch nur eingesteckt zu seyn.

Die Grundfarbe der Schaale ist grüngelb, das sich am mehrsten um den Kelch herum zeigt. Ueber derselben ist die Frucht mit dunkelrothen, sehr unregelmäßigen, gleichsam geflammten, breiten, bald kurzen, bald langen Streifen bedeckt. Diese Streifen fließen oft zusammen, und bilden auf der Sonnenseite eine ganz blutrothe Farbe, die abgerieben schön glänzend wird. Dabey sieht man auf der ganzen Schale feine, weiße, graue Punkte. — Der Apfel welkt fast nicht, wird nicht merklich fettig, und riecht sehr violenartig. — Das Fleisch ist weißgrünlich, locker, markig, ziemlich saftig, und von feinsüßem rosenartigem Geschmacke,

schmacke, ohne sonderlichen Geruch. Im Fleische sind grosse, unregelmäßig laufende grüne Adern. — Das Kernhaus ist offen, unregelmäßig, weit und groß; die Kerne sind lang, vollkommen und nicht wenig.

Der Baum ist sehr tragbar, und macht feines langes Holz mit hangenden Aesten — die Blätter sind groß, weich, blaßgrün, fein wollicht anzufühlen, am Stiel abgestumpft, und oft an einer Seite länger, wodurch der Stiel schief steht. Er bekömmt oft Rostflecken. Der Blattstiel ist 1½ Zoll lang. Die Sommertriebe sind schlank, häufig mit Augen besetzt, rothbraun, stark und sehr fein punktirt. — Die Frucht ist vom ersten Range, ist schon im November zeitig und hält sich bis in den Februar.

2) **Der Edelkönig**, Roi très noble. (findet sich bey keinem Pomologen) Diel II. S. 1.

Ein prachtvoller großer, sehr dunkelrother köstlicher Herbstcalville, von der Größe des vorigen, nur etwas platter, schöner und regelmäßiger in seiner Form. Der geschlossene, schöne, meistens grün bleibende Kelch, steht in einer seichten Einsenkung, die aber mit vielen feinen, schönen Rippen und Perlen umgeben ist, die sich erst als schöne starke Rippen auf der obern Wölbung des Apfels regelmäßig erheben, und zu 8 bis 10 Stück über denselben bis zur Stielhöhle hinlaufen, wodurch die Früchte sehr kantig werden, aber selten ein unregelmäßiges Ansehn bekommen. Nur bey manchen sehr großen Früchten drängt sich wohl eine Rippe stark hervor und entstellt die Form. — Der Stiel ist dick, oft sehr fleischig, inwendig röthlich, 1½ Zoll und darunter lang. Er steht in einer schönen, tiefen und geräumigen Rosthöhle, die sich oft strahlenartig über einen Theil der untern Stielwölbung verbreitet. — Die Grundfarbe ist nur bey beschatteten Früchten bemerkbar, und besteht in einem gelblich Grün. Die besonnte Frucht ist überall schön carmosinroth, das nur auf der Schattenseite hell aussiehet, auf der Sonnenseite hingegen eine solche Purpurröthe gewinnt, daß es fast ins Schwärzliche schillert. In dieser Röthe siehet man weißgraue Punkte, und nicht selten haben die Früchte auch große schwarzbraune Rostflecken, die feine Risse haben. Am Baume ist die Schale der Frucht mit einer Art von Duft besetzt, der fast wie Honigthau fühlbar ist. Liegt der Apfel einige Tage, so wird er sehr fettig, besonders die von Hochstämmen, und riecht, wie auch das Fleisch, fein himbeerartig. Das Fleisch ist weiß, locker, weich, voll Saft, rosenroth um den Kelch, und die große Ader um das Kernhaus verbreitet die Röthe stark um sich her. Der Geschmack ist sehr erquickend, erdbeerenartig, und von einer sehr angenehmen, erhabenen, zuckerartigen Weinsäure. — Das Kernhaus ist sehr groß, und der Kelch läuft mit einer breiten Höhle bis an dasselbe; ja bey großen Früchten öffnet sich gern eine Kammer in diese Höhle. Jede einzelne Kammer ist ungeheuer weit, und sie enthalten viele, 8 — 10 vollkommene Kerne.

Der Baum wächst sehr lebhaft, trägt seine Aeste etwas flach, und belaubt sich mit flatterndem Laube nicht stark. Er setzt frühzeitig kurzes Fruchtholz an, wird sehr fruchtbar, und manchmal sitzen 3 starke Früchte auf einem Fruchtkuchen. Die Triebe sind lang und stark, bräunlich,

auf

auf der Schattenseite olivengrün, und nur sehr wenig und fein punktirt. — Das Blatt ist bey jungen Bäumen sehr groß, bey ältern $4\frac{1}{2}$ Zoll lang und $3\frac{1}{4}$ breit, weich von Gewebe, oval rund mit einer kurzen Spitze; der Blattstiel ist lang, ziemlich dünn, und hat 2 schöne Afterblätter. — Die Frucht reift in der Mitte des Septembers, ist bald nachher eßbar und hält sich bis gegen Weihnachten.

Sie ist vom allerersten Range.

3) Rother Paradiesapfel, braunrother Himbeerapfel. T. O. G. *N* 41. Diel II. S. 6.

Ein ansehnlicher, seiner dunklen Purpurfarbe wegen sehr schöner, und durch seine erquickende Weinsäure ein vortrefflicher, geschätzter Herbstcalville für die Tafel, und köstlich zum Dämpfen. Seine Form ist plattaussehend. Die gewöhnliche Breite ist 3 Zoll und Höhe $2\frac{1}{4}$ — $2\frac{1}{2}$ Zoll. Häufig ist aber die eine Seite der Frucht niedriger als die andere. — Der geschlossene grünliche Kelch steht in einer meistens sehr flachen Einsenkung, und ist mit vielen sehr feinen Rippen umgeben, die zu 7, 8 bis 9 Stück schön und regelmäßig über die Frucht hin, bis in die Stielhöhle laufen. Der Stiel ist dünn, bräunlich, 1 Zoll lang, und steht in einer sehr tiefen rostigen Höhle. Die feine Schale wird im Liegen sehr fettig, ist überall mit dem schönsten Roth, Carmosin oder Purpur verwaschen, und hat auf den hellern Stellen weißgraue Punkte, die aber in dem Dunkelrothen wenig oder gar nicht sichtbar sind. Nicht selten hat die Frucht auch Rostflecken. Die

Frucht

Frucht riecht anfänglich gar nicht, nur wenn sie erst recht zeitig ist, duftet sie fein himbeerartig, und so auch das Fleisch. Dieses ist um das Kernhaus schneeweiß, von der Schale aber tief herein schön rosenroth, locker, voll Saft, markicht, und von einer sehr erquickenden feinen Himbeersäure, die aber bey jungen Bäumen weinsäuerlicher ist. — Das Kernhaus ist äußerst groß, geht vom Stiel an bis zur Kelchröhre, die sich ziemlich lang herabsenkt, und sich oft in eine der Kammern öffnet, die ziemlich viele vollkommene Kerne enthalten, welche bey der Zeitigung der Frucht schlottern. — Der Baum wird nur mittelmäßig groß, wie der weiße Wintercalville. Seine untersten Aeste liegen horizontal, und die obern bilden eine flache Krone. Die schlanken Zweige setzen eine Menge langes und kurzes Fruchtholz an, das den Baum, sich selbst überlassen, verwirrt und sehr belaubt, aber auch sehr und jährlich fruchtbar macht. Das Blatt steht gern mit den Seiten auswärts gebogen, ist schön grün, stumpfoval mit einer schönen Spitze, 4 Zoll lang und 3 breit, grobgeadert, und unten wollicht. Der Blattstiel hat bis 2 Zoll, ist ziemlich stark und steif mit schönen Afterblättchen. Die Frucht reift oft schon Anfangs Septembers, mehrentheils aber erst in der Mitte, und ist bald nachher eßbar, und alsdann fast triefend fettig. Sie ist vom ersten Range.

4) **Weiße Wintercalville,** Calville blanche d'hiver. Diel II. S. 12. *du Hamel* Tom. II. Tab. II. *Knoop,* Witte Winter Calville. Tab. XI. *Zinck* Tab. XI. N. 89. Französischer Quittenapfel, *Mayer* Tom.

Tom. III. Tab. V. no. 8. Weißer Wintercalville T. O. G. Nro. 16. *Abercrombi* Nro. 13. Hirschfeld n. 4, die weiße Calville. Canthause Calville blanche. *Schaböl.* le Caleville blanc. Tom. 2. pag. 86. Christ. n. 2. Meyen, weißer Himbeerapfel Nro. 8. S. 300. Henne, weißer Erdbeerenapfel. No. IX. S. 134.

Dieser Fürst unter den französischen Aepfeln, der von so vielen Menschen allen andern vorgezogen wird, ist denn auch fast das schönste Muster der Kantäpfel. In seiner wahren Vollkommenheit ist er $3\frac{1}{2}$ Zoll breit und $3\frac{1}{4}$ Zoll hoch, oft aber so hoch als breit. Der Kelch steht in einer ziemlich tiefen, mit meistens 5 schwanenhalsförmigen Rippen umgebenen Einsenkung. Die Rippen laufen schön und regelmäßig über die Frucht hin, und endigen flach in der Stielhöhle. Zwischen den Hauptrippen erheben sich mehrentheils am Bauche noch andere flache Erhabenheiten, wodurch die schönere Form des Apfels besser erhalten wird. Der oft kurze dicke, oft längere Stiel steht in einer etwas rostfarbigen tiefen Höhle. Die feine Schale ist am Baume bläulich beduftet und wird im Liegen feinfettig. Sie ist am Baum blasses Strohgelb, welches aber bey der Zeitigung schönes Goldgelb wird. Die Sonnenseite ist, bey der ächten Sorte, schön hellroth sanft verwaschen, oder nur mit schon carmosinrothen Flecken, die einen braunen Mittelpunkt haben, besetzt, und dies sind gerade die fein schmackhaftesten Früchte. Selten trifft man aber, besonders auf Hochstämmen eine Frucht an, die nicht mit

meh-

mehreren, oft vielen und großen Rostflecken besetzt wäre, und die weißgrau geschlängelt eingefaßt sind. Die zeitige Frucht riecht sehr angenehm. Das Fleisch ist weißgelblich, locker, feinkörnicht, voll Saft, und von einem sehr angenehmen, erquickenden, erhaben zuckerartigen Geschmack, der durch eine feine Muskatellersäure erhöhet wird, und dem Saft der grauen Butterbirne etwas ähnlich ist. Das Kernhaus ist sehr groß, stößt gewöhnlich unter die lang herablaufende Kelchröhre, und enthält wenige, oft taube Kerne. — Der Baum wird nur mittelmäßig groß, treibt stark abstehende Aeste, die vieles Quirlholz machen. Die Krone ist flach gewölbt. Seine Fruchtbarkeit ist indessen, nach seiner Menge Fruchtholz, klein auf dem Hochstamme, und deswegen nicht zu rathen, ihn hochstämmig viel zu pflanzen. Vier dieser Bäume liefern nicht, was ein Baum von den besten Reinetten abwirft. In Zwergform ist er fruchtbarer, und die Früchte besser. — Die Samentriebe sind in der Jugend sehr stark und lang, ja an Spalieren bey scharfem Schnitt auf Johannisstamm wuchernd. Ihre Farbe ist rundum trübes Dunkelbraun, sie sind mit dünner Wolle besetzt, nicht häufig und fein punktirt. — Das Blatt hat eine unansehnlich grüne Farbe, ist spröde, glänzt wenig, von Form meistens langoval, grob geadert, oft am Stiel stark abgestumpft, 4 — 4½ Zoll lang, 3 Zoll breit, und grob, bogig stumpf gezahnt; die Blätter an den Fruchtaugen hingegen weich, auffallend lang und schmal, oft 5½ Zoll lang und nur 3 breit. Der Blattstiel der erstern hat kleine breite Afterblätter, ist stark und 1½ Zoll lang, der der letztern Blätter an den Fruchtaugen ist dünn, und nur 2½ Zoll lang.

lang. Die Augen sind schön und die Augenträger breit.

Die Frucht zeitigt im Dezember, und hält sich, wohl aufbewahrt, bis in den Sommer, wo sie aber ihre Güte verliert. Sie gehört zu den Früchten vom allerersten Range.

5) Aechter rother Wintercalville, Calville rouge longue d'Hiver. Diel III. S. 1. *Knoop* Tab. IX. *Zinck* N. 66. *Du Hamel* Tom. II. Tab. III. Hirschfeld n. 3. Christ n 17. T. O. G. n. 56. — heißt auch oft rother Himbeerapfel. — Nicht selten wird er auch mit dem rothen Paradiesapfel n. 3. verwechselt, z. B. von Henne.

Eine ansehnlich große vortreffliche Frucht für die Tafel, und die mit Recht unter die vorzüglichsten Apfelsorten gerechnet wird, nur Schade, daß er etwas sparsam im Tragen ist, und hierin dem weißen Wintercalville gleich kommt. Die Form dieses Apfels ist eben nicht sehr calvillartig, denn die Rippen sind nur sanft, und bey weitem nicht so erhaben, wie bey dem rothen Herbstcalville, oder dem rothen Paradiesapfel. In seiner wahren Gestalt ist er stets hochaussehend, und etwas walzenförmig, manchmal beynahe kugelförmig, 3 Zoll breit und eben so hoch. Der langblättrige, geschlossene Kelch steht nur selten in einer etwas merklichen Einsenkung, die aber mit vielen feinen Rippen, und oft gleichsam eingeschnürten oder zusammengedrängten Fleischwärzchen besetzt ist, welches zur Charakteristik dieser Frucht gehört. Ueber die Frucht selbst gehen viele, 6 bis 10 feine sanfte Rippen, von denen

sich

sich keine besonders stark und kantig hervordrängt. Der dünne Stiel ist $\frac{3}{4}$ bis 1 Zoll lang, und steht in einer geräumigen trichterförmigen Höhle, die mit einem zimmetfarbigen Rost belegt ist. Die Grundfarbe der feinfettigen, und am Baume mit blauem Duft belaufenen Schale, ist bey der Zeitigung ein schönes Goldgelb. Aber bey ganz besonnten Früchten ist die Sonnenseite mit einem sehr schönen, dunkelglänzenden Carmosinroth rein verwaschen, welches bey ältern Bäumen noch tiefer wird. Außerdem ist die Schale mit vielen sehr feinen, gelblichen Pünkten besetzt. Auch kleine schwarze Fleckchen sind fast an jeder Frucht zu finden, seltner wahre Rostflecke. Die Frucht riecht fein violenartig, und das Fleisch säuerlich erquickend. Dieses ist weiß, und von der Schale nach dem Kernhaus mehr oder weniger rosenroth. Dabey ist das Fleisch fein, nicht sehr saftvoll, und von einem erhabenen, angenehmen, fein säuerlichen zuckerartigen Geschmack, der etwas erdbeeren- oder violenartiges hat. Das Kernhaus ist oft nicht calvillenartig, manchmal sogar geschlossen. Die Kammern sind nicht sehr geräumig und enthalten nicht viel, 5 — 6 Stück, aber schöne Kerne. Der Baum erfordert einen guten, wohlgebaueten Boden und eine warme Lage. Er wächst in der Jugend lebhaft, wird aber doch nur mittelmäßig groß und ist leicht dem Krebs unterworfen. Die Aeste trägt er horizontal, und wölbt sich deshalb zu einer flachen Krone. Das Fruchtholz sitzt etwas zerstreut, und es liefert keine reichliche Ernten. Die Triebe sind schlank, dunkelroth, auf der Schattenseite hellröthlich, fein wollicht. Das Blatt ist schön, stumpf-oval, mit einer kurzen Spitze, 3 Zoll lang und $2\frac{1}{2}$ breit. Es ist unten

wol-

wollicht, etwas grob geadert, hellgrünglänzend von Farbe, mit den Rändern aufwärts gebogen und die Zahnung ist seicht und stumpfspitz. — Die Frucht zeitigt Ende Nov. oder Dez. und hält sich, zumal von jungen Bäumen, bis in den März. — Vom ersten Range.

6) **Der rothe Herbstcalville.** Calville rouge d'Automne. Diel III. S. 8. *Knoop* Tab. III. **Mayer** Pom. francon. Tab. XI. No. 15. **Miller.** Red Autumn Calville. **Christ.**

Ein großer, prachtvoller Apfel, für die Tafel und für die Wirthschaft wohl einer der ersten. Gewöhnlich hat er ein etwas längliches und nach dem Kelch hin zugespitztes Ansehn. Seine Breite ist auf einem Hochstamm 3½ Zoll und die Höhe 3¼ Z. Der halbgeschlossene, starke, meistens lange grün bleibende Kelch steht fast immer in einer flachen fein weißwolligen Einsenkung, die mit vielen feinen Rippen versehen, und von diesen gleichsam eingeschnürt ist. Am Rande der Einsenkung erheben sich nur sanfte, oft aber auch so stark hervorstehende Rippen, und laufen über die Frucht bis zur Stielhöhle hin, an deren Wölbung die Rippen mehrere scharfe, oft tiefe Einschnitte machen. Der Stiel steht mehrentheils in einer tiefen, geräumigen, etwas rostfarbigen Höhle. Die Grundfarbe der im Liegen sehr fettig werdenden Schale ist nur bey beschatteten Früchten auf der Schattenseite unter einem blassern Rosenroth sichtbar, denn die besonnten Früchte prangen überall mit dem schönsten dunklen Carmosin. Dabey ist die Schale auf der Schattenseite stark mit weiß, oder gelbröthlichen Punkten besetzt, die aber im ganz dunklen Roth kaum bemerkbar sind. Auch finden sich Rostflecke. Die Frucht riecht wenig, und fein erdbeerenartig. Das Fleisch, welches einen feinen säuerlichen Geruch hat, ist vom Kernhaus bis zur Ader um dasselbe sehr weiß, sonst überall hell rosenroth. Es ist dabey locker, mürbe, voll Saft, und von der angenehmsten Weinsäure, die fein himbeerartig ist, mit einem Beygeschmack nach Alant. Das Kernhaus ist sehr groß, herzförmig, mit der Spitze nach oben 1½ Zoll breit und 1¼ hoch, und endigt sich mit der Spitze unter der herabgehenden Kelchröhre. — Der Baum wächst sehr lebhaft, wird stark und ansehnlich groß, und ist dabey fruchtbar. Er trägt seine Aeste stark abstehend, aber schön in die Luft, und bildet eine breite, stolze Krone. Die Sommertriebe sind lang und schlank, schmutzig braunroth von Farbe, wenig wollicht, und wenig oder nicht punktirt. — Das Blatt ist sehr groß, elliptisch. Der sehr lange dünne Blattstiel ist oft 4½ Zoll lang. Die Frucht zeitiget im Anfang Oct., oft schon früher, und hält sich bis Weihnachten, wird aber alsdann fade und verliert den Geschmack. — Vom ersten Range.

7) Der rothe Herbst-Aniscalville. Calville d'Anis rouge d'Automne. Diel III. S. 14.

Ein ansehnlich großer, von außen etwas düster aussehender, vortrefflicher Herbstapfel für die Tafel. Seine Form ist ziemlich wandelbar, und bald platt, bald auch etwas kugelförmig aussehend. Bey platten Früchten kann die Breite

$3\frac{1}{2}$ Zoll und die Höhe nur $2\frac{1}{2}$ seyn. Die Hauptform ist aber stark 3 Zoll breit und $2\frac{1}{2}$ bis $2\frac{3}{4}$ Z. hoch. Der großblättrichte, oft grün bleibende Kelch, steht in einer seichten, oft flachen, engen Einsenkung, die mit vielen feinen gleichsam zugeschnürten Rippen umgeben ist, die zwar sichtbar, aber sehr flach kantig über die Frucht hinlaufen. Bey platten Früchten kann aber die Kelcheinsenkung tief und geräumig seyn. Der dünne grüne Stiel ist einen Zoll lang, und steht bald in einer seichten, bald tiefen geräumigen Höhle, die bald glatt, bald rostfarbig ist. Die Grundfarbe ist nur wenig sichtbar, und besteht alsdann in einem trüben, röthlichen Gelb. Die ganze Schale ist rundherum mit einem düstern, fast ins schwärzliche schillernden Roth stark getuscht, und in diesem sieht man deutlich abgesetzte, doch oft ziemlich lange und breite Streifen, von einem schöneren carmosinartigen Roth. Stark besonnte Früchte hingegen haben ein schönes, dunkles Carmosinroth, in welchem man aber noch immer dunklere Streifen bemerken kann. Bey diesen Früchten ist nun hingegen die Schattenseite so düster gefärbt, wie bey den übrigen die Sonnenseite. — Die Punkte sind sehr fein und weißgrau. — Die Frucht riecht sehr stark violenartig, oder wie Himbeeren, und die Schale ist fein fettig. Das Fleisch ist weiß, ins Grünliche spielend, fein, sehr locker, nicht sehr saftig, und von einem süßsäuerlichen Violengeschmack. — Das Kernhaus ist groß und sehr geräumig, in der Mitte aber doch meistens geschlossen, und die Kammern enthalten nicht viele, aber doch vollkommene Kerne. Die Kelchröhre geht breit bis auf das Kernhaus herab, und öffnet sich oft in eine der Kammern. — Der

Baum wird nur mittelmäßig groß, und trägt seine Aeste etwas stark abstehend. Die Sommertriebe sind lang, rundherum braunroth, mit einer schwärzlichen schmutzigen Wolle bekleidet, und schön aber sehr fein punktirt. Das Blatt ist länglich oval 3 Zoll lang, $2\frac{1}{2}$ breit. Der dünne Blattstiel ist 1 bis $1\frac{1}{2}$ Z. lang, und hat feine Afterblätter. Die Frucht zeitigt Mitte oder Ende Sept., und hält sich nicht gern über den Nov. Man muß die Reifzeit dieser Frucht in Obacht nehmen. — Sie gehört zum ersten Range.

8) Gestreifter gelber Herbstcalville, Calville jaune rayée d'Automne. Diel III. 18.

Eine schöne, große, sehr gute Herbstfrucht, für die Tafel und zum Dämpfen ausgesucht gut. Die Form dieses Apfels ist etwas conisch. Seine Breite beträgt $3\frac{1}{4}$ Zoll und die Höhe auch nur eben so viel. Der langblättrige, geschlossene, grünliche Kelch steht in einer flachen Einsenkung, oder fast oben auf der Spitze, aus der sich mehrentheils fünf Rippen erheben, die sehr stark vorstehen, und stark kantig über die Frucht bis zum Stiel hinlaufen. Zwischen diesen starken Rippen erheben sich in dem breiten Zwischenraum auf der Frucht, wieder kleinere flachere Rippen. Der Stiel ist bald stark und $\frac{1}{2}$ Z. lang, oder bald dünne und $1\frac{1}{4}$ Z. lang. Er steht in einer flachen geräumigen Höhle. Die Farbe der Schale, die im Liegen bald fettig wird, ist ein schönes Blaßgelb, welches aber auf der Sonnenseite vom Kelch bis zum Stiel, sehr stark mit abgesetzten, schön carmosinrothen Streifen besetzt, und zwischen diesen noch sanft punktirt ist. Die Frucht riecht un-

ungemein stark und sehr angenehm, wie manche feine Muskatenbirn. — Das Fleisch ist weiß, locker und brüchig, voll Saft, hier und da im Fleische rosenroth, besonders um die Kelchhöhle, und von einem angenehmen, feinsäuerlichen, alantartigen Muskatellergeschmack. — Das Kernhaus ist ungeheuer groß, wohl 1½ Zoll breit, und stößt vom Stiel bis fast an die Kelchröhre, die sich breit gegen einen halben Zoll conisch herabsenkt. Es enthält dasselbe meistens ziemlich viele 6 bis 10 vollkommene schwarze Kerne, die so wie die Frucht reift, los gehen, und beym Schütteln stark rasseln. — Der Baum wird nur mittelmäßig groß, und wächst nicht sehr stark. Seine Aeste trägt er sehr gern verwirrt, und hängend, und wird frühzeitig und stark fruchtbar. Das Blatt ist vollkommen aus dem Geschlechte der Calvillen, nämlich bleichgrün, langoval, oft über 4 Zoll lang und nur 2½ Z. breit. Die Zahnung ist seicht, und meistens scharf, oft auch nur stumpfspitz. Der dünne Blattstiel ist 1½ Zoll lang und hat kleine, oft auch schöne Afterblättchen. — Die Frucht zeitigt Anfangs Oct. und hält sich nicht wohl bis Weihnachten, wo sie passirt ist. Sie muß zeitig vom Baum gepflückt werden, sonst welkt sie und hat das Gewürz nicht. — Vom ersten Range.

9) **Der Blumencalville.** De Bloem-Zoete Calville. Goede Kandig Zoete Calville. Diel IV. 1. (sonst bey keinem Pomologen.)

Ein ganz vortrefflicher, großer, prachtvoller, frühzeitiger Sommerapfel, von schöner calvillartiger Form, ganz gemacht für den rohen Genuß und

für

für die Küche nur zu saftvoll. Das Ansehn ist platt, und die Wölbung nach dem Kelch ist, in Verhältniß gegen diejenige nach dem Stiel, nur unbedeutend kleiner. In ihrer schönsten Form ist diese Frucht $3\frac{1}{2}$ Zoll breit und $2\frac{1}{4}$ Z. hoch. Da der Baum aber reichlich trägt, und oft sehr voll hängt, so sind die schönsten Früchte dann oft nur 3 Z. breit. Der langblättrige, grünbleibende Kelch ist geschlossen, und steht in einer geräumigen tiefen Einsenkung, die mit vielen Falten oder auch feinen Rippen besetzt ist. Diese laufen oft in großer Anzahl, bald mehr bald weniger erhaben über die Frucht bis zur Stielhöhle hin, und bilden eine zwar stark, aber sanft und schön gerippte Frucht. Der Stiel ist kurz, und sitzt in einer tiefen trichterförmigen Höhle, welche nur selten rostfarbig ist. Die Farbe der bey der Reife sehr fettigen feinen Schale ist ein sehr schönes Citronengelb, das auf der Sonnenseite goldgelb wird. In dieser Goldfarbe bemerkt man nur sehr wenige blaßrothe Streifen, die aber schon bey nur etwas beschatteten Früchten gänzlich fehlen. Die wenigen Punkte sind vorzüglich nur auf der Schattenseite deutlich, und etwas weiß eingefaßt. Charakteristisch ist noch bey dieser schönen Frucht ihr sehr starker Geruch, der einer recht zeitigen Quitte ähnlich ist. Das Fleisch ist gelblich von Farbe, locker, weich, feinkörnig, voll von Saft, und von einem feinen, rosenartigen Geschmack, der dabey etwas von Alant hat. Das Kernhaus ist sehr groß und sehr offen, jede Kammer sehr weit, und diese sind oft sehr unregelmäßig. Der Baum wächst in der Jugend sehr lebhaft, die Aeste stehen etwas weit ab, und hangen oft. Das Blatt ist groß, von Form elliptisch, oft aber mehr läng-

lich

lich eyförmig, $4\frac{1}{2}$ Zoll lang und nur $2\frac{1}{2}$ Z. breit. Die untersten Blätter sind charakteristisch lang und schmal, haben oft $6\frac{1}{2}$ Z. Länge und nur 3 Zoll Breite. Der starke Blattstiel ist $1\frac{1}{2}$ bis $1\frac{3}{4}$ Z. lang, und hat lange schmale Afterblätter. Die Frucht hält sich 3 bis 4 Wochen und zeitigt im halben oder Ende August. Vom ersten Range, besonders wegen seiner Frühzeitigkeit, wo gute Aepfel noch selten sind.

10) Rother Sommercalville. Calville rouge d'Eté. Diel IV. S. 6. *Knoop* Tab. I. Roode-Zomer-Calville. *Du Hamel* Calville d'Eté. Tom. I. Tab. I. *Manger* Nro. 132. *Zinck* Tab. II. Nro. 10. Henne n. 1. *Abercrombie*, Summer calville Nro. 11. Walter, rother Sommer-, französischer Quittenapfel. *Meyer* P. F. Tab. IV. Nro. 4. Christ Nro. 13. T. O. Gärt. Tab. III. Nro. 4. Der rothe Sommererdbeerapfel. Calville rouge d'Eté oder la pomme de Fraise, welches Wort aber die Franzosen für ihn nicht haben.

Diese Litteratur zeigt die allgemeine Verbreitung eines Sommercalvills, der aber deshalb noch nicht in jeder Baumschule ächt zu haben ist. Es ist nur ein mittelmäßig großer, aber für seine Zeit der Reife ein angenehmer und schätzbarer Tafelapfel, besonders aber zu Compoten. Die wahre Form dieses schönen Apfels ist etwas hochaussehend und stumpf kugelförmig, indem die Wölbung nach dem Kelch sich stark und stumpf zuspitzt. Eine vollkommene Frucht ist stark $2\frac{1}{2}$ Z.

breit

breit und auch eben so hoch. Der geschlossene Kelch, der ziemlich lange grün bleibt, sitzt in einer nicht tiefen, etwas engen Einsenkung die mit vielen feinen, schönen Falten und Rippen versehen ist, und wovon gewöhnlich 5 über die Frucht bis zur Stielhöhle hinaufen, manchmal sich auch schon am Bauch endigen. Der grüne starke Stiel ist 1 bis 1½ Z. lang, und sitzt in einer tiefen trichterförmigen Höhle, die gewöhnlich mit einem feinen dünnen Rost bekleidet ist. — Die starke feste Schale wird im Liegen etwas geschmeidig oder fein fettig, und ist am Baum mit einem leichten blauen Duft belaufen. Die Grundfarbe ist ein weißliches Grün, das bey voller Zeitigung gelblich wird, wovon aber bey ganz besonnten Früchten wenig oder nichts zu sehen ist; denn die schönste Carmosinröthe überzieht die ganze Frucht, und wird auf der wahren Sonnenseite, wie lackirt glänzend, wenn man die Schale abreibt. Die Punkte sind bey dieser Frucht charakteristisch, häufig, fein, und weiß von Farbe, wobey sich oft an der Stielwölbung rostartige Flecken bilden. — Die recht zeitige Frucht riecht angenehm violenartig. Das Fleisch ist blendend weiß, die große Ader vom Kernhaus herab rosenroth, und von alten Bäumen bekommt selbst das Fleisch viel Röthe. Es ist dabey fein, mürbe, locker, saftvoll, und von einem vortrefflichen Geschmack nach Erd- oder Himbeeren. — Das Kernhaus ist an sich wenig, oft ganz geschlossen, aber die einzelnen Kammern sind groß, und sie enthalten viel schwarze vollkommene Kerne. — Der Baum bleibt immer nur von einer mittelmäßigen Größe, wächst lebhaft, und wird frühzeitig und ungemein fruchtbar. Die Aeste sind schlank, stehen stark ab, ab, und wölben sich gern zu einer breiten, aber stark belaubten Krone. Das Blatt ist sehr groß, lang oval, $4\frac{1}{2}$ Z. lang und 3 Z. breit, weich von Gewebe, fein geadert, unten nur fein wollicht, hellgrün, matt, und etwas trübe von Ansehen und am Rande stumpfspitz gezahnt. Der dünne Blattstiel ist $1\frac{1}{4}$ bis $1\frac{1}{2}$ Z. lang. — Die Frucht zeitigt vom halben, bis zum Ende Augusts, ist eßbar vom Baum, und hält sich kaum 14 Tage, wo sie Saft und Geschmack verliert. — Vom ersten Range.

Anmerk. Als Zwergbaum auf freche Wildlinge veredelt, trägt er spät und wenig. Er treibt zu viel Holz. Auf Johannisstämme frühzeitig, reichlich und größere, weit schmackhaftere Früchte.

Klasse I. Ordnung II.

Schlotteräpfel, conische.

Besondere Kennzeichen der Ordnung.

1. Fühlen sich nie fettig an.
2. Sind nie mit Duft belaufen.
3. Sind von Form platt, conisch, walzenförmig oder zugespitzt.
4. Haben keinen balsamischen, sondern meistens einen süßlichen oder säuerlichen Geschmack.
5. Haben ein körnichtes, lockeres, und meistens ein gröblichtes Fleisch.

11) Englischer Königsapfel. Pomme royale d'Angleterre. Diel I. S. 74. T. O. G. Nro 27. Salzmann n. 18. Le royal d'Angleterre. Der königl. Apfel in England. — Christ. Nro. 8. Königsapfel. Royal d'Angleterre. *Catalogue chartr.* Hirschfeld.

Ein prachtvoller, sehr großer vortrefflicher Apfel, besonders für die Wirthschaft, und von den Hausmüttern für die Küche zum Dämpfen geschätzt, der sich dabey auch durch seine Dauer bis in den Sommer empfiehlt, und auch alsdann zum rohen Genuß nicht mittelmäßig ist. In seiner schönsten Größe auf Hochstamm ist die Breite 3½ Z. und die Höhe 3¼ Z. Von seiner Mitte läuft er cons(?)ch abnehmend gegen den kleinen Kelch hin, und dieser steht in einer etwas geräumigen, oft flachen Einsenkung, die meistens auf einer Seite etwas niedriger ist. Die Rippen um den Kelch sind flach erhaben, und laufen, nicht sehr auffallend, auf die ganze Frucht hin. Der dünne Stiel steht in einer weiten, tiefen, etwas rostfarbigen Höhle, und ragt nicht über die Frucht hervor. Die Farbe der zarten, geschmeidigen Schale ist ein helles Citronengelb, das im Liegen noch etwas dunkler wird, und überall mit feinen grasgrünen und bräunlichen Punkten besetzt, wovon die erstern mit der Zeit verschwinden. An der Sonnenseite, gegen den Stiel hin, bekommt diese Frucht einige streifenartig geflammte Zinoberröthe, die sich, mehr oder weniger, um den untern Theil des Apfels streifenartig verbreitet. In dem Roth haben die gemeinen Punkte einen großen gelblichen Mond. — Die Frucht riecht wenig

nig und welkt sehr wenig. — Das Fleisch riecht nicht, ist sehr weiß und fein, locker, saftig, und von einem angenehmen weinigten Geschmack, ohne Gewürz. — Die geräumigen Kammern des Kernhauses haben viele weiße schwammigte Streifen. — Der Baum wächst stark, lebhaft, und erfordert einen guten Boden, so wie Schutz gegen die Sturmwinde. Die Aeste, welche stark abstehend in die Höhe gehen, setzen frühzeitig schönes Tragholz an, wodurch der Baum bald und jährlich Früchte bringt. Er belaubt sich nicht stark, und das Laub ist lang und oval, meistens 3 bis 3½ Z. lang und 2½ Z. breit. Es ist flach, etwas rückwärts gebogen, am Rande fein wellenförmig, schön, dunkelgrün glänzend, sehr seicht, fein und nicht scharf gezahnt. Der Blätterstiel ist 1 bis 1½ Z. lang, dünn und mit 2 feinen Spitzen, statt Afterblättchen am Ende besetzt. Die Triebe sind fein, schön braunroth, glatt und ohne Wolle, dabey fein weißlich punktirt. — Die Frucht zeitigt im Dezember und ist haltbar bis tief in den Sommer. Vom zweiten Range.

12) Gestreifter Backapfel. Diel, I. 78. Phrygomelum striatum. Joh. *Bauhin* und Johnston Tom. I. p. 4. Gmelin 99. Backapfel, Strebling.

Ein rechter teutscher großer Wirthschaftsapfel, der frühzeitig genießbar ist, und sich doch lange hält. Seine Breite beträgt oft 3½ Zoll und die Höhe 2½ Zoll. Die Form ist meistens etwas ungleich, und auf einer Seite etwas niedriger, ja nicht selten gegen den Stiel zu etwas spitzer zulaufend, als gegen den Kelch, und mit

ungleichen

ungleichen Erhöhungen über die Frucht herab besetzt. Der grosse offene Kelch steht in einer ziemlich flachen Einsenkung, die mit Rippen umgeben ist, welche sich merklich über den Apfel bis zum Stiel hin verlaufen. Die Röhre des Kelchs geht bis an das Kernhaus, und ist oft daselbst nicht verschlossen, wodurch die Frucht bey nassem Wetter nachher gerne von innen fault. Der Stiel steht in einer tiefen nicht sehr engen glatten Höhle, und steht dem untern Rand der Frucht gleich. Die Schale ist hohes Goldgelb, mit nicht häufigen bräunlichen, weißgelblich eingefaßten Punkten, besetzt. Auf der Sonnenseite hat die Frucht, vom Stiel an bis zum Kelch, manchmal aber nur bis zur Hälfte der Frucht hinauf, breite, unregelmäßig angesetzte, oft ziemlich häufige, schöne Carmosinstreifen, zwischen denen die Schale noch von gleichem Roth getuscht ist. Minder besonnte Früchte haben nur Streifen um den Stiel. Die Frucht welkt nicht, und ist nicht fettig anzufühlen. Das Fleisch ist weißgelblich, grobkörnicht, jedoch ziemlich markigt, saftvoll und säuerlich, weshalb ihn der Landmann sehr zum Kochen liebt Das Kernhaus ist wohl $1\frac{1}{4}$ Z. breit. — Der Baum wird groß, ast, sehr fruchtbar, und kommt in rauhen Gegenden sehr gut fort. Seine Aeste breiten sich sehr aus. Die Augen sind herzförmig, klein, platt, weißwolligt und fast aufliegend. Die Frucht zeitigt im October, und hält sich bis in den April. Vom dritten Range.

13) Weißer Sommergewürzapfel. Diel. III. 23. *Knoop*. Tab. I. Witte Kruid-Appel. Lange witte Appel.

Ein mittelmäßig großer guter Sommerapfel, der sowohl wegen seiner Fruchtbarkeit, als auch seiner frühern Reife wegen, wie schon *Knoop* bemerkte, fortgepflanzt zu werden verdient, und zumal gedämpft ein sehr gutes Gericht zu seiner Zeit liefert, wo die Aepfel noch rar sind. Seine Form ist länglicht, und läuft von der Mitte aus zugespitzt gegen den Kelch hin, aber auch abnehmend gegen den Stiel zu. Meistens ist die eine Hälfte merklich höher, als die andere. Die Breite einer gewöhnlichen Frucht ist $1\frac{1}{4}$ Zoll, die Höhe auf der hohen Seite, oft $2\frac{1}{2}$ Zoll. Der Kelch steht meistens auf der schiefen Oberfläche, und ist mit kleinen Beulen umgeben, die eine kleine Einsenkung bilden. Ueber die Frucht hin laufen 4 bis 5 flache Rippen. Der dünne Stiel steht in einer engen tiefen Höhle, und ist länger als ein Zoll. — Die Farbe der feinen, geschmeidigen, nicht fetten Schale, ist anfänglich hellgrün, das im Liegen hellgelb wird, wobey aber noch immer hier und da etwas grün durchschimmerndes zurückbleibt. Recht besonnte Früchte haben einen leichtverwaschenen Anflug von einer etwas orleanfärbigen Röthe, die manchmal die halbe Seite des Apfels einnimmt. In manchen Jahren sieht man diese Röthe nicht. Wahre Punkte sind nicht da, und nur auf dem Roth sieht man gelbliche Fleckchen. Rostflecken von schwärzlicher Farbe sind dagegen nicht selten. — Die Frucht riecht fein, und wie etwas säuerlich rosenartig. Das Fleisch ist weiß, fein, locker, saftig, markreich und von einem

nem fein säuerlichen Geschmack, ohne besonderes Gewürz, manchmal aber auch etwas weniges nach Anis. — Das Kernhaus ist oft ungeheuer groß; in den Kammern findet man wenige, aber vollkommene Kerne. Der Baum wird mittelmäßig groß, setzt viel kurzes Fruchtholz an, und trägt sehr stark und häufig. Die Sommertriebe sind sehr lang und stark, selten mit etwas Wolle besetzt, halbbraun auf der einen und olivengrün auf der andern Seite, und mit vielen feinen Punkten besetzt. Das Blatt ist mittelmäßig groß, eyförmig oder fast rund, $3\frac{1}{2}$ Zoll lang, und $2\frac{1}{2}$ bis $3\frac{1}{2}$ Zoll breit, stark von Gewebe, und hellgrün von Farbe. Der dünne Blattstiel ist $\frac{3}{4}$ bis $1\frac{1}{4}$ Zoll lang, und hat meistens lange schöne Afterblätter.

Diese Frucht zeitigt oft schon Ende August oder im September, und hält sich nicht über 3 bis 4 Wochen in ihrem Wohlgeschmacke. — Vom zweiten Range.

14) Herbstglockenapfel. Pomme de Cloche d'Automne. Diel. IV. 13.

Eine schöne große Herbstfrucht für die Küche, und für den Landmann selbst zum rohen Genuß recht angenehm. Die Form ist etwas walzenförmig conisch; denn dieselbe nimmt von der Mitte aus, weit mehr nach dem Kelch hin, ab, als nach dem Stiel, wo sie sich sanft zurundet. Dabey ist die eine Seite immer etwas höher als die andere. Die Breite beträgt 3 Zoll, die Höhe aber $3\frac{1}{2}$ Zoll. Der kleine Kelch ist eingeschlossen, und sitzt in einer schief stehenden, ziemlich geräumigen, tiefen Einsenkung. In dieser sieht man immer

viele

viele feine, oft auch ziemlich starke Rippchen, die flach über die Frucht bis zur Stielhöhle hinlaufen, und die Rundung kantig machen. Der Stiel ist bald fleischig und kurz, bald $\frac{3}{4}$ Zoll lang und dünne, und steht in einer tiefen Höhle, welche mehrentheils fein rostfarbig ist, — die Farbe ist ein gelbliches Grün, welches blaßgelb und zuletzt citronengelb wird: die Schale fein und nicht fettig. Die Sonnenseite ist mit einigen kurzabgesetzten Carminstreifen besetzt, die bey beschatteten Früchten ganz fehlen. Wahre Punkte hat diese Frucht gar nicht. Dagegen aber häufig feine Rostanflüge. — Die Frucht riecht sanft violenartig, und welkt erst überzeitig. Das Fleisch ist sehr weiß, locker, markicht, voll Saft, und von einem fein weinsäuerlichen Geschmack, ohne Gewürz Das Kernhaus ist sehr offen, oft nur eine einzige Höhle. Es ist lang elliptisch, mit wenigen, oft gar keinen Kernen. Die Kelchröhre ist ganz kurz und conisch. — Der Baum wächst sehr freudig, wird groß, ist gesund, und ist schön und hellgrün belaubt. Er wölbt sich zu einer dichten Krone. Die Sommertriebe sind mit feinen, häufigen Punkten besetzt. Das Blatt ist 5 bis $5\frac{1}{2}$ Z. lang, und nur 3 bis $3\frac{1}{4}$ Z. breit. Der dünne Blattstiel ist 1 bis $1\frac{1}{4}$ Z. lang, und hat manchmal feine, pfriemenförmige Afterblätter. Die Frucht zeitigt im halben oder Ende Sept und hält sich bis in den November, wo sie fade wird, und welkt. Der Baum fordert cultivirten Boden, und kommt in rauhen Gegenden fort. — Vom zweiten Range.

15) Weiße Sommerschafsnase. Diel, IV. 18. von keinem Pomologen weiter beschrieben.

Eine ansehnliche, große, schöne, und zum Dämpfen und Compoten im August recht vortreffliche Frucht. Ihre Form ist länglich, etwas walzenförmig conisch. Der Apfel hat seine größte Breite mehrentheils gleich über der Stielwölbung, und von da läuft er als ein abgestumpfter Kegel nach dem Kelch hin. Er ist 3 Z. breit und $3\frac{1}{4}$ bis $3\frac{1}{2}$ Z. hoch. Der Kelch steht in einer ansehnlichen, jedoch etwas engen Einsenkung, die mit vielen Rippen besetzt ist, wovon mehrere so sichtlich über die Frucht bis zum Stiel hinlaufen, daß die Frucht in ihrer Rundung oft sehr entstellt wird. Der dünne Stiel ist bis 1 Zoll lang, und steht in einer nicht tiefen Höhle. Die Farbe ist strohweiß, zuletzt gelblich, mit einer geringen Röthe auf der Sonnenseite. Wahre Punkte fehlen gänzlich; dagegen sieht man mehrere feine weißliche Tupfen unter der Schale. Die Frucht riecht nicht stark, und nur fein und angenehm. — Das Fleisch ist weiß, etwas ins Grünliche spielend, feinkörnicht, markicht, sehr saftvoll, und von einem reinen weinsäuerlichen Geschmack, der bey voller Zeitigung milde wird. Das Kernhaus ist groß, weit offen, und länglicht oval, mit meistens tauben Kernen. Die Kelchröhre ist weiß und geht gewöhnlich nur bis zur Hälfte des Weges nach dem Kernhause herab. — Der Baum wächst sehr lebhaft, wird groß, dauerhaft, und kommt in rauhen Gegenden fort. Seine Aeste stehen ab, und wölben sich zu einer breiten Krone. Die Sommertriebe sind lang, stark, von Farbe olivengrün, und auf der Sonnenseite etwas braunroth.

roth. Das Blatt ist groß, elliptisch, stets spitzer nach dem Stiel, als nach vorne auslaufend, wo es sich mit einer schönen Spitze endigt. Es ist 4 bis 5 Z. lang, 3 bis 3½ Z. breit. Der sehr dünne Blattstiel ist 2 bis 2¼ Z. lang. Die Augen sind etwas bauchicht, und stehen auf kleinen platten Augenträgern. — Die Frucht zeitigt zu Anfange oder Mitte Augusts, und hält sich 4 Wochen, wo sie welkt. — Vom zweiten Range.

16. Schlotteräpfel — zugespitzte.

Der Türkenkalville. Diel, II. S. 18. Findet sich sonst bey keinem Pomologen.

Diese sehr große, sicher unter allen Calvillen die größte Frucht, war unsern Vorfahren schon lange bekannt, da man von ihm so uralte Bäume findet. Sein Ansehn, wenn er zeitig ist, ist prachtvoll, nur Schade, daß seine Güte blos in der Oeconomie zu benutzen ist. Seine Form ist hochaussehend, und er läuft etwas stumpf zugespitzt gegen den Kelch hin. In seiner größten Vollkommenheit auf dem Hochstamm mißt er 4 Zoll in der Breite, und 3¾ in der Höhe. Die bis auf das Kernhaus sich herabsenkende Kelchhöhle, steht mit dem kleinen Kelch in einer ansehnlich tiefen, meistens geräumigen Einsenkung, in der sich gewöhnlich 7 Rippen erheben, die nur sanft, aber doch sichtbar über die Frucht bis zur Stielhöhle hinlaufen. Der Stiel ist sehr kurz, und steht in einer tiefen, geräumigen, durch Rippen oft schief verdreheten Höhle, die mehrentheils etwas rostig ist. Die Schale ist am Baum bloßes Gelbgrün, wird aber im Liegen goldgelb. Auf der Sonnenseite ist dieselbe mit breiten abgesetzten carmosinrothen Streifen gezeichnet, und zwischendurch manchmal fein punktirt. Fast an jeder Frucht finden sich auch große, hellgraue Rostflekken. Die Frucht riecht wenig, aber angenehm. Das Fleisch ist weiß, saftig, grobkörnicht, und von einem etwas rauhen, stark weinsauren Geschmack. Der Baum wächst sehr stark, wird sehr groß, gesund, alt, und kommt auf schlechtem Boden fort. Er belaubt sich nicht stark, setzt sehr frühzeitig Fruchtholz an, und trägt fast jährlich. Das Blatt ist oval $4\frac{1}{2}$ Z. lang, und 3 Z. breit. Der Blattstiel ist $1\frac{3}{4}$ bis 2 Zoll lang. Das Auge ist schön, doch nicht groß, und die Augenträger laufen breitrippigt herab.

Diese schöne Küchenfrucht zeitigt im Dezember, hält sich bis in das Frühjahr, und länger. Vom zweyten Range.

17) **Der Vexirapfel.** De Foppen - Appel. Diel. III. 27.

Ein von außen sehr schöner, ansehnlich großer, aber nach seiner innern Güte nur sehr mittelmäßiger Apfel für die Wirthschaft. In seiner Form ist er sehr veränderlich, denn bald nähert er sich der Kugelform, bald hat er etwas Hochaussehendes, und ist nach dem Kelch bald mehr bald weniger zugespitzt. Die Breite beträgt 3 Zoll und die Höhe $2\frac{3}{4}$ Zoll. Der Kelch stehet in einer seichten oder tiefen Einsenkung, die mit vielen Falten besetzt ist, von denen auch ziemlich viele als feine sanfte Rippen über die Frucht hinlaufen. Der Stiel ist bald 1 Zoll lang und dünn, bald kurz und fleischig. Die feine Schale ist am

Baum

Baum mit Duft belaufen. Ihre Farbe ist anfänglich schönes helles Strohgelb, das aber im Liegen Citronengelb wird. Die Sonnenseite ist dabey mit einem schönen hellen Carmosinroth verwaschen, in welchem man noch einige dunklere kleine Streifchen bemerkt. Punkte sieht man in der gelben Farbe gar nicht, aber wohl einige gelbliche in der starken Röthe. Die Frucht riecht nur sehr wenig, und welkt nicht. Das Fleisch ist sehr weiß, fein, voll Saft, und von einem starken, reinen, weinsauren Geschmack. Das Kernhaus ist sehr unregelmäßig. Der Baum wächst ungemein lebhaft, und ist sehr fruchtbar. Seine Aeste wachsen leicht unregelmäßig und flach, fast hangend. Er belaubt sich stark. Das Blatt ist oval, 3¾ Z. lang, 2¼ breit. Der Blattstiel ist 1 Z. lang, und hat selten Afterblätter. Die Augen sind stark und dick, nach abgeriebener Wolle schön roth, und stehen auf sehr stark vorstehenden Augenträgern. Die Frucht zeitigt Ende Octobers, und ist um Weinachten passirt. Sie hat dabey den Fehler, daß das Fleisch unter der Schale gern stippicht wird. — Vom dritten Range.

NB. Die vielversprechende Frucht und der geringe Werth haben den Namen veranlaßt.

18) Der Ledersüßling. Diel. III. 31.

Ein ansehnlicher und in der Wirthschaft beliebter Apfel, der von den Landleuten selbst zum Rohessen sehr geliebt wird. Seine Form ist hochaussehend, etwas walzenförmig conisch. Die Breite 3 Zoll und Höhe eben so viel. Der etwas offene Kelch steht in einer seichten Einsenkung, die mit vielen Rippen umgeben ist, und von da in vielen sichtbaren Kanten, oder breiten Erhabenheiten über die Frucht bis zur Stielhöhle hinlaufen. Der kurze Stiel, der über die Frucht nicht hervorragt, steht in einer nicht tiefen engen Höhle, die meistens rostfarbig ist. Die geschmeidige Schale ist hellgrün, und wird nach und nach blaßgelb. Die Sonnenseite aber ist mit einem schönen Roth stark verwaschen, in welchem man, bey etwas weniger besonnten Früchten viele abgesetzte Streifen bemerkt. Die Punkte sind sehr häufig, aber sehr fein, und von Farbe grau. Die Frucht riecht nur sehr wenig. Das Fleisch ist sehr weiß, fein, locker, etwas lederartig, sehr saftig, und von einem ganz reinen süßen Geschmack. Das Kernhaus ist groß, und sehr unregelmäßig, und enthält sehr wenig Kerne, die selten schlottern. Die weite Kelchröhre senkt sich fast bis auf das Kernhaus herab. — Der Baum wächst lebhaft und stark. Seine Aeste stehen weit ab, lüftig, und das Tragholz steht etwas weitläuftig, wobey der Baum doch fruchtbar ist. Die Sommertriebe sind lang und stark, braunröthlich auf der Sonnenseite, grünlich im Schatten, und häufig mit feinen, länglichten Punkten besetzt. Das Blatt ist ovalrund, am Stiel abgestumpft, 3 Zoll lang, 2½ Z. breit, stark von Gewebe, und grob geadert. Die Zahnung ist nicht tief, und stumpfspitz. Der Blattstiel ist 1½ Z. lang, feinwolligt, und röthet sich frühzeitig im Herbst. Die Frucht zeitigt im Oct. und hält sich bis in den Winter. — Vom zweiten Rang.

19) Die Rothfeder. Le Rouget. Diel. IV. 23.

Eine große, recht schöne, von außen viel versprechende Frucht, die aber doch nur für den öconomischen Gebrauch schätzbar, und für die Tafel nur mittelmäßig ist. Die Form dieses Apfels ist hochaussehend und calvillartig, dem rothen Herbstcalville etwas ähnlich, nur nicht so stark gerippt. Manche Früchte nähern sich aber auch einer runden, und nach dem Kelch stumpf zugespitzten Form. Sie ist 3½ Zoll hoch und breit. Der Kelch hat schmale, ziemlich lange Ausschnitte, und steht in einer seichten, bald tiefen, nicht geräumigen Einsenkung, die mit schönen calvillartigen Rippen besetzt ist, die sich oft stark am obern Rande der Einsenkung erheben, und etwas flach und breitkantig, aber sehr deutlich über die ganze Frucht bis zur Stielhöhle hinlaufen. Der starke fleischige Stiel ist meistens ¾ Z. lang, oft auch sehr kurz, und sitzt bald in einer geräumigen und etwas tiefen, bald aber auch in einer sehr flachen Höhle, und ist bald hellgrün, bald etwas rostfarbig. Fast immer sitzt auch im Grunde der Höhle ein Fleischfortsatz neben oder um den Stiel. Die Grundfarbe ist ein schönes helles Strohgelb, welches aber bey besonnten Früchten mit einer eigenen, blassen, fast orleanfärbigen, gelbröthlichen Farbe ganz dünne überkleidet ist, so daß die Grundfarbe nicht nur durchschimmert, sondern auch stellenweise rein erscheinet. Punkte hat diese Frucht nur wenige. Die Frucht riecht sehr angenehm, und welkt nicht, als nach ihrer Reifzeit. Das Fleisch ist schön weiß, leicht, locker, ziemlich grobkörnicht, sehr voll Saft, und von einer angenehmen,

men, sanften, weinsäuerlichen Süßigkeit. Das Kernhaus ist offen, jede Kammer sehr groß, calvillartig und sehr geräumig. Die Form ist herzförmig, aber es stehet bald mit der Spitze nach dem Stiel, bald aber auch wieder damit nach oben, und reicht von dem Stiel bis zur Kelchröhre. Diese ist charakteristisch weit, nach unten stumpfspitz, und gleicht einer Bischoffsmütze. Der Baum wächst ungemein lebhaft, wird sehr schön von Form, belaubt sich sehr stark, und ist sehr fruchtbar. Seine Aeste stehen nicht stark ab. Das Blatt ist $3\frac{1}{2}$ Zoll lang und $2\frac{1}{2}$ Z. breit, stark und steif von Gewebe, unten stark wollicht, etwas grob geadert, dunkel glänzend grün.

Die Frucht zeitigt im Oct. hält sich nicht gerne bis zum Dezember, sondern wird alsdann stippicht im Fleisch. — Vom 2ten Range.

Schlotteräpfel — walzenförmige.

20) **Die gelbe gestreifte Schafsnase.** Diel II. 22.

Eine ganz sonderbare, sehr große, schöne, in ihrer Form fast einzige und geschätzte Küchenfrucht. Sie ist so walzenförmig, daß man an vielen Früchten gar nichts von einem Bauche bemerkt. Die Breite ist $3\frac{1}{2}$ Z. die Höhe hingegen $4\frac{1}{2}$ Z. Der große nicht geschlossene Kelch steht in einer tiefen Einsenkung, mit tiefgehender Kelchröhre, und ist bald mit feinen, oft aber auch sehr ungleichen, stark erhobenen Rippen umgeben, die häufig starkkantig über die ganze Frucht hinlaufen, und die Form unregelmäßig, vier = fünfkantig machen. Der kurze dünne Stiel hingegen steht in einer schönen tiefen Höhle. Die Grundfarbe der nicht fettigen Schale ist am Baum schönes Hellgrün, welches auf dem Lager ganz goldgelb wird. Auf der Sonnenseite ist oft mehr als die halbe Frucht, ja häufig rund herum, kurz abgesetzt, breit und wie verflossen, mit einem schönen Roth gestreift, das sich auch schön sternförmig um den Stiel verbreitet. Zwischen diesen Streifen ist die Schale noch mit dem nämlichen Roth punktirt. Ganz feine weißliche Punkte sieht man nur im Rothen mit Mühe, und im Grünen sind es hellgrünere Fleckchen. Rostflecken sind an dieser Frucht eine Seltenheit. Die Frucht riecht nicht. Das Fleisch ist weiß, und wird nachher erst gelblich. Es ist fein, weich, markigt, voll Saft; und hat einen angenehmen, reinen, etwas süßsäuerlichen Geschmack. Das Kernhaus ist sehr auffallend. Man sieht von den einzelnen Kammern sehr wenig, oft keine Spur, sondern das Ganze ist eine glatte, elliptische Höhle, die sich der Länge nach gegen Stiel und Kelch mit scharfen Spitzen endiget. Kerne findet man oft gar keine; und enthält das Kernhaus einige kleine rundliche Kerne, so schlottern sie, wenn die Frucht zeitig ist. Der Baum wächst in der Jugend stark, nachher aber langsamer, belaubt sich sehr schön, und trägt seine Aeste flach abstehend, wölbt sich aber mit seinen obern Zweigen zu einer schönen Krone. Er hat in seiner Belaubung etwas eigenes, sehr kenntliches und auszeichnendes, denn die Blätter hangen ihres langen Stieles wegen abwärts, und wie gekräuselt, und bekommt dadurch ein etwas düstres Ansehn. — Das Blatt ist hellgrün, meist ovalrund, mit einer schönen Spitze $4\frac{1}{2}$ Z. lang, $2\frac{1}{2}$ breit. Der Blattstiel ist oft $1\frac{1}{2}$ Z. lang, röthet

sich

sich bald im Herbst. — Die Frucht zeitiget im October, und hält sich bis Weihnachten, wo sie den Geschmack verliert. Vom zweyten Range.

21) Die rothe Schafsnase. Diel III. 34.

Ein schöner, großer, sehr guter Apfel für die Wirthschaft, auch zum rohen Genuß bey dem Landmanne beliebt. Seine wahre Form ist stets hochaussehend, und walzenförmig, und es giebt Früchte dabey, bey denen die Wölbung um den Stiel und den Kelch ganz gleich sind. Die Breite beträgt 3 Z. und die Höhe auch so viel. Der große offene Kelch steht in einer offenen, schüsselförmigen, manchmal ansehnlich tiefen Einsenkung, aus der sich bald sehr feine, bald starke Rippen erheben, die aber meistens erst recht sichtbar als breite, kantige Erhabenheiten über die Frucht hingehen. Der sehr kurze Stiel steht in einer engen, oder trichterförmigen, meistens glatten Höhle. Die Grundfarbe ist ein trübes Gelb, das durch ein blasses Roth hindurchschimmert. Dieses ist auf der Sonnenseite verwaschen, und besteht in einem schönen dunklen Blutroth, das nach der Schattenseite blaß, und bey beschatteten Früchten breitstreifig ist. Ueber die ganze Schale sind sehr viele, äußerst feine, weißgraue Punkte vertheilt, und häufig findet man auch noch Rostflecken. Die Frucht hat keinen Geruch, und welkt nicht. Das Fleisch ist weiß, ins Grünliche spielend, mit einer großen Ader um das Kernhaus, etwas locker, ziemlich feinkörnicht, nicht sehr saftig, und von einem süßsäuerlichen Geschmack. Das Kernhaus ist geschlossen, die Kammern sind sehr breit und geräumig. Die Kelchröhre ist weit,

und

und wie ein kleiner Trichter. — Der Baum wird groß, und wölbt sich zu einer sehr schönen Krone, mit schön abstehenden Aesten, die gedrängt voll Tragholz sind, und dadurch den Baum sehr fruchtbar machen. Die Sommertriebe sind lang und schön, nur nach vorne mit Wolle bekleidet, rundum glänzend braunroth von Farbe, und mit vielen schönen, meistens länglichten, weißgrauen Punkten besetzt. Das Blatt ist groß, langoval, 4¼ Zoll lang und 2¾ Z. breit, dünn von Gewebe, unten wollicht, fein geadert, schön von Farbe, und am Rande nicht tief aber spitz gezähnt. Die Frucht zeitigt im Nov. und hält sich den ganzen Winter hindurch. Vom zweyten Range.

22) Der Alantapfel. Diel III. S. 39.

Ein großer, vortrefflicher, sehr gewürzhafter Apfel für die Tafel und die Küche. Seine Form ist hochaussehend, abgestumpft kegelförmig, 3 Z. breit und 3¼ Z. hoch. Der kleine geschlossene Kelch steht in einer flachen, oder nur etwas tiefen, und alsdann engen Einsenkung, die mit feinen Falten oder Rippchen besetzt ist, und über die Frucht bis zum Stiel hin sieht man mehrere flache feine Rippen sehr sichtlich hinlaufen, die aber die Schönheit der Form nicht entstellen. Der sehr kurze fleischige, meistens bey weitem nicht an die Stielwölbung gehende Stiel steht in einer geräumigen tiefen Höhle, welche glatt ist. — Die Farben der feinen, geschmeidigen, nicht fettigen Schale ist ein sehr schönes glänzendes Citronengelb, das anfänglich etwas Grünliches noch melirt hat, und die Sonnenseite ist mit kurzabgesetzten und meistens schmalen Streifen von schöner Carmosin-Farbe besetzt, und zwischen diesen noch leicht getuscht. Punkte hat sie gar nicht oder sehr wenige. Die Frucht riecht sehr stark nach Erdbeeren oder Melonen, und das Fleisch selbst nach Alant. Es ist weiß, ins Gelbliche spielend, locker, etwas grobkörnicht, nicht sehr saftig, und von einem starken nach Alant duftenden Geschmack, dem noch etwas Zimmetartiges beygemischt scheint. — Das Kernhaus ist sehr offen, jede Kammer sehr weit, und dennoch enthalten sie mehrentheils 10 vollkommene Kerne. — Der Baum wächst sehr stark und wird groß. Er trägt seine Aeste schön abstehend, und ist sehr fruchtbar. Die sehr kenntlichen Sommertriebe treiben bey jungen Bäumen gern im ersten Jahre Fruchtspieße wie Stacheln. Sie sind hellröthlich, mit vieler feiner weißer Wolle bekleidet, und mit sehr häufigen Punkten besetzt, die weiß und fast immer rund sind. Das Blatt ist $3\frac{1}{2}$ Zoll lang und $2\frac{1}{4}$ breit. Der dünne Blattstiel ist 1 bis $1\frac{1}{4}$ Zoll lang, und hat feine lange Afterblätter. Die Frucht zeitiget im Nov., oft früher, und hält sich bis zum März. Vom ersten Range.

23) Der bunte Langhans. Diel IV. 28.

Ein ansehnlich großer, sehr schöner, vortrefflicher Herbstapfel für die Oeconomie, und selbst für den rohen Genuß nicht zu verachten, zumal da er frühzeitig genießbar ist, und sich dennoch bis Weihnachten hält. Seine Hauptform ist lang, oder hochaussehend, walzenförmig, und alsdann ist der flache Bauch in der Mitte, und nimmt nur nach dem Kelche etwas weniger, als nach dem Stiele ab. Es ist ein wahrer paraboli-

scher

scher Apfel in seiner Hauptform, und in seiner Vollkommenheit ist er $2\frac{3}{4}$ Zoll breit und 3 bis $3\frac{1}{4}$ Z. hoch. Doch ist fast immer eine Seite etwas höher, als die andere. Der halb offene Kelch ist etwas spitzblätterig, und steht in einer bald etwas seichten, bald ansehnlich tiefen und geräumigen Einsenkung, auf deren Rand sich mehrentheils einige flache, oft etwas beulenartige Rippen bilden, die auch sichtbar, flach und breitkantig über die Frucht bis zur Stielhöhle hinlaufen. Der gegen die Frucht sehr dünne Stiel ist $\frac{3}{4}$ bis 1 Zoll lang und steht in engen tiefen Höhlen, die bald mit mehr bald mit wenigerm Rost bekleidet ist. Die Grundfarbe ist ein grünliches Gelb, zuletzt ein schönes blasses Citronengelb. Diese Grundfarbe sieht man aber bey ganz besondern Früchten nicht rein, indem solche rundherum mit einer schönen Carminfarbe streifenartig gezeichnet und stark punktirt sind. Die Frucht riecht fein, angenehm, und welkt erst überzeitig. Das Fleisch ist weiß, feinkörnicht, fest, um den Kelch herum im Fleische oft etwas rosenroth, saftvoll, und von einem angenehmen, feinen, gewürzhaften, fein weinsäuerlichen Geschmack, der etwas flüchtig rosenartiges hat. Das Kernhaus ist bey langen Früchten sehr offen, und oft unregelmäßig; bey niedrigern zuweilen geschlossen. Der Baum wächst sehr lebhaft, und belaubt sich schön. Das Blatt ist oval, und hat eine lange Spitze. Es ist 4 Z. lang und $2\frac{1}{2}$ Z. breit. Der Blattstiel ist $1\frac{1}{4}$ Z. lang, und hat keine Afterblätter. Die Frucht zeitigt Ende Octobers und verliert um Weihnachten ihren Geschmack. — Vom zweyten Range.

24) Die rothe Walze. Le Rouleau. Diel IV. S. 33.

Ein großer, schöner, aber nur für die Küche zu gebrauchender Apfel, und der vielleicht guten Wein geben mag. Seine Form ist ganz walzenförmig, ja er läuft manchmal etwas abnehmender nach dem Stiel als nach dem Kelch. Die Wölbung um den Kelch ist sehr platt, und gleichsam wie abgeschnitten, die Stielwölbung hingegen ist seltner platt; denn häufig erhebt sich schon an dem untern Rande ein Fleischfortsatz, oft auch erst in der Stielhöhle, der sich alsdann an den Stiel anlegt, und denselben ganz auf die Seite drückt. Eine gewöhnliche Frucht ist 3 Zoll lang und eben so breit. Der kleine Kelch bleibt grün, ist geschlossen, und steht in einer geräumigen, weiten, ansehnlich tiefen Einsenkung, die oft mit feinen Rippen umgeben ist, und die auch meistens über die Frucht, zwar flach, aber doch sichtbar hinlaufen, so daß die Rundung ein stumpfkantiges Ansehn bekommt. Der Stiel ist dünn, kaum $\frac{1}{2}$ Zoll lang, und steht meistens auf der Seite, in einer flachen geräumigen Einsenkung, die aber oft kaum wegen des Fleischfortsatzes bemerkbar bleibt. Die Grundfarbe der am Baum mit blauem Duft belaufenen feinen Schale ist ein schönes Grün, welches bey der Zeitigung ein etwas trübes Gelb wird. Besonnte Früchte sind vom Kelch bis zum Stiel mit einem etwas schwärzlich schillernden Carmosinroth verwaschen, und in diesem Roth sieht man noch viele, oder wenige kleine, kurz abgesetzte dunklere Streifen. Die Punkte sind weitläuftig vertheilt, fein, gelblich. Die Frucht riecht wenig und welkt nicht, das Fleisch ist gelblich,

locker,

locker, grobkörnicht, saftvoll, und von einem etwas süßsäuerlichen Geschmacke. Das Kernhaus sitzt hoch, oben nach dem Kelche, und ist bald offen, bald geschlossen. Der Baum wächst sehr lebhaft, belaubt sich dicht, und wird frühzeitig fruchtbar. Die Aeste sind stark, und gehen deshalb gern in die Luft. Das Blatt ist 4 Zoll lang und 2½ bis 3 Z. breit. Der Blattstiel ist 1 bis 1¼ Z. lang, und hat schöne schmale Afterblätter. Die Frucht zeitigt im November, und wird gern im Fleische stippicht. Vom dritten Range.

25) Der Bouteillenapfel. Diel IV. S. 37.

Ein ansehnlich groſser, und zum wirthschaftlichen Gebrauche schätzbarer Winterapfel. Seine Form ist oft wunderbar, und vom Kelch gegen den Stiel stumpf kegelförmig. Häufig ist die Form indessen auch rein walzenförmig, und die Wölbungen um Kelch und Stiel sind sich gleich. Er ist gewöhnlich 3 Zoll hoch und 2½ Z. breit, oft sind auch beyde Durchmesser gleich. Der lange, schmale, sehr spitzblättrige Kelch ist geschlossen, und steht in einer tiefen Einsenkung, aus der sich gewöhnlich fünf sanfte Rippen erheben, wovon die mehrsten deutlich, einige aber auch starkkantig über die Frucht hinlaufen. Der meistens starke fleischige Stiel ist ¾ Zoll lang, und sitzt manchmal fast gleich auf, oder gewöhnlich in einer seichten glatten Höhle, die oft Fleischfortsätze enthält, welche den Stiel auf die Seite drücken. Die Farbe ist hellgrün, zuletzt im Liegen fast hellgelb. Auf der Sonnenseite ist aber die Frucht vom Stiel bis an den Kelch mit einem schönen etwas trüben Roth von einer Blutfarbe, rein ver-

waschen,

waschen, und hat nie etwas streifenartiges. Die Punkte sind nicht häufig, schön vertheilt, stark und hellgrün von Farbe. Die Frucht riecht fein, angenehm und welkt nicht. Bey der vollen Zeitigung schlottern die Kerne stark in ihr. Das Fleisch ist weiß, fein, markigt, saftvoll, und von einem süßsäuerlichen, gewürzhaften Geschmack. Das Kernhaus besteht häufig nur aus einer einzigen großen Höhle. Bey kleinen Früchten sind aber die Kammern deutlich bezeichnet. Es sitzt unten auf dem Stiel, viel weiter von der Kelchhöhle, und enthält meistens wenige Kerne. Der Baum wächst stark und wird sehr groß. Das Blatt ist $3\frac{1}{2}$ Zoll lang, und nur $1\frac{3}{4}$ Zoll breit. Der dünne Blattstiel ist 1 Z. lang, und hat sehr feine, fadenförmige Afterblätter. Die Frucht zeitigt im Nov. und Dec. und hält sich den ganzen Winter hindurch. — Vom zweyten Range.

26) Großer rother Kasselapfel. Diel IV. S. 42.

Ein sehr großer, und für die Wirthschaft ganz vortrefflicher Winterapfel, der selbst zum Rohessen für den Landmann reizend ist. Seine Gestalt ist auffallend. Er ist der nächste Verwandte von der gelben gestreiften Schafsnase, und ist oft noch größer. Die Form ist lang und walzenförmig, außer nach dem Kelch etwas zugespitzt. Der Bauch ist meistens flach, indessen giebt es auch Früchte dabey, die ziemlich stark bauchigt sind, und diese haben ein fast kegelförmiges Ansehn. Die Höhe beträgt 4 bis $4\frac{1}{4}$ Zoll und die Breite $3\frac{1}{4}$ bis $3\frac{1}{2}$ Zoll. Der spitzblättrige Kelch ist halb offen, und steht in einer etwas

en:

engen, tiefen Einsenkung, die mit flachen Rippen besetzt ist, und die flach und breitkantig, manchmal auch ziemlich stark erhaben, bis zur Stielhöhle hinlaufen. Der Stiel ist kurz, steht kaum der Stielwölbung gleich, und sitzt in einer oft sehr tiefen Höhle, welche rosenfarbig ist, und oft durch einen starken Fleischfortsatz fast zugedrückt wird. Die Grundfarbe ist ein schönes helles Schwefelgelb, welches aber bey besonnten Früchten wenig und oft gar nicht rein zu sehen ist, indem die Schale über und über mit einem Carmosinroth, oder einem etwas blutartigen Roth leicht und dünn verwaschen ist, worin man mehrentheils noch eine Menge kurz abgesetzte dunkelrothe Streifen deutlich bemerkt. Die Punkte sind ungemein fein, ziemlich häufig und im Rothen gelblich, im Gelben aber grau. Die Frucht riecht sehr wenig, und welkt nicht. Das Fleisch ist weiß, fein, fest und etwas ledericht, saftig und von einem angenehmen, reinen, etwas süßweinsäuerlichen Saft. Das Kernhaus ist sehr groß, offen, unregelmäßig und etwas herzförmig, mit einer stumpfen Spitze nach unten. Die Kammern enthalten nur wenige vollkommene Kerne, die bey ihrer Zeitigung oft stark rasseln. Der Baum wird sehr groß, und belaubt sich sehr schön und dicht. Er ist dabey sehr fruchtbar. Das Blatt ist lang eyförmig, nach vorne mit einer schönen langen Spitze. Es ist 4½ Z. lang und hat lange schmale Afterblättchen. Die Augen sind klein, weißwollicht, liegen fest an, und stehen auf breiten starkgerippten Augenträgern. Diese Frucht zeitigt im December, hält sich den ganzen Winter hindurch, und wird nur zuweilen stippicht im Fleisch. — Vom zweyten Range.

NB. Der Baum fordert fetten und gut cultivirten Boden.

Klasse I. Ordnung III.

Gulderlinge.

Besondere Kennzeichen der Ordnung.

1. Sie sind nicht balsamisch wie Ordn. I, sondern gewürzhaft von Geschmack.
2. Haben feines, fast reinettenartiges Fleisch.
3. Sind von Form conisch oder platt.
4. Sind am stärksten nur um den Kelch gerippt.

Conische.

27) Gelber Gulderling. Diel I. 81. Ebsholz, einfacher Gulderling. *Knoop* Geele Gulderling, Fyne Gulling, Enkelde Gulling, Einfacher gelber Gulderling. Goud-Appel Tab. 7. Hirschfeld Gülderling. Christ Nro. 136.

Ein schöner, ziemlich großer Apfel, so schätzbar für die Tafel als für die Küche. Seine Form fällt meistens in das längliche, und ist bald zugespitzt, bald conisch, bald walzenförmig. Er ist $2\frac{3}{4}$ Z. breit und eben so hoch, oft etwas höher. Der Kelch steht meistens in einer gleichsam mit Falten zugeschnürten, nicht tiefen, engen Einsenkung, aus der sich mehrere feine Rippen erheben, wovon oft mehrere sehr sichtbar und fast scharfkantig über die ganze Frucht hinlaufen. Der nicht lange Stiel steht in einer sehr veränderlichen Höhle.

Höhle. Die Farbe ist ein schönes blasses Grün, welches im Liegen glänzend Goldgelb wird, wobey sich die Schale geschmeidig anfühlt. Sehr besonnte Früchte bekommen einen Anflug von erdartiger Röthe, und manchmal auch gelbgraue Warzen. Punkte findet man nur sehr wenig, und diese sind grau und sehr fein. Die Frucht riecht etwas fein, angenehm und welkt nur gegen das Frühjahr. Das Fleisch ist weiß, ins Gelbliche spielend, fein, etwas locker, voll Saft, markigt, ohne starken Geruch, und von einem sehr angenehmen, süß-weinichten, gewürzhaften Geschmack. Das Kernhaus ist groß, ganz offen, oft unregelmäßig. Der Baum wird nur mittelmäßig groß, macht viel feines herabhangendes Holz. Er ist außerordentlich fruchtbar, setzt aber das Fruchtholz erst gern an Fruchtruthen an. Die Triebe sind fein und lang, auf der Sonnenseite röthlich braun, auf der Schattenseite gelbgrün, beschattete Reiser haben wenig Röthe, sind sehr hellgrün, und mit vieler weißer Wolle besetzt. Das Laub ist am Rande gern wellenförmig. Der Stiel ist oft 1½ Z. Die Frucht zeitigt im December und hält sich ohne zu welken bis in den May. — Vom ersten Range.

28) **Der Loskrieger.** Diel I. S. 85. **Christ.** Nro. 7. Fürstlicher Tafelapfel.

Ein sehr schöner, mittelmäßig großer, vortrefflicher Tafelapfel, von Form platt, und so daß die Wölbung um den Kelch der um den Stiel ziemlich gleich ist. Die Breite 3 Zoll, die Höhe 2½ Z. Der offene kleinblättrige Kelch, wovon sich fünf grüne Strahlen in die Schale der Frucht verbreiten, steht in einer weiten schönen Einsenkung, in der man nur feine Falten bemerkt, die sich aber erst auf der Anhöhe zu höckerartigen Rippen erheben, über die Frucht hingegen nur unmerklich hinlaufen. Der dünne kurze Stiel steht auch in einer weiten, ziemlich tiefen, mit vielen grünen Streifen eingefaßten Höhle. Die Grundfarbe der sehr feinen dünnen Schale ist blasses Weißgelb, das ins Grünliche fleckenartig spielt, und im Liegen hellgelb wird. Auf der Sonnenseite bemerkt man einen leichten Anflug von einer etwas geflammten blassen Röthe. In und um diese Röthe stehen mehrere röthliche Flecken, mit einem dunklern Mittelpunkt. Die übrigen, auf der Frucht befindlichen Punkte sind sehr fein. Die Frucht riecht nicht, und welkt nicht. Das Fleisch riecht wenig, ist schön weiß, äußerst fein, weich, locker, nach außen mit grünlichen Adern durchwebt; von Saft nicht überreichlich, und von einem angenehmen, süßweinigten Geschmack. Das Kernhaus ist weit, sehr offen, stößt bis an die Kelchhöhle, und hat allda einen dicken hellgrünen Bolzen im Fleisch. Der Baum treibt eben nicht lebhaft, trägt jährlich, erfordert aber einen sehr guten Boden, warme Lage, und Zwergform. Die Frucht reift im Jenner, und hält sich sehr lange. Vom ersten Range.

29. Süßer Gulderling. Diel II. S. 27.

Ein mittelmäßig großer schöner vortrefflicher Süßapfel, für den Landmann sehr achtbar, und dadurch besonders willkommen, daß er mit nicht ganz reifen Zwetschen (Prunus domestica) wie dieses in schlechten Jahren sehr häufig der Fall ist,

ist, ein vortreflliches süßes Muß macht. Seine Form ist meistens hochaussehend, und etwas conisch, doch oft auch nach dem Kelch ziemlich stumpf, und alsdann hat die Frucht etwas ähnliches mit einer Birnquitte. Ihre Breite und Höhe sind sich fast immer gleich, und messen $2\frac{1}{2}$ Zoll. Der Kelch steht meistens in einer nicht tiefen Einsenkung, und die Kelchhöhle senkt sich bis auf das Kernhaus herab. Aus der Einsenkung laufen gewöhnlich fünf breite Rippen über die Frucht bis zur Stielhöhle, welche nicht tief, etwas enge, und sehr rostfärbig ist. Der Stiel ist gewöhnlich nur ein Fleischbutz. Die Grundfarbe der feinen Schale ist ein helles grünliches Gelb das im Liegen sehr schönes Goldgelb wird, und wobey die Sonnenseite, auf einem kleinen Fleck mit einem schönen Anflug von Röthe besetzt ist. Die Punkte sind fein, gelblich und im Schatten grün eingefaßt. Die Frucht riecht angenehm. Das Fleisch ist gelblich weiß, mit hellgrünen Aederchen durchwebt, locker, fein, nicht sehr saftig, und von einem sehr süßen, alantartigen Geschmack. Das Kernhaus ist weit offen, unregelmäßig, und von einer rundlichen Gestalt. Der Baum wächst sehr stark, macht feines langes Holz, belaubt sich dicht, und macht eine flache Krone. Die Zweige setzen frühzeitig Fruchtholz an, und machen den Baum sehr fruchtbar. Die Sommertriebe sind fahl, etwas bräunlich, auf der Schattenseite, schön olivengrün, mit feiner Wolle bekleidet, und mit länglichen weißen Punkten besetzt. Das Blatt ist mittelmäßig groß, stark, nach Stiel und Spitze gleich abnehmend, fast rund, $3\frac{1}{2}$ Z. lang, 3^1 Z. breit. Der Blätterstiel ist stark $1\frac{1}{4}$ Z. lang, und hat schöne große Afterblätter. Die Frucht zeitigt im October, oft schon im Sept und hält sich sehr lange. — Vom zweyten Range.

30. Gelber Wintercarthäuser. Diel. II. 31.

Ein schöner ansehnlicher für die Tafel, noch mehr aber für die Wirthschaft, schätzbarer Apfel. Seine Form sieht fast etwas kugelförmig aus, läuft aber doch häufig von der Mitte der Frucht etwas stumpf zugespitzt gegen den Kelch zu. Die gewöhnliche Breite beträgt 3 bis 3½ Z. und die Höhe 2½ bis 2¾ Z. Der Kelch steht in einer nicht tiefen Einsenkung, die mit meistens 5 feinen Rippen umgeben ist, und die sehr sichtbar und etwas breitkantig über die Frucht bis zur Stielhöhle hinlaufen. Der Stiel ist sehr kurz, und steht in einer etwas tiefen, ziemlich engen, doch auch oft geräumigen, fein rostfarbigen Höhle. — Die Grundfarbe ist schönes Hellgrün, zuletzt Goldgelb, wobey auch charakteristisch ist, daß die grünen Früchte nur flammenartig nach und nach gelb werden. Bey stark besonnten Früchten findet man einen leichten Anflug von Röthe. Punkte hat die Frucht sehr wenige, und man sieht sie nur deutlich im Rothen; die alsdann einen kleinen dunklern Kreis um sich haben. Häufig findet man aber, besonders um den Kelch, kleine Anflüge von Rost, auch Rostflecken. — Die Schale ist am Baume mit Duft belaufen, und hat keinen Geruch. Das Fleisch ist gelblich, anfangs aber weiß, fein, fest, voll Saft, markigt, und von einem fein säuerlich zuckerartigen Geschmack, durch den etwas alantartiges hindurchsticht. Das Kernhaus steht in der Mitte, ist gegen den Kelch geschlossen, und die Kelchröhre geht nicht tief herab.

herab. Die Form des Kernhauses ist herzförmig, dabey aber weit offen und fast unregelmäßig. Der Baum wächst lebhaft, ansehnlich groß, geht mit seinen Zweigen abstehend in die Luft, setzt vieles Fruchtholz an, und belaubt sich schön. Der Baum trägt fast jährlich und nicht zu überhäuft. Das Blatt ist rund, 3 Z. breit, und eben so lang. Der $\frac{3}{4}$ Z lange Blattstiel ohne Afterblätter. Die Frucht welkt fast gar nicht, zeitiget im December, und hält sich bis ins Frühjahr. — Vom ersten Range.

31. Der süße Holaart. Diel. III. S. 44. *Knoop* Tab II. Zoete Holaart. Holaart Binder Zoete. Kanaël Zoete. — Der Zimmetapfel — Christ?

Eine lachend schöne, ansehnlich große, vortreffliche Frucht, von einer ganz eigenen gewürzhaften Süßigkeit. Ihre Form ist etwas veränderlich, da der Apfel sich eben so häufig der Kugelform nähert, als auch öfters wahrhaft platt aussiehet. In jedem Fall ist doch die Wölbung nach dem Kelch stets viel abnehmender, als die nach dem Stiel, ja nicht selten ist die Frucht wirklich etwas zugespitzt. Die Breite beträgt 3 Zoll, und die Höhe $2\frac{3}{4}$ Z. Der schön geschlossene, etwas grün bleibende Kelch steht in einer etwas tiefen Einsenkung, die mit feinen Rippen besetzt ist, und wovon auch mehrere sanft, oft auch ziemlich stark, über die Frucht bis zur Stielhöhle hinlaufen. Der Stiel ist sehr kurz, fleischig, oft auch in einem bloßen Fleischbuz bestehend. Die Stielhöhle geräumig, tief und rostig. Die Farbe der feinen nicht fettigen Schale ist

ein

ein sehr schönes Citronengelb, das auf der Sonnenseite mit einem sanften schönen Roth leicht verwaschen ist, das aber bey beschatteten Früchten gänzlich fehlt. Bey sehr besonnten Früchten, ist das Roth oft etwas stark aufgetragen. Sehr feine, grauliche Punkte sieht man nur auf der Sonnenseite. Die Frucht riecht angenehm, alantartig und welkt nicht. Das Fleisch ist weiß, ins Gelbliche spielend, fest, etwas grobkörnicht, und wie feinpe zicht, voll Saft, und von einem besonders angenehmen, reinsüßen, zuckerartigen Geschmack, der einen Parfüm von Fenchel oder Zimmet hat. Das Kernhaus ist sehr offen, jede Kammer sehr weit, und diese enthalten viele dicke vollkommene Kerne, oft 15 Stück. Der Baum wächst ungemein lebhaft, und stark. Er sitzt gedrängt voll Holz, und belaubt sich sehr stark, und wird frühzeitig und sehr fruchtbar. Das Blatt ist eyförmig, 3 Z. lang und 2 Z. breit am Stiel meistens krumm angesetzt, und nach vorne endigt sich dasselbe mit einer langen schmalen Spitze. Der dünne Blattstiel ist ¾ Z lang und hat sehr schmale lange Afterblätter. Die Frucht zeitigt im Nov. und hält sich den ganzen Winter. Vom ersten Range.

NB. Die Frucht muß spät abgenommen werden, sonst bekömmt sie das Gewürz nicht.

32 Rother Gulderling. Diel. III. S 49. *Knoop*. Tab. III. Roode Gulderling.

Ein ansehnlich großer vortrefflicher Apfel, und ganz vorzüglich für die Küche, zumal da der Baum sehr fruchtbar ist. In seiner Form ist er dem gelben Gulderling ziemlich ähnlich, nur viel

kan-

kantiger. Er sieht stets länglich aus, und läuft von der Mitte aus stark zugespitzt gegen den Kelch, und auch ziemlich stark abnehmend gegen den Stiel. Die Breite ist 2¾ Zoll und die Höhe manchmal 3 Zoll. Der oft starke Kelch steht in einer engen Einsenkung, die gewöhnlich mit Fleischbeulen besetzt ist, wobey sich aber regelmäßig fünf starke sternförmig abstehende Rippen erheben, die aber über die Frucht hin nur flach fortlaufen, und an der Stielwölbung sich verlieren. Der sehr dünne Stiel ist 1 Zoll lang, und sitzt in einer fast immer sehr rostfarbigen Höhle, die aber oft von hervorragenden Fleischfortsätzen sehr verschoben wird. Die Grundfarbe der mit feinem Duft belaufenen Schale ist fast dunkelgrün, hernach gelblicht. Die Sonnenseite ist mit einem dunkelbraunen glänzenden Roth verwaschen. Punkte sieht man wenig, aber häufig feine Rostfiguren. Die Frucht riecht fein, fast etwas quittenartig. — Das Fleisch ist grünlich weiß, fein, fest, voll Saft, und von einem gewürzhaften, süß säuerlichen Geschmack, der dem Borstorfer etwas ähnlich ist. Das Kernhaus ist meistens geschlossen; die Kernkammern sind lang. Der Baum ist durch seine dichte Belaubung und gedrängtes Holz sehr kenntlich. Er trägt seine Aeste flach, macht gerne Hängäste, und ist sehr fruchtbar. Das Blatt ist oft 4 Z. lang und nur 2¼ Z breit. Die untersten Blätter an den Sommertrieben laufen spitzer nach dem Stiel, als nach der Spitze, die oberen Blätter aber umgekehrt. Die Frucht zeitigt im Januar und hält sich lange. Vom 1sten Range.

NB. Die Früchte müssen spät abgenommen werden, sonst welken sie stark, selten aber, und nur sehr wenig, wenn sie erst spät im Oct. gepflückt werden.

33.

33. Gelber englischer Gulderling, Goldgulderling. Diel. III. 54.

Eine sehr schöne, ansehnlich große, vortreffliche Tafelfrucht. Ihre Form ist hochaussehend, und ziemlich kegelförmig, nur wölbt sich der untere Theil der Frucht nach dem Stiel schon etwas unterhalb der Mitte der Frucht, die Wölbung nach dem Kelch ist etwas abgestumpft conisch. Der schön geschlossene Kelch steht in einer nicht tiefen Einsenkung, und ist mit vielen feinen Rippchen umgeben, wovon 6 bis 7 feinkantig über die Frucht bis zur Stielwölbung hinlaufen. Die tiefe Stielhöhle ist glatt. Die Farbe der sehr feinen, im Liegen sehr fettig werdenden Schale ist glänzendes Hellgrün, hernach falbes Strohgelb. Selten sieht man auf der Sonnenseite einen Anflug von Röthe, häufiger weißliche, grün eingefaßte Punkte. Die Frucht riecht fein und angenehm violenartig. Sie welkt nicht. Das Fleisch ist weiß, locker, weich, markigt, fast im Munde schmelzend, voll Saft, und von einem delikaten Traubengeschmack Das Kernhaus ist groß und sitzt auf dem Stiel. Die Kelchröhre ist sehr kurz. Der Baum wächst lebhaft und stark in seiner Jugend. Das Blatt ist länglich herzförmig $4\frac{1}{2}$ Z. lang und $3\frac{1}{2}$ Z. breit. Der Blattstiel ist stark, und hat selten Afterblätter. Die Augen sind klein und herzförmig, die Augenträger breit und platt. — Die Frucht zeitigt bald, nachdem sie abgenommen worden, und hält sich bis in den Febr. Vom ersten Range.

Zweyte Klasse.

Rosenäpfel.

Allgemeine Kennzeichen der Klasse.

1. Sind mit blauem Duft am Baume belaufen.
2. Haben kein unverhältnißmäßig großes, oft nur ein regelmäßiges Kernhaus.
3. Riechen angenehm, wenigstens wenn sie warm gerieben werden.
4. Sind nicht fettig anzufühlen.
5. Sind um den Kelch, und oft auch über die Frucht hin schön und regelmäßig gerippt.
6. Haben ein weiches, lockeres, schwammichtes Fleisch von meistens feinem Korn.
7. Haben einen feinen Rosen-, Fenchel- oder Anisgeschmack.
8. Sind meistens keine Daueräpfel, und im nämlichen Jahre mit ihrem Wohlgeschmack am Ende, oft blos Sommer- oder Herbstäpfel. Ausnahmen hiervon sind die Familien Wintercousinotten und Winterrosenäpfel.
9. Sind meistens tulpenartig gestreift.

Ordnung I.

Zugespitzte oder länglichte.

34) Rother Winterkronapfel. Diel. I. S. 89. *Knoop.* Tab. 7. Roode Kroans-Appel. Christ. Nro. 140.

Ein mittelmäßig großer, an Form gegen den Kelch zu von der Mitte aus zugespitzt aus- laufen-

laufender, vortrefflicher, gewürzhafter Tafelapfel. Zu $2\frac{3}{4}$ Zoll Höhe und Breite. Selten hat er eine regelmäßige Form, ist auch auf einer Seite oft niedriger, und durch stark hervorragende Rippen mehrentheils sehr ungleich in seiner Rundung. Der offene, feine, mehrentheils grün bleibende Kelch, mit einer tiefgehenden Kelchröhre, steht bald in einer seichten, bald in einer etwas tiefen Einsenkung, die mit feinen Falten umgeben ist, die aber erst auf der Frucht starke, breite, und die Form entstellende Erhabenheiten bilden. Der dünne hellgrüne Stiel steht in einer glatten, engen, etwas tiefen Höhle, und ragt selten etwas über der Frucht hervor. Die Grundfarbe der sehr zarten Schale ist Anfangs weißgrünlich, wird aber im Liegen Strohgelb. Die besonnte Seite ist dunkelcarmosinroth punktirt oder getuscht, und in diesem Roth noch dunkler gestreift, mit sehr feinen gelblichen Punkten. Die Frucht riecht wenig, aber angenehm, und ist am Baume mit feinem Duft belaufen. Welkt auf dem Lager nicht. Das Fleisch ist gelb, fast in Orlean schillernd, fein, weich, markigt, ungemein saftig, und von einem äußerst angenehmen, zuckerartigen, mit etwas Fenchel erhabenen Geschmack. Der Baum wächst lebhaft, stark, und macht schönes feines Holz, das sich aber nicht dicht belaubt. Das Laub ist nur mittelmäßig groß, gewöhnlich 3 Zoll lang, $2\frac{1}{4}$ breit, von Form oval mit einer schönen, ziemlich langen Spitze, dabey tief, grob, jedoch scharf gezahnt. Der Blattstiel ist kaum 1 Z. lang, und hat feine Afterblätter. Die feinen langen Holztriebe sind stark braunroth, sehr wenig mit feinen grauen Punkten besetzt. Die Frucht zeitigt Ende Decembers, hat im Jenner und

und Hornung ihre größte Güte, wird aber hernach leicht mehlich. — Vom ersten Range.

35. Gestreifter Winterblumensüßer. Diel. II. 36.

Eine ansehnliche große schöne Frucht, die im Frühjahre zum Dämpfen, ihres gewürzhaften Geschmacks und ihrer langen Haltbarkeit wegen, schäzbar ist. Die Form ist von der Mitte der Frucht gegen den Kelch stumpf zugespitzt, doch giebt es viele, die an der Wölbung um den Kelch und Stiel wenig verschieden sind, und alsdann entweder etwas platt, oder fast kugelförmig aussehen, breit, stark 3 Zoll, hoch $2\frac{3}{4}$ Z. Der zum Theil lange grünbleibende geschlossene Kelch steht in einer oft ansehnlich tiefen, etwas engen Einsenkung, die mit feinen Falten, oder schönen calvillartigen Rippen besetzt ist, und die schönkantig zu 6-7 Stück über die Frucht bis zur Stielhöhle hinlaufen. Einige von diesen Rippen erheben sich oft stark, und machen dadurch den Durchmesser der Frucht ungleich. — Der Stiel ist stark, dick $\frac{3}{4}$ Z. lang steht aber oft auch nur der Frucht gleich, und sitzt in einer schönen, tiefen, glatten Höhle. — Die Grundfarbe der auf dem Lager fettig werdenden Schale, die am Baume stark mit blauem Duft belaufen ist, wird vom blassen Halbgelb im Liegen Citrongelb, das beym Abreiben glänzt. Dabey ist dieselbe rund um den Stiel, von unten herauf, fein und sehr schön carmosinroth gestreift, und diese Streifen verbreiten sich auf der Sonnenseite etwas breiter, und kurz abgesetzt, oft bis an die Wölbung des Kelchs. Bey der vollen Zeitigung wird das Roth dunkel

und

und unansehnlich. Punkte sind nicht da, wohl aber gelbliche Flecken unter der Schale. Die Frucht welkt nicht, riecht bald auf dem Lager nach Violen, bey der vollen Zeitigung aber stark quittenartig. Das Fleisch ist gelblich, locker, nicht reichlich von Saft, etwas grobkörnicht, und von einem süßlichen, fein quittenartigen Geschmack. Das Kernhaus ist enge und nicht geschlossen. Der Baum wird nur mittelmäßig groß, setzt kurzes, frühzeitiges Fruchtholz an, trägt seine Zweige stark abstehend, und ist sehr fruchtbar, erfordert aber einen guten Boden, sonst kümmert er. Das Blatt ist klein, am Rande gekräuselt, trübgrün unten stark wolligt. 3 Z. lang, 2 breit, spitz oval. Die Frucht zeitigt im Febr. oder März, und hält sich bis in den Sommer. Vom 2ten Range und eine gute Küchenfrucht.

36) **Die marmorirte Rosette.** Rosette marbrée. Diel II. S. 40 *Mayer* P. F. Tom. III. Nro. 63 Sommer- oder Herbstrosenapfel. Strichrosenapfel. Marmorirte Rosette.

Ein schöner, kleiner, vortrefflicher Sommerapfel für die Tafel. Seine Form ist länglich aussehend, und von der Mitte aus gegen den Kelch zu ziemlich stumpfspitzig, so daß er die Gestalt eines kleinen Pigeon hat. Breite und Höhe sind meistens wenig verschieden, $2\frac{1}{4}$ Z. Der schöne, starke, nicht lange grün bleibende Kelch, welcher geschlossen ist, steht in einer seichten, mit schönen, oft vielen feinen Rippchen umgebenen Einsenkung, die über den größten Theil der Frucht hinlaufen. Der dünne, meistens $\frac{3}{4}$ Z. lange Stiel steht in einer ziemlich engen, und tiefen, oft fein rost-

rostfarbigen Höhle, in der sich gern ein hervorgetriebener Fleischwulst findet. Die sehr feine, am Baume mit feinem blauen Duft belaufene, nicht fettige Schale ist hellgelb, das zuletzt citrongelb wird, mit kurz abgesetzten dunklen Carmosinstreifen, die auf der Schattenseite nur blasser, und nicht so reichlich erscheinen. In die Stielhöhle hinein werden die Streifen strahlenartig Zwischen den Streifen ist die Schale auf der Sonnenseite oft stark getuscht. Wahre Punkte bemerkt man fast gar nicht. Die Frucht riecht sehr angenehm und schön violenartig, das Fleisch aber nach Himbeeren oder Melonen. Es ist weiß, ins Gelbliche spielend, um den Kelch etwas rosenfarbig, und auch etwas im Fleisch gegen die Sonnenseite, dabey locker, brüchig, voll Saft. Das offene, sehr geräumige, unregelmäßige Kernhaus, läuft herzförmig mit der Spitze nach dem Stiel, steht aber vom Kelch weit ab, und dieser hat nur eine sehr flache Aushöhlung, ohne alles röhrenartige Der Baum erreicht nur eine mittelmäßige Größe, wächst aber sehr schön und lebhaft, und ist jährlich fruchtbar. Die Triebe sind lang und nicht sehr stark, und setzen frühzeitig Tragholz an. Die Farbe der Sommertriebe ist auf der Sonnenseite bräunlich, im Schatten olivengrün, und sind wenigstens fein grauweiß punktirt Die Augen sind sehr klein, unter dem Blattstiel kaum sichtbar, und stehen auf sehr platten, wenig bemerkbaren Augenträgern. Das länglich-ovale Blatt ist 3 Z. lang $2\frac{1}{4}$ breit, dünne, hellgrün, fein geadert. Diese vortreffliche Frucht zeitigt im Anfange des Septembers, hält sich sechs bis sieben Wochen, wo sie passirt ist. Sie gehört zu den Früchten vom ersten Range.

37)

37) Der Seidenapfel. Cousinotte rouge d'Eté. Diel. II. 4.

Ein kleiner delikater Tafelapfel, der, wenn seine Form etwas platt ist, einem kleinen Borstorfer ähnlich ist, der aber gewöhnlich gegen den Kelch hin zugespitzt ausläuft, und alsdann 2 Zoll Höhe und Breite, meistens auch 2 ungleiche Hälften hat. Der Kelch mit seiner bis auf das Kernhaus fortlaufenden Kelchröhre, ist geschlossen und steht meistens ohne Einsenkung auf der Kelchwölbung, umgeben mit feinen Rippen, die sehr feinkantig über die Frucht hinlaufen. Die Grundfarbe ist fast weiß, wie die von einem eben vom Baum gebrochenen Borstorfer. Die Sonnenseite hingegen ist mit dem schönsten, glänzenden etwas hellen Carmosin fast zur Hälfte der Rundung so gestreift, daß es beynahe wie verwaschen aussiehet, und wo zwischendurch die Grundfarbe als Streifen, die manchmal bandartig sind, erscheint. Erst um den Stiel herum wird das Roth recht sichtbar streifenartig. Bey minder besonnten Früchten erscheint hingegen das Roth auf der Sonnenseite schon als wahrhafte Streifen. Die Punkte sind nicht sehr häufig. Die Frucht riecht sehr angenehm violenartig, und ist am Baume mit einem feinen Duft belaufen. Das Fleisch ist außerordentlich weiß, flockigt, sehr leicht, voll Saft, und von einem sehr angenehmen weinsäuerlichen Geschmack. Die große Ader um das Kernhaus ist hellrosenroth, und auf der Sonnenseite sieht man auch unter der Schale mehrere feine rothe Aederchen.

Das Kernhaus ist groß und geräumig, aber alle Kammern sind geschlossen; und enthalten ziemlich

lich viele vollkommene Kerne. Der Baum wird nicht groß, treibt feines Holz, hängt gerne seine Aeste, und setzt sein Fruchtholz unregelmäßig an. Die Triebe sind fein, braunroth rund herum, mit feiner Wolle besetzt, wenig und sehr fein punktirt. Das Blatt ist mittelmäßig groß, langoval, dünne, meistens nach vorne und hinten gleichspitz auslaufend. $3\frac{1}{2}$ Z. lang, $2\frac{1}{2}$ breit. Der Blattstiel ist dünne, $1\frac{1}{4}$ bis $1\frac{1}{2}$ Z. lang, und hat nicht an allen Blättern sehr feine fadenähnliche Afterblättchen. Die Frucht zeitigt in guten Jahren im halben August, oft noch früher, hält sich 3 Wochen, und wird alsdann welk und fade. Etwas vor der Zeitigung gebrochen, ist sie zu Compoten vortrefflich. — Vom ersten Range.

38) Der rothe Taubenapfel, Le Pigeon rouge. Diel III. 58. *Du Hamel*, Pigeon. Ceur de Pigeon. Jerusalem. Henne. Jerusalems- oder rother Taubenapfel. *Knoop*. Bonte Pigeon, Passe pomme panachée. Hirschfeld Nro. 8. Le pigeon, der Taubenapfel. Schmidt la pomme de Jerusalem. *Mayer* P. F. Tab. XVIII. Nro 28. Teutscher O. G. n. 21. Christ Nro. 29.

Der wahre rothe Taubenapfel ist eine lachend schöne Frucht, oft ansehnlich groß. Hängt sie im Schatten, so ist sie wachsähnlich weiß, mit einigen gleichsam unschuldigen blassen Rosenstreifen besetzt; ja oft ganz weiß. In der Sonne prahlt sie mit der schönsten Röthe, und einem schillernden Duft. Es giebt wenig Früchte, die so veränderlich in ihrer Farbe sind, wie diese. Ihre Form ist stets hochaussehend, und stumpf kegelförmig,

förmig, selten aber etwas platt abgestumpft, und alsdann etwas walzenförmig, $2\frac{1}{2}$ Z. breit und $2\frac{1}{4}$ Z. hoch. Der Kelch ist sehr schön, sehr lang und spitzblättrig, geschlossen, steht aufwärts und meistens oben auf der Frucht, oder in einer nur unbedeutenden Einsenkung. Die obere Fläche ist aber selten gleich, sondern meistens schief, und gewöhnlich mit feinen, oft perlähnlichen Falten, manchmal auch wirklichen Rippen besetzt, die auch bisweilen über die Frucht etwas unmerklich hinlaufen. Der dünne Stiel steht in einer schönen, tiefen, mehrentheils sehr fein rostfarbigen Höhle. Die Grundfarbe der feinen nicht fettigen Schale ist ein wachsartiges, etwas gelbliches Weiß, oder ein gelbliches Hellgrün, das bey besonnten Früchten mit schönen, bald rosenrothen, bald dunkelrothen Streifen, wobey sich manchmal wahre Bandstreifen befinden, besetzt ist. Zwischen diesen Streifen ist die Schale noch mit einem helleren Roth verwaschen. Recht besonnte Früchte sind oft so roth, daß sie fein ins Schwärzliche schillern. In dem Rothen sieht man gelbliche starke Punkte, oder Fleckchen, oder wahre Rostflecken, die im Weißen bräunlich, oder grün und oft häufig sind. Die Frucht riecht wenig und angenehm. Sie welkt nicht. Das Fleisch ist sehr weiß und locker, fein, voll Saft, und von einem zuckerartigen, erfrischenden, fein rosenartigen Geschmack, ohne alle Säure. Das Kernhaus ist meistens geschlossen, doch die Kammern geräumig. Die meisten Früchte haben nur 4 Kammern. Die ein Kreuz vorstellen, woher der Name Jerusalem kommen soll. Der Baum wächst in der Jugend sehr lebhaft, wird aber doch nicht groß. Er treibt sehr vieles Holz, und belaubt sich sehr schön. Er trägt jährlich

lich und häufig. Die Sommertriebe sind lang und dünne, lichtbraun von Farbe, mit vieler und feiner Wolle bekleidet. Das Blatt ist klein, spitzeiförmig, da die Spitze sehr lang ausläuft, 3 Z. lang und 1$\frac{3}{4}$ Z. breit. Der $\frac{3}{4}$ bis 1 Z. lange Blattstiel hat schöne Afterblätter. Die Frucht zeitigt Ende Nov. ist aber im Frühjahr mit ihrem guten Geschmack passirt. — Vom ersten Range.

39) **Der edle Prinzessinapfel** (darf mit dem Prinzessinapfel, der unten in der 2ten Ordnung der 5ten Classe vorkommen wird, nicht verwechselt werden). Diel III. *Knoop* Tab. VI. Princesse - Noble. Franche noble. Pomme Noblesse. Hirschfeld Nro. 38. Princesse Noble. Christ Nro. 162. Der edle Prinzessinapfel.

Ein mittelmäßig großer vortrefflicher Tafelapfel, der bald vom Baum eßbar ist, und sich doch bis in den Winter hält. Seine Form ist stets länglicht, fast walzenförmig, und um conisch zu seyn, am Kelch zu stark abgestumpft, überhaupt aber meistens ungleich. Der geschlossene Kelch steht in einer weiten flachen Einsenkung, und ist mit vielen feinen Falten und Rippchen umgeben. An der Frucht selbst aber sieht man zwar nie etwas Rippenartiges, wohl aber breite Erhabenheiten, welche die Form der Rundung verderben. Der starke fleischige und grüngelbe Stiel ist $\frac{1}{4}$ Z. lang, und steht in einer geräumigen, tiefen, glatten Höhle.

Die Farbe der sehr feinen, am Baum mit etwas Duft belaufenen Schale, die im Liegen geschmeidig und etwas zähe wird, ist anfänglich ein hellgrünliches Gelb, das aber im Liegen bald schönes Citrongelb wird, wobey aber doch hier und da noch etwas Hellgrünes durchschimmert. Die Sonnenseite ist, vom Kelch bis zum Stiel, zwar nicht sehr stark oder überhäuft, sondern nur mit schönen schmalen, kurz abgesetzten, hellen, carmosinrothen Streifen besetzt, und zwischen diesen ist die Schale noch leicht punktirt, nie oder selten etwas verwaschen. Bey sehr besonnten Früchten, finden sich auch einige blasse Streifen auf der Schattenseite. Wahre Punkte sind nicht da; dahingegen bemerkt man nicht selten mehrere ziemlich grosse schwarzbräunliche Rostflecken. Die Frucht riecht sehr angenehm fein alantartig, und das Fleisch eben so. Das Fleisch ist gelblich weiß, weich, saftig, fein, und von einem zuckerartigen Geschmack, der fast keine Säure verräth. Das Kernhaus ist offen, hat stets 5 Kammern, die sehr geräumig sind, und enthalten oft 10 vollkommene Kerne. Die Kelchröhre ist sehr kurz. Der Baum wird nur mittelmäßig groß, aber sehr fruchtbar. Er trägt seine Zweige gern etwas verwirrt und abstehend, so daß er sich nicht gerne zu einer schönen Krone bildet. Die Sommertriebe sind fein und nicht lang, ihre hellziegelröthliche Farbe macht sie kenntlich. Sie sind mit vieler weißer Wolle bekleidet, abgerieben, schön glänzend und mit häufig feinen Punkten besetzt. Das Blatt ist klein und elliptisch, 3 Z. lang und 2 Z. breit. Die Frucht zeitiget schon in der Mitte des Oct., ist also sehr bald vom Baume eßbar, und hält sich noch bis in den Winter, wo sie ihren Geschmack verliert. — Vom ersten Range.

40) Süßer Sommer-Kronapfel. Diel III. 69. *Knoop* Tab. VII. Zoete Kroon Appel. Zoete Aagt.

Ein angenehmer, mittelmäßig großer, sehr süßer, etwas fenchelartiger Apfel, der gedämpft ein schönes Gericht giebt, von der Tafel aber verdrängt wird. In seiner Form hat er das Eigene, daß er sehr veränderlich, ja man könnte sagen, oft wunderbar ist. Seine Hauptform ist indessen doch eine wahre Walze, da die Wölbung um den Stiel und Kelch sich sehr gleich sind, und die Frucht oft gar keinen Bauch hat. Manchmal ist die Wölbung um den Stiel doch merklich breiter, und dann ist die Frucht ein abgestumpfter Kegel. Aber eben so häufig verjüngt sich die Frucht nach dem Stiele zu, und erhält eine wahre Birngestalt, wobey sich manchmal diese Spitze nach dem Stiel hin in einen krummen Schnabel umbeugt, und eine wunderliche Apfelfigur macht. Früchte von dieser Art sind oft $3\frac{1}{4}$ Z. lang, und nur $2\frac{3}{4}$ breit, dahingegen die walzenförmigen Früchte $2\frac{1}{2}$ Z. lang und $2\frac{1}{4}$ Z. breit sind. Charakteristisch ist auch der Kelch mit seiner Einsenkung. Diese ist gleichsam ein Kessel, der auf einem flachen Abschnitte der Frucht eingesenkt ist, und in welcher der sehr weite, offene, große, grüne Kelch sitzt. In dieser Einsenkung stehen rund um den Kelch viele, 8 — 10 starke Rippen, die sich aber alle am obern Rande der Wölbung endigen, und selten etwas rippenartiges über die Frucht hin verbreiten. Der Stiel steht selten in einer engen kleinen Höhle, sondern ist bald mit Fleisch umgeben, oder sitzt auf der schnabelförmigen Fleischspitze, die sich conisch aus der

Frucht entwickelt. Die Grundfarbe der feinen geschmeidigen Schale ist anfänglich gelblich grün, wird aber im Liegen schönes Citrongelb, in dem aber doch noch etwas Grünes durchschimmert. Die Sonnenseite hingegen ist stark mit dunklen carmosinrothen Streifen besetzt, und zwischen diesen ist die Schale noch stark getuscht oder punktirt. Diese Streifen verbreiten sich selbst auf die Schattenseite in blässerem Roth. Die Frucht riecht sehr angenehm, fein, anisartig, und welkt nicht. Das Fleisch riecht auch angenehm, ist gelblich von Farbe, locker, weich, nicht saftig, und von einem zuckerartigen süßen Geschmack, der auf Fenchel oder Anis sticht. Das Kernhaus ist geschlossen, die Kammern sind enge, und enthalten wenig vollkommene Kerne. Die Kelchröhre geht breit und ziemlich tief herab. — Der Baum wächst sehr lebhaft und stark. Er trägt die Aeste schön in die Luft, in wenig abstehenden Winkeln. Die Triebe sind stark und lang, setzen bald Fruchtholz, wodurch der Baum frühzeitig und sehr fruchtbar wird. Das Blatt ist groß, spitz und langeiförmig $4\frac{1}{2}$ Z. lang und $2\frac{1}{2}$ Z. breit. — Die Frucht zeitigt bald, nachdem sie abgenommen, holt sich aber kaum 4 bis 6 Wochen in ihrem Geschmack. — Vom zweiten Range.

41) **Der Veilchenapfel.** Pomme violette d'Eté. Diel IV. S. 47. Der teutsche O. G. N. 11. Tab. 8. Der Veilchenapfel. Christ. Nro. 32. S. 452. Der Violenapfel. Pomme violat.

Eine nur mittelmäßig große, oder eine etwas kleine, aber eine ganz vortreffliche Sommerfrucht, für

für die Tafel, von einem ganz eigenen durchdringenden Wohlgeruch, der nur von wenigen Birnen übertroffen wird. Seine Form ist bald platt, stets aber auch von einem etwas länglichten Ansehn, und nach dem Kelch zu etwas stumpf zugespitzt; so wie gegentheils manche Früchte davon wieder etwas kugelförmiges haben, wobey indessen die Wölbung nach dem Kelche doch stets etwas kleiner, als die nach dem Stiel ist. Die Breite einer schönen Frucht beträgt 2½ Z. und die Höhe 2 bis 2¼ Z. Der lange, schöne, spitzblättrige Kelch ist grün, geschlossen, und steht in einer etwas seichten Einsenkung ja oft fast platt auf der Frucht, und ist mit vielen scharfen Rippchen besetzt, zwischen denen sich oft noch mehrere schöne Fleischwärzchen befinden. Die Rippen laufen auch sehr sichtbar, bis wenigstens über die Mitte der Frucht hin; und werden nach dem Stiel hin undeutlicher; bilden doch aber gerne in der Stielhöhle einen schnabelförmigen Fortsatz, wodurch der kurze. sehr dicke fleischige Stiel auf die Seite gedrückt wird. Die Schale ist fein, nicht fettig, und am Baume mit einem blauen Duft belaufen. Die Grundfarbe ist bey der Zeitigung ein mattes und abgerieben glänzendes gräuliches Hellgelb; wobey aber, besonders auf der Sonnenseite, die Frucht mit einem ziemlich dunklen, jedoch trüben Carmosinroth verwaschen ist. Die Stelle von diesem Roth richtet sich sehr nach dem Sonnenstande, läuft allmählig abnehmend nach der Schattenseite hin, wird von jeder Bedeckung abgeschnitten, und enthält oft deutliche Spuren von Streifen. Die Schattenseite ist auch bey wenig besonnten Früchten rein in ihrer Grundfarbe zu sehen, denn gewöhnlich ist sie mit einem streifenartigen

artigen Roth, mehr oder weniger dünn überzogen. Die Punkte sind sehr häufig, in der rothen Farbe bräunlich oder gelblich grau; in der Grundfarbe sind sie sehr fein, und oft mit starken grünen Kreisen umgeben. Die Frucht riecht ungemein stark, und welkt nicht. Das Fleisch ist schön weiß, jedoch nicht glänzend fein schneeartig, leicht, locker, feinkörnicht, nicht sehr saftvoll, und von einem angenehmen, erquickenden, etwas süß weinsäuerlichen Geschmack, der etwas flüchtiges Rosen- und Violenartiges hat: das Kernhaus ist geschlossen, und länglicht in die Höhe laufend. Die Kammern sind ziemlich geräumig, und enthalten meistens schöne vollkommene Kerne. Der Baum wächst nicht sehr stark und macht feines Holz. Die Aeste stehen etwas stark ab, ohne sich zu hängen. Die Sommertriebe sind mittelmäßig lang, fein, und nicht stark, von Farbe rundum schwärzlich braunroth, mit feiner Wolle bekleidet. Das Blatt ist ansehnlich groß, lang, eyförmig 4 Z. lang 2¼ Z. breit. Der Blattstiel ist 1 Z. lang, und hat nur sehr kleine, feine schmale Afterblättchen. Die Frucht zeitigt gegen den halben August, wird aber bald mehlicht. Die Früchte zeitigen nicht auf einmal, und so dauern sie bis 4 Wochen. — Vom ersten Range.

NB. Schickt sich vortrefflich zu Pyramiden, und trägt auf Johannisstamm schon oft im dritten Jahre. Er ist alsdann sehr fruchtbar, und öfters hangen 3 Früchte auf einem Fruchtkuchen.

42)

42) Der Florentiner. Pomme de St. Florent. Caillot rosat. Diel IV. 53. Findet sich bey keinem Pomologen.

Ein mittelmäßig großer, schöner Herbstapfel, sehr gut für die Tafel, und ausgesucht für die Oeconomie. Die Form ist etwas hochaussehend und calvillartig, $2\frac{3}{4}$ bis 3 Zoll hoch und eben so breit. Der geschlossene langblättrige Kelch bleibt lange grün, und sitzt in einer etwas tiefen Einsenkung, die theils mit Fleischwarzen, theils mit vielen schönen Rippen umgeben ist, und wovon die meisten deutlich über die Frucht hinlaufen, und oft noch in der Stielhöhle sichtbar sind. Der dünne Stiel ist 1 Zoll lang, und sitzt in einer engen, tiefen Höhle, welche bald glatt, bald etwas fein rostfarbig ist. Die Grundfarbe der feinen, nicht fettigen, nur etwas geschmeidigen Schale ist ein hellgrünes Gelb, welches bey der Zeitigung citrongelb wird, das aber bey ganz besonnten Früchten nur wenig sichtbar ist; denn die ganze Sonnenseite ist mit einem dunklen Carmosinroth oder einer Art von Blutfarbe stark verwaschen, ohne daß man dabey eine Spur von Streifen bemerkt. Nach der Schattenseite wird das Roth nur blasser. Punkte sind nicht häufig und fein; im Rothen gelblich, im Gelben grün. Die Frucht riecht fein und angenehm, und welkt nicht. Das Fleisch ist weiß, und spielt oft unter der Schale ins Rothe. Es ist sehr fein, etwas locker, weich, markigt, saftvoll, und hat einen sehr angenehmen, zuckerartigen Geschmack. Das Kernhaus ist geschlossen; die Kammern lang, geräumig, enthalten oft nur wenige schöne vollkommene Kerne. Die Kelchröhre geht bis an das Kernhaus. Der

Baum

Baum wächst lebhaft, und ist sehr fruchtbar. Die Sommertriebe sind schlank und nicht sehr lang, rundherum violettbraunroth, mit vieler Wolle bekleidet, und mit sehr wenigen feinen weißgrauen Punkten besetzt. Die untersten Blätter der Sommertriebe sind groß, eyförmig, $4\frac{1}{2}$ Z. lang, $2\frac{1}{2}$ Z. breit mit einer kurzen Spitze. Die obersten Blätter sind rund und viel kleiner. Es ist weich von Gewebe, grob geadert, grasgrün von Farbe, unten stark wollicht. Der $\frac{3}{4}$ Z. lange Blattstiel hat schöne Afterblättchen. — Die Frucht zeitigt Ende Oct. und hält sich mehrere Monate. — Vom ersten Range.

Ordnung II.

Rosenäpfel, kugelförmige.

43) **Rother Herbststrichapfel.** Passe pomme rouge d'Automne Diel II. 50. *Du Hamel*, passe pomme d'Automne, Pomme d'Outre passe oder générale. *Mayer* P. F. Tab. III. fig. 3. Herbststrichapfel. Christ. Nro. 37. der kurzdauernde Herbstapfel.

Ein zwar nur mittelmäßig großer, doch sehr vortrefflicher Sommerapfel. Seine schönste Größe ist die eines recht starken Borstdorfers, aber er nähert sich in seiner Gestalt beynahe der Kugelform, jedoch ist die Wölbung um den Kelch merklich kleiner, als die um den Stiel, breit $2\frac{1}{2}$, hoch $2\frac{1}{4}$ Z. Der schön geschlossene und ziemlich lange grün bleibende Kelch, welcher aufrecht stehend eine Zierde ausmacht, steht in einer ziemlich seich-

ten

ten-Einsenkung, die mit vielen feinen Rippen und Fleischperlen umgeben ist. Von diesen Rippen laufen mehrere, zwar ziemlich sichtbar, doch nur fein über die Frucht hin, und fallen deshalb nicht gleich ins Auge. Der fleischige Stiel sitzt in einer geräumigen, etwas tiefen Höhle.

Die Grundfarbe der äußerst feinen, mit einem gleichsam ätherischen blauen Dufte belaufenen Schale, ist schönes Strohgelb, fast weiß. Die Sonnenseite hingegen ist schön carmosinroth, kurz abgesetzt gestreift, und zwischen diesen Streifen ist die Frucht hellrother punktirt, und fein verwaschen, welches mit dem Duft ein schönes Farbenspiel gibt. Bey ganz besonnten Früchten sind auch über die Schattenseite blässere Streifen verbreitet, und bey wenig besonnten Früchten ist die Sonnenseite nur wenig gestreift. Liegt die Frucht nur einige Tage, so bekommt sie einen feinen erdbeerartigen oder einen Melonengeruch und die Schale wird etwas fein fettig. Das Fleisch ist sehr weiß, weich, auf dem Bruch wie feiner Schnee glänzend, und die große Ader ums Kernhaus spielt manchmal ins Röthliche. Der Saft ist sehr reichlich, der Geschmack äußerst angenehm, und erhaben weinartig süß. Das Kernhaus ist geschlossen, aber jede einzelne Kammer ist groß und geräumig, und enthalten viele vollkommene Kerne. Der Baum wächst in seiner Jugend stark, belaubt sich schön, setzt sehr viel Fruchtholz an, und wird dadurch sehr fruchtbar. Die Triebe sind lang und schön, mit dünner feiner Wolle besetzt, rundherum trüb dunkelbraun, und Punkte findet man selten. Das Blatt ist nicht groß, 3 Z. lang 2¼ Z. breit, ovalrund, hellgrün, etwas trübe von Ansehn, ziemlich rauh geadert, unten wenig wollicht. Der

Blatt-

Blattstiel ist 1 Zoll lang, hat eine tiefe Rinne, und 2 schöne Afterblättchen. — Diese vortreffliche Frucht zeitigt Anfang Septembers, oft etwas früher, und etwas vor der Zeitigung gepflückt, giebt sie mit Wein einen köstlichen Compot. — Vom allerersten Range.

NB. Der Baum erfordert ein sehr gutes cultivirtes Land, wie im Durchschnitt fast alle Rosenäpfel.

44) Der grüne Herbst-Blumensüße. De groene bloem-Zoete of Herfst. Diel III. 74.

Eine ansehnlich große, recht gute Frucht, von einer ganz eigenen Süße, die mit dem rothen Fenchelapfel viele Aehnlichkeit hat. Ihre Form ist stets breiter als hoch, $3\frac{1}{4}$ Z. breit und $2\frac{3}{4}$ Z. hoch. Der weite offene Kelch steht in einer etwas engen ziemlich tiefen Einsenkung, und ist gewöhnlich mit fünf calvillartigen Rippen umgeben, die sehr sichtbar bis zur Stielwölbung hinlaufen. Der kurze Stiel sitzt in einer engen rostfarbigen Höhle. Die Farbe der nicht fettigen Schale ist am Baum ein trübes, etwas dunkles Grün, das im Liegen nur etwas gelblicher wird. Die Sonnenseite ist aber dabey mit einem schmutzigen Braunroth, entweder nur getuscht, oder streifenartig angelaufen, wovon man aber bey beschatteten Früchten nichts sieht. Die Punkte bestehen in häufig feinen Tupfen, oder Fleckchen von blaßgelber Farbe, — andere Abzeichen sind selten. Die Frucht riecht nicht — Das Fleisch ist weiß, ins gelbliche spielend, feinkörnicht, locker, nicht sehr saftig, und von einem sehr süßen, fenchelartigen Zuckergeschmack.

schmack. Das Kernhaus ist geschlossen, die Kammern sind geräumig. Der Baum wächst sehr freudig, und belaubt sich schön. Er trägt die Aeste schön abstehend in der Luft, und ist sehr fruchtbar; da er frühzeitig eine Menge Fruchtholz ansetzt. Die Sommertriebe sind lang, nicht stark, mit nahe zusammenstehenden Augen. Das Blatt ist ansehnlich groß, spitzoval 4 Z. lang und 2½ Z. breit, sehr dunkel glänzend grün von Farbe, fein geadert, unten etwas wollicht. Der Blattstiel ist steif, 1 Z lang, und hät sehr schöne Afterblätter. Die Frucht zeitigt im Oct. und hält sich bis gegen Weihnachten, wo sie zu sehr welkt. Vom 2ten Range.

NB Muß so spät als möglich abgenommen werden, sonst welkt sie zu sehr.

45) Der königliche Täubling. Le Pigeonnet royal. Diel III. 78.

Ein zwar etwas kleiner, von der Größe des Borstorfers, aber sehr köstlicher Tafelapfel, und zum Dämpfen eine wahre Delikatesse, der das Gute noch dabey hat, daß er schon im October zeitigt, und sich bis in den März gut hält. Seine Form ist immer hochaussehend, und manchmal rein kegelförmig. Ueberhaupt hat diese Frucht im Kleinen alle Aehnlichkeit mit einem rothen Taubenapfel, man könnte ihn den kleinen nennen, aber er übertrifft ihn noch an Güte. Er ist 2½ Z. breit und eben so hoch. Der kleine, spitzblättrige, und bald dürre werdende Kelch steht bey den ronischen Früchten oben fast gleich auf, bey den abgestumpften hingegen in einer flachen seichten Einsenkung, in der man öfters einige feine Falten bemerkt.

bemerkt. Der Rand der Einsenkung ist dabey bey vielen Früchten auf der einen Seite höher, als auf der andern, und ob man gleich selten am Rande der Kelchwölbung etwas rippenartiges siehet, so findet man doch keine Frucht, die nicht in ihrer Rundung durch breite rippenartige Erhabenheiten ungleich ist. Der sehr kurze Stiel ist etwas fleischig, und steht in einer weit geschweiften flachen, und selten etwas tiefen, fein rostfarbigen Höhle.

Die Grundfarbe der feinen nicht fettigen Schale ist, wo man sie rein siehet, ein wachsartiges Weiß. Die Sonnenseite hingegen ist mit einem eigenen blassen Roth leicht verwaschen, das bey stark besonnten Früchten carmosinartig ist, und in diesem Roth siehet man noch ziemlich viele, meistens kurz abgesetzte, schöne Carmosinstreifen, die nicht überhäuft, und bey beschatteten Früchten fast unbedeutend sind, ja manchmal gänzlich fehlen, und wogegen man nur einen Anflug von blassem Roth bemerkt. Die Punkte sind stark und sternartig, oft häufig, und in ihren Formen unregelmäßig, viele wie kleine Rostfleckchen. Die Frucht riecht wenig und welkt nicht gerne, wenn sie nicht zu früh gebrochen wird. Das Fleisch ist blendend weiß, sehr fein, voll Saft, ziemlich fest, und von einem, dem Borsdorfer etwas ähnlichen, aber noch viel erhabenern Geschmack, indem so ganz das Zuckerartige mit einer gewürzhaften Weinsäure zur angenehmsten Mischung vereiniget scheinet. Das Kernhaus ist etwas offen, die Kammern, deren mehrentheils nur 4 sind, sehr geräumig. Der Baum wird nur mittelmäßig groß wächst aber in der Jugend sehr lebhaft. Er trägt seine Aeste abstehend, ja gerne horizontal,

und

und wölbt sich dadurch zu einer flachen, aber ungemein schön belaubten Krone. Die Zweige setzen frühzeitig viel Fruchtholz an, die den Baum sehr holzreich, aber auch frühzeitig und sehr fruchtbar machen. Das kleine und steife Blatt macht den Baum kenntlich. Dieses ist lang herzförmig, in eine schöne Spitze auslaufend, 3 Zoll lang, 2 Z. breit. Die Frucht darf vor dem October nicht gepflückt werden, wo sie zeitig ist, und hält sich bis in den März. — Vom allerersten Range.

NB. Der Baum erfordert einen guten cultivirten Boden und Mittagslage.

46) **Der gestreifte Violette.** La pomme violette rayée. Diel III. 84.

Ein schöner, mittelmäßig großer, vortrefflicher Apfel für die Tafel, der noch wenig bekannt zu seyn scheint, so sehr er es vor andern verdient. Seine Form ist stumpf kegelförmig, das Ansehn ist deshalb, wie bey dem rothen Taubenapfel, dessen Größe er auch hat, hochaussehend, ungeachtet die Höhe fast nie die Breite übertrifft. Die gewöhnliche Breite ist 3 Z. und die Höhe meistens eben so viel, oder ¼ Z. weniger. Der kleine geschlossene, und oft lange hellgrün bleibende Kelch steht in einer etwas engen, nicht tiefen Einsenkung, die fein weißwellicht, und mit vielen feinen Falten und Rippen besetzt ist, wovon auch mehrere ziemlich deutlich über die Frucht bis zur Stielhöhle hinlaufen. Der starke etwas fleischige Stiel steht in einer schönen, oft auch etwas seichten Höhle. Die Grundfarbe der feinen, und am Baum sehr stark mit einem blauen Duft belaufenen Schale, ist auf der Schattenseite ein sehr

blaß

blasses Gelb, das aber stets mit einem dünnen blassen Roth, das etwas trüb ist, überzogen wird, und die Sonnenseite ist bis zu $\frac{2}{3}$ der Frucht mit dunklen, kurz abgesetzten Streifen besetzt, und zwischen diesen, mit einem schönen, nicht so dunklen, und abgerieben, sehr glänzenden Roth verwaschen. Im Roth sieht man sehr feine, oft ziemlich häufige gelbliche Punkte. Die Frucht, so wie das Fleisch riechen fein violenartig, und sie welkt nicht oder nur wenig. Das Fleisch ist weißgelblich, feinkörnicht, etwas locker, voll Saft, und von einem erhabenen, zuckerartigen, feinen, weinsäuerlichen Geschmack, der etwas fein violenartiges hat. Der Baum wächst sehr lebhaft und schön. Er trägt seine Aeste etwas stark abstehend, und wölbt sich zu einer etwas lichten Krone. Die Zweige setzen frühzeitig Fruchtholz an, wodurch der Baum frühzeitig und jährlich Früchte liefert. Die Sommertriebe sind lang und nicht sehr stark. Ihre Farbe ist rundum dunkelbraunroth, wollig, und mit häufigen weißgrauen Punkten besetzt. — Das Blatt ist ansehnlich, rund, vorne spitz auslaufend, 3 Z. lang und $2\frac{1}{2}$ Z. breit. Der kurze Stiel hat feine spitze Afterblättchen. Die Frucht zeitigt im halben Nov. bleibt aber nicht über 8 Wochen in ihrer vollen Güte. — Vom ersten Range.

47) Der Tulpenapfel. La pomme tulipée. Diel IV. 57.

Eine sehr schöne und oft ansehnlich große frühe Sommerfrucht für die Tafel. Die Gestalt derselben nähert sich der Kugelform, jedoch ist die Wölbung um den Kelch stets etwas kleiner, als die-

diejenige um den Stiel, 3 Z. lang und $2\frac{1}{2}$ bis $2\frac{3}{4}$ Z. breit. Der schöne Kelch ist geschlossen, lang spitzblättricht, und lange grün. Er sitzt in einer bald etwas engen, bald ziemlich geräumigen, etwas tiefen Einsenkung, die mit 4 bis 5 schönen Rippen besetzt ist, und die auch bald flach, und fast unmerklich, bald ziemlich erhoben, calvillenartig über die Frucht hinlaufen. Der starke Stiel sitzt in einer trichterförmigen tiefen Höhle, die zuweilen mit etwas feinem Rost bekleidet ist. Die Grundfarbe der sehr feinen, nicht fettigen, und nur mit sehr wenig Duft belaufenen Schale ist ein schönes hellglänzendes Strohgelb, mit dem aber noch etwas Grünliches vermischt ist, und die Kelcheinsenkung ist oft bey der völligen Zeitigung noch ganz grün. Die abgerieben schön glänzende Sonnenseite hingegen ist mit sehr starken, breiten, wie verflossen aussehenden, theils abgesetzten, theils unregelmäßig zusammenhangenden vielen Streifen, von der Kelchwölbung bis in die Stielhöhle besetzt, grade wie viele panachirte Tulpen von grellem Roth und Gelb, wovon diese Frucht auch wohl sicher den Namen hat. Zwischen diesen Streifen schimmert die Grundfarbe in der nämlichen Art von Streifen hindurch, aber nicht rein, sondern mit einem leichten Roth verwaschen oder punktirt. Bey ganz besonnten Früchten ist die ganze Schattenseite mit solchen Streifen überzogen, bey beschatteten hingegen erscheint die eine Seite rein in ihrer Grundfarbe. Um die Stielhöhle ziehen sich aber die Streifen stets sternförmig rund herum. Die vielen Punkte sind bey dieser Frucht charakteristisch, und bestehen auf der Sonnenseite in vielen starken grünen grauen Fleckchen, welche sich ganz um die Stielwölbung herumziehen,

umziehen, und erst nach der Kelchwölbung hin in feinen Punkten bestehen. Die Frucht riecht stark, angenehm, violenartig, und welkt nicht. Das Fleisch ist sehr schön schneeartig weiß, feinkörnicht, weich, sehr locker, markigt, saftvoll, und von einem angenehmen, rosenartigen Geschmack, der etwas Flüchtiges, wie manche Muskatbirne hat. Das Kernhaus ist bey kleinen Früchten nur wenig offen, bey größern aber ist es unregelmäßig, läuft in die Breite, und sitzt näher nach dem Stiel, als nach dem Kelch. Der Baum ist durch sein großes Laub sehr kenntlich. Er wächst lebhaft und stark, setzt sehr bald viel Fruchtholz an, wodurch er frühzeitig und sehr fruchtbar wird. Seine Aeste stehen stark ab, und hängen sich daher gerne. Die Sommertriebe sind lang und stark, auf der Sonnenseite schwärzlich braunroth, auf der Gegenseite etwas olivengrün, mit vieler festsitzenden Wolle bekleidet, und mit vielen länglichten grauen Punkten besetzt. Das Blatt ist groß, in der Mitte der Sommertriebe, lang eyförmig, mit einer schönen Spitze. Es ist $3\frac{1}{2}$ Z. lang, $2\frac{1}{2}$ Z. breit. Die untersten Blätter an den nämlichen Trieben sind oft ungeheuer groß, oft über 6 Zoll lang, und nur $2\frac{1}{2}$ bis 3 Zoll breit. Der Blattstiel hat oft ziemlich breite Afterblätter. Die Frucht zeitigt im halben oder Ende August, hält sich aber nicht leicht über 14 Tage in ihrem Geschmack, und wird dann gerne stippicht im Fleische. Vom ersten Range.

48) Der Sommerkönig, le Roi d'Eté. Diel IV. 63.

Eine große, sehr schöne Sommerfrucht, von einem sehr angenehmen, erquickenden Geschmack,

und

und besonders delikat zu Compoten. Ihre Form neigt sich zu einer Art von Kegelform. Obgleich indessen die Wölbung um den Kelch wenig verschieden ist, so hat die Frucht häufig eine oft sehr unregelmäßige Form: denn nicht nur hat sie mehrentheils ungleiche Hälften, sondern sie ist auch durch einzeln vorstehende Rippen in ihrer Rundung sehr verschoben. Eine vollkommene Frucht ist 3¼ Z. breit und 3 Z. hoch. Der schöne, sehr lang- und spitzblättrige Kelch ist geschlossen, bleibt grün, ist weißwollicht, und steht bald in einer sehr tiefen, manchmal auch wieder nur in einer flachen und sehr geräumigen feinwolligen Einsenkung, die mit vielen ansehnlich starken Rippen, und öfters auch mit starken Fleischwarzen besetzt ist. Von diesen Rippen gehen viele sehr sichtbar, aber breit über die Frucht hin. Der Stiel ist oft stark fleischig und steht in einer tiefen, schönen und glatten Höhle. Die Farbe der feinen, etwas fein fettigen Schale, die am Baume mit einem feinen Dufte belaufen ist, ist ein schönes gelbliches Grün, welches bey der vollen Zeitigung strohgelb wird, wobey jedoch noch viele fast marmorirte grünliche Stellen, besonders um den Kelch herum, zu sehen sind. Recht besonnte Früchte haben einen sehr leichten Anflug von einer dem Kugellack ähnlichen Röthe; mehrentheils besteht dieser Anflug nur in schönen rothen Fleckchen, in deren Mitte sich ein weißgrauer Punkt befindet, und man sieht dieselben gewöhnlich nur gegen die Stielwölbung hin. Die Frucht riecht in ihrer Zeitigung sehr stark und säuerlich himbeerenartig, und welkt nicht. — Das Fleisch ist fein, locker, weißgelblich, hier und da mit starken grünen Adern besetzt, sehr saftvoll, und von einem angenehmen erquickenden, feinsüßen, weinsäuerlichen Geschmack, der etwas fein violenartiges hat. Das Kernhaus ist sehr groß, unregelmäßig, sehr offen, und oft sind die Kammern nur halb angedeutet. Der Baum wächst sehr stark und lebhaft; er setzt frühzeitig Fruchtholz an, und wird dadurch bald und sehr fruchtbar. Seine Aeste stehen schön ab, und bilden eine schön belaubte Krone. Die Sommertriebe sind lang und stark, mit feiner Wolle bekleidet, dunkelolivenartig von Farbe, und nur mit wenigen, runden, weißlichen Punkten besetzt. Das Blatt ist groß, länglicht-eyförmig, 4 Z. lang und 3 Z. breit; der Blattstiel ist 1 Z. lang, stark, und hat 2 schöne große Afterblätter. Die Frucht zeitigt Ende oder schon im halben August, hält sich aber nicht 14 Tage in ihrer vollen Güte, und wird gern stippicht im Fleische. — Vom ersten Range.

Dritte Klasse.

Rambouräpfel.

Allgemeine Kennzeichen der Klasse.

1. Sind sämmtlich große Aepfel und enthalten die größten Apfelformen.
2. Haben meistens, oder fast immer zwey ungleiche Hälften, indem eine Seite niedriger ist als die andere.
3. Sind am Kelche stets mit Rippen versehen, die breiter haben, und eine vor der andern sich unregelmäßig hervordrängend, über die Frucht hinlaufen, wodurch dieselbe

selbe oft in ihrer Form unregelmäßig und schief oder breit gedrückt wird.

4. Sind stets breiter als hoch, und manchmal nur hochaussehend von Form.

5. Haben alle ein lockeres, grobkörnichtes, oft sehr angenehmes Fleisch.

Ordnung I.

Mit großem Kernhaus.

49) Der saure Winterrambour. Rambour aigre. Diel II. 56.

Ein sehr großer, für die Wirthschaft sehr vortrefflicher Winterapfel, und zum Cider sehr schätzbar. Er hat stets eine breite platte Form, doch so, daß sich manche Früchte auch etwas platt zugespitzt gegen den Kelch verlaufen, 4 Zoll breit, 3 Z. hoch. Der geschlossene, langspitzige Kelch steht in einer nicht tiefen, und oft nicht geräumigen Einsenkung, die mehrentheils mit starken flachen Rippen umgeben ist, und welche sich sehr breit und erhaben über die Frucht hin, bis in die Stielhöhle ziehen. Da sich oft einige von diesen Rippen ungestalt hervordrängen, so machen sie dadurch die Früchte oft ungestalt. Der sehr kurze dicke Stiel, der selten über die Frucht hervorragt, steht in einer tiefen Höhle, welche oft stark, und rauh rostfarbig und selten glatt und grün ist. Die Grundfarbe der manchmal fettig werdenden Schale ist anfänglich weißgelb, wird aber im Liegen schön gelb. Die besonnten Früchte sind daben manchmal zu $\frac{1}{3}$ der Oberfläche mit einem dünnen, schmutzigen Braunroth angelaufen, nie gestreift. Bey minder besonnten Früchten sind die Punkte nur mit blauröthlichen Kreisen umgeben, und ganz beschattete Früchte sind ganz hellgrün. Die Frucht riecht angenehm erquickend. Das Fleisch ist gelbweißlich, etwas grobkörnicht, markicht, locker, saftig, und von einer reinen angenehmen Weinsäure. Das Kernhaus ist groß, offen, oft calvillenartig. Der Baum wird groß, stark und gesund. Er belaubt sich sehr schön und dicht, setzt viel Fruchtholz an, und trägt fast jährlich und reichlich. Seine Zweige gehen in stark abstehenden Winkeln in die Luft und werden sehr stark. Das Blatt ist sehr groß, langoval, oft 6 Zoll lang und 3 breit. Der Blattstiel hat keine Afterblätter. Die Frucht zeitigt im December und hält sich bis ins Frühjahr, wo sie zum Dämpfen noch vortrefflich ist. — Vom 2ten Range.

50) **Rother Sommerrambour.** Rambour rouge d'Eté. Diel II. S. 59.

Ein lachend schöner vortrefflicher sehr großer Herbstapfel für die Tafel und noch schätzbarer für die Küche. Er neigt sich zu einer etwas länglicht geschobenen Form, ist 4 Z. breit und stark 3 Z. hoch. Der Kelch bleibt gewöhnlich lange grün, ist fein weißwollicht, und steht in einer nicht tiefen, oft ziemlich flachen Einsenkung, die mit vielen feinen Rippen besetzt ist, die aber über die Frucht breitkantig, doch sehr sichtbar bis zur Stielwölbung hinlaufen. Der oft sehr kurze, doch auch manchmal der Stielwölbung gleichstehende Stiel, sitzt in einer weiten geräumigen Höhle, die stark mit Rost belegt ist. Die im Liegen fein fettig werdende Schale ist am Baum mit blauem

Duft

Duft belaufen; die Grundfarbe ist ein unansehnliches grünes Gelb, das nur bey beschatteten Früchten sichtbar ist; denn die Sonnenseite ist, vom Kelch bis zum Stiel mit dem dunkelsten schönsten Carmosin verwaschen, und das sich bey besonnten Früchten, auch über die Schattenseite gleichsam wellenförmig verbreitet, so daß die Grundfarbe nur hier und da als marmorartige Flecken durchschimmert. Bey beschatteten Früchten ist hingegen die Sonnenseite nur mit einem marmorirten Roth angelaufen, das sich um die Stielwölbung verbreitet. In dem Roth sieht man schön vertheilte starke Punkte, die auf der Schattenseite feiner und oft undeutlich werden. Die Frucht riecht angenehm violenartig. Das Fleisch ist weiß, ins Grünliche spielend, fein, lokker, markigt, saftig und von einem angenehmen süß-weinsäuerlichen Geschmack, der etwas rosen- oder violenartiges hat. Das Kernhaus ist geschlossen, oft offen, jede Kammer geräumig und groß. Der Baum wächst munter und stark, läßt aber die Zweige gern hangen. Die Sommertriebe sind sehr dunkelbraunroth mit schöner weißer Wolle besetzt. Das Blatt ist rundoval, am Stiel abgestumpft, 2 Z. lang und 2¼ Z. breit. Der dünne kurze Blattstiel hat feine Afterblättchen. — Diese schöne Frucht zeitigt im September, ist vom Baum fast eßbar, und hält sich 6 — 8 Wochen. — Vom ersten Range.

51) Der Belvedere. Diel III. S. 90.

Eine schöne, sehr große, calvillartige Frucht, die für die Küche vorzüglich ist. Ihre Form ist platt, und geht nur zuweilen etwas in die Höhe,

4 Zoll breit und 3¼ Z. hoch. Immer ist die eine Seite der Frucht etwas niedriger, und stark hervorragende Rippen machen die Frucht in ihrem Durchmesser etwas ungleich. Der langblättrige geschlossene Kelch steht meistens in einer nicht tiefen und wenig geräumigen Einsenkung, aus der sich mehrere flache Rippen erheben, die breitkantig sind und bis zur Stielwölbung hinlaufen. Der kurze dicke Stiel ragt über seiner Höhle nicht hervor, welche geräumig und tief ist. Die Grundfarbe der nicht fettigen Schale ist ein trübes gelbliches Grün, welches aber auf der Sonnenseite mit einem schönen dunklen Blutroth verwaschen ist, welches alsdann rund um den Kelch herum gehet, und erst nach der Schattenseite hin streifenartig wird, worauf es in verloschenen einzelnen Streifen dieselben gänzlich überzieht. Mit der besonnte Früchte hingegen haben diese Streifen schon deutlich in dem Roth der Sonnenseite, und nach dem Schatten hin sind manchmal verschiedene Streifen vom Kelch bis zum Stiel, breit und bandartig — Die Frucht riecht etwas fein violenartig, das Fleisch aber nicht. — Dieses ist weiß, fein, locker, nicht sehr saftig, und von einem feinen, angenehmen, violenartigen süßen Geschmack. — Das Kernhaus ist sehr groß, weit offen, und stößt vom Stiel bis an die Kelchröhre, welche nur kurz und kegelförmig ist. — Der Baum wird sehr groß, und wächst sehr stark. Er trägt seine starken Aeste ausgebreitet, und sitzt voll Fruchtholz, wodurch er jährlich Früchte liefert. Die Sommertriebe sind lang und stark, schmutzig dunkelbraun, mit vieler feiner Wolle bekleidet, und mit wenigen grauen Punkten. Das Blatt ist ansehnlich groß, oval, 2½ Z. lang und

2¼

$2\frac{1}{4}$ Z. breit. Das Gewebe ist nicht stark. Der dünne Blattstiel ist 1 Z. lang und hat feine schmale Afterblätter. Die Frucht zeitigt Ende Oct. und hält sich bis Weihnachten, wo sie fade und im Fleisch stippicht wird. — Vom zweyten Range.

52) Rother Cardinalsapfel. Le Cardinal rouge. Diel III. S. 94.

Ein großer vortrefflicher Herbstapfel für die Tafel, für die Wirthschaft aber ganz vorzüglich. Seine Form, Größe und Vegetation hat mit dem rothen Sommerrambour eine große Aehnlichkeit, nur ist er meistens noch platter, aber schon die Farbe, die Zeit der Reife und sein Fleisch sind hinreichend, ihn wesentlich von demselben zu unterscheiden. Seine Form ist rein platt, und meistens durch sehr hervorstehende, breite Rippen in die Breite etwas länglicht verschoben. Gewöhnliche Breite $3\frac{1}{2}$ Z., Höhe hingegen nur $2\frac{1}{2}$ Zoll. Der geschlossene, ziemlich große, und anfänglich meist noch grüne Kelch, steht in einer nicht tiefen, unregelmäßigen Einsenkung, die fein wollicht, und fast immer mit feinen Falten besetzt ist, die sich indessen zu keinen wahren Rippen erheben. Der sehr kurze, die Stielhöhle nie überschreitende Stiel, steht in einer weiten, oft ziemlich tiefen Höhle, die weit umher mit Rost, der oft sehr rauh, besetzt ist, und sich meistens strahlenförmig sehr weit über die Höhle hinaus verbreitet. Die Grundfarbe der feinen, geschmeidigen, und am Baum mit starkem blauen Duft belaufenen Schale, ist anfangs hell oder blaßgrün. Die Sonnenseite hingegen ist mit einem schönen, etwas hellen Blutroth

roth verwaschen, das sich bey ganz besonnten Früchten, langsam abnehmend, dergestalt über die Schattenseite verbreitet, daß sie noch einen kleinen Theil der Grundfarbe überschillert. Beschattete Früchte färben sich nur wenig. Ja manche Früchte haben fast nichts von diesem Roth. Im Roth sieht man weiße Punkte; auch nicht selten gelbgraue Rostflecken. — Die Frucht welkt nicht und riecht violenartig. Das Fleisch ist grünlich weiß, fein, markigt, voll Saft, von zuckerartigem Geschmack, der durch einen Rosen- und Violen-Parfüm und eine feine Weinsäure erhoben ist. Das Kernhaus ist offen, jede Kammer sehr geräumig, spitz nach unten, wo es auf dem Stiel aufsitzt. — Der Baum wird ansehnlich groß und alt, erfordert einen guten cultivirten Boden. Er ist sehr fruchtbar und trägt sehr frühzeitig in seiner Jugend. Seine starken Aeste trägt er schön in die Luft, die sehr schön belaubt, und mit vielem Quirlholz dicht besetzt sind. Das Blatt ist klein und stumpf oval, mit einem sich wellenförmig kräuselnden Rande. Der Blattstiel ist dünn, 1 Z. lang, und hat feine lange Afterblätter. Die Frucht zeitigt schon Ende Oct., hält sich aber bis in den Winter. Vom ersten Range.

53) Weißer Sommererweling. De witte Erveling of Zomer. Diel IV. 68.

Ein großer, und für die Küche recht brauchbarer Sommerapfel, zu einer Zeit, wo die Aepfel noch nicht häufig sind. Seine Form ist sehr uneben, und stark calvillartig. Die Wölbung um den Kelch ist abgestumpft spitz, und viel kleiner als die um den Stiel, welche breit und eben

ist,

ist, $3\frac{3}{4}$ Z. breit und $2\frac{1}{2}$ — $2\frac{3}{4}$ Z. hoch. Der Kelch steht in einer durch Rippen meistens verschobenen tiefen Einsenkung, die mit feinen Rippen stark besetzt ist, aus der sie sich in ungleicher Höhe erheben, und wovon mehrere breit und stark erhaben über die Frucht hinlaufen. Der Stiel ist kurz, und steht der Stielwölbung gleich, oder ist nur ein Fleischbutz und sitzt in einer nicht tiefen, etwas engen Höhle, die mit einem feinen, sehr dünnen, gelblich grünen Rost bekleidet ist. — Die Farbe der nicht fettigen, und am Baume mit etwas Duft belaufenen Schale ist ein blasses Strohgelb, welches, besonders nach der Stielwölbung, mit einem sehr bemerkbaren Grün noch vermischt ist. Auf der Sonnenseite ist die Schale mit einem feinen Roth gleichsam nur etwas angelaufen, und dieses Roth nimmt gewöhnlich nur eine kleine Stelle in der Mitte der Frucht ein, wovon aber bey beschatteten Früchten keine Spur zu sehen ist. Punkte sind gar nicht da dagegen aber eine Menge gelbliche unter der Schale vorschimmernde Fleckchen. — Die Frucht riecht wenig, aber angenehm und fein, und welkt nicht. Das Fleisch ist weiß, hier und da mit grünen Adern durchkreuzt. Es ist gröblich locker oder schwammig, ziemlich saftreich, von einem etwas herben, säuerlichen Geschmack. Das Kernhaus ist stark offen, und läuft vom Kelche bis zum Stiel. Der Baum wächst sehr stark, wird sehr groß, und belaubt sich sehr schön. Er trägt seine Aeste stark abstehend, setzt frühzeitig Fruchtholz an, und ist sehr fruchtbar. Die Sommertriebe sind sehr stark, und mit weniger Wolle besetzt. Das Blatt ist sehr groß, ovalrund, 5 Z. lang 4 Z. breit, hellgrün von Farbe und unten wollicht.

Der

Der Blattstiel $1\frac{1}{2}$ Z. lang. Die Frucht zeitigt im halben August und hält sich bis in den September, wo sie etwas welk und milder wird. — Vom dritten Range.

54) **Der Fliegenschisser.** Diel IV. S. 73.

Ein sehr großer, seinem äußern Ansehn nach sehr gefälliger, aber seiner innern Güte nach nicht roh zu genießender, und bloß für die Oeconomie tauglicher Herbstapfel. Seinen possirlichen Namen hat er vermuthlich von seiner scharfen Säure, die wohl die Fliegen todt purgiren könnte. Die Figur ist in der Rundung stark uneben, und die Wölbung nach dem Kelch ist stark abnehmend, fast stumpfspitz, hingegen die Wölbung auf dem Stiel ist flach und breit geformt. — 4 Z. breit, $3\frac{1}{4}$ Z. hoch — Der kleine spitze Kelch ist geschlossen, und steht in einer geräumigen, ziemlich tiefen Einsenkung, die mit feinen Falten und Rippen besetzt ist, und die zu 3 — 4 Stück breiterhaben über die Frucht hingehen, und die Rundung uneben machen. Der Stiel ist sehr kurz, steht kaum der Frucht gleich, und sitzt in einer weiten ziemlich tiefen Höhle, die mit einem starken Rost ausgefüttert ist. Die Farbe der nicht fettigen Schale ist ein schönes Citronengelb, wobey aber die Sonnenseite mit sehr dunklen carmosinrothen, ziemlich schmalen, und kurzabgesetzten, jedoch nicht überhäufigen Streifen vom Kelch bis in die Stielhöhle besetzt ist. Selten ziehen sich aber die Streifen um letztere herum, und auf der Schattenseite sieht man nur sehr wenige. — Die Frucht hat einen sehr angenehmen Geruch und welkt nicht. Das Fleisch ist sehr weiß,

weiß, grobkörnicht, locker, ziemlich saftreich, und von einem scharfen sauern Geschmack. — Der Baum wächst sehr lebhaft; er wird sehr groß, gesund, und kommt in rauhem Boden fort. Seine starken dicken Aeste breiten sich aus und bilden eine große, schönbelaubte, flache Krone, welche sehr reichliche Ernte liefert. — Die Frucht zeitigt Anfange Septembers, hält sich aber keine 4 Wochen. — Vom dritten Range.

55) Großer rother Herbstfaros. Le gros Faros rouge d'Automne. Diel IV. 78.

Eine große, schöne Herbstfrucht für die Tafel, von dem angenehmsten Geschmack, und für die Oeconomie ausgesucht. Die Form dieses Apfels ist schön und plattrund. Er wölbt sich nur selten hoch, und die Wölbung um den Kelch ist nur etwas kleiner als diejenige um den Stiel. In seiner schönsten Form ist er $3\frac{1}{2}$ Z. breit und $2\frac{3}{4}$ Z. hoch. Der lange und sehr spitzblättrige Kelch ist ziemlich geschlossen; bleibt meistens grün, und steht in einer geräumigen tiefen Einsenkung, in welcher man feine Falten siehet, die sich zu feinen Rippen erheben, und die auch sichtlich, aber sehr sanft bis zur Stielhöhle hinlaufen. Der Stiel ist dünn und kurz, und steht entweder der Frucht gleich, oder geht etwas über dieselbe hervor. — Die Grundfarbe der feinen, geschmeidigen, etwas fein fettig anzufühlenden Schale ist ein durchschimmerndes trübes Gelb, das man nur selten um die Stielhöhle herum rein sieht, denn die ganze Frucht ist mit einem Roth von eigener Art überkleidet. Auf der Sonnenseite ist dasselbe ein etwas trübes, mit grünlichen marmorirten

Fle-

Flecken durchmischtes, dunkles, gleichsam durch etwas Rauch verdorbenes carmosinartiges Roth, welches abgerieben schön glänzt, und worin man alsdann kurze, nicht häufige, sehr undeutliche Spuren von Streifen entdecken kann. Nach der Schattenseite hin wird dieses Roth viel dünner, trüber, und überfließt gleichsam nur die Grundfarbe, so daß die ganze Farbe zusammen eine trübe Mischung von Gelb, Roth und etwas Grün zu seyn scheinet. Die Frucht riecht angenehm violenartig, und welkt nicht. Das Fleisch ist gelblich weiß, locker, weich, markigt, saftvoll, und von einem sehr angenehmen, süßsäuerlich fein violenartigen Geschmack. Das Kernhaus ist offen, sitzt unten auf dem Stiel, und stößt oben beynahe unter die Kelchröhre. Der Baum wächst lebhaft, wird groß, und belaubt sich schön. Das Blatt ist ansehnlich groß, $3\frac{1}{2}$ Z. lang und $2\frac{1}{2}$ Z. breit. Der $\frac{3}{4}$ Z. lange Blattstiel hat kleine Afterblättchen. — Die Frucht zeitigt Anfangs oder Mitte Oct. und hält sich einige Monate. — Vom ersten Range.

Ordnung II.

Mit engem Kernhause.

56) **Der Lothringer Rambour.** Diel I. 93. *Du Hamel* Rambour franc. Tom. II. p. 36 *Zink* Tab. 2. Nro. 10. Charmant blanc, oder Rambour blanc. *Mayer* Tab. 13. Nro. 18. Früher Ramburger. T. O. G. Nro. 38. Weißer Sommerrambour. Salzman Nro. 5. Hirschfeld Nro.

Nro. 5. Christ Nro. 143. — Der Lothariner Apfel; auch rothgestreifter Pfundapfel; rothgestreifter Tellerapfel.

Diese schöne Frucht hat in ihrer Vollkommenheit $4\frac{1}{2}$ Z. Breite und $3\frac{1}{2}$ Z. Höhe. Sie wiegt alsdann gegen 30 Loth. Die Form ist platt, und die eine Hälfte der Frucht fast immer niedriger. Der Kelch steht in einer tiefen, jedoch geräumigen, mit feinen Rippen umgebenen, Einsenkung, die bis zum Stiel stark erhaben über den Apfel hinlaufen. Der Stiel ist sehr kurz, und steht in einer sternförmig rostigen, tiefen, jedoch geräumigen Höhle. Durch diese Kürze des Stiels sitzt die Frucht fest, und trotzt mit ihrer Größe doch den Winden. Die sehr feine Schale ist vom Baum helles Strohgelb, das aber im Liegen hellgelb wird. Auf der Sonnenseite und am Stiel rund um den Apfel herum, ist die Frucht mit der schönsten Carmosinfarbe abgesetzt breit gestreift, die sich oft bis zum Kelch herauf erstreckt. Zwischen diesen Streifen ist die Schale noch blaßröthlich geflammt, und von der Farbe der Streifen punktirt, welches ein schönes Farbenspiel giebt. Das Fleisch ist blendend weiß, wird säuerlich, ist locker, grobkörnicht, auf dem Bruch wie feiner Schnee glänzend, saftig, und von einer angenehmen Weinsäure. — Der Baum, welcher einen guten Boden fordert, wächst in seiner Jugend sehr stark und schnell mit abwärts stehenden Aesten. Er setzt vieles Fruchtholz an, und wird sehr tragbar und alt. Das Blatt wird sehr groß, 6 Z. lang, $3\frac{1}{4}$ Z. breit. Der Apfel zeitigt bey uns schon Anfange Sept., ist 14 Tage nachher am besten, und im Nov. passirt. — Vom 2ten Range.

57)

57) Der lange daurende rothe Hartapfel. Diel I. S. 97.

Ein seiner langen Haltbarkeit wegen für die Wirthschaft sehr vortrefflicher Apfel, der häufig gepflanzt werden sollte. Er ist 3¾ bis 4 Z. breit und 3 Z hoch. Die Form ist ziemlich platt, stets unregelmäßig; und auf der einen Hälfte niedriger. Der kleine Kelch sitzt in einer nicht sehr tiefen geräumigen, mit vielen feinen Falten umgebenen Einsenkung, auf deren Rand sich feine Rippen bilden, die nachher breit und stark über die Frucht hinlaufen, und ihre Form unregelmäßig machen. Der ziemlich starke Stiel ragt wenig oder nicht über die Frucht hervor, und steht in einer tiefen, oft geräumigen, mit einer sternförmigen Rostfarbe umgebenen Höhle. Von dem Stiel an ist der Apfel blutroth ohne Streifen, die man nur bey Früchten im Schatten bemerkt. Gegen die Mitte des Apfels nimmt die Röthe allmählig ab, und verwandelt sich gegen den Kelch hin in eine gelbröthliche Farbe, die hin und wieder mit feinen gelbgrauen Rostflecken überlaufen ist. Die Schale ist dabey überall mit vielen starken, runden, weißgrauen Punkten besetzt. Die Frucht riecht nicht, wird im Liegen nicht fettig, und welkt nicht. Das Fleisch ist bey frischen Aepfeln weiß, bey jährigen etwas grünlich, sehr fest, etwas grobkörnicht, jedoch markigt, wenig saftig, und ohne Gewürz, aber auch ohne alle Säure, sondern süßlich fade. Der wenige Saft verliert sich im Alter nicht, wird fast etwas reichlicher, und gewinnt, recht gut aufbewahrt, einen Lagergeschmack. Der Baum ist sehr tragbar, widersteht in der Blüthe der rauhen Witterung,

wird

wird groß, und sehr alt. Der Apfel zeitigt im Januar, hält sich aber volle anderthalb Jahre, und gut aufbewahrt, wohl 2 Jahre, ohne welk zu werden. — Wegen seiner langen Dauer vom 2ten Range.

58) Grüner Kaiserapfel. Pomme imperiale verte. Diel I. S. 101.

Ein großer Apfel, schätzbar für die Küche, für den rohen Genuß aber nicht piquant genug, $3\frac{1}{2}$ Z. breit und 3 Z. hoch. Der große offene Kelch steht meistens in einer weiten tiefen Einsenkung, die sich erst am obern Rande derselben zu groben Rippen erhebt, die beulenförmig, oder auch manchmal flach und regelmäßig über die Frucht hinlaufen. Der kurze Stiel steht in einer regelmäßigen, tiefen, geräumigen, bald glatten, bald sehr rostfarbigen Höhle. Die im Liegen etwas fettig werdende Schale ist anfangs helles Grasgrün, das erst spät im Liegen gelb wird. Auf der ganz frey besonnten Seite bekommt dieselbe einen Anflug von Eisenrostähnlicher Röthe, die aber oft kaum merklich ist. Die ganze Schale ist mit vielen feinen grauen Punkten, und mit oft braunen, schwarz eingefaßten, kleinen und großen Rostflecken besetzt, wobey aber charakteristisch ist, daß dieser Apfel noch zu einer ganz eigenen Art von Rostflecken geneigt ist, nemlich man findet wenig Früchte, die nicht meistens aufgesprungene, kleine, faulartig aussehende braune Flecken haben, die mit einem grünen harten Fleischbutz unterlegt sind. Oft sind diese Flecken auch nur ziemlich große dunkelgrüne, etwas eingesenkte Stellen, mit dem nämlichen Fleischbutz unter ihnen, der mit

der

der Zeit braun und schwammig wird. Indessen faulen doch diese Stellen nicht. Die Frucht riecht nur wenig, und so auch das Fleisch, welches lokker, weich, grüngelblich, körnicht, voll Saft ist, und einen angenehmen süßen Weingeschmack hat. Der Baum wächst stark, aber mit sehr abstehenden Aesten, wovon die untersten fast horizontal liegen. Die Zweige setzen sehr frühzeitig und ungemein vieles Fruchtholz an, wodurch der Baum sehr fruchtbar wird, und jährlich tragt, nicht empfindlich gegen die Witterung ist, aber einen guten fetten Boden verlangt, wenn die Früchte gedeihen sollen. Das Laub ist groß, langoval, 4 Z. lang, $2\frac{1}{4}$ breit. Die Frucht zeitigt im December, und dauert, ohne zu welken, bis in den März und länger, wo sie fade wird. — Vom zweyten Range.

59) Der große Rambour, der Pfundapfel. Le Rambour gros. Diel III. 100. *Zink* Tab. X. Nro. 97. Pfundapfel, Tellerapfel. Christ Nro. 151. Der Pfundapfel, der gelbe Tellerapfel.

Ein sehr großer, und unstreitig einer der größten Aepfel, der für die Wirthschaft alle Achtung verdient. Seine Form ist plattaussehend, und stumpf zugespitzt, denn die Frucht läuft über ihre Mitte stark abnehmend gegen den Kelch, so daß die Wölbung der letztern stumpf zugespitzt aussieht. Dabey ist dieselbe unregelmäßig in ihrer Rundung, und auf der einen Seite fast immer niedriger. Sie ist 4 Z. breit und $3\frac{1}{2}$ Z. hoch. Der feine, langgespitzte, halb offene Kelch, steht in einer schönen schüsselförmigen Einsenkung, an an deren Rande sich sanfte Rippen erheben; die aber stark und breitgewölbt über die Frucht bis zur Stielhöhle hinlaufen. Bey schönen platten Früchten steht hingegen der Kelch in einer seichten Einsenkung, und die Rippen sind nur sanft, und oft wenig bemerkbar. Der starke Stiel steht der Frucht gleich, und sitzt in einer sehr weiten, tiefen rostfarbigen Höhle. Die Farbe der etwas fein fettigen Schale ist Anfangs grünlich gelb, wird aber im Liegen schönes, dunkles Citronen- oder Goldgelb, wobey die Sonnenseite, besonders oft an der Stielwölbung nur allein, mit einer blassen Röthe leicht verwaschen ist, welches bey beschatteten Früchten gänzlich fehlt. Ueber die ganze Schale sieht man viele, schön vertheilte, feine hellgraue Punkte, die in dem Anflug von Roth, als rothe Sternchen erscheinen, indem nämlich die feinen grauen Punkte mit rothen Kreisen eingefaßt sind. – Die zeitige Frucht riecht fein und angenehm, und welkt nicht. Das Fleisch ist weiß, ins Gelbliche spielend, locker, grobkörnicht, voll Saft, und von einem recht angenehmen, süßen, weinsäuerlichen Geschmack, der bey einer Frucht mit feinem Fleische, sie in den ersten Rang erheben würde. Der Baum wird sehr groß und stark. Er übertrifft in seiner Jugend die mehrsten an schnellem Wuchs; er ist dabey fruchtbar, und wölbt sich zu einer prachtvollen Krone. Das Blatt ist sehr groß, langoval, mit einer kurzen scharfen Spitze 5 Z. lang und nur $2\frac{3}{4}$ Z. breit. Der Blattstiel ist stark, bis $1\frac{1}{2}$ Z. lang und hat schmale Afterblätter. Die Frucht zeitigt im Nov. und hält sich einige Monate. — Vom 2ten Range.

60) Der große rothe Weinapfel. Diel III. S. 105.

Höchst wahrscheinlich ein uralter deutscher Apfel. Er ist in seiner Größe, Form und Zeichnung dem Lothringer Rambour (Nro. 56) sehr ähnlich, nur hat er dessen Güte nicht, und reift viel später. Sein Nutzen ist blos für die Wirthschaft. Die Form ist platt, meistens sehr ungleich, breit 4¼ Z. und hoch 3¼ Zoll. Der große langgespitzte Kelch steht in einer ansehnlich geräumigen Einsenkung, die bald mit schönen, bald mit ungleichen Rippen umgeben ist, die in breiten Hervorragungen über die Frucht hingehen, und die Form entstellen. Der Stiel ist sehr kurz, dick, fleischig, ragt nicht hervor, und steht in einer geräumigen tiefen Einsenkung, die manchmal mit etwas Rost bekleidet ist. Die Farbe der Schale ist ein schönes helles Grün, das erst bey der Reifzeit etwas gelblich, oder trübe grüngelblich wird. Die Sonnenseite aber ist gegen den Stiel hin mit einem unansehnlichen Roth streifenartig getuscht, welches sich aber selten über die Hälfte der Frucht erhebt. Die Frucht riecht nicht, welkt auch nicht. Die Frucht ist grünlich weiß, locker, grobkörnicht, saftig, und von einem etwas herbsauren Geschmack. Der Baum wird sehr groß, stark und sehr fruchtbar. Er belaubt sich sehr schön, und trägt seine Aeste in einer hochgewölbten Krone. Das Blatt ist groß, oval, 4 Z. lang, 3 Z. breit. Der Blattstiel hat schöne Afterblättchen. — Die Frucht zeitigt Ende Nov. oder Anfangs Dec, wird aber nach Weihnachten gern stippicht im Fleisch. Vom 2ten Range.

61) **Der gelbe Herbstmußapfel. Diel III. 82.**

Ein großer, wegen seiner frühen Brauchbarkeit im Herbste für die Küche, und bey dem Landmann auch zum rohen Genusse alle Achtung verdienender Apfel. Seine Form ist platt, 4 Z. breit und $3\frac{1}{4}$ Z. hoch. Der langgespitzte Kelch ist geschlossen, bleibt lange grün, und sitzt in einer bald engern, bald weitern Einsenkung, in der man wenig Rippen bemerkt; oft sind stärkere Rippen, die flach über die Frucht hingehen. Der kurze Stiel sitzt in einer sehr schönen, tiefen trichterförmigen Höhle, die rostig ist. Die Farbe der nicht fettigen Schale ist ein schönes Hellgrün, welches bey der Zeitigung gelblich wird. Die Sonnenseite ist mit einem trüben Roth leicht verwaschen, oft undeutlich gestreift. Punkte hat die Frucht wenige. Die Frucht riecht nicht stark, aber recht angenehm. Das Fleisch ist gelbweißlich, fein, locker, oder etwas schwammig, ziemlich saftreich, und von einem angenehmen süßweinsäuerlichen Geschmack. — Der Baum wird sehr stark, groß und ist sehr fruchtbar. Seine Aeste stehen etwas stark ab, gehen aber doch in die Höhe, und bilden eine breite, schön belaubte Krone. Das Blatt ist sehr groß, sehr lang oval $5\frac{1}{2}$ Z. lang und $3\frac{1}{2}$ Z. breit. Der $\frac{1}{2}$ Z. lange Blattstiel hat keine Afterblätter. — Die Frucht zeitigt Ende Sept., ist vom Baum brauchbar, und hält sich bis Ende Nov. — Vom 2ten Range.

62) Der Ulmer Apfel, gestreifte rothe Cardinalsapfel. Le Cardinal rouge rayé. Diel IV. S. 87.

Ein sehr großer vortrefflicher schöner Herbstapfel für die Tafel und Küche. Seine Form ist sehr platt, oft 4 Zoll breit und 3 Zoll hoch. Der große, halb offene Kelch steht in einer ziemlich flachen Einsenkung, die dabey keinen weiten Umfang hat, und von deren obern Rand einige flache Erhabenheiten über die Frucht hinlaufen. Der kurze Stiel steht in einer weiten tiefen Höhle, die strahlenförmig mit Rost ausgefüttert ist. Die Grundfarbe der feinen nicht fettigen, oft nur geschmeidigen Schale ist ein blasses helles Strohgelb, das aber selten rein erscheint; denn die Sonnenseite ist, vom Kelch bis zum Stiel, mit sehr breiten, abgesetzten, oft sehr langen carmosinrothen Streifen besetzt, die sich verbleicht auch auf der Schattenseite, schön und häufig aber um die Stielwölbung verbreiten. Zwischen diesen Streifen ist die Frucht auf der Sonnenseite mit einem schwärzlichen Roth getuscht. Im Rothen sieht man viele gelbliche Punkte. Die Frucht riecht wenig und welkt nicht. Das Fleisch riecht stark violenartig. Es ist weiß, ins Grünliche spielend, locker, saftvoll, von einem angenehmen zuckerartigen Erdbeeren-Geschmack. Der Baum wächst ungemein stark, ist sehr fruchtbar, und belaubt sich sehr schön. Seine Aeste stehen stark ab, und wölben sich zu einer flachen Krone. Das Blatt ist sehr groß, rundeyförmig, 4 Z. lang und 3 Z. breit. Der Blattstiel hat nur selten etwas von Afterblättern. Die Frucht zeitigt Anfange Oct., und ist im Dec. passirt. Vom ersten Range.

63)

63) Geflammter weißer Cardinalsapfel. Le Cardinal blanc flambant. Diel IV. 92.

Ein großer schöner, für die Oeconomie ausgesucht guter, und selbst für den rohen Genuß des Landmanns sehr geschmackvoller Apfel für den Vorwinter. Seine Form ist plattaussehend, $3\frac{1}{2}$ Z. breit und 3 Z. hoch. Der halb offene, ziemlich lange grünbleibende Kelch steht in einer bald engen, bald geräumigen, tiefen Einsenkung, aus der sich mehrere, theils sanfte, theils starke Rippen erheben, die schön calvillartig, aber flach und breit über die Frucht bis zur Stielhöhle hinlaufen. Der Stiel ist kurz, oft nur ein Fleischbutz, und sitzt in einer tiefen Höhle, die meistens rostfarbig ist. Die Farbe der feinen, zähen, fettigen Schale ist anfänglich ein schönes gelbes Hellgrün, welches hernach citrongelb wird, und wobey die Sonnenseite, nicht bis zur Hälfte der Fruchtbreite mit einer leichten, hellen, feuerartigen Röthe, wie nur angeflammt ist. Die Punkte sind zerstreut, wenig, fein, und grau von Farbe. Die Frucht riecht stark und angenehm, welkt auch etwas, wenn sie nicht spät abgenommen wird. Das Fleisch ist weiß, etwas ins Grünliche spielend, feinkörnicht, etwas locker, markicht, sehr voll Saft, und von einem angenehmen, süß-weinsäuerlichen, dem rothen Stettiner sehr ähnlichen Geschmack. Der Baum wächst vollkommen wie der rothe Cardinal, belaubt sich sehr stark, wird groß, trägt die Zweige stark abstehend, und ist frühzeitig, und sehr fruchtbar. Die Sommertriebe sind lebhaft und schlank. Das Blatt ist klein, rundeyförmig, mit einer schönen kurzen Spitze, $2\frac{3}{4}$ bis 3 Zoll lang

lang und kaum 2 Z. breit. Die Farbe ist ein schönes glänzendes Dunkelgrün, das Gewebe stark, etwas grob geadert, unten starkwelligt, und der Rand ist meistens seicht, bald stumpfspitz, bald bogenförmig gezahnt. Der Blattstiel ist oft kaum ½ Z. lang. — Die Frucht zeitigt Anfangs November, und hält sich bis tief in den Winter. — Vom 2ten Range.

Vierte Klasse.

Reinetten.

Allgemeine Kennzeichen der Klasse.

1. Haben ein feinkörnichtes, feines, kurz abknackendes, festes und dabey weiches Fleisch.
2. Sind meistens das Ideal schöner Apfelformen, in dem die Wölbung von der Mitte des Apfels gegen den Kelch mit der Wölbung nach dem Stiel sich ähnlich sind, oder nicht stark contrastiren.
3. Alle sind grau punktirt, oder haben rostige Anflüge, oder wahre Ueberzüge davon.
4. Sind nur selten etwas fettig anzufühlen, und die Hauptausnahme ist z. B. die Edelreinette.
5. Haben nur allein die erhabene, gewürzhafte Zuckersäure, welche wir Reinettengeschmack nennen.
6. Welken sehr gerne, und müssen deshalb unter allen Aepfeln am längsten am Baume hangen.

7)

7. Die eigentlichen süßen, aber dabey gewürzhafte Aepfel, kommen nur unter die Zahl der Reinetten durch ihre Form, ihre rostigen Abzeichen und durch ihr feines oder festes Fleisch.
8. Feines, festes, abknackendes Fleisch bringt auch Früchte in diese Klasse, die für sich selbst keine eigene Klasse auszumachen im Stande sind, z. B. die Peppings.

Ordnung I.

Einfärbige Reinetten.

Besondere Kennzeichen der Ordnung.

1. Haben eine vom Grünen, bis zum schönsten Goldgelb einfache Grundfarbe.
2. Haben keine auffallende Farbe, oder rostige Abzeichen auf der Sonnenseite, und nur die besonnten Früchte können einigen Anflug von Röthe haben.
3. Haben keine rostigen Ueberzüge, und nur manchmal unbedeutende Anflüge von Roststreifen.

64) **Große engl. Reinette.** Reinette grosse d'Angleterre. Diel I. 106. *Du Hamel* Tom. II Tab. XII. Fig. 5. Grosse Reinette d'Angleterre. *Mayer* P. F. Tom. III. 48? Christ Nro. 74.

Eine sehr große, wahrhaft lachend schöne Frucht, die den Uebergang von den Calvillen zu den Renetten ausmachen könnte. Die Form ist stets etwas hochaussehend; da er etwas zugespitzt gegen

gegen den Kelch hinläuft, und an der Stielwölbung viel breiter ist. Er ist $3\frac{1}{2}$ Z. breit und 3 Z. hoch. Der geschlossene lange Kelch steht in einer ziemlich engen, doch nicht tiefen Einsenkung, welche mit feinen Rippchen umgeben ist, die fein, aber sichtbar über den Apfel hinlaufen. Der 1 Z. lange Stiel steht in einer geräumigen tiefen Höhle, die oft rostfarbig ist. Die glatte zarte Schale ist anfangs halb grüngelb, mit hier und da bemerkbaren grünen Streifen. Im Liegen wird sie Strohgelb, und nur auf der Sonnenseite etwas dunkler. Nur bey stark besonnten Früchten sieht man einen schmutzig röthlichen Anflug, oder eine feine, etwas bräunliche Röthe. Charakteristisch sind die vielen dunkelgrünen, oft äußerst feinen Punkte, die im Liegen und Reifen nicht verschwinden. Die Frucht hat fast keinen Geruch und welkt nicht. Das Fleisch riecht gar nicht, ist sehr weiß, fein, etwas locker, voll Saft, und von einem erquickenden weinsäuerlichen Geschmack ohne alles Gewürz. Der Baum wächst außerordentlich stark, und wird sehr groß. Er breitet seine Aeste gern zu einer schönen, breitgewölbten Krone, die sich ungemein stark und schön belaubt, frühzeitig Fruchtholz ansetzt, und den Baum sehr fruchtbar macht. Das Laub ist sehr groß, 4 Z. lang, 3 breit, stumpfzugespitzt, am Rande wellenförmig, mit den Seiten schiffförmig in die Höhe, und mit dem Stiel wieder rückwärts gebogen. Die wahre Zeitigung der Frucht ist im Jenner, im Dec. aber schon genießbar, und hält sich bis in den Sommer. — Vom ersten Range.

65)

65) Reinette von Breda. Reinette de Breda. Diel I. S. 110. teutscher Obstgärt. Nro. 42.

Eine eben so schöne, als köstliche Reinette, und vortrefflicher Tafelapfel. Seine Form ist sichtbar breitgedrückt, mißt 3 Zoll in der Breite und 2½ Z. in der Höhe. Der Kelch steht in einer seichten, mit feinen Rippen umgebenen Einsenkung, aus der sich mehrere Rippen sichtbar über die Frucht verbreiten. Der über die Frucht etwas hervorragende starke Stiel steht in einer rostfarbigen schönen Höhle. Die nicht fettige zarte Schale ist anfangs schönes Hellgelb, und wird im Liegen Goldgelb mit mannichfachen rostfarbigen Flecken, Figuren und Punkten besetzt, wobey es charakteristisch ist, daß er auf der stark besonnten Seite, bey einem scheinbaren Anflug von Röthe, carmosinrothe Punkte hat, die den Flecken einer Forelle ähnlich kommen. Jeder dieser oft sehr vielen hochcarmosinrothen Flecken, hat in seiner Mitte einen grauen Punkt. Die Frucht riecht nicht, welkt aber gegen den März. Das Fleisch ist weiß, etwas ins Gelbliche spielend, sehr fein, fest, zart abknackend, voll Saft, und einem dem Goldpepping völlig ähnlichen, zuckerhaften, vortrefflichen, gewürzhaften Geschmack. Das Kernhaus hat das Besondere, daß man fast keinen Apfel antrift, der nicht oft 3 Kerne in einer Kammer, ja nicht selten 15 Stück in den 5 Kammern hat. Der Baum fordert einen sehr gebaueten, nicht nassen Boden, wird nur sehr mittelmäßig groß, wie der Goldpepping, aber außerordentlich fruchtbar, und gegen die Witterung nicht so empfindlich, wie viele andere Reinetten.

Er belaubt sich nicht stark, treibt feines Holz. Die Blätter 4 Z. lang $2\frac{1}{4}$ Z. breit. Der Blattstiel ist $\frac{3}{4}$ Z. lang, und hat schöne langschmale Afterblättchen. Die Frucht zeitigt schon Anfangs Dezembers, und hält sich bis März vollkommen schmackhaft. — Einer der ersten Tafeläpfel.

66 Aechte, weiße, französische Reinette.
Reinette blanche. Diel I. S. 118. *Du Hamel* Tom II. Nro. 17. *Knoop* Tab. VII. *Mayer* Nro. 7. Teutsch. Obstg. Nro. 17. Christ. Nro. 70.

Ein sehr schöner musterhafter Apfel, der stets platt gedrückt erscheint, und dessen Wölbung gegen den Kelch spitziger, als gegen den Stiel ist. Er mißt 3 Z. in der Breite und $2\frac{1}{4}$ Z in der Höhe. Der grünliche Kelch ist meistens geschlossen und mit feinen Falten in einer geräumigen Einsenkung umgeben. Der Stiel ist $\frac{1}{2}$ Z. lang und steht in einer weiten und tiefen, gelbraun rostfärbigen Höhle. Die sehr zarte Schale ist anfänglich blasses Strohgelb, das nur im Liegen blaßgelb wird, nur die recht frey hangenden sind an der Sonnenseite mit einem feinen schönen Roth etwas angelaufen. Die Frucht fühlt sich nie fettig an, runzelt nicht, und hat keinen Geruch. Das Fleisch ist schön weiß, locker, körnicht, geruchlos, weich, voll Saft, und von einem angenehmen weinsüßlichen Geschmack, ohne alle Säure und Gewürz. Der Baum wird nur mittelmäßig groß, trägt seine Aeste hangend, setzt aber frühzeitig viel Fruchtholz an, wodurch der Baum außerordentlich fruchtbar wird, jedes Jahr trägt, und mit seiner schönen rosenrothen Blüte eine

Pracht

Pracht ist. Das Blatt ist groß, oft äußerst lang, oft 6 Zoll und 3½ Z. breit. Die Frucht zeitigt im December, und hält sich bis zum Sommer. Von den ersten Sorten im 2ten Range.

67) Französische Edelreinette. Reinette franche Diel I. S. 120. *Du Hamel* Tom. II. p. 31. Tab XI . Reinette franche. *Mayer* Tom. III Nr. 46. Franzreinette. Christ. Nro. 92. Reinette de Normandie. Carthause. Reinette franche. S zmann Nro. 22. Weiße Reinette.

Eine sehr schöne, ansehnliche, wenigstens dem Namen nach allgemein bekannte, vielleicht aber wenig recht gekannte Frucht, die sehr häufig mit der vorigen weißen Reinette verwechselt wird. Sie ist 3 Z. breit, und stark 3½ Z. hoch, und hat eine etwas kugelförmige Gestalt, und fällt nicht als platt in die Augen. Der meistens halb offene, und in seinem Anfange lang grünbleibende Kelch steht in einer glatten, geräumigen, ansehnlichen Einsenkung, auf der sich am obern Rand mehrere, 4 — 5 feine Erhöhungen bilden, die als sehr sichtbare flache, breite Rippen über die ganze Frucht hingehen, wovon einige am Bauch oder an der Stielwölbung sich stark hervordrängen. Der Stiel ist kurz und dick, und steht in einer tiefen, meist etwas engen, rostigen Höhle. Die Frucht riecht wenig und bey der Zeitigung angenehm. — Die sanfte, fein geschmeidige Schale ist anfänglich schönes Hellgrün, und wird bey der Zeitigung schönes Citrongelb Nie oder äußerst selten findet man an der Schale etwas von Rostanflügen, oder einer Art von Rauheit,

sondern

sondern das Wenige was man rauh fühlt, rührt blos von den grauen Punkten her, da die Schale für sich sehr platt, und beym Abreiben glänzend rein ist. Dagegen ist der Apfel über und über mit schönen runden, länglichten, dreyeckigten, und sternförmigen grauen Punkten besetzt, die sich oft an einer Stelle so anhäufen, daß sie sich nicht selten berühren. — Das Fleisch ist in der Zeitigung gelblich weiß, fein, sehr zart, fest, doch mürbe, voll Saft, und von dem angenehmsten, zuckerartigen Geschmack, durch den eine feine muskatellerartige Säure hindurchsticht. — Der Baum erfordert sehr guten, gebaueten, nicht nassen Boden, wird groß, sehr fruchtbar, und belaubt sich schön. Das Blatt ist zugespitzt-oval, nicht sehr stark, 3½ Z. lang und 2¼ Z. breit. Der wellichte Blätterstiel ist keinen Zoll lang, und hat lange schmale Afterblättchen. Die Frucht zeitigt im Decbr., ist im Jan. u. Febr. am delikatesten, und wird im Sommer immer unschmackhafter. — Vom allerersten Range.

68) **Die königliche Reinette.** Reinette royale. Diel I. 125.

Diese ist mit der vorigen äußerst nahe verwandt, und an innerer Güte ihr fast gleich, nur welkt sie noch stärker. Es ist eine schöne, doch meistens unregelmäßige Frucht. Die Form ist immer platt aussehend. Sie ist 3½ Z breit und 2½ bis 2¾ Z hoch. Der sehr offene Kelch steht in einer nicht tiefen, oft unebenen, mit meistens 5 Rippen umgegebenen Einsenkung, wovon mehrere sehr sich bar über den Apfel hinlaufen. Der kurze, über die Frucht nicht hervorragende Stiel,

steht

steht in einer oft ziemlich tiefen, engen, mehrentheils rostfarbigen Höhle.

Die gar nicht fettige, fein rauh anzufühlende Schale ist gleich anfänglich gelblichgrün, und wird bey der Zeitigung hellgelb. Auf der Sonnenseite findet man nie einige Röthe, sondern die Schale wird nur schön goldgelb, das sich manchmal nur in breiten Streifen zeigt. Die Punkte sind sehr häufig, stark, meistens sternförmig, und was diesen Apfel äußerst von der Reinette franche unterscheidet, sind seine häufigen gelbbraunen netzförmigen Rostanflüge, die rauh, fast wie bey grauen Reinetten anzufühlen sind. — Das Fleisch ist gelblich weiß, etwas lockerer als bey der Edelreinette, voll Saft, von dem angenehmsten zuckerartigen Geschmack ohne alle Säure, jedoch nicht so erhaben peppingartig wie bey ihren so nahen Verwandten. Der Baum wächst sehr stark, freudig, und belaubt sich sehr schön. Die Zweige gehen in schön abstehenden Winkeln in die Höhe. Das Blatt ist ansehnlich groß, $3\frac{1}{2}$ Z. lang, $2\frac{1}{4}$ Z. breit, vorne mit einer schönen Spitze. Der wolligte Blattstiel ist $1\frac{1}{4}$ Z. lang, stark und hat pfriemenförmige Afterblättchen. — Von gleicher Zeitigung, Haltbarkeit und Rang mit der vorigen Edelreinette.

69) **Calvillartige Reinette.** Reinette calvillée. Diel I. S. 130.

Ein mittelmäßig großer, dem Anschein nach zugespitzter, länglicher köstlicher Apfel. Seine Breite ist gewöhnlich $2\frac{1}{2}$ Z. und die Höhe $2\frac{1}{4}$ Z. Der Kelch sitzt in einer nicht tiefen, geräumigen, mit feinen Rippen umgebenen Einsenkung, aus der

der sich die Rippen sehr merkbar über die Frucht verbreiten. Der kurze Stiel steht in einer engen, meistens etwas rostfarbigen Höhle. Die Farbe der Schale ist schönes Goldgelb, das auf der Sonnenseite in einem schmalen 3 bis 4 Linien breiten verwischten Streif von einer röthelsteinartigen Röthe angelaufen ist, die aber bey beschatteten Früchten fehlt. Dabey ist die Schale überall mit groben, fleckenähnlichen grauen, auf der Sonnenseite aber braunen Punkten besetzt. — Der Apfel hat einen feinen angenehmen Geruch. Das Fleisch ist gelblich, weich, sehr fein, voll Saft, von starkem angenehmen Geruch, und einem recht zeitigen weißen Wintercalville, oder etwas überzeitigen Borsdorfer am Geschmack sehr ähnlich, nur gewürzhafter und ohne Säure. Der Baum wird nur mittelmäßig groß, macht feines schlankes Holz, und setzt schönes, bald tragbares Fruchtholz an. Das Blatt ist hellgrün, klein, ovalrund, mit einer kleinen Spitze, meistens nur 3 Zoll lang und 2 breit, nicht scharf, sondern stumpf und seicht gezahnt. Der kurze $\frac{3}{4}$ Z. lange Blattstiel steht meistens gekrümmt gegen das Blatt, und hat sehr kleine Afterblättchen. Die Frucht reift Ende Nov., hält sich 3 bis 4 M. und welkt dann gerne. Vom allerersten Range.

70) Die Weiberreinette. Reinette Pomme Madame. Diel I. S. 133.

Eine große, schöne Reinette, meistens von sehr unregelmäßiger Form, die sich selten in die Höhe hebt, und meistens platt ist; $3\frac{1}{2}$ Z. breit und 3 Z. hoch. Der große, offene, lange grün bleibende Kelch ist in einer sehr geräumigen, oft breit=

breit-tiefen Einsenkung, aus der sich ansehnliche Rippen erheben, wovon mehrere breit und hoch über die Frucht hinlaufen. Der Stiel steht in einer tiefen, geräumigen, oft sehr rostfarbigen Höhle, über welche er selten hervorragt. — Die Schale ist anfänglich schönes Hellgrün, und wird im Liegen Citronengelb. Auf der Sonnenseite sieht man einen leichten Anflug von einer schmutzigen Röthe, aber sehr schwach. Dabey ist die Schale mit vielen schönen hellgrauen Punkten besetzt; auch findet man braungelbe Rostflecken. Viele von diesen Aepfeln bekommen auf der Sonnenseite fast linsengroße Leberflecke, mit eingesenkter Schale, worunter das Fleisch etwas stippicht wird. Die Frucht riecht sehr wenig und welkt erst im Frühjahre. Das Fleisch ist gelbweiß, grobkörnicht, saftig, und von einem angenehmen, süßweinsäuerlichen Geschmack, ohne besonderes Gewürz. Der Baum wächst ziemlich stark, setzt häufiges, regelmäßiges Fruchtholz an. Das Blatt ist mittelmäßig groß, fast ovalrund, 3 Zoll lang und $2\frac{1}{2}$ Z. breit. Die Sommertriebe sind den Trieben unsers deutschen Borstorfers sehr ähnlich. Die Frucht zeitigt im December, und hält sich, ohne zu welken, bis ins Frühjahr. — Vom ersten Range.

71) Die Lothringer grüne Reinette. Diel I. S. 137.

Ein großer schöner Apfel, bey dem es Schade ist, daß seine Güte nicht ganz mit seiner Schönheit übereinkömmt. Seine Gestalt neigt sich zu einer etwas kugelförmigen Plattform, breit $3\frac{1}{4}$ Z. hoch $2\frac{1}{4}$ Z. Der offene große Kelch steht in in einer regelmäßigen, schön ausgeschweiften ziemlich tiefen Einsenkung, in der sich selten einige feine Falten finden, an der Frucht bemerkt man aber deutlich rippenartige Erhöhungen. Der über der Frucht hervorragende, oft fleischige Stiel steht in einer breiten nicht tiefen Höhle, die bald viel, bald wenig rostfarbig ist. Die feine, fast fettige Schale ist anfänglich schön grasgrün, und wird erst mit der vollen Zeitigung gelb, wobey aber immer das Grünliche hervorsticht. Ueberall ist die Schale mit vielen feinen grauen Punkten besetzt, die mit einem kleinen blaßgrünen Kreis umgeben sind; oft findet man auch kleine Rostflekken. Das Fleisch ist grüngelblich weiß locker, weich, grobkörnicht, voll von einem gewürzlosen, feinsäuerlichen Saft. Der Baum wächst stark und lebhaft, macht gerne Hangäste, und vieles Fruchtholz. Das Laub ist dick, mittelmäßig groß, mit kurzer Spitze, der Blattstiel ist 1 Z. lang. — Die Frucht zeitigt Ende Novembers, hält sich bis zum Frühjahr ohne zu welken. — Vom 2ten Range.

72) Die Harlemmer Reinette. Diel II. 64.

Eine vortreffliche Winterreinette, so schätzbar für die Tafel, als für die Oeconomie. Die Form ist stets platt, und nicht selten unregelmäßig im Bau, 3½ Zoll in der Breite, und 3 Zoll in der Höhe. Der spitzblättrige, gewöhnlich lange grünbleibende, halbgeschlossene, oder offene Kelch, steht in einer sehr geräumigen, oft ziemlich tiefen Einsenkung, in der man selten einige feine Falten bemerkt, aber auf dem obern Rand derselben erheben sich oft höckerartige Beulen, die nachher

sichtbar,

sichtbar, breit und vorragend bis zur Stielhöhle hinlaufen. Der kurze Stiel steht in einer schönen, geräumigen, tiefen Höhle, die bald mit feinem, bald mit sehr rauhem Roste ausgefüttert ist, und wovon sich oft Roststreifen bis an den Bauch der Frucht hinziehen. Die nicht fettige, aber dünne Schale ist am Baume hellgrün, wird mit der Zeitigung gelbgrün, und im Winter hellgelb. Sie ist überher mit vielen hellbraunen Punkten besetzt. Auch platte oder erhabene Rostflecken finden sich viele. Bey stark besonnten Früchten sieht man einen leichten Anflug von Roth. Die Frucht riecht etwas fein und angenehm. Das Fleisch ist weißlich gelb, fein, weich, markigt, voll von einem angenehmen, süßen, weinartigen Geschmack. Der Baum wird groß, stark und gesund; er belaubt sich schön und wächst sehr munter. Die Aeste trägt er etwas stark abstehend, und die untersten fast horizontal. Das Blatt ist groß, meistens langoval, $4\frac{1}{2}$ Z. lang, 3 Z. breit, glänzend dunkelgrün. Diese vortreffliche Frucht zeitigt im Nov., und hält sich bis ins Frühjahr, muß aber spät abgenommen werden, sonst welkt sie. — Vom ersten Range.

73) **Der Goldpepping.** Pepping d'Or. Diel II. 69. *Knoop.* Tab. IX Guolden pipping. *Du Hamel* Peppin d'Angleterre. *Mayer* P. F. Tom III. Fig 40. Pomme d'or, Reinette d'Angleterre. T. O. G. Nro. 19. Henne Nro. 8. *Miller* Golden pipping. *Weston* English Rennet. *Abercrombie*, Golden Pippin. Carthause, La pomme d'or. Reinette d'Angleterre. Salzmann S. 67. — Hirschfeld S. 184.

Englische Reinette oder Goldpeppin. Schmidt Nro. 8. Christ. Nro. 101.

Diese Literatur zeigt die Allgemeinheit dieses Apfels, aber auch stillschweigend seinen Werth. Dieser kleine köstliche Apfel hat immer ein etwas hohes Ansehn, und ist auch oft etwas höher als breit, meistens 2 Z. breit und 1¾ Z hoch. Der offene, meistens langblätterige Kelch steht in einer seichten geräumigen Einsenkung, in der man immer einige feine Falten bemerkt. Der Stiel ist bald mit der Frucht gleichstehend, bald kürzer, bald länger. Auch die Stielhöhle ist veränderlich, bald seicht und geräumig, bald enge und tief; nicht selten fein rostfarbig. Die feine Schale ist vom Baum hellgelb, und wird im Liegen schön goldgelb, besonders die Sonnenseite. Dabey ist die Schale oft sehr stark mit feinen und groben gelbbraunen Punkten besetzt, die bey stark besonnten Früchten bräunlich roth sind. Das Fleisch der fein und angenehm riechenden Frucht ist gelblich, fest, nach Weihnachten weich, sehr fein, sehr voll Saft, und von einem erhabenen zuckerartigen Weingeschmack. Der Baum ist sehr fruchtbar. Er geht schön in die Luft, und es ist nicht rathsam, ihn in der Mitte viel auszulüften, denn die Aeste gehen dadurch gerne zu weit auseinander, und der Wind peitscht an den schlanken Aesten die Früchte leicht ab. Die Triebe sind fein, und der ganze Baum macht kein starkes Holz. Das Blatt ist mittelmäßig groß, länglich oval, 4 Z. lang, und 2½ Z. breit. Der dünne, 1 Z. lange Blattstiel hat sehr feine Afterblättchen. Die Frucht zeitigt im Nov., und hält sich bis in den März, wo sie welkt. — Vom allerersten Range.

74) **Die Reinette von Sorgvliet.** Reinette de Sorgvliet. Diel II. S. 75. Renet van Sorguliet. Christ. Nro. 90.

Eine in ihrer Aechtheit wohl sicher in Deutschland noch wenig bekannte holländische Tafelfrucht, von einer schönen Größe. Ihre Form ist schön gerippt und platt. 3½ Z. breit und 2½ bis 2¾ Z. hoch. Der ziemlich lange grün bleibende Kelch steht in einer geräumigen, ziemlich tiefen Einsenkung, die mit feinen Falten oder Rippchen besetzt ist, und die sich mehrentheils erst am obern Rande fein rippen= oder beulenartig, gewöhnlich zu 5 Stück, sanft erheben, und zwar flach doch sichtbar, über die Frucht bis zur Stielwölbung hinlaufen. Der kurze, fleischige, der Stielwölbung gleichstehende Stiel, steht bald in einer etwas engen, bald in einer geräumigen ziemlich tiefen Höhle. Die sehr feine, nicht fettige Schale, ist gelbliches Hellgrün, welches schön bläßgelb wird. Auf der Sonnenseite bemerkt man zuweilen einen leichten Anflug von lichtbräunlicher Röthe. Die ganze Schale ist regelmäßig und fein punktirt. Um der Stielwölbung sind die Punkte am weitläuftigsten und stärksten, und um die Kelchhöhle am häufigsten und feinsten. Die Frucht riecht schwach, das Fleisch ist weißgelb, fein, körnicht, abknackend, erst fest, nachher weich, sehr voll Saft, und von einem sehr angenehmen Geschmack. Der Baum wird ansehnlich groß und wächst sehr gesund. Er belaubt sich schön, aber nicht sehr dicht. Seine Aepfel trägt er stark abstehend. Das Blatt ist sehr groß, 5 Z. lang und 3½ breit, sehr dunkelgrün und unten fein wolligt. Die

Frucht zeitigt im Decbr. und hält sich bis in den Sommer. — Vom ersten Range.

75) **Edler Winterborstorfer.** Diel II. 80. Die Franzosen nennen ihn Reinette bâtarde, pomme de Prochain und Reinette d'Allemagne. *Knoop.* T x. Borsdorffer-Appel. Witte Leipziger Reinette bâtarde. *Mayer* P. F. Tab. XXI. Fig. 34. T. O. G. Nro. 14.

Seine Form ist nicht groß, aber schön, regelmäßig und reinapfelförmig. Die Wölbung nach dem Kelch ist merklich kleiner als nach dem Stiel. Ein vollkommner Apfel ist 2¾ Z. breit, und 2¼ Z. hoch. Der offene, kurzblättrige Kelch steht in einer geräumigen, nicht tiefen Einsenkung, die keine Falten hat, und die ganze Frucht hat nichts rippenartiges. Der Stiel ist oft kurz, oft dünne und ¾ Z. lang, und steht in einer etwas engen, fein rostfarbigen Höhle. Die Farbe der feinen, jedoch festen Schale ist vom Baume glänzendes, wachsartiges weißgelb, das nur etwas ins Grünliche spielt, wenn die Früchte im Schatten stehen. Im Liegen wird die Farbe schönes Goldgelb. Die Sonnenseite hingegen ist oft bis zur Hälfte der Rundung, und oft um den ganzen Kelch herum, mit sehr schönem glänzenden Blutroth verwaschen, das sich nach der Schattenseite schnell, doch abnehmend an Röthe verliert. Von einem Blatte wird diese Röthe scharf abgeschnitten, und beschattete Früchte haben gar kein Roth. Die wenigen Punkte sind im Rothen gelblich, im Gelben zimmtfarben. Erhabene gelbgraue Warzen und feine streifenartige Rostanflüge sind sehr gewöhn-

gewöhnlich. Die Frucht riecht erst überzeitig. Das Fleisch ist weiß, fein, abknackend, und erst nach Weihnachten mürbe. Der Saft ist nicht überflüssig, und der Geschmack eigenthümlich, erhaben, zuckerartig, mit einer kaum bemerkbaren Weinsäure vermischt, die schon nach Weihnachten verschwunden ist. Der Baum, als ein recht Deutsches Gewächs wird einer mit von den allergrößten. — Seine Tragbarkeit kömmt spät, und im guten Boden oft erst nach 15 = 20 Jahren, wo er sich dann reichlich verzinst, aber meistens nur über das andere Jahr. Er gebraucht zur Ausbildung seiner Fruchtaugen, die er erst meist an langen Fruchtruthen ansetzt, 4 = 5 - 6 Jahre, und daher seine späte Tragbarkeit, die durch die langsamere Circulation noch mehr aufgehalten wird. Diese Menge von feinem langen Fruchtholz gibt ihm das Ansehn von feinholzigem Wuchs. Das hellgrüne glänzende Laub ist fast rund, fast klein, 3½ Z. lang und 2½ Z. breit, meistens noch weit kleiner. Die Zeitigung der Frucht ist nach dem Alter der Bäume verschieden, je älter, je früher. Den schönsten Geschmack hat der Apfel im December. Vom allerersten Range.

76) Der Goldzeugapfel. Vrai drapd'or. Diel III. S. 125. *Du Hamel.* Tab. XII.

Ein sehr schöner, ansehnlich großer Tafelapfel. Seine wahre Form nähert sich ungemein der Kugelform, und ist 3¼ Z. breit und 2¾ Z. hoch. Der geschlossene, fein spitzblättrige Kelch, der meistens grün bleibt, ist fein weißwellicht, un steht in einer geräumigen, tiefen, schüsselförmigen

Ein=

Einsenkung, die mit feinen Falten oder Fleischwärzchen besetzt ist, die sich meistens am Rande in flache Erhabenheiten erheben, und flach über die Frucht hinlaufen. Der sehr kurze, oft etwas fleischige Stiel steht in einer weiten, selten tiefen Höhle. Die Farbe der nicht fettigen, sehr glänzenden Schale ist schön hellgelb, woben charakteristisch ist, daß sich mehrere hellgrüne Streifen, oder breite bandenartige Strahlen deutlich vom Kelch bis zum Stiel herabziehen. Die übrige Farbe wird im Zeitigen das schönste erhabene Gologelb. Nur in manchen Jahren, und am Spalter überschillert die Sonnenseite ein feines Roth. Dabey ist die Schale mit vielen schönen, bald feinen, bald starken Punkten besetzt, und häufig haben die Früchte braune Rostflecken. Die Frucht hat fast keinen Geruch, und welkt auch nicht. Das Fleisch riecht sehr angenehm. Es ist unter der Schale sehr gelb, nach dem Kernhaus etwas weißer, lokker, markigt, voll Saft, und von dem angenehmsten zuckerartigem Geschmacke, mit einer sehr versüßten Weinsäure vermischt. — Der Baum wird ansehnlich groß, und ist durch seine Triebe, die Feinheit seines Holzes, und Belaubung sehr kenntlich. Seine Aeste trägt er etwas stark abstehend, wölbt sich aber doch gerne zu einer sehr schönen Krone. Er setzt sehr frühzeitig und viel Fruchtholz an, und trägt jährlich. Das Blatt ist schmal und sehr lang, 4" Zoll lang und 1½ Z. breit. Es sitzt meistens schief auf dem Stiel. Die Frucht zeitigt im November, und hält sich bis in den Februar. — Vom ersten Range.

77)

77) Die Champagner Reinette. Reinette platte de Champagne. Diel III. 123.

Eine ganz ungemein schöne, vortreffliche Winterfrucht für die Tafel. Sie ist in ihrer Form sehr regelmäßig und platt. 3 Zoll breit und 2 Zoll hoch. Der sehr lange und spitzblättrige Kelch ist geschlossen, steht in die Höhe, und bleibt oft sehr lange grün. Die Einsenkung, in der er sitzt, ist sehr weit geschweift, und doch daben ansehnlich tief, schüsselförmig, und man bemerkt in derselben viele, sehr feine Falten, die sich aber zu keinen Rippen erheben. Der Stiel ist $1\frac{1}{2}$ lang und steht in einer weiten, sehr geräumigen Höhle, die stets mit einem feinen gelbgrauen Rost bekleidet ist, und der sich oft in Strahlen ziemlich weit verbreitet. Die Farbe der sehr feinen mit einem schönen Duft belaufenen, nicht fettigen Schale, ist anfänglich halbes Strohgelb, mit einem grünlichen Schiller. Bey der Zeitigung wird die Frucht blaß citronengelb. Oefters hat die Frucht einen leichten Anflug von einer angenehmen Röthe, die rosenartig ist, und oft nur in blassen rothen Punkten besteht. Wahre Punkte findet man nicht. Die Frucht riecht nicht, und wenn sie zu rechter Zeit gebrochen worden, welkt sie auch nicht. Das Fleisch ist schön weiß, fein, markigt, voll Saft, hat eine schöne hellgrüne Ader um das Kernhaus, und einen angenehmen zuckerartigen Geschmack, der mit der feinsten Weinsäure vermischt ist. Der Baum wird nicht groß, und wächst nicht sehr lebhaft mit feinem Holze, welches etwas weitläuftig sitzt. Sein Fruchtholz treibt er meistens in Fruchtspießen, die ungemein fruchtbar sind, und oft sitzen

3 Früchte auf einen Fruchtkuchen. Das Blatt ist groß, eyförmig, $3\frac{1}{2}$ Z. lang, $2\frac{1}{4}$ Z. breit. Die Frucht zeitigt im Nov. oder Decbr. und hält sich bis ins Frühjahr. Vom ersten Range.

78) Die punktirte Reinette, Reinette punctée. Diel III. S. 127.

Ein mittelmäßig großer, sehr guter Apfel für den Winter, und eine schätzbare Tafelfrucht, wovon der Baum sehr fruchtbar ist. Er sieht stets spitzauslaufend aus, $2\frac{1}{4}$ Z. breit und $2\frac{1}{2}$ Z. hoch. Der schöne, lange grün bleibende Kelch steht in einer nicht tiefen, geräumigen Einsenkung, die mit feinen Falten, oder mit 4 bis 5 kleinen schönen Rippen besetzt ist, und wovon man auch etwas kantartiges, doch oft nur sehr schwach, über die Frucht hinlaufen siehet. Der kurze starke Stiel steht in einer rostfarbigen Höhle. Die Farbe der sehr feinen Schale ist anfänglich ein helles gelbliches Grün, das im Liegen hellgelb wird. Selten sieht man auf der Sonnenseite einen feinen Anflug von einiger Röthe, sondern die Schale ist rundherum mit gleichvertheilten, starken, schönen, hellgrauen Punkten reichlich besetzt, die bey noch unzeitigen Früchten häufig grünlich sind. Die Frucht hat keinen Geruch und welkt fast gar nicht. Das Fleisch ist sehr weiß, fein, voll Saft, und von einem angenehmen, feinweinsäuerlichen, erquickenden Geschmack. Der Baum wächst sehr lebhaft, setzt vieles Holz an, trägt seine Aeste schön in die Luft, und ist ungemein fruchtbar. Das Blatt ist nicht groß, bald länglich, bald rund herzförmig, 3 Z. lang und 2 Z. breit. Die Frucht zeitigt im Decbr., ist im Januar

nuar am besten, hält sich aber bis ins Frühjahr. — Vom ersten Range.

79) Die Citronenreinette, Reinette de Citron. Diel III. S. 132.

Eine lachend schöne, rein goldgelbe, ansehnlich große vortreffliche Tafelfrucht. Der Apfel ist ansehnlich groß, aber an dem nämlichen Baume bald etwas hoch zugespitzt, bald etwas breit und nach dem Kelch stumpf abgespitzt, fast wie ein etwas breiter Pigeon. Hochaussehende Früchte sind 3 Z. breit und hoch, breitgedrückte hingegen 3 Zoll breit und 2½ Z. hoch. Der lange, spitzblättrige und geschlossene Kelch steht in einer geräumigen flachen Einsenkung, die mit vielen feinen Falten, oder wirklichen Rippchen umgeben ist. Der Stiel steht meistens der Frucht gleich, und steht in einer trichterförmigen, tiefen, mit einem feinen zimmetfarbigen Rost bekleideten Höhle. Die Farbe der feinen, nicht fettigen Schale ist anfänglich glänzendes Hellgelb, das im Liegen reines Citronengelb wird, welches zuweilen auf der Sonnenseite blaß rosenroth angelaufen ist. Oft sieht man dieses Roth nur um die Stielwölbung und zuweilen ist es kaum ein merklicher Anflug, indem man alsdann nur sehr wenige feine weißgraue Punkte bemerkt, die mit einem röthlichen Kreise umgeben sind. Die Frucht riecht angenehm violenartig, auch welkt sie nicht. Das Fleisch, welches wenig riecht, ist sehr weiß, etwas locker, feinkörnicht, saftvoll, und von einem sehr erquickenden, angenehmen, zuckerartig weinsäuerlichen Geschmack. Der Baum wird nicht groß, wächst aber schön, und trägt seine Aeste nicht

stark

stark abstehend in die Luft. Er macht viel feines Holz und trägt jährlich. Das rundovale Blatt ist $3\frac{1}{4}$ Z. lang und 3 breit. Die Frucht zeitigt im Decbr., und hält sich bis ins Frühjahr. — Vom ersten Range.

80) Die gelbe Sommerreinette, La Reinette jaune d'Eté. Diel III. 138. *Mayer* La Reinette jaune hative, gelbe Früh- oder Sommerreinette. Tab. XXX. fig. 51.

Ein mittelmäßig großer, recht guter Tafelapfel. Seine Form ist meistens etwas hoch, $2\frac{3}{4}$ Zoll breit und $2\frac{1}{4}$ Z. hoch. Der kleine geschlossene Kelch steht in einer seichten, oder nur wenig tiefen, und geräumigen Einsenkung, die mit feinen Falten umgeben ist, wovon sich mehrere über die Frucht breitbäuchig ausdehnen, und die Rundung oft sehr ungleich machen. Der sehr kurze Stiel steht in einer engen, mehrentheils nicht tiefen Höhle, welche bis über die Wölbung rostfarbig ist. Die Grundfarbe der feinen glänzenden Schale ist gelblich grün, das in der Zeitigung citronengelb wird, und auf der Sonnenseite dunkler oder goldgelb wird. Punkte sind nicht da. — Die Frucht riecht wenig und welkt gern. Das Fleisch ist schön weiß, sehr fein, fest, saftig, und von einem sehr feinen, angenehmen, reinen, weinsäuerlichen Geschmack. Der Baum ist sehr fruchtbar, wächst sehr lebhaft und belaubt sich stark. Das Blatt ist ansehnlich groß, länglich herzförmig, $3\frac{1}{2}$ Z. lang $2\frac{1}{2}$ Z. breit. Der starke Blattstiel ist 1 Z. lang, und hat selten und dann nur sehr kleine, fadenförmige Afterblättchen. Die Frucht zeitigt im halben Sept., und hält sich bis

in

in den November. — Eine der ersten vom 2ten Range.

81) **Die Reinette von Normandie, die Normännische Reinette,** La Reinette de Normandie. Diel III. S. 142. Findet sich sonst bey keinem Pomologen. Christs Reinette de Normandie ist die Edelreinette. Nro. 67.

Eine sehr schön, ansehnlich grosse, überaus köstliche Reinette, die man nach ihrem Geschmack, und auch fast der Form nach, den doppelten edlen Borstoorfer nennen könnte, den sie aber am erhabenem Geschmack noch übertrifft. Die Form ist plattaussehend, 3 Z. breit und 2½ Z. hoch. Der geschlossene Kelch steht in einer geräumigen, mehrentheils tiefen Einsenkung, in der man selten einige feine Fältchen bemerkt. Der kurze Stiel besteht meistens nur in einem Fleischbutz, und sitzt in einer weit geschweiften, nicht tiefen Höhle, die fein rostfarbig ist. — Die Farbe der feinen, nicht fettigen Schale ist schön Citronengelb, fast Goldgelb, das auf der Sonnenseite durch einen leichten Anflug von einer orleanartigen Röthe erhoben wird, die oft mehr als die Hälfte der Frucht einnimmt. Die Frucht hat keinen Geruch, und welkt nicht. Das Fleisch ist schön weiß, sehr fein, fest, voll Saft, und von einem erhabenen zuckerartigen Weingeschmack. Der Baum wächst sehr schön, und belaubt sich stark, ist aber in der Jugend, fast wie der Borstdorfer, nicht sehr fruchtbar. Seine Aeste trägt er etwas abstehend in die Luft, und setzt das Tragholz nicht häufig an. Das Blatt ist groß, fast rund.

$3\frac{1}{2}$ Zoll lang und 3 Zoll breit, am Stiel abgestumpft, und mit einer kurzen Spitze. Der Blattstiel ist $1\frac{1}{4}$ Z. lang und hat schöne Afterblätter. Die Frucht zeitigt im Anfange oder Mitte Oct., und hält sich zwey Monate. — Vom ersten Range.

82) Die Marzipanreinette. Diel III. S. 147.

Eine ansehnlich große, sehr gute Herbstfrucht für die Tafel und Küche. Ihre gewöhnliche Form ist etwas plattaussehend, doch nähert sie sich gern der Kugelform, $3\frac{1}{4}$ Z. breit $2\frac{1}{2}$ Z. hoch. Der starke und etwas grün bleibende Kelch ist geschlossen und steht in einer tiefen, nicht sehr geräumigen Einsenkung, aus welcher sich feine und oft auch ziemlich starke Rippen erheben, die sanft aber sichtbar über die Frucht bis zur Stielhöhle hinlaufen. Der dünne Stiel ist $\frac{1}{2}$ Z. lang und steht in einer weitgeschweiften ansehnlichen Höhle, die im Grunde etwas rostfarbig ist. Die feine, im Liegen zähe fettig werdende Schale ist vom Baum ein schönes helles Grün, das mit der Zeitigung blaßgelb wird. Auf der Sonnenseite sieht man einen leichten Anflug von einer unansehnlichen Röthe. Auf der Sonnenseite haben die schönvertheilten Punkte einen rothen Mond. Auf der Schattenseite sind die Punkte grün. — Die Frucht riecht angenehm, wie Macronen. — Das Fleisch ist weiß, locker, weich, etwas grobkörnicht, mäßig saftvoll, hat eine große grüne Ader um das Kernhaus, und einen angenehmen gewürzhaften Geschmack. Der Baum wächst lebhaft, setzt viel Holz an, und ist ziemlich fruchtbar. Das

Blatt

Blatt ist langoval, nach dem Stiel rund abnehmend, 4 Z. lang, 3 Z. breit, unten fein weilligt, oben hellgrün glänzend. Der starke Blattstiel hat selten feine Afterblätter. — Die Frucht zeitigt im Oct., und ist Weihnachten passirt. Vom ersten Range.

83) Die Borstorfer-Reinette. Diel IV. S. 97.

Eine schöne, mittelmäßig große, sehr haltbare und vortreffliche Winterfrucht, sowohl für die Tafel als für die Oeconomie. Ihre Form ist etwas veränderlich, jedoch ist die Hauptform platt und von der Größe eines recht starken Borstorfers. Der weißwolligt, meistens halboffene Kelch bleibt lange grün, ist ziemlich stark, und steht in einer weitgeschweiften, schönen, jedoch nicht tiefen Einsenkung, in der man viele feine Falten bemerkt. Der dünne Stiel steht in einer trichterförmigen tiefen Höhle, die mit Rost bekleidet ist, und der sich nicht selten ziemlich weit über die Stielwölbung verbreitet. Die Farbe der nicht fettigen Schale ist anfänglich gelblich Hellgrün, das mit der Zeitigung glänzend Citronengelb wird, das auf der Sonnenseite mit einem schönen, etwas hellen Roth verwaschen ist. Ueber die ganze Frucht sind viele schöne, gelbgraue Punkte vertheilt, und nicht selten findet man, wie bey dem Borstorfer, oft starke Anflüge von Rost, und wirkliche Warzen. Die Frucht riecht fein und angenehm und welkt auch nicht. Das Fleisch ist schön weiß, fest, fein, saftig, gewürzhaft, und hat mit dem Borstorfer viel Aehnlichkeit. Der Baum wächst nicht sehr stark und macht feines Holz.

Das

Das Blatt ist eyförmig, nach vorne mit einer schönen Spitze, 3 Z. lang und 2 Z. breit, unten stark wellig, aber hellgrün und mattglänzend. Die Frucht zeitigt im Nov., und hält sich bis tief in das Frühjahr, wo sie ihren Saft und Güte verliert. — Vom ersten Range.

Vierte Klasse.

Reinetten.

Ordnung II. Rothe.

Besondere Kennzeichen der Ordnung.

1. Haben alle Eigenschaften der einfarbigen Reinetten, aber eine reine, nicht mit Rost vermischte rothe Farbe auf der Sonnenseite, gehört zu ihrer Eigenthümlichkeit.

84) Carmeliterreinette. Reinette de Carmes. Diel I. S. 141. *Catalogue chartreux*. Reinette des Carmes.

Eine schöne, mittelmäßig große, vortreffliche, nicht viel bekannte Reinette. Ihre Form ist meistens etwas spitzig hochlaufend, und in diesem Falle beträgt die Breite stark $2\frac{1}{2}$ Z., die Höhe $2\frac{1}{4}$ Z. Der offene Kelch steht in einer flachen, mit feinen Falten umgebenen, nicht tiefen Einsenkung, auf der sich aber keine Rippen erheben, und noch weniger über die Frucht hinlaufen. Der dünne Stiel steht in einer ziemlich tiefen, engen, meistens glatten Höhle. Die Grundfarbe der

Schale

Schale ist anfänglich gelbgrün, das mit der Zeitigung blaßgelb und zuletzt ganz gelb wird, doch so daß um den Stiel stets grünliche Flecken übrig bleiben. Die Sonnenseite ist, abgerieben, glänzend blutroth, in der man, genauer betrachtet, dunklere Streifen bemerkt. Meistens nimmt die Röthe die halbe Seite der Frucht ein, und verliert sich in der Schattenseite mit schwachem punktirten Roth. Auf der Sonnenseite sieht man viele feine weißlichte Punkte, auf der Schattenseite sind sie wenig sichtbar und grünlich. Oft hat die Frucht rostfarbige Flecken, oder Warzen auf grünlichem Grunde. Die Frucht riecht fast nicht und welkt wenig. Das Fleisch hat einen ziemlich starken Wohlgeruch, ist weiß, ins Grünliche spielend, körnicht, voll Saft, krachend und etwas gröblich, aber von einem angenehmen, weinsüßen Geschmack. — Der Baum wächst lebhaft, und mit schön abstehenden Aesten. Die Triebe sind fein und schlank. Das Blatt ist ansehnlich groß, länglich oval, oft am Stiel spitzer auslaufend, als nach vorne, 3½ Z. lang, 2 Z. breit. Die Frucht zeitigt im December und hält sich bis ins Frühjahr. — Vom ersten Range.

85) **Die lange rothgestreifte grüne Reinette**, Reinette verte longue panachée. Diel I. S. 145. T. O. G. Nro. 39. Die grüne Banoreinette.

Diese mittelmäßig große, vortreffliche Reinette ist wahrscheinlich ein teutsches Kerngewächs. Ihre Form scheint länglich zu seyn, dennoch ist die gewöhnliche Breite meistens 2½ Z. und die Höhe einige Linien niedriger. Der offene Kelch steht

steht in einer mit feinen Falten umgebenen, fast flachen Einsenkung, ohne daß man Rippen über die Frucht hin bemerkte. Der kurze Stiel steht in einer etwas tiefen Höhle, und ist häufig von einem aus dem Fleische kommenden schnabelfö migen Fleischwulst auf die Seite gedrückt. Die Grundfarbe der nicht fettigen Schale ist anfänglich hellgrün, das im Liegen grüngelb wird Die Sonnenseite ist meistens mit einem schmutz ien Roth entweder geflammt, und streifenartig gezeichnet, oder wirklich in getuschtem Grund abgesetzt gestreift, welches bey besonnten Früchten vom Stiel herauf ein ziemlich rothes Ansehn gewinnt, jedoch nie die Kelchfläche des Apfels erreicht. Ueber den ganzen Apfel findet man feine, meistens regelmäßige grauliche Punkte, die auf der Schattenseite oft grün eingefaßt sind, und nicht selten auch Anflüge von ziemlich großen Rostflecken. Die Frucht riecht wenig und welkt erst gegen das Frühjahr. Das Fleisch ist gelblichweiß, voll Saft, sehr markicht, ohne Geruch, und von einem sehr angenehmen Geschmack, ohne Säure, sondern kraftvoll weinsüße. — Der Baum wird ansehnlich groß, treibt in schön abstehenden Zweigen viel feines schlankes Holz. Er belaubt sich nicht stark, und das Blatt ist nicht selten 3 Z. lang und 2 Z. breit. Der 1 Z. lange Blattstiel hat kleine Afterblätter. Die Frucht zeitigt im December, und hält sich bis in den Sommer. Vom ersten Range.

86) Der Weilburger. Diel I. S. 149.

Ein vortrefflicher, kleiner, in die Familie der Borstorfer gehörige Apfel, an Form und Größe

den

dem Winterborstorfer ähnlich, nur ist er nicht so platt, mehr kugelförmig. Aber durch seine lange Haltbarkeit bey immer gleichbleibendem Geschmack ohne zu welken streitet er mit diesem um den Vorzug, zu geschweigen, daß er frühzeitig, jährlich und sehr reichlich trägt. Die Breite des Apfels beträgt gewöhnlich $2\frac{1}{4}$, die Höhe 2 Zoll. Der meistens offene Kelch steht in einer ziemlich flachen, wenig vertieften Einsenkung, und ist mit wenig bemerkbaren Falten umgeben. Der Stiel steht in einer ziemlich tiefen, geräumigen, rostfarbigen Höhle, und ragt nur sehr wenig über die Frucht hervor. Die sehr zarte platte Schale ist hellglänzend Strohgelb, das im Liegen etwas gelber und fein fettig wird. Wohin die Sonne scheint, färbt sich die Frucht schön carmosinroth, so daß solche bald mehr bald weniger als zur Hälfte roth ist, das sich nach der Schattenseite nicht schnell verliert, aber vom Laube bedeckt, abgeschnitten wird. Die Frucht riecht angenehm und fein violenartig. Das Fleisch ist sehr weiß, fein, voll Saft, ohne Geruch, und dem Borstorfer am Geschmack sehr ähnlich, nur nicht so gewürzhaft, als derselbe in seiner vollen Zeitigung. Der Baum macht schönes feines, in die Höhe gehendes Holz, mit den schönsten Fruchttrieben und wird sehr voll und jährlich tragbar. Das Blatt ist sehr länglich, groß, kann 5 – 6 Zoll lang und nur $2\frac{1}{2}$ Z. breit werden. Der Apfel zeitigt im December, behält im Frühjahr noch seinen vollen Saft, und hält sich bis in den Sommer, ohne den Geschmack zu verlieren oder zu welken. — Vom ersten Range.

87) Rother Borstorfer. Diel I. S. 153. T. O. G. Nro. 36.

Ein kleiner, aber wahrhaft vorzüglicher Tafelapfel, der sich sowohl durch seine innere Güte, als durch seine lange Haltbarkeit empfiehlt. Er erreicht nur die Größe eines mittelmäßigen gewöhnlichen Borstorfers, und seine Form ist mehrentheils platt, die sich nur selten in das zugespitzt kugelförmige verliert. Er ist 2½ Z. breit und 2 Zoll hoch. Der Kelch steht in einer mehrentheils wenig tiefen, fast flachen Einsenkung, die bald mit feinen Rippen umgeben ist, die kantenartig über die Frucht hinlaufen. Der bald fleischige, bald mit einem Fleischbutz versehene Stiel steht in einer geräumigen Höhle, welche mehrentheils fein rostfarbig ist. Die Grundfarbe der feinen, nicht fetten Schale ist anfänglich grüngelblich, wird aber im Liegen so gelb wie der gewöhnliche Borstdorfer, nur schmutziger. Die Sonnenseite ist glänzend dunkelcarmosinroth, das manchmal etwas schmutzig aussieht, abgesetzt stark gestreift, welches meistens die Hälfte des Apfels einnimmt. — Rostanfluge und Warzen hat die Frucht nie, und die weißgrauen wenigen Punkte sind sehr fein, und im Gelben oft kaum zu bemerken. Die Frucht riecht wenig, aber das Fleisch ist sehr sanft und angenehm. Es spielt ins Grüngelbliche, ist fein, sehr fest, und saftig und von einem sehr angenehmen zuckerartigen Reinettengeschmack. Der Baum wächst ungemein lebhaft und stark, trägt sein Holz schön und setzt frühzeitig Tragholz an, welches jährlich Früchte liefert. Das Blatt ist langoval, spitz, schön grün, sehr langgestielt, und musterhaft schön von Form. Die

Frucht ist im Nov. geniesbar, bekömmt im December ihre beste Reife, hält sich in guten Gewölben ein ganzes Jahr. Vom ersten Range.

88) Weisser Pepping. Diel I. S. 158. *Knoop* Tab. V. Pepping Pepling, Witte Pepping Blanke Pepping.

Ein lachend schöner kleiner Apfel, wie aus Wachs geformt, von sehr unregelmäßigen Formen, doch meistens etwas walzenförmig, 2 Zoll breit und $2\frac{1}{4}$ Z. hoch. Der offene Kelch steht meistens in einer flachen Vertiefung ohne Rippen die auch nie am Apfel sichtbar sind. Der kurze, oft fleischige Stiel steht in einer rostfarbigen Höhle. Die sehr zarte Schale ist schönes helles, glänzendes Blaßgelb, wird aber im Liegen etwas gelber und ist mit vielen fühlbaren feinen grauen Punkten besetzt; aber Rostflecke bemerkt man nicht. Die Sonnenseite ist mit einem schwachen etwas ockerartigen Roth angelaufen das sich sanft in das Blaßgelbe verliert. Die Frucht riecht fein violenartig, scheint sich fettig anzufühlen, und das Fleisch ist weiß weich, von wenigem Saft, wohlriechend und von einem etwas gewürzhaften Geschmack ohne Säure. Der Baum wächst schön, mit feinem Holz, wird aber nur mittelmäßig groß, und sehr fruchtbar. Das Blatt hat viel Aehnlichkeit mit dem holländischen Pepping. Die Frucht zeitigt im December, hält sich aber ohne zu welken bis ins Frühjahr. Vom zweyten Range.

89) Herbstborstorfer. Diel II. S. 87. Esholz S. 178. Früher Borstorfer. *Weinmann* Malus sativa Borgsdorsiana praecox. Gmelin Tom. VII. p. 586. *Knoop* p. 22. *Zink* Tab. II. Nro 18. Der Sommerborstorfer. *Mayer* Tom. III. Tab. XXIII. fig. 38.

Aus obigem erhellet, daß dieser Apfel schon lange bekannt war, ist es also nicht sehr zu verwundern, daß diese herrliche Frucht nicht eben so allgemein verbreitet sey, als der Winterborstorfer? Denn mit ganz gleicher Güte und seiner frühen Reife verdoppelt er uns die Zeit des Genusses von dem so allgemein geschätzten Borstorfer. — Dieser zeitigt im oder schon Anfange Septembers, und verliert von seinem vortrefflichen Geschmack, wenn der Winterborstorfer brauchbar wird. Der Baum ist in allem dem Winterborstorfer ähnlich, nur scheinen die Blätter etwas dunkler grün, die Frucht weniger Roth anzunehmen, und der Baum früher fruchtbar zu werden.

90) Der marmorirte Sommerpepping. Diel II. S. 90.

Ein kleiner, nicht ansehnlicher, aber wahrhaft vortrefflicher Tafelapfel. Er hat die Größe eines mittelmäßigen Borstorfers, läuft aber von der Mitte aus gegen den Kelch zu mehr abnehmend, gewöhnlich $2\frac{1}{2}$ Z. breit und $1\frac{3}{4}$ bis 2 Zoll hoch. Der Kelch ist weit offen, hat eine beträchtlich tief gehende Kelchröhre und steht in einer ziemlich tiefen Einsenkung, die mit vielen, oft 10 perlförmigen Rippen umgeben ist, wovon aber nur wenige

kant-

kantartig über den Apfel hinlaufen. Der ziemlich starke Stiel steht in einer etwas tiefen und engen Höhle, die breit mit einem feinen Rost umgeben ist. Die feine, glatte, glänzende, fein geschmeidige, doch nicht fettige sehr dünne Schale, ist eine schwer zu beschreibende glänzende Schmutzfarbe, von trüben Grün, Gelb und etwas Roth vermischt, so daß die Schale dadurch etwas marmorartiges hat. Das Roth wird aber auf der Sonnenseite sichtbarer, und dabey bemerkt man auch mehrere etwas unansehnliche, blutartige Streifen, vorzüglich nach dem Stiel hin, die aber gleichsam unter der feinen Schale versteckt zu seyn scheinen. Die Punkte sind nicht häufig, aber deutlich, fein und grünlich weiß. Die Frucht riecht sehr wenig. Das Fleisch ist weiß, doch etwas ins Grünliche spielend, fein, voll Saft, lokker, sehr markigt, und von einem zuckerartigen, mit einer feinen Weinsäure erhabenen Geschmack, das dem Borstorfer sehr ähnlich ist. Der Baum wächst sehr lebhaft, und belaubt sich stark. Die Zweige gehen schön in die Luft, und setzen etwas lange Fruchtspieße an, die sehr steif sind. Das Blatt ist nur mittelmäßig groß, lang oval, 4 Z. lang und 2½ Z. breit. Der dünne Blattstiel hat keine Afterblättchen. Die Frucht zeitigt Anfange Oct und hält sich 6 — 8 Wochen. — Vom ersten Range.

91) **Die englische Birnreinette. Pear-Kenet. Diel III. S. 152.**

Ein nur mittelmäßig großer, vortrefflicher Herbstapfel für die Tafel, der die Größe eines Borstorfers hat. Die Frucht scheint nicht höher

als

als breit, denn die Frucht läuft von der Mitte gegen den Kelch ziemlich zugespitzt aus, und die Stielwölbung ist dagegen breit und platt. Die Breite beträgt selten 3 Zoll und die Höhe 2½. Der kleine Kelch sitzt in einer nicht tiefen, jedoch geräumigen Einsenkung, aus der sich oft platte breite Erhabenheiten über die Frucht verbreiten. Der dünne Stiel steht in einer tiefen, geräumigen, etwas rostfarbigen Höhle. Die Grundfarbe der sehr feinen, glatten, im Liegen fein fettig werdenden Schale, ist anfänglich ein etwas düsteres, beym Abbrechen schön glänzendes Grün, das im Liegen fleckenweise gelblich wird. Die Sonnenseite hingegen ist bis zur Hälfte der ganzen Frucht kurz abgesetzt, jedoch nur wenig, mit einem trüben Carmosin gestreift, und zwischen diesen wenigen Streifchen noch fein getuscht. Auf der Schattenseite sieht man auch noch ziemlich viele schwarzbräunliche Punkte, die aber auf dem Rothen selten sind. Die Frucht riecht fein und angenehm, und so auch das Fleisch, welches weiß, ins Grüngelbliche spielend, fein voll Saft, sehr markigt, weich, und von einem erhabenen zuckerartigen Geschmacke ist, durch den eine feine Weinsäure durchsticht. Der Baum wächst langsam, die Zweige stehen stark ab und hängen sich fast, wodurch der Baum nicht schön belaubt aussieht. Er macht viel Holz und die Zweige sind fein. Das Blatt ist klein, sehr schmal, nach dem Stiel spitz auslaufend, 3 Z. lang, 2 breit. Der dünne Blattstiel hat sehr feine Afterblättchen. Die Frucht zeitigt Anfange Oct., und hält sich zwar einige Monate, ist aber im Anfange der Zeitigung am köstlichsten. — Vom 1sten Range.

92) **Der grüne Borstorfer. Diel III. S. 156.**

An Form und Größe dem bekannten Winterborstorfer äußerst ähnlich, verdient er als Tafelfrucht alle Achtung, ist aber besonders in der Oeconomie unvergleichlich. Die Farbe der feinen, etwas weniges fettigen Schale, ist anfänglich schönes Hellgrün, das im Liegen nur etwas gelblicher wird. Die Sonnenseite hingegen ist mit einem bräunlichen trüben Roth verwaschen. Die Punkte sind im Roth nicht häufig, aber schön grauweiß von Farbe und dunkelroth eingefaßt. In der grünen Farbe hingegen bestehen die Punkte in ziemlich zahlreichen, hellgrünern Fleckchen in der Schale, die sehr sichtlich in die Augen fallen. Die Frucht riecht sehr wenig und welkt nicht. Das Fleisch ist weiß, etwas ins Grünliche spielend, sehr fein, fest, markigt, saftvoll, und von einem angenehmen, süßartigem Geschmacke, der mit dem rothen Stettiner etwas Aehnliches hat. Der Baum wächst lebhaft und wird viel früher fruchtbar, als der Winterborstorfer. Das Blatt ist nicht groß, oval, oft fast rund, mit einer kurzen Spitze. 3 Z. lang 2 Z. breit. Der 1 bis 1½ Z. lange Blattstiel hat fadenartige Afterblättchen. Die Frucht reift im Decbr. und hält sich den Winter hindurch. Eine der ersten vom 2ten Range.

93) **Der süße Borstorfer. Diel III. S. 161.**

Ein mittelmäßig großer, und in seiner äußern Form einem recht starken Winterborstorfer, in seinem Colorit aber dem eben beschriebenen vollkommen ähnlicher, und wegen seiner langen Halt-

barkeit

barkeit für die Wirthschaft schätzbarer Apfel. Der weite offene, kurzblättrige Kelch steht in einer schönen, ausgeschweiften, etwas tiefen Einsenkung, in welcher man einige feine Falten bemerkt. Der kurze, fleischige Stiel steht der Wölbung gleich, sitzt in einer weiten, tiefen, häufig rostfarbigen Höhle. Die geschmeidige, nicht fettige Schale ist am Baum schön hellgrün, das erst spät gelblich wird. Die Sonnenseite ist mit einem schönen Blutroth nur leicht verwaschen. Punkte sind bey dieser Frucht häufig, fein, grau, oder hellbraun, in dem Rothen sind sie mit einen feinen rothen Kreischen eingefaßt. Auch figurenähnliche feine Rostanflüge, wie bey dem W. B. findet man an vielen Früchten. Die Frucht riecht fein und welkt nicht. Das Fleisch ist weiß, etwas ins Gelbliche spielend, fein, fest, ziemlich saftig, und von einem reinen süßen Zuckergeschmack. Der Baum wächst ungemein lebhaft und stark. Er trägt seine Aeste in scharfen Winkeln in die Luft, und bildet dadurch fast eine Pyramide. Er wird etwas spät fruchtbar. Das Blatt ist groß, länglicht rund, mit einer langen Spitze, 4 Z. lang, 2½ Z. breit. Die Frucht zeitigt im Jenner, oder Febr. und hält sich vielleicht langer als ein Jahr. — Vom 2ten Range.

94) **Der gestreifte Pepping.** De gestreepte Pepping. **Diel III.** S. 165.

Ein kleiner, jedoch sehr guter Apfel für die Tafel, von der Größe eines kleinen Borstorfers, auch ist die Form ihm ziemlich ähnlich, und man sollte ihn für den Langschneider halten, nur ist er nicht so gefärbt. Er ist platt, 2 Z. breit 1½ Z. hoch.

hoch. Der kleine, langgespitzte, halboffene Kelch sitzt bald in einer flachen, bald etwas tiefen, geräumigen Einsenkung, in der man einige feine Fältchen bemerkt. Der dünne lange Stiel steht in einer seichten Höhle, in der sich oft ein kleiner Fleischfortsatz an den Stiel anlegt, und denselben auf die Seite drückt. Um die Stielwölbung sieht man einen zersprengten Rost, der dieselbe oft ganz einnimmt, und manchmal auch an der Frucht, wie ein leichter Anflug etwas hinaufgehet. Die Grundfarbe der nicht fettigen, sondern etwas troksen anzufühlenden Schale ist grünlich gelb, wird aber im Liegen bey der Zeitigung schön goldgelb. Die Sonnenseite ist mit abgesetzten Carmosinstreifen ziemlich stark besetzt, und zwischen diesen noch getuscht. Diese Streifen ziehen sich, nur blasser von Farbe, und einzeln über die Schattenseite, welche aber bey nicht besonnten Früchten rein und gelb ist. Die Sonnenseite ist alsdenn auch nur wenig und bloß rein gestreift, welches am stärksten nur um den Stiel herum erscheint. Auf der ganzen Schale sind schöne graue Punkte deutlich und ziemlich häufig zu sehen. — Die Frucht riecht nicht, welkt aber sehr gerne, wenn sie nicht spät abgenommen wird. Das Fleisch ist weißlich, fein, fest, saftvoll, und von einem angenehmen, etwas fein reinettenartigen Zuckergeschmack. Der Baum bleibt klein, und treibt feines Holz, ist aber sehr fruchtbar. Das Blatt ist klein, elliptisch, 3 Z. lang 1¼ breit. Der dünne Blattstiel ist 1 Z. lang und hat selten Afterblättchen. Die Frucht zeitigt im Decbr. und hält sich wohl den Winter hindurch. — Vom ersten Range.

95)

95) Die Muskatreinette. La Reinette musquée. Diel III. S. 169. Christ Nro. 42 Die Muskatenreinette. T. O. G. LV. Die Muskatellerreinette.

Eine mittelmäßig große, aber für die Tafel wahrhaft köstliche Winterfrucht, die nicht welkt, hochstämmig vortrefflich geräth, mit gleichbleibendem Geschmacke, sich bis in den Sommer hält, und schon frühzeitig äußerst fruchtbar ist. Ihre Form ist gegen den Kelch etwas stumpfspitz auslaufend, 3 Z. breit $2\frac{1}{2}$ Z. hoch. Der lange spitzblättrige Kelch, welcher auch oft lange grün bleibt, steht bald in einer sehr flachen, bald tiefen Einsenkung, und ist mit feinen Rippen, manchmal auch noch mit 3 5 Fleischwärzchen umgeben. Ueber die Frucht selbst sieht man auch oft deutlich mehrere feine Rippen hinlaufen. Der Stiel ist manchmal nur ein Fleischbutz, und steht in einer trichterförmigen Höhle, die oft stark rostfarbig ist. — Die Grundfarbe der feinen geschmeidigen, jedoch nicht fettigen Schale ist anfänglich ein schönes Hellgrün, das aber mit der Reifzeit schönes Citronengelb wird. Dabey ist die Frucht rundsherum, vom Stiel bis zum Kelch mit schönen kurz abgesetzten dunklen Carmosinstreifen stark besetzt, und auf der Sonnenseite im Carmosinroth getuscht. Im Roth sieht man einige gelbliche Punkte. Die Frucht riecht wenig, das Fleisch fast gar nicht, letzteres ist weiß, etwas ins Gelbliche spielend, fein im Kauen, etwas rauschend, körnicht, voll Saft, und von einem vorzüglich angenehmen, gewürzhaft zuckerartigen Geschmack, der eine Mischung von Muskat und Fenchel zu seyn scheint. Der Baum wird nur mittelmäßig groß,

und

und wölbt sich zu einer flachen Krone. Das Blatt ist nicht groß, stets nach dem Stiel so abnehmend als nach der Spitze $3\frac{1}{2}$ Z. lang und 2 breit. Der dünne Blattstiel ist 1 Z. lang, und hat 2 schöne lange Afterblätter. Die Frucht reift im Nov., und hält sich bis tief in den Sommer, wo sie welkt. — Vom allerersten Range.

96) **Rothe Parmanreinette.** De roode Parmain-Renet. Diel III. S. 175.

Eine mittelmäßig große, süße, sehr schätzbare Reinette, hat in Form und Größe viel Aehnlichkeit mit einem großen Borstorfer, nur oft noch breitgedrückter; $2\frac{3}{4}$ Z. breit $2\frac{1}{4}$ Z. hoch. Der offene Kelch steht in einer weitgeschweiften, seichten Einsenkung, der kurze Stiel steht in einer geräumigen, oft etwas tiefen Höhle, welche rostfarbig ist, und wovon sich der Rost oft sehr weit über die Stielwölbung, ja sogar über den größten Theil der Schattenseite dicht und netzförmig verbreitet. Die Grundfarbe der nicht fetten Schale ist anfänglich ein blasses helles Grün, das bey der Zeitigung hellgelb wird. Die Sonnenseite ist mit einem trüben oder blutartigen Carmosin verwaschen. Die Schale ist rundum mit vielen hellgrauen Punkten, auch aufgesprungenen Rostflecken besetzt. Die Frucht riecht nicht, welkt aber sehr gerne. Das Fleisch ist weißgelb, sehr fein, saftvoll, fest, von einem süßen zuckerartigen Geschmack, ohne alle Säure. Der Baum wächst sehr stark und ist sehr fruchtbar. Das Blatt ist klein, schön, eyförmig, $2\frac{3}{4}$ Z. lang und 2 Z. breit. Die Frucht zeitigt im December und hält sich bis in den März. — Vom ersten Range.

97) Der lange Bellefleur. La Reinette Bellefleur Diel III. S. 180. *Knoop*. Tab. VIII. Bellefleur, Lange Bellefleur.

Für Liebhaber der Fenchel- oder fein erhabenen Süßapfel ein angenehmer Tafelapfel, zum Dämpfen aber ausgesucht gut. Seine Form ist hochaussehend, länglicht, ja etwas walzenförmig. $2\frac{1}{2}$ bis 3 Z. breit und eben so hoch. Der oft lange grün bleibende geschlossene Kelch, steht in einer etwas engen, und gewöhnlich tiefen Einsenkung, die mit vielen feinen Rippen besetzt ist, welche oft über die ganze Frucht hinlaufen. Der Stiel steht in einer engen, tiefen, lang grün bleibenden Höhle, die oft etwas rostfarbig ist. Die Farbe der nicht fettig werdenden Schale ist anfänglich ein schönes gelblichtes Grün, das bey der Zeitigung Goldgelb wird. Die Sonnenseite ist mit schönen Carmosinroth bald streifenartig geflammt, bald blaß gefleckt. Manche Früchte haben nur einen getuschten Anflug. Auf der Schattenseite sind große braune fleckenartige Punkte. Die Frucht riecht fein und angenehm. Das Fleisch riecht fenchelartig, ist schön gelblich von Farbe, nicht saftreich, fein, und von einem erhabenen, zuckersüßen, zimmetartigen Geschmack. Der Baum wächst lebhaft, und trägt seine Aeste gerne abstehend. Das Blatt ist mittelmäßig groß, oval, $3\frac{1}{4}$ Z. lang und $2\frac{1}{4}$ Z. breit, blaßgrün, mattglänzend von Farbe. Der kurze Blattstiel ist $\frac{3}{4}$ Z. lang, dünne, und hat schöne Afterblätter. Die Frucht zeitigt im December, und hält sich den ganzen Winter hindurch. Vom ersten Range.

98) Der gestreifte Fenchelapfel. Le Fenouillet rayé. Diel III. S. 185.

Eine kleine vortreffliche Frucht. — Seine Form ist kugelicht, oft auch etwas platt, meistens $2\frac{1}{4}$ Z. breit und 2 Z. hoch. Der kleine etwas offene Kelch steht in einer schönen Einsenkung, die mit feinen Falten besetzt ist. Der dünne Stiel steht in einer geräumigen, etwas tiefen Höhle, die oft fein rostfarbig ist. Die Farbe der geschmeidigen Schale ist strohgelb, das bey der Zeitigung blasses Hellgelb wird. Die Sonnenseite hingegen ist mit blassem Roth getuscht, und in diesem bemerkt man etwas dunklere, kurz abgesetzte Streifen, die nicht sehr ins Auge fallen, und bey beschatteten Früchten kaum bemerkbar sind. Punkte sind nur im Gelben deutlich, äußerst fein, gelbgrau, oft ziemlich häufig. Oft finden sich große braune Rostflecke. Das Fleisch ist weiß, fest, fein, voll Saft, und von einem zuckerartigen Geschmack, der etwas fein Anis- oder Fenchelartiges hat. Der Baum wächst in der Jugend lebhaft, mit schwachen Aesten und vielem feinen Holz, wodurch er sich schön belaubt. Das Blatt ist etwas ovalrund, 3 Z. lang und fast eben so breit. Der Blattstiel hat schöne lange Afterblätter. Die Frucht zeitigt im Jenner, und hält sich bis ins Frühjahr. — Vom ersten Range.

99) Der Rosenpepping. Le Peppin Rose. Diel III. 189.

Ein kleiner Apfel, der aber wegen seiner langen Haltbarkeit schätzbar ist. Nach seinem äußern Ansehn ist er leicht mit dem rothen Borsdorfer zu verwechseln, wovon er aber doch sehr wesent-

wesentlich verschieden ist. Seine Form ist meistens platt. Die Breite beträgt 2 und die Höhe $1\frac{3}{4}$ Z. Der kleine, geschlossene, weißwollige Kelch steht in einer ziemlich geräumigen, tiefen Einsenkung, die mit vielen feinen Falten besetzt ist, wovon viele sehr sichtbar als feine Rippen über die Frucht hinlaufen. Der lange ziemlich starke Stiel steht in einer tiefen, trichterförmigen Höhle. Die Farbe der feinen Schale ist anfänglich strohgelb, oder gelblich grün, welches im Liegen Citrongelb, und abgerieben glänzend wachsartig wird. Die Sonnenseite ist vom Kelch zum Stiel mit vielen, feinen, kurz abgesetzten dunkelcarmosinrothen Streifen besetzt, und zwischen diesen, etwas heller, stark getuscht. Die Punkte sind zwar häufig, aber äußerst fein und gelblich. Die Frucht riecht fein violenartig, und welkt nicht. Das Fleisch ist weiß, fein, fest, saftvoll, und von einem sehr angenehmen, gewürzhaften, Violen- oder Rosengeschmack, zumal, wenn man die Frucht mit der Schale genießt. Der Baum wächst ungemein schön, lebhaft und gesund; er trägt seine Zweige sehr regelmäßig in scharfen Winkeln in die Höhe, wodurch er ein schön belaubtes Ansehn bekömmt. Das Blatt kommt dem vom Borstorffer nahe. Die Frucht zeitigt im Januar, und hält sich bis in den Sommer, vielleicht ein Jahr. — Vom ersten Range.

100) Rothe Herbstreinette. La Reinette rouge d'Automne. Diel IV. S. 102.

Eine schöne, mittelmäßig große, sehr schätzbare Herbstfrucht für die Tafel. In ihrer wahren Form gleicht sie einem schönen Borstorfer, ist

ist aber meistens noch etwas höher gewölbt. 3 Z. breit und $2\frac{1}{4}$ Z. hoch. Der schöne lang zugespitzte, geschlossene Kelch steht in einer weiten flachen Einsenkung, die manchmal ganz unbedeutend ist, in der man aber viele feine, warzenähnliche Falten siehet. Der starke Stiel ist fleischig, oft nur ein bloßer Fleischbuz, und steht in einer geräumigen, oft tiefen Höhle, die selten rund, sondern durch vorstehende Fleischbeulen verschoben ist. Die strohgelbe Grundfarbe ist bey besonnten Früchten oft wenig sichtbar, weil bey diesen die ganze Schale mit dem schönsten Carmoisinroth wie lackirt ist. Erst nach dem Schatten hin wird diese Röthe blässer, und erscheint nur punktirt. Punkte sind nicht häufig, oft undeutlich, sehr fein und gelblich. Manche Früchte haben Warzen wie der Borstorfer. Die Frucht riecht fein, angenehm, und welkt erst, wenn sie überzeitig ist. Das Fleisch ist sehr weiß, locker, hinreichend saftvoll, und von einem erfrischenden, süß weinsäuerlichen Geschmack. Der Baum wird nicht groß, und setzt sein Holz gerne etwas unordentlich an, bekommt bald viel Fruchtholz und wird frühzeitig tragbar. Das Blatt ist mittelmäßig groß, $3\frac{1}{2}$ Z. lang und $2\frac{1}{4}$ Z. breit. Die Frucht zeitigt Ende, oft Mitte Sept. und hält sich, gut aufbewahrt, bis in den Winter. — Vom ersten Range.

101) **Die Forellenreinette.** La Reinette tachetée. Diel IV. 107.

Eine ungemein schöne, zwar kleine, aber wegen ihrer langen Haltbarkeit und großen Tragbarkeit sehr schätzbare Frucht für die Oeconomie, und selbst für die Tafel zu einer Zeit zu gebrauchen,

chen, wo die guten Sorten verzehrt sind. Die Form ist länglicht oder hochaussehend, 2½ Z. breit und hoch. Der kleine geschlossene Kelch sitzt in einer flachen Einsenkung; der kurze dünne Stiel steht in einer kleinen engen Höhle, die mit Rost bekleidet ist. Die Grundfarbe ist weißliches Gelb, das bey der Zeitigung dunkler wird. Die Sonnenseite ist mit einer glänzenden Carmosinfarbe verwaschen. Charakteristisch sind die vielen großen Punkte, die wie sternartige Fleckchen über die ganze Frucht verbreitet sind, und die sich besonders in der rothen Farbe schön auszeichnen, und wovon sie den Namen hat. Die Frucht riecht erst vollkommen zeitig etwas fein und angenehm, und welkt nicht. Das Fleisch ist weiß, ins Gelbliche spielend, sehr fein, fest, nicht sehr saftreich, und von einem fein weinsäuerlichen Geschmack. — Der Baum wird nur mittelmäßig groß, setzt sein Holz etwas flach und unordentlich an, bekommt aber frühzeitig eine Menge Trageholz, wodurch er außerordentlich fruchtbar wird, und fast jedes Jahr Früchte liefert. Die Frucht zeitigt im Frühjahr, ist im May am besten, und hält sich im guten Gewölbe oft ein ganzes Jahr. — Eine der ersten vom 2ten Range.

102) Gestreifte, grüne, platte Reinette.
La Reinette platte rayée.

Eine nur mittelmäßig große, und nur für die Oeconomie schätzbare Winterfrucht. Ihre Form ist stumpf zugespitzt und dabey platt, 3 Z. breit und 2½ Z. hoch. Der geschlossene lange grünbleibende Kelch steht in einer schönen ziemlich geräumigen Einsenkung, die mit feinen Falten besetzt ist,

ist, von denen auch mehrere als sanfte flache Rippen über die Frucht hinlaufen. Der Stiel sitzt in einer tiefen rostfarbigen Höhle. Die Schale ist sehr fein, glatt, geschmeidig, von Farbe glänzend hellgrün, und mit der Zeitigung gelbgrün. Die Sonnenseite ist mit einem düstern Dunkelroth ziemlich stark, und abgesetzt gestreift, und zwischen den Streifen getuscht oder punktirt. Die Frucht hat keinen Geruch. Das Fleisch ist weiß, ins Grünliche spielend, fein, markigt, saftvoll, hat eine starke große Ader um das Kernhaus, und einen feinen weinsäuerlichen Geschmack ohne Gewürz. Der Baum wächst ungemein lebhaft und stark. Er geht mit seinen Aesten gern in die Luft, und belaubt sich dadurch ungemein schön. Das Blatt ist groß, ovalelliptisch, nach vorne mit einer sehr schönen langen Spitze. $4\frac{1}{2}$ Z. lang, $2\frac{3}{4}$ Z. breit. Die Frucht zeitigt im Decbr. und hält sich den ganzen Winter hindurch. Vom 2ten Range.

Vierte Klasse.

Reinetten.

Ordnung III. Graue.

Besondere Kennzeichen der Ordnung.

1. Ihre Grundfarbe ist Grün, bis zum schmutzigen oder unansehnlichen Gelb.
2. Die Rostüberzüge, oder über den größten Theil der Frucht verbreiteten Rostanflüge sind sehr sichtbar.
3. Die Sonnenseite ist oft schmutzig bräunlich oder okerfarbig roth.

103) Der graue Fenchelapfel. Le fenouillet gris. Pomme d'Anis. *Du Hamel* Tom. II. Tab. Hirschfeld Nro. 7. *Mayer* Tab. XXXII. fig. 55. Christ Nro. 116. Winteranisreinette. Diel IV. S. 117.

Ein kleiner Apfel, der von den Franzosen sehr, von den Deutschen seiner Süßigkeit wegen weniger geschätzt wird. Seine Form und Größe ist die eines mäßigen Borstorfers, breit 2 bis 2¼ Z., hoch ebensoviel. Der kleine, oft fast fehlende Kelch ist offen, und steht in einer schönen geräumigen Einsenkung mit sehr feinen Falten. Der fleischige Stiel ist oft nur ein Fleischbutz, und sitzt in einer unbedeutenden Höhle. Die Grundfarbe ist ein gelbliches Hellgrün, welches mit der Zeitigung gelb wird; sie schimmert aber nur durch den Rostüberzug hier und da durch. Denn die ganze Frucht ist mit einem, auf der Sonnenseite grauen und auf der Schattenseite zimmtfarbig rauhen Rost überzogen. Zuweilen findet sich auf der Sonnenseite noch etwas Roth, aber nicht immer. Auf dem Rost bemerkt man ziemlich häufig hellere Punkte. Die Frucht hat keinen Geruch, welkt aber sehr bald. Das Fleisch riecht angenehm, ist gelblich von Farbe, fein, nicht saftvoll und von einem ungemein erhabenen, zuckerartigen Geschmack, welcher anis- oder fenchelartig ist; und diese Aepfel so genau charakterisirt. Der Baum wird nicht groß, treibt feine, etwas schlanke Aeste, die schön in die Luft gehen, und eine Art hangende Pyramiden bilden. Sie bekommen frühzeitig eine Menge Fruchtspieße, wodurch der Baum sehr frühzeitig und überaus reichlich und jährlich Früchte liefert. Das

Blatt

Blatt ist mittelmäßig groß, ovalrund, $3\frac{3}{4}$ Z. lang $2\frac{1}{2}$ Z. breit. Der dünne Blattstiel ist 1 Z lang und hat schöne schmale Afterblätter. Die Frucht zeitigt im December und hält sich bis ins Frühjahr. Vom ersten Range.

104) Die kleine graue Birnreinette. La petite pomme poire. Diel IV. 123.

Eine kleine, aber wegen ihres vortrefflichen birnartigen Geschmacks und Saftfülle, sehr schätzbare Frucht, von der nur zu bedauren, daß sie so leicht welkt. Der Apfel erreicht selten die Größe eines starken Borstdorfers. Seine Form ist platt. 2 bis $2\frac{1}{4}$ Zoll breit und $1\frac{3}{4}$ Z hoch. Der lange spitzblättrige Kelch ist fast geschlossen, und steht in die Höhe, und sitzt in einer geräumigen tiefen Einsenkung, in der man mehrere feine Falten bemerkt. Der dünne Stiel sitzt in einer geräumigen, tiefen, trichterförmigen Höhle. Die Grundfarbe der fein rauh anzufühlenden Schale ist ein helles oder gelbliches Grün welches bey der Zeitigung hellgelb wird. Nur selten sieht man dabey auf der Sonnenseite etwas von einem leichten Anflug von einer etwas trüben Röthe, hingegen ist die Schale, bey besonnten Früchten, überall mit einem feinen gelbgrauen, oder zimmetfarbigen, ja nicht selten mit einem bräunlichen Roste überzogen, so daß nur bey beschatteten Früchten die Grundfarbe rein zu sehen ist. Die Frucht riecht leicht, welkt aber sehr gerne und bald. Das Fleisch ist weiß, ins Grünliche spielend, sehr fein, locker, saftvoll, und von einem erhabenen birnartigen Geschmack, dem etwas flüchtiges von Anis beygemischt zu seyn scheint. Der

Baum bleibt klein. Er setzt eine Menge feine Aeste an, die gerne in die Luft gehen, und frühzeitig viele feine Fruchtspieße ansetzen, wodurch der Baum jährlich reichlich trägt. Das Blatt ist mittelmäßig groß, lang eyförmig. 3 Z. lang 2 Z. breit. Die Frucht zeitigt im Nov. — Vom ersten Range.

105) Späte gelbe Reinette. Reinette jaune tardive. Diel I. S. 161. *Knoop* Tab. IX. Geele Renet. Geele Fransche Renet.

Ein vortrefflicher Tafelapfel, von einer ansehnlichen Größe. Die Form ist platt, 3 Z. breit $2\frac{1}{2}$ Z. hoch, stets auf einer Seite niedriger. Um den Kelch, der in einer geräumigen Einsenkung steht, sieht man mehrere Rippen, die oft merklich über die Frucht hinlaufen. Der Stiel steht in einer tiefen Aushöhlung und ragt über dieselbe weit hervor. Die Grundfarbe der Schale ist schönes Gelb, das aber auf der Sonnenseite hohes Goldgelb wird, und die nur höchstselten etwas röthlich angeflogen ist. Ueber diese gelbe Grundfarbe läuft ein braungelber, oder zimmtfarbiger, sehr rauh anzufühlender Rost, so daß oft nur wenig vom Gelben zu sehen ist. Auf der Schale finden sich eine Menge feine Erhöhungen, als ob Mohnsaame unter der Schale steckte. Die Frucht riecht nicht, und das Fleisch ist weißgelb, fest, fein, markigt, angenehm riechend, voll Saft, und von dem angenehmsten Geschmack einer Zuckersäure. Der Baum wird nur mittelmäßig groß, von feinem Holz mit schlanken abstehenden Aesten, die aber viel Fruchtholz ansetzen, und jährlich tragen. Das Blatt ist am Stiel abgestumpft, vorne

vorne mit einer langen Spitze, sehr groß, gegen 4 Z. lang $2\frac{1}{2}$ breit. Die Frucht zeitigt im Dezember, hält sich bis ins Frühjahr, wo sie welkt. Vom allerersten Range.

106) Gelbe Herbstreinette. Reinette jaune d Automne.

Die Frucht ist mittelmäßig groß, von Form etwas platthoch, $2\frac{3}{4}$ Z. breit $2\frac{1}{2}$ Z. hoch. Der Kelch sitzt in einer tiefen Einsenkung, um welche sich einige Beulen erheben. Der Stiel ist sehr kurz, die Höhle enge und nicht tief. Die Grundfarbe ist schön Grüngelb, welches blaßgelb wird, und über welche sich ein dünner, kaum fühlbarer braungelber Rost stellenweise verbreitet. Die wenigen weißgrauen Punkte sind fein. Die Frucht riecht nicht, und das Fleisch ist ganz weiß, lokker, weich, feinkörnigt, saftvoll, ohne Geruch, und süßsäuerlich von Geschmack. — Der Baum wird ansehnlich groß, wächst sehr stark, die Aeste gehen grade in die Höhe, und setzen vieles regelmäßiges Fruchtholz an. Die Frucht zeitigt Ende Oct., hält sich aber bis ins Frühjahr. — Vom 2ten Range.

107) Aechte graue französische Reinette. Reinette grise française. Diel I. *Du Hamel* Tom. II. p. 32. Tab. IX. *Knoop* Tab. IX. Grauwe fransche Renet. *Mayer* Nro. 41. Teut. Obst-Gärtn. Nro. 28. — heißt auch Lederapfel und grauer Rabau.

Eine der alleransehnlichsten Reinetten von Größe. Die Form ist immer platt. $3\frac{1}{2}$ Z. breit

3 Z. hoch. Der grünbleibende Kelch steht in einer ziemlich tiefen, uneben geformten Einsenkung, um die man einige seichte Rippen bemerkt. Der dem Apfel meistens gleichstehende Stiel steht in einer rostfarbigen tiefen Höhle. Die Grundfarbe ist olivengrün, auf der Sonnenseite gelbgrün, mit einem schmutzigen Roth leicht angelaufen. Ueber diese Grundfarbe verbreitet sich ein glanzloser, oft aufgesprungener, sehr rauher, schmutziggrauer Rostüberzug. Ueberdieß hat der Apfel noch ziemlich viele weißgraue, feine Punkte. Die Frucht riecht wenig. Das weiße ins grüngelbliche spielende Fleisch riecht etwas, fein moschusartig. Das Fleisch ist weich, locker, ziemlich saftig im Kauen, wenn er recht zeitig, gleichsam fein mehlartig, und hat eine, diesem Apfel ganz eigene, feine, nach etwas Moschus schmeckende Zuckersäure, welches ihn vielen so reizend macht. Der Baum wächst in der Jugend außerordentlich lebhaft, mit sehr starken Trieben. Die Aeste trägt er weitläuftig und stark abstehend. Das Blatt ist sehr groß, steif, lederartig, dunkelgrün, rundoval $3\frac{1}{2}$ Z. lang 3 Z. breit. Der kurze dicke Blattstiel hat schöne Afterblättchen. Der Baum ist sehr tragbar; vor den ersten Nachtfrösten darf die Frucht nicht abgenommen werden, sonst welkt sie zu sehr. Die Zeitigung fällt in den Decbr. und mit Sorgfalt aufbewahrt, hält er sich über ein Jahr. — Vom ersten Range.

108) Die Carpentin. Reinette Carpentin. Diel I, S. 174. T. O. G. Nro. 44.

Eine kleine vortreffliche Reinette, von einem ausgezeichnet eigenthümlichen piquanten Geschmack, an an Form und Größe dem Borstorfer ähnlich, gewöhnlich $2\frac{1}{4}$ Z. breit und 2 Z. hoch. — Der lange grünbleibende Kelch steht in einer tiefen, nicht sehr geräumigen Einsenkung, die oft mit feinen Rippen eingefaßt ist. Der Stiel über 1 Z. lang steht in einer trichterförmigen tiefen Höhle. Die Schale hat viel Aehnlichkeit mit der des Fenchelapfels — ein rostiger Ueberzug mit mehr oder weniger durchschimmerndem Roth. Bey Früchten im Schatten fehlt das Roth, und auf der Schattenseite blickt zuweilen ein gelbgrünlicher Grund durch. Der Apfel ist überall rauh anzufühlen. — Er riecht nicht, und das Fleisch ist blendend weiß, angenehm von Geruch, voll Saft, fein markigt, und von einem ganz eigenen, erquickenden, säuerlichen, piquanten Geschmack. — Der Baum ist durch seine Menge dünner, häufiger, durcheinander laufender, langer Fruchtruthen kenntlich, die gerne Früchte an ihrer Spitze ansetzen. Er wächst stark, ist sehr gesund, macht gerne Hängeäste. Die Frucht zeitigt im Nov. und hält sich bis zum Frühjahr. — Vom ersten Range.

109) **Triumphreinette.** Reinette triomphante. Diel I. S. 178. Christ Nro. 43. — siegende Reinette.

Ein köstlicher Tafelapfel, einem recht großen Borstorfer gleichend, $2\frac{3}{4}$ breit und $2\frac{1}{2}$ Z. hoch. — Der grünbleibende Kelch steht in einer flachen mit feinen Falten umgebenen Einsenkung, und der Stiel in einer engen, tiefen Höhle. Die Grundfarbe ist schönes, etwas trübes Goldgelb, auf der Sonnenseite blaßröthlich geflammt. Ueberall

all ist dieser Apfel mit sternförmigen grauen Flekken besetzt, die oft eine Art von schönem Netze bilden. Die Frucht riecht schwach nach Rosen. Das Fleisch ist gelbweiß, weich, voll Saft, feinkörnicht, ohne Geruch, und von einem erhabenen, gewürzhaften, zuckerartigen Geschmack, ohne alle Säure. Der Baum wird nur mittelmäßig groß, treibt feines, regelmäßiges, gerne Frucht ansetzendes, hangendes Holz. Die Blätter sind nicht groß, 3 Z. lang 2 Z. breit. Die Frucht zeitigt im Nov., dauert bis ins Frühjahr. — Vom allerersten Range.

110) Die graue Herbstreinette. La Reinette grise d'Automne. Diel II. S. 94.

Eine große Frucht, die der grauen Winterreinette vollkommen ähnlich ist (Nro. 107). Die Grundfarbe ist etwas heller als bey jener, und der Rostüberzug nicht so stark und rauh. Die Frucht riecht nicht. Das Fleisch riecht sehr angenehm muskatellerartig, ist weißgelblich von Farbe, locker, weich, saftig, vom Geschmack wie jene. Auch sogar im äußern Ansehn des Baums und Wachsthums sind sie sich gleich, nur in der Reifzeit sind sie sehr verschieden. Diese Frucht zeitigt anfangs, oder im halben Oct., und behält ihre Güte, bis ihr Winterbruder sie ablösen kann. Vom 1sten Range.

111) Der saure Rabau. Diel II. 97. *Knoop*. Graue Rabauw.

Ein kleiner, bloß wirthschaftlicher Apfel, von außerordentlicher Fruchtbarkeit. Er bekommt die

Grösse eines starken Borstorfers, ist aber oben etwas spitzer. 2½ Z. breit 2 Z. hoch. Der geschlossene, lange grün bleibende Kelch steht in einer seichten Einsenkung, die gewöhnlich mit feinen Rippen besetzt ist, von denen manche fein über die Frucht hinlaufen. Die bey dieser Frucht nur durchschimmernde Grundfarbe, ist anfangs gelbgrün, wird aber im Liegen Goldartig. Die Schale ist über und über mit einem gleichmäßigen, feinen, rauh anzufühlenden Rost überzogen, der erst graugrün und zuletzt hellzimmtfarben ist. Die Frucht riecht nicht. Das Fleisch ist sehr weiß, fein, fest, voll Saft, und von einem reinen, scharfen, weinsauren Geschmack, der erst mit der vollen Zeitigung sanfter wird. Der Baum wird groß, gesund, außerordentlich fruchtbar. Er geht schön in die Höhe und macht eine gewölbte Krone. Die Frucht reift im Decbr., und hält sich sehr lange. — Vom 2ten Range.

112) **Die süße graue Reinette.** Diel III. S. 194. *Knoop.* Tab. XII. La Reinette grise musquée. De Zoete grauwe Renet.

Eine kleine, vortreffliche Tafelfrucht, die zu den Fencheläpfeln gehört. Form und Grösse sind einem recht starken Borstorfer ähnlich. Der gerne grünbleibende Kelch steht in einer flachen Einsenkung, in der man feine Falten bemerkt. Der 1 Z. lange Stiel steht in einer geräumigen tiefen Höhle. Die selten rein zu sehende Grundfarbe ist helles gelbliches Grün, wobey die Sonnenseite mit einem bräunlichen Roth leicht verwaschen ist. Dabey sind die meisten Früchte mit einem dünnen, gelbgrauen Rost überzogen, der oft ziemlich rauh ist.

Die

Die Frucht riecht nicht, und welkt sehr, wenn sie nicht spät vom Baume genommen ist. Das Fleisch ist weiß, ins Gelbliche spielend, sehr fein, voll Saft, und von einem erhabenen, sehr angenehmen, zuckerartigen Geschmack, der etwas Anisartiges hat. — Der Baum wächst lebhaft, trägt seine Zweige schön abstehend und ist sehr fruchtbar. Das Blatt ist mittelmäßig, eyförmig, 3¼ Zoll lang und 2 Z. breit. Die Frucht zeitigt im December und hält sich bis in das Frühjahr. — Vom ersten Range.

113) **Der rothe Fenchelapfel.** Le Fenouillet rouge. Diel III. 199. *Du Hamel* Tab. V. Fenouillet rouge, Bardin. *Mayer* Tab. XXXIII. Nro. 57. Der Bardiner. T. O. G. XV. Christ No. 119.

Ein kleiner bekannter Tafelapfel, der von allen sehr geschätzt wird, denen er nicht zu süß ist. Er ist kaum von der Größe eines Borstorfers, und fast kugelförmig. Der starke, lange grün bleibende Kelch steht in einer geräumigen etwas flachen Einsenkung, in der man oft kleine Falten bemerkt. Das Ansehn der ganzen Frucht, die am Baum mit einem feinen blauen Duft belaufen ist, hat etwas trübes, schmutziges. Die Grundfarbe ist mattes Hellgrün, das im Liegen gelblich wird. Auf der Sonnenseite sieht man ein trübes, dunkles, bräunliches Roth. Ueberdem ist die Frucht sehr stark, und vorzüglich auf der Sonnenseite mit einem rauhen, schmutzigen oder erdgrauen Rost überzogen, wobey nur auf der Schattenseite die Grundfarbe sichtbar ist. Die Frucht riecht nicht, aber ihr Welken wird von allen beklagt. Sie

muß

muß erst spät, und wo möglich vor dem Nov. nicht abgenommen werden. Das Fleisch ist grünlich weiß, fein, fest, voll Saft, und von einem sehr angenehmen süßen, wahren Zuckergeschmack, der sehr anis- oder fenchelartig ist. Der Baum bleibt sehr klein. Seine Aeste trägt er schön in die Luft, und macht eine schmale hochgehende Krone. Er wird über die Maßen fruchtbar. Das Blatt ist klein, $2\frac{3}{4}$ — 3 Z. lang, 2 Zoll breit, unten fein wollicht. Die Frucht zeitigt im December und hält sich bis ins Frühjahr, wo sie welkt. — Vom ersten Range.

114) **Der gelbe Fenchelapfel.** Le Fenouillet jaune. Diel III. S. 205. *Du Hamel* Nro. XII. *Knoop.* Tab. IX. Venkel-Appel. *Mayer* Tab. XXXIII. fig. 58.

Ein kleiner, aber wahrhaft delikater Tafelapfel. Er bekömmt nur die Größe eines mittelmäßigen Borstorfers, und seine Form ist plattgedrückt. Die Wölbung um den Stiel und Kelch sind wenig verschieden. — $2\frac{1}{4}$ Z. breit und $1\frac{1}{4}$ Z. hoch. Der Kelch steht in einer etwas tiefen geräumigen Einsenkung, in der man feine Falten bemerkt. Der kleine, starke Stiel steht in einer tiefen, trichterförmigen Höhle. Die Grundfarbe ist hellgelb, das man wenig und selten rein zu sehen bekömmt, indem die ganze Frucht mit einem hellen zimmetfarbenen feinen Rost überzogen ist. Die Frucht riecht nicht, und damit sie nicht welkt, muß sie spät abgenommen werden. Das Fleisch riecht fein und angenehm, ist sehr weiß, fein, nicht sehr saftig, und von einen starken angenehmen Geschmack, der eine Mischung von

Zim-

Zimmet und Anis zu seyn scheint. Der Baum bleibt klein, die Aeste stehen weit ab und wölben sich zu einer flachen Krone; er trägt sehr voll. Die Frucht zeitigt im Nov., ist, wenn sie etwas welk wird, am schmackhaftesten, und hält sich oft bis nach Weihnachten. Vom allerersten Range.

115) Die kleine graue Weinreinette. Diel III. S. 211.

Eine kleine wahre graue Reinette, von einer piquanten Weinsäure. Die Form ist platt, kaum so groß, als ein mittelmäßiger Borstorfer. 2½ Z. breit und 1¾ Z. hoch. Der lange spitzblättrige Kelch ist geschlossen, und steht in einer geräumigen, bald flachen, bald etwas tiefen Einsenkung, in der man feine Falten, und oft etwas Rippenartiges bemerkt. Der starke Stiel steht der Frucht gleich. Die Grundfarbe ist meistens nur ein durchschillerndes und nur um den Kelch rein zu sehendes helles Grün; denn die Schale ist überall mit einem grünlich grauen rauh anzufühlenden Rost überzogen. Die Frucht riecht nicht, darf aber vor Ende Oct. nicht gebrochen werden, weil sie sonst zu sehr welkt. Das Fleisch ist weiß, unter der Schale grünlich, sehr fein, fest, nicht sehr saftvoll, und von einem feinen weinsauern Geschmack. Der Baum wird nur mittelmäßig groß, aber sehr fruchtbar. Er trägt die Aeste flach und macht gern Hängeholz. Die Frucht zeitigt im Decbr., und hält sich bis ins Frühjahr. — Vom 2ten Range.

116) Der graue Kurzstiel. La Reinette Courtpendu gris. Diel III. S. 215. Carthause und Hirschfeld le gros courtpendu gris. Walther nro. 29. T. O. G. Nro. VIII. Christ Nro. 49.

Eine große und mit der grauen fr. Reinette sehr nahe verwandte vortreffliche Frucht für die Tafel und Küche. Ihre Form ist zwar platt aussehend, aber sie läuft dabey von der Mitte aus stark abnehmend gegen den Kelch hin, wodurch sie ein stumpf zugespitztes Ansehn gewinnt, 3 Z. breit und $2\frac{1}{2}$ bis $2\frac{1}{4}$ Z. hoch. Der spitzblättrige Kelch ist halb offen, und steht in einer geräumigen, schüsselförmigen, tiefen Einsenkung, die mit feinen, fast beulenartigen Rippen umgeben ist. Der Stiel steht kaum der Frucht gleich. Die Grundfarbe der feinen, geschmeidigen Schale ist hellgrün, welches gelblichgrün wird, und mit einem etwas rauhen bräunlichen Rost überzogen ist, der netzförmig oder sternförmig steht. Auf der Sonnenseite findet sich auch oft ein leichter Anflug von Röthe. Die Frucht riecht nicht, muß aber so spät als möglich abgenommen werden, sonst welkt sie. Das Fleisch riecht angenehm, ist weißgelb, sehr fein, ziemlich fest, nicht reich an Saft, und von einem gewürzhaften, weinsäuerlich zuckerartigen, erhabenen Geschmack, der den von der grauen fr. Reinette fast übertrifft. Der Baum gleicht dem der gr. Reinette sehr, wird groß und stark, sehr fruchtbar, und belaubt sich stark. Das Blatt ist schön und ansehnlich, groß, ovalrund, bis 4 Z lang und $2\frac{1}{2}$ Z. breit. Der starke Blattstiel ist $\frac{3}{4}$ bis 1 Z. lang, steht meistens schief im Blatt, und hat nur sel-

ten

ten fadenähnliche Afterblätter. Die Frucht zeitigt im Decbr. und hält sich bis ins Frühjahr. — Vom ersten Range.

117) Die Reinette von Damascon. La Reinette double de Damascon. Diel III. S. 221.

Ein ansehnlich großer Apfel für die Oeconomie und selbst für die Tafel. Seine Gestalt nähert sich der Kugelform, breit $2\frac{3}{4}$ — 3 Zoll, hoch $2\frac{1}{2}$ bis $2\frac{3}{4}$ Z. Der geschlossene kleine braune Kelch steht in einer geräumigen rostfarbigen Einsenkung. Der Stiel ist kurz, und stehet kaum über die Stielhöhle hervor. Er sitzt in einer tiefen geräumigen Höhle, welche fuchsig rostig ist, und von da zieht sich der Rost auf der Schattenseite, dünn vertheilt, bis zum Kelch hinauf. Die Grundfarbe ist Anfangs blaßhellgrün, welches sich im Liegen wenig verändert. Die Sonnenseite ist mit einem glänzenden, dunklen Blutroth verwaschen, und punktirt, worin man dunklere Streifen bemerkt. Die Frucht riecht schön und fein, welkt nur wenig, wenn sie spät gepflückt wird. Das Fleisch ist gelbgrünlich, fein, fest, voll Saft, und von einem zuckerartigen Muskatellergeschmack. Der Baum wird nur mittelmäßig groß, macht langes, schön belaubtes Holz, und wird sehr fruchtbar. Das Blatt ist groß, langoval, 4 Zoll lang 3 Z. breit. Die Frucht zeitigt im Decbr. und hält sich so lange, wie die gr. fr. Reinette. Vom ersten Range.

Vier-

Vierte Klasse.

Reinetten.

Ordnung IV.

Goldreinetten.

Besondere Kennzeichen der Ordnung.

1. Sind auf der Sonnenseite schön carmosinroth verwaschen oder gestreift.
2. Die Grundfarbe wird im Liegen schönes hohes Gelb.
3. Ueber die Grundfarbe und über die Carmosinröthe der Sonnenseite verbreiten sich leichte, dünne Anflüge oder wahre Ueberzüge von Rost.

118) **Die kleine Casseler Reinette.** Diel I. S. 182. T. O. G. Nro. 33. Christ Nro. 58.

Ein mittelmäßig großer vortrefflicher Tafelapfel, im Umriß einem Borstorfer ähnlich. $2\frac{3}{4}$ Z. breit und $2\frac{1}{4}$ Z. hoch. Der weit offen stehende Kelch steht in einer fast flachen, weitgeschweiften Einsenkung. Der Stiel reicht selten aus der nicht tiefen rostfarbigen Höhle hervor. Die Grundfarbe ist goldgelb. Die Sonnenseite ist sehr stark mit einem schönen Carmosinroth so fein und häufig punktirt, daß solches oft verwaschen aussieht, und darin sind häufig abgesetzte dunklere Streifen. Dabey ist die Schale über und über mit oft unregelmäßigen, grauen, rauhen Punkten besetzt, und nicht selten findet man auch einige Rostflecken,

Fi=

Figuren, Warzen. Die Frucht riecht nicht, und das Fleisch ist weiß, fein, fest, voll Saft, und von einem erquickenden, angenehmen zuckerartigen Geschmack ohne Säure. Der Baum wird nur mittelmäßig groß, dabey doch alt und gesund. Er macht sehr vieles feines Holz, mit frühzeitig tragenden Fruchtspießen, wodurch er so fruchtbar wird, daß oft gar keine Sommertriebe Statt haben. Die großen, hellgrünen Blätter sind 4 Z. lang, $2\frac{1}{2}$ Z. breit. Die Frucht zeitigt im Nov., und hält sich schmackhaft und voll Saft bis in das Frühjahr. Muß lange am Baum hangen. — Vom ersten Range.

119) **Die Reinette von Orleans.** La Reinette d'Orleans. Diel III. *Zink* Tab. XI. N. 86.

Eine ansehnlich große, sehr schöne Frucht, und unter den Tafeläpfeln einer der ersten. Ihre Form ist öfter platt als hoch, 3 Z. breit und $2\frac{1}{2}$ Z. hoch. Der offene starke und ziemlich lange grün bleibende Kelch, in den man meistens noch alle Staubfäden siehet, steht in einer sehr ausgeschweiften Einsenkung, die selten tief ist, und mehrere feine Falten oder Rippchen hat, die am Rande höckerartig sind. Der nicht starke Stiel steht meistens stark über die Frucht hervor, und sitzt in einer tiefen, trichterförmigen Höhle, die mit feinem Rost ausgefüttert ist. Die Grundfarbe ist anfangs blasses Gelb, welches im Liegen Goldgelb wird, wobey die Sonnenseite mit einem schwachen Carmosin abgesetzt gestreift ist. Die Schale ist mit vielen feinen und starken Punkten besetzt, die sternförmig und rauh anzufühlen sind.

Die

Die Frucht riecht nicht, welkt aber, wenn sie nicht spät abgenommen wird. Das Fleisch riecht wenig, ist weißgelb, sehr fein, voll Saft, markicht, und von einem erhabenen, zuckerartigen Geschmack, der einen feinen Beygeschmack von Citronen hat. Der Baum wächst ungemein schön, lebhaft und gesund, erreicht eine ansehnliche Größe. Seine Aeste trägt er etwas stark abstehend, doch schön in die Luft. Er setzt viel Fruchtholz an, und wird dadurch früh und jährlich fruchtbar. Die Frucht zeitigt im December und hält sich den ganzen Winter hindurch. — Vom allerersten Range.

120) Französische Goldreinette, La Reinette dorée. Diel IV. S. 128. *Du Hamel* Tom. II. Nro. XV. Christ No. 102. T. O. G. Nro. LXII.

Eine nur mittelmäßig große, aber wahrhaft vortreffliche Winterfrucht für die Tafel. Sie ist eine wahre Reinette, und gehört nicht unter die Peppings. Die Frucht erreicht nur die Größe eines recht starken Borstorfers, mit dem sie auch in ihrer Form recht viel Aehnliches hat. $2\frac{1}{2}$ Z. breit und 2 Z. hoch. Der halbgeschlossene und nicht selten ganz fehlende Kelch steht in einer weiten Höhle, in der man zuweilen einige Falten bemerkt. Der Stiel besteht oft nur in einem Fleischbutz, und sitzt in einer geräumigen und tiefen Höhle. Die Grundfarbe der fein rauh anzufühlenden Schale ist anfänglich ein grünliches Gelb, welches mit der Zeitigung goldgelb wird. Die Sonnenseite ist mit einem schönen, dunklen, oft sehr glänzenden Carmosinroth verwaschen, in welchem man oft dunklere Streifen siehet. Häufig ist die ganze Schale mit einem feinen zimmetfarbigen Rost überzogen. Wo der Rost fehlt, da sieht man hellbraune Punkte. Die Frucht hat keinen Geruch und welkt gern. Das Fleisch ist weiß, fest, voll Saft, und von einem sehr angenehmen erhabenen zuckerartigen Geschmack, dem eine ganze feine Weinsäure beygemischt ist. Der Baum wird nur mittelmäßig groß, und wächst nicht sehr stark. Seine Aeste stehen etwas stark ab, bekommen aber frühzeitig vieles Fruchtholz, und trägt dadurch frühzeitig und jährlich. Das Blatt ist fest, klein und eyförmig. Die Frucht zeitigt im Decbr. und hält sich bis ins Frühjahr. — Vom allerersten Range.

121) Goldmöhr, holländische Goldreinette. Diel IV. 135.

In ihrer regelmäßigen Form ist sie so groß, als die vorhergehende, aber kugelförmiger, und scheint oft selbst etwas länger als breit zu seyn. Der sehr offene kleine Kelch steht in einer weiten flachen Einsenkung, in der man einige feine Fältchen bemerkt. Der kurze Stiel steht in einer geräumigen, nicht tiefen Höhle. Die Grundfarbe der rauh anzufühlenden Schale ist anfänglich ein gelbliches Grün, das im Liegen schönes Goldgelb wird. Die Sonnenseite ist mit einem trüben Carmosinroth verwaschen, und die ganze Schale mit einem ziemlich rauhen, zimmetfarbenen Rost überkleidet. Die Frucht riecht nicht, muß aber sehr lange am Baum hangen, wenn sie nicht leicht welken soll. Das Fleisch riecht angenehm, ist sehr weiß, fein, fest, voll Saft, und von einem

nem gewürzhaften, zuckerartigen, weinsäuerlichen Geschmack. Der Baum wächst nicht stark, sondern etwas fein, und belaubt sich sehr schön. Seine Aeste stehen etwas stark ab, und wölben sich zu einer schönen, etwas flachen Krone. Das Blatt ist mittelmäßig groß, eyförmig, zuweilen auch elliptisch, $3\frac{1}{2}$ Z. lang und $2\frac{1}{2}$ Z. breit. Die Frucht zeitigt im Decbr. und hält sich bis ins Frühjahr, wenn sie nicht vor dem Eintritt der Nachtreife gebrochen werden. — Vom ersten Range.

122) Die große und doppelte Casseler Reinette. Diel IV. 140.

Eine ansehnlich große, ungemein schöne Tafelfrucht für den Winter. Ihre Form ist zwar platt, doch nähert sie sich oft der Kugelform, breit 3 Z., hoch stark $2\frac{1}{2}$ Z. Der langblättrige grüne Kelch sitzt in einer geräumigen tiefen Höhle, in der man immer mehrere feine Rippchen bemerkt. Der 1 Z. lange Stiel steht in einer tiefen, trichterförmigen Höhle. Die Farbe der Schale ist anfänglich ein grünliches Gelb, und verwandelt sich in ein mattes Goldgelb. Die Sonnenseite ist mit trübrothen, kurzabgesetzten, nicht sehr häufigen Streifen besetzt, und dazwischen stark getuscht. Punkte sind nicht häufig, im Rothen weißgrau und schwach, im Gelben aber oft sehr stark, bräunlich oder schwärzlich, als ob es Unrath von Spinnen wäre. Um den Kelch und Stiel findet man feine Rostanflüge. Die Frucht hat fast keinen Geruch, und welkt nicht gern. Das Fleisch ist weiß, ins Gelbliche spielend, fein, markicht, sehr saftvoll, und von einem gewürzhaften, erhaben zuckerartigen Geschmack. Der Baum wächst lebhaft, steht mit seinen Aesten nicht stark ab, und belaubt sich etwas düster. Das Blatt ist ansehnlich groß, rundoval, 3 Z. lang und 2½ Zoll breit. Die Frucht zeitigt Ende Novembers, und hält sich bis tief in den Winter, wo sie gern stippicht im Fleische wird. — Vom allerersten Range.

Fünfte Klasse.

Streiflinge.

Allgemeine Kennzeichen der Klasse.

1. Sind sämmtlich, meistens und fast immer abgesetzt, roth gestreift.
2. Die Streifen können um die ganze Frucht gehen, oder nur sehr unbedeutend auf der Sonnenseite seyn.
3. Die Streifen können allein, das heißt rein gestreift, seyn, oder zwischen diesen Streifen kann die Frucht auf der Sonnenseite noch roth punktirt, getuscht, oder rein verwaschen seyn, wenn sich nur nach der Schattenseite die Streifen wieder deutlich darstellen.
4. Das Kernhaus ist regelmäßig.
5. Sind von Geschmack rein süß bis zum Weinsäuerlichen oder Sauren.
6. Sind nie von Geschmack wie die Rosenäpfel.

7. Welken nicht, als nur unzeitig abgethan, oder nachdem ihre Zeitigung passirt ist.
8. Machen eine große und etwas schwere Klasse im wirthschaftlichen Obst aus.

Ordnung I.

Platte Streiflinge.

Besondere Kennzeichen der Ordnung.

1. Sind in ihrer Wölbung nach Stiel und Kelch nicht sehr verschieden, und breitgedrückt.
2. Sind stets wenigstens ½ Zoll breiter als hoch.

123) Goldgelber Herbststreifling. Diel I. S. 187.

Ein sehr schöner, ansehnlicher Wirthschaftsapfel von plattrunder Form. Die Breite beträgt 3 Z., die Höhe 2¼ Z. Der meistens offene Kelch steht in einer etwas tiefen, ausgeschweiften Einsenkung, die mit einigen seichten Falten umgeben ist. Der Stiel steht in einer engen, nicht tiefen, etwas rostfarbigen Höhle. Die Grundfarbe ist am Baum glänzendes Hellgelb, das im Liegen schönes Goldgelb wird. Auf der Sonnenseite ist die Frucht abgesetzt schön carmosinroth, aber nicht zu häufig gestreift. Zwischen diesen Streifen ist sie mit derselben Farbe getuscht, und dies streifenartige Roth geht oft um den ganzen Apfel. Fast immer findet man an ihm braungelbliche Warzen, oder Flecken, ja oft grubenähnliche

liche Eindrücke. Das Fleisch ist weiß, körnicht, locker, voll Saft, und von einem sehr angenehmen weinsäuerlichen Geschmack. Der Baum macht ein sehr schönes freudiges Gewächs mit feinem, nicht gedrängten Fruchtholz, das sehr fruchtbar wird. Er belaubt sich nicht stark. Das Blatt ist langoval, 4 bis $4\frac{1}{2}$ Z. lang, $2\frac{1}{4}$ breit. Die Frucht zeitigt in der Mitte Septembers und hält sich selten den November hindurch — Vom zweyten Range, ist wegen seines frühen Gebrauchs in der Wirthschaft schätzbar.

124) Aechter Winterstreifling. *Knoop.* Tab VI. Winter - Striepeling [illegible] Nro. XII. Marienthaler. Christ Nro. 189. T. O. G. Nro. 29. Diel I. S. 192.

Dieser Apfel verdient mit Recht eine allgemeine Anpflanzung. Er gehört unter die ansehnlich großen Aepfel, von Form platt, doch oft sich der Kugelform etwas nähernd, breit 3 Zoll, hoch $2\frac{1}{2}$ bis $2\frac{3}{4}$ Z. Der Kelch steht in einer ziemlich engen nicht tiefen Einsenkung, die mit feinen Rippen umgeben ist, welche oft sehr merklich über die ganze Frucht hinlaufen. Der Stiel steht der Frucht gleich in einer schönen tiefen, rostfarbigen Höhle. Die Grundfarbe ist anfänglich hellgrün, welches im Liegen gelb wird. Auf der Sonnenseite ist sie sehr stark mit meistens kurz abgesetzten, dunkelcarmosinrothen Streifen bedeckt, die dabey in ihren Zwischenräumen so stark punktirt, getuscht und verwaschen sind, daß nur sehr wenig von der Grundfarbe durschimmert, und die Streifen erst auf den Seiten wieder recht sichtbar werden,

den. Die Frucht riecht nicht, und das Fleisch ist weiß, ins Grüngelbliche spielend, weich, locker, markigt, saftig, und von einem sanften, süßsäuerlichen Geschmack. Der Baum wächst lebhaft und stark, wird groß und sehr alt. Er setzt sehr viel gedrängtes Holz an, das sich in Quirlholz verwandelt, und dadurch den Baum, wenn er trägt, welches ein Jahr ums andere geschiehet, sehr voll hängt. Die Triebe sind sehr dunkelbraun. Das Blatt ist mittelmäßig groß, und hat das Eigene, daß die Masse der Blätter ins Stahlblauliche zu schillern scheint. Die Frucht zeitigt im Nov. und hält sich bis März und April. — Vom 2ten Range.

125) Rheinischer Staberling. Diel I. S. 195.

Ein vortrefflicher Wirthschaftsapfel, von Form platt, 3 Z. breit, 2½ Z. hoch, und auf einer Seite etwas niedriger. Der offene Kelch steht in einer weiten, nicht tiefen, meistens mit feinen Rippen versehenen Einsenkung. Der Stiel steht in einer tiefen, engen, rostfarbigen Höhle, ist kurz, oft nur ein Fleischbutz. Die Schale ist blaßgelbgrünlich, wird im Liegen hellgelb. Die Sonnenseite ist mit einem etwas trüben Carmosinroth abgesetzt gestreift, und zwischendurch roth puntirt, oder verwaschen. Die Frucht riecht rosenartig und fühlt sich fein fettig an. Das Fleisch ist weiß, körnicht, locker, nicht reichlich voll Saft, und von einem angenehmen süßlichen Geschmack. Der Baum wird sehr groß, mit stark abstehenden Aesten, ist sehr fruchtbar, gesund, und wird sehr alt. Das Laub ist sehr lang, langoval,

spitzer

spitzer nach dem Stiel als der Spitze, 5 Zoll lang, 3 breit. Die Frucht zeitigt im Nov., und hält sich bis in den Sommer. — Vom 2ten Range.

126) **Der Langscheider. Diel I. S. 198.**

Ein kleiner deutscher Apfel, für die Wirthschaft unverbesserlich. Seine Form ist schön platt, etwas mehr als ein Borstorfer, $2\frac{1}{4}$ Zoll breit, $1\frac{3}{4}$ Z. hoch. Der Kelch sitzt fast flach, auf einer nur etwas eingesenkten Ebene, um die man oft feine Falten oder Rippen bemerkt. Der sehr kurze Stiel steht ebenfalls in einer sehr seichten kleinen glatten Höhle. Die Grundfarbe ist blasses Gelb, auf dem sich fast rundherum abgesetzt geflammte dunkelrothe Streifen finden. Auf der Sonnenseite aber ist der Grund zwischen diesen Streifen noch so stark getuscht, daß die Streifen fast verschwinden. Oft findet man rostfarbige Warzen und grünliche Flecken. Das Fleisch ist ganz weiß, auf der Sonnenseite etwas röthlich schillernd, fest, fein, sehr saftig, und von einem zuckerartigen Geschmack, ohne Säure. Der Baum wächst langsam, und wird nur mittelmäßig groß. Die Aeste gehen gern in die Höhe und machen viel Quirlholz, und der Baum ist zum Verwundern tragbar. Die Frucht zeitigt im December, welkt nicht, und gut aufbewahrt dauert sie fast ein ganzes Jahr.

127) Der Vaterapfel ohne Kerne. Pater noster sans Pepins. Diel I. S. 202. T. O. G. Nro. XL. Christ Nro. 173.

Ein mittelmäßig großer, der Form eines großen Borstorfers etwas ähnlicher Apfel, von einer ganz eigenen Zartheit im Fleisch, $2\frac{3}{4}$ Z. breit und $2\frac{1}{4}$ Z. hoch. Der Kelch steht in einer ziemlich geräumigen, mit merklichen stumpfen Rippen umgebenen, Einsenkung, von der sich mehrere Rippen über den Apfel hinziehen. Der meistens $\frac{1}{2}$ Z. lange dünne Stiel steht in einer ziemlich tiefen etwas rostfarbigen Höhle. Die Grundfarbe ist schönes Weißgelb, das im Liegen blaßgelb wird. Auf der Sonnenseite ist die Frucht sparsam abgesetzt blaßroth gestreift, und dazwischen leicht punktirt oder getuscht. Auf der Schattenseite sind Streifen selten, dagegen ziemlich viele feine Punkte. Die Frucht riecht nicht, und welkt wenig. Das Fleisch ist weiß, ins Gelbliche spielend, locker, fein, voll Saft, und von einem äußerst weichen, markigten, im Munde fast zerfließenden zuckerartigen Geschmack, ohne Säure. Das Kernhaus ist ziemlich geräumig, und hat fast nie, oder höchst selten einen Kern. Der Baum wird groß, ungemein schön, gesund, und seine Aeste steigen in schönen Winkeln in die Höhe. Das kleine, $1\frac{1}{2}$ Z. lange, 2 Zoll breite, herzförmig ovalrunde Blatt hat das Besondere, daß die Spitze so stark unter sich gekrümmt ist, daß sie oft den Stiel berührt. Die Frucht zeitigt im Nov., ist im Dec. und Januar am besten, hält sich aber nicht lange und fault gern am Stiel. — Vom 2ten Range.

128) Weißer Matapfel. Diel I. S. 207. T. O. G. Nro. XXXV.

Dieser Apfel ist ansehnlich groß von Form, plattrund, und sichtbar gerippt. Der Nutzen in der Wirthschaft ist unverbesserlich auch zum rohen Genuß von vielen geschätzt; 3 Z. breit, 2½ Z. hoch. Der tief gehende Kelch steht in einer stark geräumigen, ziemlich tiefen, mit Rippen umgebenen Einsenkung. Der kurze Stiel ist oft nur ein Fleischbuz, und steht in einer starkrostfarbigen Höhle. Die Schale ist am Baum mit einem sichtbaren blauen Duft belaufen, und ihre Farbe ist anfänglich hellgrün, nachher gelbgrün. Die Sonnenseite ist stets mit abgesetzten rothen, ins Bräunliche spielenden Streifen besetzt, und zwischen diesen noch röthlich getuscht. Die Frucht riecht ungemein stark violenartig, daß einige Aepfel ein ganzes Zimmer mit dem Geruche füllen. Das Fleisch ist schön weiß, locker, körnicht, angenehm säuerlich riechend, und von einem eigenen einschneidenden, erquickend säuerlichen, fein gewürzhaften, piquanten Geschmack. Der Saft hat das Eigene, daß er das Messer schnell dintenartig färbt. Der Baum kann auf gutem Boden ungeheuer groß werden, und die untersten Aeste hangen oft bis zur Erde, indeß die obersten sich zu einer prachtvollen Krone wölben. Er wird sehr alt, ist gesund und trägt sehr reichlich, wenigstens ein Jahr ums andere. Das Blatt ist ansehnlich groß, schmutzig dunkelgrün. Die Frucht zeitigt im Decbr, und hält sich bis tief in den Sommer hinein. Einer der ersten vom 2ten Range.

129) Brauner Malapfel. Diel I. S. 212. T. O. G. Nro. XXVI.

Ein an Größe und Form der vorhergehenden Sorte vollkommen ähnlicher Apfel. Nur in der Farbe der Sonnenseite ist eine große Verschiedenheit. Diese ist ganz mit einem dunklen Leberroth, das ins Schwarzbraune schillert, überdeckt. Wenn der blaue Duft abgerieben wird, so sieht man eine Menge hellröthere, oft noch dunklere Streifen. Auf der Schattenseite verläuft sich das schwarze Roth auf gelbgrünem Grunde, in schwach punktirtes Roth. Der Apfel riecht noch stärker, das Fleisch ist feiner. Der Baum ist der nämliche.

130) Weißer Sommerrabau. Blanke Rabauw. Diel II. S. 101. *Knoop* T. V. Die blumensaure *Bloem-zuur*. T. O. G. Nro. LIV.

Ein herrlicher, mittelmäßig großer Sommerapfel, mit einer so feinen Schale, daß man ihn vor vielen andern den Taffentapfel nennen möchte. Seine Form ist meistens platt, doch scheint er oft ein längliches Ansehn zu haben. 3 Z. breit 2½ Z. hoch. Der grüne, weißwolligte Kelch steht meistens in einer seichten, nicht geräumigen Einsenkung, in der man oft feine Falten bemerkt, der Stiel ist sehr kurz, und steht in einer schönen, nicht tiefen, bald glatten, bald fein rostfarbigen Höhle. Die sehr feine, geschmeidige, und im Liegen etwas fettig werdende Schale, ist am Baum ganz blaßgrün, mit durchschimmernden hellem Grün. Die Sonnenseite ist sanft mit blaßrothen, kurzabgesetzten Streifen besetzt, und auf dieser Seite wird die Grundfarbe im Liegen etwas gelb. Früchte im Schatten haben gar keine Streifen, und sind bloß strohweiß. Die Frucht riecht sanft und angenehm, aber sehr schwach. Das Fleisch ist schön weiß, locker, leicht, sehr weich, voll Saft, und von einer fein gewürzhaften, versüßten Weinsäure, die sich im Liegen aber sehr verliert. Der Baum wächst langsam, die Aeste stehen sehr ab. Er wird sehr fruchtbar, oft sitzen 5 Früchte auf einem Fruchtkuchen. Das Blatt ist klein, länglich herzförmig, 3 Z. lang 2 breit, unten fein wolligt. Die Frucht zeitigt im halben August, oder Anfange Septembers, ist eßbar vom Baum, und hält sich 8—10 Wochen. Vom ersten Range.

131) Der Weicherling, Weichapfel. Diel II. S. 106.

Ein mittelmäßig großer, schöner, sehr bunter und stark gefärbter Streifling. Seine Form ist rein platt, $2\frac{3}{4}$ Z. breit, 2 Zoll hoch. Der feine spitzblättrige Kelch steht in einer etwas tiefen geräumigen Einsenkung, in der zuweilen feine Falten sind. Der Stiel steht in einer schönen tiefen Höhle, die stets rostfarbig ist. Die Grundfarbe der feinen Schale ist ein schönes Schwefelgelb, das aber der vielen Streifen wegen nur streifenartig erscheint, und selten ganz rein ist. Die Frucht ist rundum mit der schönsten dunkelsten Carmosinfarbe breit, oft lang und bandartig gestreift, und auf der Sonnenseite zwischen diesen, fast ins Schwärzliche schillernde Streifen, hellröther verwaschen; auf der Schattenseite hingegen

nur

nur punktirt. Das Fleisch ist weiß, fast durch und durch ins Rosenfarbige spielend, um den Kelch und Stiel aber ganz rosenroth, dabey leicht, locker, weich, voll Saft, und von einem feinen weinsäuerlichen Geschmack, der fast erdbeerenartig ist. Der Baum wird nur mittelmäßig groß, und sehr alt, aber auch sehr fruchtbar, daß er selten ein Jahr fehlt. Das Blatt ist nicht groß, herzförmig, trüb dunkelgrün. Die Frucht zeitigt im November, und hält sich bis tief in den Winter. — Vom 2ten Range.

132) Süßer gestreifter Sommerrabau.
De gestreepte Zoete Zommer-Rabauw.
De Bloem Zoete Rabauw. Diel IV. S. 152.

Ein mittelmäßig großer, aber für Süßmäuler, ein ausgesucht gewürzhafter, zuckersüßer Sommerapfel. Die Frucht ist platt, $2\frac{3}{4}$ Z. breit und $2\frac{1}{4}$ Z. hoch. Der lange, sehr schön gespitzte und geschlossene Kelch steht noch mit den Staubbeuteln in die Höhe, wie ein Strauß, bleibt grün, und sitzt in einer ebenen, geräumigen, schüsselförmigen Vertiefung. Der starke Stiel steht in einer geräumigen, schüsselförmigen Vertiefung, die mit feinem grauen Rost bekleidet ist. Die nicht fettige feine Schale ist am Baum mit einem starken bläulichen Duft belaufen und strohgelb. Die Sonnenseite ist mit nicht häufigen, abgesetzten Streifen von einem trüben, fast kugellackartigen Roth besetzt, dazwischen aber überall mit demselben Roth punktirt. Die Frucht riecht wenig und welkt nicht. — Das Fleisch ist sehr weiß, fein, etwas locker, saftvoll, und von einem durchaus

süßen,

süßen, etwas rosen- oder zimmtartigen Geschmack. Der Baum wächst sehr lebhaft, und trägt seine Aeste schön abstehend in die Luft. Er ist jährlich und sehr fruchtbar. Das Blatt ist fast klein, mittelmäßig groß, schmal eyförmig, nach vorne mit einer schönen Spitze. Die Frucht zeitigt im September, und hält sich, gut aufbewahrt einige Monate. — Vom 2ten Range.

133) Der braune Winterapfel. Diel IV. S. 157.

Ein mittelmäßig großer vortrefflicher Winterapfel für die Tafel. Seine Form ist plattrund oft fast kugelförmig. Der Bauch sitzt in der Mitte — 3 Z. breit 2½ Z. hoch. Der lang und spitzblättrige Kelch sitzt in einer ansehnlich tiefen Einsenkung, die mit feinen und oft starken Rippen besetzt, die oft flachkantig, doch sehr deutlich über die Frucht hinlaufen. Der Stiel steht nur der Frucht gleich, und steht in einer tiefen rostfarbigen Höhle. Die Grundfarbe der feinen, fettig anzufühlenden Schale, ist blasses Hellgelb. Ganz besonnte Früchte sind auf der Sonnenseite mit einem sehr dunklen, etwas bräunlichen Carmosinroth stark verwaschen, und die Schattenseite überzieht ein blässeres trübes Roth, in welchem man dunklere Streifen bemerkt. Die Frucht hat den angenehmsten Geruch, der etwas violenartiges hat, und welkt nicht. Das Fleisch riecht nicht, ist grünlich weiß, locker, fein, überfließend voll Saft, fast etwas schmelzend, und von einem angenehmen, süßweinsäuerlichen Geschmack. Der Baum wächst ungemein lebhaft; er setzt frühzeitig Fruchtholz an; die Früchte stehen in Büscheln oft

3 = 4 Früchte auf einem Fruchtkuchen. Das Blatt ist sehr groß, eyförmig, 4 Z. lang, 3 breit. Die Frucht zeitigt Ende Nov. und hält sich den ganzen Winter hindurch. — Vom ersten Range.

134) Der edle Prinzessinapfel. La Princesse noble de Chartreux. Diel IV. S. 162.

Eine schöne ansehnliche, mittelmäßig große, wahrhaft vortreffliche Tafelfrucht. Ihre Form ist schön, eben und platt 3 Z. breit und 2 Z. hoch. Der kleine spitzblättrige Kelch ist halb offen, bleibt meistens lange grün, und steht in einer geräumigen tiefen Einsenkung mit ganz feinen Falten. Der Stiel sitzt in einer nicht tiefen, engen Höhle, die rostfarbig ist. Die Grundfarbe der feinen, geschmeidigen Schale ist hellgelb, wovon aber bey freyhängenden Früchten wenig zu sehen. Denn die ganze Sonnenseite ist mit einem dunklen Carmosinroth oft stark-verwaschen, mit noch dunklern Streifen gezeichnet. Bey beschatteten Früchten ist die Grundfarbe rein. Es finden sich oft schwarzbräunliche Rostflecken und manchmal kleine Warzen. Die Frucht hat einen angenehmen Geruch und welkt nicht. Das Fleisch ist reinettenartig, weißgelblich, fein, fest, saftig, angenehm süßlich riechend, und von einem gewürzhaften, zuckerartigen Geschmack. Der Baum wächst lebhaft, und macht feines Holz, und stark abstehende Aeste, welche aber nicht steif sind, und sich deßwegen gerne hängen. Er trägt bald und jährlich. Die Frucht zeitigt im December und hält sich bis in den Sommer, vielleicht noch länger. — Vom ersten Range.

135) Platter Rosenapfel. Diel IV. S. 177. *Knoop* Tab. I. Roos-Appel. Pomme Rose. —

Eine ziemlich ansehnliche, große, sehr bunte Herbst- und Winterfrucht für die Oeconomie. Er hat in seiner Form viel Aehnlichkeit mit dem Winterstreifling, aber noch bunter. Er ist platt, 3 Z. breit und 2½ Z. hoch. Der starke, geschlossene, lange grünbleibende Kelch sitzt in einer geräumigen ansehnlichen Einsenkung, in der man deutlich feine Falten und Rippchen bemerkt. Der Stiel sitzt in einer tiefen, trichterförmigen Höhle, welche mit einem feinen zimmetfarbenen Rost bekleidet ist. Die Grundfarbe der etwas feinfaltigen Schale ist anfänglich gelblichgrün, welches sich in ein helles Strohgelb verwandelt, welches aber nur bey beschatteten Früchten rein zu sehen ist. Bey besonnten Früchten ist die ganze Oberfläche rund herum mit breiten, langen, sehr lebhaften, dunkelcarmosinrothen Streifen so stark besetzt, daß sie auf der Sonnenseite in einander fließen, und dadurch eine verwaschene Röthe vorstellen. Auf der Schattenseite, oder bey weniger besonnten Früchten sind die Streifen deutlicher, und die Zwischenräume getuscht oder punktirt. Die Frucht riecht ziemlich stark und angenehm, und welkt nicht. Das Fleisch ist gelblichweiß, etwas röthlich schillernd, locker, saftvoll, etwas grob von Fleisch und von einem süßsäuerlichen Geschmack. Der Baum wird sehr groß, gesund und dauerhaft. Die flachabstehenden Aeste wölben sich zu einer flachen Krone. Er ist fast jährlich und sehr fruchtbar. Die Frucht zeitigt im Oct., und hält sich bis in den Winter. — Vom 2ten Range.

136) Der Scheuernapfel. Diel IV. S. 167.

Ein mittelmäßig großer Apfel, der sich durch innere Güte und Haltbarkeit für die Oeconomie sehr empfiehlt. Die Form ist meistens platt, 2¾ Z. hoch und 2¾ Z. breit. Der Kelch steht in einer seichten, oft ganz flachen Einsenkung, die mit vielen feinen Rippen besetzt ist, die oft rippenartig über die Frucht hinlaufen. Der kurze, starkfleischige Stiel steht in einer tiefen, rostfarbigen Höhle. Die Grundfarbe der nicht fettigen Schale ist anfänglich dunkelgrün, das immer heller und gegen das Frühjahr hellgelb wird. Die Sonnenseite ist ganz mit einem trüben, dunklen, erdartigem Roth verwaschen; in der man, besonders gegen die Schattenseite hin, Streifen bemerkt. Man findet selten eine Frucht, die nicht mit vielen, kleinen und großen, schwarzen oder braun mit schwarz eingefaßten Rostflecken besetzt wäre Die Frucht hat fast keinen Geruch und welkt auch nicht. Das Fleisch riecht angenehm, ist fein, fest, voll Saft und von einem angenehmen, feinen, aber im Kauen schnell verschwindenden zuckerartigen Rosengeschmack ohne alle Säure. Der Baum wird groß, sehr gesund, alt, kommt in jedem Boden fort und ist sehr fruchtbar. Er trägt seine Aeste schön abstehend in die Luft, und wölbt sich zu einer sehr schönen, stark belaubten Krone. Die Frucht zeitigt im Jenner, und hält sich den ganzen folgenden Sommer hindurch, ohne den Geschmack zu verlieren. Vom 2ten Range.

Klasse fünf.

Streiflinge.

Ordnung II. zugespitzte.

Besondere Kennzeichen der Ordnung.

1. Sind ebenfalls breiter als hoch.
2. Laufen von der Mitte des Apfels gegen den Kelch spitzig zu, so daß die obere Hälfte des Apfels kegel- oder pyramidenförmig aussieht, und der untern Hälfte ganz unähnlich ist.

137) Der Prinzessin-Apfel. Pomme de Princesse. Diel I. S. 216. *Knoop.* Tab. III. Princes-Appel. T. O. G. XII.

Ein schöner ansehnlich großer, wundersam tragbarer, schätzbarer Apfel für die Wirthschaft und selbst für die Tafel. Die Form ist sehr unbeständig; die mehrsten aber sind gegen den Kelch spitz zulaufend, breit 2¾ Zoll und die Höhe unbedeutend weniger. Der Kelch steht meistens in einer unebenen, bald flachen, bald ansehnlichen Einsenkung, die mit feinen Falten umgeben ist. Der kurze Stiel steht in einer etwas vertieften Höhle. Die Grundfarbe der Schale ist blaßgelb, das im Liegen schön Citrongelb wird, und sich wie fettig anfühlt. Die Sonnenseite ist sehr stark mit ziemlich breiten unregelmäßigen dunkeln Carmosinstreifen besetzt, und zwischendurch eben so punktirt. Die Schattenseite ist entweder rein gelb, oder schwach blaßroth gestreift. Die Frucht riecht wenig,

wenig, und das Fleisch ist gelblich, ziemlich saftig, und von einem angenehmen weinsäuerlichen Geschmack. Der Baum wächst munter, wird mittelmäßig groß, macht gerne hängendes Holz, und wird sehr zeltig und außerordentlich fruchtbar Die Frucht zeitigt Ende Nov., und hält sich bis in das Frühjahr. Vom 2ten Range.

138) Süßer Matapfel. Diel II. S. 114.

Diese, mit den beiden unter Nro. 128 und 129 beschriebenen Matäpfeln nahe verwandte Frucht ist eben so schätzbar als jene, und noch größer, und läuft stumpf abnehmend gegen den Kelch hin. 3½ Z. breit 2¾ Z. hoch. Der große lange Kelch steht in einer nicht tiefen Einsenkung, in der sich keine Rippen befinden. Der Stiel ist sehr kurz, und steht in einer geräumigen, rostfarbigen Höhle. Die Grundfarbe ist im Liegen schwefelgelb. Die gefärbte Sonnenseite hat etwas Düsteres, und die Streifen sind kurz und abgesetzt, und fallen auch nicht sehr ins Auge. Zwischen diesen ist die Grundfarbe getuscht, und dabey scheint es, als ob die Röthe mit einer ins Schwärzliche spielenden Farbe flammenartig überlaufen sey. Die Frucht riecht violenartig, doch lange nicht so stark, als jene beyden ersten. Das Fleisch ist unter der Schale gelblich, nach dem Kernhaus weißlich, locker, etwas grobkörnicht mit häufig starken Adern nach der Schale durchwebt, markigt, voll Saft, und von einem süßsäuerlichen, fein gewürzhaften Geschmack, der mit dem weißen Matapfel viel Aehnliches aber nicht das Gewürzhafte hat. Der Baum wird groß, wächst stark, gesund, belaubt sich sehr schön, mit stark abstehenden Aesten, die viel Tragholz ansetzen, und sehr fruchtbar werden. Die Frucht zeitigt im November und hält sich den Winter hindurch. — Vom 2ten Range.

139) **Kleiner Neuzerling. Diel II. S. 118. T. O. G. Nro. XXXII.**

Ein kleiner für die Oeconomie vortrefflicher Apfel, der getrocknet dem Borsdorfer gleich geschätzt wird. Die Form ist fast platt, läuft aber etwas zugespitzt aus, breit 2 Zoll, hoch bis 1⅓ Z. Der geschlossene Kelch steht in einer sehr geringen, oft fast flachen Einsenkung, die mit feinen Rippchen umgeben, und oft etwas rostfarbig ist. Der dünne Stiel steht in einer seichten rostfarbigen Höhle. Die Grundfarbe ist im Liegen trübes Gelb, und die Frucht ist rundum vom Stiel zum Kelch kurz abgesetzt mit einem trüben Blutroth gestreift, das auf der Sonnenseite häufig, auf der Schattenseite zerstreut und blaß ist; auf der Sonnenseite ist sie zwischen den Streifen punktirt. Wenig besonnte Früchte haben gar keine Streifen. Im Rothen finden sich weißgraue Punkte und auch Rostflecke. Das Fleisch ist weiß, fein, fest, sehr saftig, und von einem kraftvollen, angenehmen, fein gewürzhaften, zuckerartigen Geschmack. Der Baum wächst schön, wird aber nicht sehr groß, geht schön in die Luft; er setzt viel Quirlholz an, trägt aber nur ein Jahr ums andere reichlich. Die Frucht zeitigt im Nov. schmeckt im Jenner am besten, und hält sich bis den Sommer. Einer der ersten vom 2ten Range.

140) Der große Neuzerling, der Wasserneuzerling. Diel II. S. 122.

Kommt mit den vorhergehenden fast in allem überein, nur ist er größer. Auch findet sich an ihm eine besondere Art von Warzen, die wie kleine, aus der Schale hervorbrechende Hörner aussehen, und von der erhabenen feinen Schale bis auf die Hälfte ihrer Höhe bekleidet werden. Dergleichen sitzen oft 4 = 5 auf einer Frucht. — Zeitigung und Dauer ist die nämliche.

141) Der Striemapfel. Diel II. S. 123.

Ein schöner großer Streifling, der wegen seiner Haltbarkeit und Güte in der Wirthschaft alle Achtung verdient. Seine Form ist platt, von der Mitte gegen den Kelch spitz auslaufend, $3\frac{1}{2}$ Z. breit, 2 Z. hoch. Der Kelch steht in einer nicht tiefen Einsenkung, in der man nur selten feine Falten bemerkt. Der starke Stiel steht in einer tiefen trichterförmigen Höhle, die mit gleich vertheilten Streifen ausgefüttert ist. Die Grundfarbe ist im Liegen hellgelb. Die Sonnenseite ist aus der Stielhöhle bis zum Kelch mit vielen blutartig rothen, etwas trüben, breiten, abgesetzten, oft auch langen Streifen stark besetzt, die auf der Schattenseite blässer sind. Zwischen diesen Streifen ist die Frucht blasser punktirt, und manchmal auch etwas verwaschen. Die Punkte sind sehr fein, im Rothen oft wie schöne Sternchen, die ein graues Pünktchen in der Mitte haben. Die Frucht riecht nicht, — das Fleisch ist weiß, etwas ins Grünliche spielend, locker, fast etwas lederartig, ziemlich saftig, und von einem fein süßen

ßen Geschmack, ohne ein besonderes Gewürz, und wobey nur ein wenig Weinsäure ist. Der Baum wächst ungemein lebhaft, wird groß und gesund. Seine Zweige treibt er schön abstehend in die Luft, die aber nur aus feinem Holze bestehen. Der Baum ist sehr fruchtbar — Die Frucht zeitigt eigentlich erst im März, und hält sich den ganzen Sommer hindurch. — Vom 2ten Range.

142) Der Hasenkopf. Diel II. S. 131.

Dieser schöne große, länglichte, nach dem Kelch stark zugespitzte Apfel, ist wegen seiner Fruchtbarkeit in der Oeconomie schätzbar. Von der Mitte der Frucht läuft die Form gegen den Kelch stark stumpfspitz aus, und die Wölbung am Stiel ist sehr breit. — $3\frac{1}{4}$ Z. breit und eben so hoch. Der Kelch steht in einer etwas beschränkten, und ziemlich tiefen Einsenkung, die mit vielen feinen, oft warzenähnlichen Rippen umgeben ist, auch auf der Frucht sieht man deutlich breite, oft scharfe Rippen. Die Schale ist ein schönes helles Citronengelb, das im Liegen fein fettig wird. Dabey ist die Sonnenseite vom Kelch bis zum Stiel und besonders um die Stielwölbung nicht häufig, mit breiten, kurz abgesetzten, meistens blassen Carmosinstreifen besetzt, zwischen denen sich noch manchmal etwas Getuschtes findet. Nicht besonnte Früchte sind blos gelb, und haben um den Stiel oft nur einen Anflug von Streifen. Auch sind Rostflecke nicht selten. Die Frucht riecht fein und angenehm. Das Fleisch ist schön weiß, körnicht, fast grob, sehr saftig, locker, und von einem angenehmen, weinsauren Geschmack, der mit der vollen Zeitigung sanft wird.

wird. Der Baum wird sehr groß, alt und sehr fruchtbar. Er geht mit seinen starken Aesten gern in die Luft, und wölbt sich zu einer hohen, flachen, etwas zerstreuten Krone. Die Frucht zeitigt im Nov. passirt aber im Winter. — Vom dritten Range.

143) Der grüne Brabanter. Diel II. S. 135.

Ein ziemlich großer, ansehnlicher, vorzüglich guter Apfel für die Wirthschaft. Seine Gestalt würde sich ganz der Kugelform nähern, wenn er nicht von der Mitte aus viel abnehmender gegen den Kelch, als gegen den Stiel ausliefe, und dadurch eine stumpfzugespitzte Form bekäme. Die gewöhnliche Breite ist stark 3 Z., und die Höhe 2½ Z. Der sehr langblättrige Kelch, welcher lange grün bleibt, steht in einer etwas engen, ziemlich tiefen Einsenkung, die mit feiner Wolle wie bestäubt ist, und an deren Rande sich feine, oft unmerkliche Rippen erheben, die sanft aber merkbar über die Frucht hinlaufen. Der Stiel steht kaum der Frucht gleich, und sitzt in einer engen, glatten, tiefen Höhle. Die Schale ist mit Duft belaufen, die Grundfarbe grasgrün, welches im Liegen nur etwas heller wird. Die Sonnenseite ist aber vom Kelch bis zur Stielhöhle ziemlich stark mit einem trüben Blutroth kurz abgesetzt gestreift, und zwischen diesen Streifen noch leicht punktirt. Auch auf der Schattenseite finden sich zuweilen einige blasse Streifen. Die Frucht riecht nicht. Das Fleisch ist weiß, fein, ins Grünliche spielend, weich, markicht, körnicht, saftig, und von einem süßlich angenehmen Geschmack, ohne Säure

und

und Gewürz. Der Baum wächst sehr lebhaft und stark mit vielen weitabstehenden Aesten. Die Frucht zeitigt im Oct, ist nach Weihnachten passirt. Vom 2ten Range.

144) Der Zuckerapfel. Pomme sucrée. Diel II. S. 139.

Ein ansehnlich großer, und von Liebhabern von Süßäpfeln sehr geschätzter Apfel. Seine Form ist platt, aber von der Mitte spitzauslaufend. 3½ Z breit kaum 2¾ Z. hoch. Der Kelch steht in einer ebenen, geräumigen Einsenkung ohne Rippen. Der kurze Stiel steht in einer geräumigen, oft stark rostfarbigen Höhle. Die geschmeidige Schale ist im Liegen schmutzig gelb. Die Sonnenseite ist mit einem trüben Roth undeutlich gestreift, mehr getuscht. Beschattete Früchte haben wenig Roth. Die Frucht riecht wenig, das Fleisch aber angenehm. Dieses ist weiß, ins Grünliche spielend, sehr weich, markicht, saftig, und von einem angenehmen gewürzhaften Zuckergeschmack. Der Baum wächst ungemein lebhaft, und belaubt sich schön. Die Zweige sind stark und stehen schön ab, so daß der Baum gerne in die Luft gehet. Das Blatt ist ansehnlich groß, oval, 3¾ Z. lang, 2¼ Z breit. Die Frucht zeitigt Anfangs Novembers, behält ihren Geschmack bis Weihnachten, wird aber dann fade und welkt. Vom 2ten Range.

145) Der Prälatenapfel. Diel II. S. 143.

Ein sehr großer, vorzüglich schätzbarer Apfel für die Wirthschaft, und für Unverwöhnte zum

rohen

rohen Genuß erquickend und angenehm. Er ist bald platt, bald hochaussehend kugelförmig, bald flachrund zugespitzt, 3¾ Z. breit und 3 Z. hoch. Der starke langblättrige Kelch steht in einer geräumigen, tiefen, schüsselförmigen Einsenkung, die mit feinen Falten umgeben ist, wovon mehrere breit aber sichtbar über die Frucht hinlaufen. Der sehr kurze Stiel steckt tief in einer geräumigen, trichterförmigen Vertiefung, die oft mit starkem rauhen Rost ausgefüttert ist. Die Grundfarbe der feinen geschmeidigen Schale ist im Liegen Citronengelb. Die Sonnenseite hingegen ist vom Kelch bis in die Stielhöhle mit einem etwas hellen Carmosinroth wie gesprützt gestreift, so daß wenige Streifen rein sind. Die Frucht riecht angenehm stärkend. Das Fleisch ist schön weiß, etwas lokker, weich, markicht, sehr saftig, und von einem recht angenehmen, erquickenden, einschneidenden, weinsäuerlichen Geschmack. Der Baum wächst sehr lebhaft, und ungemein stark mit schönem großen Laube. Die Zweige stehen sehr horizontal, und hangen oft und machen deßwegen eine sehr flache Krone, die sehr fruchtbar ist. Die Frucht zeitigt Ende Oct., und hält sich bis in den Winter. — Eine der ersten vom 2ten Range.

146) **Saurer Orangenapfel.** Oranje-Saur. Diel. II. S. 156.

Ein mittelmäßig großer, schöner Apfel für die Küche. Seine Form ist oft etwas kugelförmig, mehrentheils stumpf abgespitzt auslaufend. 3 Z. breit und 2½ Z. hoch. Der kleine Kelch steht in einer etwas engen, nicht tiefen Einsenkung, die mehrentheils mit feinen calvillartigen

Rippen

Rippen umgeben ist, welche sanfterhaben über die Frucht hinlaufen. Der kurze dicke Stiel steht der Frucht meist gleich. Die Grundfarbe der feinen im Liegen etwas fettig werdenden Schale ist Blasgrün, welches im Liegen Goldgelb wird. Die Sonnenseite ist mit einem etwas blassen Carmosinroth undeutlich und nicht stark gestreift, und zwischen diesen Streifen so sanft getuscht, daß die Grundfarbe dadurch noch goldfarbiger wird. Die Frucht riecht stark und angenehm. Das Fleisch ist gelb, fein, ziemlich fest, voll Saft, und von einem gewürzhaften säuerlichen Geschmack. Der Baum wächst stark und belaubt sich sehr. Er ist sehr fruchtbar. Seine Aeste neigen sich zum Hängen, und er geht schwer in die Luft. Die Frucht zeitigt im December, und hält sich bis ins Frühjahr. — Vom 2ten Range.

Fünfte Klasse.

Streiflinge.

Ordnung III. länglichte oder walzenförmige.

Besondere Kennzeichen der Ordnung.

1. Sind an Höhe und Breite wenig verschieden.
2. Laufen von der Stielwölbung allmählig abnehmend gegen den Kelch hin; oder
3. Laufen von der Mitte der Frucht abnehmend sowohl gegen den Stiel als gegen den Kelch hin.

147)

147) Wahrer birnförmiger Apfel. Diel IV. S. 187.

Ein kleiner, aber seiner Form wegen merkwürdiger, und wahrscheinlich noch wenig bekannter Apfel, der sich auch auf jeder Tafel zeigen kann. Er ist das umgekehrte Muster der gewöhnlichen Spitzäpfel, am Kelch platt und abgestumpft, läuft er von der Mitte aus gegen den Stiel in eine wahre stumpfe Spitze aus. 1¾ Z. breit und 2¼ Z. hoch. Der unbedeutende kleine Kelch steht in einer geräumigen tiefen Einsenkung, in der man immer ganz feine Falten bemerkt, und häufig läuft auch etwas kantiges über die Frucht hin. Der Stiel ist ½ — 1 Zoll lang, und steht unten auf der Spitze in einem Grübchen, und ist zuweilen mit vielen Fleischwärzchen umgeben. Die feine Schale ist anfänglich strohgelb, und wird im Liegen citronengelb. Ein kleiner Theil auf der Sonnenseite ist mit schönen Carmosinstreifen besetzt, die oft nur sparsam und schwach sind. Die Frucht riecht wenig und welkt nicht Das Fleisch ist sehr weiß, fein, saftig, markigt, doch fest und von einem angenehmen, rein süßen Zuckergeschmack, der etwas rosenartiges hat. Der Baum wächst lebhaft; das Blatt ist mittelmäßig groß eyförmig, manchmal auch etwas elliptisch, 3 Z. lang und 1¾ bis 2 Z. breit. Die Frucht zeitigt im Decbr. und hält sich den Winter hindurch. — Wegen seiner Seltenheit setze ich ihn in den ersten Rang.

148) Großer Rheinischer Bohnenapfel.
Diel I. S. 220. T. O. G. Nro. 30b

Ein in jeder Rücksicht auf innern Werth und Haltbarkeit vorzüglicher Apfel, der in der Wirthschaft von keinem übertroffen wird, und im Frühjahr selbst mit Ehren die Tafel versorgen kann. Die Form ist länglich conisch, 3 Z. breit und hoch. Der offene Kelch steht in einer nicht tiefen, oft ziemlich seichten, geräumigen Einsenkung, hat selten starke Falten um sich, und die Rippen über den Apfel sind nur flache Erhabenheiten. Der Stiel ist kurz, fleischig, oft nur ein Fleischbutz und steht in einer seichten rostfarbigen Höhle. Die glatte zarte Schale ist grüngelblich und wird im Liegen hellgelb, oft nur weißgelb. Rund um die Frucht aber stehen ziemlich breite, kurz abgesetzte blaßrothe Streifen, die mit dunklern untermischt sind, zwischen denen oft noch der Grund so stark getuscht ist, daß die Sonnenseite fast ganz roth wird. Punkte viel, fein, nicht fühlbar, im Rothen gelb, im Gelben grünlich. Frucht und Fleisch riechen nicht. Dieses ist fest, abknackend, fein, sehr weiß, saftig, und von einem fein gewürzhaften süßen Geschmack ohne Säure. Der Wuchs des Baums ist fast pyramidenförmig, indem die Aeste und spitzen Winkeln in die Höhe gehen. Sein Wachsthum ist freudig, stark und sehr gesund. Er ist sehr fruchtbar und liefert Früchte, wenn alle andere fehlen. Die Frucht zeitigt im Januar, und hält sich, gut aufbewahrt, bis in den Julius. — Unstreitig vom ersten Range.

149) Der kleine Rheinische Bohnenapfel. Diel I. S. 206.

Eine mit der vorigen gleich schätzbare Frucht, die durch die noch weit größere Tragbarkeit, und noch längere Haltbarkeit vorzüglicher, wenn gleich äußerlich nicht so schön. Er ist immer länglich, oft walzenförmig, 2½ an Höhe und Breite, da er aber so außerordentlich voll trägt, so bleiben die Früchte meistens kleiner. Die Farbe der Schale ist nicht so schön gelb und die abgesetzten Streifen der Sonnenseite sind schmutzig roth. Das Fleisch ist weiß, ins Grünliche spielend, fest, voll Saft, der angenehm, etwas ins Süßliche fallend und ohne Säure ist. Der Baum hat mit dem vorhergehenden die größte Aehnlichkeit, wächst aber noch pyramidenförmiger, und ist viel fruchtbarer, und die Frucht, welche erst im Febr. zeitigt, hält sich bis in den August frisch und saftvoll. Eine der ersten vom zweyten Range.

150) Der Brandapfel. Diel IV. S. 193. *Knoop* Tab. V. De Brand-Appel.

Ein sehr häufige Ernten liefernder, haltbarer Winterapfel. Seine Form ist länglich zugespitzt conisch, 3 Z. breit und eben so hoch. Der Kelch steht in einer kleinen, etwas seichten Einsenkung, und ist mit vielen feinen Falten umgeben. Der dünne Stiel sitzt in einer engen, etwas tiefen Höhle, die fein rostfarbig ist. Die Grundfarbe ist helles Blaßgrün, welches hellgelb wird; dabey ist die ganze Schale überall mit schönen rothen breiten und abgesetzten Streifen besetzt, zwischen denen die Schale noch stark getuscht oder punktirt

tirt ist, so daß man oft von der Grundfarbe wenig siehet. Der Apfel hat viele schwarzbraune Rostflecken, wovon er den Namen haben soll. Die Frucht hat keinen Geruch und welkt im Frühjahr etwas. Das Fleisch ist weiß, recht fein, voll Saft, fest, und von einem feinen weinsäuerlichen Geschmack. Der Baum trägt seine Aeste weit abstehend, und etwas verworren. Er treibt früh Tragholz und wird sehr fruchtbar. Die Frucht zeitigt im Januar, oft später, und hält sich bis tief in den Sommer. — Vom dritten Range.

Fünfte Klasse.

Streiflinge.

Ordnung IV. Kugelförmige.

Besondere Kennzeichen der Ordnung.

1. Die Wölbung der Frucht nach dem Stiel und Kelch hin sind sich ähnlich.
2. Die Breite ist von der Höhe keinen oder nur $\frac{1}{4}$ Z. verschieden.
3. In die Hand gelegt, daß Kelch und Stiel seitwärts stehen, haben sie eine, einer Kugel ähnliche Form.

151) Der Postapfel. Diel IV. 197.

Ein sehr schöner, großer, für die Wirthschaft schätzbarer Herbstapfel. Sein Ansehn ist ein Muster der schönsten Kugelform, $3\frac{1}{2}$ Z. breit und

und fast eben so hoch. Der kleine geschlossene Kelch steht in einer schönen geräumigen, sehr tiefen Einsenkung, in der man feine Falten bemerkt. Der sehr kurze Stiel steht in einer tiefen trichterförmigen Höhle, die fein rostfarbig ist. Die Grundfarbe der feinen glatten Schale ist gelblich hellgrün, das mit der Zeitigung gelb wird. Die Sonnenseite und Stielwölbung ist mit einem hellen Blutroth verwaschen, welches streifenartig ist. Punkte häufig, sehr fein, im Rothen weißgrau, im Gelben grünlich. Die Frucht hat einen feinen angenehmen Geruch, und welkt nicht. Das Fleisch ist weiß, ins Gelbliche spielend, mit einer großen grünen Ader ums Kernhaus, locker, etwas grobkörnicht, nicht sehr saftvoll und von einem feinen rein weinsäuerlichen Geschmack. Der Baum wird sehr groß, gesund, stark, und sehr fruchtbar. Er trägt seine Aeste sehr abstehend und bildet eine breitgewölbte Krone. Die Frucht zeitigt im Oct., und hält sich bis Ende des Jahrs. Vom zweyten Range.

Sechste Klasse.

Spitzäpfel.

Allgemeine Kennzeichen der Klasse.

1. Haben ein regelmäßiges Kernhaus.
2. Sind nie mit Duft belaufen.
3. Sind nie gestreift, und entweder einfärbig oder auf der Sonnenseite roth verwaschen.

4.

4. Laufen gegen den Kelch etwas spitz verjüngt zu.
5. Sind süß oder weinsäuerlich, bis zum Reinsauren.
6. Welken nicht leicht.

Ordnung I.

Längliche, walzenförmige oder conische Spitzäpfel.

(Siehe die Kennzeichen bey Ordn. III der Streiflinge.)

152) Der Junkerapfel. Diel II. S. 161.

Ein wahrhaft schöner, mittelmäßig großer, sehr zärtlicher Herbstapfel, vortrefflich für die Küche, und für Liebhaber von Süßäpfeln sehr delikat. Die Form ist stumpfkugelförmig, oft walzenförmig, 3 Z. breit und eben so hoch. Der lange spitzblättrige Kelch steht in einer etwas engen, tiefen Einsenkung, in der man zuweilen feine Falten bemerkt. Der Stiel ist oft nur ein Fleischbutz. Die Farbe der so zarten Schale, daß sie keinen Druck ertragen kann, ist sehr schönes Strohgelb, das im Liegen gelblicher wird, wo die Schale so fettig wird, daß, wenn die Frucht ruhig liegt, man den Schweiß auf ihr sehen kann. Auf der Sonnenseite sieht man einen schönen, oft aber kaum bemerkbaren Anflug von Roth. Die nicht welkende Frucht riecht sehr angenehm violenartig, das Fleisch aber nur süßlich. Dieses ist blendend weiß, sehr locker, weich, fein körnicht, nicht sehr saftreich, aber markicht, und von einem sehr angenehmen, süßen Geschmack, der nur anfänglich

noch

noch einige Säure verräth. Der Baum wächst sehr lebhaft, und trägt seine starken Zweige schön abstehend in die Luft. Sie setzen frühzeitig Fruchtholz an und liefern fast jährlich Früchte. Die Frucht zeitigt oft schon Anfangs Oct., und hält sich gut bis in den Winter. — Vom zweyten Range.

153) Der Weißapfel, der Weißbart. Diel II. S. 164.

Ein mittelmäßig großer schöner Apfel für die Wirthschaft. Seine Form ist meistens kegelförmig, 3 Z. hoch und eben so breit. Der geschlossene Kelch steht in einer engen, oft ziemlich tiefen Einsenkung, und ist mit ziemlich feinen Falten besetzt. Der Stiel ist bald sehr fleischig, bald holzig, und steht in einer flachen, durch Fleischfortsätze unregelmäßigen Höhle, die mehrentheils rostfarbig ist. Die Farbe am Baum fast weiß, wovon der Apfel den Namen hat, wird aber im Liegen hell citronengelb und feinfettig. Die Sonnenseite ist mit einem sehr leichten blassen Roth nur auf einer kleinen Stelle verwaschen. An manchen Früchten findet sich kaum ein Anflug von dieser Röthe, und die meisten sind ganz weißgelb. Die Frucht riecht nur sehr wenig; das Fleisch ist sehr weiß, ziemlich fest, etwas grobkörnicht, voll Saft, und von einem angenehmen weinsäuerlichen Geschmack. Der Baum wird sehr groß und stark. Er streckt seine dicken Aeste schön in die Luft, und wölbt sich zu einer schönen, dickbelaubten Krone, die sehr fruchtbar ist. Die Frucht zeitigt im November, und hält sich sehr lange. — Eine der ersten vom dritten Range.

154) Der Blutapfel. Diel II. S. 176.

Eine ziemlich große, lachend schöne Frucht, vortrefflich fur die Küche und selbst zum rohen Genuß. Die Form ist hochaussehend länglich, fast walzenförmig, $3\frac{1}{2}$ Z. breit und $3\frac{3}{4}$ Z. hoch. Der Kelch steht in einer seichten, fein weißwolligten Einsenkung, die feine Falten hat. Der kurze Stiel steht in einer sehr schönen, tiefen glatten Höhle. Die feine Schale ist rundherum mit einer lebhaften, und abgerieben, glänzenden hellen Blutfarbe verwaschen, die nur auf der Schattenseite blaßröther wird, und etwas geflammt streifenartiges hat. Kleine Rostflecken sind sehr häufig. Die Frucht riecht nicht, das Fleisch ist nach dem Kernhaus weiß, auswärts umher aber rosenroth. Der Saft ist ziemlich häufig, das Fleisch aber grobkörnicht, und von einem sehr angenehmen weinsäuerlichen Geschmack, der etwas fein erdbeerenartiges hat. Der Baum wird nur mittelmäßig groß, und wölbt sich flach, setzt aber viel Fruchtholz an und wird sehr tragbar. Die Frucht zeitigt in der Mitte des Novembers und hält sich den ganzen Winter hindurch. — Vom zweyten Range.

155) Der säuerliche Röberling. Diel III. S. 232.

Ein mittelmäßig großer, sehr guter Wirthschaftsapfel, der auch im Nothfall, zumal wegen seines schönen Ansehns, zur Tafel gebracht werden kann.

kannt. Seine Form ist länglich hoch aussehend, fast walzenförmig, 2¾ Z. breit und gewöhnlich etwas höher. Der Kelch steht in einer sehr geräumigen schönen Einsenkung die manchmal an ihrem Rande einige Beulen hat. Der fleischige Stiel steht in einer tiefen rostfarbigen Höhle. Die Grundfarbe der feinen fettigen Schale ist gelb, und die Sonnenseite ist mit einem glänzenden Hellroth verwaschen, oft zieht sich ein dünnes Roth um die ganze Frucht. Wärzen und Rostflecke sind häufig. Die Frucht riecht fein und angenehm, das Fleisch ist weiß, locker, weichkörnicht, sehr saftvoll, und von einem stark weinsäuerlichen Geschmack. Der Baum wird groß, sehr fruchtbar, und kommt in rauhen Gegenden sehr gut fort. Die Frucht welkt nicht, zeitigt im Oct. und hält sich bis Weihnachten. Vom 2ten Range.

157) Der große Winterfleiner. Diel IV. S. 202. Gmelin Nro. 154. Walter Nro. 54. Großer Fleiner. Christ Nro. 167. Winterfleiner.

Ein großer, prachtvoller, vortrefflicher Winterapfel, für die Oeconomie unverbesserlich und selbst zum rohen Genuß angenehm. Seine Form ist hoch und kugelförmig, 3¼ Z breit und eben so hoch. Der starke Kelch ist weißwollicht, und steht in einer ungemein schönen, sehr tiefen, geräumigen Einsenkung, in der man viele feine Falten siehet, die sich zu keinen Rippen erheben. Der dünne Stiel steht der Frucht gleich, und sitzt in einer schönen tiefen, trichterförmigen Höhle, die glatt und schön grün ist. Die Farbe ist anfänglich ein grünliches Hellgelb, das mit der Zeitigung ein wachsähnliches halbes Citronengelb wird, und stark besonnte Früchte sind mit einem starken Anflug von einer angenehmen Röthe verwaschen. Die Frucht riecht sehr stark und angenehm. Das Fleisch ist weiß, etwas grobkörnicht, welch, markicht, saftvoll und von einem angenehmen, gewürzhaften, zuckerartigen Geschmack, der nur durch ein wenig Weinsäure gehoben wird. Der Baum wird sehr groß, stark und sehr fruchtbar. Seine Aeste stehen nicht weit ab, und der Baum belaubt sich dadurch sehr schön. Die Frucht zeitigt im Nov. und hält sich bis tief in den Winter. Eine der ersten vom 2ten Range.

Sechste Klasse.

Spitzäpfel.

Ordnung II.

Zugespitzte Spitzäpfel.

(Siehe die Kennzeichen bey Ordn. II der Streiflinge.)

158) **Der gelbe Wettich. Märzling.** Diel I. S. 229.

Ein mittelmäßig großer, altdeutscher Wirthschaftsapfel, von Form am Stiel breit und von der Mitte aus gegen den Kelch zugespitzt auslaufend, $2\frac{3}{4}$ Z. breit und $2\frac{1}{2}$ Z. hoch. Der Kelch steht meistens fast flach, selten eingesenkt, und ist mit feinen Falten umgeben, die als wahre Rippen

pen über die Frucht hinlaufen. Der Stiel steht in einer glatten, ziemlich tiefen Höhle. Die Schale ist schön hellgelb, das im Liegen citronengelb wird. Die Frucht hat selten einen Anflug von Röthe, oft blaßrothe Flecken, in deren Mitte ein gelblicher oder graulicher Punkt sichtbar ist. Das Fleisch riecht stark säuerlich, ist fein, weißgelblich, voll Saft, weich und von einem feinen, etwas gewürzhaften, weinsäuerlichen Geschmack. Der Baum macht einen prahlenden Wuchs, wird sehr alt, ist äußerst fruchtbar, und kommt in rauhen Gegenden vortrefflich fort. Die Frucht zeitigt im Decbr. und hält sich bis zum Frühjahr. Vom dritten Range.

Siebente Klasse.

Platte Aepfel.

Allgemeine Kennzeichen der Klasse.

1. Sind stets breiter als hoch.
2. Sind nie gestreift.
3. Sind entweder einfarbig, oder auf der Sonnenseite mehr oder weniger roth verwaschen, oder etwas getuscht.
4. Haben ein regelmäßiges Kernhaus.
5. Sind nie fettig anzufühlen.
6. Welken nicht leicht.
7. Von Geschmack rein süß, bis zum rein Sauren.

Ord-

Ordnung I.

Rein platte Aepfel.

Besondere Kennzeichen.

1. Die Differenz der Höhe und Breite fällt sichtbar in die Augen.
2. Die Breite ist stets einen halben Zoll mehr als die Höhe.

159) Grüner Fürstenapfel. Pomme de Prince. Diel I. S. 230.

Eine große, wahrhaft schöne Frucht, die besonders für die Küche viel Werth hat. Die wahre Form ist platt, meistens schön gerundet, nach dem Kelch etwas spitzer, $3\frac{1}{2}$ Z. breit, 3 Z. hoch. Der geschlossene Kelch steht in einer geräumigen nicht tiefen Einsenkung, die mit feinen, meistens 5 Falten umgeben ist. Der sehr kurze Stiel steht in einer ziemlich geräumigen, etwas tiefen, rostfarbigen Höhle. Die geschmeidige Schale ist hellgrün, welches nach und nach gelbgrüner wird. Sehr besonnte Früchte haben manchmal einen Anflug von brauner Röthe, oder nur rothe Flecken. Die Frucht riecht schwach und angenehm. Sie hat eine ganz eigene Schwere. Das Fleisch ist fest fein, außerordentlich voll Saft, und von einem schwach säuerlichen Geschmack, ohne Gewürz. Der Baum wächst sehr stark, macht gern Hangäste, viel Sperrholz, und in Menge Fruchtspieße, wodurch er früh, jährlich und sehr tragbar wird. Die Frucht ist zwar im Januar schon brauchbar, zeitigt aber erst im April,

und

und hält sich, gut aufbewahrt, weit über ein Jahr. Vom 2ten Range.

160) Der Pomeranzenapfel. Diel I. S. 239.

Seine Form ist sehr platt, meistens regelmäßig, und nur die grossen Früchte sind gern auf einer Seite niedriger, als auf der andern. $3\frac{1}{4}$ Z. breit und $2\frac{1}{2}$ Z. hoch. Der flache Kelch steht in einer seichten Einsenkung, auf deren Höhe sich feine Rippen bilden. Der sehr kurze Stiel geht nie über den Apfel heraus, und steht in einer engen, etwas rostfarbigen Höhle. Die zarte Schale ist sehr schön gelb, das im Liegen wahres Goldgelb wird, wobey sich die Schale nie fettig anfühlen läßt. Auf der Sonnenseite ist oft die halbe Seite der Frucht schön carmosinroth, welches sich allmählich in die Schattenseite verliert, und gar nichts streifenartiges an sich hat. Bey wenig besonnten Früchten ist die Röthe blässer, oft nur punktirt, oder wie geflammt röthlich angelaufen. Die Frucht welkt nicht, und riecht etwas fein violenartig. Das Fleisch riecht völlig wie das des Borstorfers, ist weiß, ins Gelbliche spielend, fein, fest, voll Saft, und von einem angenehmen, reinettenartigen Geschmack. Der Baum wird ungemein groß, hoch, sehr alt, bleibt gesund, und kommt in jeder Lage fort, die nur nicht naß ist. Er macht viel feines Holz, und ist sehr fruchtbar. Die Frucht zeitigt im December, hält sich aber bis in den Sommer. — Vom ersten Range.

161) Der rothe Stettiner. Diel I. S. 243. *Zink* Tab. VII. Nro. 55. T. O. G. 1796. Nro. XX. *Mayer* Tab. XVI. Nro. 25. Rother Herrenapfel. Henne Nro. XVI.. Rother Rostocker, oder Eiserapfel, auch Stettiner und Annaberger. Hirschfeld Nro. 48. Rother Stettiner. Christ 183.

Seine Form ist schön rund und platt, nur daß die Rundung durch merkbare Rippen oft entstellt wird, und bey großen Früchten die eine Hälfte etwas niedriger als die andere ist; er ist $3\frac{1}{2}$ Z. breit und $2\frac{3}{4}$ Z. hoch. Der Kelch, mit einer tiefgehenden Kelchröhre, steht in einer geräumigen, nicht tiefen Einsenkung, die mit mehrern schönen Rippen umgeben ist, die sich merklich breitgeschweift über die Frucht hinziehen. Der kurze Stiel steht in einer schönen, tiefen, blaßgrünen, im Grunde rostfarbigen Höhle. Die Grundfarbe ist blaßgrün, die im Liegen fast gelblich wird. Dabey ist die Frucht auf der Sonnenseite mit einer hellen Blutfarbe verwaschen, die sich, allmählig blässer werdend, über die ganze Schattenseite hinzieht. Auf dem Roth sieht man viele feine, weißgraue Punkte; auch Rostflecken finden sich. Die Frucht riecht fein und angenehm; das Fleisch ist weiß, ins Grünliche spielend, saftig, fein, fast markig fest, und von einem eigenen körnichten, süßlichen, versteckt weinsäuerlichen Geschmack, der etwas weniges muskatellert. Der Baum prahlt mit seiner Größe, und die untersten Aeste reichen oft bis zur Erde. Sein Tragholz ist sehr quirlicht, und häufig, und er trägt daher gewöhnlich ein Jahr ums andere sehr reichlich.

Die Frucht zeitigt im December, hält sich aber bis in den Sommer, wo sie den Geschmack verliert. — Vom 2ten Range.

162) Der Api. Pomme d'Api. Diel I. S. 247. Elsholz S. 178. *Knoop. Zink* Tab. 13. Nro. 103. *Du Hamel* Tab. XI. T. O. G. Nro. XII. Henne Nro. 5. Christ Nro. 145.

Vielleicht hat kein Apfel seinen Namen von Anfange so unverfälscht beybehalten als dieser. Seine Form ist sehr platt, und fein gerippt, 2¼ Zoll breit und 1¾ Z. hoch. Der kleine geschlossene Kelch steht in einer engen, ziemlich tiefen Einsenkung, die mit feinen Rippen umgeben ist, die sich sanft über den Apfel verbreiten. Der Stiel ragt nicht über seine Höhle hervor, und diese ist geräumig und tief. Die Grundfarbe der sehr feinen Schale ist schön hellgrün, das im Liegen blaßgelb wird. Auf der Sonnenseite hingegen ist die halbe Seite mit einem glänzenden, blutartigen Roth, wie lackirt, verwaschen. Im Schatten sind die Früchte ganz hellgrüngelblich. Das Fleisch ist weiß, sehr fein, voll Saft, und der Geschmack ist süßlich rosenartig. Der Baum erreicht nur die Größe eines Goldpeppings, und kann so ungeheuer voll tragen, daß man fast kein Laub am Baume siehet, besonders da die Früchte meistens büschelweise am Baume hangen. Die Frucht zeitigt im December, und hält sich bis wieder in den Herbst, wird aber im Sommer fade von Geschmack. — Vom 2ten Range.

163)

163) Der Wachsapfel. Diel II. S. 180.

Ein ungemein schöner Apfel, den man für eine Wachsfrucht ansehen könnte. Seine Form ist platt, 2½ Z. breit und 2 Z hoch. Der festgeschlossene Kelch steht in einer sehr geräumigen Einsenkung, die mit feinen Falten umgeben ist, und wovon oft 5 wie kleine runde Fleischwärzchen aussehen. Der Stiel steht in einer weiten tiefen Höhle, die grün und fein rostfarbig ist. Die Farbe der außerordentlich feinen Schale ist anfanglich ein schön glänzendes, gelbliches Seladon, das bey der Zeitigung ein wahres wachsartiges Weißgelb wird. Auf der Sonnenseite frey hangender Früchte ist ein leichter dünner Anflug von blassem Roth. Beschattete Früchte haben gar nichts rothes. Warzen, wie bey dem Borstorfer, sind nicht selten. Die Frucht riecht fein rosenartig und ist nicht fettig. Auch das Fleisch riecht rosenartig, ist weiß, fein, nicht sehr saftig, weich, sehr angenehm weinsäuerlich, und verräth einen flüchtigen, dem Calmus ähnlichen Geschmack. Der Baum scheint nicht stark zu wachsen, und fordert einen guten Boden. Die Reifzeit im December muß wohl in Acht genommen werden, weil die Frucht nachher bald mehlicht wird. Sie gehört noch in den ersten Rang.

164) Der weiße Winter-Taffentapfel. Taffetas blanc d'Hyver. Diel II. 185.

Er ist dem vorigen sehr ähnlich, nur in der Form noch platter, 2¾ Z. breit und 2 Z. hoch. Der Kelch steht in einer sehr flachen Einsenkung, und um den Kelch dicht her sitzen 5 schöne, re-

gel-

gelmäßige, kleine Fleischperlen, die ein Röschen bilden, und zwischen diesen kommen wieder 5 feine Rippchen heraus, die bis an den Rand der Einsenkung laufen, und einen Stern bilden. An der Frucht findet sich nichts Rippenartiges. Der kurze fleischige Stiel steht in einer seichten Höhle, die immer rostfarbig, und durch Fleischhöcker verschoben ist. Die Farbe der sehr feinen, glasartig glänzenden Schale ist helles Strohweiß, das nur auf der Sonnenseite ins Gelbliche schillert, oder gar nichts Rothes hat. Feine bräunliche Punkte sind selten, häufig aber gelbliche Fleckchen in der Haut. Das Fleisch ist schneeweiß, fein fest, saftig, und von einem säuerlichen, etwas alantartigen Geschmack. Der Baum wächst in der Jugend lebhaft, wird aber nicht groß. Seine Aeste gehen etwas flatterhaft in die Luft und hangen sich gern. Die Frucht zeitigt im December und hält sich den ganzen Winter hindurch. — Vom 2ten Range.

165) **Der Apfel von Sedan.** Pomme de Sedan. Diel II. 189.

Ein großer, vortrefflicher Apfel für die Wirthschaft, und selbst angenehm zum rohen Genuß. Seine Form ist platt, selten kugelförmig, 3¼ Zoll breit und 2¾ Z. hoch. Der Kelch steht in einer tiefen Einsenkung, in der man feine Rippen bemerkt, die bey manchen Früchten merklich, ja oft cavillartig über die Frucht hinlaufen, aber bey andern nur in breiten Erhabenheiten bestehen. Der Stiel steht in einer fast engen, etwas tiefen Höhle, die fein rostfarbig, aber durch hervorstehende Fleischbeulen häufig verunstaltet ist. Die

Grund-

Grundfarbe der feinen Schale ist blasses Hellgrün, das im Liegen gelblich wird. Diese Farbe sieht man aber an vielen Früchten gar nicht, sondern sie sind überall mit einem ganz hellem Blutroth überwaschen, wodurch die Grundfarbe nur auf der Schattenseite durchschimmert. Auf der Sonnenseite ist dies Roth stärker, und glänzend. Bey beschatteten Früchten ist die Röthe nur marmerartig. Die Frucht riecht sehr wenig. Das Fleisch ist weiß, ins Grünliche spielend, voll Saft, locker, markicht, und von einem sehr angenehmen, zuckerartigen, mit einer feinen Weinsäure erhabenen Geschmack. — Der Baum wird ansehnlich groß, hat stark abstehende Aeste, die untersten hangen gerne. Er setzt früh Fruchtholz an, belaubt sich sehr stark, und ist sehr fruchtbar. Die Frucht welkt nicht, zeitigt im halben September, und hält sich bis Weihnachten. — Eine der ersten vom 2ten Range.

166) Der schwarzschillernde Violette. Pomme violette noire. Diel II. 198. Christ, der kleine violette Apfel. Nro. 180. Zink Tab. XI. Nro. 90. Pomme noire, schwarzer Borsdorfer. Merlet pomme d'Enfer.

Ein kleiner, durch seine glänzende bräunliche Schwärze sehr kenntlicher, und an Form und Größe dem Api ziemlich ähnlicher Apfel. Er ist platt $1\frac{3}{4}$ Z. breit und $1\frac{1}{2}$ Z. hoch. Der geschlossene Kelch steht in einer kaum merklichen Einsenkung, in der sich manchmal einige feine Falten finden, die aber nicht über die Frucht hinlaufen. Der dünne Stiel steht meistens in einer

weiten

weiten flachen Höhle, die manchmal rostfarbig ist. Die Schale ist am Baume mit feinem Duft belaufen, und glänzt, abgerieben, sehr stark. Auf der Sonnenseite hat dieselbe eine wahre dunkelschwarzbraune Farbe, die oft in das wahre Schwarz schillert, und die Schattenseite ist ein trübes röthliches Braun. Die Frucht riecht etwas fein und angenehm und welkt nicht. Das Fleisch ist grünlich weiß, fest, fein, saftvoll, und von einem sauren, fast herben Geschmack. Der Baum wächst sehr lebhaft, wird aber nur mittelmäßig groß, und belaubt sich nicht stark. Seine Zweige setzen frühzeitig, und viel Fruchtholz an, und liefern viele Früchte, die im December zeitig und sich sehr lange halten. Vom dritten Range.

167) **Der drey Jahre dauernde Mutterapfel. Diel II. 212.**

Diese Frucht gehört wegen ihrer seltenen Dauerhaftigkeit unter die wenigen, welche wohl alle Aufmerksamkeit verdienen, zumal sie ihren Saft unverändert behält. Nach seiner Form, Größe und Farbe gleicht der Apfel einem mittelmäßigen Borstorfer, nur ist die Wölbung nach dem Kelch viel zugespitzter, $2\frac{1}{4}$ Z. breit und 2 Z. hoch. Der kleine Kelch steht in einer fast seichten, geräumigen, mit feinen Falten umgebenen Einsenkung. Der sehr kurze Stiel steht in einer etwas tiefen, geräumigen platten Höhle. Die Grundfarbe der sehr feinen Schale ist helles Blaßgelb, und die Sonnenseite ist zu $\frac{1}{3}$ der ganzen Frucht schön hellcarmosinroth verwaschen, welches sich aus dem Kelch herumzieht. Im Rothen sieht man viele gelbe, dunkelroth eingefaßte Punkte; die

Schat-

Schattenseite hat viele bräunliche Punkte. Die Frucht riecht nicht und welkt selten. Das Fleisch ist sehr weiß, fein, voll Saft, fest, doch markigt, und von einem feinen, reinen, weinsauren Geschmack, der im Sommer recht erquickend ist. Der Baum wird sehr groß, gesund, und gehet hoch in die Luft. Seine Zweige sind sehr stark, mit einer Menge Fruchtholz besetzt, und liefern reichliche Erndten. Die Frucht zeitigt im März, und hält sich, wie der Name zeigt, 3 Jahre. Vom 2ten Range.

168) Weißer holländischer Käsapfel.
Witte Kaasjes-Appel. Diel IV. S. 211.

Eine mittelmäßig große, ganz einfärbige, vortreffliche Sommerfrucht. Ihre Form ist sehr platt, käsförmig, 3 Z. breit und nur 2 Z. hoch. Der kleine Kelch steht in einer geräumigen, nicht tiefen Einsenkung, in der man einige feine Rippchen bemerkt. Der sehr kurze Stiel steht in einer trichterförmigen platten Höhle. Die Farbe der sehr feinen Schale ist ein helles Weißgelb. Punkte sind nicht da, aber viele weißliche Fleckchen schimmern unter der Schale hervor. Die Frucht riecht angenehm, und welkt nicht. Das Fleisch ist fein, ziemlich fest, markicht, voll Saft, auf der Schattenseite weiß, nach der Sonne schön gelb. Der Geschmack ist schön zuckerartig, und mit einer beygemischten feinen Weinsäure. Der Baum wächst stark, und belaubt sich schön. Die Frucht zeitigt in guten Jahren in der Mitte des Augusts, und hält sich einige Wochen gut. Als eine frühe, angenehme Sommerfrucht gehört sie zum ersten Range.

169)

169) Der Schminkapfel, der Geschminkte. Diel IV. 215.

Eine mittelmäßig große schöne Herbstfrucht von dem angenehmsten Geschmacke. Ihre Form ist platt. Eine vollkommene Frucht ist 3 Z breit und 2½ Z. hoch. Der ziemlich lange, schmal und spitzblättrige Kelch ist geschlossen, und sitzt in einer engen, ansehnlich tiefen Höhle, die mit mehrern feinen Rippen besetzt ist. Der Stiel ist kurz, oft nur ein Fleischbuz, und sitzt in einer ziemlich tiefen Höhle, welche mit einem zimmetfarbigen Rost bekleidet ist, der sich strahlenförmig weit über die Stielwölbung verbreitet. Die Grundfarbe der sehr feinen, nicht fettigen Schale ist ein schönes helles Strohgelb, das aber mit einem hellen Carmosin auf der ganzen Sonnenseite dergestalt leicht verwaschen ist, daß man dabey dunkelröthere, gleichsam wie marmotirte Flecken siehet, indem die Röthe selten gleich vertheilt ist. Bey Früchten im Schatten ist die gelbweiße Grundfarbe mit Rosenroth nur wie marmorirt vermischt. Die Frucht riecht fein und angenehm, rosen-violenartig, und welkt nicht. Das Fleisch ist gelblich weiß, fein, voll Saft, ziemlich fest, und von einem sehr angenehmen, erquickenden Geschmack, der fein weinsäuerlich ist. Der Baum wird nur mittelmäßig groß, trägt seine Aeste etwas stark abstehend, und macht dadurch eine etwas weitläuftige flache Krone, die sich aber doch schön belaubt. Er setzt frühzeitig Fruchtholz an, das quirlicht wird, und jährlich Früchte liefert. Die Frucht zeitigt fast auf dem Baume oder bald nachher, und hält sich einige Monathe gut. — Vom ersten Range.

170) Gelber Herbststettiner. Diel IV. 223.

Eine sehr große, ungemein schöne, schätzbare Herbstfrucht. Dieser Apfel ist weit größer als der rothe Stettiner, und seine Form ist eben so häufig kugelförmig als platt; letztere sind 4 Zoll breit und 3 Z. hoch. Der Kelch sitzt in einer oft tiefen Einsenkung, die mit feinen Falten besetzt ist, welche zuweilen 5 schöne Fleischperlen bilden. Der starke Stiel sitzt in einer weiten, trichterförmigen tiefen Höhle, die oft fein rostfarbig ist. Die Farbe der feinen, zähe fettig anzufühlenden Schale ist ein schönes grünliches Hellgelb, welches mit der Zeitigung Citrongelb wird. Besonnte Früchte haben dabey ein blaßes ockerartiges, verwaschenes Roth, wovon aber beschattete Früchte nichts haben. Die Frucht riecht angenehm und sanft, und welkt nicht. Das Fleisch ist schön weiß, körnicht, jedoch fein, sehr voll Saft, etwas locker, und von einem recht angenehmen, zuckerartigen Geschmack, der durch eine feine Weinsäure nur etwas gehoben wird. Der Baum wächst ungemein lebhaft, seine Aeste sind stark, und stehen ab, und bildet eine flache, schön belaubte Krone. Er setzt frühzeitig regelmäßiges Fruchtholz an, und wird sehr fruchtbar. Die Frucht zeitigt im Oct., und hält sich mehrere Monate in gutem Geschmack. — Eine der ersten vom 2ten Range. Verdient häufig gebauet zu werden.

Siebente Klasse.

Plattäpfel.

Ordnung II.

Kugelförmige Plattäpfel.

Besondere Kennzeichen der Ordnung.

1. Das Auge entscheidet über die Verschiedenheit der Höhe und Breite nicht leicht.
2. Die Breite ist selten $\frac{1}{4}$ Z. stärker, als die Höhe.
3. Die Frucht queer in der Mitte durchgeschnitten, macht fast, oder sehr gleich aussehende Hälften.

171) Der Granatapfel. Diel II. S. 251.

Ein von Ansehn schöner, blutrother, mittelmäßig großer, altdeutscher Wirthschaftsapfel. Seine Form ist abwechselnd, und gehört manchmal unter die wahren Plattäpfel. Doch öfter unter die kugelförmigen Plattäpfel. $2\frac{3}{4}$ Z. breit und eben so hoch. Der Kelch steht in einer nicht tiefen, oft ziemlich flachen, mit feinen Falten umgebenen Einsenkung. Der Stiel ist klein, geht selten über die Frucht heraus, und steht in einer mehr oder weniger rostfarbigen Höhle. Die Farbe ist meistens rein verwaschenes Blutroth, ohne alle Streifen. Weniger besonnte Früchte sind auf der blaßröthern Schattenseite dunklerroth gestreift. Ueberall findet man auf der Schale sehr häufige weißgraue Punkte, und oft ziemlich häufige Rostfiguren. Das Fleisch ist ziemlich weiß, saftig genug, grobkörnicht, auf der Sonnenseite mit rothen Aederchen durchwebt, und von einem groben süßlichen Geschmack. Der Baum wird sehr groß und fruchtbar. — Die Frucht zeitigt im Decbr. oder Jenner, und hält sich bis in den Sommer. Vom 3ten Range.

172) Der Pastorapfel. Diel II. S. 216.

Ein ansehnlich großer, und wegen seiner Güte und langen Haltbarkeit sehr schätzbarer Apfel. Seine Form ist mehrentheils etwas hoch und kugelförmig, oft aber auch platt. 3 Z. breit und 2½ bis 2¾ Z. hoch. Der lange grünbleibende geschlossene Kelch steht in einer weitgeschweiften, sehr flachen Einsenkung, die mit feinen Rippchen umgeben ist, welche fast einen Stern vorstellen. Der kurze fleischige Stiel steht in einer schönen trichterförmigen Höhle, die oft rostfarbig ist. Die Grundfarbe ist anfänglich hellgrün, und wird im Liegen schön Goldgelb, daß aber bey manchen Früchten wenig vorsticht, sondern eine dünne röthliche Farbe scheint sich mit demselben zu vermischen, besonders um den Kelch herum, und die Sonnenseite ist oft dunkel, etwas bräunlichroth verwaschen. Oft ist das Roth nur streifenartig. Ueberhaupt ist das Colorit dieser Frucht sehr wandelbar. Die Frucht riecht nicht, und gehörig gebrochen, welkt sie auch nicht. Das Fleisch ist gelblich weiß, fest, saftvoll, fein, und von einem angenehmen, zuckerartig-säuerlichen, dem Borstorfer etwas ähnlichen Geschmack. Der Baum wird mittelmäßig groß, und trägt seine Aeste stark abstehend, macht also eine flache Krone. Die Frucht zeitigt im Febr. und ist im Jul. passirt. — Vom 2ten Range.

173) Der Jacobsapfel. Diel II. S. 220. *Zink.* Tab. I. Nro. 2. T. O. G. Tab. IX. Nro. 3.

Ein kleiner und von Ansehn sehr lieblicher Sommer-Apfel, der kaum die Größe eines nur mittelmäßigen Borstorfers erreicht, mit dem er auch in der Form einige Aehnlichkeit hat; nur ist er noch etwas kugelförmiger von Ansehn, und oft sogar etwas länglicht aussehend. 2 Z. breit und etwa eben so hoch. Da der Baum aber meistens sehr voll hängt, so sind die mehrsten Früchte auch kleiner. Der geschlossene Kelch steht in einer flachen, mit feinen Falten umgebenen Einsenkung, aus der sich mehrere feine Rippen über die Frucht verbreiten. Der dünne Stiel steht in einer meistens rostfarbigen Höhle. Die feine Schale ist schon am Baum blasses Strohgelb, welches nur auf der Sonnenseite blaßcarmosinroth schwach verwaschen ist. — Bey beschatteten Früchten fehlt das Roth ganz. Die Frucht riecht nicht; das Fleisch ist schön weiß, locker, weich, ziemlich saftig, und von einem feinsäuerlichen Geschmack, wird aber, wenn die Frucht über 14 Tage liegt, leicht mehlicht. Der Baum wird nicht groß, und auf Johannisstamm gepfropft, bleibt er sehr klein. Er treibt die Aeste gerne flatternd, setzt aber sehr bald viel Fruchtholz an, wodurch der Baum jährlich und viele Früchte liefert. Die Frucht zeitigt am Spalier Ende Jul.; am Hochstamm im halben August. Sie muß aber einige Tage vor der vollen Zeitigung abgethan werden, weil sie sonst sehr leicht mehlicht wird. — Vom 2ten Range.

174) Der grüne Pauliner. Diel II. 225. *Zink* IX. Nr. 73. Wintergrüner Pauliner.

Unstreitig eine der ältesten deutschen Früchte, aller Achtung würdig. Die Form ist etwas veränderlich, bald platt, bald hochaussehend meistens aber kugelförmig, breit 3½ Z. und hoch bis 3 Z. Der große, offene Kelch steht in einer geräumigen nicht tiefen Einsenkung, die mit feinen Rippen besetzt ist, die sehr sichtlich als flache breite Rippen über die Frucht hinlaufen. Der kurze, fleischige Stiel steht in einer weiten geräumigen Höhle; die meistens rostfarbig ist, und etwas röthlich strahlenartiges hat, wobey die Grundfarbe lange grün bleibt. Die Farbe der feinen Schale ist anfänglich blasses oder gelbes Grün, manchmal schön Strohgelb, das aber nach und nach helles Citrongelb wird. Bey sehr besonnten Früchten sieht man vom Stiel aufwärts einen blassen Anflug von einer lich braunen Röthe. Im Rothen sind weißgraue Punkte, im Gelben hellgelbe Fleckchen. Es finden sich auch Rostflecke. Die Frucht riecht fein, das Fleisch ist weiß ins Gelbliche spielend, fest, markigt, saftvoll, und von einem angenehmen, reinen, weinsauren Geschmack, der mit der vollen Zeitigung milde wird. Der Baum wird groß, sehr stark und gesund; seine Aeste gehen in die Luft, und belauben sich stark. Die Frucht zeitigt im Jenner, und hält sich ein ganzes Jahr und länger. — Vom 2ten Range.

175) Der harte Grünling. Diel II. S 230.

Ein kleiner, einem recht starken Goldpepping, oder einem Borstorfer sehr ähnlicher Apfel, der sich

sich durch wahre Güte und große Haltbarkeit sehr empfiehlt. Seine Form ist ganz die eines hochaussehenden Goldpeppings. Die Breite beträgt 2½ und die Höhe 2 Z. Der Kelch steht in einer flachen Einsenkung, die oft feine Falten hat. Der Stiel steht in einer geräumigen, tiefen, oft rostfarbigen Höhle. Die Farbe der Schale ist ein schönes Hellgrün, das zuletzt hellgelb wird. Besonnte Früchte sind mit einem bräunlichen trüben Roth leicht verwaschen, so daß die Grundfarbe noch durchschimmert. Bey den meisten Früchten fehlt diese Röthe, und diese sind rundherum rein hellgrün oder gelb. In diesem Roth sieht man ziemlich viele graue Punkte, die bey grünen Früchten und auf der Schattenseite seltener und sehr fein sind. Auch findet man häufig Rostflecke. Die Frucht riecht nicht. das Fleisch ist weiß ins Grüne spielend, fest, fein, sehr saftvoll und von einem sehr angenehmen säuerlich zuckerartigen Geschmack. Der Baum wird nur mittelmäßig groß, gesund, belaubt sich sehr schön und ist sehr fruchtbar. Die Frucht zeitigt erst recht gegen das Frühjahr, und hält sich über 1 Jahr, wenn sie gut aufbewahrt wird. Eine der ersten vom 2ten Range.

176) **Der deutsche Glasapfel.** Diel II. 234.

Ein großer, für die Wirthschaft alle Achtung verdienender Apfel, der sich durch seine Dauer empfiehlt, und zum Dämpfen eine ausgezeichnete Güte hat. Seine Form ist mehrentheils kugelförmig, oft sogar etwas hochaussehend, meistens 3¼ breit und 3½ Z. hoch. Der kleine Kelch steht

steht in einer seichten geräumigen Einsenkung, aus der mehrentheils 5 flache Rippen über die Frucht hinlaufen. Der dünne Stiel steht in einer nicht tiefen fast immer etwas rostfarbigen Höhle. Die Farbe der dünnen glatten Schale ist hellgrün, das erst gegen das Frühjahr gelblich wird. Manche Früchte haben auf der Sonnenseite einen leichten Anflug von einer düstern, bräunlichen erdartigen Röthe, die selten etwas stark aufgetragen ist, und bey den meisten ganz fehlt. Rundherum sieht man in der Schale nicht häufige starke graue Punkte, die hellblaßgrün, meistens sternartig eingefaßt sind. Die Frucht riecht nicht, und gehörig aufbewahrt, welkt sie auch nicht. Das Fleisch ist fest, fein, weiß, etwas ins Gelbliche spielend, voll Saft, und von einem feinen, etwas gewürzhaft säuerlichen Geschmack. Der Baum wird außerordentlich groß, und sehr alt, im Wuchs und Größe dem Stettiner sehr ähnlich. Seine starken Aeste breitet er fast horizontal in der Luft aus, und macht dadurch eine weitläuftige flache Krone, die gedrängt mit vielem Quirlholz besetzt ist, das den Baum sehr fruchtbar macht. Die Frucht reift erst im Frühjahr, und hält sich den ganzen Sommer hindurch. — Vom 2ten Range.

177) **Großer Api. Rosenapi.** Api gros. Diel IV. 229. Quintinye Tom. I. p. 322. *Du Hamel* Tom. II. p. 40. Nro. 34. Gros Api. Pomma de rose. Christ Nro. 146. **Der große Api-Apfel.**

Ein dem kleinen Api vollkommen ähnlicher, aber nicht so guter Apfel, der nur größer ist, und bey dem auch die Blätter am Baume größer sind.

sind. Seine Form ist ganz platt $2\frac{1}{2}$ Z. breit 2 Z. hoch. Der schöne lang und spitzblättrige Kelch ist geschlossen, und steht in einer schönen ansehnlichen, oft tiefen Einsenkung, die mit feinen Falten und Rippchen besetzt ist. Der Stiel sitzt in einer sehr weiten tiefen Höhle, die mit feinem Rost bekleidet ist. Die Farbe der sehr feinen Schale ist ein gelbliches Grün, welches erst spät Citrongelb wird. Dabey ist die Sonnenseite mit einem hellbräunlichen Roth, aber nicht so stark, als wie bey dem kleinen Api verwaschen. Die Frucht riecht wenig, und muß sehr spät abgenommen werden, sonst welkt sie. Das Fleisch ist weiß und sehr fein, voll Saft, und von einem süßsäuerlichen Geschmack, ohne Gewürz. Der Baum wächst in seiner Jugend sehr lebhaft, wird aber doch nicht groß, und wird eben so außerordentlich tragbar, als der kleine Api. Die Frucht zeitigt im Winter und hält sich sehr lange. Noch vom 2ten Range.

178) Der Honigapfel. Diel IV. S. 232.

Eine lachend schöne, goldgelbe, ansehnlich große Winterfrucht, von einem ungemein süßen, gewürzhaften Geschmack, dem süßen Holaart ähnlich. Die Form ist etwas veränderlich, doch am meisten kugelförmig 3 Z. breit, $2\frac{3}{4}$ Z. hoch. Der langgespitzte Kelch sitzt in einer tiefen, schüsselförmigen Oefnung, die feine Falten, oft beulenartige Erhöhungen hat. Der kurze Stiel steht der Frucht gleich, ist oft sehr fleischig, und sitzt in einer schönen tiefen Höhle, welche glatt und grün ist. Die Farbe der geschmeidigen Schale ist anfänglich gelblich grün, wird aber bey der Zeitigung ein

ein sehr schönes glänzendes Citrongelb, das auf der Sonnenseite goldartig wird. Diese ist bey freyhangenden Früchten mit einem leichten Anflug von einer sanften Röthe verwaschen. Bey den meisten Früchten ist dies Roth sehr schwach, oder fehlt ganz. Die Frucht riecht wenig und welkt nicht. Das Fleisch ist bey voller Zeitigung gelblich weiß, fein, sehr voll Saft, und hat einen zuckersüßen, zimmetartigen Geschmack. Das Kernhaus ist offen, jede Kammer ist geräumig. — Der Baum wird groß, und sehr fruchtbar. Seine Aeste stehen etwas weitläuftig und sehr unordentlich. Die Frucht zeitigt im Oct., und hält sich den ganzen Winter hindurch. Eine der ersten vom 2ten Range.

179) Der weiße Augustapfel. Diel IV. 236.

Ein schöner, ansehnlich großer, recht guter Sommerapfel. Seine Form ist etwas hochaussehend, 3 Z. breit 2¾ Z. hoch. Der lange zugespitzte Kelch ist geschlossen, und sitzt in einer schönen geräumigen Einsenkung, die mit feinen Falten umgeben ist. Der dünne Stiel sitzt in einer tiefen trichterförmigen Höhle, die mit bräunlichem Rost bekleidet ist. Die Farbe der feinen Schale ist ein schönes helles Strohgelb, das auf der Sonnenseite durch einen leichten Anflug von Röthe goldartig wird, oft wirklich röthlich schillert. Die Frucht riecht wenig, und welkt erst überzeitig. Das Fleisch ist gelblich, fein, weich, locker, saftvoll, und von einem angenehmen, weinsäuerlichen Geschmack. Der Baum wächst munter und belaubt sich stark. Die Frucht zeitigt im halben

August,

August, und hält sich nicht gerne über 3 Wochen. — Vom 2ten Range.

180) Der fränkische Königsapfel. Pomme du Roi. Diel IV. S. 240.

Eine ungemein schöne, ansehnlich große, goldgelbe Herbstfrucht, so schätzbar zum rohen Genuß, als für die Oeconomie. Sie ist in ihrer Form gerne etwas uneben um den Kelch, ist aber doch meistens schön kugelförmig. 3¼ Z. breit und 2¾ Z. hoch. Der Kelch ist klein, geschlossen, und sitzt in einer etwas engen, tiefen Einsenkung, die mit feinen, oft beulenartigen Rippen besetzt ist, die oft breitkantig über die Frucht hinlaufen. Der kurze Stiel ist oft nur ein Fleischbutz, und sitzt in einer etwas engen, tiefen Höhle. Die Schale zart nicht fettig, von Farbe hell Strohgelb, das mit der Zeitigung hell Citronengelb wird, auf der Sonnenseite goldartig, mit schönen carmosinrothen Flecken, welche die Schönheit der Frucht erhöhen. Oft sind diese Flecken nur starke bräunliche Punkte. Beschattete Früchte haben davon nichts. Die Frucht hat fast keinen Geruch und welkt nicht, fault aber oft gerne. Das Fleisch ist weiß ins Gelbliche spielend, locker, etwas grobkörnicht, ziemlich saftvoll, und von einem erhabenen süßen, etwas fein weinsäuerlichen Geschmack, der etwas violenartiges hat. Der Baum wächst ungemein lebhaft, mit stark abstehenden Aesten, wovon die untersten gerne hängen. Er bildet eine breite, sehr dichtbelaubte Krone, setzt frühzeitig viel Fruchtholz an, und wird dadurch bald, und sehr fruchtbar. — Die Frucht zeitigt im Nov., und hält sich einige Monate gut, verlieret aber dann gerne ihren Saft. — Vom ersten Range. —

So weit die Beschreibung der verschiedenen Aepfelarten. — Es könnte dies Verzeichniß mit leichter Mühe noch beträchtlich vermehrt werden, wenn aus dem T. O. Gärtner, aus Christs, Mangers, Hirschfelds ꝛc. Obstverzeichnissen die noch fehlenden, zum Theil allgemein bekannten und schätzbaren Sorten hinzugefügt werden sollten. Da ich aber um der Gleichförmigkeit in der Beschreibung willen vorstehende Beschreibungen alle aus dem oben angeführten **Versuch einer systematischen Beschreibung in Deutschland vorhandener Kernobstsorten von D. A. F. Diel** entlehnt habe, der sich durch Genauigkeit und kritischen Scharfblick vor allen ähnlich Werken so rühmlich auszeichnet, und aus welchem ich alle Beschreibungen, einiger vom dritten Range ausgenommen, und unter nöthiger Abkürzung hergesetzt habe; so will ich die Fortsetzung dieses Verzeichnisses bis auf den Supplementband dieses Werks versparen, in der Erwartung, daß der Hoffrath **Diel** bis dahin die folgenden Hefte seines Versuchs herausgeben werde.

Da die veredelten Früchte sich bekanntlich nicht unverändert durch den Saamen fortpflanzen lassen, wenn gleich nicht selten auch ganz gute und wohl noch bessere Früchte daraus entstehen können, als die Stammart war; so ist man bey Fortpflanzung der veredelten Obstsorten gezwungen, zu andern Methoden seine Zuflucht zu nehmen,

men, von denen das Copuliren, Pfropfen, Oculiren und mehrere andere bekannt sind. Von denen dabey zu beobachtenden Handgriffen ist und wird unter andern Artikeln gehandelt; es kömmt nur hier darauf an, zu untersuchen, auf was für Stämmen man die Apfelbäume zu verschiedenen Endzwecken fortpflanzen könne? Im allgemeinen behauptet man, daß man den Apfelbaum veredeln müsse,

1) **auf Wildlinge**, das heißt junge Stämmchen, die aus Apfelkernen erzogen sind, sobald man Hochstämme erziehen will und

2) **auf den Johannis- oder Paradiesapfelbaum**, wenn man Zwergbäume erziehen will.

Die Meinungen sind jedoch hierüber sehr verschieden, indem einige den Johannisapfelbaum unbedingt empfehlen, andere ihn fast eben so verwerfen. **Miller** sagt im Garten Lex. unter dem Artikel Malus: Alle Sorten der Aepfel werden durch das Pfropfen oder Okuliren auf Stämme von gleichem Geschlechte fortgepflanzt. Denn auf einer andern Sorte von Fruchtbäumen schlagen sie nicht an. In den Baumschulen braucht man allgemein dreyerley Stämme, um Aepfel darauf zu pfropfen. Die ersten nennt man **Wildlinge**, und diese werden aus den Kernen aller Apfelsorten ohne Unterschied erzogen. Sie werden alle Wildlinge genannt, weil man alle Bäume, so aus den Saamen gezogen werden, ehe sie gepfropft werden, ohne Unterschied, Wildlinge nennt. Wie ich aber vorhin schon gemeldet habe, so wollte ich allezeit denjenigen Stämmen den Vorzug geben, so aus den Kernen des Holzapfels an solchen Orten, wo man aus selbigen den Saft presset, erzogen

gen werden, und ich finde, daß verschiedene alte Autores, die hiervon geschrieben haben, gleicher Meinung sind. Herr Austen, der vor 100 Jahren geschrieben hat, sagt, der Stamm, den er zum Apfelpfropfen für den besten halte, sey der Holzapfel, welcher besser zum Pfropfen sey, als die süßen Apfelbäume, weil sie insgemein vom Krebs frey bleiben, und zu sehr großen Bäumen werden, auch seiner Meinung nach länger als die Stämme von süßen Aepfeln dauern, und fruchtbarer sind. — Die 2te Sorte von Stämmen ist der holländische Paradies-Apfel. Diese braucht man, um das Wachsthum der Stämme zurück zu halten, um Zwerg- oder Spalierbäume daraus zu erziehen. — Die dritte Sorte ist der gemeine Paradies-Apfel, welcher eine niedrige Staude ist, und nur zu solchen Stämmen taugt, die man zur Curiosität in Töpfen hält; denn sie dauren nicht lange.

Maier in seiner Pomona franconica sagt Th. III S. 9 der Apfelbaum kann nur, wie viele andere, auf Stämme seiner Art gepfropft werden. Es ist dieses eine von jenen Sonderheiten der Natur, deren Ursache nicht angegeben werden kann. Aepfel auf Birnstämmen gerathen so wenig, als diese auf jenen. Oefters treibt zwar das Pfropfreis bald genug; es trägt zwar zuweilen, aber in Zeit von 2 bis 3 Jahren geht alles zu Grunde. Es wird niemals das Kernobst auf Steinobst, und dieses auf jenem gedeihen, ohngeachtet ältere und selbst neuere Schriftsteller solche widersinnige Verbindungen, z. B. des Apfelbaums mit Ulmen, Ahorn, Maulbeeren, Kastanien u. s. w. anrathen. Wir wollen uns nicht über das Lächerliche dieser Rathschläge lustig ma-

chen,

chen, im Gegentheil aber die Fortsetzung und Vervielfältigung aller möglichen Vereinigungen im Pflanzenreiche wünschen, sollten auch nur Entdekkungen daraus erfolgen, wie jene der Vereinigung des Rosenstocks mit der Stechpalme, die in der That merkwürdig ist. Außerdem könnte vielleicht die Verbindung weicher Früchte mit harten, mehliger mit brüchigen, trockner mit schmelzenden, nicht ohne besondern Erfolg seyn, und wo nicht zur Hervorbringung neuer Sorten, doch wenigstens zu einer beträchtlichen Verbesserung der bekannten etwas beytragen. — Verschiedene Früchte Einer Gattung, z. B. mehrere Sorten von Aepfeln oder Birnen würde ich nur selten anrathen, auf einen Baum zu pfropfen. Ohngeachtet die Pfropfreiser sehr leicht anschlagen, so bekommt doch meistens eine dieser Sorten die Oberhand; sie zieht allen Saft an sich, und hindert das Gedeihen der andern. Eher würde ich jenes Verfahren empfehlen, bey welchem nach und nach mehrere Reiser auf einander gesetzt werden. Es müßte aber der erste Stamm, nach meinen Grundsätzen, immer von einem Holzapfelkerne seyn. Diese Art von Wildlingen sind stärker und dauerhafter. Sie haben feinere und gedrängtere Saftröhren, als alle zahme Sorten. Sie scheinen mir also auch zur Grundlage des vegetabilischen Baums am geschicktesten zu seyn, weil sie allein im Stande sind, dem künftigen Baum diejenige erste, gemäßigte, gehörig verkochte, geläuterte und brauchbare Nahrung zu geben, die er zu einer dauerhaften Beschaffenheit nöthig hat. Beynahe halte ich es für überflüssig anzumerken, daß die zahmen sowohl, als Holzapfelwildlinge, nur zu Hochstämmen, die Splitt- und Heckäpfel-Wildlinge

linge aber zu Zwerg- und Halbhochstämmen gebraucht werden sollen, welche letztern nur durch Brut und Ableger fortgepflanzt werden.

Nun hebt Hr. Mayer aus des Pastor Henne Anweisung, wie man Baumschulen im Großen anlegen und gehörig warten soll, ein in der Vorrede ad §. 7 der 3ten Ausgabe angegebenes Mittel aus, sich Pfropfstämme zu Zwerg- und Halbstämmigen Bäumen zu verschaffen, wodurch die Splitt- und Heckäpfelstämme, die man nicht immer in Menge haben könnte, entbehrlich würden. Er säete nämlich jährlich eine große Anzahl Apfelkerne, zog aber diejenigen, die zu dichte beysammen standen, selten oder gar nicht aus, sondern ließ sie alle auf gut Glück wachsen. Im dritten Jahre hob er seine Pflanzen sämmtlich aus, und theilte sie in 3 Klassen. Die stärksten und die Mittelgattung setzte er in die erste und zweyte Abtheilung seiner Baumschule; die schwächsten aber, oder den Ausschuß pflanzte er, statt sie wegzuwerfen, sehr enge, nur 2 Finger breit, auseinander, in Form einer Hecke. Diese zusammengedrängten Bäumchen wachsen, nach seiner Behauptung, weit mehr in die Dicke, als in die Höhe, und es wird dieses bey ihnen dergestalt zur Gewohnheit, daß sie, wenn sie in einem Alter von 8 bis 10 Jahren weiter verpflanzt werden, nicht mehr über sich gehen, und folglich vortreffliche Pfropfwildlinge zu Zwerg- und halbstämmigen Bäumen abgeben.

Der Hr. Pfarrer Christ ist gleichfalls der Meinung, daß zu Zwergstämmen nicht nothwendig Abkömmlinge von Paradiesstämmen genommen

men werden müssen, sondern andere aus Kernwildlingen gezogene Reiser. Er empfiehlt nur, daß die Gleichförmigkeit mit dem zu veredelnden Reise oder Auge beobachtet, und Reiser oder Stämmchen gewählt werden mögen, welche aus einer nicht zu schwelgerisch wachsenden Sorte gezogen worden sind; als z. B. die Kalvillen, der Borstorfer rc.

Das Urtheil des Hrn. Hofrath Diel's verdient indeß in diesem Stücke eine vorzügliche Betrachtung, da es eben so sehr auf Erfahrung, als auf Schlüssen beruhet, und ich setze es hier deshalb gewissermaßen als das Resultat her, wie weit man in diesem Stücke bisher gekommen ist. — „Für die Aepfel," schreibt er in seiner **Obstorangerie in Scherben**, S. 59 und in folg. „liefert uns die Natur 2 verschiedene Gattungen von Wildlingen, nämlich den **wilden hochstämmigen Apfelbaum** und den **wilden Apfelstrauch**. — Die Wildlinge aber, welche in jungen Waldungen von den Kernen des wilden Apfelbaums aufwachsen, sind eigentlich zur Veredlung zu hochstämmigen Bäumen, aus 2 Ursachen von zu langsamen Triebe; einmal weil sie gewöhnlich zu wenig Wurzeln haben, und 2tens weil sie halberstickt im Walde verkümmern, und nach ihrem Alter eine solche Härte der Rinde bekommen, daß sie nicht freudig fortwachsen können. Die Neuern haben deswegen diese Wildlinge mit Recht verworfen. — Indessen sollte auch diese Regel noch ihre große Ausnamen leiden, wie mich davon folgende Gründe überzeugen. Nicht zu gedenken, daß der große englische Gärtner Miller, ein zwar noch größerer Theoretiker als Praktiker, behauptet, man müsse den bekannten, in England ein-

einheimischen Goldpepping, auf einen Holzapfelstamm pfropfen, wenn er recht schmackhaft seyn sollte; sondern er räth sogar, alle Aepfel auf Wildlingen zu veredeln, die man aus Holzapfelkernen erzogen habe, und dieser Rath hat vieles für sich. Die Erfahrung lehrt uns hierüber folgendes: — Der Landmann pflegt alle seine Bäume auf Holzapfelstämme zu pfropfen, — und die fehlerfreyesten ältesten Bäume findet man bey ihm. Die gesäeten Wildlinge von Holzapfelkernen, besonders wenn man sich hiezu der Trestern nach dem Keltern zum Essig bedient, wachsen ungemein fröhlich, aber nicht geil, folglich mit festerm Holz. In einem rauhen, magern, zu feuchten oder zu trocknen Boden, den wir mit Aepfeln bepflanzen wollen, sind diese Apfelwildlinge immer vorzuziehen, denn hier wachsen Edelwildlinge immer kümmerlich, und gehen leicht zurück. Es ist auch ferner gewiß, daß wir viele Krankheiten der Bäume dadurch haben, daß in den Baumschulen die Wildlinge von allen Apfelgattungen unter einander erzogen werden, und folglich werden nicht, z. B. Reinetten von starkem Wuchs auf freche gleichartige Reinettenwildlinge immer veredelt; wodurch dann manche Sorten nicht nur wirklich ausarten, sondern wenn schwachtreibende Gattungen, z. B. die Erdbeerenäpfel, Apis, Pigeno, Goldreinetten u. s. w., kurz fast alles französische Obst, auf Wildlinge von einem starken Wurzelvermögen veredelt worden, so liefert der Wurzelstamm zu viel Saft, das schwachtreibende Oberhaupt kann die Nahrung seines Unterthanen nicht alle unterbringen, die Säfte gerathen leicht ins Stocken, und daher zum B. großentheils die Klagen, daß diese Bäume so häufig

dem

dem Krebs unterworfen wären. So lange also in Baumschulen auf diese Aussonderung der mancherley Sorten von Obstkernen keine Rücksicht genommen wird, ist man, um gesunde, früher tragbare, und älter werdende Stämme zu erhalten, bey Millers Vorschlage gesicherter, zumal wenn der Boden nur einige Unarten hat. — Dieses ist aus der Fülle meiner Erfahrungen, und man muß die Rhein- Mosel- und Lahngegenden mit ihren prachtvollen Obstbäumen gesehen haben, wo der Landmann in den Weinbergen aus Holzapfelwildlingen seine Edelbäume erzieht, um sich von der obigen Wahrheit zu überzeugen."

Zu Zwergbäumen und noch mehr zu Obstorangerie-Bäumchen, die man in Blumentöpfen erzieht, um desto eher Proben von einer Obstsorte zu erhalten, oder auch bey beschränktem Raume eine große Mannigfaltigkeit von Früchten zu haben, kann man nach Diels Versicherung die beyden vorhin gedachten Sorten von Wildlingen nicht gebrauchen. Hierzu muß man Stämmchen des wilden Apfelstrauchs, der auch Paradies- oder Johannisapfelstrauch heißt, nehmen, wenn diese Bäumchen anders durch jährliche Fruchtbarkeit und lange Dauer dem Besitzer Freude machen sollen. Der Apfelstrauch vereiniget ohnehin schon alle Vortheile in sich, die uns Zwergbäume im allgemeinen schätzbar machen; nämlich große Fruchtbarkeit, und keine unbändige Wildheit im Treiben, weshalb er leichter im Schnitt zu erhalten ist.

Da indessen viele nicht so sehr von der Nothwendigkeit, nur diesen Apfelstrauch zu Zwerg- und Spalierbäumen zu nehmen überzeugt sind, so führt Hr. Hoffrath Diel zur Unterstützung seiner Behauptung insbesondere noch folgendes an:

„Ich will nicht den Beweis dadurch führen, so überzeugend er sonst ist, daß man in Frankreich und Holland, dieser Mutterschulen der eleganten Obsterziehung, niemalen einen Kernwildling aus langer richtiger Erfahrung zu Zwergbäumen nimmt; so kann man aber schon aus Vernunftgründen zum voraus schließen, daß solche überhaupt wenig und bey vielen Aepfel- und Birnsorten ganz und gar nichts taugen, trotz mancher Einrede.

„1. Ich schwäche das Wurzelvermögen des Wildlings sehr wenig durch den Schnitt, und bey dem fast gänzlich ungestörten Wurzelvermögen behält der Espalierbaum nur ein vertikales Segment seines natürlichen Umfanges. Der Nahrungssäfte giebt es daher für den Rest, den ich in Zwergform zwingen will, zu viele. Daher das jährliche freche Wachsthum unbezwingbarer Saamentriebe, und das sehr späte Fruchttragen. Der Rath, sie z. B nach Miller u. a. m. gar nicht zu beschneiden, ist ein Beweis, daß man nie über Gesetze der Vegetation nachgedacht hat, wenn ich auch den ungeheuren Raum nicht in Anschlag bringen will.

„2. Sie verwildern unter dem Messer. Je mehr Schnitt, desto mehr Holz trifft hier nur zu sehr ein. Will man also nur irgend Früchte erwarten, so muß dem lebenden Baumsaft durch einen großen Raum Mäßigung geschafft werden. Die Gärtner wissen ihre Unfruchtbarkeit, und die Unwissenheit sie gehörig zu beschneiden dazu gerechnet, so läßt sich die Seltenheit der herrlichen Apfelspaliere erklären; und doch ist der Apfel an ei-

einem Hochstamm damit gar nicht zu vergleichen. Will man, wie einige rathen, die jährlichen Triebe in den halben Mond biegen, wie es meistens in Deutschland mit dem Traubenstock geschieht, so ist dieses gerade noch thörichter. Sie treiben alsdann am dritten, vierten Auge nach dem Stamm Wucherholz, das man wieder wegschneiden muß, und was eben der Weinstockschneider sucht, um den Stock kurz zu halten. Das einzige Mittel bey solchen Bäumen ist, entweder sie durch Schröpfen und Amputiren der Wurzeln zu schwächen, oder wo es angeht, zum Ableiter des Baumsaftes eine Krone zu bilden.

„3. Die Zwergbäume auf Kernwildlingen setzen ihre Früchte mit der Zeit nur an Fruchtruthen an, daher denn dieselben äußerst waldigt werden, und oft anderthalb Fuß vorwärts stehen. Dadurch kann die Frucht in der Mitte dieses Waldes nicht haften, und fällt ab. Auf Johannisstamm veredelte Aepfel hingegen setzen kleinere Fruchtruthen und häufige Fruchtspieße an, die dem Thau der Luft ausgesetzt sind. Diese zu Quirlholz fortwachsenden Fruchtspieße werden nie über $\frac{1}{2}$ Fuß lang und solche Bäume bleiben als flache Wand immer eine Zierde.

„4. Der Zwergbaum auf Kernwildlingen erfordert, wenn er einigermaßen tragbar werden soll, gegen den Apfelstamm auf Johannisstamm, einen Raum wie 4 zu 1. Miller fordert im Ganzen einen Raum für ihn von 300 □ Fuß mit allem Recht; da ich hingegen für letztern oft mit 80 bis 100 □ Fuß Raum genug habe. Ich kann also immer 3 an Fruchtbarkeit alles übertreffende Obstbäume auf dem nämlichen Flächenraum erziehen, und jedes Jahr sicher von ihnen

Obst erwarten, da hingegen die auf Kernwildlingen veredelten nicht öfter tragen, als es die Natur der Sorte erlaubt. Nach meiner langen häufigen Beobachtung in diesem Stück, darf ich laut sagen, daß ich auch auf einem □ Fuß mehr Obst erziehe, als von Bäumen auf Wildlingen auf 4 □ Fuß. Kurz die Fruchtbarkeit läßt sich hier nicht vergleichen.

„5. Der Vorwurf, als ob die Johannisstämme nicht so dauerhaft wären ist Fabel! Ich kenne deren, die über 60 Jahre alt sind, sich im größten Flor befinden, und auf einen Flächenraum von 130 □ Fuß lieferte voriges Jahr eine Edelreinette, Reinette franche, drey Körbe voll Aepfel. Werden sie jedes Jahr scharf beschnitten, so kann man Bäume davon auf 200 □ Fuß Raum ziehen. Aber weil Pfirschen und Aprikosenbäume nicht so alt, wie der Borstorferbaum, u. s. w werden, sollten wir sie deshalb nicht erziehen? Vielleicht übertrifft der Johannisstamm in der Dauerhaftigkeit die des ausländischen Obstes in unserm Klima.

„6. Wenn es endlich nach den größten Obstkennern eine Thatsache ist, daß manche Obstsorten auf Kernwildlingen ausarten, und andere wieder durchaus auf Kernwildlinge von ihrer eigenen Art wollen veredelt seyn, wie dieses z. B. von dem Grafensteiner behauptet wird, wenn er seine Güte behalten soll, so leuchtet aus dieser Ursache der Vorzug des aus dieser Absicht so ganz neutralen Johannisstammes noch mehr ein. Ja ich getraue mir zu behaupten, daß jeder Apfel auf letzteren vorzüglicher ist an Güte, da der Johannisstamm bloße Nahrungswurzeln hat, die dem Einflusse der Sonnenwärme u. s. w. mehr ausgesetzt sind.

Ar-

Artet wohl der Transparente deswegen bey uns aus, daß er unsere Wildlinge nicht verträgt, und hat man schon Proben mit demselben auf Johannisstämmchen gemacht?"

Man sieht also, daß Miller u. a. m. diesen Baum seiner Natur nach gar nicht gekannt haben, denn er wird vielleicht eben so alt, als jeder Wildling, und Miller giebt ihm ein gerechtes großes Lob, aber aus einem ganz falschen Gesichtspunkte. Er sagt nämlich S. 21 am a. O. — „der Paradiesapfel ist seit einigen Jahren am meisten zu Stämmen genommen worden, um darauf zu pfropfen oder zu oculiren: allein sie dauern nicht lange, und die Stämme, die man darauf pfropft, wollen niemals groß werden, ausgenommen, wenn man sie so niedrig pflanzt, daß das Pfropfreiß in den Boden wurzeln kann, da ihnen dann kein Stamm gleich kommt, denn das Pfropfreiß kann dann seine Nahrung aus dem Boden ziehen." — Lüder schreibt dieses getreulich in seinem Oculirmeister S. 104, aber in einer andern Rücksicht, nach, die eben so unbegreiflich ist. „Der Wildling von Kernen zieht die wahren Wurzeln über seiner Wurzelkrone; wird er deshalb zu tief gesetzt, so ist er des Einflusses der Wärme und guten Nahrung beraubt, und kümmert. Dieses könnte bey neuen Wurzeln der Fall nicht seyn. Der Johannisstamm hingegen treibt Wurzeln, so weit ihn die Erde berührt, weil er keine Wurzelkrone hat. Wird dieser also, nach der wahren Regel, bis an den Pfropfknoten in die Erde gesetzt, so bekömmt er einen ungeheuren Wald von Nahrungswurzeln, und diese enthalten den Grund von der Größe und Fruchtbarkeit des Baums, nicht aber aus der Ur-

sache,

sache, daß aus dem Pfropfknoten, noch viel weniger aber aus dem Pfropfreiß neue Wurzeln entsprängen. Werden nun die Johannisstämme auf diese Art gesetzt, so sagt Lüder ganz die Wahrheit: daß die Paradiesapfelstöcke unter allen Apfelzweigstöcken zu Geländern und Buschbäumen die besten sind. Der ehrliche, wahrhaft praktische H. Heßen fängt deshalb das fünfte Kapitel, wie man Spalier- und Buschbäume pflanzen soll, in seiner neuen Gartenlust S. 244 mit mit den Worten an: Wer diese Art Bäume glücklich will erziehen, der muß vor allen Dingen sich befleißigen, daß er von Quitten- und Paradies-Apfelstämmchen eine gute Anzahl bekommt, u. s. w. Der Mangel an Johannisstämmen macht für Baumschulen die gegenseitige Vertheidigung nothwendig. Was ich hier sage, ist eine 15jährige Erfahrung und Beobachtung. Ich möchte den Obstliebhabern den Verdruß ersparen, den ich so oft mit den Kernwildlingen gehabt und gesehen habe."

Von den drey verschiedenen Abänderungen des zur Erziehung aller Zwergapfelbäume so nöthigen Johannisstammes, nämlich von dem französischen, dem holländischen Johannisstamm (Doucain oder Fichet genannt) und dem Heckapfel oder Splittapfel, ist schon oben, im Anfange dieses Artikels mehr gesagt.

Was die Erziehung und Anschaffung der Stämme betrifft, auf welche man die verschiedenen Obstsorten nach den mancherley Absichten, die man dabey haben kann, veredeln will, so ist davon folgendes zu merken:

Die gewöhnlichen Wildlinge, die man zur Veredlung zu Hochstämmen gebraucht, werden aus Ker-

Kernen gezogen, die man theils aus den verschiedenen Apfelsorten bey dem Rohessen, als auch bey dem Gebrauche derselben in der Küche, und bey dem Backen in großer Menge sammlen kann, und die man nach den bereits oben im ersten Theil d. G. F. unter dem Art. Baumschule S. 738 fgg. gegebenen Regeln auf besondere Beete ausstreuet, und durch sorgfältiges Reinigen, Behacken, Begießen, Versetzen, u. s. w. wartet, bis sie zur Veredlung brauchbar sind. Von welchen Obstsorten man die Kerne sammlen müsse, darüber müssen wiederholte Erfahrungen erst bestimmter entscheiden, und es bleibt hier immer noch ein weitläuftiges, nicht genug bebauetes Feld zu Untersuchungen offen. So viel ist schon längst entschieden, 1) daß nicht alle Wildlinge aus Kernen erzogen ein gleiches Wachsthum haben, und 2) daß es auf die Vollkommenheit der verschiedenen Obstsorten einen großen Einfluß habe, was für eine Unterlage man für dieselben bey der Veredlung wähle. Wenn z. B eine schwachtreibende Sorte auf einen frechen Wildling gebracht wird, so kann der edle Baum den Ueberfluß des Nahrungssaftes, der ihm zugeführt wird, nicht alle verarbeiten, er wird also unnütz ins Holz getrieben, und setzt spät vielleicht ein Fruchtholz an, da im umgekehrten Falle der edle Baum, der vom schwachen Wildlinge nicht Nahrung genug erhält, kümmert und von kurzer Dauer ist. Es bleibt daher wohl ausgemacht, daß es für eine richtige Baumzucht von großer Wichtigkeit sey, jede Sorte von Obstkernen so viel als möglich ist, für sich zu sammlen, und zu säen; aber es bleibt ferneren Versuchen vorbehalten, die richtigen Kernwildlinge zu bestimmen, welche für jede Obst-

art

art zur Unterlage zu erwählen sey. Von den Wildlingen aus Holzapfelkernen, die man bey dem Auspressen des Essigs leicht sammlen und lieber mit den ausgepreßten Trebern sogleich aussäen kann, ist weiter oben schon mehr gesagt, und ihre Brauchbarkeit nach Diels und Millers Zeugnissen gerühmt. Es ist hier aber ausdrücklich nur von denen Stämmen aus wilden Apfelkernen die Rede, die man selbst aus dem Saamen auf ordentlich zubereitetem Gartenlande erzogen hat. Denn die von selbst in den Wäldern, in Gebüschen und Hecken aus abgefallenen Holzäpfeln erwachsenen Stämme sind mit Recht zu verwerfen, weil sie aus Mangel freyer Luft, oder weil sie oft vom Viehe abgefressen wurden, ein kümmerliches Wachsthum haben, mit Moos belegt sind, und selten brauchbare Wurzeln machen.

Was die jungen Stämme von den Paradies- oder Johannisäpfeln zu Zwergbäumen betrifft, so würde es zu weitläuftig seyn, diese aus dem Saamen zu erziehen. Da die Früchte weder zum Rohessen taugen, noch in der Haushaltung einen Werth haben, so erzieht man selten von denselben tragbare Bäume, aus deren Früchten man Kerne zum Aussäen sammlen könnte. Man hat es auch nicht nöthig, da diese Bäume sehr häufige Wurzelbrut treiben, die nicht, wie bey andern Apfelbäumen, auf den starken Wurzeln stehen, und also keine eigenthümliche Wurzeln haben, sondern ½, oft einen ganzen Fuß vom Stamme entfernt heraus kommen, und gemeiniglich mit einer sehr guten Wurzelkrone versehen sind. Um eine hinreichende Menge dieser jungen Johannisstämme zur Veredlung für die Baumschule zu haben, kann man sich, nach der Größe

des

des Bedürfnisses, einige junge Stämme an einer gutgelegenen nahrhaften Stelle im Garten pflanzen, und dieselben, wenn sie einige Jahre gestanden haben, über der Erde absägen, so werden sie eine Menge junger Brut hervortreiben, welche man mit guter Erde etwas anhäuft, und dann bereits im Herbste von den Stöcken ablösen, und als gut bewurzelte Pflanzen in die Baumschule setzen kann. Die Wurzel erhält sich in der Erde lange, und kann jedes Jahr auf eben dieselbe Art behandelt werden.

Von der Wartung der Apfelstämmchen in der Baumschule, und ihrer Veredlung durch das Kopuliren, Pfropfen, Oculiren, und wie die Veredlungsarten weiter heißen mögen, ist theils schon oben im Artikel Baumschule das nöthige gesagt, theils wird noch unter den dahin gehörigen Artikeln künftig mehr davon gesagt werden. Eben so ist schon im Art. Baumschule das nöthige von der ersten Anlage eines Baums in Ansehung seiner künftigen Bestimmung, nämlich von der Spalthöhe eines hochstämmigen Baums und der ersten Bildung seiner Krone, desgleichen, wie ein Zwergbaum nach seinen verschiedenen Gestalten, als Espalier, Buschbaum, Kastelbaum, Pyramide, Hecke, u. s. w., durch den Schnitt erzogen werden müsse, das nöthige gesagt worden. Da jener Artikel aber mehr die Erziehung aller junger Obstbäume, ohne Rücksicht auf die besondern Geschlechter der Aepfel, Birnen, Kirschen, u. s. w. lehrt, so will ich hier noch dasjenige nachholen, was die Apfelbäume besonders betrifft. — Man kann den Apfelbaum so gut wie den Birnbaum hochstämmig, halbhochstämmig und spalierförmig erziehen. An Mauren pflanzt man ihn indessen

nur

nur selten, weil seine Früchte ohne ihre Hülfe leicht genug reifen und zu ihrer schönsten Vollkommenheit kommen. Die hochstämmigen Apfelbäume liefern am meisten zum wirthschaftlichen Gebrauch einen Vorrath im Großen, sind besonders für den Landmann nützlich, und müssen daher seine Hauptpflanzung seyn. An hohen Plätzen aber, und in Gegenden, die vielen und heftigen Winden ausgesetzt sind, müssen halbhochstämmige ihnen vorgezogen werden. Sie tragen oft, zumal wenn sie recht erwachsen sind, nicht weniger reichlich Die hochstämmigen müssen einen geraden Schaft von 6 bis 7 Fuß, die halbhochstämmigen aber einen von 4 — 5 Fuß hohen haben, ehe man sie ihre Krone machen läßt. Sind die hochstämmigen zum Auspflanzen im Freyen, auf Ackerrainen oder an Landstraßen bestimmt, so müssen sie zum wenigsten 8 Fuß Kronenhöhe und darüber haben. Da der Apfelbaum seiner Natur nach sperrichter als der Birnbaum wächst, und seine Krone weit umher, nicht selten mit etwas hangenden Aesten ausbreitet, so ist diese Vorsicht einer beträchtlicheren Kronenhöhe nicht ohne Ursache, weil er sonst an freyen Plätzen in mancherley Rücksicht hinderlich seyn würde. In geschlossenen Obstanlagen ist eine geringere Kronenhöhe vortheilhafter, weil dann die Bäume der Gewalt der Winde weniger blos gestellt sind.

Wenn die jungen Apfelstämme in der Baumschule ihre gehörige Bildung nach den verschiedenen Absichten, die man bey ihnen erreichen wollte erhalten haben, so werden sie an die Orte ihrer künftigen Bestimmung versetzt. Es gilt dabey bloß die allgemeine Regel, daß das frühere Versetzen vor dem spätern einen großen Vorzug

habe.

habe. Wenn ein Baum älter wird, so werden in ebenmäßigem Verhältnisse alle seine Theile, und also auch seine Wurzeln stärker, breiten sich weit umher aus; der Baum kann also ohne merkliche Verletzung der letztern nicht ausgehoben und wieder eingesetzt werden, die Rinde seiner Wurzeln wird stärker, und kann also nicht so leicht den Abgang der Thau- oder Haarwurzeln ersetzen, als dies bey jungen Sträuchern zur merklichen Erleichterung der Versetzung geschiehet. Gewöhnlich ist die beste Zeit dazu, wenn ein Hochstamm einen Zoll im Durchmesser über der Wurzel stark ist, und seine Krone zu machen angefangen hat. Die Auspflanzungszeit ist im October und November, sobald sie ihr Laub völlig abgeworfen haben, oder auch im März. Man grabe sie bey offener Witterung, mit ihren vollen Wurzeln aus. Man lasse die Wurzeln ja nicht in trockner Luft, in scharfem Ostwinde, oder gar an der Sonne liegen, sondern bedecke sie vielmehr, wenn sie nicht sogleich wieder eingesetzt werden können, mit angenäßten Matten, oder mit frischer Erde, oder lege sie ins Wasser. Man schneide demnächst von der Wurzel nichts, als die etwa abgebrochenen, gequetschten oder sonst beschädigten Theile, und die weitausschweifenden Spitzen. Je reichlicher der Vorrath von Wurzeln ist, und je gleichförmiger dieselben bey dem Einsetzen gleich den Speichen eines Rades nach allen Seiten ausgebreitet werden können, desto sicherer kann man auf das Wachsthum und fernere glückliche Gedeihen eines verpflanzten Baums rechnen. Die Krone des zu versetzenden Stammes muß unverkürzt bleiben, wenn ein hinreichender Vorrath von Wurzeln zur Ernährung derselben vorhanden ist. In diesem

Falle nimmt man nur die unregelmäßig und unförmlich wachsenden und sich kreuzenden Zweige weg. Bey schwachen Wurzeln hingegen, die nicht Nahrung genug herbeyführen können, stuzt man die Kronzweige nach Verhältniß der Wurzeln, mehr oder weniger ein.

Der Apfelbaum liebt eine offene Lage, die der Sonne und Luft ihren freyen Zufluß verstattet. Nur scheuet er zu hohe und bergigte Gegend, besonders kalte Abhänge gegen Norden; hier wächst er langsam und krüppelich, und das ihn umziehende Moos kündigt bald seine Kränklichkeit an. Die Morgen- und Mittagsseite liebt er am meisten.

Er kommt in jedem mäßig guten Boden fort, wenn er nur nicht zu niedrig und feucht ist. In nassen und sumpfigen Gegenden kränkelt er ebenfalls bald, überzieht sich mit Moos und stirbt allmählig ab. Ein frischer tiefer, aus guter Gartenerde bestehender Boden, ist für ihn der zuträglichste. Seine Wurzeln gehen doch nicht so tief, als die vom Birnbaum, sondern laufen mehr horizontal in der Dammerde fort. Man darf demnach den Apfelbaum bey seiner Verpflanzung nicht zu tief einsetzen, denn sonst fängt er an zu kränkeln, nimmt Moos an, und stirbt allmählig ab, ohne daß man oft die Ursache davon begreift. Denn zu tief eingesenkt, können die Wurzeln weder den Grund durchdringen, noch wieder aufwärts kommen, und sich nahe unter der Oberfläche der Erde frey ausbreiten. Wenn Apfelbäume allein, oder mit andern Fruchtbäumen vermischt in grosen Baumgärten zusammengepflanzt werden, so ist es eine der ersten Regeln der Vorsichtigkeit, daß sie nicht zu enge zusammengedrängt wer-

werden. Dieses Zusammenhäufen vieler erwachsener Bäume ist ein gewöhnlicher Fehler der Baumpflanzer, und eine unerkannte Ursache ihrer vieljährigen Unfruchtbarkeit. Denn dadurch wird der freye Luftzug und der Sonnenschein, die zum Wachsthum und Gedeihen der Bäume durchaus nöthig sind, abgehalten. Die Dünste häufen sich sowohl von den Ausleerungen der Blätter, als auch aus der Erde und Luft so sehr an, daß eine kalte, schädliche Feuchtigkeit beständig in dem Bezirke der Bäume unterhalten wird. Die wenigen Früchte, die zuweilen noch gewonnen werden, bleiben klein und unschmackhaft, und können nur später reifen. Die Bäume nehmen eine schlechte Form an, verwildern leicht ins Sperrhafte, überkleiden nicht blos den Stamm, sondern auch die Aeste mit Moos, und werden, da sie in einem andern Stande lange hätten tragbar seyn können, zuletzt nicht weiter nützlich, als für den Feuerherd. Beträchtliche Zusammenpflanzungen von Apfelbäumen erfordern geräumige Plätze, und die gehörige Entfernung der Stämme unter einander, die nicht unter 30 besser noch 40 Fuß nach allen Seiten seyn muß, wenn sie ihre nützliche Fruchtbarkeit beweisen sollen. Das Land in ihren Zwischenräumen ist nicht verlohren, sondern kann auf mannigfaltige Art, zu Küchengewächsen, Futterkräutern, selbst zum Kornbau vortheilhaft benutzt werden, wenn man im letztern Falle nur bey dem Pflügen alle Beschädigungen der Wurzeln zu vermeiden sucht. Es ist überdem den Bäumen selbst sehr zuträglich, wenn der Boden in den Zwischenräumen oft aufgelockert wird, und ihnen durch wiederhohltes Düngen von Zeit zu Zeit neue Nahrung zugeführt wird. Wenn

der

der Boden zwischen ihnen beständig mit Gras bewachsen ist, so kann weder Regen noch Sonnenschein auf ihre Wurzeln wirken; es muß ihnen also an der nöthigen Fruchtbarkeit fehlen, und sie kränkeln und sterben ab. Wenn daher der Boden in großen Obstanlagen nicht anderweitiger Benutzung wegen öfters umgearbeitet wird, sondern zum Grastragen bestimmt ist, so muß derselbe wenigstens alle 2 bis 3 Jahre einmal um die Stämme her, so weit die Wurzeln reichen, umgegraben, und aufgelockert werden.

Nach dieser Ausschweifung kehre ich zum Versetzen der Apfelbäume zurück. Sollen die Bäume in kultivirtes Gartenland gepflanzt werden, das 1½ bis 2 Fuß tief guten Boden hat, so können die Gruben zum Empfang der Stämme ohne weitere Verbreitung gemacht werden. Ist aber ein Grasboden zur Obstanlage bestimmt, so muß derselbe wenigstens 1 Jahr vorher tief umgepflügt, und dies Pflügen von 3 zu 3 Monaten noch einigemale wiederhohlt werden, damit der Grund aufgelockert, und die Narbe mürbe werden kann. Will man im Herbste pflanzen, so müssen die Gruben schon im Frühjahre, und zur Pflanzung im März schon im August oder September geöfnet werden, damit die ausgeworfene Erde, die bey dem Einsetzen den Baum zunächst umgiebt, durch den Einfluß der Witterung milde und fruchtbar werde. Die Weite der Gruben ist nach der muthmaßlichen Ausbreitung der Wurzeln verschieden, von 2 bis 3 Fuß im Quadrat, und die Tiefe 1½ Fuß. Ist der Boden an sich fruchtbar, so bedarf es keines Düngers bey dem Einsetzen der Bäume. Scheint derselbe aber einer Beyhülfe zu bedürfen, so kann man in den

Grund

Grund der Grube eine Lage kurz und gut verweseten Kuhdüngers bringen, wobey aber die Vorsicht zu bemerken, daß der Dünger erst mit einer 4 bis 6 Zoll hohen Lage lockerer Erde bedeckt werden muß, damit die Wurzeln der Bäume ja nicht den bloßen Dünger berühren. Auf diese Erdlage wird der Baum mit gleichförmig nach allen Seiten ausgebreiteten Wurzeln gesetzt, und zuerst klare lockere Erde in kleine Portionen auf die Wurzeln geworfen, wobey man durch sanftes Schütteln des Stammes (Aufziehen und Niederdrücken) dafür sorgen muß, daß diese Erde sich überall gleichförmig zwischen den Wurzeln einlege. Das Antreten der Erde ist zu jeder Jahreszeit schädlich. Pflanzt man im Herbste, so wird die Winterfeuchtigkeit hinreichend für das Sinken der Erde sorgen, und im Frühjahre kann man dies weit zweckmäßiger erreichen, wenn man bey jedem gepflanzten Baum einen halben Eimer Wasser gießt, und dann die Grube mit der übrigen Erde anfüllt.

Die hochstämmigen und halbhochstämmigen Bäume sind auch deßwegen vorzüglich zu empfehlen, weil sie nach der Auspflanzung weit weniger Pflege erfordern, als das öftere Beschneiden und Anbinden bey den Spalierbäumen nöthig macht. Man kann bey ihnen im Ganzen die Zweige in die Länge fortwachsen lassen, und ihnen die Freyheit gestatten, ringsumher nach allen Seiten zu treiben, und eine dichte, ausgebreitete Krone zu bilden. Es entspringen dann von selbst längst den Zweigen die Augenträger. Diese vervielfältigen sich mit der Zunahme der Zweige, bringen ihre Früchte, und man hat nicht vielmehr zu beschneiden. Alles was im Fortgange mehrerer Jahre

etwa

etwa zu beobachten ist, besteht darin, daß man einzelne, gar zu unregelmäßige, oder quer über die andern liegende, und sich reibende Zweige, wegschneide; daß man die gar zu lang seitwärts heraustreibenden, oder unterwärts zu tief herabhangenden Zweige verkürze; daß man da die Zweige verdünne, wo sie die Krone zu sehr drängen oder in Unordnung bringen; daß man alles faulende, kranke oder todte Holz, so wie nicht weniger alle aus dem Stamme oder aus der Wurzel ausschlagende Nebenschößlinge und Räuber wegnehme; daß man dabey alles, was wegzunehmen ist, vorsichtig, scharf und glatt am Holze wegschneide.

Weit mehr Sorgfalt erfordert der Apfelbaum, am Spalier oder an der Mauer erzogen. Er muß, da er in eine ihm nicht natürliche Form gezwungen ist, öfters beschnitten werden. Der Schnitt ist überhaupt ein wichtiges Geschäfte des Baumgärtners, wobey es mehr auf eigene Beurtheilung, Erfahrung und Uebung ankommt, als auf viele Regeln. Man suche mehr der Natur des Wachsthums zu folgen, als sie nach seinem Eigensinn zu zwingen. So z. B. diese allgemeine Regeln: Sieht man in der Baumschule, daß ein Stamm einen hohen und graden Schafft bilden will, so helfe man ihm in seinem Bestreben weiter, indem man die Seitenschüsse, die sein Wachsthum aufhalten, vorsichtig wegnimmt. Will er sich buschicht, fächerförmig zu einen Spalierbaum, oder pyramidenförmig nach der Veredlung bilden, so lasse man ihm Freyheit, und suche ihn nicht zu zwingen, einen graden Schaft zu machen. Man gewinnt immer eher ausgebildete, versetzbare und tragende Bäume durch kluges Nachgeben, als durch Zwang. Wenn ferner z. B.

ein

ein junger hochstämmig veredelter Apfelbaum im ersten Jahre nach dem Pfropfen drey oder vier, oder mehr regelmäßige Zweige an der veredelten Stelle getrieben hat, so läßt man sie ihm ganz ohne Verkürzung, wenn er einen graden und hochaufwachsenden Gipfel haben soll. Will man ihm aber eine niedrige, mehr gedrungene und sich weiter herum ausbreitende Krone geben, und jene ersten Zweige wollen dazu nicht hinreichen, so verkürzt man sie im ersten Frühlinge auf einige Augen, und nöthigt sie, nahe über dem Gipfel den Sommer hindurch mehr Zweige zu treiben.

An den jungen kürzlich veredelten Spalierbäumen, müssen alle im ersten Jahre nach dem Pfropfen getriebenen Zweige im folgenden Frühjahre auf 5 bis 6 Zoll verkürzt werden, damit sie unten erst eine hinreichende Anzahl Zweige treiben. Diese sind darauf auf beyden Seiten wagrecht und gleich an dem Geländer hinzuleiten, und nur die etwas vorwärts und unregelmäßig ausgetriebenen Zweige, die nicht füglich und ordentlich am Spalier befestiget werden könnten, sind wegzuschneiden. Die regelmäßig geleiteten Zweige werden in der Folge nicht weiter verkürzt, als bis sie etwa mit den Jahren über das Geländer weglaufen wollten; man läßt sie fortwachsen, und hin und wieder die zur weitern Bekleidung etwa erforderlichen kürzern Seitenzweige treiben; nach wenigen Jahren fangen sie an Fruchtholz zu machen und Früchte zu zeigen.

Die Aepfel werden nach der unterschiedenen Natur einer jeden Sorte, vom Juli und August, bis zum Ende des Octobers, oder bis zum Anfange des Novembers reif und eßbar. Die Sommer- und frühen Herbstäpfel werden im August und

und September reif, und sind meistens schon unmittelbar nach dem Abpflücken vom Baum genießbar, halten sich aber, zumal die frühern Sorten nicht lange. Die Winteräpfel hingegen vollenden ihren Wachsthum erst im October, und sind erst dann zum Abnehmen vom Baume zeitig; sie halten sich aber, gut aufbewahrt, meistens viele Monate, manche sogar Jahre lang, und werden oft immer besser, je länger sie auf dem Obstlager liegen.

Alle späten Herbstäpfel, besonders aber die Winteräpfel müssen zur Vollendung ihres Wachsthums bis in den October auf dem Baume bleiben, so lange die Witterung gelinde und trocken ist.

Ob die Aepfel am Baume ihre völlige Zeitigung schon erlangt haben, kann man daran erkennen, wenn sie sich leicht ablösen, wenn man sie sanft in die Höhe beugt, oder wenn sie von sich selbst in ziemlicher Menge abfallen, oder bey einigen Sorten, wenn sie ihre Farbe verändern, und einen durchdringenden Geruch von sich geben. Sobald man diese Zeichen der Zeitigung wahrnimmt, muß man sie abnehmen, es mögen Sommer- oder Winteräpfel seyn.

Man muß sie nie anders, als bey trockner Witterung abnehmen; diejenigen, die man lange aufzubewahren gedenkt, müssen vorsichtig mit der Hand gebrochen oder gepflückt, aber nicht von den Bäumen abgeschüttelt werden, wodurch sie leicht beschädiget, und zur Dauer unbrauchbar gemacht werden. Wie sie am besten im Winter aufzubewahren, davon siehe weiter unten im Artikel **Obstkammer und Obstlager.**

Von

Von der Nutzbarkeit der Aepfel sage ich hier nichts, und setze also nur noch das nöthigste von den Krankheiten und Feinden der Apfelbäume hinzu.

Vom Krebse, dessen Ursachen und Heilung ist im Art. Brand, eine Baum-Krankheit Th. II. d. O. Fr. S. 328. fgl. schon das Nöthige gesagt worden. Ich setze hier nur noch eine neuerlich bekannt gewordene, und sehr bewährt gefundene Baumsalbe wider den Krebs und andere schädliche Wunden, in einer nähern Beschreibung her, die der T. O. G. im V. Bande S. 208 mittheilt.

Man vermischt zuerst $\frac{2}{3}$ frischen Lehm mit $\frac{1}{6}$ frischen oder ungelöschten Kalch, und $\frac{1}{6}$ frischen Kuhmist ohne Stroh, so daß nun die ganze Mischung aus 3 ganzen Theilen bestehet. Diese Mischung wird mit einem hölzernen schicklichen Instrumente so lange unter einander gearbeitet, bis alles eine Masse ist, und man keine Partikel mehr von der andern unterscheiden kann. Mit unter wird während des Umrührens etwas frisches Wasser zugegossen, damit der Kalch gelegentlich gelöscht werde. Von dieser Mischung wird aber nicht mehr auf einmal gemacht, als man etwa binnen 3 bis 4 Tagen zu gebrauchen denkt.

Zugleich bereitet man eine andere Mixtur aus

$\frac{1}{4}$ Theil weißen oder dicken Terpentin oder 2 Unzen
$\frac{1}{2}$ destillirten Kienöhl 4 Drachmen
$\frac{1}{2}$ Durchwachsöhl 4 — —
$\frac{1}{2}$ Eyeröhl : 4 — —
$\frac{1}{2}$ Kolophonium 4 — —

Die Zubereitung dieser Mixtur ist folgende. Man nimmt den Terpentin in ein reines Gefäß,

 setzt

setzt ihn in die Nähe eines Feuers, damit er ganz flüssig werden könne; nun gießt man die übrigen Oehle, so auch das Kolophonium, das man aber gepülvert hat, in den flüssigen Terpentin, läßt es noch einige Augenblicke stehen, und rührt es wohl unter einander. Wenn nun obige Mischung (aus Lehm, Kalch und Kuhmist) fertig ist, dann wird, indem man sie immer dabey umrühren muß, von dieser Mixtur so viel, jedoch nur nach und nach hineingegossen, bis man bemerkt, daß sie schlüpfrig und glänzend wird; dem Maaße nach zu urtheilen, wird etwa der 30ste Theil dazu erfordert werden. Was man von der öhlichten Mixtur etwa noch übrig haben möchte wird wohlverwahrt zum nächsten Gebrauch aufgehoben.

Die Bestandtheile dieser Salbe versprechen schon an sich viel Gutes. Lehm und Hornviehmist sind als kühlende Mittel bekannt; der in der Masse abgelöschte Kalch giebt der ganzen Masse mehr Festigkeit, so daß sie, ohne mit Tuch umwickelt zu werden, von selbst hangen bleibt, eine gelinde Härte annimmt, und nicht von der Witterung abgeschlagen werden kann. Die Oehle tödten theils wegen ihres heftigen Geruchs die Insekten und Gewürme, theils mildern sie die Schärfe und Festigkeit des Kalchs, und dienen der Wunde zur Erfrischung.

Die Art, wie man die Salbe gebraucht, ist folgende: man schneidet die brandige Wunde des Baums, so viel möglich ist, ganz aus, indem doch das einmal abgestorbene Holz nie wieder lebendig werden wird, sucht die sich vorfindenden Insekten zu entfernen, und bestreicht dann die Wunde nicht ganz einen viertel Zoll dick mit der Salbe. Sollten sich in dem Holze selbst Insekten-Eyer

oder

oder Gewürme vorfinden, so sterben sie von der Salbe. Die zirkulirenden Säfte des Baums fangen nach und nach an, in die Wunde hineinzutreten und es entsteht in Kurzem eine gesunde frische Rinde über die Wunde hin. Ist die Wunde frisch und das Holz gesund, wie es oft geschehen wird, wenn man Aeste vom Stamme absägt, oder der Wind hier und dort einen Ast abreißt: so muß man das Faserige am Holze und Rinde zuvor abschneiden, und sodann die Wunde mit der Salbe bestreichen. Will man nun, um sich von der Wahrheit zu überzeugen, zuweilen die Wunde untersuchen, so wird man finden, daß das Holz nicht abstirbt, noch brandig wird, wie es bey dem bloßen Lehm geschehen würde, sondern daß es frisch bleibt, bis es von einer neuen Rinde überzogen ist. Die Wunde heilet also zu, ohne daß etwas zurück bleibt, daß mit der Zeit den Brand verursachen könnte.

Eine andere Krankheit der Apfelbäume, die auch wohl der **Brand**, sonst vorzüglich der **Bastwurm** genannt wird, rührt von einer kleinen Raupe (von der Phalaena Tinea Resinella) her, die sich in die Rinde einfrißt. Die Raupe ist platt und bräunlich von Farbe, mit einem großen glänzend gelbbräunlichen Kopfe. Sie hat 16 Füße und ist nur klein, etwa 4 bis 5 Linien lang. Sie setzt sich zwischen Holz und Rinde fest, und macht sich in der Rinde einen Gang von etwa ½ Zoll lang. Sobald sie anfängt zu fressen, wird die Rinde bis auf das Holz schwarz. An dem Orte, wo sie sitzt, findet sich inwendig in der Höhlung ein gummiartiger geronnener Saft. Diese Fäulniß in der Borke kann sich manchmal auf einen halben Zoll und weiter ausbreiten,

breiten, wenn gleich die Raupe nicht so weit kommt, und in der Folge wird auch das harte Holz davon ergriffen und stirbt ab. Ein Glück ist es, daß diese Raupe in einem engen Bezirke um sich frißt, und nicht in grader Linie fortgeht, weil sie sonst, wenn sie rund um den Baum die Rinde anfräße, dessen Absterben in kurzer Zeit veranlassen würde.

Wenn die Borke nun in dem einen Jahre faul geworden, und erstorben ist, so wird sie im folgenden Jahre auswendig schwarz, trocken und eingefallen, springt auf, und bekommt tiefe Ritzen; dahingegen die übrige Rinde grünlich, saftig, erhaben und glatt ist. Alsdann erkennt man erst die Gegenwart dieses sogenannten Bastwurms. Untersucht man eine solche trockne Stelle genauer, so wird man auch an den Stellen wo die Raupe sitzt, auswendig kleine Häufchen von ihrem Kothe bemerken, den die Raupe aus ihrer Höhlung herauswirft.

Die Raupe gebraucht wahrscheinlich 2 Jahre zu ihrer Verwandlung. Alsdann wird wie gewöhnlich, eine Puppe daraus, aus der ein kleiner Nachtvogel kommt, dessen Flügel zusammen und niedergebogen sind, und den ganzen Körper wie ein Dach bedecken. Die äußern Flügel sind schwärzlich, mit Braun geschecket, mit 3 weißen, wie Silber schimmernden Strichen. Die untern, von jenen ganz bedeckten Flügel sind schwarzgraulich. Der Leib ist grau, die Beine aber, welche, wie an allen ähnlichen, mit Stacheln oder Spornen versehen sind, silberfarbig.

Da die Raupe sich in einen fliegenden Zweyfalter verwandelt, so ist es nicht wohl möglich, seine Bäume so zu verwahren, daß dieses Thier gar nicht daran kommen sollte. Es bleibt also nichts übrig, als fleißig auf seine Bäume Achtung zu geben, ob einer oder andere von dieser Bastraupe angegriffen sey. Findet man eine dadurch verdorbene Stelle in der Rinde, so muß man das Verdorrete, welches sonst weiter um sich frißt, so weit wegschneiden, bis die Borke frisch und grün wird. Die vorkommenden Raupen und Puppen muß man sorgfältig aufsuchen und tödten. Die beste Zeit, seine Bäume nachzusehen, und von diesem Uebel zu reinigen, ist im April, weil diese Raupe alsdann erst anfängt zu fressen, also noch keinen Schaden gethan hat. Die in der Borke gemachte Wunde kann den Sommer über großentheils schon wieder zuwachsen; und wenn man die alte Raupe vor oder in der Verwandlung tödtet, so stört man zugleich die ganze Brut. Die durch den Ausschnitt der schadhaften Stelle gemachte Wunde bedeckt man am besten mit vorstehender vortrefflicher Baumsalbe.

Wiederhohlt man dies ein paar Jahre nach einander, so wird man die schädliche Raupe aus dem ganzen Garten vertreiben und ausrotten können. Die Sache selbst ist nicht mühsam, weil die Raupe sich nur an wenigen Bäumen findet, und die schadhaften Stellen leicht in die Augen fallen; mithin leicht ausgeschnitten werden können. Geschieht dieses nicht, so werden endlich ganze Aeste, ja gar der ganze Baum absterben.

Auch die Gelbsucht ist eine Krankheit, die die Apfelbäume oft heimsucht. Sie ist nach der Pomona franconica Th II. S. 297 eine Entfärbung und Erblassung des Laubes und aller Triebe des Baums, welche einen Abgang und Ermattung der Nahrungssäfte zum Grunde hat,

und

und endlich das ganze Verderben nach sich ziehet.

Es entspringt diese Krankheit aus einer Verschlimmerung der Säfte, aus allzu großer Trockenheit, aus anhaltender Nässe, seichtem oder allzufestem Boden, der keine Feuchtigkeit durchläßt, aus schlechtem ausgemergelten, für die Natur des Baumes unschicklichen Boden, aus dem Schaden den die Engerlinge oder Mayköferwürmer und die gelben Ameisen an den Wurzeln anrichten, oder von einer Krankheit und Fäulniß der Wurzeln, oder wenn diese von Maulwürfen und Hamstern der Erde beraubt und entblößt werden.

Gemeiniglich pflegt man, wenn man einen solchen von der Gelbsucht ergriffenen Baum gewahr wird, wenn er mit andern Bäumen in ein frisches Grün gekleidet seyn sollte, unter die nun schon verlornen Bäume zu zählen, ohne auf seine Rettung bedacht zu seyn, oder auch nur zu untersuchen, wo das Uebel herrühre und sich befinde. Wenn es ein alter abgelebter Baum ist, kann man ihn eher seinem Schicksale überlassen; ist es aber ein junger Baum, so verlohnt es sich wohl der Mühe, ihm zu Hülfe zu kommen. Und da räth die Pom. franc. l. c. an, einen solchen Baum öfters mit Fleisch- oder Spülwasser zu begießen, die Wurzeln aufzugraben, zu untersuchen, und von Gewürmen, Ameisen und Fäulniß zu reinigen, frisches Erdreich aufzuschütten, und zu düngen.

Der **Mistel**, dessen Blätter den Blättern des Buxbaums gleichen, ist eine Schmarotzerpflanze, so wie auch die verschiedenen **Moose** und **Flechten**, wovon mehrere Arten auf den

Apfel-

Apfelbäumen, besonders auf den alten und schwächlichen wachsen, und sich ganz auf ihre Unkosten nähren. Sie verhindern die Ausdünstung der Bäume, verderben durch das Einstechen der Wurzelhäckchen die Rinde, und halten die Feuchtigkeit zurück, wodurch der Saft Schaden nimmt. Man zerstört sie daher, indem man die Stämme und Aeste der Bäume mit einem hölzernen Messer, oder ähnlichen Instrumente abschabet, und bey feuchter neblichter Witterung mit einem wollenen Lappen abreibt. Auch ist es den Bäumen sehr zuträglich, wenn man sie zuweilen ordentlich abwäscht. Selten werden gesunde, starke, wohlgepflegte Bäume von diesen Schmarotzern geplagt.

Ein Uebel, wenn auch keine Krankheit, ist besonders bey den Apfelbäumen das **häufige Aufspringen der äußersten Schale**, welche sich so sehr vervielfältiget, daß oft Lappen über Lappen hängen. Sie kann unmöglich dem Baume zum Vortheil gereichen, und scheint viel Aehnliches mit dem Aufspringen der Hände des Menschen zu haben. Bey diesem Aufspringen der Schale leidet der Baum immer eine Art von Gewalt, und dies kann nicht so geschehen, daß es ohne Nachtheil für ihn abginge. Natürlicherweise muß dies Aufspringen vor sich gehen, wenn der Baum durch den Zufluß der aus der Erde aufgenommenen Säfte in seinem Innern sich immer mehr und mehr ausdehnt, wodurch die Epidermis so sehr gespannt wird, daß sie endlich platzen muß. Sie ersetzt sich zwar gleich wieder, aber dadurch wird der Baum voller Schurfen und Lappen. Hinter und unter denselben setzt sich die Feuchtigkeit fest, und hält sich dort lange auf. Andere werden Schirmdächer und Wohnungen für die

In-

Insekten und ihre Brut. Man räth daher, diese Schurfen mit einem Baumschaber fleißig abzusondern, und den Baum von ihnen zu befreyen. Ich halte aber dafür, daß man mehr suchen sollte, ein gewaltsames Sprengen dieser Rinde zu verhindern, und der Natur dadurch nachzuhelfen, daß man im Frühjahre den Schaft des Baums, von der Krone an bis zur Erde, auch zuweilen an den stärksten Aesten der Krone, mit der Spitze des Gartenmessers leicht ritze. Dieser Einschnitt, den man auf ein paar Seiten machen kann, darf aber nicht über ½ Linie tief seyn. Durch diese leichte Trennung der Epidermis wird jeder gewaltsamen Trennung vorgebeugt werden. Ich habe an denjenigen Bäumen, an welchen ich dieses gethan habe, immer eine sehr glatte Rinde zuwege gebracht; auch glaube ich, daß dieses zu einer baldigen Tragbarkeit des Baumes vieles beyträgt.

Von den andern Feinden der Apfelbäume, als den Ameisen, Maykäfern und verschiedenen Raupenarten, die sowohl den Blättern, als den Blüthen nachtheilig sind, will ich hier nichts sagen, da diese auch andern Bäumen schädlich sind, und deßhalb eigene Artikel davon bereits vorgekommen sind und noch vorkommen. Ein eigener und vorzüglicher Feind der Apfelblüthe ist aber eine vielleicht noch nicht gehörig bekannte Art von Rüsselkäfer (Curculio) die unerwartet und schnell erscheint, und nicht selten die betrübtesten Verheerungen anrichtet, ohne daß man die eigentliche Ursache davon kommt. — Dieses Kieferchen ist oft die einzige Ursache von einer schlechten Apfelerndte und geht hauptsächlich die Blüthe an. Es erscheint mit einer solchen Schnelligkeit

und

und unvermerkt, daß man nicht weiß, wo es herkömmt. Ich habe fast täglich vom Aufbruch der Knospen an, die noch unentwickelten Apfelblüthen auch mit einem Vergrößerungsglase untersucht, und nie eine Spur einer Verletzung von außen, wodurch etwa ein Eychen eingeschoben gewesen wäre, angetroffen, und bisweilen fand ich ganz unvermuthet, sobald nur die Kelcheinschnitte sich abgedehnt, und die Blumenblätter sich aufgewölbt zeigten, eine kleine weißgrüne Made innerhalb der Staubfäden und Stempel liegen, welche sich herrlich nährte, und es sich von den zarten und markigten Staubfäden und Stempel recht gut schmecken ließ. Ohne Zweifel ist dieses grade die Nahrung; die sie bis zu ihrer Verwandelung bedarf; denn wenn dies aufgezehrt ist, so bleibt diese Made, oder dies Räupchen still liegen, und bekömmt eine gelbere Farbe; nach und nach wird dieses Insekt ganz steif, aber beym geringsten Anrühren schnellt es sich in die Höhe. Man bemerkt auch seine Verwandelung deutlich. Am sichtbarsten wird der Rüssel, welcher vom Kopf am Bauche hin liegt, und sich sehr genau auszeichnet. Man wird es sehr bald an den Blüthen gewahr, in welchen sich eine solche Made, aus welchen das Rüsselkäferchen entsteht, befindet. Sobald sie einige Zeit in derselben gezehrt, so verlieren die Blütenblätter die Farbe, thun sich weiter auf, und werden am Ende ganz gelb und braun.

Aus diesen Maden — nicht Raupen, denn sie haben keine Füße, — werden kleine etwa 1 bis 1½ Linien lange Kä[illegible]erchen, die unten am Bauche schwarzfahl, auf d[illegible]n Rücken aber schwarz, und an solcher Schwärze querüber braun gestreift

sind;

sind; und so sind auch seine 6 Füße querüber braun auf schwarz gestreift. Das Köpschen ist, gegen das Verhältniß seiner Leibesgröße sehr klein. Vorne am Kopf steht ein bräunlicht schwarzer langer Rüssel, der vorwärts etwas niedergebogen ist, und etwa in seiner Mitte an jeder Seite ein Fühlhorn hat.

Vorstehende Beschreibung des Rüsselkäfers ist aus D. Glaser in Suhlin physikalisch-öconomischer Abhandlung von den schädlichen Raupen der Obstbäume genommen. Er fährt S. 165 fort. Ich bin noch nicht im Stande gewesen auszuforschen, wie solche Käferchen sich eigentlich fortpflanzen, und warum sie nicht alle Jahre, sondern nur zuweilen in manchen Jahren, den Obstblüthen so vielen Schaden thun. So viel ist mir zwar nunmehr bekannt, daß sie erstlich im Frühlinge, da die Obstbäume, zumal die Apfelbäume, schon in voller Blüthe stehen, des Nachts sich vornämlich an die dem Aufgehen nahe seyenden, aber doch noch geschlossenen Apfelblüthen machen, und nur ein einziges Eylein in jede noch nicht ganz aufgegangene Blüthe legen aus welchem sodann in der Knospe eine Made wird, die keine Füße hat. Wo diese Käferchen sich aber den Sommer und Winter über aufhalten, und was sie, wenn kein Baumlaub mehr vorhanden ist, für Nahrung genießen, oder ob sie im Herbste etwa in die Erde kriechen, und darin den Winter hindurch ohne Nahrung leben, und ob sie ein, oder mehr als ein Jahr leben, das alles ist mir noch unbekannt. Und so gestehe ich auch aufrichtig, daß ich bisher noch kein hinlängliches Mittel entdeckt habe, wie solche blüthenverderbende Rüsselkäfer von den Blüthen abge-

abgehalten werden können. Jedoch will ich einige Vorschläge thun, mit deren Befolgung denselben doch viel Abbruch geschehen kann.

Man thut also erstlich wohl, wenn man, so viel es füglich geschehen kann, die an den Apfelbäumen unaufgegangenen Blüthen, die braune Butzen zu werden anfangen, oder schon geworden sind, mit den noch darin steckenden weißen Maden, bey Zeiten fleißig abnimmt, aus dem Garten wegbringt, und sie dann entweder verbrennt, oder zerquetscht, oder so tief in die Erde gräbt, daß sie darin verderben müssen, damit aus den darin steckenden Maden nicht wieder neue Rüsselkäferchen werden, und also von der verminderten Anzahl im folgenden Frühjahre auch nicht so viel Schaden an den Baumblüthen verübt werden könne. Es würde aber dieses eben nicht viel helfen, wenn nur ein, oder anderer Gartenbesitzer solche braune Blüthbutzen in seinem Garten allein abnehmen, die Nachbarn hingegen solche Butzen ungestört sitzen lassen wollten. Man wird also leicht erkennen, daß, wenn solches Mittel von vielem Nutzen seyn solle, das Abnehmen der braunen Blüthbutzen eben so, wie das Abraupen von der Obrigkeit jeden Orts allen Gartenbesitzern bey Strafe auferlegt werden müsse. — Zweytens möchte man unter einem und dem andern zum Blühen kommenden Baum des Abends und die Nacht hindurch ein fortglimmendes Rauchfeuer halten, und beobachten, ob sich mit solchem auf die Bäume spielenden Rauche, die Rüsselkäfer von den Bäumen abhalten lassen oder nicht. Drittens man könnte auch Honig mit ein wenig Gift vermischt, des Abends behutsam unter einen solchen Baum stellen, und des Morgens wieder

weg-

wegnehmen, und dabey wahrnehmen, ob etwa die Rüsselkäferchen von solchem vergifteten Honig genascht haben. Der Sicherheit wegen könnte man diesen Versuch erst nur mit reinem Honig machen.

Viertens, diejenigen Gartenbesitzer, so einen Garten an ihrer Wohnung und also gute Gelegenheit zu beobachten haben, möchten auch zu der Zeit, wenn die Apfelbäume in vollen Flor kommen, des Abends oder des Nachts mit einer hellleuchtenden Laterne bey den Obstbäumen herumgehen, und sich bemühen, ob sie etwa an einem Apfelbaume die daran herumfliegenden kleinen Rüsselkäferchen sehen, und sie bey dem Einlegen ihrer Eyer belauschen könnten, oder auch ob sie dem Lichte nachgehen, und also in ein dabey gemachtes Feuer fliegen und darin verbrennen.

Da die Anwendung der Aepfel zum wirthschaftlichen Gebrauch, nicht eigentlich zu meiner Absicht gehört, so bemerke ich hier vom Nutzen derselben nur folgendes: Die Gartenapfelbäume werden nicht ihres Holzes wegen, das jedoch zu allerley Tischlerarbeiten nützlich ist, wenn gleich seine Härte nicht der von den Birnbäumen gleich kommt, sondern vielmehr des mannichfaltigen Gebrauchs ihrer Früchte wegen gezogen. Ueberhaupt ist der Apfel eine gesunde, erfrischende, schmackhafte und angenehme Frucht, von dem viele gute Arten roh gegessen, und **Tafeläpfel** genannt werden; oder man bereitet die geringeren Sorten in der Küche auf mancherley Art zu, durch Kochen, Schmoren, Backen, Trocknen, backt sie in Brod und Torten, und macht Muß und Syrup aus ihnen. — Vorzüglich wird aus den Aepfeln der Cider, Apfelmost oder Apfelwein verfertiget,

der

der ein Mägen stärkendes und die Verdauung beförderndes, sehr angenehmes Getränk ist, welches, wenn es richtig bereitet ist, dem Trauben-Wein wenig nachgiebt. Von dessen Bereitung werde ich im Art. Obstwein das Wichtigste beybringen.

Die Aepfel erhalten sich besser, als die Birnen, weil ihr Saft nicht in Gährung geräth, und sie auch nicht weich werden, sondern nur eintrocknen. Ihre Haut bekommt alsdann Runzeln, und zuletzt und spät fangen sie an zu verfaulen. Auch haben sie noch den Vorzug vor den Birnen, daß sie nicht leicht einen fremden Geschmack annehmen.

Der Apfelbaum überhaupt ist in Vergleichung mit dem Birnbaume weniger zärtlich, wächst fast überall gut, wird früher tragbar, kann besser der Kälte, dem Klima und der Rauhigkeit der Witterung widerstehen, braucht weniger Hitze des Sommers zur Reifung seiner Früchte, und kömmt in Lagen und Gegenden fort, wo der Birnbaum leiden würde.

Malus Armeniaca, der Aprikosenbaum, s. Armeniaca Th. I. 407 fgg.

Malus Aurantia, der Pomeranzenbaum, s. Aurantium, Th. I. S. 566.

Malus Citria, der Citronenbaum, s. Citrone, Th. II. S. 479.

Malus Cydonia, der Quittenbaum, s. Quitte.

Malus domestica, der Garten-Apfelbaum, im Gegensatz des Holzapfelbaums.

Malus Henricus, Dentaria, s. Zahnwurz.

Malus Persica, der Pfirschenbaum, s. weiterhin unter diesem Artikel.

Malus Punica, der Granatbaum, s. Th. III. S. 333.

Mal-

Malva, s. Malve.

Malva Alcea, s. Malve.

Malva arborea heißt

1) die Lavatera arborea, s. Lavatera n 4. G. F. Th. IV. S. 731.

2) Die Althaea ficifolia, eine Art des Eibischkrautes.

Malva hortensis, s. Althaea.

Malvasier-Birn, der gewöhnliche teutsche Name der Bon chretien d'été, s. Birnbaum n. 28. Th. II. S. 160.

Malvasier-Kraut, ein Name des Leberbalsams, Th. IV. S. 753.

Malvaviscus, Hibiscus Malvaviscus L., s. unter Retmie Th. IV. S. 68.

Malve, Malva L., ist eine Pflanzengattung mit vielen verwachsenen Staubfäden. Die bleibende Blumendecke ist gedoppelt, die äußern 2 bis 3 blättrig, die innere halb fünfspaltig. Die Blumenkrone fünfblättrig, und dem Staubfadenrohre eingefügt. Der kurze Staubweg hat viele Narben, die borstig sind. Die vielen einsamigen Samenkapseln sitzen in einem Kreise um den säulenförmigen Fruchtboden. Diese Gattung, die in die 6te Ordnung der 16ten Linnéischen Pflanzenklasse (Monadelphia Polyandria) gehört, begreift schon über 50 bekannte Arten, von denen die meisten ausländisch sind. Die hier folgenden Arten dieser Gattung sind dauerhafte, krautartige, theils perennirende, theils zwey- theils einjährige, zum Theil zur Verzierung der Gärten, zum Theil zur Arzeney brauchbare Pflanzen, meistens mit aufrechten Stengeln von 1½ — 10 — 12 Fuß hoch, mit großen, rundlichen lappigen Blättern und fünfblättrigen Blumen.

1) Malva (sylvestris) caule erecto herbaceo, foliis septem-lobatis acutis, pedunculis petiolisque pilosis Linné Pfl Syst. VIII. 455. *Mill.* Dict. n. 1. Lueder b. p. Lustg. III. p. 316. n. 1. **Waldmalve, Roß-Hanf-wilde rothe Pappel.** Sie wächst in Europa auf Feldern. Sie hat eine faserige, tief eindringende Wurzel. Die krautigen Stämme stehen aufrecht, und werden oft zu 3 Fuß hoch. Die rundlichen Blätter sind siebenlappig, und an den Stielen haarig. Die Blumen, welche aus den Winkeln hervorkommen, sind groß, hochroth, und mit einigen dunkeln Strichen durchzogen. Die gemeine Art ist nur als eine Arzneypflanze beliebt, wird dagegen in den Gärten als ein lästiges, sich stark vermehrendes Unkraut mit Fleiß ausgerottet. Man hat aber einige Varietäten derselben, die von Liebhabern gesucht werden, nämlich a) mit zerstückten Blättern; b) mit weißen; c) mit blauen Blumen, die sich auch ziemlich unverändert durch den Samen fortpflanzen. Da indessen unter den aufgegangenen Pflanzen sich immer einige von der gemeinen Art finden, so muß man, sobald man die verlangte Eigenschaft an Blättern und Blüten erkennen kann, sogleich die schlechten Pflanzen ausreißen und nur die vollkommneren stehen und Samen tragen lassen. Sie blühen alle im ersten Sommer nach der Aussaat, und dauren oft viele Jahre, indem ihre Wurzel immer hölziger wird. Man säet den Samen dieser Art gleich an Ort und Stelle, sobald man im Frühlinge dazu kommen kann.

2) Malva (Alcea) caule erecto, foliis multipartitis scabriusculis. *Linn.* Pfl. Syst.

VIII. 458. *Mill* n. 9. Engl. Common Vervain Mallow. Lueder l. c. n. 2. Siegmarskraut, Rosen= oder Augenpappel, Wetterrose, Herzleuchte, Pflugwurz, Studentenblume, Altheen=Malve. Diese Art perennirt wie die vorige, und ist in Deutschland, Frankreich, England und Holland auf bergigen Gegenden und an den Zäunen, zu Hause. Sie blühet im Julius und August. Ihre Stängel, welche von bündelweise stehenden steifen Härchen rauch sind, werden über 3 Fuß hoch. Die Blätter sind gestielt, rauchhaarig, in 5 schmale, wieder eingeschnittene Lappen getheilt, und daher einigermaßen handförmig Die Blumen kommen in den Winkeln der Blätter auf besonderen Stielen hervor, sind sehr groß und rosenfarbig An den äußern Blättern findet man zuweilen 4 Blätter. Auch von dieser Art giebt es einige Verschiedenheiten, a) kleineres, b) größeres, c) filzblättriges, d) weißblumiges Siegmarskraut.

3) Malva (moschata) caule erecto, foliis radicalibus reniformibus incisis, caulinis quinque-partitis pinnato-multifidis. *Linn.* Pfl. Syst. VIII. 459 *Mill.* dict n. 10. Jagged-leaved Vervain Mallow. Lueder l. c. n. 3. Bisamduftende, oder wohlriechende Malve. Auch diese Malvenart perennirt, und ist in Schweden, Deutschland, England, Frankreich und Holland zu Hause. Sie unterscheidet sich von der vorigen durch die nach Bisam riechenden Blumen und durch einen niedrigern Stamm, welcher durch einzelne, gerade aus hervorragenden Pünktchen hervorkommende Härchen rauch ist.

Diese

Diese 2 Pflanzen werden, ungeachtet sie in vielen Gegenden wildwachsend angetroffen werden, dennoch zur Verzierung und zur Mannigfaltigkeit in den Lustgärten aufgenommen, und machen zwischen andern Pflanzen von ähnlichem Wuchse eine sehr ansehnliche Mannigfaltigkeit, und lassen sich in Menge aus dem Samen erziehen. Man säet denselben im März oder April, entweder trippelweise auf die zu ihrer Flor bestimmten Stellen, 1½ Zoll tief, und läßt nachher auf jeder Stelle nur die 2 — 3 besten Pflanzen; oder auf ein Samenbeet, und harkt ihn ein, und pflanzt die Pflanzen, sobald sie 3 — 4 Zoll hoch sind, auf die Rabatten; oder auf besondere Beete, und verdünnet sie nachher nur 1½ Fuß weit. Sie blühen im Jun. und Jul. des folgenden Jahres, geben im Herbste reifen Samen, und säen sich dann selbst aus. Wenn man sie, sobald sie abgeblüht haben, und ehe der Same reif wird, über der Erde abschneidet, so treiben sie, da sie sonst nur zweyjährig sind, aus der Wurzel aufs neue, und blühen im folgenden Jahre wiederum sehr gut.

4) Malva (rotundifolia) caule prostrato, foliis cordato-orbiculatis obsolete quinquelobis, pedunculis fructiferis declinatis. **Linn.** Pfl. Syst. VIII. 453. *Mill.* dict. n. 2. **Lued.** l. c. n. 4. **Rundblättrige Malve, Käse- Gänse- Hasenpappel.** Diese Art wächst als ein Unkraut durch ganz Europa an Wegen und Straßen, und gehet jährlich aus dem ausgefallenen Samen von selbst auf. Ihre Stämme werden 1 bis 1½ Fuß lang und liegen meistens auf der Erde. Die Blätter, welche auf langen Stielen stehen, sind nierenförmig und am Rande in 5 sägeartig gezähnte Lappen getheilt.

Die Blumen kommen aus den Winkeln der Blätter hervor, sind weißlich und roth gestreift, und stehen einzeln, immer auf besondern Stielen.

5) Malva (crispa) caule erecto, foliis angulatis crispis, floribus axillaribus glomeratis. Linn. Pfl Syst. VIII 457. *Mill.* Dict. n. 4 Curled-leaved Mallow. Lueder l. c. n. 3. Krause Malve. Sie gehört eigentlich in Syrien zu Hause, wird aber auch schon in Deutschland wild wachsend angetroffen. Sie treibt aufrechte, starke 6, 8 — 10 Fuß hohe Stengel, die dicht mit Blättern besetzt sind. Ihre Blätter sind groß, winklicht, kraus, am Rande sonderbar schön verbrämt. Um dieser Eigenschaft ihrer Blätter willen, die der Pflanze ein angenehmes Ansehn geben, wird sie für die Lustgärten gesucht. Die kleinen röthlichen Blumen stehen in Knäueln und sind meistens unter den krausen Blättern verborgen. Sie nimmt sich an der Rückseite einer großen Rabatte, in einer entlängs laufenden Reihe sehr artig aus.

6) Malva (verticillata) caule erecto, foliis angulatis, floribus axillaribus, glomeratis sessilibus, calycibus scabris. Linn. Pfl Syst. VIII. l. c. *Mill Dict.* n. 5. Chinese Mallow. Lued. l. c. n. 6. Quirlförmige oder Chinesische Malve. Diese ist ein Sommergewächs und ist in China zu Hause. Der Stängel ist aufrecht $1\frac{1}{2}$ Fuß hoch Die Blätter sind winklich, rundlich. Die Blumen stehen in den Winkeln in Kneulen, ungestielt, außerordentlich klein, weiß, und der Kelch rauch.

7) Malva (aegyptia) caule erecto, foliis palmatis dentatis, corollis calyce minoribus. Linn. Pfl. Syst. VIII. 460. *Mill.* n. 11.

Ae-

Aegyptian Mallow. Lueder l. c. n. 7. Egyptische Malve. Sie ist in Egypten einheimisch. Der aufrechte Stengel wird 1 Fuß hoch. Die handförmigen gezähnten Blätter zieren die Pflanze auf eine angenehme Art. Die kleinen blauen Blumen stehen an den Gipfeln der Stengel in Trauben und an den Seiten der Zweige einzeln. Sie haben ziemlich große spitzige Kelche, in welchen die kleineren Blumenkronen verborgen sind. Die Pflanze ist jährig

8) Malva (peruviana) caule erecto herbaceo, foliis palmatis, spicis secundis axillaribus denticulatis. Linn. Pfl. Syst. VIII. 450. *Mill. Dict.* n. 8. Peruvian Mallow. Lueder l. c. n. 9. Peruvianische Malve. Diese jährige Pflanze wächst ursprünglich in Peru. Sie treibt krautartige, aufrechte, 2 — 3 Fuß hohe Stengel, die mit breiten, handförmigen, haarigen Blättern besetzt sind, welche 3 scharf sägeförmige Lappen haben. Die Blumen stehen in den Winkeln der Blätter, in seitwärts stehenden, gezähnten, dichten Aehren, und haben eine blaßblaue Farbe. Man hat eine Abart mit purpurrothen Blumen.

9) Malva (Caroliniana) caule repente, foliis multifidis. Linn. Pfl. Syst. VIII. 452. Lueder l. c. n. 10. Carolinische Malve, ist in Carolina zu Hause Die Stämme kriechen an der Erde und treiben oft Wurzeln. Die rundlichen Blätter sind vierspaltig. Die ziegelrothen Blumen stehen an den Seiten und sind nur klein.

10) Malva (Tournefortia) foliis radicalibus quinque partitis trilobis linearibus, pedunculis folio caulino longioribus, caule decum-

cumbente. Linn. Pfl. Syst. VIII. 450. *Mill. Dict.* n. 13. French Mallow. Lueder l. c. n. 8. Tournefortsche oder französische Malve. Sie wächst im südlichen Frankreich und Spanien am Meeresstrande. Ihre ästigen, 1½ Fuß langen Stengel liegen darnieder. Die Blätter sind sehr stumpf, gefranzt, und auf der Oberfläche an der Spitze borstig. Die Blumenkronen sind viermal größer als der Kelch. Die Blumen sind blau und stehen auf Stielen, welche länger sind als die Stengelblätter.

11) Malva (Mauritiana) caule erecto herbaceo, foliis quinquelobatis obtusis, pedunculis petiolisque glabriusculis. Linn. Pfl. Syst. VIII. 456. Ivy-leaved Mallow. Lueder l c. n. 11. Sie ist in Italien, Portugal, Spanien zu Hause. Sie ist der M. sylvestris fast in allem ähnlich, nur sind an dieser die Blätter fünfrippig, da sie an jener siebenrippig sind. Der äußere Kelch ist an dieser lanzettförmig und bey jener eyrund. Die Blumenkrone ist an dieser mehr blutroth, an jener bläulicht. Die zahlreichen großen Blumen stehen auf ziemlich glatten Stielen und sind nicht ohne Schönheit.

12) Malva (hispanica) caule erecto, foliis semiorbiculatis crenatis, calyce exteriore diphyllo. Linn. Pfl. Syst. VIII. 456. Spanish Mallow. Lueder l. c. n. 12. Von dieser ist Spanien das Vaterland. Die Stengel sind weitschweifig, aufwärts steigend, und mit steifen Härchen besetzt. Die Blätter sind herzförmig rundlich, etwas lappig und gekerbt. Die zahlreichen, sehr großen, schön rothen Blumen stehen auf einblumigen Stielen, die länger als die Blätter sind.

13) Malva (limensis) caule erecto herbaceo, foliis lobatis, spicis secundis axillaribus. Linn Pfl. Syst. VIII. 450. Limese Mallow. Lueder l. c. n. 13. Diese jährige Art ist in Lima zu Hause. Ihre krautartigen Stengel 3 Fuß hoch. Die Blätter sind groß, lappig und sägeförmig. Die blauen Blumen stehen in den Winkeln der Blätter in kleinen seitwärts stehenden Aehren.

14) Malva (gangetica) foliis cordatis obtusis scabris, floribus sessilibus, arillis denis muticis crenulatis. Linn. Pfl. Syst. VIII. 448. Indian Mallow. Lueder l. c. n. 14. **Gangetische, oder Bengalische oder Ostindische Malve.** Sie ist auch jährig und in Ostindien zu Hause. Die aufrechten, krautartigen Stengel werden 2 Fuß hoch. Die Blätter sind überaus stumpf, herzförmig und sägenartig. Die kleinen gelben Blumen stehen in den Winkeln der Blätter in Knäueln.

Man kann den Samen aller dieser Pflanzen im März aussäen, und sie werden dann noch in eben dem Sommer blühen. Um sie jedoch noch früher zur Blüte zu bringen, säe man ihn schon im Herbste, weil die Pflanzen die Winterkälte ertragen, und dann schon im Jun. blühen, und im Herbste gewiß reifen Samen geben. Man säet sie am besten auf den Rabatten trippelweise umher, und läßt nachher auf jeder Stelle nur 2 bis 3 der besten Pflanzen stehen. Sie pflanzen sich durch den ausfallenden Samen hinreichend fort.

15) Malva (americana) foliis cordatis crenatis, floribus lateralibus solitariis, terminalibus spicatis. Linn. Pfl. Syst. VIII. 449. *Mill.*

Mill. n. 15 Dwarf American Mallow. Lueder l. c. n. 15. Amerikanische Zwergmalve. Sie ist ein Sommergewächs und ist in Amerika zu Hause. Der etwas haarige ästige Stengel wird 1 Fuß hoch. Die Blätter sind ungetheilt, herzförmig und etwas wollig. An den Seiten kommen die Blumen einzeln auf Stielen, an den Enden der Zweige aber in langen Aehren, welche aus vielen ungestielten gelben Blumen, die sich nur des Nachmittags öffnen, zusammengesetzt sind.

Den Samen dieser Pflanze säe man, weil sich dieselben, obgleich aus ihrem ausfallenden Samen junge Pflanzen entspringen, dennoch ohne Hülfe der Kunst nicht so zahlreich fortpflanzen, früh im März auf ein Mistbeet, lasse die Pflanzen, welche bald zum Vorschein kommen, unbedeckt, und pflanze sie, sobald sie etwa 3 Zoll groß sind, $1\frac{1}{2}$ Fuß von einander, auf die ihnen bestimmten Stellen.

Mambu, s. Bambus Th. I. 608.

Mammee, s. den folgenden Artikel.

Mammei, Mammei-Baum, auch **Bürstenbaum**, Mammea Linn., von der Gestalt der Früchte so benannt, ist eine Gattung, die nach dem Linnéischen Pflanzensystem in die erste Ordnung der dreyzehnten Pflanzenklasse (Polyandria Monogynia) gehört, und folgende Kennzeichen hat: der Kelch ist zweyblättrig, die Blumenkrone vierblättrig. Die Frucht besteht in einer sehr großen Beere, mit 3 oder 4 Samen.

1. Mammea (americana) foliis obtusissimis striatis, pedunculis brevibus, baccis tetraspermis. Linn. Pfl. Syst. II. 16. *Mill.* Dict. n. 1. Genießbare Mammei, Amerikanischer

nischer Mammei-Baum. Er hat vermengte Geschlechter, indem einige Stämme blos männliche, andere aber männliche und Zwitterblumen unter einander tragen; und ist ein aufrechter und hoher Baum, welchen man billig für einen der schönsten in ganz Amerika halten kann. Seine dichtbelaubte, große, weit ausgebreitete und sehr schöne Krone, welche auf einem meistens 8 Fuß hohen Stamm ruhet, giebt ihm ein vortreffliches Ansehn. Seine lange Hauptwurzel, welche spindelförmig und ganz grade in den Boden hinunter läuft, macht, daß man ihn nicht wohl versetzen kann. Seine jungen Zweiglein sind viereckig. Die Blätter stehen auf kurzen Stielen gerade gegen einander über, und sind 5 — 8 Zoll lang, von eyrunder oder umgekehrt eyrunder Figur, stumpf, am Rande ganz platt, und haben eine steife lederartige Substanz, und eine glänzendgrüne Oberfläche, mit parallel in die Quere laufenden Streifen. Die Blumen sitzen hin und wieder an den stärkern Aesten auf ganz einfachen und kurzen Stielchen, sind schneeweiß, haben ungefähr anderthalb Zoll im Durchmesser, und riechen sehr lieblich. Sie haben einen meistens in 2 auch 3 Lappen zerspaltenen Kelch, und meistens 4, bisweilen aber 5 oder 6 Blumenblättlein, welche fast noch einmal so groß sind, als der Kelch; ihre zahlreichen und haardünnen Staubfäden sind sehr kurz, und tragen längliche aufrechte Staubbeutel; der rundliche Fruchtknoten aber hat einen dicken cylindrischen Griffel, welcher noch einmal so lang ist, als die Staubfäden, und sich mit einer kopfförmigen Narbe endiget. Auf diese Blumen folget eine sehr große Beere, oder saftige Frucht, welche mehr oder weniger eyrund, und oben mit einer kurzen Spitze besetzt ist; sie hat manchmal auch 3 oder 4 undeutliche Ecken und enthält in ihrem Fleische gemeiniglich vier, öfters aber auch nur zwey oder drey große, eyrunde, rauhe und harte Samen. Diese Früchte sind von verschiedener Größe, indem sich ihr Durchmesser von drey bis auf sieben Zoll beläuft, und haben eine doppelte Haut; die äußere, welche lederartig, zähe und eine Linie dick ist, hat eine braungelbe Farbe, und der Länge nach kreuzweise in einander laufende Einschnitte, und läßt sich von der untern oder inwendigen leicht stückweise herabziehen; die innere Haut aber ist dünne, hat eine gelbliche Farbe und hängt fest mit dem Fleische zusammen, wovon man sie, ehe man die Frucht isset, sorgfältig absondern muß, denn sie hat zwar anfangs, wenn man hineinbeißt, keinen sonderlichen Geschmack, in kurzem aber läßt sie eine heftige, und so unangenehme Bitterkeit empfinden, daß man dieselbe oft in zwey bis drey Tagen nicht wieder aus dem Munde bringen kann. Eine eben solche Bitterkeit besitzt auch derjenige Theil des Fleisches, welcher die Samen zunächst umgiebt, wovor man sich also gleichfalls in Acht zu nehmen hat. Uebrigens aber hat das Fleisch, welches fest, und von einer schönen gelben Farbe ist, einen angenehmen und besondern Geschmack, und einen schwachen lieblichen gewürzhaften Geruch. — So beschreibt Hr. Jacquin in seiner Historia select stirp. Amer. p. 268. Tab. 181. fig. 82. diesen Baum, von dessen Behandlung Mill. Dict. sagt: Es können diese Pflanzen aus den eingesteckten Steinen fortgepflanzt werden, welche man sich aus Westindien zu verschaffen suchen muß; allein die Steine müssen frisch seyn, sonst gehen sie nicht auf. Man steckt sie in Töpfe, die mit frischer leichter Erde angefüllt sind, und gräbt sie in ein Lohbeet, wobey zu beobachten, daß man die Erde begieße, wenn sie trocken zu seyn scheinet. Innerhalb eines Monats werden sich die Pflanzen zu zeigen anfangen, und hierauf müssen sie öfters begossen, bey heißem Wetter aber die Fenster des Mistbeets aufgemacht werden, um frische Luft hinein zu lassen. In 2 Monaten werden die Wurzeln der Pflanzen die Töpfe angefüllt haben, da man dann die Pflanzen in größere Töpfe versetzt, und dabey auf das sorgfältigste so viel Erde an den Wurzeln läßt, als nur immer möglich. Hernach füllt man die Töpfe mit leichter, frischer Erde, gräbt sie wieder in das Lohbeet, begießt sie, und hält sie so lange im Schatten, bis sie neue Wurzeln geschlagen; nachgehends muß man sie immer zu mit Wasser erfrischen, und ihnen bey heißem Wetter Luft geben. In diesem Beet können sie bis um Michaelis bleiben, worauf man sie in das Glashaus setzt, wo sie beständig gelassen werden müssen, mit der Vorsicht, daß man sie öfters begieße, und ihre Blätter von dem Unrathe säubere, der sich im Glashause gern auf ihnen sammlet. Im folgenden Frühjahre versetzt man sie in frische Erde, und auch, wenn es nöthig ist, in größere Töpfe, auch muß das Lohbeet umgerührt, und etwas frische Lohe darunter gemischt werden, um die Hitze zu erneuern. Uebrigens kann dieser Baum in allem, wie der Kaffeebaum behandelt werden.

Mancenillbaum. Hippomane, siehe den folgenden Artikel.

Manchinelbaum, Hippomane Linn., ist eine Pflanzengattung, die in die 9te Ordnung der

21sten Pflanzenklasse (Monoecia Monadelphia) des Linnéischen Pflanzensystems gehört und folgende Kennzeichen hat: die männlichen Blumen sitzen in einem Kätzchen, die Blumendecken sind einblättrig und zweyspaltig, ohne Blumenkrone, und enthalten 4 Staubbeutel, auf verwachsenen Staubfäden. Die weiblichen Blumen sitzen einzeln, haben eine dreyblättrige Blumendecke und keine Blumenkrone, und enthalten einen großen Fruchtknoten mit sehr kurzem Staubweg und siebenspaltiger Narbe. Die einfächerige Steinfrucht, welche mit der bleibenden Narbe besetzt ist, enthält eine holzige Nuß, welche mit Fortsätzen versehen, siebenfacherig und siebenschaalig ist, und einzelne Kerne einschließt.

Die 3 Arten dieser Gattung sind sehr zärtliche Lohglashausbäume, welche, besonders die beyden ersten, mit einem giftigen Milchsafte angefüllt sind, welcher so brennend ist, daß er auf der Hand sogleich Blasen ziehet, und Leinen durchfrißt, und deren Holz selbst, welches, weil es keinem Wurmfraße unterworfen ist, und eine gute Politur annimmt, zu Kästchen und andern Arbeiten sehr schätzbar ist, und sehr gesucht wird, so giftig ist, daß sogar das kleinste Spänchen, wenn es auf die Haut fällt, eine Entzündung, und wenn es in die Augen fliegt, den Verlust des Gesichts entweder gänzlich, oder doch wenigstens auf eine beträchtliche Zeit verursacht; daher auch die Indianer zur Verhütung dieser Gefahr, um die Bäume, welche sie fällen wollen, ein Feuer anzünden, welches das Gift ziemlich herausziehet, auch wenn sie es verarbeiten, das Gesicht zu bedecken gezwungen sind. Die männlichen Blumen dieser Bäume erscheinen an den Enden der

Zwei-

Zweige in Kätzchen, die weiblichen hingegen sitzen einzeln.

1. Hippomane (Manchinella) foliis ovatis serratis, basi uniglaudulosis. Linn. Pfl. Syst. II. 384. Jacquin americ. stirp. hist. p. 250. t. 158. *Mill.* Dict. n. 1. Michineel-Tree. Gemeiner Manchinel-Baum. Dieser Baum ist auf den Caribischen Inseln auf wäßrigen Plätzen zu Hause. Der Stamm wird in seinem Vaterlande groß, und ist mit einer braunen glatten Rinde bedeckt, ist 40 — 50 Fuß hoch, und theilet sich nahe unter dem Gipfel in viele starke Aeste. Die Blätter sind eyrund, gespitzt, sägeförmig, glänzendgrün, kurzgestielt, und an der Basis mit einer Drüse besetzt. Die kugelichen gelben Früchte sind so groß, als eine kleine Pomeranze. Hr. Jacquin versichert, am a. O., daß er so häufige Früchte trage, daß sie durch ihre Menge den Boden bedecken, die aber gleichwohl von keinem Thiere angerührt werden.

2. Hippomane (biglandulosa) foliis ovato-oblongis basi biglandulosis. Linn. Pfl. Syst. II. 390. *Mill. Dict.* n. 2. Biglandulous Machineel-Tree. Zweydrüsiger Machinel-Baum. Dieser ist im südlichen Amerika einheimisch. Er ist der ersten Art an Dicke und Höhe gleich. Die Blätter sind eyrund-länglich, am Rande sägeförmig gezähnt, glatt, glänzendgrün, an der Basis mit 2 Drüsen besetzt und ansehnlich größer, als die der erstern Art. Die Frucht ist auch größer, und wie alle Theile des Baums mit einem brennend giftigen Safte angefüllt.

3. Hippomane (spinosa) foliis subovatis lanceolato-spinosis. Linn. Pfl. Syst. II. 392. *Mill.*

Mill. Dict. n. 3. Holly-leaved Machineel Tree. Stachlichter oder Hülseblättriger Machinel-Baum. Er wächst in Südamerica. Der aufrechte, starke, 20 Fuß hohe Stamm ist nahe unter dem Gipfel in viele Zweige zertheilt. Die Blätter sind beynahe eyrund, steif, glänzend-grün, tief gezähnt, jeder Zahn endigt sich, wie bey den Stechpalmblättern, mit einem scharfen Stachel. Sie dauern das ganze Jahr hindurch.

Diese Bäume, welche, ob sie gleich bey uns nicht über 5 — 6 Fuß hoch zu werden pflegen, dennoch in den Glashäusern mit ihren glänzend-grünen Blättern eine sehr artige Mannigfaltigkeit zu machen pflegen, werden aus Samen erzogen, welche man sich aus ihrem Vaterlande zu verschaffen suchen muß. Man säe dieselben in leichte sandige Erde in Töpfe, und senke diese in ein Lohbeet ein; pflanze die jungen Pflanzen, wenn sie 3 — 4 Zoll hoch sind, einzeln in Töpfe, senke sie wiederum ein, begieße sie und beschatte sie so lange, bis sie angeschlagen sind; senke sie im Herbste für beständig in einem guten Lohglashause ein; halte sie im Winter warm, und gebe ihnen im Sommer bey heißer Witterung viele freye Luft, und oft, jedesmal aber nur sehr wenig Wasser, und setze sie, so oft es nöthig ist, in größere Töpfe um. — Sie müssen, besonders so lange sie noch jung sind, sehr wenig Wasser haben. Zu vieles Wasser ist ihnen, gleich den mehrsten andern mit einem Milchsafte angefüllten Pflanzen, und sogar der ersten Art, ungeachtet diese auf wässerigen Plätzen einheimisch ist, in den Glashäusern sehr nachtheilig.

Mandel, die Frucht des Mandelbaums, Amygdalus communis Linn. s. Th. I. S. 204.

Mandelbaum, s. Amygdalus

Mandeleuphorbie, s. Euphorbie n. 10. Anm. II. 671.

Mandelnuß, s. Haselnuß. Th. III.

Mandragora, eine Pflanze, die man gewöhnlich Alraun nennt, Atropa Mandragora, s. Tollkraut.

Manghas, Cerbera Manghas Linn. siehe unter Schellenbaum.

Manghos, s. den folgenden Artikel.

Mango oder Mangobaum, Mangifera Linn., ist eine Gattung, die in die erste Ordnung der 5ten Klasse des Linnéischen Pflanzensystems (Pentandria Monogynia) gehört, und folgende Kennzeichen hat: die Blumendecke ist fünftheilig, die Blumenkrone fünfblättrig, enthält 5 Staubfäden, einen einfachen Fruchtknoten, Staubweg und Narbe, und bringt eine nierenförmige, beerenartige, einsamige Steinfrucht mit wolligem Kern.

1) Mangifera (indica) foliis oblongolanceolatis, floribus submonandris; drupa maxima reniformi. Linn Pfl. Syst I. 343. *Mill. Dict.* Indischer Mango oder Mangobaum.

Dieser Baum wächst in den meisten Theilen von Indien, ingleichen in Brasilien wild, und wird sehr groß. Das Holz ist zerbrechlich und die Rinde wird mit der Zeit rauh. Die Blätter sind 7 bis 8 Zoll lang, 2 auch darüber breit, und laufen spitz zu. Die Blumen kommen in lockere Kolben, gegen das Ende der Zweige zu, zum Vorschein. Eine jede derselben bestehet aus 5 lanzenförmigen Blumenblättern, die sich ausbreiten;

breiten; sie haben 5 pfriemenförmige Staubfäden, die so lang sind, als die Blumenblätter, zwisch n welchen sie stehen. Aus dem unten befindlichen Eyerstock wird nachher eine große, länglichte, nierenförmige Pflaume, in welcher eine rauhe, eben so gestaltete Nuß steckt.

Es hält sehr schwer, diesen Baum in Europa zu erziehen, weil die Früchte sich nicht so lange unverdorben erhalten, bis sie nach Europa gebracht werden, um hier junge Pflanzen daraus zu erziehen. Miller sagt in seinem G. L. daß ehemals schon verschiedentlich Pflanzen nach England gebracht sind, die aber durch übermäßige Hitze in den Treibhäusern zu Grunde gerichtet sind. Denn dieser Baum kömmt in keinem Lohbeet fort, daher man die Pflanzen bloß in Töpfe, die mit leichter Küchengartenerde angefüllt sind, setzen muß. Alsdann muß man solche in ein trocknes Glashaus stellen, ihnen bey gelinder Witterung taglich frische Luft geben, und sie im Winter, nach Maßgabe des Thermometers, in einer gemäßigten Wärme erhalten.

Mangold, ist ein Name, der mehreren Pflanzen beygelegt wird.

1. Einer Art des **Lungenkrautes**, Pulmonaria offic.
2. Einer Art des **Gänsefußes**, welche auch **guter Hinnrich**, Chenopodium bonus Henricus heißt.
3. Einigen **Arten des wilden Ampfers**. So wird der **Meerampfer** Rumex maritimus *Linn.*, auch **Meermangold**, und die gemeine **Grindwurz**, Rumex acutus *Linn.*, auch **Mangold** und **Mangelwurz** genannt.

4.

4. Am gebräuchlichsten ist dieser Name aber von einem Gewächse mit dicken rübenartigen Wurzeln, welches in Niedersachsen Beete, in einigen oberdeutschen Gegenden aber Beißze, Beißkohl. Beißrüben heißt, einer Art von Beta Linn. gebräuchlich, wovon es verschiedene Abänderungen giebt, die auch verschiedene Namen führen. Hier nehme ich den Namen **Mangold** mit den Botanisten der neuern Zeit aber in weiterer Bedeutung, nämlich als Gattungsname für Beta überhaupt, weshalb ich hier von mehrern, zum Theil sehr nutzbaren Garten- und Futtergewächsen handeln muß, zu denen auch die kürzlich so berühmt gewordene **Runkelrübe** gehört.

Nach dem Linnéischen Pfl. Syst. gehört der Mangold in die zweyte Ordnung der fünften Pflanzenklasse (Pentandria Digynia) und hat folgende Kennzeichen. Die bleibende Blumendecke ist fünftheilig, und enthält ohne weitere Blumenblätter 5 Staubfaden mit rundlichen Staubbeuteln. Der Fruchtknoten, welcher etwas unter dem Blumenboden sitzt, hat 2 sehr kurze Staubwege und spitzige Narben. Die nierenförmigen Saamen sind in der Substanz vom Grunde der Blumendecke eingeschlossen.

1) Beta (vulgaris) floribus congestis, foliis inferioribus ovatis. Linné Pfl. Syst. V. 816. *Mill. Dict.* n. 3. Lueders Küchengartengew. p. 680 desselben Briefe I. 379. **Gemeiner oder rother Mangold, rothe Rübe, rothe Beete oder schlechthin Beete.**

Diese in allen europäischen Ländern sehr gemeine Gartenpflanze, soll nach einigen ursprünglich am Seestrande der südlichen Länder von Europa zu Hause seyn. Sie ist eine zweyjährige Pflanze; ihre Wurzel ist einigermaßen rübenförmig, fleischig und saftig, und hat durch und durch meistens eine mehr oder weniger purpurrothe Farbe, bisweilen ist sie auch gelblich. Sie treibt viele, auf starken saftigen Stielen stehende, eyrunde, glatte, ein wenig rundliche oder gefaltete Blätter, deren Farbe gemeiniglich braun ist, oder dunkelröthlich mit purpurrothen Rippen und Adern. Zwischen diesen Blättern entspringt ein aufrechter 2 — 4 — 6 Fuß hoher Blumenschaft, welcher in den Winkeln der Blätter Aehren von grünlichen Blumen trägt, deren Kelchblätter öfters an der Basis ein Zähnchen haben.

Diese Art schließt folgende Varietäten ein:

α) die gemeine rothe Rübe, Beta vulgaris rubra;

β) die große rothe Rübe, Beta rubra major.

Von beyden sind die Wurzeln schön roth, und haben einen angenehmen süßen Geschmack. Wenn diese Pflanze, die in der Haushaltung gebraucht wird, und also zu den Küchengartengewächsen gehört, gut gerathen, d. h. starke Wurzeln treiben soll, um welcher willen sie angebauet wird, erfordert sie einen tiefen, lockern, und nahrhaften Boden, aber keinen frisch gedüngten. In magerm Boden bleiben die Wurzeln klein, in einem frischgedüngten hingegen treiben sie zu viele Nebenzacken, und bekommen Rostflecke. Ein Land des Küchengärtens, welches im Jahre vorher gut gedüngt ist, und Kohl oder andere Gewächse, die viele Nahrung erfordern getragen hat, ist ihr am zuträglichsten. Der Saame wird nicht gesäet,

sondern

sondern nach der Schnur in 10—12 Zoll von einander entfernte Reihen, und in den Reihen eben so weit von einander entfernte Löcher, die man mit dem Finger oder Pflanzstocke machen kann, 1 Zoll tief gesteckt. Wenn man von der Güte des Samens überzeugt ist, muß nie mehr als ein Korn in ein Loch geworfen werden; sonst kann man um der Sicherheit willen 2 Körner einwerfen. Jedes Samenkorn ist aber eigentlich nur die Samenhülse, die wenigstens 2 Körner einschließt, und deßwegen gehet gewöhnlich auf jeder Stelle mehr als eine Pflanze auf, wenn auch nur ein Korn eingeworfen wurde. Sobald die Pflanzen einige Stärke erreicht haben, müssen die überflüssigen Pflanzen aufgezogen werden, und es darf auf jeder Stelle nur 1 Pflanze stehen bleiben. Mit den ausgezogenen Pflanzen kann man alsdann die ledigen Stellen ergänzen. Es pflegen sich bey dem besten Samen gleichwohl immer ausgeartete, blaßgrüne Pflanzen zu finden, und da die hochrothe Farbe ihre größte Schönheit ausmacht, so ziehet man gewöhnlich alle dergleichen ausgeartete Pflanzen auf, und ersetzt ihre Stelle mit dunklern. Sie lassen sich sehr leicht versetzen, nur muß man bey dem Aufziehen das Abreißen der Wurzelspitzen zu vermeiden suchen, weil sie sonst nicht in die Länge wachsen, sondern viele Nebenzacken treiben. Sie fordern sonst den Sommer hindurch keine Wartung, als daß man sie vom Unkraute rein hält, und die Erde zwischen ihnen zuweilen mit einer schmalen Hacke auflokkert. Auch ist es zur Beförderung ihres Wachsthums nicht unrecht, wenn man die Erde einigemal sanft an dieselben mit der Hacke anziehet, und sie bey trockner Witterung begießt.

Die Wurzeln vertragen unsere Winterkälte im Freyen nicht, müssen also vor dem Eintritte des Frostes alle ausgegraben werden. Dabey ist die Vorsicht nöthig, daß ihre kleinen Nebenwurzeln, noch mehr aber, wenn sie Zacken haben, diese und überhaupt die Spitze der ganzen Rübe nicht beschädiget werden, weil sie sich sonst im Kochen verbluten, das heißt: weil sonst ihr häufiger rother Saft durch diese Verwundungen sehr leicht ausfließt, und die schöne rothe Farbe mehr oder weniger verloren gehet. Aus eben der Ursache muß auch das Kraut nicht abgeschnitten, sondern blos mit den Händen abgedrehet werden. Die Wurzeln, die man nicht gleich verbrauchen will, können mit anderm Wurzelwerke durchwintert werden.

Zur Samenerziehung sucht man im Frühjahre von den durchwinterten Wurzeln einige der schönsten aus, und pflanzt diese an einem, gegen starke Winde geschützten Orte, 2 Fuß weit auseinander. Die aufgeschossenen Samenstängel müssen an ziemlich starke Stäbe gebunden werden, weil sie so reichlich Samen ansetzen, daß die Last desselben die schwachen Zweige oft zur Erde niederbeuget. Wenn der reife Samen zu gehöriger Zeit abgenommen, und gut aufbewahrt wird, so pflegt er sich 3—4 Jahr gut zu erhalten.

γ) **der gelbe Mangold**, Beta lutea major Bauh. pin. 118.

δ) **der grünliche Mangold**, Beta pallide virens major. Bauh. pin. 118.

Diese Abarten des gemeinen rothen Mangolds sind den vorigen, die Farbe der Blätter und Wurzeln abgerechnet, völlig gleich, werden aber we-

weniger zum Küchengebrauch in Gärten, als zum Viehfutter auf Feldern angebauet.

2) Beta (Cicla) floribus ternis. **Linné Pfl. Syst.** V. 817. *Mill. dict.* n. 2. der sie Beta hortensis, foliis radicalibus petiolatis, caulinis sessilibus, spicis lateralibus longissimis nennt. Beta alba vel pallescens, quae Cicla officinarum. *Bauhin* pin. 118. **Weißer Mangold, Beiße, Beißkohl, römischer Kohl, Reugolsen.**

Diese Art, welche ebenfalls ein bekanntes Gartengewächs ist, soll besonders in Portugal an dem Flusse Tages wild wachsen. Sie kommt in der Gestalt, Dauer und den mehrsten Eigenschaften mit der vorhergehenden überein; hat aber eine weiße, kleinere, und meistens nicht mehr, als eines Daumes dicke Wurzel. Ihre Blätter sind größer, hell und glänzend grün, mit starken weißen Rippen und Adern, und die Kelchblättchen haben an der Basis keine Zähnchen. Diese Pflanze hält auch in Deutschland den Winter über aus. Ihre Stängel, deren mehrere aus einer Wurzel zwischen den Wurzelblättern hervorkommen, werden 2 — 3 Fuß hoch, und tragen sehr lange Blumenähren. Ihre Blätter, die man von der jungen Pflanze nimmt, ehe sie in Stängel schießt, geben ein schätzbares Sommergemüse.

Er wird meistens in einer doppelten Absicht angebauet; theils um seine schmackhaften süßen Blätter als Kohl und Spinat zuzurichten, theils um die dicken Hauptribben der erwachsenen Blätter, nachdem sie abgeschälet, und in längliche Stücke zerschnitten werden, als Spargel zu ubereiten.

Man säet diesen weißen Mangold, wenn man ihn frühe haben will, im Frühjahre auf ein offenes Mistbeet von mäßiger Wärme, und versetzt die jungen Pflanzen, die in kurzer Zeit heran zu wachsen pflegen, reihenweise nach allen Seiten 8 — 10 Zoll weit auseinander in einen fetten und lockern Boden. Bey guter Witterung werden ihre Blätter, die häufig unter andere Kräuter gemischt werden, und ihnen einen süßen Geschmack geben, gegen den Maymonath schon brauchbar seyn. Schneidet man sie so lange die Wurzeln noch jung und schwach sind, um ihr besseres Wachsthum zu befördern, kurz an der Erde ab, so wachsen sie um so stärker, je häufiger sie beschnitten werden, besonders wenn sie in einem guten Boden stehen.

Um den Samen zu gewinnen, läßt man einige vorzüglich gute alte Stauden beym Umgraben des Landes da, wo sie gewachsen sind, stehen, und befestiget diese, weil sie gemeiniglich ziemlich hoch werden, und vom Winde leicht umgeworfen und zerbrochen werden können, an starken und langen Pfählen. Wenn der Same seine Farbe ändert, grau, oder etwas braun wird, so schneidet man die Stängel an der Erde ab, hängt sie, um den Samen nachreifen zu lassen, im Trocknen unter einem Dache auf, klopft demnächst den Samen aus, reiniget ihn, und bewahrt ihn an einem trocknen und kühlen Orte auf, wo er sich mehrere Jahre gut erhält.

Es ist nach der obigen Vorschrift immer besser, ihn in ein offenes Mistbeet frühzeitig zu säen, und dann die Pflanzen zu versetzen. Man kann ihn auch, wie die meisten zur Erleichterung der Arbeit thun, wie den Schnittkohl reihenweise in kleine Furchen ins Land säen, oder ihn über das ganze Beet ausstreuen und unterharken, die Pflanzen würden aber alsdann zu spät, erst zu der Zeit brauchbar werden, da man schon mehrere und bessere Gewächse hat, und überdies nicht genug verdünnt werden können, nicht Raum genug zum Wachsen haben, und auf diese Weise nur schlechte Stauden machen. — Spielarten davon sind:

β. Der schweizer Mangold, die römische Beete, Cardonenbeete, auch römischer Kohl genannt. Beta maxima Helvetica caule latissimo Boerhav. ind. alt Pl. II. 94, hat weiße Wurzeln, sehr große blaßgrüne Blätter mit 3 Finger breiten Stängeln, und wird hauptsächlich zu der oben erwähnten Zurichtung als Spargel angewendet.

Der Same dieser Art wird in der Mitte oder Ausgang Aprils in ein gutes fettes Land gesäet; im May die Pflänzchen, welche 3 Zoll Höhe haben, in eben dergleichen Land, zwey Fuß ins Quadrat versetzt, — aber ja nicht enger — und dann ihrem Wachsthume überlassen. Man kann sie im Sommer, bis in den späten Herbst, ja bisweilen bis in den December, abblatten.

Zur Samenerziehung muß man im Herbste einige gute Pflanzen ausheben, durchwintern und im Frühjahre, wie bey der rothen Beete gesagt ist, zum Samentragen aussetzen.

γ Beta altissima, floribus ternis vel quaternis, foliolis calycis inermibus, carinatis, caule crassissimo fasciato, radice maxima rubro et albo intus variegata, foliis maximis rubescentibus. Die Runkelrübe, Dickrübe, Burgunderrübe, Mangoldrübe, Rummelrübe,

Raun=

Raunschen, Rangers. Diese Mangoldart gehet mit ihren Blättern merklich hoch, und der Stängel wird 7 — 8 Fuß hoch. Sie hat 3 bis 4 zusammenstehende Blumen; die Kelchblätter sind unbewafnet und gewölbt; der Stängel ist sehr dick und bündelartig. Die Rübe selbst ist weiß, mit wechselnden rothen Kreisen; so wie auch die äußere Schale der Wurzel roth und weiß in einander übergehend ist. Die Wurzel ist öfters mehr rund als länglich, erreicht nicht selten ein Gewicht von 8 — 10 Pfund. Die Blätter sind sehr groß, und meist ins röthliche übergehend.

Diese Runkelrübe oder Mangoldrübe, von welcher man verschiedene Spielarten hat, ist schon lange in der Schweiz und in mehreren Gegenden Deutschlands, besonders im Magdeburgischen, als ein nutzbares Futterkraut angebauet worden, da sowohl die Blätter als Wurzeln ein sehr nahrhaftes, und besonders für die Kühe milchvermehrendes Futter geben. Seit einigen Jahren aber sind sie durch die Versuche des Hrn. **Direktor Achard's in Berlin**, die er über ihren Zuckergehalt, und über ihre Nutzbarkeit zum Branntweinbrennen angestellt hat, noch allgemeiner bekannt geworden. Es liegt hier zu weit außer meinem Zweck, von der Anwendung der Runkelrüben zur Zuckerbereitung nähere Nachricht zu geben; auch ist es noch nicht entschieden, ob die großen Hoffnungen auf Gewinn ganz so werden erfüllt werden, als man anfänglich glaubte. Sollte dies indessen auch nicht seyn, so ist es immer schon ein nicht unbeträchtlicher Gewinn, den jede ländliche Haushaltung aus dem selbstbereiteten Syrup aus diesen Rüben ziehen kann, der zum Versüßen der Speisen sehr brauchbar ist, und wodurch viel

viel Zucker erspart werden kann. Aus dieser Ursache will ich noch das Wichtigste über die Erziehung der Runkelrüben zu diesem Zweck, hinzufügen. Ich sage absichtlich: zu diesem Zweck. Denn wie die neuern Erfahrungen bewiesen haben, so sind alle Gattungen der Runkelrübe gleich reichhaltig an Zuckerstoff, und die Behandlung bey ihrer Erziehung kann viel dazu beytragen, denselben zu vermehren und zu vermindern.

Man fordert im allgemeinen dazu einen guten fruchtbaren Boden der Gerste trägt, allein neuere Versuche haben es entschieden, daß sie auch in einem geringern Boden gedeihen, und Herr Direktor Achard behauptet, daß sie sogar in einem Sandboden sehr gut erzogen werden könnten. Nur muß derselbe sehr locker seyn, und zu dem Ende nicht blos im Frühjahre vor der Bestellung, sondern schon im Jahre vorher tief gepflügt werden.

Daß der Boden nahrhaft seyn müsse, ist nicht zu leugnen, weil kümmerliches Wachsthum keinen vortheilhaften Ertrag geben kann; aber theils muß der Dünger nicht frisch, das heißt in demselben, sondern im vorigen Jahre untergebracht seyn, weil aller frischer Dünger jedem Wurzelwerke, wie schon mehrmalen wiederhohlt worden, nachtheilig ist, und die Rüben nicht nur unnütz ins Kraut treibt, sondern auch Rostflecke und Nebenzacken veranlaßt, theils halte ich es für unnöthig, in Ansehung der Düngerarten viel zu künsteln, indem eine einfache vorjährige Düngung mit Rindsmist, wohl unstreitig die beste ist. Der Hr. Prof. Rößig, der über den Anbau der Runkelrüben mehrere Versuche angestellt hat, räth an, die Düngung mit Menschenkoth zu versuchen

Man

Man will zwar im Allgemeinen bemerkt haben, daß alle Wurzelgewächse in einem Lande, welches mit Menschenkoth gedünget worden, einen vorzüglich süßen Geschmack erhalten. Ob aber der Zuckergehalt der Runkelrüben dadurch werde vermehret werden, bedarf noch nähere Bestätigung

In Ansehung der Art, den Runkelrübensamen auszusäen, sind nicht alle gleicher Meinung. Einige behaupten, daß es zweckmäßiger sey, sie an dem Orte, wo sie gesäet werden, stehen zu lassen, und sie deshalb sehr dünne zu säen, sodann aber, wo sie dichter stehen, als rathsam ist, die Pflanzen auszuziehen. Diese rechnen auf den ruhigen Stand der Pflanze, welche nicht durch Ausziehen in ihrem Wachsthum gestöret wird. Andere erwarten von der Verpflanzung der Runkelrüben nicht ohne Grund erhebliche Vortheile. Denn indem die Pflanzen von dem neuen Boden, wohin sie verpflanzt werden, auch neue und frische Nahrung bekommen, und die verlornen Wurzelfasern von der noch jungen Pflanze leicht und schnell wieder ersetzt werden, so muß dies allerdings auf die Vervollkommnung der Pflanze selbst keinen unbeträchtlichen Einfluß haben. — Wenn indessen andere noch weiter gehen, und das wiederhohlte Versetzen der Pflanzen fordern, so irren sie wohl, wenn sie glauben, daß das Wachsthum der Rüben dadurch vermehrt werden solle. Sie scheinen zu vergessen, daß, je größer die Wurzel wird, desto bedenklicher wird der Verlust der kleinen Faserwurzeln, da sie dieselben nicht so leicht und häufig wieder ersetzt, als bey dem frühen Verpflanzen in ihren frühern Zeiten; daß also bey der schwierigern Erzeugung junger Faserwurzeln das sogenannte Anwachsen der zum öftern versetz-

ten

ten Wurzelgewächse schwerer erfolge, daß daher die Unterbrechung des Wachsthums länger daure, die Pflanze weit mehr gestört werde, und daher Stockungen in dem Umlaufe der Säfte erfolgen müssen, welche nachtheilig und schädlich sind. — Nach meinen bisher gemachten Erfahrungen habe ich es am zuträglichsten befunden, wenn ich den Samen auf besondern Beeten ausstreuete, und die hinreichend erwachsenen Pflanzen an den Ort ihrer Bestimmung verpflanzte.

Nach allen bisher gemachten Erfahrungen taugen die Runkelrüben nicht zur Zuckerbereitung, so weit sie aus der Erde hervorragen, von der Sonne beschienen werden, und folglich grün sind. Deßwegen muß man bey der Bearbeitung des Rübenackers mit der Hacke, um die Erde aufzulockern, und das Unkraut zu vertilgen, sich sorgfältig hüten, die Rübe zu entblößen, damit das Sonnenlicht sie nicht treffe. Auch dürfen die Rüben, die zur Zuckerbereitung gezogen werden, nicht abgeblattet werden, welches sonst die wichtigste Benutzung derselben ist, wenn sie zur Viehfütterung erzogen werden. Denn durch das Abbrechen der Blätter werden die Rüben zusehr dem Einflusse des Lichts ausgesetzt, welches den Zuckerstoff stöhren soll. Auch wird durch das Abblatten der Zug der Nahrungssäfte vermehrt, und die Vergrößerung aber nicht Verfeinerung der Rübe befördert.

Nimmt man die Rüben nachher im Herbste heraus, so läßt man sie, ehe sie zerschnitten und gepreßt werden, unter einem Schuppen 3 bis 4 Wochen liegen, wo sie die wässerigen Theile durch Verdünstung mehr verlieren, der dickere Saft aber mit den Zuckertheilen zurück bleibt, wodurch das

Ein=

Einsieden des Zuckersafts erleichtert, und Holz und Zeit ersparet wird.

Mangold-Beete und

Mangoldrübe, s. d. Artikel.

Mazostan-Baum, s. das folgende.

Mangostane; Garcinia Linn, eine Gattung, die einige merkwürdige Bäume in sich schließt, und folgende Kennzeichen hat. Die bleibende Blumendecke und Blumenkrone sind vierblättrig, letztere enthält 16 Staubfäden; der über der Blume sitzende Fruchtknoten hat fast keinen Staubweg, und eine schildförmige achtspaltige Narbe. Die Beere ist lederartig, 4 bis 8 fächerig, mit der Narbe gekrönt und 8 saamig.

Die Arten dieser Gattung sind aufrechte, ästige, an die 10 Fuß hohe, mit großen, glatten, glänzendgrünen Blättern bekleidete Fruchtbäume, welche wegen ihrer großen runden, mit einer lederartigen Schale umgebenen, ein weißes, saftiges, alle übrige Früchte an Feinheit und Vortrefflichkeit des Geschmacks übertreffendes Fleisch enthaltenden Früchte von der Größe einer Pomeranze, in den heißen Welttheilen kultivirt werden, und in Europa in sehr guten Glashäusern unterhalten seyn wollen.

Folgende Arten sind bekannt.

1. Garcinia (Mangostana) foliis ovatis, pedunculis unifloris. Linn. Pfl. Syst. I. 687. *Mill. Dict* Bay-leaved Mangostan of Java. **Mangostanbaum.** Dieser Baum wächst ursprünglich auf den moluckischen Inseln, und ist von da aus nach Java, Sumatra, Malacca, Siam, und nach den philippinischen Inseln gekommen; er ist ein wenig zärtlich, und kommt nicht allenthalben gut fort, daher man ihn in Java und

Amboina bisher noch wenig oder gar nicht hat fortbringen können. Nach Millers Zeugniß wächst er auch auf den Inseln in Neuspanien, wo er besonders um Tolu herum angetroffen wird.

Er hat einen geraden Stamm, der ungefähr zwanzig Fuß hoch wird und oben auf allen Seiten viele Aeste treibet, die in schiefen Winkeln gegen einander über stehen, und stark mit großen glänzendgrünen Blättern besetzt sind; die Aeste bilden eine ungemein schöne und sehr regelmäßige parabolische Krone, welche in heißen Ländern einen angenehmen Schatten giebt. An den Aesten ist die Rinde glatt, und hat eine graue Farbe, an den zarten Schoßen aber ist sie grün; am Stamme hingegen ist sie dunkelgrau und voller Ritzen. Die Blätter stehen gegen einander über, und sind glatt, unzertheilt und lanzenförmig, sieben bis acht Zoll lang, und in der Mitte ungefähr anderthalb Zoll breit, und werden gegen beyde Enden zu stuffenweise schmaler; auf ihrer obern Seite haben sie eine hellgrüne, auf der untern aber eine Olivenfarbe, und eine hervorragende Mittelrippe, von welcher verschiedene Adern auf beyden Seiten hinauslaufen. Die Blumen, welche jegliche auf ganz einfachen Stielen wachsen, bestehen aus vier rundlichen, rosenförmig ausgebreiteten Blumenblättchen, welche größer als der Kelch, und an ihrer Basis dicker, gegen das Ende zu aber dünner sind, und eine dunkelrothe Farbe haben. Die Anzahl ihrer Staubfäden ist gemeiniglich 16, und in der Mitte derselben stehet ein eyrunder Fruchtknoten, welcher fast ohne Griffel, und an dessen Stelle mit einer schildförmigen Narbe gekrönt, die in 6 bis 8 stumpfe Strahlen gekerbt ist, und auch noch auf der Frucht sitzen bleibt und dieselbe, gleich einer Mütze, bedeckt.

Die reife Frucht ist rund und so groß, als eine mittelmäßige Pomeranze, und hat eine graue, oder dunkelbraune Farbe mit einigen gelben Flekken, auf einer Seite aber rosenfarbig. Die Schale dieser Frucht ist fast den Pomeranzenschalen ähnlich, nur ist sie noch dicker, und auch weicher und saftiger. Sie umgiebt ein weißes und sehr saftiges Fleisch, in dessen Mitte 6 — 8 ziemlich harte Samen liegen, von denen sehr oft kein einziger fruchtbar ist. Die Schalen dieser Früchte sind ziemlich bitter und zusammenziehend, fast wie an den Granatäpfeln; ihr Fleisch aber ist ungemein süß, erfrischend und angenehm, und hat einen Geschmack, fast wie Erdbeeren und Trauben, welche beyde es an Annehmlichkeit noch weit übertrifft.

2. Garcinia (celebica) foliis lanceolatis; pedunculis trifloris. Linn. Pfl. Syst. I. 689. **Celebische Mangostana.** Dieser Baum, welcher zwar in Ostindien überhaupt zu Hause ist, wird der celibische Manaostan genannt, weil er vorzüglich auf der Insel Celebes wächst. Er wird nicht sonderlich hoch, hat aber eine zierlich ausgebreitete Krone, an deren Aesten die Blätter auch grade gegen einander über stehen, und mit den Blättern der vorigen Art in Ansehung der Gestalt und Struktur übereinkommen, nur daß sie schmaler und spitziger sind, und weniger hervorragende Adern haben. Aus den Winkeln der Blätter entspringen Zweiglein, welche mit einigen kleinen Blättchen, und 3 beysammenstehenden Blumenstielchen besetzt sind; die Blumen sind ungefähr von der Größe eines Groschens, und haben vier

kleine

kleine Kelchblättchen und 4 größere Blumenblättchen. Die Frucht, welche auf diese Blumen folgt, kommt in der Gestalt und Eigenschaft mit den Früchten der vorhergehenden Art überein.

3. Garcinia (cornea) foliis lanceolatis aveniis, pedunculis unifloris cernuis. Linn. Pfl. Syst. I. 690. **Hornartige Mangostane.** Diese Art, die Linné erst in der neuesten Ausgabe seines Systems der gegenwärtigen Gattung beygefügt hat, kommt in Ansehung der Gattungskennzeichen mit der vorhergehenden überein, unterscheidet sich aber von derselben hauptsächlich dadurch, daß ihre Blätter ohne merkliche Adern sind, und die Blumenstiele, die bey den vorigen aufrecht stehen und grade sind, bey dieser an ihren Enden umgebogen und mit ihren Blumen gegen die Erde zu gekehrt sind.

Diese Bäume werden aus **Samen** erzogen, welche man in ihren Früchten aus solchen warmen Gegenden, wo dieselben völlig reif zu werden pflegen, und zwar in guter Anzahl bringen lassen muß, weil viele derselben keine gute Samen enthalten, gleichwie man auch recht schöne Früchte auswählen lassen muß. Sobald man dieselben bekömmt, säe man den Samen in leichte fette Erde in Töpfe, und senke diese in ein Lohbeet ein; warte die binnen 4 — 6 Wochen hervorsprossenden jungen Pflanzen mit der auf solche zärtliche Pflanzen zu verwendenden Sorgfalt; pflanze sie, wenn sie 4 Zoll hoch sind, einzeln in Töpfe; senke sie wiederum ein, begieße und beschatte sie, bis sie angewachsen sind; bringe sie nachher in ein gutes Lohglashaus, in welchem sie allezeit bleiben müssen; halte sie im Winter warm, gebe ihnen im Sommer oft Wasser und viele frische Luft, und setze sie in der Folge von Zeit zu Zeit, so oft es nöthig ist, in immer etwas größere Töpfe um.

Manihot } Ketmie.
Manhot }

Manna-Esche, Fraxinus rotundifolia Linn. s. Esche n. 3. Th. II. 653.

Mannsbart, alter, Clematis Vitalba.

Manna-Klee.

Mannsblut, Hypericum Androsaemum Linn.

Mannskopf, alter, der Name einiger Gartenspielarten von der Federnelke, Dianthus plumarius, und der stolzen Nelke, Dianthus superbus, s. unter Nelke.

Mannsharnisch, Androsace Linn., s. den folgenden Artikel.

Mannsschild, Androsace Linn., ist eine Pflanzengattung, die nach dem Linnéischen System in die 1ste Ordnung der 5ten Pflanzenklasse gehört. (Pentandria Monogynia). Die Gattungs-Kennzeichen sind folgende: Die Blumen bilden am Ende eines nackten Blumenschaftes eine einfache Dolde, die mit einer kleinen vielblättrigen Hülle versehen ist; jede Blume umgiebt den Fruchtknoten, und hat einen bleibenden fünfspaltigen Kelch, eine präsentiertellerförmige Blumenkrone, mit eyrundet, oben am Schlunde mit Drüsen besetzter Röhre, und fünfspaltiger Mündung; fünf Staubfäden und einem Staubweg, und hinterläßt eine kugelrunde, fünfschalige, einfächerige Kapsel mit vielen Samen. Die hieher gehörenden Arten sind theils einjährige, theils perennirende Pflanzen.

a) Einjährige Arten.

1. Androſace (maxima) perianthiis fructuum maximis. *Linn.* Edit. *Willdenow.* I. 796. Pfl. Syst. V. 461. *Mill. Dict.* n. 1. Common annual Androſace. Größte Androſace, Großblumiges Mannsschild. Diese Art wächst in Deutschland, in der Schweiz und Frankreich unter den Saaten, und ist eine niedrige Pflanze von geringer Schönheit. Die eyrunden gerippten, haarigen Blätter sind auf dem Boden umher ausgebreitet, blaßgrün und am Rande seicht gezähnt. Die nackten, runden, haarigen Stengel kaum einen Fuß hoch. Die Blumen stehen auf den Enden der Stengel in einer Dolde, sind klein, weiß, und haben sehr große Fruchtkelche.

2. Androſace (elongata) foliis ſubdentatis, pedicellis longiſſimis, corollis calyce brevioribus. *Linn.* Spec. Plant. edit. *Willd.* I. 797. Pfl. Syst. V. 462. Lueder b. p. Lustg. I. n. 2. Elongated Androſace. Verlängertes Mannsschild oder Androſace. Vaterland, Oesterreich, Siberien, Deutschland. Die Blätter sind ein wenig gezähnt, gerippt, haarig, eyrund, blaßgrün, auf dem Boden umher ausgebreitet. Der nackte runde Stengel ist ungefähr 5 Zoll hoch. Die Blumen stehen auf dem Gipfel auf außerordentlich langen Stielen, welche gewöhnlich eben so lang sind, als die Stengel selbst, auf jedem Stiele eine große Blumendecke, die eine kleine weiße Blume enthält, welche kürzer ist als dieselbe.

3. Androſace (ſeptentrionalis) foliis lanceolatis dentatis glabris, perianthiis angula-

tis corolla brevioribus. *Linn. Sp. plant. edit. Willdenow* I. 798. Pfl. Syst. I. 462. *Mill. Dict.* n. 2. Northern Androsace. Lueder l. c. n. 3. Nördliche Androsace oder Mannsschild. Ihr Vaterland sind die Alpen in Lappland, Rußland und Deutschland. Die glatten lanzettförmigen Blätter sind auf dem Boden umher ausgebreitet. Der aufrechte, nackte, steife Stengel wird selten über 3 — 4 Z. hoch. Die Blumen stehen auf dem Gipfel in einer Dolde, mit eckigen Blumendecken, welche nicht so lang sind, als die kleinen weißen Blumen.

4. Androsace (filiformis) foliis ovatis dentatis petiolatis, umbellae radiis capillaribus, corollis calycem companulatum excedentibus *Linn sp. plant. edit Willd.* I. 797. Fadenförmiges Mannsschild, gehört in Siberien zu Hause, und hat einen so niedrigen Stengel, daß die Blätter unmittelbar aus der Wurzel zu kommen scheinen. Die Blätter eyrund und gezähnt, die fadenförmigen Blumenschäfte sind rund und gestreift. Die vielblättrige Blumenhülle besteht aus fadenförmigen Blättchen; die einfache Dolde ist 6 — 16 strahlig und die haarförmigen Strahlen sind ungleich lang. Der kurze glockenförmige Kelch ist fünfeckig; die kleine weiße Blumenkrone ragt dennoch aus dem Kelche hervor.

Der Same dieser Sommergewächse muß, sobald er reif ist, gesäet werden. Die jungen Pflanzen kommen bald zum Vorschein, werden gegen den Herbst ziemlich stark, dauren den Winter durch und kommen im folgenden Frühjahre zeitig zur Blüthe.

b)

b) Perennirende Arten.

5) Androsace (villosa) foliis pilosis, perianthiis hirsutis. *Linn.* Sp. pl. edit. *Willd.* I. 798. Pfl. Syst. V. 463. *Mill. Dict.* n. 3. Pyrenaean Androsace. Lueder l. c. n. 4. **Zottiges oder rauhes Mannsschild.** Diese Art wächst auf den Alpen, in der Schweiz und Oesterreich und auf den Pyrenäen, hat eine perennirende Wurzel und blühet im Sommer. Ihre Blätter, die sich, wie bey den andern Sorten, rosenförmig auf dem Boden ausbreiten, sind oval oder lanzenförmig, ungezähnt und weißlich oder haarig. Die Blumenschäfte werden selten über 3 Zoll hoch, tragen eine Dolde von 3 bis 6, manchmal auch mehreren Blumen, deren Stiele nicht viel größer sind, als die ziemlich großen Blättchen der Doldenhülle. Die Blumen sind klein und weiß, und am Schlunde gelb oder rosenroth.

6. Androsace (lactea) foliis lanceolatis glabris, umbella volucris multoties longiore. *Linn. Spec. Plant. edit. Willd.* I. 799. Pfl. Syst. V. 464. *Mill. Dict.* n. 5. Austrian Androsace. Lueder l. c. n. 5. **Milchweißes Mannsschild.** Auch diese Art wächst auf den Oesterreichischen und Schweizerischen Alpen; sie hat auch eine perennirende Wurzel, und lanzettförmige schmale ungezähnte Blätter, wie die vorhergehende Art. Ihre dünnen Blumenschäfte werden anderthalb bis 3 oder 4 Zoll hoch, und tragen eine Dolde von wenigen Blumen, deren Stielchen einen Zoll lang sind.

7. Androsace (carnea) foliis subulatis glabris, umbella involucra aequante. *Linn.*

Spec. plant. I. 800. Pfl. Syst. V. 465. *Mill. Dict* n. 4. Helvetian Androsace. Lueder l. c. n. 6. Fleischfarbiges Mannsschild, wächst auf den pyrenäischen und schweizerischen Alpen. Diese Art hat auch eine bleibende Wurzel, und unterscheidet sich, außer der kürzern Dolde, die sich jedoch nach der Blüthe inwendig verlängert, von der vorigen Art vornämlich durch ihre schmäleren Blätter, und fleischfarbenen Blumen.

Man hat von dieser Art eine Abart: mit gefranzten Blättern.

Die Cultur dieser 3 Pflanzen ist sehr leicht, weil sie sehr leicht aus Samen aufgehen. Je zeitiger derselbe nach erlangter Reife gesäet wird, desto besser ist es. Sie kommen fast in jedem Boden fort, wenn derselbe nur nicht zu naß ist, lieben jedoch vorzüglich einen sandigen und beschatteten Boden, und pflanzen sich in demselben ohne Mühe durch den ausfallenden Samen selbst fort.

Mannstreu, die, auch Raddistel, Eryngium *L.*, eine Pflanzengattung, die in die 2te Ordnung der 5ten Pflanzenklasse des Linnéischen Pflanzensystems (Pentandria Digynia) gehört, und folgende Kennzeichen hat: Die Blüthen sind in einem gemeinschaftlichen Blumenbecken, der mit Spreublättchen bedeckt ist, vereinigt, und haben eine vielblättrige Hülle. Die sämtlich fruchtbaren Blüthen bilden rundliche Schirme, sie haben fünfblättrige Blumendecken und fünfblättrige Blumenkronen mit 5 Staubfäden. Der borstige untere Fruchtknoten hat 2 Staubwege, mit einfachen Narben. Die Samen sind mit biegsamen Schuppen igelartig besetzt.

Diese Pflanzengattung begreift dauerhafte, krautartige, perennirende Blumenpflanzen, mit aufrechten 1 — 3 Fuß hohen, im Herbste jährlich absterbenden und im folgenden Frühjahre wieder neu hervortreibenden Stengeln, mit einfachen, theils ganzen, theils getheilten stachlichten Blättern, und dichten rundlichen, aus vielen Blümchen zusammengehäuften, auf den Enden der Stengel stehenden Köpfchen von 5 blättrigen, vornämlich im Julius blühenden, und im Sept. reifen Saamen gebenden Blumen, — die von Gartenfreunden als sonderbare und verzierende Blumen unterhalten werden, — auf den Rabatten und andern Abtheilungen der Gärten überall fortkommen, außer der letzten jedoch vorzüglich einen trocknen, kiesigen oder sandigen Boden lieben — unter denen die 5 ersten Arten die vornehmsten.

1. Eryngium (maritimum) foliis radicalibus subrotundis plicatis spinosis, capitulis pedunculatis, paleis tricuspidatis *Linn. Sp. pl. edit Willd* I. 1358. Pfl. Syst. VI. 6. *Mill. Dict.* n. 1. Eryngo or Sea Holly. Lueder b. p. Lustg. II 51 n 1. **Meerstrands Mannstreu.** Diese Art wächst in Europa am Meeresstrande, vornämlich in sandigem und kiesigen Boden. Ihre Wurzel ist perennirend, dick, fleischig, und sehr lang, so daß sie oft 10 und mehrere Fuß tief in den Boden dringt. Ihre Wurzelblätter sind rundlich, gefalten, steif, groß, am Rande stachlicht, buchtig, bläulich weiß, und stehen auf langen Stielen. Die Stengel sind aufrecht, rund, dick, glatt, zähe, bläulich grün, etwa $1\frac{1}{2}$ F. hoch, mit eben solchen stachlichten, jedoch kleinern und mit ihrer Grundfläche den Stengel umfassenden Blättern besetzt. Die Blumen

men stehen auf den Enden der Zweige in rundlichten, stachlichten, mit schmalen, steifen, stachlichten Blättern sternförmig umgebenen, gestielten Köpfchen, weißlichblau, mit dreyzackigen Spreublättchen.

2. Eryngium (amethystinum) foliis radicalibus trifidis basi subpinnatis. *Linn. Sp. pl.* I. 1358. Pfl. Syst. VI. 9. *Mill. Dict.* n. 2. Amethystine Eryngo. Lueder l. c. n. 2. Amethystfärbige Mannstreu oder doppelt gefiederte Männstreu. Diese Art wächst in Oesterreich, Schwaben, Frankreich, Spanien, Italien meistens auf Bergen. Die dreyspaltigen, handförmigen Wurzelblätter sind in zahlreiche, mit einem kleinen Stachel sich endigende Einschnitte geschnitten, an der Grundfläche ein wenig gefiedert. Die aufrechten Stengel sind etwa 2 Fuß hoch, mit eben solchen, jedoch kleinern, und viel schöner zertheilten, stachlichten Blättern besetzt. Die Amethystfärbigen oder purpurrothviolettem Blumen stehen an den Enden der Zweige in rundlichen Knöpfchen.

Man hat von dieser Art eine Abart mit mehr gerundeten Blättern, blaßblauen Blumen und größern Blumenknöpfchen.

3. Eryngium (planum) foliis radicalibus ovalibus planis crenatis, capitulis pedunculatis. *Linn. Spec. Plant.* I. 1357. Pfl. Syst. VI. 5. *Mill. Dict.* n. 3. Broad-leaved plane Eryngo. Lueder l. c. n. 3. Flachblättrige Mannstreu. Diese Art wächst ursprünglich in Rußland, Pohlen und Oesterreich. Sie hat eine spindelförmige, senkrecht in den Becken hinablaufende Wurzel, und treibt zwischen ihren flachen großen ovalen, gestielten Wurzelblättern einen auf-

aufrechten, 2 — 3 Fuß hohen Stengel hervor, welcher mit kleineren ungestielten Blättern besetzt ist, und am Ende, oder in den Winkeln der obern Blätter einzelne oder mehrere eyrunde Blumenknöpfchen trägt, welche nebst ihren Stielen eine weiße oder amethystblaue Farbe haben. Zuweilen spielen die Stengel auch ins röthliche oder blaßgrüne.

4. Eryngium (alpinum) foliis digitatis laciniatis suborbiculatis, capitulo oblongo polyphyllo, paleis setaceis trifidis. *Linn. Spec. plant. edit. Willd.* I 1359. Pfl. Syst. VI. 10. *Mill. dict.* n. 9 Alpine Eryngo. Lueder l. c. n. 4. Alpen Mannstreu. Diese wächst auf den Alpen, in Italien, Oesterreich und der Schweiz. Ihre Wurzel ist lang, der Stengel aufrecht, ungefähr 1 — 2 Fuß hoch. Die Blätter sind herzförmig und am Rande gezähnt; die Wurzelblätter stehen auf langen Stielen, die am Stengel aber sind ungestielt. Die länglichten Blumenknöpfchen sind mit einer langen Hülle von vielen, theils lanzenförmigen und in Querstücke getheilten, theils borstenförmigen und zurückgebogenen Blättchen umgeben, welche meistens eine amethystblaue Farbe haben, und daher ein sehr schönes Ansehn machen; die Blümchen aber sind weiß. Bisweilen ist, die Blümchen ausgenommen, die ganze Pflanze blau; doch ist dies nichts beständiges.

5. Eryngium (aquaticum) foliis gladiatis serrato-spinosis, floralibus indivisis, caule simplici. *Linn. Spec. Plant. edit Willd* I. 1357. Pfl Syst. VI. 4. *Mill. Dict.* n. 7. Aquatic American Eryngo. Wasser Mannstreu, in ihrem Vaterlande Klapperschlangenkraut,

kraut, weil sie ein wirksames Arznenmittel ge-gen den giftigen Biß dieser Schlange seyn soll. Sie wächst ursprünglich in Canada und Virginien, vornämlich an wässrigen und sumpfigen Orten. Sie treibt unmittelbar aus der Wurzel viele steife, aufrechte, meergrüne, ungefähr einen Fuß lange und 1½ Zoll breite, am Rande weitläuftig gezähnte Blätter, deren Zähne sich alle in eine pfriemenförmige Stachelspitze endigen; zwischen Wurzelblättern entspringt ein aufrechter, ungefähr 2 Fuß hoher, einfacher oder ästiger Stängel, mit kleineren und weniger gezähnten unzertheilten Blättern, und trägt am Ende seiner Zweige eyrunde weiße, oder bläulichte Blumenknöpfchen, deren Hülleblättchen und Spreublättchen unzertheilet sind.

6) Eryngium (campestre) foliis radicalibus amplexicaulibus pinnato - lanceolatis. *Linn. Spec. plant.* edit. *Willd.* I. 1358. Pfl. Syst. VI. 8. *Mill. dict.* n. 2. Common Eryngo. **Lueder** l c. n. 6. **Feld-Mannstreu, Brachendistel, Brakendistel, Laufdistel, Walpdistel, Krausedistel, Walddistel, Hundertkopf, Hunderthaupt, Valentdistel, Ohrnagel, Raddistel, Ellend.** Man findet diese Art in der Schweiz, in Deutschland, in der Pfalz, Italien, Frankreich, Spanien, England, Holland ꝛc., auf Gebirgen und ungebaueten Feldern. Die perennirende Wurzel ist dick, fleischig und sehr lang; die Blätter sind hart, steif, auf beyden Flächen glatt, blaßgrün, und mit weißen netzförmigen Adern durchzogen, tief in Querstücke zerspalten und am Rande gezähnt und mit steifen spitzigen Stacheln besetzt. Die Wurzelblätter sind groß, und stehen auf kurzen Stielen; die

am

am Stengel aber sind kleiner, ungestielt, und stehen so wie die Zweige wechselsweise. Die Blumenknöpfchen sind gestielt, und entspringen einzeln, wie bey den andern Arten dieser Gattung, aus den äußersten Theilungswinkeln der Zweige; sie haben eine lange 5 oder sechsblättrige, stachlichte Hülle, und weißlichte oder blaßblaue Blümchen; mit steifen stachlichten Spreublättchen darzwischen. Die Wurzel dieser Art ist sehr officinell.

7) Eryngium (pusillum) foliis radicalibus oblongis incisis, caule dichotomo, capitulis sessilibus. *Linn. Spec. plant.* ed. *Willd.* I. 1357. Pfl. Syst. VI. *Mill. dict.* n. 8 Small Eryngo. Lueder l. c. n. 7. Kleine Mannstreu. Diese Art wächst in den Morgenländern und in Spanien und Italien auf Hügeln. Die Wurzelblätter sind flach, eingeschnitten und länglich. Der Stängel wird nur einer Handbreit bis höchstens einen Fuß hoch, und theilet sich armförmig in viele dünne Zweige, in deren Theilungswinkeln einzelne kleine blaue Blumenknöpfchen sitzen.

8) Eryngium (tricuspidatum) foliis radicalibus cordatis, caulinis palmatis auriculatis retroflexis, paleis tricuspidatis. *Linn. Spec. plant.*, edit. *Willd.* I. 1357. Linn. Pfl. Syst. VI. 6. Oriental Eryngo. Lueder l. c. n. 8. Dreyzackige Mannstreu. Diese wächst in den Morgenländern, in Sicilien und Spanien; und ist eine 2jährige Pflanze, mit gestielten, herzförmig-eyrunden, gekerbten Wurzelblättern, einem ästigen Stengel, und kleinen blauen Blumenköpfchen.

Alle diese Arten des Eryngium können durch Zertheilung vermehrt, und aus Saamen erzogen wer-

werden. — Durch Zertheilung: Wenn dieses im Herbste, um die Zeit, wenn die Samenstängel absterben, geschiehet, so schlagen die jungen Pflanzen leicht an, und blühen schon im folgenden Sommer völlig gut. Wenn es aber bis ins Frühjahr verschoben wird, so pflegen die Pflanzen den ganzen Sommer hindurch sehr schwächlich zu seyn. — Aus Samen: weil dieser in nassen Jahren nicht allezeit reif wird, so lasse man, wenn zur Zeit der Blühe Regenwitterung einfallen sollte, über einigen Blumen Gläser befestigen, und bedecke sie mit denselbigen, so oft es die nasse Witterung nöthig macht, und so lange bis der Same reif ist, welches im Sept. zu geschehen pflegt. Den reifen Samen sammle man sorgfältig, und verwahre denselben bis ins Frühjahr in einem trocknen und luftigen Zimmer. Dann säe man denselben, weil die Wurzeln der meisten dieser Arten tief eindringen, und also, wenn sie, unverpflanzt stehen bleiben, viel besser blühen, sogleich auf die für die Pflanzen bestimmten Stellen, und halte die aufgegangenen Pflanzen vom Unkraute rein Im Sommer des folgenden Jahres kommen sie zur Blüthe, und geben, wenn günstige Witterung einfällt, reifen Samen. — Oder man kann auch den Samen erst auf ein besonderes Beet, im Frühjahre oder im Herbste aussäen, (die Herbstaussaat giebt die besten Pflanzen) und die jungen Pflanzen dann im Herbste auf die Stellen pflanzen, wo sie blühen sollen. — Die letzte Art, E tricuspidatum, stirbt oft, sobald der Same reif ist, ganz ab, wenn sie keinen ihr anständigen Boden und Lage hat, ob sie gleich bisweilen manche Jahre fortdauert, und wird also am besten als eine 2jährige

Pflanze

Pflanze behandelt. Man sammle von derselben jährlich Samen, und mache von ihr jährlich eine neue Aussaat.

9) Eryngium (foetidum) foliis radicalibus lanceolatis serratis, floralibus multifidis, caule dichotomo. *Linn. Spec. plant.* I. edit *Willd.* I. 1356. Pfl. Syst. VI. 2. *Mill. dict.* n. 10. Virginian Eryngo. **Lueder** l. c. n. 9. **Stinkende Mannstreu.** Diese Art wächst in Virginien, Jamaika, Mexico, Surinam. Sie ist, wie die letzt vorhergehende, eine zweyjährige Pflanze, oft nur ein Sommergewächs. Ihre Wurzel besteht aus vielen kleinen Fasern, die sich an der Oberfläche des Bodens ausbreiten; ihre Wurzelblätter sind 6 bis 7 Zoll lang, gegen die Basis zu werden sie schmaler, am Ende aber breiter, und fast einen Zoll breit, ziemlich stumpf, und am Rande mit sägeartigen Zähnen, die sich in weiche dünne Spitzen endigen, ausgezackt und haben eine hellgrüne Farbe und eine weiche Substanz. Die Stängel werden etwa einen Fuß hoch, sind aufrecht, grün, ein wenig eckig und gestreift, und in viele ausgebreitete Zweige getheilt, von denen die äußersten gebogen sind; an den Zweigen stehen steifere, keilförmige und mit der umfassenden Basis fast zusammengewachsene Blätter grade gegen einander über, welche bis in die Mitte in 3 lanzenförmige Lappen zertheilt sind, die am Rande sägeartige Zähne haben, welche sich in eine röthliche steife Stachelspitze endigen. In den Theilungswinkeln des Stängels und der Zweige entspringen einzelne, grade, kurze, dreyeckige, an den Seiten gestreifte Blumenstiele. Die Blume ist walzenförmig, und hat eine horizontal ausgebreitete, über sie selbst hervorragende Hülle,

welche

welche aus meistens 6 lanzenförmigen, aderichten, an der Spitze und an den etlichen sägeartigen Zähnen stachlichten Blättlein bestehet; der gemeinschaftliche Fruchtboden ist walzenförmig, und mit schmalen oder gleichbreiten und spitzigen Spreublättern besetzt, die so lang sind als die Blümchen, zwischen denen sie stehen; diese haben einen fünfzähnigen Kelch, welcher so lang ist, als die 5 weißlichten und eingerollten Blumenblätter, fünf haarförmige Staubfäden, welche noch einmal so lang als die Blumenblättlein und weiß sind, und braungelbe Staubbeutel haben, und einen bleibenden getheilten Griffel. — Die ganze Pflanze hat einen überaus widrigen Geruch, der einigermaßen den frischen Coriander-Blättern ähnlich, aber viel widriger ist.

Weil diese Art anfangs etwas zärtlich ist, so macht ihre Erziehung aus Samen mehr Mühe, als die andern alle zusammengenommen. Man säe den Samen im Frühjahre in Töpfe, in leichte sandige Erde — senke dieselben, um den Samen desto leichter zum Keimen zu bringen, in ein Mistbeet ein, gebe den aufgegangenen Pflanzen viele Luft, und begieße sie fleißig, — versetze sie, so bald sie pflanzbar sind, einzeln in Töpfe, — senke diese abermal bis an den Rand in ein Mistbeet ein, — beschatte und begieße die Pflanzen gehörig, bis sie völlig angeschlagen sind, — gewöhne sie dann nach und nach an die freye Luft, — senke die Töpfe dann, um die Erde frisch und kühl in denselben zu erhalten, auf einem schattigen Platz im Garten bis an den Rand in die Erde ein, — stelle sie nachher im Winter auf eine warme geschützte Stelle, bedecke sie daselbst bey hartem Froste mit überlegten Mistbeetfenstern,

oder

oder sonst auf eine andere Art, — nehme endlich die Pflanzen im folgenden Frühjahre mit voller Erde aus den Töpfen heraus, — und pflanze sie auf die ihnen bestimmten Stellen, in einen feuchten sandigen Boden, woselbst sie, wenn sie zugleich eine gut geschützte Lage haben, oft manche Jahre fortdauren, und jährlich blühen und Samen geben.

In dem oft erwähnten Manuscript über die Gewächs- und Glashausgärtnerey sagt Hr. Superintendent Lüder, daß diese Pflanze in England, und also um so weniger in Deutschland nicht ohne Glashaus gut fortzubringen sey. Man müsse deswegen den Samen im Frühjahre in leichte sandige Erde in Töpfe säen, diese in ein Lohbeet einsenken, die Pflanzen, sobald sie pflanzbar sind, einzeln in Töpfe setzen, sie sogleich gut angießen, gegen die Mittagssonne beschatten, ihnen bey heißer Witterung viele Luft und oft Wasser geben, und sie endlich im Herbste in ein Glashaus stellen, und so wie andere zärtliche Pflanzen behandeln.

Mansuete, Mansuette, der Name einer Birnsorte. Th. I. S. 182. n. 52.

Manuele, Manuela L. eine Pflanzengattung, die in die zweyte Ordnung der 14ten Pflanzenklasse (Didynamia Angiospermia) gehört und folgende allgemeine Kennzeichen hat: die Blumen haben einen 5theiligen Kelch und eine einblättrige Blumenkrone, deren Mündung fünftheilig, pfriemförmig ist, wovon die 4 obersten Lappen an der Basis zusammengewachsen, und wie die Finger an der Hand von einander stehen, welches dieser Blume vermuthlich den Namen Handblume verschafft

schafft hat. Das Samengehäuse ist zweyfächerig und schliest sehr viele Samen in sich.

1) Manuela (Cheiranthus) foliis nudis, caule sub aphyllo, pedicellis alternis unifloris. Linn. Pfl. Syst. VIII. 118. Lued. b. p. Lustgärtn. III. 225. Einblumige Manuele, einblumige Handblume. Diese jährige Pflanze ist auf dem Vorgebirge der guten Hoffnung zu Hause. Sie kömmt dem äußerlichen Ansehn nach mit der Euphrasia überein. Der Stamm ist einer Handbreit hoch, theilt sich von seiner Basis bis an seine mittlere Hälfte in mehrere Aeste, oder in eben so viele kleinere Stämme, die gerade stehen, rund und rauch sind. Die Blätter stehen wechselsweise, sind umgekehrt eyförmig-länglicht, stiellos, sägeartig gezähnt, und auf den obern Aesten sehr klein. Die Blumen stehen auf der Spitze des Stamms, in aufrechten Trauben, welche länger sind, als der übrige Theil der Pflanze; unter selbigen liegen gleichbreite Deckblättchen, welche länger, als die Kelche und Blumenstiele, und sehr lebhaft gelb sind.

2) Manuela (tomentosa) caulibus foliosis, pedunculis multifloris. Linn. Pfl. Syst. VII. 119. olim Selago (tomentosa) racemis ramosis, foliis obovatis tomentosis, caule prostrato. — Vielblumige Handblume. Auch diese Art ist auf dem Vorgebirge der guten Hoffnung zu Hause, aus der Wurzel entspringen sehr viele in die Höhe gehende, runde, ästige, mit Blättern besetzte, und mit einem weißen Filze bedeckte Stämme, an welchen die Aeste abwechselnd stehen. Die Blätter, welche kurz gestielt sind, stehen gegeneinander über, sind umgekehrt eyrund, oder lanzettförmig, stumpf gezähnt, und

auf beyden Flächen mit einem dichten weißlichten Filze überzogen. Die Blumen stehen in einem länglichten Spitzstrauß auf der Spitze des Stammes beysammen, der sich eyförmig zusammenzieht, und dann wieder länglicht wird auf blätterlosen, mit Deckblättchen versehenen Blumenstielen, welche bald aus den Winkeln der Blätter hervorkommen, bald zu oberst auf der Spitze des Stammes stehen. Die Deckblättchen sind gleichbreit, und sitzen zugleich unter den ungestielten Blumen. Die Blumenkronen sind wachsgelb. Die Röhre ist fadenförmig, die Mündung waagrecht, fünftheilig, fast regelmäßig, die Lappen seitwärts zurück gerollt

Der Same dieser einjährigen Pflanzen muß im Frühjahre auf ein Mistbeet gesäet, und die Pflanzen nachher auf die zu ihrer Flor bestimmten Stellen verpflanzt werden.

Marante, Maranta *Linn*, ist eine Pflanzenaattung die in die erste Ordnung der ersten Pflanzenklasse (Monandria Monogynia) gehört, und als Gattungskennzeichen einen dreyblättrigen Kelch, eine dreyspaltige Blumenkrone, und ein dreytheiliges Honigbehältniß hat, wovon der eine Einschnitt auf der obern Seite einen Staubbeutel trägt. — Es sind folgende Sorten bekannt.

1) Maranta (arundinacea) culmo ramoso, herbaceo, foliis ovato-lanceolatis subtus pilosiusculis. *Linn. Spec. plant. edit Willd.* I. p. 13. Pfl. Syst. V. 23. *Mill. Dict.* n. 1. Diese Pflanze ist ursprünglich in den heißen Theilen von Amerika, als Guiana, Cayenne u. s. w., zu Hause, und wird in Europa in Gewächshäusern gezogen, und blühet im Jun. und Jul. Sie hat eine perennirende, dicke,

flei-

fleischige, kriechende Wurzel, die voller Knoten ist, und aus welcher viele glatte, spitzige Blätter zum Vorschein kommen, die 6 — 7 Zoll lang und in der Mitte ungefähr 3 Zoll breit sind, gegen beyde Enden aber schmaler werden, und sich oben endlich zuspitzen. Diese Blätter gleichen im Bau und der Farbe den Rohrblättern, und stehen auf runden Stielen, die unmittelbar aus der Wurzel kommen. Zwischen den Blättern kommen Stängel hervor, welche fast 2 Fuß hoch werden, sich gegen oben zu in 2 bis 3 kleinere zertheilen, und an jedem Knoten mit einem Blatte versehen sind, das eben so gestaltet ist, als die untern Blätter, nur daß es kleiner ist. Diese Stängel endigen sich mit einem lockern Büschel kleiner weißer Blumen, die auf Stielen stehen, welche fast 2 Zoll lang sind. An diesen Blumen haben die Abschnitte der Blumenkrone einen gezähnten Rand.

2) Maranta (Tonchad) culmo ramoso fruticoso, foliis ovatis glabris *Linn. Spec. plant. edit. Willd.* l. c. **Strauchartige Marante.** Diese Art ist besonders in Cochinchina so wie in den vorhin genannten amerikanischen Gegenden zu Hause. Sie hat eine knollige Wurzel, einen ästigen strauchartigen Stängel, eyförmige glatte Blätter, und eine zerstreuete Blumenrispe.

3) Maranta (Galanga) culmo simplici, foliis lanceolatis subsessilibus. **Linn. Pfl. Syst. V. 23. Galanga oder Galgant.** Diese Art ist in Java, Ceylon, Ambonia und andern ostindischen Inseln zu Hause. Sie treibt aus einer perennirenden Wurzel einige runde, 7 — 8 Fuß hohe Stängel, welche ziemlich steif, und eines Fingers dick sind; sie sind gleichsam aus in ein=

einander geschobenen Scheiden zusammengesetzt, aus denen ungefähr gegen die Mitte der Stängel wechselsweise stehende Blätter von verschiedener Größe und Figur hervorkommen. Die untersten Blätter nämlich sind einer Spanne lang und einer Hand breit, die darauf folgenden werden allmählig länger und schmaler, so daß sie endlich bey 2 Fuß lang, und weniger als einen halben Fuß breit sind, gegen das Ende oder die Blumenkolbe zu aber werden sie schmal, und auch wieder kürzer. Jeder Stängel endiget sich mit einer Blumenkolbe oder Rispe von weißlichten Blumen, die 4 Blumenblättlein haben, und von einem starken, aber nicht angenehmen Geruch und einem scharfen Geschmack sind. Auf die Blumen folgen röthe Beeren, welche 2 — 3 herzförmige Samen enthalten.

4) Maranta (malaccensis) culmo simplici, foliis ovatis petiolatis. *Linn Spec. plant. edit. Willd.* l. c. p. 14. Pfl. Syst. V. 24. **Malackische Marante** ist vorzüglich auf der ostindischen Halbinsel Malacca zu Hause. Sie wird 12 — 15 Fuß hoch, und ihre Stängel sind oft so dick, als ein Kinderarm. Ihre Blätter stehen an diesen Stängeln wechselsweise, aber auf Stielen, und sind oval oder länglich, ungefähr 2 Fuß lang, und kaum ½ Fuß breit. Die Blumen wachsen, wie bey der ersten Art am Ende des Stängels in einer Rispe; sie haben eine kelchförmige Gestalt, und sitzen auf einem Fruchtknoten, aus welchem eine dreyeckige Kapsel wird, von der Größe eines Taubeneyes, die viele dreyeckige Samen enthält.

Alle diese Arten sind ursprünglich in einem warmen Lande einheimisch, wollen also bey uns im im Glashause unterhalten werden. Man kann sie durch ihre kriechenden Wurzeln fortpflanzen, die man um die Mitte des Märzes, kurz vorher, ehe sie neue Blätter treiben, theilen kann. Es müssen diese Wurzeln in Töpfe gepflanzt werden, die mit leichter frischer fetter Erde angefüllt sind, welche man nachher in ein gemäßigtes Beet von Lohe einsenkt, und dann und wann begießet. Doch darf ihnen nicht zu viel Wasser auf einmal gegeben werden; denn zu viel Nässe macht, daß die Wurzeln bald faulen, wenn sie ruhen; wenn sich aber die grünen Blätter über dem Boden zeigen, müssen die Pflanzen öfters begossen werden, auch soll man ihnen alle Tage, nach Verhältniß der warmen Witterung, und der Wärme des Beets, worin sie stehen, mehr oder weniger frische Luft geben. Je stärker sie werden, desto mehr wollen sie frische Luft haben; sie müssen aber im Lohbeete und im Glashause bleiben, sonst wachsen sie nicht. Denn wenn die Töpfe im Glashause auf Bretern stehen, so entzieht sich die Feuchtigkeit den Fasern zu bald, welche sich insgemein an den Seiten und auf dem Boden der Töpfe verbreiten, so daß die Pflanzen nicht viel Nahrung aus dem Wasser ziehen. Wenn man sie aber beständig in der Lohe hält, und selbige die gehörige Luft und Nässe haben, so wachsen sie so stark, daß eine kleine Wurzel in einem Sommer den ganzen Topf anfüllt, in welchen man sie gesetzt hat. Um Michaelis fangen die Blätter an zu welken, und sterben bald darauf bis auf den Boden ab; dem ungeachtet müssen die Töpfe doch den ganzen Winter hindurch im Lohbeet gelassen werden, sonst verderben die Wurzeln. Denn ob sie gleich

ruhen,

ruhen, so halten sie sich doch nicht lange, wenn man sie aus der Erde nimmt; eben so verschrumpfen die Wurzeln leicht, wenn man die Töpfe aus der Lohe nimmt, und an einen trocknen Ort stellt. Im Lohbeete erhalten sie sich aber gut. Die erste Sorte blühet beständig im Julius und August, bringt auch öfters reifen Samen. M. Galanga hingegen blühet nicht so beständig, auch fallen die Blumen nicht so in die Augen, indem sie sehr klein und von kurzer Dauer sind. Bey dieser 3ten Sorte bleiben die Blätter den größten Theil des Winters hindurch grün, indem sie selten vor dem Februar welken, und öfters so lange grün bleiben, bis frische Blätter hervorkommen, die die alten abstoßen.

Marellenbaum, s. Armeniaca. Th. I. 407.

Marelle, der Name
1. einer Art Kirschen,
2. der Apricose, s. Armeniaca. Th. I. 407.

Margarethenbirne.

Margarethenblume
Margarethenblümchen
} ein Name der Gänseblume oder Maslieben, Bellis perennis L. s. Maslieben.

Margarethen-Nelke, s. Nelke.

Margenröschen,

Margrispelstaude, Tamarix germanica, s. Tamariske.

Marienblume, oder Marienblümchen, Bellis *Linn.* s. Maslieben.

Marienglöckchen, Campanula medium L., s. Glockenblume. G. F. Th. III. S. 301.

Marienkraut, Arnica L., s. Th. I. p. 429.

Marien-Magdalen-Blume, s. Lavendel.

Marien-Mantel, s. Alchemilla L. Th. I. 124.

Marien-Münze, Mentha L. s. Münze.

Marien-Rose, diesen Namen führen mehrere Blumen, als

1. die Maslieben, Bellis L., besonders die in den Gärten gezogenen gefüllten Spielarten,
2. die Päonie, Paeonia L.
3. die Heckenrose, Rosa canina L.
4. die gelbe Rose, Rosa Eglanterium L. R. lutea *Willd* s. Rose.

Marienschuh, Cypripedium L, s. Pfaffenschuh.

Marillenbaum, Armenica L., s. diesen Artikel Th. I. 407.

Marktripel, Tamarix, s. Tamariske (deutsche).

Maronenbaum, und

Maronier, Fagus Castanea L., s. Kastanie.

Marrettig, Cochlearia Armoracia L., s. Löffelkraut n. 8.

Marrubiastrum, Leonuris Marrubiastrum, s. Wolfstrapp.

Marrubium L., ist eine Pflanzengattung, die nach des Ritter v. Linné System in die 1ste Ordnung der 14ten Klasse (Didynamia Gymnospermia) gehöret, und folgende Gattungskennzeichen hat: der Kelch ist röhrenförmig, steif mit 10 erhabenen Linien gestreift, und an der präsentirtellerförmigen Mündung 5 oder 10 gleiche, steife, spitzige Zähne; die Blumenkrone hat eine aufrechte, gleichbreite, schmale, in zween Lappen gespaltene Oberlippe, und eine breitere, halbdreyspaltige Unterlippe, deren mittlerer Abschnitt breiter, als die andern, und ausgeschnitten ist; nach der Blüthe ist der Kelch an der Mündung noch offen, am Halse aber verengert, und enthält vier länglichte Samen.

1)

1) Marrubium (Alyssum) foliis cuneiformibus, quinque partitis plicatis, verticillis involucro destitutis *Linn. Spec. plant. Edit. Willd.* II. Pfl. Syst. VII. 490. *Miller Dict.* n. 4. Alysson, or, Galen's Mad-wort. Lueder b. p. Lustgärt. III. 158 n. 1. Alyssen. Diese Art ist in Spanien zu Hause, und hat eine perennirende Wurzel und einen aufrechten, ästigen, ungefähr 1 Fuß hohen, an den Zweigen sehr wolligen Stängel. Die keilförmigen Blätter haben fünf stumpfe, tief eingeschnittene Zähne, und sind mit grauen oder weißlichen Härchen bekleidet. Die bläulich purpurrothen Blumen wachsen zu sechsen in einem Wirtel oder lockern Quirl, und haben an der Mündung des Kelchs sehr steife und spitzige Zähne.

2) Marrubium (peregrinum) foliis ovato-lanceolatis serratis calycum denticulis setaceis. *Linn Spec. plant.* II. Pfl. Syst. VII. 491. Foreign Hovehound. Fremder Andorn. Dieser wächst auf der Insel Candien und auf dem Berge Libanon an trocknen Orten, wie auch in Portugall Spanien, Italien ꝛc. Er hat eine perennirende Wurzel, und einen sehr ästigen, gegen 3 Fuß hohen Stängel. Die Blätter sind mit weißen Härchen bekleidet, bald breiter und kürzer, bald länger und schmaler, bald näher bey einander, bald weiter von einander entfernt. Die Blumen sind weiß. Die ganze Pflanze hat einen angenehmen Geruch.

Nach dem Unterschiede der Blätter macht Miller im Gart. Lex. aus dieser Art 2 verschiedene Arten.

a. M. (Peregrinum) n. 2. mit breiten Blättern, und

b, M. (Creticum) foliis lanceolato-dentatis, verticillis minoribus, dentibus calycinis setaceis erectis, mit schmalen Blättern.

3) Marrubium (candidissimum) foliis subovatis lanatis superne emarginato-crenatis, denticulis calycinis subulatis. *Linn. Spec. plant. Edit. Willd.* II. Pfl. Syst. VII. 492. *Mill. dict* n. 6. Creton Horehound. Lueder l. c. n. 3. weißester oder cretischer Andorn. Auch diese Art ist auf der Insel Candien einheimisch. Die ganze Pflanze ist mit einer schneeweißen filzigten Wolle bekleidet, und ihre eyrunden, fast scheibenrunden Blätter sind daher sehr dick, Die Blumen sind auch weiß.

4) Marrubium (supinum) dentibus calycinis setaceis, rectis, villosis. *Linn. Spec. plant.* II. Pfl. Syst VII. 492. *Mill. Dict.* n. 5. French Horehound. Lueder l. c. n. 4. Liegender Andorn. Dieser ist in Spanien, Languedoc, Oesterreich und auch auf den griechischen Inseln im Archipelagus zu Hause. Sie hat eine perennirende Wurzel, und treibt ungefähr einen Fuß lange, meistens auf dem Boden liegende Stängel, mit rundlichten, oder länglichten, stumpfen, gekerbten Blättern, die, wie die ganze übrige Pflanze, mit silberweißen, seidenartigen, und sehr weich anzufühlenden Haaren bekleidet sind. Die Blumen sind weiß.

5) Marrubium (vulgare) dentibus calycinis setaceis uncinatis. *Linn. Spec. plant. Edit. Willd.* II. Pfl. Syst. VII. 493. *Mill. dict.* n. 1. Common Horehound. Lueder l. c. n. 5. Gemeiner oder weißer Andorn. Diese Art wächst in ganz Europa an Hecken, Wegen und

und andern trocknen, steinigen, sandigen und unbebaueten Plätzen. Sie treibt auf einer perennirenden Wurzel viele aufrechte, eine bis 2 Fuß hohe, unten mit einem weißen Filze bekleidete, übrigens aber haarige Stängel; die Blätter sind gestielt, rundlicht oder eyrund, stumpf, runzlicht, gezähnt, auf beyden Flächen mit weißen Härchen bekleidet, und wie mit einem weißen Staube bestreuet. Die Blumen haben viele pfriemenförmige Deckblättchen, und bilden dichte ungestielte Wirtel in den Winkeln der Blätter, von denen die untern oft aus 40 — 50 Bumen bestehen, und sind weiß. Die ganze Pflanze hat einen starken aromatischen Geruch und einen bittern durchdringenden Geschmack

6) Marrubium (hispanicum) calycum limbis patentibus, denticulis acutis. *Linn. Spec. plant. Edit. Willd.* II. **Linn. Pfl. Syst.** VII. 495. *Mill.* n. 7. Spanish Horehound. **Lud.** l. c. n. 6. **Spanischer Andorn.** Dieser ist in Spanien zu Hause. Er hat eine perennirende Wurzel, und ist ganz mit grauen oder weißlichten Härchen bekleidet. Die Blätter sind rundlich, flach und am Rande gekerbt. Die Blumenkelche haben zehn scharfe Ekken, und eine flache glatte Mündung; die Oberlippe der Blumenkronen ist in 3 bis 4 Lappen gespalten.

Der Same dieser quirlförmig blühenden Pflanzen wird im Herbste reif, und muß im Frühjahre auf ein leichtes trocknes Beet an Ort und Stelle gesäet, und die Pflanzen nur verdünnt werden. In einem schattigen, magern, hungrigen und trocknen Boden sind sie von langer Dauer. In Ermangelung eines solchen Bodens, muß man

von

von ihnen, n. 5. ausgenommen, einige Stücke in Töpfen unterhalten, und solche im Winter beysetzen, um nicht etwa die ganze Art zu verlieren. Sie lassen sich im Sommer auch durch abgeschnittene Zweige vermehren.

7) Marrubium (Pseudo Dictamnus) Calycum limbis planis villosis, foliis cordatis concavis, caule fruticoso. *Linn. Spec. plant. Edit. Willd.* II. Pfl. Syst. VII. 496. *Mill. Dict.* n. 10. Engl. Pseudo-Dictamnus or Common Bastard Dittany. Lueder l. c. n. 7. **Gemeiner falscher Diptam**, mit einem dichten festen Filze überzogen. Er ist in Creta und andern Inseln des Archipelagus, ingleichen in Sicilien und Italien zu Hause. Er ist eine ästige, ungefähr 2 Fuß hohe Staude, und hat Blätter, die der Gestalt nach, den Blättern des Origanum Dictamnus gleichen, herzförmig, ausgehöhlt und weißgrau sind, und keinen, wenigstens einen sehr schwachen Geruch haben. Die Blumen sind weiß oder purpurroth, haben eine flache zottige Mündung des Kelchs, und wachsen, wie bey den übrigen dieser Gattung in Wirteln.

8) Marrubium (acetabulosum) calycum limbis tubo longioribus membranaceis, angulis majoribus rotundatis *Linn. Spec. Plant.* II. Pfl. Syst. VII. 496. *Mill. Dict.* n. 11. Engl. Acetabulous Bastard Dittany. Lueder l. c. n. 8. **Becherförmiger falscher Diptam**, ist auch auf Candien zu Hause. Er hat eine perennirende Wurzel, und etwa 2 Fuß hohe, sehr haarige Stängel mit dünnen, herzförmigen, tiefsägeartiggezähnten, oben rauhen und unten haarigen Blättern. Bey den Blumen wird nach der Blüthe die Mündung des Kelchs

größer,

größer, und noch einmal so lang, als seine Röhre; diese Mündung ist häutig und nackt, und hat am Rande 20 Ecken, von denen die 10 kleineren spitzig, die übrigen aber breiter, und ganz stumpf zugerundet sind.

Diese 2 Pflanzen blühen fast den ganzen Sommer über, geben aber bey uns selten reifen Samen, und werden also allezeit **durch abgeschnittene Zweige fortgepflanzt.** Man stecke diese im Sommer in einen trocknen, warmen, gut geschützten Boden, weil sie sonst im Winter erfrieren, und unterhalte auch einige Pflanzen in Töpfen, um solche im Winter beyzusetzen, und nicht etwa die ganze Art zu verlieren, wenn die in freyer Luft stehenden erfrieren sollten. In einem fetten und feuchten Boden eines nicht gut geschützten Gartens gehen sie im Winter allezeit zu Grunde. In dem Gewächshause müssen sie dagegen als sehr dauerhafte Gewächshauspflanzen behandelt werden.

Martagon, Lilium Martagon L., s. Lilie, n. 3.

Martynie, Martynia Linn., eine Pflanzengattung die nach des Ritter von Linné System in die 2te Ordnung der 14ten Pflanzenklasse (Didynamia Angiospermia) gehört, und folgende allgemeine Kennzeichen hat: Die Blume hat einen fünfspaltigen Kelch und eine glockenförmige Blumenkrone, mit einer rachenförmigen Mündung; sie hinterläßt eine dreyfächerichte, zweyschalige, mit einem hakenförmigen Schnabel versehene Samenkapsel von einer holzigen Substanz, die einen rindenartigen Ueberzug hat.

1) Martynia (annua) caule simplici, foliis serratis. *Linn. Spec. Plant. Edit. Willd.* II. Pfl. Syst. p. 51. *Mill. dict.* n. 1. Die

jährige

jährige Martynie. Diese Art wächst ursprünglich zu Vera Crux in Neuspanien. Sie ist ein Sommergewächs, und macht einen weichen, haarigen, starken, fast 3 Fuß hohen Stängel, der sich gegen oben zu in 3 bis 4 große Zweige abtheilet, die mit rundlichen, herzförmigen, eckigen, fünf Zoll langen und an der Basis viertehalb Zoll breiten Blättern besetzt sind, die stumpfe Spitzen haben und sehr haarig und klebricht sind, so daß sie an den Fingern hangen bleiben, wenn man sie angreift. Gegen das Ende des Stängels und der Zweige entspringen in den Winkeln der Blätter auf einfachen Stielen bleichpurpurrothe, glockenförmige Blumen, mit einer in 2 Lappen getheilten Mündung, wovon die oberen in zween, die untern aber in 3 ziemlich flache Abschnitte gespalten ist: die 4 obern Abschnitte der Mündung an der Blumenkrone haben an der innern Fläche dunkelrothe, der unterste aber 6 — 7 safrangelbe Punkte. Der Blumenkelch ist in 5 Lappen, und an der untern Seite bis an die Basis gespalten, und hat 2 lanzenförmige Deckblättchen. Auf die Blume folgt eine eyrundlänglichte große, mit einer dicken, grünen, zähen, und glatt anzufühlenden Decke, oder Haut bekleidete Nuß, die sich vorne in 2 lange krumme Hörner endiget, und bey ihrer vollkommenen Reife aus ihrer entzwey gesprungenen Decke herausfällt. Diese Nuß hat zwo tiefe, nach der Länge fortlaufende Furchen und verschiedene kleinere, die in der Mitte einander kreuzen. Sie ist so hart, daß sie sich fast nie ohne Beschädigung der Samenkörner öfnen läßt. Inwendig hat sie vier Fächer, wovon gemeiniglich zwey einen länglichten Samen enthalten, die zwey andern aber unfruchtbar und leer sind.

Da dies eine jährige Pflanze ist, so kann man sie nicht anders, als aus dem Samen ziehen, den man in Töpfe, die mit leichter fetter Erde angefüllt sind, und in ein Mistbeet aus Gerberlohe eingräbt. Wenn die Erde gehörig feucht erhalten wird, so werden sich die Pflanzen in 14 Tagen bis 3 Wochen zeigen, und wenn das Beet warm ist, sehr stark wachsen. Man muß deswegen bald nachher, wenn sie aufgegangen sind, jede Pflanze in einen besondern Topf pflanzen und wieder in das Lohbeet eingraben, sogleich gut angießen, und anfänglich, bis sie angewachsen, beschatten. In der Folge müssen sie bey warmen Wetter viel frische Luft haben, zu welchem Ende die Fenster des Mistbeets alle Tage gelüftet werden müssen; auch wollen die Pflanzen öfters begossen seyn. Bey dieser Wartung werden die Pflanzen stark zunehmen, und innerhalb eines Monats die Töpfe mit ihren Wurzeln füllen. Dann müssen sie herausgenommen, in größere Töpfe, die am obern Rande 1 Fuß im Durchmesser halten, versetzt, und im Lohglashause in ein Lohbeet eingegraben werden, wo man ihnen hinlänglichen Raum lassen muß, weil sie sich sehr ausbreiten. Um die Mitte des Jul. werden die Pflanzen anfangen, ihre Blumen zu zeigen, welche am Gipfel der Pflanze in eine Aehre wachsen und den Fingerhutblumen gleichen. Wenn die erste Blumenähre verblühet ist, so folgen die Aehren der Seitenäste, so daß die Pflanze bis Michaelis, und bey günstiger Witterung noch länger blühet. Nur die Aehre des Hauptstengels pflegt brauchbaren Samen zu geben, und man muß deswegen für die Erhaltung derselben sorgen. — Da die Nüsse, die dieses Gewächs trägt, so

hart

hart sind, daß die Samen ohne Verletzung nicht heraus zu bringen sind, so muß man jedesmal die ganzen Nüsse, die der krummen Hörner wegen das Ansehn eines Holzschrüters haben, in die Töpfe legen, worin dieselben von der Wärme und Nässe aufspringen und den Keim durchlassen.

2. Martynia (longiflora) caule simplici, foliis orbiculatis repandis *Linn. Spec. plant. Edit Willd.* II. Pfl. Syst. IV. 54. **Langblumige Martynia.** Diese Art ist auf dem Cap zu Hause, und ist ebenfalls ein Sommergewächs. Ihr Stengel wächst aufrecht, ist etwas rauch, und wird etwa 2 Fuß hoch. Ihre Blätter stehen auf Stielen gegen einander über, und haben 3 Rippen. Die Blumen entspringen einzeln in den Winkeln der Blätter auf einfachen kurzen Stielen, an deren Basis je ein eichelförmiges Drüschen mit einem kurzen Griffel und einer Narbe sitzt. Der Blumenkelch ist sehr klein, und hat 5 Zähne. Die Röhre der Blumenkrone ist sehr lang, in der Mitte sehr breit, und auf dem Rücken höckerig; der Fruchtknoten hat einen Griffel, der so lang ist, als die Blumenröhre, mit zwey gleichbreiten und umgerollten Narben. Die Samenkapsel hat keinen merklichen Schnabel, aber zu beyden Seiten ihrer Basis einen dicken Zahn.

3. Martynia (louisiana) caule decumbente ramoso, foliis integris fructibus longissimis *Linn. Spec. plant. edit. Willd.* II. Pfl. Syst. IV. *Mill. Dict* n. 3. **Martynia aus Louisiana.** Sie ist gleichfalls eine jährige Pflanze, mit einem saftigen klebrigen Stengel, der sich in viele Zweige theilet. Diese dicken saftigen Stengel sind aber so schwer, daß sie sich

nicht

nicht aufrecht erhalten können, wenn sie nicht gehörig unterstützt werden. Die Blätter sind groß, klebrig und haarig; einige derselben sind eckig ausgeschnitten, meistens aber sind sie ganz, 5 — 6 Zoll lang, und in der Mitte 4 Zoll breit. Die Blumen kommen aus den Winkeln der Stiele in kurzen Aehren zum Vorschein. Sie haben eine blaßrothe Farbe, und sind eben so gestaltet, wie die der ersten Sorte. Auf sie folgen 4—5 Zoll lange Früchte, die eine dicke grüne Hülle haben, welche sich theilet und abfällt wenn sie reif ist, und eine rauhe, käferförmige Nuß hinterlassen, die am Ende zwey sehr lange Hörner hat, sich in 2 Theile theilet, und verschiedene Samen in sich schließt, die mit schwarzer Haut bedeckt sind, welche man wegschaffen muß, ehe man sie aussäet.

Den Samen dieser beyden jährigen Pflanzen muß man gegen das Ende des März auf ein Mistbeet säen. Wenn die Pflanzen aufgegangen sind, so müssen sie fast eben so behandelt werden, wie oben bey Nro. 1. bemerkt worden, nur mit dem Unterschiede, daß die Pflanzen, weil diese Sorten dauerhafter sind als die erste, mehr Luft haben müssen, damit sie nicht zu schwach werden. Auch muß man ihnen im Sommer nicht zu viel Wasser geben, weil, besonders bey der letztern Art, die saftigen Stengel verderben würden, ehe der Same reif wird.

4. Martynia (perennis) caule simplici, foliis serratis. *Linn. Spec. plant. edit. Willd.* II. Pfl. Syst. IV. 51. *Mill. Dict.* n. 2. Die **perennirende Martynie.** Diese Art wächst um Carthagena in Neuspanien wild. Sie hat eine bleibende Wurzel und einen jährigen Stengel. Die Wurzeln sind dick, fleischig

und

und in Knoten getheilet, die schuppicht sind, fast wie bey dem Zahnkraute (Dentaria). Ihre Stengel werden ungefähr 1 Fuß hoch, und sind dick, saftig, purpurroth, und sind mit rundlichen, kurzgestielten Blättern besetzt, welche runzlich, am Rande sägenartig gezähnt, und auf der Oberfläche rauh und dunkelgrün, auf der untern aber oft purpurroth sind. Der Stengel endiget sich mit einem kurzen Büschel blauer, glockenförmiger Blumen.

Man muß diese Pflanzen beständig im Glashause in ein Lohbeet gesenkt erhalten. Den Winter über, wenn die Stengel abgestorben sind, darf man die Wurzel wenig oder gar nicht begießen, weil sie sonst verderben würden. In der Mitte des März, wenn die Wurzeln eben zu treiben anfangen wollen, ist die rechte Zeit, sie zu theilen und zu versetzen. Man pflanzt sie dann in Töpfe von mittler Größe, die mit leichter fetter Erde angefüllt sind, und senkt sie wieder in das Lohbeet, welches um diese Zeit mit etwas frischer Lohe erneuert werden muß. Wenn die Pflanzen zum Vorschein kommen, muß man sie öfters begießen; doch muß dies nicht zu überflüssig geschehen, weil sonst die zarten Wurzeln verderben würden. Stellet sich eine warme Witterung ein, so fordern sie viele frische Luft, welche die Pflanzen sehr stärket. Auch müssen die Pflanzen solchergestalt in dem Lohbeete stehen, daß sie nicht durch den Ueberhang anderer Pflanzen beschädiget, oder von andern Pflanzen beschattet werden. Auch darf man sie nicht versetzen, wenn sie Blätter bekommen; denn dadurch würden sie geschwächt und gehindert werden zum blühen. Weil sich die Wurzeln dieser Pflanzen geschwinde

ver-

vermehren, so ist es nicht nöthig, auf eine andere Methode ihrer Fortpflanzung zu denken. Sonst würden außerdem auch die Schößlinge oder Stengel, wenn man sie in Töpfe setzte, die mit leichter Erde angefüllt sind, und sie in den Sommermonaten in ein Mistbeet einsenkte, auch leicht Wurzeln treiben.

Marum, Origanum Marum *Linn.*, s. Origanum.

Marum, Teucrium Marum *Linn* Katzenkraut.

Maserbirke, siehe Birke, im G. F. Th. I. 86.

Masholder, Acer *Linn.* s. G. F. Th. I. S. 68.

Masholderstrauch, Acer campestre *Linn.* ibid.

Masholderzucker, Acer saccharinum *L.* ibid.

Maßüßel, Globularia *Linn.* Kugelblume n. 1. Th. IV.

Mastixbaum, Pistacia Lentiscus *Linn.*, s. Pistacia.

Mastixkraut, Thymus Mastichina *Linn.*, siehe Thymian.

Maßliebe, Bellis *Linn.*, ist eine Pflanzengattung, die in die 2te Ordnung der 19ten Pflanzenklasse, (Syngenesia, Polygamia superflua) gehört und folgende allgemeine Kennzeichen hat: Einen nackten kegelförmigen Blumenboden, keine Samenkrone, einen halbrunden Kelch, dessen Schuppen gleichförmig sind, und umgekehrt eyrunde Samen. Von dieser Gattung sind nur zwey Arten, die erste eine perennirende, die zweyte eine einjährige Pflanze.

1. Bellis (perennis) scapo nudo. Linn. Pfl. Syst. IX. 454. *Mill Dict.* n. 1. Lueder b. p Lustg. IV. p. 121. n. 1. Perennirende oder wilde Maßlieben, Marien- oder Margarethen- oder Gänseblume. Vaterland in

in ganz Europa auf sonnigen Triften, und blühet das ganze Jahr hindurch, von der Zeit an, da der Schnee zu schmelzen anfängt, bis in den Winter hinein. Außer obigen Namen hat sie auch noch folgende: Angerblume, Tausendschönchen, Monatblümchen, Osterblümchen und Frühblümchen. Sie ist ein sehr niedriges Pflänzchen, und treibt aus der Wurzel verschiedene längliche, auf blätterartigen Stielen stehende, fast eyförmige, am Rande gekerbte, etwas rauhe Blätter, und viele einfache, 1 — 2 Zoll hohe, selten höhere, blätterlose Blumenstiele, auf deren jedem eine einzige Blume befindlich ist, wovon die Zwitterblümchen gelb, die im Unterkreise stehenden weiblichen Blümchen aber weiß, und auswendig an den Spitzen roth sind.

Von dieser perennirenden Art sollen die mannigfaltigen Sorten der gefüllten Garten-Maßlieben, von welcher *Mill.* n. 3. unter Bellis (hortensis) flore pleno majore eine besondere Art macht, und deren Strahlenblümchen bis in den Mittelpunkt vervielfältiget sind, entsprungen, und durch die Cultur veredelt seyn, nämlich:

a) mit weißen,
b) mit rothen,
c) mit weißen roth gestreiften,
d) mit scheckigen,
e) mit scharlachrothen,
f) mit schwarz und weißen,
g) mit röhrigen,
h) mit weißen hahnenkammförmigen,
i) mit rothen — — — — —
k) mit gesprenkelten,
l) mit geschminkten (auf der Oberfläche roth auf der Unterfläche aber weiß) und

m) mit proliferirenden Blumen.

Die beyden Sorten mit röhrigen und hahnenkammförmigen Blumen sind zwar nur unvollkommene Blumen, finden jedoch Bewunderung, weil sie selten sind, und in ihrem Ansehn etwas sonderbares haben. Die proliferirende Sorte, die, wie man glaubt, aus der großen rothen entstanden seyn soll, ist jedoch die allerbewundernwürdigste und sonderbarste, weil unmittelbar an den Seiten ihrer großen, schönen und völlig gefüllten Blumen rings umher viele kleine, auf kurzen Stielen stehende Blumen entspringen, und die Hauptblume regelmäßig umgeben, und im Ganzen ein sehr verzierendes Ansehn haben.

Alle diese Sorten sind außerordentlich dauerhaft, und kommen fast in jedem Boden und in jeder Lage fort; arten sich jedoch am besten in einer schattigen Lage und in einem frischen Erdreiche. Sie blühen alle sehr zahlreich im April, May und Junius, und machen zwischen andern perennirenden Blumenpflanzen von ähnlichem Wuchse, vor der Fronte der Rabatten schicklich vertheilt, einen außerordentlich artigen Effekt. Man pflanzt sie gewöhnlich zur Einfassung der Blumenbeete, auf welche Art sie sich auch wirklich am besten ausnehmen, obgleich solche Einfassungen sehr bald unregelmäßig werden. Man mag sie aber auch vor der Fronte der Rabatten trippelweise umher vertheilen, und zu diesem Zwecke, weil einzelne Pflanzen nicht recht ins Auge fallen, auf jede 2 — 3 Fuß ihrer mehrere, um einen runden Busch zu bilden, beysammen pflanzen, und, um eine desto größere Mannigfaltigkeit, und Farbenabwechselung zu verschaffen, auf jedem Trippel eine besondere Sorte pflanzen.

Man vermehrt sie durch Zertheilung, welches fast zu jeder Zeit des Jahres geschehen kann, am besten aber im Herbste und Frühjahre, noch besser aber im Herbste geschiehet, weil sie dann im folgenden Frühjahre schon stärker blühen. Sogar das kleinste, mit einer Wurzelfaser versehene Pflänzchen schlägt leicht an, und bildet schon in einem Jahre einen großen Busch Wenn man aber die Absicht hat, möglichstbald eine ansehnliche Flor zu haben, so muß man sie nicht in gar zu kleine Stücke zertheilen, und auch die durch Zertheilung gemachten Pflanzen sogleich an Ort und Stelle pflanzen. Weil sie sich ungemein stark bestauden, und wenn sie lange stehen bleiben, ihre Blumen klein werden und in einfache ausarten; so müssen sie, damit sie fortfahren mögen, schön, mit vollkommen gefüllten Blumen zu blühen, jährlich, oder um jeden 2ten Herbst aufgenommen und durch Zertheilung verjüngt werden, wozu man aber allezeit solche Pflanzen, die am schönsten und gefülltesten blühen, auswählen, und diejenigen, die sich der Ausartung verdächtig gemacht haben, wegwerfen muß.

2. Bellis (annua) caule subfolioso Linn. Pfl. Syst. IX. 450. *Mill.* Dict. n. 2. Engl. Annual Daisy, Lueder l c. n. 2. Einjährige Maßliebe. Spanien, Italien, Languedoc sind das Vaterland dieser Art, welche sich schon durch ihre kürzere Dauer von der vorhergehenden auszeichnet, indem sie nicht länger, als ein Jahr dauert, da die vorige hingegen perennirt. Sie ist auch eine niedrige Pflanze, und wird selten eine Handbreit hoch. Die kleinen Stämme erreichen ungefähr die Höhe eines halben Schuhes, tragen

nur

nur eine einzige Blume, die in der Mitte grünlichgelb, am Strahl aber weiß ist.

Der Same dieser Art muß auf eine schattige Rabatte in ungedüngte, sandige, leichte Erde sogleich an Ort und Stelle gesäet, und zu ihrer Fortpflanzung jährlich Samen von ihr aufgenommen werden.

Matricaria L., s. Mutterkraut.

Matronalviole, Hesperis matronalis, s. Nachtviole.

Matronenkraut, Matricaria parthenium *Linn.* s. Mutterkraut.

Mattenbaum, Cycas circinnalis *Linn.*, s. Sagoupalme.

Mattenblume, Caltha palustris *Linn.*, s. Dotterblume Th. II, p. 550.

Mattenkerbel, Chaerophyllum aromaticum *L.* s. Kerbel S. F. IV. 47.

Matten-Kümmel, Carum carvi *L.*, s. Kümmel Th. IV. S. 598.

Mattenkraut, Gnaphalium arinarium *L.*, s. Ruhrkraut.

Mattensteinbrech, Peucedanum Silaus *L.*, s. Haarstrang Th. III. 391.

Mauerblume, Cheiranthus Cheiri *Linn.*, siehe Lakviole Th. IV. S. 655.

Mauerewig, Hedera helix *Linn.*, s. Epheu Th. II. S. 667.

Mauerepheu, desgleichen.

Mauergypskraut, Gypsophila L., s. Gypskraut Th. III. S. 387.

Mauerhabichtskraut, Hieracium murorum L., s. Habichtskraut Th. III.

Mauerkraut, Parietaria Linn., s. Glaskraut.

Mauerpfeffer, Sedum acre Linn., s. Hauslaub Th III. S. 461.

Mauersalat, Praenanthes muralis Linn., siehe Prenanthe.

Mauerraute, Adianthum Linn., s. den Artikel Th. I. S. 116

Mauerwinde, Hedera Helix Linn., s. Ephеu Th. II. S. 667.

Maulbeerbaum, der, Morus Linn., hat halbgetrennte Geschlechter, und gehört also in die 21ste Pflanzenklasse des Ritter v. Linn., und zwar in die 4te Ordnung (Monoecia Tetrandria). Die besondern Gattungskennzeichen sind folgende. Die Blumen wachsen in Kätzchen, oder kopfförmigen Büschelchen, und haben keine Blumenblätter; die männlichen Blumen haben einen in 4 Stücke zertheilten Kelch, und 4 Staubfäden; die weiblichen haben einen 4blättrigen Kelch, welcher einen Fruchtknoten mit 4 Griffeln umgiebt, und sich in eine saftige zusammengesetzte Beere verwandelt, die von jedem einzelnen Kelch, der ein Samenkorn einschließt, und fleischig wird, entstanden ist.

Es giebt auch Arten dieser Gattung, wo die männlichen und weiblichen Blumen auf verschiedenen Stämmen angetroffen werden.

Diese Gattung begreift mehrere Arten unter sich, die größtentheils bey uns im Freyen fortkommen, und daher auch zu Alleen und in Lustgebüschen angepflanzt zu werden verdienen, da sie immer ein gutes Ansehn haben. Sie erreichen eine Höhe von 20 — 25 Fuß, theilen sich ganz niedrig in eine große, ästige, weit umher ausgebreitete, dichte Krone, die in jedem Herbste ihre Blätter fallen läßt. Die verschiedenen Arten derselben sind aber auch noch meistens in anderer Rücksicht wichtig.

1. Morus (alba) foliis oblique cordais laevibus. Linn. Pfl. Syst. II. 284. *Mill. Dict.* n. 4. Lueder b. p. Lustg. IV. 269. n. 2. Willd. berl. Baumz. 175. Dü Roi Harbk. wild. Baumz. I. 437. Weißer Maulbeerbaum. Dieser durch Einführung des Seidenbaues unter uns so wichtig gewordene Baum ist in Asien einheimisch und hat sich vorzüglich von China aus weiter verbreitet. Seine starken Wurzeln breiten sich sehr weit umher aus und sind mit einer hochgelben Rinde überzogen. Er treibt einen aufrechten, ästigen, 20 — 30 und mehrere Fuß hohen Stamm. Die schief herzförmigen glatten Blätter sind sich ziemlich auf beyden Seiten gleich. Die kleinen weißen Früchte gleichen in der Form den Himbeeren oder Brombeeren, und sind entweder gelblichweiß (oder grau) auch roth, und die letzten wieder schwarzroth, hellroth u. s. w. in mancherley Schattirungen. Ueberhaupt ist aber die Beere dieser Art ohne Geschmack und wird nicht gegessen, so wie der Baum auch ihretwegen nicht angebauet wird. Desto wichtiger ist aber sein Nutzen für den Seidenbau. Es können zwar auch im Nothfalle die Blätter der übrigen Arten dieser Gattung dazu gebraucht werden; aber man hat gefunden, daß die zartern Blätter des weißen Maulbeerbaums den Seidenraupen (Phalaena bombyx Linn.) ein viel gedeihlicheres Nahrungsmittel, als die übrigen, sind, und daß die Seide selbst dadurch im Werthe gewinne. Deswegen wird auch dieser weiße Maulbeerbaum seit dem 12ten Jahrhunderte, wo die Zucht der Seidenraupen sich in Italien und in die benachbarten Länder auszubreiten anfing, in Europa angebauet. Das ursprüngliche

Va=

Vaterland des Maulbeerbaums läßt schon vermuthen, daß er gegen die Kälte empfindlich seyn werde. Und so ist es auch; aber nur in seiner Jugend, wo die Spitzen der Jahrestriebe von oben herein erfrieren und absterben. Wenn er aber erst erwachsen ist, pflegt er dauerhaft genug zu seyn; wie denn die starken Winter von 17$\frac{88}{89}$ und ähnliche ihrem Wachsthume nicht nachtheilig gewesen sind. Ja man hat schon in weit nördlicher als Deutschland gelegenen Ländern, z. B. in Schweden, denselben mit glücklichem Erfolge anzubauen angefangen.

Da die Erziehung des weißen Maulbeerbaums in unserm Lande ein nicht unbeträchtlicher Gegenstand der Landespolizey ist, und sowohl durch wiederhohlte Verordnungen befohlen worden ist, als auch durch Belohnungen und Medaillen befördert wird, so will ich mich über dessen Erziehung und nachmalige Behandlung etwas umständlicher verbreiten.

Man kann den Maulbeerbaum auf mehr als eine Art erziehen, nämlich aus Absenkern, Schnittlingen und aus dem Samen. Die beyden erstern Arten der Vermehrung gehören mehr für die andern Arten des Maulbeerbaums, die bald nach diesem beschrieben werden sollen. Da aber der weiße Maulbeerbaum meistens in größerer Anzahl erzogen wird, um Plantagen zum Behuf des Seidenbaues davon anzulegen, so ist die Vermehrung aus dem Samen nicht nur die leichteste, geschwindeste und sicherste, sondern giebt auch die gesundesten und dauerhaftesten Bäume mit den schönsten Wurzeln. Den Samen dazu kann man sehr leicht käuflich erhalten, da er in Menge aus Italien und dem südlichen Frankreich zu uns gebracht wird. (In unserm Lande wird dieser Same, zur Beförderung der Maulbeerbaumzucht, an die Liebhaber unentgeldlich vertheilt.) Oder man kann ihn sich auch sehr leicht selbst verschaffen, wenn man einige alte Maulbeerbäume hat, die nicht zur Fütterung der Seidenwürmer in demselben Jahre abgelaubet sind. Man sammlet zu dem Ende die reifen Beeren, die entweder von selbst, oder durch ein leichtes Schütteln vom Baume fallen, legt sie auf ein leinenes Tuch oder reines Brett, nicht über, sondern neben einander — damit sie nicht faulen — und läßt sie 5 bis 6 Tage an einem luftigen trocknen Orte liegen, wo sie nachreifen und völlig weich werden Sodann thut man sie in ein härnes Sieb, stellet dasselbe in ein Gefäß mit reinem W sser, und zerreibt die Beeren so lange mit den Händen, bis sich die Samenkörner abgesondert haben. Die Körner, welche im Wasser zu Boden sinken, sind zur Aussaat tüchtig, die schwimmenden sind unvollkommen und werden weggeworfen. Die guten läßt man einige Stunden trocknen, und verwahrt sie dann den Winter über in einem Gefäße mit trocknem Sande. Zur Aussaat des Samens wählt man eine gut geschützte Rabatte des Küchengartens, die keine frische Düngung hat, aber doch hinreichend fett ist Diese wird entweder über Winter oder zeitig im Frühjahre zu dieser Absicht tief umgegraben, damit sie vor der Aussaat Zeit habe, sich gehörig zu belagern. In der ersten Hälfte des May ziehet man auf diesem Beete nach der Schnur ½ Zoll tiefe, und 1 Fuß von einander entfernte Furchen, streue den Samen ganz dünn in denselben aus, und fülle die Furchen entweder mit klar geriebener

Erde

Erde aus, oder — wenn man die Oberfläche des Beets vor der Anfertigung der Furchen glatt und fein geharkt hat, so ziehe man die Furchen mit der umgekehrten Harke sanfte zu. Vor der ersten Hälfte des May darf man die Aussaat nicht vornehmen, weil die jungen Pflänzchen, die etwa nach 3 — 4 Wochen, je nachdem der Same frisch war, aufzugehen pflegen, gegen die Kälte sehr empfindlich sind, und durch den geringsten Nachtfrost zu Grunde gerichtet werden können. Kann man sich auf die Güte des Samens, den man aussäen will, verlassen, so muß derselbe sehr dünn gestreuet werden, weil die aufgegangenen Pflanzen in dem Samenbeete wenigstens 2 Zoll, noch besser 3 Zoll Raum haben müssen. Hat man aber unsichere Samen dicker gestreuet, oder sind die Pflanzen überhaupt dichter aufgegangen, so muß man die aufgegangenen Pflanzen verziehen, sobald sie 4 — 5 — 6 Blätter getrieben haben, das heißt: man läßt in den Reihen auf jede 2 — 3 Zoll eine Pflanze stehen und zieht die übrigen aus, wobey man sich sorgfältig hütet, die stehenbleibenden nicht zu verrücken und im Wachsthume zu stören. Die aufgezogenen braucht man deswegen nicht wegzuwerfen, sondern kann sie auf ein anderes Beet in eben der angegebenen Entfernung reihenweise wie andere junge Pflanzen versetzen. Wenn diese im Anfange gut angegossen werden, und gegen die brennende Sonnenhitze einige Tage geschützt werden, so wachsen sie sehr leicht an.

Sollte vor dem Aufgehen des Samen trocknes Wetter einfallen, so müssen die Samenbeete etwa alle 8 Tage einmal nachdrücklich begossen werden, und mit diesem Geschäfte muß man auch

den

den Sommer hindurch bey trockner Witterung bis in den September fortfahren. Ueberdem müssen aber die Beete beständig vom Unkraute rein gehalten werden, von welchen die jungen Pflänzchen sonst bald würden erstickt werden. Und da durch anhaltenden Regen, oder durch wiederhohltes Begießen die Oberfläche des Beets leicht hart wird, so ist es ihnen auch sehr zuträglich, den Boden zwischen den Reihen zuweilen mit der zackigen Hacke aufzulockern.

Bey dieser Wartung pflegen die jungen Stämme im ersten Sommer eine Höhe von 1 bis 1½ Fuß zu erreichen. Im folgenden Winter pflegen sie sehr leicht von der Kälte zu leiden. Deswegen habe ich es sehr nützlich befunden, wenn ich sie gegen das Ende des Octobers 1 Zoll hoch über der Erde abgeschnitten, und mit der Hacke die Erde über die Reihen her, etwa 1 Zoll hoch angehäuft habe, so daß die abgeschnittenen Stämmchen dadurch ganz bedeckt wurden. Durch dies Verfahren werden sie nicht nur gegen die nachtheiligen Folgen des Frostes geschützt, sondern die Wurzel wird dadurch sehr gestärkt, und treibt im folgenden Sommer desto kühnere Schößlinge (oft 3 bis 4). Zu noch mehrerer Sicherheit kann man das Beet auch den Winter hindurch mit Laub oder Erbsstroh bedecken. — Im April des folgenden Jahres wird nicht nur diese Decke wieder weggenommen, sondern auch das Beet wieder mit einer kleinen hölzernen Harke, noch besser aber mit der Hand geebnet, damit die abgeschnittenen Stämmchen wieder zum Vorschein kommen, sodann die Erde zwischen den Reihen mit der Hacke aufgelockert, und dann das Beet glatt geharkt.

Die Wartung derselben in diesem zweyten Sommer ist mit der des vorigen Sommers völlig gleich, und besteht in Reinigung vom Unkraute, Auflockern des Erdreichs zwischen den Reihen, und in nothdürftigem Begießen bey trockner Witterung, und sie werden bey dieser Wartung oft eine Höhe von 3 — 4 Fuß und noch mehr erreichen. — In diesem 2ten Sommer muß man noch kein Messer bey denselben gebrauchen, und nicht nur alle Stämme, die sie getrieben haben, sondern auch alle Nebenzweige ruhig fortwachsen lassen. Dadurch wird der Stamm und die Wurzel gestärkt; durch das Aufschnateln würde man sie mehr in die Höhe treiben und eben dadurch nur schwächen.

Im Spätherbste des 2ten oder besser im Frühlinge des dritten Jahres, sobald am Ende des Febr. oder im Anfange des März die Witterung günstig ist, nimmt man die ganzen Reihen auf, um sie in die Baumschule zur weitern Bildung zu versetzen. Jetzt kömmt es darauf an, wozu man sie bestimmt, nämlich ob man Hochstämme aus denselben ziehen oder sie zu Hecken pflanzen will. Hochstämmige Bäume mit weitausgebreiteten Kronen liefern allerdings das meiste und gesundeste Laub zur Fütterung der Seidenraupen; allein zur Ersparung des Raums in den Plantagen, und zur Erleichterung der Arbeit des Ablaubens kann man auch, theils als Einfassung und Gehäge der ganzen Plantage, theils zur Einfassung der Hauptwege, Hecken anlegen, von welchen die Blätter ohne mühsames Klettern zu erhalten sind. Daß die Blätter von Hecken den Seidenraupen nicht so zuträglich seyn sollten, als von hochstämmigen Bäumen, ist ein bloßes Vorurtheil, wenn man nur dafür sorgt, daß die Hekken nicht mit Unkraut durchwuchern, und auch der Boden unter denselben immer rein erhalten wird, damit Luft und Sonne auf die Blätter gehörig wirken könne. Außer Hochstämmen und Hecken, kann man die Maulbeerbäume auch zu niedrigen Buschbäumen, mit 3 — 4 Fuß hohen Stämmen erziehen. Diese gewähren gleichfalls viel Bequemlichkeit im Ablauben, und ersparen vielen Raum in der Plantage, wenn sie zwischen den Hochstämmen umher vertheilt werden.

Nach dieser verschiedenen Absicht müssen die jungen Stämme, gleich bey ihrer ersten Versetzung in die Baumschule, auch ganz verschieden behandelt werden. Man nimmt die jungen Stämme aus dem Samenbeete alle mit einemmale auf, und sortirt sie sogleich nach dieser doppelten oder dreyfachen Absicht. Denn ob der Same gleich in einer Stunde gesäet werde, so werden sie doch immer in Ansehung ihres Wachsthums sehr von einander verschieden seyn, und diese Verschiedenheit pflegt noch lange, vielleicht ihr ganzes Leben hindurch sichtbar zu bleiben. Nach dieser Verschiedenheit theilt man also die Stämmchen bey dem Aufnehmen sogleich in 2 oder 3 Haufen, indem man die größern, mittlern und kleinern, jede Art auf einen besondern Haufen wirft. Die größern werden dann in besondere Reihen zu Hochstämmen, die mittlern eben so zu Buschbäumen gepflanzt, und die kleinern kann man so gleich zur Anlegung einer Hecke gebrauchen.

Bey dem Aufnehmen muß mit möglichster Vorsicht zu Werke gegangen werden, daß man ihre Wurzeln nicht beschädiget oder abreißet. Am besten geschieht es mit einer großen Baumhacke, und in Ermanglung derselben mit einer Mistgabel, mit welcher man die Erde von allen Seiten um die Wurzel so weit auflockert, daß sich die Stämmchen ohne Reißen und Zerren herausnehmen lassen. Mit dem Spaden würde man ihnen, durch unvermeidliches Abstechen der Wurzeln zu vielen Schaden zufügen.

Nach der oben beschriebenen Behandlung der Stämme in den Samenbeeten werden sie in diesen 2 Jahren schon eine schöne Wurzelkrone gemacht haben. Diese muß nicht nur unverdorben erhalten werden, sondern es darf auch an derselben nichts weiter beschnitten werden, als daß man die Pfahlwurzel bis auf etwa 6 Zoll einstutzt, und die zu weit umherschweifenden Nebenwurzeln etwas verkürzt. Daß alle gequetschte zerbrochene und zerrissene Wurzeln bis ins gesunde Holz weggenommen werden müssen, versteht sich von selbst.

Das Beschneiden der Stämme und Nebenzweige richtet sich nach der Absicht, zu welcher man sie bestimmt. An denen, die zu Hochstämmen bestimmt sind, nimmt man alle Stämme bis auf den stärksten und gesundesten weg, und auch an diesem alle Seitenzweige bis zur Spitze hinaus, damit man einen glatten und graden Stamm erhalte. Bey denen, die zu Hecken bestimmt sind, läßt man zwar auch nur einen Stamm stehen, diesem hingegen alle Seitenäste, die er über 6 Zoll von der Erde hoch hat, und verkürzt an diesen Seitenzweigen nur die Spitzen, damit sie sich gleich nach allen Seiten ausbreiten, und eine gute Hecke geben. Die zu Buschbäumen bestimmt sind, werden wie no 1. behandelt; sobald sie aber über 3 Fuß hoch sind, werden sie bis dahin eingestutzt, damit sie eine Krone bilden.

Der

Der Platz, der zur Baumschule bestimmt ist, braucht zwar nicht von vorzüglicher Güte zu seyn, aber er muß auch nicht ganz schlecht seyn. Im erstern würden die Stämme übertrieben werden, und wenn sie hinterher in ein geringeres Land kämen, zurückbleiben und verderben. Im letztern aber würden sie sich mit Moos belegen, verkrüppeln und nie ein gesunder Baum aus ihnen werden. Es kommt aber auf das gesunde Wachsthum eines Maulbeerbaums viel an. Magere Blätter von schlechtgenährten Bäumen geben den Seidenraupen nur ein mageres Futter, und diese richten sich mit ihrer Arbeit nach den Blättern.

Deswegen ist ein guter Mittelboden, dem es nicht an Nahrungstheilen fehlt der schicklichste. Da die Maulbeerbäume in ihrer Jugend weichlich gegen heftige Kälte sind, so ist es gut, wenn die Baumschule gegen Norden Schutz hat, übrigens gegen Morgen und Mittag frey liegt Der Platz dazu muß im Herbste vor der Bepflanzung 2 Spatenstich tief umgegraben oder so tief ragolt werden, damit die Stämme mit ihren Wurzeln eindringen, und sich ungehindert ausbreiten können.

Das ragolte und geebnete Land wird nach der Schnur nach der Menge der zu versetzenden Stämme durch ½ Fuß breite Wege in 2½ Fuß breite Beete eingetheilt, und auf jedes Beet 2 Reihen Bäume gepflanzt, die 1 Fuß in der Breite und 1½ Fuß in der Länge der Reihen von einander entfernt zu stehen kommen Nachdem die Stellen, wo die Bäumchen zu stehen kommen sollen, an der Linie her bemerkt sind, wird entweder für jedes derselben ein Loch, 6 Zoll tief, und im Umfange so weit gemacht, daß die Wur-

Wurzeln nach allen Seiten Raum haben; in dieses das Stämmchen eingesenkt; die Wurzeln nach ihrer natürlichen Lage zurecht gelegt; zuerst ganz lockere Erde in kleinen Portionen darauf geworfen, und durch sanftes Rütteln des Stämmchens, zwischen die Wurzeln gebracht, damit alle Zwischenräume gehörig ausgefüllt werden; dann die übrige Erde hineingescharrt; keinesweges mit dem Fuße festgetreten, sondern durch nachdrückliches Eingießen das nöthige Senken der Erde und Feststehen der Stämme bewürkt; — oder man macht an der Gartenschnur nach der ganzen Länge des Beetes einen schmalen Graben (etwa 6 Zoll breit und tief) setzt in denselben auf alle $1\frac{1}{2}$ Fuß einen Stamm, und verfährt übrigens, wie eben beschrieben ist.

In diesem Sommer bedürfen die jungen Stämme in der Baumschule keiner andern Wartung, als der Reinigung vom Unkraute, und daß man sie, bey trockner Witterung etwa alle 8 Tage einmal begieße. Geschnitten darf den ganzen Sommer an ihnen nicht werden, es sey denn, daß sich Wurzeltriebe zeigten, welche man ihnen nimmt. Alle Seitentriebe läßt man ungestört wachsen, welches zur Beförderung der nöthigen Stärke merklich beyträgt.

Im Herbste hingegen, wenn das Laub von den Bäumen ist, und die lebhafte Circulation des Saftes aufgehört hat, nimmt man ihnen alle Seitenzweige weg, damit ein grader und glätter Stamm zu Wege gebracht werde. Man muß indessen hierbey einen nöthigen Unterschied machen. Ist ein Stamm von selbst geneigt stark nach den Gipfel zu treiben, so daß er unten schwach bleibt, so muß man ihm die Nebenzweige

lassen,

lassen, und ihn dadurch zwingen, stärker zu werden.

In den folgenden Jahren ist die Wartung eben dieselbe, bis er, bey hinreichender Stärke eine Höhe von 6 — 7 Fuß erreicht hat. Dann schneidet man die Spitze seines Gipfels weg, und läßt ihn aus den 3 — 4 obersten Zweigen die Krone bilden. Dies wird etwa nach 4 — 5 Jahren nach ihrer Versetzung in die Baumschule geschehen, und dann können sie im Frühlinge darauf in die Plantage, oder wohin sie sonst bestimmt sind, versetzt werden.

Die zu Hecken bestimmten Stämmchen hat man nicht nöthig, erst in die Baumschule zu setzen, sondern kann sie sogleich zu dieser Absicht verbrauchen. Will man von ihnen eine Hecke an den Seiten der Hauptgänge anlegen, so wirft man, nach oben beschriebener Art, einen 6 Zoll breiten und tiefen Graben nach der Schnur aus, und setzt in demselben auf jeden Fuß Entfernung ein Stämmchen. Solche Hecken haben immer ein recht gutes Ansehn, wenn sie in gehöriger Ordnung erhalten werden. Man muß sie aber des davon zu hoffenden Nutzens wegen anders behandeln, als bey andern Hecken gewöhnlich ist. Wollte man sie, wie sonst geschieht, im Spätherbste oder Winter beschneiden, so würden solche kahle Hecken im May und Junius nur sehr wenig Blätter geben, als wozu sie doch allein unterhalten werden. Die beste Zeit, sie zu beschneiden, ist also bald nach Johannis, sobald die Seidenraupen zu fressen aufhören, und man folglich keine Blätter mehr für das Jahr gebraucht. Wenn man sie um diese Zeit mit der Gartenscheere auf allen Seiten richtig beschneidet, so kann man sie dadurch hinreichend in Ordnung erhalten, daß sie nicht verwildern, und gleichwohl werden sie von da an bis zum Eintritt des Winters noch stark genug wieder treiben, um den nöthigen Vorrath von Blättern bringen zu können.

Zur Anlegung einer Maulbeerbaum-Plantage muß nie, wie ich schon weiter oben bey der Baumschule bemerkt habe, ein ganz schlechter Boden erwählet werden. Ein guter Mittelboden, oder ein fruchtbarer Sand sind die besten.

Den Platz muß man, wenn es möglich ist, vor der Bepflanzung 2 bis 2½ Fuß tief rigolen, damit sich die Bäume mit ihren Wurzeln ungehindert nach allen Seiten ausbreiten können. Diese Zubereitung des Bodens muß wenigstens ½ Jahr vor dem Versetzen der Bäume in demselben, vorgenommen werden, damit sich nicht nur das aufgerührte Erdreich wieder hinreichend senken könne, sondern damit auch die aus der Tiefe heraufgebrachte unfruchtbare Erde durch Einwirkung der Sonne und Luft fruchtbar gemacht werden könne. Ist der Platz zum Empfang der Bäume gehörig zubereitet, so theilt man in demselben nach der Länge und Breite die Baumreihen ab. Hochstämmige Bäume müssen wenigstens 12 Fuß nach allen Seiten Raum haben, und also die Baumreihen 24 Fuß Entfernung von einander haben; denn da der Maulbeerbaum eine ausgebreitete Krone macht, so würden außerdem die Bäume bald zusammenkommen, und weder Luft noch Sonne durchdringen können. Es gereicht dabey zu einer wichtigen Ersparung des Raums und zugleich zur Vermehrung der Blätter-Erndte, wenn man zwischen jede 2 hochstämmige Bäume einen Buschbaum setzt. In diesem

Falle

Falle müssen die Hochstämme 30 Fuß Entfernung haben, und gleichwohl kömmt dann auf jedem 15ten Fuß ein Baum, von denen die Hochstämme in der obern und die Buschbäume in der untern Region ihre Kronen ausbreiten, ohne sich untereinander hinderlich zu werden.

Sobald die Baumreihen bestimmt sind, werden in denselben die Stellen bemerkt, wo die Bäume stehen sollen, jede Stelle mit einem Stocke, und um den Stock her die Grube 1½ Fuß nach allen Seiten abgezeichnet, und 1½ Fuß tief ausgeworfen. Es ist dem ganzen Geschäfte sehr zuträglich, wenn die Gruben schon im Herbste gemacht werden, und den Winter hindurch offen liegen bleiben. In der ersten Hälfte des Aprils werden dann die Bäume in der Baumschule, mit der oben empfohlenen Vorsicht ausgehoben, die beschädigten Wurzeln weggeschnitten, und die Kronzweige bis auf 3—4 Augen eingestutzt. Bey dem Pflanzen wird zuerst einer Hand hoch gut vermoderter Kuhmist, in welchem kein Stroh mehr sichtbar ist, in die Grube, und darauf soviel Erde geworfen, daß der Baum, wenn man ihn darauf stellt, grade wieder so tief zu stehen komme, als er in der Baumschule gestanden hat.

Wenn die Gruben auf diese Weise alle mit Dünger und Erde angefüllt sind, so werden zuvörderst alle Baumpfähle in die Gruben eingestoßen und gehörig gerichtet; damit man von allen Seiten grade Linien erhalte; und dann an diese Pfähle die Bäume gesetzt. Das Einsetzen selbst wird eben so verrichtet, wie ich es oben bey der Baumschule beschrieben habe.

Wenn die Bäume alle gepflanzt und einge gossen sind, müssen sie an den Pfählen befestiget werden. Im ersten Sommer nur ganz locker. Denn da der untergebrachte Dünger und die lockere Erde sich noch beträchtlich senken, und die jungen Bäume zugleich mit, der Pfahl aber unverrückt stehen bleibt, so würde ein festes Anbinden das Senken des Baums verhindern, und die Wurzeln desselben hoch zu stehen kommen. In der Folge müssen sie fester angebunden werden, damit der Schaft grade wird, und der Wind, wenn ihre Krone schwerer wird, sie nicht umherwerfen und abbrechen könne. Das beste Band bleibt immer, wenn man schwache Reiser von Weiden mit eingeweichtem Strohe zusammen drehet, und bey den Binden zwischen dem Stamm und Pfahle einen Kreuzschlag macht, damit sich der Baum nicht am Pfahle drücken und reiben kann.

Im ersten Sommer müssen die jungen Bäume bey trockner Witterung zuweilen begossen werden. Denn da sie nach ihrer Versetzung erst neue Saugewurzeln treiben müssen, so würde es ihnen ohne diese Beyhülfe an Nahrung fehlen.

Sie fordern in der Folge weiter keine Pflege, ja sie wachsen am schönsten, je weniger man sich um sie bekümmert; — denn sie vertragen das Beschneiden nicht gerne, wenn sie hochstämmig gezogen sind. Ganz junge Bäume muß man nicht ablauben, weil sie dadurch im Wachsthume aufgehalten werden. Größern Bäumen aber ist das Abpflücken der Blätter nicht schädlich, nur muß es vorsichtig geschehen, daß man weder die Rinde mit abstreift, noch größere Zweige abbricht. Nur in diesem letztern Falle

findet

findet Schneiden Statt, wenn abgebrochene oder eingerissene, oder auch von selbst abgestorbene Zweige wegzunehmen sind.

Wenn die Maulbeerbäume in einer Plantage lange in ihrer Schönheit und munterem Wachsthume erhalten werden sollen, so muß entweder der Boden der Plantage als Gartenland benutzt, und durch jährliches Umgraben und wiederhohltes Düngen den Bäumen neue Fruchtbarkeit gegeben werden. Kann dies aber nicht seyn, so muß man wenigstens verhüten, daß das Unkraut unter ihnen nicht zu sehr einwuchere, und alle Jahre den Boden unter den Bäumen umgraben, so weit die Kronen derselben sich umher ausbreiten.

---

2) Morus (nigra) foliis cordatis scabris. Linn. Pfl. Syst. II. 285. *Mill. Dict.* n. 1. *du Roi* I. 425. Lueder b. p. Lustg. 195. Engl. Black Mulberry. **Gemeiner oder schwarzer Maulbeerbaum, oder ächter Maulbeerbaum**, wächst in Italien, in der Tartarey und Persien. Er wird ein mäßig hoher Baum, der in einem beschützten Stande unsere Winter sehr gut erträgt, und um seiner großen schwarzen, oder vielmehr schwarzbraunen, sehr saftigen, überaus angenehm schmeckenden Beeren willen, sehr geschätzt wird. Die Blätter stehen wechselsweise, sind gestielt, von abweichender Bildung, bald eyförmig, an der Basis schief herzförmig, ausgeschnitten, ohne Einschnitte, häufiger tief fünflappig, die Einschnitte wieder eingeschnitten, am Rande stumpf, ziemlich gleichförmig gezähnt, auf der Oberfläche mit kurzen, aufwärts stehenden, weißlichen, sehr kleinen angedrückten Spitzen besetzt, wodurch das Blatt, wenn man es gegen

den Stiel zu überstreicht, scharf anzufühlen ist; auf der Unterseite mit zahlreichen dichter stehenden, kurzen, steifen Haaren besetzt. Die Blumen kommen im May, männliche und weibliche auf einem Stamme. Die männlichen Kätzchen sind über 1½ Zoll, die weiblichen kaum einen Zoll lang. Es giebt aber auch oft Stämme, die blos männliche, und andere die blos weibliche Blumen tragen, und daher mit ganz getrennten Geschlechtern blühen.

3. Morus (rubra) foliis cordatis, subtus villosis, amentis cylindricis. Linn. Pfl. Syst. II. 289. *Mill. Dict.* n. 3, *du Roi.* Harbk. w. Bzcht. I. 430. Willdenow Berl. B. 3. 197. Lueder l. c. n. 4. Engl. Virginian Mulberry. Rother oder virginischer Maulbeerbaum, wächst in Nordamerika. Dieser Baum, der eine ansehnliche Höhe erreichen soll, ist sehr dauerhaft, und leidet niemals durch unsern Winter. Die Zweige sind rund, und haben eine graubraune Rinde. Die Blätter stehen wechselsweise, sind gestielt, von verschiedener Gestalt, auf der Oberfläche mit kurzen anliegenden sehr kleinen Spitzchen bedeckt, wodurch sie, rückwärts gestrichen sich scharf anfühlen lassen, und auf der Unterfläche sind viele kurze kleine Härchen, die sie weich machen; der Rand ist ziemlich gleichförmig, groß gezähnt. An den erwachsenen Stämmen sind die Blätter entweder herzförmig, und lang zugespitzt, oder von eben dieser Gestalt, nur sehr kurz dreylappig, zuweilen fünflappig. Wenn sie im Frühjahre ausbrechen, ist die Unterfläche der jungen Blättchen ganz weiß, dies verliert sich aber immer mehr, je mehr sie auswachsen. Die Blumen sind bald männliche und weibliche auf einem

Stamme,

Stamme, bald auf verschiedenen Stämmen; sie brechen im May mit den Blättern hervor. Die Frucht ist etwas kleiner und kleinförmiger als an die schwarze Maulbeere, giebt dieser aber an Güte des Geschmacks nichts nach, und wird ihr von manchen noch vorgezogen. Sie hat eine hellrothe Farbe.

Nach den neuesten Erfahrungen soll dieser rothe Maulbeerbaum den erstbeschriebenen weißen in der Brauchbarkeit seiner Blätter zur Fütterung der Seidenraupen noch übertreffen; wenigstens ist es gewiß, daß man ihn in Nordamerika zum Seidenbau besonders anpflanzt, und hat ihn mit Nutzen für diese Insekten gebraucht, und nach den neuesten Nachrichten sollen die Chineser selbst, welche doch bekanntlich die schönste Seide gewinnen, sie mit den Blättern des rothen Maulbeerbaums ernähren. Es wäre daher sehr zu wünschen, daß mit demselben auch in unsern Gegenden bestimmte Versuche angestellt würden, ob sich auch hier seine Brauchbarkeit zu diesem Zwecke bestätigte; dann würde seine größere Dauer und seine völlige Unempfindlichkeit gegen die Winterkälte, ihm einen entschiedenen Vorzug vor dem weißen Maulbeerbaum geben, bey welchem ein später Frost oft die ganze Hofnung einer reichen Seiden-Erndte in einer Nacht vernichtet. Auch scheint er schneller und stärker, als der weiße Maulbeerbaum zu wachsen.

4) Morus (papyrifera) foliis palmatis, fructibus hispidis. **Linn.** **Pfl Syst.** II. 287. *Mill. Dict.* n. 6. *du Roi* I. 432. **Willdenow** 196. **Lueder** l. c. n. 3. Engl. Paper Mulberry. **Papiermaulbeerbaum.** Er wächst in Ostindien, China, Japan, und auf den Inseln

seln der Südsee. Dieser Baum bleibt bey uns nur strauchartig, und wird etwa 15—20 Fuß hoch. Bey harten Wintern friert er bisweilen bis auf die Wurzel ab, die aber alsdann wieder neue Lohden treibt. Die Zweige sind graubraun und rund. Die Blätter stehen wechselsweise und sind von mancherley Gestalt. An ganz jungen Pflanzen sind sie tief fünflappig, an ältern Stämmen aber bald unzertheilt eyförmig, lang zugespitzt, öfter aber dreylappig, der mittlere Lappe ein oder zweymal an jeder Seite bogenförmig ausgeschnitten, zuweilen haben auch die Seitenlappen an der Seite einen kleinen Ausschnitt. Der Rand ist groß, unregelmäßig, doppelt gezähnt, nach der Basis zu werden die Zähne immer kleiner, und verlieren sich kurz vor derselben gänzlich. Die Oberfläche läßt sich, besonders wenn man sie rückwärts streicht, durch sehr kleine erhabene Punkte scharf anfühlen. Die Unterfläche ist von anliegenden, weißen Härchen etwas filzig, und dem Gefühle nach weich. Von andern Maulbeerarten ist sie durch die eyförmigen, niemals herzförmig ausgeschnittenen Blätter hinlänglich verschieden. Die Blumen kommen in der Mitte oder Ende des Mays in gestielten, 2 Zoll langen, walzenförmigen Kätzchen aus den Winkeln der Blätter. Die Früchte sind von der Größe einer Erbse, und aus kleinen länglichen Beeren zusammengesetzt, dabey rothbraun, und mit vielen dunkelrothen Haaren umgeben. In Japan wird dieser Baum sehr häufig angebauet, und aus der Rinde junger ein bis 2jähriger Schößlinge durch das Einweichen und Kochen das schönste Papier, und mehrere Arten von Zeuge verfertiget, und auf den Inseln der Süd-

see

see ist er so allgemein bekannt und beliebt, daß die Bewohner derselben fast keine andere Art der Bedeckung kennen, als die Zeuge, die sie zum Theil sehr kunstreich, aus der Rinde dieses Baums zu verfertigen wissen.

Alle diese Arten des Maulbeerbaums können 1) aus dem Samen fortgepflanzt werden, den man von den 3 erstern sich aus den reifen Beeren selbst verschaffen kann, von der letztern aber, die bey uns keine Früchte zu bringen pflegt, auf einem andern Wege zu verschaffen suchen muß. Die Art, wie der Same gesäet und die aufgegangenen Pflanzen in der Folge behandelt werden müssen, ist unter n. 1. schon weitläuftig beschrieben. In Ansehung des schwarzen Maulbeerbaums setze ich nur noch hinzu: daß, da man denselben einzig seiner schätzbaren Früchte wegen erziehet, man sich bey den Samenpflanzen vorzusehen hat, daß man nicht mit Stämmen hintergangen wird, die bloß männliche Blumen tragen, und also keine Früchte geben. Da man dies keinem Baume vorher ansehen kann, so muß man keinen derselben an den Ort der künftigen Bestimmung pflanzen der nicht schon in der Baumschule Früchte getragen hat.

2) Durch Absenker: Man pflanze eine Anzahl Stämme zu Absenkerstühlen, auf einen 2 Spadenstiche tief gegrabenen Platz, 6 Fuß weit von einander; schneide dieselben, damit sie unten Zweige treiben, mehr über die Erde ab; mache gegen den Eintritt des folgenden Winters um jeden Stuhl eine Höhlung; beuge die neuen diesjährigen Zweige, nachdem man ihnen zuvor an einem Gelenke einen Einschnitt gegeben, in dieselben, und befestige sie mit einem Haken; fülle die

Höhe

Höhlung wieder eben zu, und schneide sie dann bis auf ein Auge über der Erde ab; sie schlagen dann so gut Wurzeln, und thun so gute Schüsse, daß sie schon im Herbste des folgenden Jahres abgenommen, und in die Pflanzschule gesetzt werden können. Die Absenkerstühle treiben nachher jedesmal wiederum Schösse, die im folgenden Jahre gleichfalls abgesenkt werden können. — Wenn man aber nur wenig junge Pflanzen gebraucht, so kann man neben einem Baum, dessen junge Zweige nicht niedrig genug sitzen, in der erforderlichen Höhe mittelst eines Gerüstes große Körbe, Töpfe oder Kästen anbringen, und sie in dieselben absenken. —

3) Durch abgeschnittene Zweige. Im Oct. oder Nov. stecke man starke, disjährige, 8 — 10 — 15 — 18 Z. lange Schösse zu wenigstens $\frac{2}{3}$ ihrer Länge auf ein gehörig zubereitetes, feuchtes, schattiges, geschütztes Beet, auf welchem viele derselben im folgenden Herbste bewurzelt zu seyn pflegen. Oder man stecke im März junge Schösse von mittelmäßiger Länge in Töpfe, senke sie, damit sie desto eher Wurzeln schlagen, in ein mäßiges Mistbeet ein, gewöhne sie dann wieder stuffenweise an die freye Luft, schütze sie im folgenden Winter in den Töpfen gegen den Frost, und pflanze sie im folgenden Frühjahre, wenn die Gefahr des Frostes vorüber ist, mit voller Erde in die Pflanzschule.

4) Durch Pfropfen und Okuliren auf junge Stämme von irgend einer Art der Gattung Morus. Es ist dies eines der sichersten Mittel, wenn man bey dem schwarzen gute Früchte, und bey dem weißen große Blätter erhalten will. Jeder Liebhaber kann sich nach seinem

nem Belieben Zweige aussuchen, und darf bey der schwarzen Art nicht befürchten, daß der Baum blos männliche Blumen und keine Früchte trage.

5) Morus (tinctoria) foliis oblongis, hinc productioribus, spinis axillaribus. Linn. Pfl. Syst. II. 291. *Mill. Dict.* no. 5. und M. (Zanthoxylum) foliis ovatis oblongis acuminatis obliquis, ramis aculeatis. n. 8. **Färbender Maulbeerbaum.** Er wächst in den Wäldern von Brasilien und Carthagena, und trägt beständig männliche und weibliche Blumen auf verschiedenen Stämmen. Er ist ein hoher Baum mit vielen Aesten, und einer ansehnlichen Krone, welcher in allen seinen Theilen voll von einem schleimigten, schwefelgelben Safte ist, der herausfließt, sobald die Rinde verwundet wird. Seine Rinde ist hellbraun, und sein Holz schön hellgelb und hart, und theilet dem Wasser seine gelbe Farbe mit. In den Winkeln seiner Blätter sitzen bisweilen einzelne, oder auch 2 priemenförmige Dornen. Seine Blätter stehen auf kurzen Stielen, und sind von verschiedener Größe, an der Basis eyrund, hernach länglich, und endigen sich in eine scharfe Spitze. Sie haben eine dunkelgrüne Farbe, und sind am Rande sägeartig gezähnt, unten aderigt, und zuweilen ganz glatt, zuweilen aber ein wenig haarig und rauch anzufühlen. Die eine Basis ist aber immer kürzer und schmäler, als die andere, so daß die Blätter schief am Stiele stehen. Die männlichen Blumen-Kätzchen hangen einzeln in den Winkeln der Blätter, und sind cylindrisch und 2 bis 3 Zoll lang; die weiblichen Blumen aber bilden kleine kugelrunde Knöpflein, welche aufrecht auf kurzen

Stielen

Stielen stehen. Die Frucht ist rundlich, übrigens aber wie die gemeine Maulbeere gestaltet, und ungefähr so groß als eine Muskatennuß. Sie hat, wenn sie reif ist, inwendig und auswendig eine bleiche, oder gelbgrüne Farbe, ist süß, und von einem angenehmen Geschmacke. Das Holz wird zum Gelbfärben gebraucht, und ist unter dem Gelbholz, Fustikholz oder gelbes Brasilienholz ein wichtiger Handelsartikel der Amerikaner mit den Europäern.

6) Morus (indica) foliis ovato oblongis, utrinque aequalibus, inaequaliter serratis. Linn Pfl. Syst. II 290. *Mill, Dict.* n. 7. M. tartarica. Ostindischer Maulbeerbaum. Dieser Baum ist in Malabar, Ceylon u. s. w. zu Hause, und hat einen aufrechten, dicken, aber nicht sonderlich hohen Stamm, welcher eine saftige braungraue Rinde hat, aus welcher, wenn sie geritzt wird, ein klebrichter milchichter Saft fließt. Seine Blätter stehen auf langen Stielen, und haben am Rande ungleiche stumpfe Zähne; beyde Seiten der Blätter sind gleich; sie sind rauch haben auf der obern Seite eine dunkelgrüne, auf der untern aber eine blaßgrüne Farbe, und stehen wechselsweise an den Zweigen. Die Blumen kommen in runden Köpfchen, an den Stielen der Blätter, auf allen Seiten der Zweige zum Vorschein. Sie haben eine grasartige weiße Farbe, und hinterlassen eine rundliche Frucht, die von einer dunkelrothen Farbe und angenehmen Geschmack ist.

Diese beyden letzten Arten des Maulbeerbaums sind so zart, daß sie bey uns nicht fortkommen, woferne sie nicht in einem warmen Glashause erhalten werden. Der Same, den man

aus

aus ihrem Vaterlande zu erhalten suchen muß, geht auf dem Mistbeete sehr leicht auf, und wenn die Pflanzen zum Versetzen taugen, so muß man sie einzeln in besondere, mit frischer Erde angefüllte Töpfe setzen, solche in ein Mistbeet von Lohe senken, und im Schatten erhalten, bis sie frische Wurzeln geschlagen haben. Alsdann muß man sie eben so behandeln, als andere Pflanzen aus diesen heißen Ländern, und sie deswegen beständig in Lohbeete im Glashause erhalten, woselbst sie einen guten Fortgang im Wachsthum haben werden. Sie behalten im Glashause den größten Theil des Jahres hindurch ihre Blätter.

Maulbeerfeigenbaum. Ficus Sycomorus Linn. s. Feigenbaum. Th. II. pag. 755.

Maulwurf, der, Talpa europaea L. Dieses Thier, welches seinen Namen von seiner gewöhnlichen Verrichtung führt, kömmt freywillig nicht leicht an das Tageslicht, sondern verlebt die meiste Zeit unter der Erde. Des Nachts aber gehet er manchmal hervor; auch verfolgen sich bisweilen die Männchen zur Begattungszeit bis über die Erde. Er hat ein schönes, meist glänzend schwarzes, sammtartiges Fell, keine äußere Ohren, und so kleine Augen, daß man ihn ehemals für blind hielt. Der Schwanz der Maulwürfe ist kurz, die Vorderfüße sind stark, wie Hände gestaltet, und zum Graben geschickt; der spitzige Kopf endiget sich in einen beweglichen Rüssel. Sein Geruch und Gehör sind scharf. Er lebt von Gewürmen, und da er nie eine Pflanze und deren Wurzeln benagt, so würde er also nicht schädlich seyn, vielmehr als ein Wohlthäter der Gärten angesehen werden müssen, da er die Gewürme in der Erde aufsucht, die den Gewächsen oft so nachtheilig

werden,

werden, — wenn er nicht bey diesem Aufsuchen seiner Nahrung die Erde so auflockerte und durchwühlte, daß die Gewächse von dieser Seite großen Schaden litten. Er macht dies oft so arg, daß er ganze Beete aufwühlt, und wenn man ihm nicht bey Zeiten Einhalt zu thun sucht, ganze Saaten dadurch zerstöret.

Da er nichts als Gewürme frißt, so ist mit Giftlegen nichts gegen ihn auszurichten; es bleibt also nichts übrig, als ihn zu fangen. Man hat vielerley Arten von Fallen zu dieser Absicht erfunden, von denen diejenigen die besten sind, die man nicht in die Erde einzusenken nöthig hat. Denn der Maulwurf verträgt es wohl, daß man seinen aufgeworfenen Gang niedertritt, aber nicht gern, daß man ihn durch Graben zerstört, und geht in diesem Falle lieber um den zerstörten Gang und um die Falle weg. Etwas langsamer, aber am sichersten ist es, wenn man ihm auflauert, und mit der Hand, oder mit einem Spaten zu fangen sucht. — Wenn man einen frisch aufgeworfenen Gang bemerkt, (einzelne Haufen können nichts helfen: sie sind ein Beweis, daß sein Gang zu tief unter der Erde gehet, als daß man ihn mit den Spaten, oder gar mit der Hand sollte erreichen können); so tritt man denselben seiner ganzen Länge und in allen seinen Krümmungen nieder, und stellt sich dann mit dem Spaten in der Hand auf die Lauer. Da man aber nicht wissen kann, nach welcher Seite er gegangen ist, so stellt man sich so, daß man, wo möglich, beyde Enden des zugetretenen Ganges übersehen kann Er pflegt dann bald in demselben Gange zurück zu kehren, und ihn nach und nach wieder zu öfnen. Sobald man dies siehet,

schleicht

schleicht man langsam und leise hinzu. Er empfindet jeden unsanften Tritt, und wird dadurch in seinem Gange zurückgescheucht. Wenn man ihm nahe ist, so stößt man, sobald er von neuen aufwirft, und man also genau die Stelle weiß, wo er sich befindet, unmittelbar hinter ihn in die Erde, und wirft den Spaten voll heraus Würde man mit dem Spaten vor ihm in die Erde stoßen, so würde er in dem offnen Gange zurücklaufen, ehe man den Spatenvoll aufwerfen kann; stößt man aber hinter ihn, so verschließt man ihm dadurch seinen offnen Gang, und fängt ihn, weil er in dem zugetretenen Gange nicht schnell genug vorwärts eilen kann.

Man kann mit ziemlicher Sicherheit darauf rechnen, daß man in eben demselben Gange, worin man einen Maulwurf gefangen hat, auch den andern dieses Paares, vielleicht noch mehrere, die zu einer Familie oder Hecke gehören, fangen werde. Die Naturkundiger versichern, daß das Männchen und Weibchen vom Maulwurfe stets beysammen leben, sich sehr mit Liebe zugethan sind, und alle andere Gesellschaft fliehen; daß sie sich einen eben so festen als künstlichen Bau machen, den sie nicht ohne Noth verlassen, und wohin sie jedesmal nach ihren Streifereyen, die sie der Nahrung wegen in der Nachbarschaft herum thun, wieder zurückkehren. Wenn man daher einen Hauptgang findet, der auf ihren Bau führet, und den man daran erkennet, daß er öfter wieder aufgewühlt wird, wenn man ihn niedertritt, da sie die Nebenwege hingegen nur selten öfter als einmal besuchen, so kann man auf demselben mehrere zu fangen rechnen. Auf einen solchen Gang muß man daher besonders in den Morgen- und

Abend-

Abendstunden Acht geben, — denn da pflegen sie am geschäftigsten zu seyn — und man wird seine Absicht bald erreichen.

Als das leichteste Mittel, sie zu fangen, wird in Funks Naturgeschichte unter diesem Artikel angeführt: man solle einen ziemlich hohen, inwendig glasirten, oben etwas engen und in der Mitte weiten Topf nehmen, ihn 3 — 4 Zoll tiefer als die Oberfläche der Erde in der Mitte eines Hauptganges eingraben, etliche lebendige Krebse oder Würmer in den Topf werfen, und etwas Rasen darüber werfen. Wenn erst einer gefangen ist, so lockt er durch sein Geschrey mehrere herbey, die dann in dieselbe Falle gerathen.

Maus, die, Mus Linn., ist ein sehr bekanntes Thierchen, von denen es mehrere Arten giebt, die sich theils in Häusern, theils im Felde aufhalten. Zu diesen letztern gehört die **Gartenmaus**, die den Gartengewächsen oft vielen Schaden zufügt, und nicht nur die Blätter über, sondern auch die Wurzeln unter der Erde benagt und Möhren, Pastinaken, Cichorien, Sellerie, Erdtoffeln u. s. w. aushöhlt und oft so ganz verzehrt, daß nur der Blätterbusch über der Erde stehen bleibet. Kleine Gewächse, als Salat, Bohnen, ꝛc. ziehen sie oft ganz in die Erde. Auch selbst jungen Bäumen sind sie gefährlich, deren Wurzeln sie nicht nur benagen, sondern oft ganz abbeißen, daß sie im besten Wachsthume umfallen und ohne Rettung verlohren sind. Doch sind in diesem letzten Stücke die Erd- oder Wasser-Ratten weit schlimmer.

Das gewöhnlichste Mittel, welches man zur Vertilgung und Ausrottung dieser schädlichen Thiere in den Gärten empfiehlt, sind **Pillen aus** ge-

gehacktem Fleische, Mehl, Fett, rc mit Arsenik vermischt, die man in ihre Löcher werfen soll. Diese sind aber um der Hausthiere willen, (Hunde, Katzen rc.) zu gefährlich, weil diese dieselben ausscharren und davon sterben. Oder man kocht Erbsen mit Arsenik, und streuet sie in ihre Löcher, welches aber der Hühner und Tauben wegen nicht zu rathen ist. Sicherer ist es, wenn man eine Möhre von oben herein bis auf die Hälfte ausbohrt, in das Loch etwas Arsenik thut, es oben wieder verstopft, und eine so zubereitete Möhre in ihren Gang legt. Für die Hausthiere hat man hiebey nichts zu befürchten; desto sorgfältiger muß man es aber zu verhüten suchen, daß sie nicht unwissend zur Speise angewendet wird.

Wenn der Garten nahe am Hause liegt, so thut man am besten, wenn man eine oder ein Paar guter Katzen in den Garten zu gewöhnen sucht. Die Mäuse in aufgestellten Fallen fangen zu wollen, ist eine vergebliche Arbeit, weil sie sich zu sehr an die Gartengewächse gewöhnt haben, als daß sie sich um den Speck und die Grütze in der Falle bekümmern sollten. — Wenn man ihre Hauptgänge entdeckt hat, und am Eingange derselben auflauert, so ist es leicht, sie zu schießen. Man muß aber ihrer Schnelligkeit wegen wohl Acht geben, und den Zeitpunkt nicht verfehlen, wo sie eben zum Loche herauskommen.

Mausdorn, Ruscus Linn. Diese Pflanzengattung, die nach des Ritter v. Linné Pflanzensystem in die 13te Ordnung der 22sten Klasse (Dioecia Syngenesia) gehört, hat folgende allgemeine Kennzeichen: Die Blumen sind getrennten Geschlechts, auf verschiedenen Stämmen. Die männ-

männlichen Blumen haben einen sechsblättrigen Kelch, keine Blumenkrone; das Honigbehältniß ist eyförmig an der Spitze durchbohrt, von der Größe des Kelchs; keine Staubfäden; drey Staubbeutel, welche an der Basis zusammengewachsen sind, sitzen auf dem Honigbehältniß. Die weiblichen Blumen haben eben solchen Kelch, keine Blumenkrone, eben das Honigbehältniß, aber keine Staubbeutel. Der Fruchtknoten ist länglich, vom Honigbehältnisse umgeben, und hat einen einzigen Griffel. Die Frucht ist eine runde, dreyfächerige Beere; jedes Fach hat ein Samenkorn. Bisweilen kommt nur eins oder zwey in der ganzen Beere zur Vollkommenheit. — Einige Arten haben auch Zwitterblumen.

Die vier dauerhaften Arten dieser Gattung sind niedrige immergrüne Sträucher, für Lustgebüsche, mit theils 4 — 5 Fuß, theils kaum 1 F. hohen Stämmen, mit etwas kleinen, länglichten, und lanzettförmigen, entweder stachlichten oder glatten, 1 — 3 Zoll langen, ½ — 1 Zoll breiten, das ganze Jahr bleibenden Blättern, und mit Blumen, welche im Jun. und Jul. reichlich blühen, entweder auf der Ober- oder Unterfläche der Blätter sitzen, und also etwas sonderbares haben, und im Winter in den Gärten oft reife Früchte geben.

1. Ruscus (aculeatus) foliis supra floriferis nudis **Linn. Pfl. Syst.** IV. 626. *Mill. Dict.* n. 1. **Willdenow berl. w. Baumz.** 329. **Lueder b. p. Lustg.** IV. 433. n. 1. **Stehender Mäusedorn, stachlichtes Heckenblatt**, wächst im südlichen Frankreich, Italien und der Schweiz. Dieser kleine immergrüne, 1 — 2 Fuß hohe Strauch hält bey uns sehr gut im

Freyen

Freyen aus. Die Zweige sind grün, stumpfeckig und stark gefurcht. Die Blätter stehen wechselsweise, sind ungestielt, ey: und lanzettförmig, stark zugespitzt, $\frac{3}{4}$ Zoll lang, 4 Linien breit, an der Spitze mit einem Stachel versehen, fest, lederartig, mit parallellaufenden Adern durchzogen. Die Blumen sind getrennten Geschlechts, auf verschiedenen Stämmen, klein, weiß, und kommen dicht über der Basis aus den Blättern einzeln, oder 2 beysammen, unter einer sehr kurzen, länglichen, spitzigen, häutigen Schuppe, vom Februar bis Junius hervor.

Die Frucht ist eine kleine rothe Beere.

Dieser Strauch, dessen zarte junge Schoßen im Frühjahre wie Hopfenkeime und Spargel gegessen werden können, wird zur Vermehrung der Mannigfaltigkeit in Wildnisse und Lustgebüsche aufgenommen.

2. Ruscus (Hypophyllum) foliis subtus floriferis nudis. Linn. Pfl. Syst. IV. 628. *Mill. Dict.* n. 2. Willdenow p. 329. Lueder l. c. n. 2. Breitblättriger italienischer Mäusedorn, Zapfenblatt, Auffenblatt, Alexandrinischer Lorbeer. — Wächst in Italien, und ist ein kleiner, immergrüner, 1 — 2 Fuß hoher Strauch, der unser Klima sehr gut verträgt. Die grünen glatten Zweige sind tief gefurcht. Die Blätter stehen wechselsweise, sind gestielt, gegen 3 Zoll lang, und $1\frac{1}{4}$ Zoll breit, länglich eyförmig, sehr lang zugespitzt, an der Basis schmal zulaufend, so daß sich das Blatt allmählig im Blattstiel verliert; der Rand ungezähnt, beyde Flächen vollkommen glatt und grün, von Substanz fast lederartig. Die Blumen kommen im May und Junius auf der Unterfläche des Blatts

in der Mitte der Mittelrippe zum Vorschein; sie sind weiß, getrennten Geschlechts, auf verschiedenen Sträuchern, und stehen von einigen sehr kleinen häutigen Schuppen unterstützt, auf langen einblumigen Stielen zu 2 — 3 beysammen, und hinterlassen kleine rothe Beeren.

3. Ruscus (Hypoglossum) foliis supra floriferis sub foliolo. Linn. Pfl Syst. IV. 629. *Mill. Dict.* n. 3. Willdenow p. 329. Lueder l. c. n. 3. Zungen-Mausedorn, Zungenblatt, Zungenkraut, Zapfen- oder Zapfleinkraut, Kohlblatt, im Engl. gewöhnlich Tongue upon Tongue Laurel, d. i. doppeltzüngiger Kirschlorbeer. Er wächst in Ungarn und Italien. — Diese Art ist eben so dauerhaft, als die vorhergehende, und wird auch nicht viel höher. Die Zweige sind glatt, grün und eckig. Die Blätter stehen wechselsweise, sind kurzgestielt, länglich eyförmig, an beyden Enden zugespitzt, auf beyden Seiten glatt, am Rande ungezähnt, fest, lederartig, drey Zoll lang und fünfviertel Zoll breit. Die weißen Blumen kommen im April und May auf der Oberfläche der Blätter in der Mitte der Mittelrippe in dem Winkel eines kleinen $\frac{3}{4}$ Zoll langen, $\frac{1}{4}$ Z. breiten, eyförmigen, sitzenden Blättchens, von der Gestalt der übrigen Blätter. Es kommen immer 4 — 5 langgestielte Blumen unter einem kleinen Blättchen, und haben an der Basis mehrere kleine häutige Schuppen.

4. Ruscus (racemosus) racemo terminali hermaphroditico. Linn. Pfl. Syst. IV. 631. *Mill. Dict.* n. 4. Willdenow p. 330. Lued. l. c. n. 4. Trauben-Mäusedorn, schmalblättriger Mäusedorn, gewöhnlich Lau-

Laurus Alexandrina, Alexandrinischer Lorbeer. Er wächst in Portugall und auf den griechischen Inseln im Archipelagus. Er ist ein immergrüner 4 Fuß hoher Strauch, der eine etwas beschützte Lage verlangt. Die Zweige sind sehr ästig, glatt, grün, rundlich und gestreift. Die Blätter stehen wechselsweise, sind fast sitzend, länglich eyförmig, anderthalb Zoll läng, einen halben Zoll breit, lang zugespitzt, am Rande ungezähnt, auf beyden Seiten vollkommen glatt, und pergamentartig. Die Blumen kommen im Julius und August an den Spitzen der kleinen Zweige in einer 5 — 6 blumigen einfachen Traube; sie sind glockenförmig, weiß und zwitterblumig. Die Frucht ist eine runde rothe Beere.

Folgende 2 Arten des Ruscus, die Miller und nach ihm Lueder anführen, sind nur Abarten von einer der bereits angeführten.

a) Ruscus (trifoliatus) foliis ternis ovatis acuminatis, supra floriferis nudis *Mill.* n. 5. **Lueder** n. 5. **Dreyblättriges Zungenblatt**, treibt etwa 2 Fuß hohe biegsame Stämme; die Blumen sitzen auf der Oberfläche der Blätter an der Mittelrippe, sind nackt, ziemlich langgestielt.

b) Ruscus (flexuosus) foliis ovatis acuminatis supra floriferis nudis, caulibus flexuosis *Mill.* n. 6. **Lueder** n. 6. **Biegsamer Mäusedorn.** Vaterland Italien. Die Wurzeln sind viel länger, als bey der ersten Art; die Stengel werden ungefähr 5 Fuß hoch, sind sehr biegsam, und treiben von unten bis oben hinauf viele Nebenzweige, welche mit steifen eyrunden Blättern besetzt sind, die sich mit scharfen Spitzen endigen. Sie sind einen Zoll lang und ½ Zoll

 breit.

breit. Die Blumen wachsen in der obern Fläche der Blätter, und sitzen dicht an der Mittelrippe, sind klein, grasartig weiß. Die Beeren sind klein und haben eine blaßrothe Farbe.

Alle diese Arten sind für die freye Luft dauerhaft genug, und schicken sich sehr gut an den Rand der Lustgebüsche und anderer dichter Pflanzungen, und R. Hypoglossum sogar nahe an den Fuß der Wege, weil sie sogar unter der Traufe der Bäume fortkommen, und ihre Blätter alsdann eine noch vortreff icher glänzende grüne Farbe haben, ihre Blätter auch das ganze Jahr grün bleiben, und sie sich also zur Vermehrung der Mannigfaltigkeit vortrefflich schicken.

Sie lassen sich sehr leicht vermehren, — durch **Zertheilung**, denn sie treiben sehr zahlreiche Nebenschösse, und können im Herbste, Winter oder Frühjahr, am besten aber früh im Herbste, in viele einzelne Pflanzen zertheilet, und die stärksten sogleich an Ort uud Stelle, die kleinsten aber erst in die Pflanzschule gepflanzt werden. Man muß sie aber, wofern man nicht die Absicht hat, sie in sehr großer Anzahl zu vermehren, nicht zu sehr zertheilen. Eine jede solche neue Pflanze pflegt sehr bald wiederum Nebenschösse zu treiben, einen buschigen Wuchs anzunehmen, und einen dicken Strauch zu machen. — **Durch Samen**, welches aber eine sehr langsame Methode ist, weil dieselben oft erst im 2ten Frühjahre nach der Aussaat, und dem größten Theile nach bisweilen erst im dritten Frühjahre nach der Aussaat aufgehen; und deren man sich nur dann bedient, wenn man keine Pflanzen zu bekommen Gelegenheit hat; obgleich auch nicht zu leugnen ist, daß solche Samenpflanzen dauerhafter sind und ein schö-

schöneres Ansehn haben, als die durch Zertheilung entstandenen. — Man säe den Samen auf ein von Unkrautwurzeln gereinigtes Beet in gemeine gute Gartenerde 1½ bis 2 Zoll tief, halte dasselbe, so lange der Same in der Erde liegt, stets vom Unkraute rein, und wenn man zu befürchten hat, daß die Samen bloß zu liegen kommen möchten, so übersichte man dasselbe, zur Ersetzung der etwa mit dem ausgegäteten Unkraute weggenommenen Erde, mit ein wenig feiner Erde; halte nachher die aufgegangenen Pflanzen rein; ziehe, wenn sie zu dicht aufgegangen sind, im folgenden Frühjahre die stärksten zwischen ihnen weg, und pflanze dieselben, um den übrigen Raum zu machen, auf besondere Beete, 6 Zoll weit von einander, welches aber nicht im Herbste, und selbst im Frühjahre nicht eher geschehen muß, als bis aller Frost vorüber ist, weil dieser sie sonst aus der Erde heben, und dann die ganze Pflanzung verloren gehen könnte, ob ihnen gleich der Frost selbst keinen Schaden thut; und wenn sie demnächst 2 — 3 Jahre alt sind, pflanze man sowohl die zuvor verpflanzten, als auch die von dem Samenbeete, auf die ihnen bestimmten Stellen.

Folgende 2 Arten des Ruscus sind zu zart, als daß sie in Deutschland in freyer Luft fortkommen sollten.

5. Ruscus (Androgynus) foliis margine floriferis. Linn. Pfl. Syst. IV. 630. *Mill. Dict.* n. 7. Indianischer Mäusedorn. Dieser Strauch wächst auf der Insel Madera und auf den Canarischen Inseln, wo er viele biegsame, oft 6 bis 8 Fuß hohe Stämmchen treibt, welche mit steifen, perennirenden, eyrunden, ungezähnten, un-

ungefähr 2 Zoll langen, spitzigen Blättern besetzt sind, an deren Rande Häuflein von grünlichen oder weißen Blümchen entspringen, von denen einige männlich, andere weiblich an demselben Blatte sind. Auf die weiblichen Blumen folgen rothe Beeren, welche nicht so groß als an der ersten Art sind, und gemeiniglich erst im folgenden Jahre reif werden. Diese Pflanze macht in den Gewächshäusern, in welchem sie unterhalten werden muß, ein besonders schönes Ansehn.

6. Ruscus (frutescens) caule fruticoso ramoso, foliis lanceolatis rigidis, floribus pedunculatis terminalibus. *Mill. Dict.* n. 8. Diese Art, die sich von allen übrigen durch ihren ganzen Habitum hinreichend unterscheidet, wächst um Carthagena in Neuspanien. Sie treibt Stengel, die 8 bis 9 Fuß hoch werden, und sich in viele Zweige abtheilen. Dieselben sind mit steifen lanzenförmigen Blättern besetzt, die 3 Zoll lang, in der Mitte 1 Z. breit sind, und sich mit scharfen Spitzen endigen. Sie stehen bisweilen quirlförmig rings um die Stengel; bisweilen stehen sie aber gegeneinander über. Die Blumen wachsen in lockern Büscheln, am Ende der Zweige, und stehen auf dünnen Stielen. Sie sind klein und haben eine rothe Farbe.

Beyde Arten sind gegen unsern Winter zu empfindlich. Man muß sie daher in Töpfe pflanzen, die mit frischer Erde angefüllt sind. Im Winter muß man sie in das Gewächshaus bringen, sie aber so stellen, daß sie bey gelinder Witterung viele frische Luft haben können; denn sie wollen bloß gegen den Frost geschützt seyn. Im Sommer aber darf man sie in die freye Luft unter andern dauerhaften Gewächspflanzen setzen.

Bey

Bey dieser Behandlung werden sie Stämme von 6 — 8 Fuß hoch bekommen, die von unten bis oben mit Blättern besetzt sind. Die Blätter der erstern Art werden im Jun. an ihren Rändern dicht mit Blumen bedeckt seyn, welches ein sehr sonderbares und schönes Ansehn macht, und die Pflanze eines Platzes in jeder guten Sammlung werth macht. Man kann sie eben so, wie die vorhergehenden Sorten, **durch Zertheilung der Wurzeln** fortpflanzen. Doch muß dieses nicht zu oft geschehen. Denn wenn die Wurzeln nicht einige Zeit lang ungestört liegen bleiben, daß sie stark werden können, so treiben sie schwache Schoßen und wenig Blumen. Und doch bestehet bey der ersten Art ihre größte Schönheit in der Stärke der Schoßen und in der Menge der Blumen. Der Same muß in Töpfe gesäet werden, die mit frischer Erde angefüllt sind; und da der Same meistens 1 Jahr in der Erde liegt, ehe er aufgehet, so muß man die Töpfe über Winter unter die Fenster eines Mistbeets setzen, um den Samen gegen den Frost zu schützen, da dann die Pflanzen im folgenden Frühjahre aufgehen.

Mausohr, Myosotis Linn., eine Pflanzengattung, die in die 1ste Ordnung der 5ten Linnéischen Pflanzenklasse gehört, und folgende allgemeine Kennzeichen hat: Die Blume umgiebt den Fruchtknoten, und hat einen fünfspaltigen Kelch, eine präsentirtellerförmige Blumenkrone, deren Mündung in 5 stumpfe, ausgeschnittene Ausschnitte zertheilt, und deren Kehle durch 5 hervorragende kleine Schuppen geschlossen ist; 5 Staubfäden und einen Staubweg. Sie hinterläßt 4 in dem Kelche sitzende Samen.

1.

1. Myosotis (scorpioides) seminibus laevibus, foliorum apicibus callosis *Linn. Spec. Plant. edit. Willd.* I. 746. Pfl. Syst. V. 404. *Mill.* Dict. n. 1. Engl. Myosotis, Common Mouse-Ear. Scorpion Grass. **Lueder b. p. Lustg.** 205. n. 2. **Sorpionartiges Mauseohr, blaues Mauseöhrlein, Vergißmeinnicht.** Diese Pflanze ist in ganz Europa sehr gemein, und kommt sowohl auf trocknen Feldern und Wiesen, als am Rande der Bäche, Gräben, und auf andern sumpfigen Orten fort, welche Verschiedenheit des Standorts aber zwey Varietäten hervorbringt. Auf trocknen Plätzen ist sie nur ein Sommergewächs und hat rauhe Blätter, an sumpfigen und feuchten Orten hingegen perennirt die Wurzel und treibt glatte Blätter, auch blühet die letztere etwas später. Die Stengel sind rund, dünn, ästig, etwa 1½ Fuß hoch, liegen oft auf dem Boden. Zweige und Blätter stehen wechselsweise. Die Blätter sind ungestielt, lanzettförmig, gegen die Basis zu schmäler, und am Ende etwas breiter, mit einer kurzen verhärteten Spitze, ungezähnt, etwa 2 Zoll lang und ½ Zoll breit. Die Blumen wachsen in langen einseitigen zweyzeiligen krummen Aehren, und stehen an denselben auf kurzen Stielchen, ohne Deckblättchen. Sie haben eine liebliche hellblaue Farbe, mit einem gelben oder weißen Stern in der Mitte; sie verändern aber die Farbe leicht, daher sie oft an einer Pflanze röthlich, blaßblau oder ganz weiß sind. Die Samen sind glatt, und glänzendschwarz.

Dieses interessante Blümchen läßt sich sehr leicht im Garten ziehen, und kömmt fast in jedem Boden und in jeder Lage fort. Man säe nur den Samen, sobald er reif ist, und verdünne die Pflanzen gehörig, und halte sie vom Unkraute rein. Sie säen sich nachher selbst aus und aus ihrem ausgefallenen Samen entspringen mehr junge Pflanzen, als man immer begehren mag. Sie sind zwar überall wildwachsend anzutreffen; dem ungeachtet verlohnt es sich wohl der Mühe, eine kleine Quantität derselben im Garten zu unterhalten, um das Vergnügen zu haben, zu sehen, wie sehr sie sich durch die Cultur veredeln. Denn auf ihrem natürlichen Standorte sind ihre Stängel schwach, und liegen zum Theil an der Erde; ihre Blätter sind klein, und von gleichsam abgenützter grüner Farbe, und ihre Blumen klein, und oft von schlechten Farben. Wenn sie aber im Garten gezogen werden, so sind ihre Stengel oft dick und stark, ihre Blätter breit, und ihre Blumen groß und von der reinsten blauen Farbe.

2. Myosotis (Virginiana) seminibus aculeato-glochidibus, foliis ovato-oblongis, ramis divaricatis. *Linn. Spec. plant. Edit. Willdenow.* I. 748. Pfl. Syst. V. 406. *Mill.* Dict. n. 1. Lueder l. c. n. 2. Virginisches Mausohr. Diese Art ist in Virginien zu Hause. Die Blumen und Samen sind sehr klein, die Blätter aber in Verhältniß derselben und der übrigen Pflanze sehr groß. Die Stengel sind dünn und zertheilen sich in eine Menge Zweige, welche sich nach allen Seiten hin ausbreiten. Die Blumen kommen auf den Enden der Zweige in gekrümmten krausen Aehren, sind blau und außerordentlich klein. Die kleinen Samen sind borstig und haben Widerhaken.

3. Myosotis (Lappula) seminibus aculeis glochidibus, foliis lanceolatis pilosis. *Linn.*

Spec.

Spec. plant. I. 749. Pfl. Syst. V. 407. *Mill. Dict.* n. 2. Lueder l. c. n. 3. Klettenartiges oder klettensamiges Mauseohr. Es wächst in Europa auf lettigem, nackten, steinigen Grunde und auf Mauern. Die dünnen, eckigen, haarigen, ästigen Stengel werden 1½ F. hoch. Die Blätter sind lanzettförmig, schmal, haarig, weißgrau weich anzufühlen, und stehen abwechselnd an den Zweigen. Die Blumen stehen auf sehr kurzen Stielchen den Blättern gerade gegenüber; sie haben eine lebhafte rein blaue Farbe und sind so groß als an der ersten Art. Die Samen sind mit steifen Häkchen besetzt, wie die Kletten.

4. Myosotis (apula) seminibus nudis, foliis hispidis, racemis foliosis *Linn.* Sp. pl. I. Pfl. Syst V. 408. *Mill. Dict* n. 3 Lueder l. c. n. 4. Apulisch s Mauseohr. Vaterland Italien, Spanien, Frankreich, auf Feldern Die runden, rauhen, haarigen Stengel werden etwa 1 Fuß hoch. Die Blätter sind lanzettförmig borstig. Die Blumen kommen in blättrigen Aehren auf den Enden der Zweige, sind klein und gelb.

Die Samen dieser 3 Sommergewächse werden im Herbste gesäet, sobald er reif ist, oder auch im nächsten Frühjahre, und die aufgegangenen Pflanzen nur verdünnet und vom Unkraute rein gehalten. Sobald man sie einmal in der Blüthe gehabt, und ihren Samen hat ausfallen lassen, pflanzen sie sich nachher von selbst fort.

Mauseöhrlein, Hieracium Auricula Linn., siehe Habichtskraut Th. III. S. 392.

Mauseöhrlein, Asarum europaeum Linn., siehe *Asarum* Th. I. 452.

Mau=

Mauzenkraut, Chenopodium Vulvaria Linn., s. Supplementband, Gänsefuß.

Mayalep,

Mayblume, Convallaria majalis L., s. Thalkraut.

Mays, Zea Linn., s. Türkischer Waizen.

Mayz, Zea Linn., s. den vor. Artikel,

Meadia und

Meadische Götterblume, Dodecatheon Meadia Linn., s. Götterblume II. p. 311.

Medeola L., s. Krellblume IV. 542.

Medesüß, Spiraea L., s. Geisbart III. 195.

Medica, Citrus medica Linn., s. Citrone II. S. 479.

Medusenhaupt, Euphorbium Caput Medusae Linn., s. Euphorbie II. p. 665.

Meeldorn, Crataegus Oxyacantha Linn., siehe Weißdorn.

Meerbacillen, Crithmum maritimum Linn., s. Meerfenchel II. 785.

Meerfenchel, Crithmum m. L. s. d. v. Art.
Diesen Namen führt auch die Echinophora spinosa L., s. Klette (Igel) n. 1. Th. IV. p. 320.

Meergrindwurz, Rumex maritimus Linn., s. Grind-Wurz, Th. II. 354.

Meergrind-Kirschbaum, Arbutus Unedo L., s. *Arbutus* Th. I., p. 392.

Meerhirse, Lithospermum officinale Linn., s. Steinsaame.

Meerkiefer, Pinus maritima L., s. Kiefer n. 5. Th. III. S. 100.

Meerkohl, Crambe maritima L., s. Kohl (Meer-) Th. III. S. 455.

Meer-Meldenstaude, und
— — Portulakbaum, Atriplex Halimus Linn. s. *Atriplex* n. 3. Th. I. 529
Meer-Pastinak, Echinophora spinosa Linn. s. Klette (Igel-) n. 1. Th. IV. S. 320.
Meerreitig, Cochlearia Armoracia L., s. Löffelkraut n. 8. Th. IV. S. 863
Meerstrands-Flachs, Linum maritimum L., s. Lein n. 12. Th. IV. 784
— — Schneckenklee, Medicago maritima Linn., s. Klee Th. IV. S. 290.
— — Schotenklee, Lotus maritimus L., s. Klee Th. IV. S. 265
— — Wermuth, Absinthium maritimum Linn., s. *Absinth.* Th. I. S. 39.
Meer-Winde, Convolvulus Soldanella Linn., s. Winde.
Meer-Wurz, Tormentilla erecta L., s. Tormentill.
Meer-Zwiebel, Scilla L., ein Zwiebelgewächs, welches im System in der ersten Ordnung der sechsten Pflanzenklasse stehet (Hexandria Monogynia). Die Blume hat keinen Kelch, sechs eyrunde Blumenblätter, die sich wie ein Stern ausbreiten, und sechs pfriemenförmige Staubfäden, die nur halb so lang sind, als die Blumenblätter, und sich mit länglichten, biegenden Staubbeuteln endigen. Sie hat einen rundlichen Fruchtknoten, auf welchem ein einzelner Griffel stehet. Aus dem Fruchtknoten wird nachgehends eine glatte eyrunde Kapsel, mit 3 Furchen, die in 3 Fächer abgetheilet ist, die mit rundlichen Samen angefüllt sind.

Diese Pflanzengattung enthält eine vortreffliche Sammlung von dauerhaften, perennirenden, zur

zur Verzierung der Gärten schickliche Zwiebelblumenpflanzen, aus deren meistens sehr großen, entweder eingehüllten, oder dichten Zwiebeln in jedem Jahre, entweder im Herbste, oder mit den Blumenschäften zugleich, neue lange und schmale, in jenem ersten Falle den Winter über grün bleibende, und im Frühjahre wieder absterbende Blätter, und aufrechte Blumenschäfte von 2 — 3 F. oder nur von 1 Fuß, oder auch nur von 6 bis 8 Zoll Höhe entspringen, deren Gipfel entweder mit pyramiden- oder mit kegelförmigen Trauben von sechsblättrigen, sternförmig abstehenden, sehr schönen und verzierenden Blumen geziert ist. Sie sind überall in unserm Klimate für die freye Luft dauerhaft genug.

1. Scilla (maritima) nudiflora, bracteis refractis. Linn. Pfl. Syst. IX. 354. *Spec. plant. edit. Willd.* II. 125 *Mill. Dict.* n. 1. Lueder b. p. Lustg. II. p. 261. n. 1. **Gemeine oder Officinelle Meerzwiebel.** Ihr Vaterland sind die sandigen Meerufer fast rund um das Mittelländische Meer. Die Wurzel ist eine sehr große, eingehüllte, ovale, der gewöhnlichen Küchenzwiebeln ähnliche, von der Größe einer starken Faust, die aus ihrem Boden viele lange Fasern treibt, und in ihren dicken Häuten einen bittern schleimigten Saft enthält, der die heilsamsten Wirkungen hat. Aus der Spitze der Zwiebel treiben viele glänzende, schmale, beynahe $1\frac{1}{2}$ Fuß lange Blätter hervor, die sich nach und nach verschmälern, und spitz zulaufen, dick, saftig und lieblich grün sind, den ganzen Winter grün bleiben und im Frühjahre absterben, wenn der Blumenschaft hervor kommt. Dieser ist aufrecht, grün, saftig, 2 — 3 Fuß hoch und rund. Er

ist

ist bis auf die Hälfte nackend, und die obere Hälfte ist mit sternförmigen, weißen Blumen mit zurückgeschlagenen Deckblättern, die einen pyramidenförmigen Spitzstrauß bilden, geziert. Die Blumen blühen früh im Sommer. — Man hat zwey Sorten dieser officinellen Meerzwiebel, nämlich mit rothen und mit weißen Zwiebeln, und nach der Farbe der Zwiebeln richtet sich auch die Farbe der Blumen. Die Zwiebeln dieser Pflanze werden jährlich aus den wärmern Gegenden von Europa häufig zu uns gesandt: Sie halten sich, wenn sie nicht gedrückt sind, und vom Schimmel angegangen sind, ihrer schleimigten Feuchtigkeit wegen, lange unverdorben, und es ist nicht selten, daß solche Zwiebeln, wenn sie in einem warmen Zimmer hängend aufbewährt werden, ohne in die Erde gebracht zu seyn, Blumenschäfte und Blumen treiben. Man kann sie daher sehr leicht erziehen. Da sie indessen in einem wärmern Klimate zu Hause sind, und die Zwiebeln durch den Frost unvermeidlich im Freyen zerstöret werden; so kann man sie bey uns nicht anders als in Töpfe, und zwar in Trieb- und Seesand pflanzen, in welchen man sie fleißig mit Salzwasser begießen muß, welches ihre Natur unumgänglich fordert. Wenn sie auf diese Art, bald nachdem ihre Blätter abgestorben sind, eingepflanzt, um im Winter, zum Schutz gegen die Kälte unter ein Obdach gebracht werden, so blühen sie sehr schön.

2) Scillia (Lilio-Hyacinthus) radice squamata. Linn. Pfl. Syst. XI. n. 2. S. racemo paucifloro, pedunculis ebracteatis, foliis lanceolatis humi adpressis, bulbo squamato. *Linn. Spec. plant. Edit. Willd.* n. 2. *Mill.*

Mill. Dict. n. 2. Lueder l. c. n. 2. Lilien-Hyacinth, wächst auf den spanischen und pyrenäischen Gebürgen wild. Sie hat eine dickschuppige Zwiebel, die der von der weißen Lilie sehr ähnlich ist, und welche gelb und sehr saftig ist, und aus ihrer Grundfläche verschiedene lange Zasern treibt. Auch die Blätter gleichen den Blättern der weißen Lilie, sind jedoch kleiner, etwa ½ Fuß lang und länglich zugespitzt. Zwischen diesen erscheint ein runder, saftiger, grüner, 1 Fuß hoher Blumenschaft, der sich mit schön blauen sternförmigen Blumen, die im Junius erscheinen, und denen der Sternhyacinth sehr gleichen endigt. — Man hat Abänderungen mit weißen und mit röthlichen Blumen, die ihrer Seltenheit wegen gesucht werden, wenn gleich die blauen schöner sind.

3) Scilla (italica) racemo conico oblongo. Linn. Pfl. Syst. XI. 304. *Spec Plant. Edit. Willd.* II. p. 126. Scilla corymbo conferto hemisphaerico. *Mill dict.* n. 3. Lueder l. c. n. 3. Italienische Meerzwiebel, Italienischer Sternhyacinth. Das Vaterland dieser Art ist noch unbekannt. — Miller giebt Portugall an. — Die Wurzel ist eine dichte, rundliche, aus dem Boden viele Zasern treibende, weiße Zwiebel. Die Blätter haben viele Aehnlichkeit mit den Hyacinthenblättern, sind ziemlich lang, und liegen fast immer auf dem Boden. Der Blumenstiel, der zwischen denselben herauskömmt, ist aufrecht, rund, dick, blaßgrün, 8 — 10 bis 12 Zoll hoch, und trägt auf seiner Spitze einen Strauß, oder eine länglichte kegelförmige Traube von 20 — 30 bläulichten oder aschgrauen Blumen, die im April, oder Anfange des Mays blühen.

blühen. Jeder Blumenschaft ist mit 2 schmalen Deckblättchen versehen, von welchen immer eines länger als das andere ist.

4) Scilla (peruviana) corymbo conferto conico. Linn. Pfl. Syst XI. 364. *Spec. Plant. Edit. Willd.* II. 127. *Mill. Dict.* n. 4. Lueder l. c. n. 4. Peruvianische Hyacinth, P. Meerzwiebel. Sie wächst in Portugal und Spanien wild. Die Wurzel ist eine große, fast länglichte, dichte, braune, aus ihrer hervorragenden Grundfläche viele lange und dicke Zasern treibende Zwiebel. Blätter sind wenige, selten über 5 Stück, nachenförmig, auf dem Boden ausgebreitet, 6 — 8 Zoll lang, an der Grundfläche beträchtlich breit, verschmälern sich nach und nach, und gehen spitz zu, sind sehr schön, leuchtend grün, entspringen im Herbste aus der Zwiebel, und würden im Winter ein viel lieblicheres Ansehn haben, wenn sie nicht am Boden lägen; da sie beym Regen oft mit Kothe bespritzt werden, so fällt ihre leuchtend grüne Farbe nicht in die Augen. Der dicke, saftige, aufrechte, blaßgrüne Blumenschaft ist etwa so hoch als die Blätter lang sind. Auf demselben stehen die Blumen in einem großen kegelförmigen Strauße, die untern auf längern, höher hinauf aber auf immer kürzern Stielen. Die sternförmigen Blumen sind purpurroth blau, oder dunkelpurpurroth, und kommen im May. — Man hat auch eine Abart mit weißen Blumen.

5) Scilla (amoena) floribus lateralibus alternis subnutantibus, scapo angulato. Linn. Pfl Syst. XI. 366. *Spec. Plant.* II. 127. *Mill. Dict.* n. 5. Lueder l. c. n. 5. Schöne Scilla, constantinopolitanischer, oder Bora-

trageblumiger, oder, wiewohl sehr unbestimmt, früher, oder Frühlings Sternhyacinth, blauer Sternhyacinth. Diese Art ist ums Jahr 1590 von Constantinopel nach Deutschland gebracht. Die Wurzel ist eine große, rundliche, dichte, fleischige, purpurröthliche Zwiebel, welche nur wenige, selten über 4—5 Blätter treibt, welche rachenförmig, etwa 1 Fuß lang, und kaum 1 Zoll breit, lieblich leuchtend grün, meistens auf dem Boden liegend. Nach Verhältniß der Stärke der Zwiebel kommen zwey bis drey Blumenschäfte von verschiedener Höhe, die stärksten beynahe ein Fuß, und die andern verhältnißmäßig kürzer. Sie sind nicht völlig rund, sondern eckigt, purpurröthlich und säftig. Die Blumen stehen an den Enden der Schäfte in Aehren, sind rein himmelblau, denen der gemeinen Borräge ähnlich. Sie stehen wechselsweise einzeln auf dünnen Stielen, und hangen etwas nieder. Die Blumenblätter sind länglich und spitz, auf eine gleichförmige und schöne Art abstehend, und 3 von ihnen sind einwärts an ihren Spitzen knorpelicht oder nagelförmig, alle sechs aber an ihrer Basis mit zween weißlichten Streifen gezeichnet. Sie kommen im März oder April.

6) Scilla (bifolia) radice solida, floribus erectiusculis paucioribus. Linn. Pfl. Syst. XI. 367. *Spec. Plant.* II. 128. *Mill. Dict.* n. 6. Lueder, l. c. n. 6. Zweyblättrige Meerzwiebel, Frühlings-Sternhyacinth genannt. Ihr Vaterland ist Deutschland, Frankreich. Die Wurzel ist eine kleine, runde, dichte Zwiebel, aus welcher 2 bis 3 Blätter hervorkommen, die schmal, rinnenförmig, kaum 1 Zoll breit und 6 Zoll lang, und schön leuchtend grün sind, und den 6 Zoll

hohen Blumenschaft mit ihrer Basis umfassen. Auf diesem stehen die sternförmigen Blumen aufrecht, auf kurzen Stielen, die gegen den Gipfel des Schafts immer kürzer werden. Die Blumen sind blau oder weiß, mit grünen Nägeln und mit einem dunklern Streif gezeichnet. Die Staubfäden haben die Farbe der Blume, in den blauen blau, und umgekehrt.

7) Scilla (autumnalis) foliis filiformibus, floribus corymbosis, pedunculis nudis adscendentibus longitudine floris. Linn. Pfl. Syst. XI 370. *Spec. Plant.* II. 130. *Mill.* n 7. Lueder l. c. n. 7. Herbst Meerzwiebel, Herbst-Sternhyacinth. Sie wächst in Spanien, Frankreich, um Verona in grobsandigem Boden. Die Wurzel ist eine kleine weiße, runde Zwiebel. Sie treibt nur wenige, faden- oder strichförmige, etwa 6 Z. lange, sehr dünne Blätter, welche im Sept. herauskommen, den Winter hindurch grün bleiben, und im Frühjahre absterben. Der Blumenschaft erhebt sich etwa so hoch, als die Blätter lang sind, und wenn mehrere kommen, so sind diese nach Verhältniß kürzer. Die Blumen stehen in einem kleinen Strauße, auf nackten Stielen, welche einer über dem andern entspringen, und von der Länge der Blumen sind; diese sind klein, sternförmig, blaßblau im Anfange des Sept.

8) Scilla (unifolia) folio teretiusculo latere subspicato. Linn. Pfl. Syst. XI. 371. *Spec. Plant.* II. 131. Lueder l. c. n. 8. Einblättrige Meerzwiebel. Diese äußerst sonderbare Art ist in Portugal zu Hause. Aus einer kleinen braunen Zwiebel, die selten größer als eine Haselnuß wird, schießt ein binsenartiges Blatt

hervor,

hervor, welches einen Fuß lang wird, und unterwärts gefurcht hohl ist, und einen Blumenschaft umgiebt, der selten höher als 6 — 7 Zoll wird, und auf seiner Spitze 3 weiße Blumen trägt, die nach Verhältniß des Gewächses ziemlich groß, und sechsblättrig sind, und weiße Staubfäden und einen dreyeckigen Fruchtknoten einschließen. Oft treibt die Zwiebel mehr als einen Blumenschaft, von denen aber jeder nur ein Blatt hat.

Alle diese Arten sind von dauerhafter Natur, und mögen als Blumenpflanzen zur Verzierung der Lustgärten entweder auf die Rabatten ꝛc. trippelweise umher vertheilet, oder auf besondere Beete gepflanzt werden; sie haben während ihrer Flor ein angenehmes Ansehn, und schweifen mit ihren Blumen nicht so umher, als manche andere perennirende Blumen. Ihre Kultur ist auch sehr leicht, und kommen fast in jedem Boden, und in jeder Lage fort. Sie werden daher sehr gesucht, und besonders von solchen Blumenfreunden, welche zu einer starken Blumensammlung keinen Raum haben, weil man ihrer viele auf einem kleinen Raume beherbergen kann.

Sie vermehren sich sehr stark durch **Nebenzwiebeln**, (die erste ausgenommen, welche sich in den Gärten nur sparsam vermehrt, dagegen aus der Fremde in Menge eingeführt wird) und müssen, um sie in Vollkommenheit zu haben, um jedes 2te oder 3te Jahr, wenn ihre Blätter und Blumenschäfte abgestorben sind, aufgenommen, die Nebenzwiebeln, welche auch schon im andern Jahre nachher zu blühen pflegen, abgesondert, und entweder sogleich wieder eingepflanzt, oder bis in den Herbst aufbewahrt, die Herbstarten jedoch, damit sie noch in demselben Herbste blühen mögen, schon zeitig gepflanzt, und 3—4 Zoll tief, oder nach dem Verhältnisse der Größe der Zwiebeln, mehr oder weniger tief unter die Erde gebracht werden.

Man kann sie aus dem Samen ziehen, wiewohl es damit sehr langweilig zugeht, indem die Samenzwiebeln erst nach 4—5 Jahren zur Blüte kommen. Der Same muß im Oct. in gemeine feine Gartenerde gesäet, und 1 Zoll tief mit Erde bedeckt werden. Die im Frühjahre aufgehenden Pflanzen, bedürfen in den ersten 2 Jahren keiner weitern Wartung, als der Reinigung vom Unkraute. Nach Verlauf derselben werden sie aufgenommen, und 6 Z. weit verflanzt, und hier bleiben sie so lange stehen, bis sie zur Flor kommen, welches in 2—3 Jahren zu geschehen pflegt.

Negelkraut, Polygala vulgaris L., s. Kreuzblume. Th. IV. 517.

Mehl-Baum, (kleiner), Coriaria myrtifolia L., s. Gärber-Strauch II. S. 910.

Mehlbaum, Viburnum Lantana L., siehe Schwelken.

Mehlbaum, und

Meehlberrbaum, Crataegus Aria L., s. Weißdorn.

Mehlbeere, Ribes alpinum L., s. Johannisbeere Th. II. 777.

Mehldorn, Crataegus Oxycantha L. s. Weißdorn.

Mehldrossel, Ribes alpinum L., s. Johannisbeere Th. II. 777.

Mehlkraut, Spinaea Ulmaria L., s. Geisbart Th. III. 195.

Meier, und

Meier-

Meierkraut, Galium verum L., s. Labkraut Th. IV. 646.

Meisterwurz, Imperatoria eine Pflanzengattung, die der Ritter von Linné in die 2te Ordnung seiner 5ten Pfl Klasse (Pentandria Digynia) setzt. Sie ist ein Doldengewächs, die allgemeine Dolde ist ausgebreitet und flach, und die besondere besteht aus ungleichen Strahlen; die gemeinschaftliche Doldenhülle fehlt, und die besondere besteht nur aus einem, oder etlichen sehr schmalen Blättlein, die ungefähr so lang als die Dolde sind; die Blümlein sind alle fruchtbar, und haben eingebogene, ausgeschnittene, ziemlich gleiche Blumenblättlein; die Samen sind eyrund, auf dem Rükken mit 2 Furchen gestreift, und am Rande mit einer breiten Haut eingefaßt, und bilden, ehe sie sich trennen, eine rundlichte, zusammengedrückte, in der Mitte höckrichte, und mit einer Haut eingefaßte Frucht. Die einzige bekannte Art:

Imperatoria Ostruthium, Pfl Syst. VI. 171. *Spec Plant.* I. 1458. *Mill. Dict.* Lueder b. p. Lustgärtnerey II. 111., ist eine officinelle Pflanze, die in den Gebirgen Oesterreichs, der Schweiz, Italiens 2c. zu Hause gehört, und auch häufig in den Gärten gezogen wird. Sie hat eine perennirende, knollige, auswendig braune, fleischigte, meistens schräge in der Erde stehende Wurzel, welche auf allen Seiten viele lange Schossen treibt, wodurch sie sich weit ausbreitet und vermehrt. Die großen Blätter bestehen aus 3 Haupttheilen, welche jeder wieder in 3 Theile getheilt sind; sie sind sägeförmig, dunkelgrün, und stehen auf stark ausgehöhlten Stielen. Der Stängel ist dick, rund, gestreift, gegliedert, 2—3 Fuß hoch, und theilet sich in einige wenige

nige Zweige. Die weißen Blumen kommen auf den Enden der Zweige in großen zusammengesetzten Dolden.

Man zieht diese Pflanzen am leichtesten aus dem Samen, den man im Herbste, sobald er reif ist, ins freye Land in feine Erde sehr dünne aussäet, und ihn ½ Z. hoch mit feiner Erde bedeckt. Die im folgenden Frühjahre aufgehenden Pflanzen versetze man im May, vorläufig auf ein gut gegrabenes, feuchtes und schattiges Beet, reihenweise 6 Z. auseinander, — gieße sie sogleich gut an, und wiederhohle das Begießen bey trockner Witterung, weil sie die Nässe lieben — halte sie den Sommer vom Unkraute rein, — und pflanze sie den Herbst erstlich in einen von Natur feuchten, fetten, und 2 Spatenstich tief gegrabenen Boden 3 F. weit von einander, halte sie in der Folge alle Sommer über vom Unkraute rein, — und grabe den Boden zwischen den Reihen alle Winter schlechthin um, ohne jedoch die Wurzeln zu beschädigen. — Sie läßt sich auch **durch Zertheilung der Wurzeln** vermehren, wozu der Herbst die beste Zeit ist. Doch ist diese Methode nur dann, wenn man nur einiger weniger Pflanzen zu botanische Beobachtungen bedarf, nicht aber dann zu empfehlen, wenn man sie in medicinischer Hinsicht in großer Menge ziehen will. Sie lieben überhaupt eine schattige Lage, worin sie viel schöner wachsen, als wenn sie der hellen Sonne ausgesetzt sind.

Meisterwurz, (falsche), Astrantia major L., s. Th. I. 524.

Melampyre, Fleischblume, **Kuhwaizen**, Melampyrum L., eine Pflanzengattung, die in die 2te Ordnung der 14ten Pflanzenklasse (Didynamia An-

Angiospermia) gehört. Die Blume hat einen viertheiligen Kelch; die Blumenkrone ist zusammengedrückt, am Rande umgebogen. Die Unterlippe ist so lang, als die Oberlippe; das Samengehäuse ist zweyfächericht, schief, an der einen Seite klaffend; in demselben sind 2 höckerichte Samen, welche in etwas einem Waizenkorne gleichen.

1) Melampyrum (cristatum) spicis quadrangularibus, bracteis cordatis, compactis denticulatis imbricatis. Linn. Pfl. Syst. VIII. S 16. *Mill Dict.* no. 2. Lueder b. p. Lustgart III. S. 195. n. 1. Kammartige Fleischblume. Sie wächst im nördlichen Europa auf rauhen Wiesen. Sie ist, wie alle folgende Arten, einjährig der ästige Stamm wird 1 Fuß hoch, und ist mit schmalen, glatträndigen Blättern besetzt. Die Blumen sind gelb und stehen in 4eckigen Aehren dichte beysammen. Die Deckblättchen haben unter sich gebogene Spitzen sind an ihren Rändern tief eingeschnitten und stehen in 4 Reihen herum, welches die Aehre viereckig macht. — Man hat 2 Abarten: mit weißen und mit purpurrothen Blumen. Bey allen 3 Arten ist die Unterlippe mit einer abstechenden Farbe schön gefleckt.

2) Melampyrum (arvense) spicis conicis laxis, bracteis dentato-setaceis coloratis. Linn. Pfl Syst. VIII. S 17. *Mill* n. 3. Lueder l. c n. 2. Acker- oder purpurrothe Fleischblume. Sie wächst in Europa auf Aeckern, und ist meistens ein lästiges Unkraut. Die purpurröthlichen Stängel, die etwa 2 Fuß hoch werden, sind mit eben so gefärbten länglichen Blättern besetzt. Auf den Spitzen der Stämme

und

und Zweige stehen gelbe und purpurfärbige Blumen, in kurzen, lockern, kegelförmigen Aehren beysammen, die im Monat Jul. und August ein schönes Ansehn machen.

3) Melampyrum (nemorosum) floribus secundis lateralibus, bracteis dentatis cordato-lanceolatis, summis coloratis sterilibus, calycibus lanatis. Linn. Pfl. Syst. VIII. 18. *Mill.* n. 4. Lueder l. c. n. 3. Hüner-Fleischblume, wächst in europäischen Wiesen und Gebüschen, und wird so hoch als die vorige. Ihre Blätter sind lang, lanzettförmig und nur hie und da mit einem Zahn versehen. Die Blumen sind gelb oder weiß, und sitzen paarweise zu oberst auf dem Stamme, zwischen denen die blauen oder violetten Deckblättchen der Pflanze ein sehr schönes Ansehn geben.

4) Melampyrum (prutense) floribus secundis lateralibus, conjugationibus remotis, corollis clausis. Linn. Pfl. Syst. VIII. 19. *Mill. Dict.* n. 1. Lueder l. c. n. 4. Wiesen-Fleischblume, wächst im nördlichen Europa auf trocknen Wiesen. Die langen lanzettförmigen Blätter stehen paarweise gegeneinander über. Die Blumen sind kleiner, als an der vorhergehenden Art, sitzen paarweise in den Winkeln der Blätter, ihre Lippen sind gelb, die Röhre aber weiß.

Diese 4 einjährigen Pflanzen geben im August und Sept. reifen Samen, welcher, sobald er reif ist, oder im Frühjahre sogleich an Ort und Stelle gesäet wird.

Melancholischer Amarant. Amarantus melancholicus L., s. Amarant Th. I. 178.

Melanthe, Melanthium Linn., eine Pflanzengattung, die in die 3te Ordnung der 6ten Pflanzenklasse

klasse (Hexandria Trigynia) gehört. Die Blume hat keinen Kelch und 6 länglichte eyrunde, sich ausbreitende Blumenblätter, die bleibend sind, und sechs dünne, grade stehende Staubfäden. die aus den verlängerten Nägeln der Blumenblätter bestehen. Der gereifte, kugelrunde Fruchtknoten unterstützt 3 krumme Griffel. Aus dem Fruchtknoten wird eine Kapsel mit 3 Fächern, die zusammengedrückte Samen einschliessen.

1) Melanthium (virginicum) petalis unguiculatis. Linn. Pfl. Syst. XI. 500 *Spec. plant. Edit. Willd.* II. 266. *Mill. dict.* n. 1. Virginische Melanthe. Der Name zeigt ihr Vaterland. Die Blumenstiele werden 6 bis 8 Zoll hoch, theilen sich gegen den Gipfel zu in 3 — 4 Zweige ab, die unter der Blume mit 2 bis 3 Blättern besetzt sind. Die Blumen bestehen aus 6 sich ausbreitenden Blumenblättern, die eine dunkle Farbe haben.

Wenn die Wurzeln dieser Pflanze in eine Rabatte gesetzt werden, die mit einer leichten, nicht zu trocknen Erde angefüllt sind, so werden sie treiben und blühen; selten aber werden sie sich vermehren.

2) Melanthium (sibiricum) petalis sessilibus. Linn. Pfl. Syst. XI. 500. M. floribus paniculatis, petalis sessilibus acutis, foliis linearibus. *Linn. Spec. plant. Edit. Willd.* II. 267. *Mill.* n. 2. Sibirische Melanthe. Vaterland Sibirien. Sie hat ein längliches zwiebelartiges Würzelchen, aus welchem grasartige, spannenlange Blätter und ein dünner, zuweilen 2 Fuß langer, öfters röthlicher Blumenschaft hervorkommt. Dieser ist auf seiner obern Hälfte ährenartig mit seitwärtsstehenden Blümchen besetzt.

setzt. Die Kronblätter verlieren sich an dieser Art nicht in eigene Nägel, aber die Staubfäden kommen gleichwohl grade da heraus, wo die Blumenblätter dem Honigbehältnisse eingesenkt sind.

Melanzanapfel, Solanum Melongena L., siehe Eyerpflanze Th. II. S. 678.

Melanzen, siehe den vorigen Art.

Melde, Atriplex Linn., siehe den Artikel Th. I. S. 526

Meleagris, Fritillaria Meleagris Linn., s. Kiebitzblume Th. IV. 84.

Melie, Melia Azederach Linn., s. Th. I. S. 645.

Melilotus, Trifolium Melilotus officin. L., s. Klee G. Fr. Th. IV. S. 225.

Melisse, Melissa L., eine Pflanzengattung, welche in die erste Abtheilung der 14ten Pflanzenklasse (Didynamia Gymnospermia) gehört. Der Blumenkelch scheint gleichsam vertrocknet, und hat eine flache, etwas über sich zurückgebogene, flach dreyzähnige Oberlippe, und eine kürzere, entzwey gespaltene Unterlippe; die Blumenkrone hat eine dreyspaltige Unterlippe, deren mittlerer Abschnitt größer als die andern, und herzförmig ist; und eine kürzere, gewölbte, entzweygespaltene Oberlippe; nach der Blüthe enthält der unveränderte, und bloß größer gewordene Kelch 4 eyrunde Samen.

Die Arten dieser Gattung sind dauerhafte, zaserwurzlichte, krautartige, perennirende, fast in jedem Boden, und in jeder Lage fortkommende, zur Arzeney, und zur Mannigfaltigkeit in den Gärten schickliche Pflanzen, mit aufrechten, dünnen, einjährigen 1 2—3 Fuß hohen Stängeln, mit einfachen, länglichen, gegenübersitzenden wohlriechenden Blättern, und mit quirlförmigen Büscheln,

scheln, von kleinen, einblättrigen, rachenförmigen, kurzgestielten, im Jun. und Jul. blühenden, und im Herbste reifen Samen gebende Blumen.

1) Melissa (officinalis) racemis axillaribus verticillatis, pedicellis simplicibus. Linn. Pfl. Syst. VII 537. *Mill dict.* n. 1. Lued. b. p. Lustg. II. 176. n. 1. Gemeine, oder Garten- oder Citronen-Melisse, Mutterkraut, wächst auf den Gebirgen in der Schweiz, Savoyen und um Genf. Ihre Wurzel ist perennirend; ihr Stängel ästig; und wird 2 bis 3 Schuh hoch; die Blätter sind langgestielt, herzförmig eyrund, stumpf, ungleich, grob und stumpf sägeartig gezähnt, auf beyden Flächen haarig und ganz weich anzufühlen, gegen 2½ Z. lang und in der Basis fast 2 Z. breit. Die Blumen stehen in den Winkeln der Blätter in Trauben, welche aus Quirlen bestehen, die aus einfachen Stielchen zusammengesetzt sind, weiß, zuweilen etwas röthlich. — Man hat eine Abart mit scheckigen Blättern, die in den Lustgärten eine angenehme Mannigfaltigkeit macht.

2) Melissa (grandiflora) pedunculis axillaribus dichotomis longitudine florum. Linn. Pfl. Syst. VII. 538. *Mill.* n. 2. Lueder l. c. n. 2. Großblumige Melisse, schön blühende Münze, wächst im Herzogthum Florenz auf bergigten Gegenden. Sie hat auch eine perennirende Wurzel, welche Stängel von 1 Fuß Höhe treibt. Die Blätter sind länglich eyrund, gezähnt, und haarig. Die Blumen kommen aus den Winkeln der Blätter auf 2theiligen Stielen, welche so lang als die Blumen sind. Diese haben eine purpurrothe Farbe und sind sehr groß. — Diese Pflanze verdient wegen ihrer ansehnlichen Blumen

men eine Stelle in den Lustgärten, und vermehrt die Mannigfaltigkeit sehr angenehm.

3) Melissa (Calamintha) pedunculis axillaribus, dichotomis, longitudine florum. Linn. Pfl. Syst. VII 539. *Mill. dict.* n. 4. Lueder l. c. n. 3. Bergmünze. Sie wächst in Frankreich, England, Italien, Spanien und der Schweiz auf Bergen in steinigem Boden. Ihre Wurzel ist perennirend, und treibt 4eckige, ästige, haarige, 1 F. hohe Stängel, die an jedem Gelenke mit 2 rundlichen, am Rande etwas gezahnten Blättern, die einen durchdringenden Geruch haben, besetzt sind. Die bläulichen oder purpurrothen Blumen kommen im Juli aus den Winkeln der Blätter auf 2theiligen Stielen, die die Länge der Blumen haben. — Diese Pflanze hat im Arzeneygebrauch viele Aehnlichkeit mit der krausen Münze, ist aber wirksamer, und wird deswegen in botanischen Gärten häufig angebauet. — Abart mit weißen Blumen.

4) Melissa (Nepeta) pedunculis axillaribus dichotomis, folio longioribus; caule adscendente, hirsuto. Linn. Pfl. Syst. VII 139. *Mill. Dict.* n. 5. Lueder l. c. n. 4. Poleyartige Melisse, wilder Poley. Ihr Vaterland ist die Schweitz, England, Frankreich, Italien auf grobsandigen Dämmen und Bergen. Ihre perennirende Wurzel treibt viel längere Stängel, als die vorhergehende Art. Sie sind 4eckig, weißgrau, ästig, steifborstig, liegen mit der Basis gestreckt, und richten sich mit der Spitze auf. Die Blätter sind etwas herzförmig, auf der obern Fläche glatt, auf der untern aber, wie die Stängel borstig, und von Geruch wie die Poley. Die purpurrothen Blumen kommen aus den Winkeln

der

der Blätter auf 2theiligen Stielen, welche länger als die Blumen sind. Sie haben pfriemförmige Deckblättchen, und einen blau- und weißbunten Rand am Gaume.

5) Melissa (cretica) racemis terminalibus, pedunculis solitariis brevissimis. Linn. Pfl. Syst. VII. 140 *Mill dict.* n 6. Lueder l. c. n. 5. Cretische Melisse. Sie wächst in den südlichen Theilen von Frankreich und Italien wild. Sie ist nach Miller von keiner so langen Dauer, als die vorhergehenden Arten, und wird selten über 2—3 Jahr alt; sie hat übrigens mit der vorhergehenden Art viele Aehnlichkeit, nur ihre holzigen Stängel sind niedriger, nur einer Handbreit hoch, grade und schwarzroth; die Blätter sind eyrund, denen der Basilie ähnlich, weißgrau, und haben nur wenige und stumpfe, sägeartige Zähne. Die weißen Blumen kommen am Ende der Zweige zum Vorschein, bestehen aus nackenden, einblumigen Stielchen, haben lanzenförmige Deckblättchen zwischen sich, und bilden Trauben.

Diese 5 Pflanzen, unter denen die 3 ersten die vornehmsten sind, und unter denen die schekkige und die großblumige Melisse diejenigen sind, die man zur Verzierung der Gärten einzeln umher zu pflanzen pflegt, lassen sich von der Zeit an, da ihre Stängel im Herbste absterben, bis ins Frühjahr, ehe sie neue Stängel treiben, am besten aber im Sept. und Oct. durch Zertheilung vermehren. M. cretica ist zwar, wie schon bemerkt worden, nicht so dauerhaft, pflanzt sich aber durch den ausgefallenen Samen fort.

6) Melissa (fruticosa) ramis attenuatis virgatis, foliis subtus tomentosis, caule fruticoso.

coso. Linn. Pfl Syst. VII. 541. *Mill* dict. n. 8. Lueder l. c. n. 6. Strauchartige Melisse, Amberkraut mit dem Polrygeruche. Diese wächst ursprünglich in Spanien. Der Stengel wird selten über 1 Fuß hoch, ist strauchartig, und hat dünne, gegenüber stehende, verschmälerte ruthenförmige Zweige. Die Blätter sind eyrund, gespitzt, auf der Unterfläche filzig, und denen des Marum sehr ähnlich. Die weißen Blumen kommen in quirlförmigen Aehren. Der Geruch ist dem der Poley sehr ähnlich.

Man säe den Samen dieser Pflanze, sobald er reif ist, sogleich an Ort und Stelle, in eine warme geschützte Lage, verdünne die Pflanzen und begieße sie gehörig. Einige derselben blühen dann schon im folgenden, die schwächern aber erst im zweyten Sommer. — Oder man stecke im Sommer Zweige in eine schattige Rabatte, und begieße solche gehörig, wiewohl diese nie so schöne Pflanzen geben, als aus dem Samen. — Weil sie in sehr strengen Wintern sehr leicht erfrieren, so unterhalte man allezeit einige Pflanzen in Töpfen, und durchwintere sie in einem Gewächshause oder unter einem Mistbeetkasten. Ihre jährlich absterbenden Stengel werden im Frühjahre durch neue ersetzt und sie geben im Herbste sehr guten reifen Samen.

Melisse (türkische) Dracocephalon L., s. Drachenkopf im Suppl. Bande.

Melissophylum, s. den folgenden Art.

Melittis, Melittis Linn., eine Pflanzengattung, die in die erste Ordnung der vierzehnten Pflanzenklasse (Didynamia Gymnospermia) gehört. Ein glockenförmiger Kelch, welcher weiter als die Röhre der Blumenkrone ist, und eine in 2 Lippen

pen getheilte Mündung hat; eine Blumenkrone, welche eine rundliche ungetheilte flache Oberlippe und eine dreyspaltige gekerbte Unterlippe hat; Staubbeutel, welche kreuzweise zusammen stehen — sind die Gattungskennzeichen, von welcher es nur eine Art giebt:

Melittis (Melissophyllum) Linn. Pfl Syst. VII. 553. *Mill.* dict. Lueder b. p. Lustg. III. S. 183. Melissenblatt, Immenblatt, Bastardmelisse, große taube Nessel. Sie ist in der Schweiz, Deutschland, England, Oesterreich in Dornhecken in Alpengegenden zu Hause, hat eine harte holzige Wurzel und 2 — 3 Fuß hohe dicke viereckige aufrechte Stengel. Die Blätter gleichen den Melissenblättern, sind aber größer, stehen zu 2 an den Gelenken gegen einander über auf langen Stielen. Die Blumen kommen in den Winkeln der Blätter den Stengeln fast ganz entlängs, sind weiß, gleich den Blumen der tauben Nessel, sind aber größer. Sie kommen im May zum Vorschein, und alsdann haben sie ein schönes Ansehn. Ist das Wetter nicht zu heiß, so behalten die Blumen 3 Wochen ihre Schönheit. Man hat Abarten b) kleinblättrige, c) eingeschnittenblättrige, d) großweißblumige, e) purpurrothblumige, f) geschecktblättrige Bastardmelisse.

Da die Pflanzen selten in den Gärten guten Samen bringen, so pfleget man sie insgemein durch Zertheilung der Wurzeln zu vermehren. Will man aber die Pflanzen bloß um der Zierde willen halten, so darf man die Wurzeln nicht öfter beunruhigen, als alle 3 Jahre einmal. Auch muß man sie alsdann auch nicht in gar zu kleine Theile zertheilen; weil sie sonst im ersten Jahre nicht

nicht blühen würden. Die beste Zeit zu diesem Geschäfte ist im Oct, damit sie noch vor dem Eintritt des Frostes einwurzeln können.

Melo L., siehe **Melone**.

Melocactus, Cactus Melocactus L., s **Fackeldistel**.

Melochie, Melochia L., eine Pflanzengattung, die in die 2te Ordnung der sechzehnten Pflanzenklasse, (Monadelphia Pentandria) gehört. Die Blume hat einen fünfspaltigen Kelch; fünf Blumenblätter, fünf Staubfäden und fünf Staubwege, und hinterläßt eine fünfeckige, fünffächerige Kapsel, welche in jedem Fache nur einen einzigen Samen einschließt.

1. Melochia (pyramidata) floribus umbellatis; capsulis pyramidatis, pentagonis, angulis mucronatis, foliis nudis. **Linn. Pfl. Syst.** IV. 118. *Mill. Dict.* n. 1. **Lueder b. p. Lustg.** III. p. 118. n. 1. **Pyramidenförmige Melochie, Billing, Muskraut, Judenpappeln.** Diese Art ist in Brasilien zu Hause und wird eine 4 — 5 Fuß hohe Staude. Die Blumen kommen in Dolden an der Seite der Stengel, den Blättern gegenüber zum Vorschein. Sie haben eine dunkle Fleischfarbe, und auf dieselben folgen pyramidenförmige Kapseln, die 5 Ecken und 5 Fächer haben, deren jedes einen eckigen Samen einschließt.

2. Melochia (tomentosa) floribus umbellatis, axillaribus, capsulis pyramidatis, pentagonis, angulis mucronatis, foliis tomentosis. **Linn. Pfl. Syst.** IV. 119. *Mill. Dict.* n. 2. **Lueder** l. c. n. 1. Diese Art wächst ursprünglich in den mittägigen Theilen von Amerika. Sie ist ein aufrechter Strauch, der sich in wenige ruthenförmige Zweige zertheilet, und an bergigen

und steinigen Orten 3, in schattigen Wäldern aber oft 7 Fuß hoch wird. Seine Blätter stehen wechselsweise auf Stielen, haben zu beyden Seiten einen Blattansatz, und sind länglich eyrund, spitzig, am Rande gekerbt, oder sägenartig gezähnt, auf beyden Flächen filzig, 1½ Zoll lang. In den Winkeln der Blätter entspringen einzelne Blumenstiele, welche insgemein eine Dolde von 5 ziemlich großen, purpur- oder rosenrothen Blumen tragen. Die darauf folgenden Samenkapseln sind, wie bey der vorigen Art, pyramidenförmig.

3. Melochia (depressa) floribus solitariis, capsulis depressis, pentagonis, angulis obtusis, ciliatis. Linn. Pfl. Syst. IV. 126. *Mill. Dict.* n. 3. Lueder l. c. n. 2. Breitgedrückte oder Johannisbeerblättrige Melochie. Diese Art wächst in Havanna. Sie ist ebenfalls ein aufrechter, 5 — 6 Fuß hoher Strauch, und hat eyrunde eckige, und sägenartig gezähnte Blätter, welche einigermaßen den Johannisbeerblättern gleichen, und auf Stielen stehen, die Gelenke haben. Die vortrefflich fleischfarbenen Blätter stehen einzeln in den Winkeln der Blätter, und hinterlassen fünfeckige, breitgedrückte, mit stumpfen, gefranzten Ecken versehene Samenkapseln.

4. Melochia (concatenata) racemis confertis, terminalibus, capsulis globosis, sessilibus Linn. Pfl. Syst. IV. 120. *Mill. Dict.* n. 4. Kettenartige Melochie. Diese perennirende, aufrechte, glatte Pflanze mit geraden Zweigen, findet sich in Ost- und Westindien. Sie stirbt jährlich über der Wurzel ab. Ihre Blätter stehen auf Stielen, und sind eyrund länglich, sägenartig gezähnt, glatt, und zu beyden Seiten an der Basis ein wenig in Lappen zer-

theilt. An den Enden der Zweige entspringen viele büschelförmige, auseinandergesperrte Blumentrauben.

5. Melochia (Corchorifolia) floribus capitatis sessilibus, capsulis subrotundis, foliis subcordatis, sublobatis. Linn. Pfl. Syst. IV. 121 *Mill.* Dict. n. 5. Luder l. c. n. 3. Corchorus oder breitblättrige Melochie. Diese Art wächst in Ostindien, und ist nur ein Sommergewächs, das ungefähr 2 Fuß hoch wird, und einen ziemlich harten und rauhen Stengel hat, der sich in rauhe, ruthenförmige Zweige zertheilet. Seine Blätter stehen wechselsweise auf Stielen, und sind eyrund länglich, an der Basis ein wenig herzförmig, und an beyden Seiten ein wenig in Lappen zertheilt, sägenartig gezähnt, gefalten, nacket, und glatt, und ziemlich stumpf. An den Enden der Zweige entspringen einzelne, ungestielte Blumenknöpfchen, von blaßpurpurrothen Blumen, die einen gelben Grund haben. Man hat von dieser Art eine Abart mit kleinen weißen Blumen.

Man kann diese Sorten der Melochie, die zwar keine große eigenthümliche Schönheiten haben, aber doch der Mannigfaltigkeit und Abwechselung wegen in den Gärten gezogen werden, sehr leicht aus dem Samen erziehen, den man auf ein Mistbeet säen muß. Wenn die aufgegangenen Pflanzen zum Versetzen taugen, muß man sie in ein anderes Mistbeet 4 Z. nach allen Seiten von einander entfernt pflanzen, im Schatten erhalten, bis sie eingewurzelt sind, und ihnen alle Tage, bey gelindem Wetter, viele frische Luft geben, damit sie nicht zu schwächlich werden, auch fleißig begießen. Bey dieser Pflege werden die Pflanzen bald so stark werden, daß man sie in die freye Luft versetzen kann. In dieser Absicht müssen sie stufenweise abgehärtet, und im Anfange des Junius mit einem Ballen Erde an den Wurzeln ausgehoben, und an einem warmen bedeckten Ort des Gartens, ungefähr 3 Fuß weit von einander eingesetzt, im Schatten erhalten, und fleißig begossen werden, bis sie frische Wurzeln bekommen. — Die erste und dritte Art sind staudenartig; man muß sie daher im Winter sorgfältig in der Winterung erhalten, und dadurch bekommt man auch guten Samen. Denn von diesen erhält man im ersten Jahre selten recht guten Samen, wenn die Pflanzen nicht recht zeitig im Frühjahre gezogen werden, und wenn nicht ein besonders günstiger Sommer einfällt. Von den andern 3 Sorten erhält man in jedem Jahre reifen Samen.

Melone, Cucumis Melo L., eine Pflanzenart, die mit zur Gattung der Gurken gehört, mit der sie auch in der That im Wachsthum, im Laube, in der Blüthe und Frucht so sehr übereinkommt, daß man kaum ein merkliches Unterscheidungsmerkmal angeben kann, sobald man sie botanisch betrachtet. Aber im Gebrauche, und in ihrer Erziehung, die der Gartenfreund lehrt, sind sie genug von einander verschieden. Von den übrigen Arten der Gurke ist schon oben Th. III. S. 361 fgg. gehandelt worden, und hier ist also bloß von der Melone

Cucumis (Melo) foliorum angulis rotundatis, pomis torulosis Linn. Pfl. Syst. X. 247. *Mill. Dict.* III. p. 121. Lueder K. G. Gewächse 559. — die Rede. Sie hat, wie die Gurke, männliche und weibliche Blüthen an einer Pflanze, die sich äußerlich ähnlich sind, und einblättrig, glockenförmig, hellgelb und mit fünffach getheiltem Rande sind. Man unterscheidet sie aber bald; denn die männlichen Blumen hangen unten an einem kurzen magern Stiel, welcher bald gelb wird; die weiblichen Blumen hingegen zeigen unter sich schon die junge eyrunde Frucht, ehe sie sich aufthun. Inwendig fehlen in diesen die Staubkölbchen mit dem befruchtenden Samen, die sich in den männlichen Blumen befinden.

Die ausgewachsenen Früchte der Melonen sind zum Theil sehr groß, hingegen andere sind sehr klein. An einigen ist die Schale glatt, an andern haarig, mit lauter kleinen weichen Stacheln besetzt, welche sich leicht abreiben lassen. Bey einigen springt die Haut an den jungen Früchten in die Kreuz und Queere auf, so daß, wenn die Narben nebst der Frucht ausgewachsen sind, die Früchte aussehen, als wenn sie mit einem von dem größten Künstler gestrickten Netze überzogen wären, die daher insgemein Netzmelonen genannt werden. Dagegen sind bey andern die Früchte auf der Oberfläche ganz kraus, und mit hervorstehenden Warzen und Beulen besetzt, wie an den Kantalupen. In Ansehung der Form sind einige ganz platt und eingedrückt, andere sind länglich, andere kugel- oder eyrund, andere sind gereifelt oder ganz glatt, andere sehr höckerig und ganz unförmlich. Der Stiel ist entweder dem Verhältniß der Frucht gemäß, oder auch stark und dick, so daß man daraus nicht allein den Werth und die Güte der Frucht beurtheilen, sondern, weil sich derselbe insgemein, wenn die Frucht reif wird, zu lösen anfängt, auch die Zeit der Reife erkennen kann.

An einer guten Melone ist das Fleisch der vornehmste und merkwürdigste Theil, und der Geschmack hängt bloß von der Zartheit und Güte des Saftes ab, welcher für die zarte Zunge eigentlich den Werth der Frucht bestimmt. Deswegen muß man solche Früchte, welche die Eigenschaften haben, die von einer guten Melone verlangt werden, anzuziehen suchen. Und diese kann man aus folgenden Merkmalen am besten erkennen. Eine gute Melone muß einen kurzen, dicken, starken, fleischigen Stiel haben. Denn nicht zu gedenken, daß, je stärker derselbe ist, auch desto mehrere Nahrungssäfte in die Frucht gehen, so können auch die Säfte dadurch besser bereitet, und verkocht werden. Alle Früchte, die an dünnen und magern Stielen wachsen, geben das sichere Kennzeichen, daß die Frucht wenig taugt, weil die Frucht entweder an sich nur sehr wenig Nahrung braucht, oder weil es den Ranken, woran sie sitzt, an Nahrung fehlt.

Die Form und Größe macht zu einer guten Frucht nicht alles aus, weil oftmals die unansehnlichsten, an allen Seiten ausgewachsenen Früchte, dem Geschmacke nach die besten sind, denen nicht selten die größten, am schönsten ins Auge fallenden, in dieser Hinsicht weit nachstehen. Wegen dieses ihres schönen Ansehens wurden vormals die großen Netzmelonen und andere dergleichen am meisten gezogen. Seitdem man aber den Geschmack der knotigen und gefährlich aussehenden Kantalupen hat kennen gelernet, sind diese sehr aus der Achtung gekommen. Denn wenn z. B. an einer guten Kantalupe die Schale noch so unförmlich und dick ist, so kann das wenige unter derselben enthaltene Fleisch vorzüglich gut und schmackhaft seyn. Bey einer guten Melone hält man gemeiniglich nicht allein das für ein sicheres Kennzeichen ihres vorzüglichen Werthes, daß eine völlig ausgewachsene Frucht in der Substanz und Farbe ihres Fleisches merklich verschieden, sondern auch, daß das Fleisch saftig, zart, weder wässerig noch trocken, oder mehlig ist, daß es auf der Zunge eine angenehme bisamartige, etwas gepfefferte Schärfe giebt, und daß überhaupt die Melone einen durchdringenden süßen, und angenehmen Geruch, und einen so lieblichen Geschmack haben, daß man solchen durch Zucker zu erhöhen nicht nöthig hat. Auch die Schwere und das Gewicht giebt bey den Melonen schon zum voraus einen Beweis ihrer Güte ab, so daß, wenn die Frucht nach dem Verhältniß ihrer Größe sich schwer in der Hand fühlen läßt, oder, sobald man mit dem Fingerrücken daran klopft, dem Gehör nicht hohl, sondern voll klingt, man daran ein nicht zu verwerfendes Kennzeichen hat, daß die Frucht vollkommen ausgewachsen ist.

Um nun aber dergleichen Früchte zu erhalten, muß man an einer jeden Pflanze nie mehr als 3 Früchte fortwachsen lassen; und sogar unter diesen dreyen, wenn sie auch gut und vollkommen zu seyn scheinen, verdient doch nur eine den Vorzug, und das ist insgemein die, die der Wurzel am nächsten ist, wiewohl, um dieses zu unterscheiden, eine sehr feine Zunge nöthig ist.

Es wird ferner, um gute Früchte zu ziehen, noch vieles erfordert. Was den Samen betrifft, so kann man sich niemals sicher auf den, der aus der Fremde zu uns gebracht wird, verlassen, es

wäre

wäre denn, daß man ihn von glaubwürdigen Personen erhielte, welche nicht allein die Güte und den Werth dieser Frucht gehörig zu beurtheilen verstehen, sondern auch selbst den Samen von denjenigen Früchten, welche sie gegessen, gesammlet haben. Denn die Menge der Abarten von dieser Fruchtsorte geht jetzt so weit, daß man auch nur einige Sorten, die für die besten gehalten werden, hinlänglich zu beschreiben und zu bestimmen sich kaum getrauen kann. Zudem verdienen viele nicht wegen ihrer Früchte, sondern als besondere Seltenheiten im Kräutergarten aufgenommen zu werden, weil einige theils wie Aepfel oder Birnen und andere Früchte, geformt, theils schön gestreift, oder scheckig sind, da hingegen, ob sie gleich das Ansehn einer Melone haben, im Geruch und Geschmack weit zurück stehen.

Vor allen Dingen muß man also in Anschaffung und Sammlung des Samens vorsichtig seyn, und sich vorzüglich auf diejenigen Sorten richten, welche vor allen geachtet zu werden verdienen — und dies sind die Kantaupen, (die aus Armenien herstammen sollen, wie man behauptet, und von einem Lustschlosse des Pabstes, 14 Meilen von Rom, welches diesen Namen führt, und woselbst sie schon lange gezogen sind, ihren Namen haben) und niemals muß man durch einen prächtig, oder barbarisch klingenden Namen sich verführen lassen, eine neue unbekannte Art anzubauen, ohne vorher von ihrer Güte überzeugt zu seyn, sondern sich immer von bekanntlich guten den Samen verschreiben.

Außerdem werden, um in einem Garten auch nur 8 oder 10 Sorten Melonen zu bauen schon viele Anstalten, mit Mistbeetfenstern u. dgl. erforfordert. Denn man muß sie immer, damit die eine Art von der andern nicht befruchtet werde, von einander abgesondert setzen. Ohne diese Vorsicht würde man durch die Vermischung von 3 bis 4 Sorten, in wenigen Jahren eine Menge Abarten erhalten, die denen, von welchen sie entsprungen, ganz unähnlich sind. Es wird folglich, um gute Früchte zu erziehen, eine große Sorgfalt erfordert.

Die vorzüglichsten Melonenarten, die vor allen andern den Anbau verdienen, sind folgende:

1. Die schwarze Kantalupmelone, von den Italienern gemeiniglich die Melone der Heiligen genannt. Sie ist eine der seltensten, und zugleich der größten und schönsten Melonen, die weder ihre Farbe, noch ihre Schale, wenn sie reif ist, ändert, sondern dunkelschwarzgrün, und rauh wie Sammet, so wie sie einmal ist, beständig bleibet. Ihre Schale ist zwar etwas dick und schwammig, allein ihr dunkelgelbes Fleisch ist viel angenehmer und süßer, wie Zucker.

2. Die weiße Kantalupe, ist sehr groß, platt gedrückt, etwas gereifelt, und mit starken, unförmlichen Warzen besetzt. Ihre Farbe ist nach erlangter Reife von glänzend weißer Farbe, und sehr dick, ihr grasgrünes Fleisch aber ist sehr saftig, schmelzend, und von einem so lieblichen Geschmacke, daß diese Sorte vor vielen andern den Vorzug verdient. Weil diese Sorte sehr zärtlich ist, so geräth sie auch bey einer sorgfältigen Wartung, nicht allemal. In unsern nördlichen Gegenden darf man sie immer vor den April pflanzen.

3. Die grüne Kantalupe, heißt so, weil ihre dünne, warzige, etwas gerippte Schale ganz

grün

grün bleibt, und nur ein klein wenig zur Zeit der Reife ins Gelbe fällt. Bey einer zur Zeit der Reife günstigen Witterung erhält sie einen vortrefflichen Geschmack, sonst aber springt sie bey feuchtem Wetter gern vorne bey dem Auge auf.

4. **Die glatte Kantalupe.** Diese Sorte, die gewöhnlich Melone de Palermo heißt, giebt eine sehr große, meist kugelrunde Frucht, mit einer glatten, sehr dünnen Schale, mit zarten Rippen und mit blaß- oder strohgelben Streifen zwischen denselben. Sie hat ein hellgrünes sehr starkes, saftiges und schmelzendes Fleisch, welches, wenn die Frucht recht vollkommen ausgewachsen ist, von einem sehr köstlichen und angenehmen Geschmacke ist.

5. **Die versilberte Orangenkantalupe,** wächst unter allen Kantalupen am länglichsten, und ist mit ganz dünnen Warzen besetzt. Ihre Schale ist grün und durch und durch mit strohgelben Flecken besetzt, nach welchen sie vermuthlich ist benannt worden. Sie ist unter allen am dauerhaftesten, und kann vor allen andern Arten der Kälte und dem Ungemache des Wetters am besten widerstehen. Ihr Fleisch ist von schöner gelber Farbe, aber in Ansehung des Geschmacks kommt sie den vorhergehenden Arten bey weitem nicht gleich.

6. **Die rothe Kantalupe,** von mittler Größe, meist kugelrund, doch etwas platt. Sie hat eine dünne Schale, und ihre ganz kleinen Warzen stehen auf derselben ganz dicht beysammen. Ihr Fleisch ist ganz dunkelblutroth, und wenn sie recht ausgewachsen und reif ist, von einem vortrefflichen Geschmacke.

7. Die gerippte Kantalupe. Diese Art unterscheidet sich am merklichsten von allen übrigen Sorten. Sie ist von grüner, bey ihrer Reife ein klein wenig ins Gelbe spielender Farbe, sehr platt, und wird durch verschiedene Streifen in lauter tiefe Furchen eingetheilt. Sowohl diese Furchen, als die stark hervorstehenden Rippen sind ganz glatt und der Geschmack ist ungemein gut.

8. Die Zwergkantalupmelone. Frucht und Pflanze dieser Art ist unter allen Kantalupen die kennbarste weil unter allen keine einzige dergleichen kugelrunde, meistens glatte, und mit sehr feinen dünnen Wärzchen besetzte grüne und strohgelb gestreifte Früchte trägt. Ihr Fleisch ist überaus köstlich. Die Pflanze treibt sehr starke, dicke, aber kurze Ranken, die selten über 1 Fuß lang wachsen, so daß sie, wenn man sie gehörig ausbreitet, niemals dürfen beschnitten werden; es sey denn, daß man einen der unnützen und überflüssigen Zweige wegnehmen wollte. Sie ist sehr dauerhaft und stark, trägt gern, setzt aber doch fast niemals mehr Früchte an, als sie zu ernähren vermag.

9 Die Zuckerkantalupe trägt eine mittelmäßig große, etwas platte und runde Frucht, mit einer strohgelben glatten Schale und ganz feinen dünnen Wärzchen Ihr Fleisch ist schneeweiß und ziemlich dick, und hat einen ungemein köstlichen Geschmack. Sie ist aber von allen Kantalupen die zarteste, so, daß man es nicht wagen kann, ihre Kerne vor dem Märzmonat zu stecken; wollte man sie früher legen, so müßte die Witterung außerordentlich günstig seyn, wenn sie gut fortkommen sollte.

10. **Die frühe Kantalupe**, mit einer etwas länglichen platten Frucht und ganz dünnen genetzten Reifen um den Stiel. Die glatte Schale ist anfangs grün, wird aber gegen die Zeit der Reife strohgelb. Sie giebt einen starken, überaus angenehmen Geruch von sich, ist sehr dauerhaft, trägt häufig und ganz früh.

11. **Die Maykantalupe**, mit einer mehr runden als platten, mit ganz kleinen dünnen Wärzchen besetzten Frucht. Sie trägt gern, und wird, wenn sie einmal im Wachsthume ist, in einer Zeit von 30 Tagen reif, weswegen sie gezogen zu werden verdient. Ihr Fleisch ist zwar sehr schmackhaft, sie steht aber hierin doch den andern Kantalupen nach.

Alle **Kantalupen** haben den Fehler, daß sie weichlicher sind, als unsere gewöhnlichen Melonen, später und weniger Früchte ansetzen, und wegen ihrer dicken schwammigen Schale mehr Nahrung, auch mehr Wärme und Sonne fordern, gleichwohl später reifen, folglich auch weniger eßbares Fleisch haben, dagegen ihr vortrefflicher Geschmack sie doch aller Orten vorzüglich geachtet macht.

Von den gewöhnlichen Melonen-Arten, die meistens dauerhafter sind, eine dünnere Schale und mehr eßbares Fleisch haben, und die, wenn sie im Geschmacke auch den vorbeschriebenen Kantalupen nicht gleich kommen, doch auch nichts weniger als verächtlich sind, und allgemein gezogen zu werden verdienen, — führt der Hr. von **Münchhausen** im 3ten Theil seines Hausvaters S. 772 fgg. nachstehende Arten als die vorzüglichsten an:

1) Die Netzmelonen. Man hat deren viele Arten. Die besten müssen von ziemlicher Größe und lang, über und über mit einem erhabenen weißen Netze überzogen seyn; die Fächer zwischen dem Netze sind anfänglich grün, und werden am Ende hellgelb. Wenn man die Frucht aufschneidet, muß sie eine dünne Schale von dunkler grasgrüner Farbe, und darunter ein dunkelorangengelbes saftiges dickes Fleisch, anbey sehr wenig trocknes, die Mitte ganz einnehmendes, und gar keine Höhlung lassendes Mark haben, welches man mit essen kann, und in welchem die Kerne, ein jeder gleichsam in seiner Höhlung besonders eingekleidet liegen. Diese Sorten werden von denen vorzüglich geachtet, die ein festes Fleisch lieben. Sie gerathen ziemlich in allen Jahren und sind nicht sehr weichlich

2) Die gereifelte Melone. An diesen ist die Frucht durch zwölf Reifen oder Furchen getheilet, zwischen welchen sich das Fleisch merklich erhebet. Die Furchen selbst sind meistens platt, und von grüner Farbe, die hervorstehenden Rippen aber pflegen genetzt zu seyn; und werden zwischendurch mehr gelb. Die Schale muß, wenn die Frucht aufgeschnitten wird, von dem Fleische merklich unterschieden, und grün, das Fleisch aber schön gelb und saftig, doch nicht wässericht seyn. Die Farbe desselben pflegt nicht so dunkel als bey der vorhergehenden zu seyn. Sie haben in der Mitte eine große Höhlung, und das Mark ist völlig vom Fleische unterschieden; daher enthalten sie weniger eßbare Substanz, als die vorigen, werden aber gemeiniglich eher, und leichter reif, da die Wärme und Sonne eher durch die ganze Masse wirken kann. Dagegen findet man auch oft,

oft, daß sie wässericht, oder aber mehlicht und unschmackhaft sind.

3) **Die frühe Melone**, wird nicht gar groß, und ist mehr rund als lang, auswendig etwas genetzt, und inwendig goldgelb, ohne merkliche Reifen. Sie kömmt etwas früher als die vorigen, und wird, weil sie kleiner ist, eher zeitig. Sie ist bey guten Jahren ganz wohlschmeckend, oft aber auch etwas mehlicht.

4) **Die weiße Melone**, ist von Form oval, länglicht, und pflegt gegen den Stiel etwas abzulaufen, löset sich daher am Stiel nicht. Sie ist außen ganz glatt und weiß, ändert auch die Farbe nicht, wenn sie reifet. Anfangs ist sie auswendig gleichsam wie ein Sammt, mit feinen Härchen besetzt. Wenn man sie aufschneidet, so ist die Schale dunkelgrün, das Fleisch aber weißlicht, so daß es in das Gelbe spielet, das Mark ist gelblich, und die ziemlich großen Kerne sind weiß. Das Fleisch zerschmilzt auf der Zunge, und muß sehr süß, etwas muskirt und gepfeffert seyn, so daß es eine geringe, angenehme Schärfe hat, welche stärker wird, wenn die Frucht überreif ist. Weil sie sich bey der Reife gar nicht verändert, so werden die Früchte, wenn man sie nicht sehr in Acht nimmt, leicht überreif. Sie schreibt sich aus Persien her, und kömmt oft unter dem Namen einer *astracanischen Melone* vor. Sie hat den Fehler, daß sie nicht so gerne ansetzt, und später reif wird: sie gleicht in Geschmack viel den Angurien; bey mir hat sie im Geschmack vor den übrigen den Vorzug, und scheint gesunder zu seyn; vielen Melonenkennern ist sie zu wäßricht, und ihr Fleisch hat ihnen nicht Consistenz genug.

5) Die rothe Melone, eine in Italien sehr geachtete Sorte, hat große, weißlichte Kerne, und eine länglichte, mehr glatte Frucht; auswendig weiß, wenig genetzt; das Fleisch ist inwendig sehr roth; noch dunkler, als in einer Angurie. In der Ecole du Potager wird gesagt, daß sie in Deutschland sehr gut geriethe, nur haben aber die aus Italien erhaltenen, und 3 Jahre nach einander gebaueten Kerne keine vollkommene Früchte geben wollen; vielmehr scheint unsere Witterung ihnen schon zu kalt zu seyn. Das Fleisch erhielt nicht die rechte Röthe, und die Kerne blieben insgesammt taub.

6) Die kleine Orangen-Melone. Linné hält diese für eine besondere Species, und nennt sie Cucumis (Dudaim) foliorum angulis rotundatis, pomis sphaericis umbilico retuso. Pfl. Syst. X. 250. Die ganze Pflanze mit der Frucht ist mit feinen Härchen besetzt. Die Frucht ist von der Größe und Gestalt einer Pomeranze, auch die Schale ist pomeranzenfärbig mit grünen Flecken bezeichnet, die wenn sie reif wird, weiß werden. Sie hat einen angenehmen Melonengeruch, und ein gelbes, zwar süßes Fleisch, aber einen faden Geschmack. Sie verdient also nicht weiter, als der Abwechselung wegen gezogen zu werden.

Hr. Bechstedt führt in seinem Küchengartenbau für Gärtner und Gartenliebhaber. S. 52 noch

7) die bunte Melone an, und sagt, sie sey ein Mittelding zwischen einer Kantalupe und einer gewöhnlichen Melone. Sie sey seit verschiedenen Jahren bekannt, und verdiene nicht bloß wegen ihrer häufigen Früchte, sondern auch wegen ihrer

ihrer Dauerhaftigkeit geachtet zu werden. Denn unter allen bisher bekannt gewordenen Arten sey diese zum frühen Treiben am geschicktesten.

Es ist an diesen angeführten Sorten schon mehr als zu viel, und ein jeder Melonenliebhaber thut wohl, wenn er sich an einigen, als vorzüglich gut erkannten Sorten begnügen läßt, um diese rein zu erhalten, und nicht durch unvermeidliche Vermischung zu verderben.

Da die Melonen durch ihren kühlenden und erfrischenden Saft in den wärmern Monaten des Jahres allemal am schätzbarsten sind, und, obgleich einige der gewöhnlichen Melonenarten, wie weiter unten angeführt werden soll, auch im freyen Lande, wenn die Witterung günstig, das heißt, der Sommer trocken und warm ist, gezogen werden können, doch die feinern und bessern Sorten, besonders die Kantalupen in unsern nördlichern Gegenden nicht zu ihrer Vollkommenheit kommen; so werden sie fast immer durch künstliche Wärme unter Fenstern, und also auf Mistbeeten getrieben. Durch diese ist man im Stande, sie schon so weit zu bringen, daß sie ihre Früchte ansetzen, ehe man im freyen Lande noch die Kerne ausstecken kann.

Um sich indessen nicht vergebliche Mühe und Kosten zu machen, ist es am rathsamsten, nicht zu früh mit dem Säen des Samen anzufangen. Denn so lange die Natur die Bemühungen des Gärtners durch die milden Einflüsse ihrer Wärme nicht unterstützt, hält es äußerst schwer, die kleinen Pflanzen fortzubringen, und am Ende pflegen die Früchte doch nicht früher, als mit dem Anfange des Märzmonats anzusetzen. Macht man also etwa am Ende des Januars mit dem

Säen

Säen den Anfang. und bringt die Pflanzen durch den Febr. fort, so können sie, zumal wenns frühe Sorten sind, mit weniger Schwierigkeit mit dem Ende des Märzes, wo schon die Natur zur Beförderung ihres Wachsthums mit der Kunst wetteifert, zeitig genug ihre Früchte ansetzen, und im May oder Junius zur Reife bringen.

Da die Gurken weit dauerhafter, als die Melonen sind, und folglich auch früher gezogen werden können, so kann man aufs Gerathewohl, die ersten Melonen gegen Süden, unter einer Reihe von Glasscheiben, auf ein warmes Gurkenbeet legen, zumal, da die Melonen, ehe noch die Gurken sich auszubreiten anfangen, schon wiederum weggenommen werden können. Nur muß man bey dem Legen der Kerne dahin sehen, daß sie nicht zu dicht auf einander gestreut werden, sonst müßte man, wenn sie zu dick hervorkommen sollten, sie verdünnen, damit ihre Wurzeln sich nicht in einander verwickeln, und sie so viel Raum haben, daß man, wenn die Pflanzen zum Versetzen groß genug sind, mit 2 Fingern, ohne Schaden zu thun, sie bequemer anfassen, und mit der Erde ausheben kann, so daß also beym Herausheben weder die zu versetzenden Pflanzen beschädiget, noch die daneben stehenden aus ihrer Lage gerückt werden.

Niemals muß man die Melonenkerne tiefer legen, als daß solche eben mit der Erde bedeckt werden. — Um aber in der Folge beständig Melonen zu haben, fahre man, nachdem man einmal zu pflanzen angefangen hat, von 14 zu 14 Tagen, bis in den May, je nachdem man mehr oder weniger nöthig hat, damit fort. Sollten von den ersten Saten durch die Witterung, oder andere Zufälle, die eine oder die andere verunglükken, so muß man das Aussäen von 8 zu 8 Tagen, damit es niemals an Pflanzen fehle, wiederhohlen.

Die Zubereitung des Beets zur Erziehung der Melonen geschiehet folgendermaßen. Wenn man genugsam frischen Pferdemist, dessen Menge sich nach der Größe des anzulegenden Beetes richtet, angeschaft hat, so wird derselbe auf einen Haufen zusammen geschlagen, und mit dem darunter befindlichen Stroh gehörig vermischt, damit sich derselbe erhitze, alsdann aber in die bereits fertige, 2 bis 3 Fuß tiefe Grube, wenigstens ein paar Fuß dick gebracht und etwas zusammengetreten, dabey aber recht gleich gemacht, damit er sich nicht ungleich zusammensetze und Löcher im Beete entstehen, welche den Pflanzen nachtheilig seyn würden. Wenn das Beet auf diese Art mit dem Pferdemist zubereitet worden, so werden die Glasfenstern darauf gelegt, um den Regen oder Schnee davon abzuhalten; und damit der Dampf des Mistes etwas verrauchen möge, so wird die Erde nicht eher, als 3 oder 4 Tage nach der Anlage darauf gebracht. Sollte zu besorgen seyn, daß das Beet zu heiß werden möchte, so muß man ein paar Zoll alten Pferde- oder Kuhmist darauf bringen, welches die starke Hitze mäßigen oder zurückhalten wird.

Der Ort, wo man die Melonen-Beete anlegt, muß eine warme Lage haben, und gegen kalte Winde geschützt seyn. Ost- und Nordwinde sind den Gartengewächsen im Frühjahre allezeit schädlich, und wenn der Platz, wo die Melonenbeete liegen, diesen Winden ausgesetzt ist, so kann man den jungen Melonenpflanzen nicht gut frische Luft geben. Auch jeder andere heftige Wind ist den Melonen im Sommer schädlich, wenn er ihre Ranken herumwirft und in Unordnung bringet. Die beste Lage hat ein solcher Platz, wenn er die freye Morgen- und Mittagsonne hat, und von den andern Seiten durch Gebäude geschützt wird. Wenn ein solcher Platz mit Rohrwänden umgeben wird, welche, weil sich der Wind in ihnen verliert, und von ihnen nicht so zurückprallt, als von Mauren, Planken und andern dichten Befriedigungen, den Vorzug verdienen, so ist dies den Melonen desto zuträglicher. Die Befriedigung sey jedoch, welche sie wolle, so muß sie in alle Wege von den Melonenbeeten so weit entfernt seyn, daß sie die Sonnenstrahlen nie davon abhält.

Die Erde, die zur Erziehung der Melonen auf den warmen Mistbeeten angewendet werden soll, richtet sich nach der Jahreszeit, in welcher sie gebraucht wird. Denn in den frühern Monaten muß die Erde leichter seyn, da hingegen zu den spätern Melonen schon schwerere und fettere Erde gebraucht werden kann. Zu der erstern nehmen die Gärtner gern eine Mischung von $\frac{1}{3}$ frischen Lehmen, $\frac{1}{3}$ Teichschlamm und $\frac{1}{3}$ gut verfaulten Kuhmist. Diese Theile werden sorgfältig unter einander gemischt, müssen vor dem Gebrauch wenigstens 1 Jahr auf einem Haufen liegen, damit die Mischung durch den Frost des Winters und die Hitze des Sommers fruchtbar gemacht werde, und wenn sie während der Zeit öfters umgestochen, und alles aufkeimende Unkraut sorgfältig vertilgt wird, so erhält man eine für die Melonen sehr brauchbare Erde.

Wenn

Wenn man findet, daß das Beet seine gehörige Wärme hat, so wird die hierzu bereitete Erde nicht bis 10 Zoll hoch darauf gebracht, und wenn die Erde nach Verlauf von ein paar Tagen gehörig erwärmt worden, so werden die Pflanzen in dieselbe gesetzet. — Die hier angegebene Tiefe der Erde ist die höchste, und es ist besser, nicht so viel darauf zu bringen. Denn eine zu große Menge Erde ist den Melonen sehr schädlich, weil nicht nur der Mist dadurch zusammengepreßt und die Bewegung der Wärme gehindert wird, sondern weil sie auch durch die aus dem Miste aufsteigenden Dünste zuviel Feuchtigkeit einschluckt, wodurch die Pflanzen mit Nahrungssäften überhäuft werden, und außerordentlich freche Ranken und unnütze Schosse treiben, so daß wegen der gar zu starken Feuchtigkeit ihre Säfte in Fäulniß übergehen, und ihre Früchte, so wie sie zum Vorschein kommen, gleich gelb werden, und gemeiniglich nach einigen Tagen wieder abfallen. Wenn die Pflanzen hingegen nicht mehr, als die zum Wachsthum erforderliche Erde haben, so kann die Bewegung des Feuers sowohl durch die Sonne als durch den Mist, um so viel geschwinder und besser auf die Pflanzen wirken. Man muß daher dahin sehen, daß die Beete nicht zu viel Erde fassen, und die Pflanzen so viel möglich, kurz unter den Fenstern halten, so, daß sie nicht mehr Raum haben, als sie mit ihren Früchten nothwendig erfordern.

Bey dem Ausheben der Pflanzen hat man darauf zu sehen, daß so viel als möglich Erde daran bleibe, und die Wurzelfasern nicht abgebrochen oder beschädiget werden: denn brechen diese ab, so kommen die Pflanzen selten wohl fort, oder wenn sie sich auch erhohlen, so werden sie doch im Wachsthum zurückgehalten, bleiben auch schwächer, und treiben niemals so schöne Ranken, als die unbeschädigten: unter jedes Fenster werden höchstens 2 Pflanzen neben einander gesetzt. Man muß aber vor dem Einsetzen der Pflanzen sehr vorsichtig die Beschaffenheit des Beets untersuchen. Denn enthielte das Beet zu viel Hitze, so würden die zarten Wurzelfasern der jungen Pflanzen versengt werden. Man muß daher, um den Grad dieser Hitze zu beurtheilen, eine Hand in die Erde stecken. Kann man diese eine geraume Zeit darin leiden, so können die jungen Pflanzen ohne Gefahr in dieselbe gesetzt werden.

In Ansehung der Erziehung der Pflanzen zur Besetzung der ersten Beete ist, außer dem, was bereits weiter oben von ihrer Erziehung auf den ersten Gurkenbeeten gesagt ist, noch zu merken, daß diejenigen, die Glashäuser haben, dieselben am leichtesten und sichersten auf folgende Weise erziehen können. Man nimmt kleine, mit leichter Erde angefüllte Töpfe, senkt diese an dem wärmsten Orte des Glashauses in ein Lohbeet ein, und wenn sie hier 3 oder 4 Tage gestanden haben, und die Erde in denselben gehörig erwärmt worden, stekt man die Melonenkerne ganz flach in dieselben: in denselben werden die Pflanzen sehr gut aufgehen, und wenn sie das dritte, oder wie die Gärtner es nennen, das rauhe Blatt bekommen, hebt man sie mit Vorsicht aus, und versetzt sie auf das bis dahin zubereitete Beet.

Hier in diesem Beete bleiben die jungen Pflanzen, wenn sie Lust zu wachsen haben, etwa nur 3 oder 4 Wochen; und man kann zu gleicher Zeit, wenn das Beet bepflanzt wird, eine neue Aussaat von Melonenkernen vornehmen. Und aus diesem Beete werden sie dann, nach Ablauf der bestimmten Zeit dahin verpflanzt, wo sie bleiben sollen. Wenn sie nun etwas stark geworden, und zu Kräften gekommen sind, so muß man, zumal wenn sie zwischen den Blättern neue Augen zu treiben anfangen, entweder mit dem Nagel des Daumens, oder mit einem feinen Messer, ihnen das Herz auskneipen, und zugleich, damit sie sich regelmäßig ausbreiten, ihnen unten die beyden Samenblätter abnehmen.

Nichts ist den Melonenpflanzen in den Wintermonaten schädlicher, als die Nässe, und die aus dem Miste aufsteigenden Dünste, welche sich gemeiniglich an die Blätter und Stämmchen derselben hängen, und sie dadurch verderben. Es ist daher, wenn es die Witterung irgend erlaubt, sehr nützlich, in der Geschwindigkeit einmal oder zweymal des Tages die Fenstern zu verwechseln oder umzukehren, und mit einem Schwamme, oder wollenen Lappen abzutrocknen. Versäumt man dies, so geht der ganze Pflanzenvorrath sehr leicht verlohren. Aus dieser Ursache wird zu den ersten Beeten in der noch harten Jahreszeit, damit das Wasser desto leichter einzieht, und damit die Sonne desto stärker eindringt, und das Feuchte abtrocknet, nothwendig eine leichte und gut zubereitete Erde erfordert.

Vor allen Dingen verlangen die ersten und frühen Melonen, vorzüglich die Kantalupen gut und reichlich angelegte Beete, wodurch ihr schnelleres Wachsthum, und ihre Fruchtbarkeit sehr befördert wird. Ob sie gleich die Wärme ungemein lieben, so muß man ihnen doch den Zugang der freyen Luft zu verschaffen suchen, und in

dieser

dieser Absicht jeden Blick, den die Sonne durch die Wolken thut, sorgfältig benutzen. Sollten die Fenster, wegen schlechter Witterung, einige Tage verschlossen bleiben, so kommen die Pflanzen in Gefahr, verzärtelt zu werden. Man muß sie daher, wegen der gar zu schnellen Abwechselung, den Sonnenstrahlen nicht auf einmal aussetzen, sondern, um sie allmählig an Luft und Sonne zu gewöhnen, ihnen anfänglich durch dünne Matten, oder feinen Busch, Schatten geben. — Die Versetzung der Pflanzen wird am besten an einem heitern und angenehmen Tage vorgenommen, und zwar des Abends, damit sie sich die Nacht über etwas erhohlen, und die heißen Sonnenstrahlen den entblößten Wurzelfasern nicht schaden. So lange, bis sie angewachsen sind, muß man sie den Tag über beschatten.

Wenn nun die Pflanzen anfangen Zweige zu treiben, muß man sie zum drittenmale versetzen. Denn wenn sie auf dem vorigen Beete bis dahin 3 bis 4 Wochen gestanden haben, so wird die beste Hitze des Beets verraucht seyn, und bey weitem nicht Kraft genug mehr haben, die Pflanzen und ihre Früchte zu ihrer Vollkommenheit zu bringen. Gegen diese Zeit muß man also für ein neues Beet nach obiger Vorschrift sorgen, und die Pflanzen, ohne sie zu verletzen, mit der Hand oder dem Ausheber, mit einem guten Erdklumpen ausheben, und vor Sonnenuntergang dahin, wo sie bleiben sollen, versetzen, und den Tag über, so lange bis sie angewurzelt sind, vor den Sonnenstrahlen bewahren. Damit die Früchte gehörig auf einander folgen, so muß man von Monat zu Monat, bis in den Jun. wenn es die Witterung zuläßt, verhältnißmäßig mit den

An

Anlagen fortfahren. Man kann zu dem Ende, wenn die warmen Monate herannahen, zumal wenn der Mist schwer zu haben ist, die Beete, worauf Salat, Wurzeln u. d. gl. gestanden, entweder etwas umrühren, und mit einem Theile neuen Mistes vermischen, oder auch die alte Erde wegnehmen, die Beete mit neuer, etwas schwererer und fruchtbarer Erde anfüllen, und sie dann mit Melonenpflanzen besetzen. Fangen die Pflanzen an ihrem neuen Standorte an sich auszubreiten, so müssen die Ranken, bis die jungen Früchte sich sehen lassen, über dem 2ten oder 3ten Auge, nach Verhältniß der Größe der Pflanze beschnitten werden, damit in der Folge der Saft nicht gestört werde. Dies anfängliche Auskneipen des Herzens und das Einstutzen der Seitenranken geschieht in der Absicht, um mehrere Seitenranken zu erzwingen, an denen allein die Früchte ansetzen. Wenn aber durch diese Behandlung eine hinreichende Anzahl Seitenranken hervorgebracht sind, so muß man damit einhalten, und warten, bis sich die Früchte zeigen, welche bald in Menge erscheinen werden.

Von da an muß man die Pflanzen wöchentlich einmal genau untersuchen, und an jeder Ranlle nur diejenige Frucht aussuchen, die dem Stamme am nächsten ist, den längsten Stiel hat, und die stärkste Frucht zu seyn scheinet; alsdann kneipt man alle die Früchte weg, welche an der nemlichen Ranke zum Vorschein kommen, und die Ranke selbst muß am dritten Auge über der Frucht abgekniffen werden. Hat die Frucht nun angesetzt, und der Ranken werden noch immer zu viel, so muß man durchs Verschneiden der dünnen und schmächtigen den stärksten derselben Platz machen;

machen; damit die Stöcke desto stärker werden. Denn je näher die fruchtbaren Ranken dem Stamme sind, desto frühere, vollkommnere und schmackhaftere Früchte hat man zu hoffen. Wenn sich bey dem Beschneiden, so lange noch keine Früchte sichtbar sind, wie oft geschieht, die männlichen Blumen im Ueberfluß hervorthun, so können diese, damit sie die zarten Säfte nicht umsonst verzehren, ausgebrochen werden. Hingegen, sobald die Früchte zum Vorschein kommen, darf es nie an männlichen Blumen fehlen. Sollte dieser, wiewohl seltene Fall eintreten, so müßte man, um von der geschehenen Befruchtung gewiß zu seyn, männliche Blumen von einer damit überflüssig versehenen Pflanze abschneiden, und sie über die, denen solche fehlen, aufhängen, damit ihre befruchtende Kraft auch über diese ausgestreuet werde, weil sonst die Früchte selten fortwachsen würden. Wollen die Früchte sich schon zeigen, so versteht es sich von selbst, daß man Ursache hat, im Schneiden behutsam zu seyn. — Das Abnehmen der übrigen sich zeigenden Früchte geschieht, daß die Nahrung derjenigen Frucht, die man wachsen lassen will, nicht entzogen werde; denn wenn sie alle an der Pflanze gelassen würden, so könnten sie von derselben keinesweges genugsame Nahrung erhalten, und daher fallen sie nach und nach ab, und diejenigen, so daran bleiben, erlangen nicht die gehörige Größe. Wer sich durch den Geiz blenden läßt, und in der Hoffnung recht viele Früchte zu haben, keine abnehmen will, wird sich in seiner Hoffnung sehr betrogen finden, und weit weniger und schlechtere Früchte erhalten. Läßt man mehr als 8 oder 10 Früchte an einer Pflanze von der Kantalup=Melone,

lone, so werden sie nicht die gehörige Größe erhalten; bey kleineren Melonenarten kann man eher ein paar Früchte mehr stehen lassen.

Mit dem Abschneiden der schwachen Ranken und dem Ausbrechen der immer von neuen ansetzenden jungen Früchte, muß man in der Folge fortfahren, und dies so oft wiederhohlen, als es nothwendig ist, bis die Früchte, so man stehen läßt, so groß geworden sind, daß sie alle Nahrung an sich ziehen können.

Auf gut angelegten Mistbeeten ernähren sich zwar die Melonenpflanzen fast ganz allein von dem Dünger. Allein es ist doch auch zuweilen nöthig, dieselben zu begießen. Dies muß aber mit großer Vorsicht geschehen, weil sie theils nie mit kaltem, sondern von der Sonne, oder in den Wintermonaten in einem Zimmer erwärmten Wasser begossen werden müssen, und weil man auch nie nahe an den Stamm, sondern in einiger Entfernung davon zu beyden Seiten gießen muß.

Ferner muß man den Melonen, damit sie nicht schwächlich werden, immer so viel frische Luft geben, als die Witterung es zuläßt. In den Wintermonaten muß man daher jeden warmen Sonnenblick nützen, um die Fenster etwas aufzuheben, und frische Luft hineinzulassen. Wenn in den folgenden Monaten sehr heiße Witterung einfallen sollte, so kann man die Fenster öfters auf eine kurze Zeit ganz wegnehmen, besonders wenn kein Wind wehet; jedoch darf man die Beete nicht die ganze Nacht offen lassen, weil die Nächte oftmals sehr kühl sind. Wenn im Frühjahre nach anhaltender Hitze oft ein sanfter und warmer Regen fällt, kann man auch die

Fen=

Fenster auf eine kurze Zeit wegnehmen, und sie beregnen lassen, wodurch der Staub und Unreinigkeit von den Blättern abgespület, und die Pflanzen sehr erfrischt werden.

Sind die Pflanzen einmal in gutem Wachsthum, so werden sie sich bald über das Beet ausbreiten, und sich in 5 bis 6 Wochen bis an die Einfassung erstrecken. Dann muß der Mistbeetkasten vermittelst einiger untergelegter Mauersteine 3 Zoll hoch aufgehoben werden, damit die Pflanzen darunter weglaufen können. Denn wenn die Pflanzen stark sind, so breiten sie sich auf allen Seiten auf 6 bis 7 Fuß von dem Hauptstängel aus. Daher ist nicht nur diese Erweiterung des Raums, sondern auch die Vorsicht nöthig, unter jedes Fenster nicht mehr als eine, höchstens zwei Pflanzen zu bringen; denn wenn die Ranken dicke aufeinander liegen, so wächst die Frucht selten gut, sondern sie fällt ab, wenn sie die Größe eines Eies erreicht hat.

Ist dies letzte Beet stark genug von frischem Miste angelegt, so wird es Fruchtbarkeit und Wärme genug haben, die Früchte zu ihrer Vollkommenheit und Reife zu bringen. Sollte aber dies der Fall nicht seyn, so gräbt man den Weg um das Beet her 2 Fuß breit, und so tief als das Beet ist auf, füllt diesen Graben mit frischem Miste an, und bedeckt denselben mit eben der Erde, die zur Anlage des Beets gebraucht wurde, die man dann zusammentreten, und als Steig benutzen kann. Dadurch wird das Beet erweitert, und die Wurzeln der Pflanzen verbreiten sich völlig durch selbiges hindurch; wenn aber dieses unterlassen wird, so werden um die Zeit, wenn die Frucht zum Vorschein

schein kommt, die Wurzeln sich bis an die Seiten der Beete erstrecken, und keinen Platz finden, sich weiter auszubreiten: und so vertrocknen die äußeren Theile von Sonne und Luft, die Ranken verderben, ehe die Frucht noch recht angewachsen ist, sie lassen ihre Blätter hangen, die Pflanzen werden immer schwächer, so daß die Pflanze nicht Nahrung genug erhält, und daher, wenn sie reif ist, mehlichtes und unschmackhaftes Fleisch hat. Dahingegen bleiben diejenigen Pflanzen, welche Raum genug haben, ihre Wurzeln auszubreiten, auch tief genug mit Erde versehen sind, beständig kräftig, und die Früchte werden alle schön und gut.

Die Erweiterung des Beets hat auch noch diesen Nutzen, daß dasselbe durch den an beyden Seiten eingegrabenen frischen Mist neue Wärme bekommt; denn dieses macht, daß der Mist im Beete ebenfalls wieder erwärmet wird. Und da die Pflanzen um diese Zeit ihre Früchte zeigen, so trägt diese neue Wärme sehr viel zur bessern Bildung der Frucht bey, besonders wenn die Witterung kühle ist, wie dies um diese Jahreszeit nur zu oft der Fall ist.

Wenn die Melonenpflanzen sich unter die Einfassung des Beets hindurch ausgebreitet haben, und es fällt kalte Witterung ein, so ist es nothwendig, die äußeren Theile derselben alle Nächte mit Matten zu bedecken; denn wenn diese Schossen von der Kälte Schaden leiden, so wird das Wachsthum der Früchte zurückgehalten, und den Pflanzen selbst oftmals nachtheilig. Und da um diese Zeit auch die Wurzeln der Pflanzen durch die Wege hindurchgelaufen sind, so darf man, wenn es nöthig seyn sollte, dieselben zu begießen, das Wasser nur in die Wege zwischen die Beete gießen, so kommt es den Pflanzen dennoch zu gut, und die Stämme bleiben trocken und gesund. Sobald indessen die Früchte schon ziemlich herangewachsen sind, muß man gar nicht mehr begießen, weil ihnen dann die überflüssige Feuchtigkeit schädlich ist, indem sich die Saftgefäße dadurch nur zu stark ausdehnen, und die Früchte aufspringen, und einen wässerigen Geschmack annehmen, und folglich ihren Werth verlieren. Wenn sie zu der Zeit in der heißen Mittagsstunde welk werden wollen, muß man ihnen lieber etwas Schatten geben, da sie ohnehin, wenn die Beete gut angelegt sind, Nahrung genug aus dem Miste an sich ziehen.

Es geschieht nicht selten, daß bey anhaltend feuchter Witterung die besten Früchte, wenn sie beynahe reif sind, oben am Auge aufspringen. Sobald man dies wahrnimmt, kann man den Stiel, ein paar Zoll von der Frucht entfernt, mit dem Finger etwas eindrücken, damit der starke Zufluß von Saft in die Frucht zu gehen gehemmt werde. Wen man dann überdem, so viel möglich, die Spitze der Frucht vorsichtig gegen Norden wendet, damit die Sonne den Riß zu bescheinen gehindert wird, so ist kein sonderlicher Nachtheil von diesem Aufspringen zu befürchten. Im Gegentheil verliert die Frucht durch das starke Aufspringen ihren besten Geschmack, wird wässericht und kann leicht faulen.

Es setzen viele Gärtner ein Verdienst darin, sich den Rang abzulaufen, wer die ersten Melonen zur Reife bringet, und wenden deßwegen allerley Mittel an, sie früher zur Reife zu bringen, als sie, wenn man sie zu ihrer völligen

Größe

Größe kommen läßt, natürlicher Weise reif werden können. Eins der gewöhnlichsten, aber zugleich sehr widersinnigen Mittel ist folgendes: man dreht die Ranke, an welcher eine Frucht sitzet, einigemal um, damit fernerhin kein Nahrungssaft zu derselben Zugang habe, und sie zu wachsen aufhöre; und belegt die Frucht dann mit aufgedrückten feuchten Grase so dick, daß sich solches erwärmen, und sie färben muß. Solche Melonen haben aber, wie leicht zu erachten ist, wenig Fleisch, und weder Saft noch festes Fleisch, noch einen guten Geschmack, und sind nicht besser als ein Kürbis. Und weil sie also nicht zu genießen sind, so sind die 4 Monat lange Mühe und Kosten ganz vergeblich angewandt.

Von Melonen im freyen Lande.

Man glaubte sonst allgemein, daß die Melonen nicht anders als auf die eben beschriebene Art, unter Fenstern auf warmen Mistbeeten erzogen werden könnten, und ihre weichliche Natur, unsere kurzen und dabey oft rauhen Sommer, und überdem der Umstand, daß man sie nicht eher, als bey völliger Reife der Frucht genießen kann, weil sie roh gegessen werden, scheinen diese Gewohnheit durchaus zu rechtfertigen. — Allein wiederhohlte Versuche von andern, und besonders meine eigene Erfahrung haben mich vollkommen davon überzeugt, daß es möglich ist, diese äußerst schätzbare Frucht auch in freyem Lande und also ohne Mistbeete zu ihrer Vollkommenheit zu bringen. Es bleibt freylich immer gewiß, daß man dieselben auf die vorhin beschriebene Art um einige Monate früher, und also zu einer Zeit haben

ben kann, wo ihr kühlender Saft um so angenehmer ist; allein sie bleiben immer schätzbar, sollte man sie auch erst im Sept. und Oct. genießen können, da ich sie gleichwohl, in guten Jahren, schon in der ersten Hälfte des Augusts gehabt habe. Auch ist es ein bloßes Vorurtheil, daß die in freyem Lande erzogenen Melonen eine dickere Schale, und zähes und unschmackhaftes Fleisch haben sollten. Meine bisherigen Erfahrungen haben mir nicht nur das Gegentheil bewiesen; sondern die Analogie widerspricht auch diesem Vorurtheil gradezu, da alle in warmen Mistbeeten und Treibhäusern erzogene Früchte ihren größten Werth nur in der ungewöhnlichen Jahreszeit haben, in Ansehung der innern Güte hingegen denen, im Freyen gezogenen meistens nachstehen.

Es muß hier aber billig ein Unterschied unter den verschiedenen Melonensorten gemacht werden. Die Kantalupen, die wegen ihrer dicken schwammigen Schale zu ihrer Vollkommenheit mehr Nahrung, mehr Wärme und Sonne gebrauchen, und deren Wachsthum folglich viel langsamer ist, würde man im freyen Lande nie zur Vollkommenheit bringen. Und ob diese gleich vor den gewöhnlichen Melonen im Geschmacke einen großen Vorzug haben, so sind die gewöhnlichen, die weiter oben nach v. **Münchhausens Hausvater unter** Nro. 1 — 5 angeführt sind, doch auch keinesweges zu verachten, und der Erziehung nicht unwerth.

Zuerst ist es wichtig, daß man zur Erziehung in freyem Lande solche Kerne zu erhalten sucht, die aus Früchten genommen sind, welche in freyem Lande erzogen wurden. Diese sind offen-

bar

bar dieser Behandlung schon gewohnter, und sind nicht so weichlich, als solche, welche in künstlicher Wärme auf Mistbeeten erzogen sind. Drey bis 4jährige Kerne sind auch hier die besten, weil dieselben nicht so stark und frech in Ranken und Laub treiben, dafür aber reichlichere Früchte ansetzen.

Die Zeit der Aussaat der Kerne, die Zubereitung der Beete und Breite derselben, die Art die Kerne zu legen, und die erste Behandlung der aufgegangenen Pflanzen ist ganz dieselbe, wie sie bey den Gurken beschrieben ist, ausgenommen, daß bey der Bereitung der Beete doppelte Sorgfalt angewendet werden muß, die Beete recht fett mit gut vermodertem Dünger zu düngen, und die Erde recht gut durchzuarbeiten und klar zu harken. — Da überdem auf die frühe Erziehung der Pflanzen so viel ankömmt, um die Früchte nicht allein früher, sondern auch mit desto größerer Sicherheit zur Reife zu bringen, so muß man lieber einige Aussaaten daran wagen, wenn sie auch verloren gehen, da der Schade geringe, der Vortheil aber desto größer ist, wenn sie bey günstiger Witterung bleiben. Man kann auch die bereits aufgegangenen Pflanzen mit einer Bedekkung von Erbsstroh, oder anderen dergleichen leichten Dingen schützen, wenn kalte Nächte ihnen Nachtheil drohen sollten.

Wenn die Pflanzen das dritte oder sogenannte rauhe Blatt zeigen, ist es Zeit dieselben, da wo sie zu dichte stehen, zu verziehen, weil wenigstens $1\frac{1}{2}$ Fuß Raum zwischen den Pflanzen seyn muß. Die Melonen treiben nicht nur von selbst schon stärker in die Seitenranken, als die Gurken, sondern da sie an der Hauptranke nie

Früchte

Früchte ansetzen, und deßwegen durch das Beschneiden gezwungen werden, ihre tragbaren Nebenranken zu vermehren, so fordern sie mehr Raum sich auszubreiten, und dieß besonders auch deßwegen, damit die angesetzten Früchte hinreichende Luft und Sonne haben, zu ihrer rechten Vollkommenheit zu kommen. Bey diesem Verziehen muß man aber nicht allein auf das bestimmte Maaß, sondern auf die Beschaffenheit der Pflanzen sehen, so daß man jederzeit die besten und stärksten Pflanzen stehen läßt, wenn auch hier einmal 2 Pflanzen enger oder dort weiter, als $1\frac{1}{2}$ Fuß stehen sollten.

Bey dem Beschneiden gelten hier eben die Regeln, die für dies Geschäft weiter oben bey den Melonen auf den Mistbeeten gegeben sind.

Die Melonen im freyen Lande, die nicht von den Dünsten des in großer Menge unter dieselben gebrachten frischen Mistes ernährt werden, fordern, so wie die Gurken viel Wasser, nur muß man es ihnen nicht dicht am Stamme geben, weil sie davon leicht faulen, sondern in einiger Entfernung von denselben, zu beyden Seiten. Im Anfange muß weniger gegossen werden; aber von der Zeit an, da die Pflanzen das Melonenblatt erhalten, muß öfter, wenigstens einen Abend um den andern gegossen werden: denn von da an brauchen sie viele Kräfte, um die nöthigen Ranken zu treiben. Haben sie nun aber das Beet bedeckt, und fangen an Früchte anzusetzen, so muß man mit dem Gießen sorgsamer verfahren, weil der Ueberfluß an Feuchtigkeit dann zu nichts dienen würde, als die Melonen unnütz in die Ranken treiben zu lassen, wobey nicht selten, wie auf den Mistbeeten, die jungen Früchte verloren gehen.

Wenn

Wenn sich endlich die Früchte ihrer Vollendung nahen, muß man ganz aufhören zu gießen, weil die Früchte sonst leicht faulen.

Sobald die Früchte mehr als die gewöhnliche Hälfte ihrer Stärke erreicht haben, pflegt man zerbrochene Ziegelsteine, oder Scherben von Blumentöpfen, u. dgl. unter dieselben zu legen, um sie von der bloßen Erde zu entfernen. Die Sonnenstrahlen haben dann mehr Macht, zum Vortheil der Früchte zu wirken, und den Saft desto besser in denselben zu kochen. Auf diesen Steinen kann man sie auch von Zeit zu Zeit von einer Seite zur andern umwenden, damit alle Seiten der Frucht dem Einflusse der Sonnenstrahlen bloß gestellt, und alle gleich gefärbt werden. Dies Umwenden muß aber sehr vorsichtig geschehen, damit die Ranken oder Stiel nicht verletzt werden, weil sonst die Frucht zu wachsen aufhört und unvollkommen bleibt.

Die rechte Zeit der Reife der Melonen erkennt man nicht allemal an der Veränderung der Farbe ihrer Schale, weil manche Sorten ihre Farbe zu wenig ändern, als daß man es recht gewahr werden könnte. Sicherer ist das Kennzeichen, wenn sie einen merklich stärkern Geruch von sich geben, den man oft schon in einer ziemlichen Entfernung vom Beete entdecken kann; und wenn man zu der Zeit zugleich gewahr wird, daß der Stiel sich in einem Kreise herum an der Frucht lösen will, dann nimmt man sie so ab, daß ein paar Blätter am Stiele sitzen bleiben. Am besten geschieht dies des Morgens, ehe sie von der Sonne stark beschienen ist, weil sie dann immer den durchdringendsten Geruch hat, ehe sie stark hat ausdünsten können. Am ersten Tage sind sie unstreitig am wohlschmeckendsten. Wenn man aber mehrere zugleich abnehmen muß, oder eine Melone noch einige Tage aufbewahren will, so legt man dieselbe an einem trocknen und kühlen Orte des Hauses auf Erbsstroh, wo sie sich einige Zeit recht gut zu erhalten pflegen. Sind endlich auf dem Melonen-Beete noch unreife Früchte, wenn der Frost die Ranken getödtet hat, so nimmt man diejenigen, die schon ziemlich erwachsen sind, so auf, daß wenigstens ein Fuß lang von der Ranke daran sitzen bleibt, legt sie im Hause an einen gemäßigten Ort, und stellt das Ende der abgeschnittenen Ranke in ein Gefäß mit Wasser. Wenn sie hier von Zeit zu Zeit frisches Wasser erhalten, so pflegen sie auch ziemlich gut nachzureifen.

Melonen-Distel, Cactus Mammillaris L. s. unter Feige Th. II.

Melongena, Solanum Melongena L., s. **Eyerpflanze** Th. II. S. 678.

Melopepo, Cucurbita Melopepo L., s. **Kürbis** Th. IV. S. 635.

Meloten-Klee und

Melotten-Klee, Trifolium Melilotus L., siehe **Klee** Th. IV. S. 226.

Melte und

Meltenkraut, Atriplex L., s. diesen Art. Th. I. S. 526.

Mengelwurz, Rumex acutus, s. **Grindwurzel** S. 341.

Mentha, s. **Münze**.

Menyanthes, s. **Zottenblume**.

Menzelie, Menzelia L. ist eine Pflanzengattung, welche in die erste Ordnung der 13ten Pflanzenklasse (Polyandria Monogynia) gehört. Die

Blume sitzt auf dem Fruchtknoten, und hat fünf ausgebreitete, lanzenförmige, hohle, abfällige Kelchblätter, fünf ausgebreitete, umgekehrteirunde Blumenblätter, die etwas länger als der Kelch sind; sehr viele aufrechte borstenförmige Staubfäden, von denen die äußern oben häutig sind; und einen langen cylindrischen Fruchtknoten, mit einem borstenförmigen Griffel, der eine stumpfe Narbe hat. Sie hinterläßt eine lange, cylindrische einfächerichte, am Ende 3schalige Kapsel mit länglichten eckigen Samen. In den Gärten ist bis jetzt nur 1 Art bekannt, nähmlich:

Menzelia (aspera) Linn. Pfl. Syst. VII. 216. M. caule ramoso, pedunculis axillaribus, petalis crenatis obtusis. Sp. Plant *Edit. Willd.* II. 1175. *Mill. Dict.* n. 1. Diese Pflanze wächst in Vera Crux, Curacao ꝛc. Sie ist jährig, macht einen dünnen glatten steifen Stängel, der an 3 Fuß hoch wird, und mit wechselsweise stehenden Zweigen besetzt ist. Die Blätter sind spontonförmig und stehen wechselsweise auf kurzen Stielen. Die Blumen kommen einzeln an den Knoten der Stängel. Alle Theile der Pflanze, selbst der Blumenkelch und die Früchte, sind sehr dicht mit kleinen krummen Dornen, oder hakenförmigen Borsten besetzt, womit sie sich stark an die Kleider der Vorübergehenden hängen und wie Kletten hangen bleiben.

Man säet den Saamen dieser Pflanze zeitig im Frühjahre auf ein Mistbeet, damit man zeitig Pflanzen bekomme, weil man sonst keinen reifen Saamen bekommen würde. Wenn sie einen Zoll hoch geworden sind, muß man sie einzeln in kleine Töpfe pflanzen, die mit einer leichten aber fetten Erde angefüllt sind. Die Töpfe senkt man in ein Mistbeet von Gerberlohe, und erhält sie im Schatten, bis sie frische Wurzeln geschlagen haben. In der Folge müssen sie beständig einen Tag um den andern begossen werden; doch muß man ihnen alle Tage frische Luft geben, nachdem nämlich das Wetter beschaffen, und die Hitze des Beets, worin sie stehen, groß oder gering ist. Sechs oder 8 Wochen nach dem Versetzen, wenn die Pflanzen ziemlich zugenommen haben, werden die Töpfe von ihren Wurzeln angefüllt seyn; dann muß man sie in größere Töpfe versetzen. Diese gräbt man in ein Lohbeet im Glashause ein, so daß sie Raum haben, in die Höhe zu wachsen, wobey, wie schon vorher erinnert worden, zu beobachten ist, daß man sie gehörig begieße, und bey warmen Wetter mit frischer Luft erquicke. Bey dieser Behandlung werden die Pflanzen sehr gut wachsen und zu Ende des August, oder Anfang Septembers reifen Saamen geben.

Merkuriuskraut, Mercurialis Linn., s. **Bingelkraut** Th. II. S. 76.

Merzenröslein, Lychnis Viscaria L., s. **Lychnis** Th. IV. S. 899.

Meriana, Antholyza L., s. diesen Art. Th. I. S. 304.

Merk, Apium L, s. d. Art. Th. I. S. 318.

Merrettig, Cochlearia Armoracia L., s. **Löffelkraut** Th. IV. 863.

Merzblume, Tussilago farfara L., s. **Huflattig** III. 580.

Mespeln, Mespilus L., s. **Mispeln**.

Meter, Matricaria Parthenium, s. **Kamille**. III. 909.

Meterich, } Matricaria L., s. d. v. Art.
Metram, }

Mevellor, Acer campestre Linn., s. den Art. I. S. 68.

Mexicanisches Theekraut. Jesuiter = Thee, Chenopodium Ambrosioides L., s. Gänsefuß — im Supplementbande.

Maye, Betula alba L., s. Birke II. S. 84.

Meyer, Meyerkraut, Galium verum, s. Labkraut Th. IV. S. 646.

Mezereum, Daphne Mezereum L., s. Kellerhals Th. IV. 28.

Michelsblume, Colchicum autumnale L., s. Zeitlose.

Milchbaum, Cerbera Manghas L., s. Schellenbaum.

Milchblume, Polygala vulgaris, s. Kreuzblume, Th. IV. S. 517.

Milchfleckenblume, Centaurea Galactites L., s. Flockenblume II. 829.

Milchglöckchen, Campanula rotundifolia L., s. Glockenblume III. 298.

Milchkraut, Apocynum L., s. d. Art. Th. I. S. 322.

Milchwundkraut, Hieracium murorum L., s. Habichtskraut Th. III. S. 395.

Milchwurz, Polygala vulgaris, s. Kreuzblume Th. IV. 517.

Millefolium, Achillea Millefolium L., s. Achillea.

Millerie, Milleria Linn., eine Pflanzengattung, welche in die 4te Ordnung der 19ten Pflanzenklasse, (Polygamia necessaria) gehört. Die Blume hat einen nackenden Blumenboden, Saamen ohne Haarkrone, einen dreyklappigen Kelch, und einen Strahl, der die Blumenkrone nur zur Hälfte umgiebt.

giebt. Linné führt im Pflanzensystem nur 2 Arten, Miller im Gartenlexicon hingegen 4 Arten an, die alle einjährige Pflanzen sind, im warmen America zu Hause gehören, und daher in Mistbeeten erzogen und im Glashause unterhalten seyn wollen.

1. Milleria (quinqueflora) foliis cordatis, pedunculis dichotomis. Linn. Pfl. Syst. X. 2. *Mill. Dict.* n. 1. Sie wächst in Campeche, macht einen 4 = 5 = 6 Fuß hohen Stängel, mit herzförmigen Blättern, die ungefähr 4 Z. lang und 3 Z. breit sind, eine hellgrüne Farbe haben, und paarweise stehen. Die Zweige theilen sich gabelförmig, und endigen sich mit lockern Aehren gelber Blumen, die aus 4 bis 5 Zwitterblümchen, die unfruchtbar sind, und aus einem weiblichen Halbblümchen bestehen, auf welches ein einziger länglichter eckiger Saame folgt.

2. Milleria (maculata) foliis infimis cordato-ovatis, acutis rugosis, caulinis lanceolatis ovatis, acuminatis. *Mill. Dict.* n. 2. Diese Art rechnet Linn. im Pfl. Syst. mit zur ersten Art. Sie hat mit der vorigen gleiches Vaterland, hat mit ihr viel Aehnlichkeit, nur wird sie höher und breitet sich mehr aus, hat auch größere Blätter, die sich mit langen scharfen Spitzen endigen.

3) Milleria (biflora) foliis ovatis pedunculis simplicissimis. Linn. Pfl. Syst. X. 3. *Mill.* n. 3. Auch diese ist aus Campeche. Sie wird 1 bis 2 Fuß hoch, ist haarig. Die Blätter sind 2 Z. lang $\frac{3}{4}$ Z. breit und endigen sich mit einer Spitze. Die Blumen kommen an den Blätterstielen in kleinen Büscheln. In jeder Blume, die 3 kreisrunde Kelchblätter hat, befinden

sich

sich 2 Zwitterblumen und ein Halbblümchen, welches fruchtbar ist.

4. Milleria (trifolia) foliis ovato lanceolatis acuminatis trinerviis, pedunculis alaribus trifloris. *Mill.* n. 4. Auch diese ist in Campeche zu Hause. Ihr grader Stängel wird 3 — 4 Fuß hoch, und ist von unten bis oben mit eyrunden lanzenförmigen Blättern besetzt. Sie haben 3, nach der Länge hinlaufende Ribben, und gegen die Spitze zu sind noch 2 andere, die sich von der Mittelribbe entfernen, aber sich an der Spitze vereinigen. Die Blumen stehen in den Winkeln der Blätter in kleinen Büscheln, und jede enthält 3 Zwitterblumen und eine weibliche Blume. Sie blühet und bringet später Saamen als die übrigen Arten.

Der Saame dieser 4 Arten der **Millerie** muß zeitig im Frühjahre auf ein gemäßigtes Mistbeet gesäet werden; und wenn die Pflanzen ungefähr 2 Zoll hoch geworden sind, so muß man sie einzeln in besondere Töpfe setzen, die mit leichter fetter Erde angefüllt sind; diese Töpfe gräbt man alsdenn in ein gemäßigtes Mistbeet ein, und erhält sie sorgfältig im Schatten, bis sie aufs neue Wurzel geschlagen haben. Auch muß man sie fleißig begießen. Wenn sie von neuem eingewurzelt sind, muß man ihnen viel frische Luft geben, welches geschiehet, wenn man die Fenster des Mistbeets, bey gelindem Wetter, alle Tage öffnet. In heißen Tagen wollen sie alle Tage begossen seyn. Bey dieser Behandlung werden diese Pflanzen 4 Wochen nach der Versetzung eine beträchtliche Höhe erreicht haben. Daher muß man sie nun in größere Töpfe umsetzen, und solche in das Glashaus bringen, und in das Lohbeet graben,

wo-

woselbst sie Platz zum Wachsen haben, besonders die beyden ersten Sorten, als welche insgemein, wenn sie recht gewartet werden, hoch wachsen, und viele Zweige treiben. In der Mitte des Julius werden sie anfangen zu blühen und der Saame wird 4 bis 6 Wochen darauf reif. Da dieser Saame sehr leicht ausfällt, besonders bey den beyden letzten Sorten, die nicht die geringste Berührung ertragen, so muß man die Saamenköpfe abbrechen, sobald sie anfangen, eine schwarzbraune Farbe anzunehmen. Die Pflanzen blühen bis Michaelis und noch länger fort, wenn die Witterung günstig ist.

Milton, Atriplex hortensis, s. Atriplex I. 526.

Milzkraut, Chrysosplenium Linn., ist eine Pflanzengattung, die in die 2te Ordnung der 10ten Pflanzenklasse (Decandria Digynia) gehört und folgende allgemeine Gattungs-Kennzeichen hat. Die Blume sitzt auf dem Fruchtknoten, und hat einen bleibenden, tief in 4 oder 5 rundliche Abschnitte getheilten Kelch, der gefärbt ist, keine Blumenkrone; acht oder 10 pfriemenförmige sehr kurze Staubfäden; und einen Fruchtknoten mit zwey kurzen pfriemenförmigen Griffeln und stumpfen Narben. Sie hinterlassen eine getheilte, einfächerichte, zweyschalige Kapsel, welche sich in 2 Schnäbel endiget und viele kleine Saamen enthält.

1. Chrysosplenium (alternifolium) foliis alternis. Linn. Pfl. Syst. VI. 510. *Spec. Plant. Edit. Willd.* II. 637. *Mill.* n. 1. Lueder b. p. Lustgärt. II. 413. n. 2. **Wechselblättriges oder größeres Milzkraut**, wächst in Holland, England, Canada, auf schattigen feuchten Plätzen. Die schwachen haarigen, ein we-

wenig ästigen Stängel werden 6 — 8 Z. hoch. Die Blätter sind länglich, rundlich, gekerbt, haarig, mit Ohren versehen, sind langgestielt und stehen abwechselnd. Die kleinen, glänzend gelben Blumen stehen auf den Enden der Zweige und blühen im April und May.

2. Chrysosplenium (oppositifolium) foliis oppositis. **Linn. Pfl. Syst.** VI. 510. *Spec. Plant.* II. 538. *Mill. Dict.* n. 2. **Lueder** l. c. n. 1. **Gemeines oder kleines Milzkraut, Goldmilz, gülden Milzkraut, gülden Leberkraut, gülden Steinbrech, Goldveilchen, Steinkresse.** Auch diese Art wächst fast in ganz Europa und Amerika in Wäldern, Gebüschen, an Hecken und Mauern, in der Nachbarschaft von Sümpfen ꝛc. Die schwachen, viereckigen, haarigen, ein wenig ästigen Stängel werden etwa 8 Zoll hoch. Die rundlichen, gekerbten, mit Ohren versehenen Blätter stehen gegen einander über. Die goldgelben Blumen kommen im März, April und May an den oberen Theilen der Stängel aus den Winkeln der Blätter.

Diese 2 kleinen zierlichen Pflanzen erlangen ihre Vollkommenheit nur in schattigen Gehölzen und auf morastigen und feuchten Plätzen. Wenn es dem Gärtner an einem solchen Platze fehlt, so pflanze er sie auf eine schattige Rabatte, auf welcher sie auch sehr gut fortkommen; oder auf feuchte Plätze in die Wildnisse unter Bäumen, woselbst sie zeitig im Frühjahre blühen, ehe die Bäume völlig ausgeschlagen sind. Sie lassen sich durch **Zertheilung ihrer kriechenden Wurzeln** vermehren, wozu der August die beste Zeit ist. Man lasse den Boden dazu umgraben; begieße ihn, wenn er nicht von Natur naß und

feucht

feucht ist, am Morgen stark mit Wasser; pflanze die Pflanzen am Abende so, daß man ihre Wurzeln sorgfältig ausbreite, und die Kronen derselben etwa ¼ Z. hoch mit sehr feiner Erde bedekken; und beschatte sie, wenn der Platz keinen Schatten hat, vermittelst einiger auf der Südseite einzusteckender Baumäste, um sie gegen die Sonne zu schützen. Sie schlagen dann leicht an, gehen nachher zeitig im Frühjahre in die Höhe, und machen in den Wildnissen unter den Bäumen mit ihren Blumen ein artiges Ansehn. — Aus Saamen. Man säe denselben im Sommer, sobald er reif ist, ganz dünn, und harke ihn ganz flach ein. Die nun bald aufgehenden Pflanzen halte man rein und begieße sie gehörig. Wenn aber der Boden morastig und feucht ist, so bekümmere man sich nach der Aussaat gar nicht weiter um sie, weil sie dann zwischen dem Unkraute, als einer ihnen angenehmen Gesellschaft hervorwachsen, und im folgenden Frühjahre von selbst ungezwungen und schön blühen.

Mispelbaum, Mespilus L., eine Pflanzengattung mit mehr als 20 Staubfäden und 5 Staubwegen, die deswegen in die 4te Ordnung der 12ten Pflanzenklasse gehört (Icosandria Pentagynia). Die Blume sitzt auf dem Fruchtknoten, und besteht aus einem 5spaltigen Blumenkelch, und 5 Blumenblättern; die Frucht ist eine mit dem Kelche gekrönte, und einem sehr tiefen Nabel versehene Beere, welche 5 Saamen enthält.

Diese Gattung begreift einen im Winter unbelaubten Fruchtbaum, und Blumensträucher und einen sehr verzierenden immergrünen Strauch, welche insgesammt sehr dauerhaft sind, in jedem Boden und in jeder Lage fortkommen, sich sehr leicht

leicht fortpflanzen und unterhalten lassen, einen aufrechten Wuchs haben, mit einfachen, entweder lanzettförmigen, oder länglich-eyrunden Blättern, welche bey der ersten Art sehr groß, bey den übrigen kleiner sind, und bey den meisten kurze Stiele haben, und mit Blumen von 5 großen rundlichen Blumenblättern, welche theils an den Seiten, theils an den Enden der Zweige zahlreich, bey einigen einzeln, bey den mehrsten aber in Büscheln erscheinen, und kugelige, beerenartige eßbare Früchte hinterlassen.

1. Mespilus (germanica) inermis, foliis lanceolatis subtus tomentosis, floribus sessilibus solitariis. Linn. Pfl. Syst. I. 778. *Spec. Plant. Edit. Willd.* II. 1010. *Mill. Dict.* n. 2. Lueder b. p. Lustg. II. 562. n. 1. *du Roi* I. 409. Willd. berl. Baumz. 192. **Gemeine Mispel; deutscher Mispelbaum,** wächst in Deutschland, Frankreich, Italien. Er wird nicht nur in Deutschland wildwachsend angetroffen, sondern auch allgemein als ein Fruchtbaum, dessen Früchte ihre große Liebhaber haben, in den Gärten gezogen. Er erreicht eine mittelmäßige Größe, seine jungen Zweige sind rund und mit einem feinen Filze überzogen. Die Blätter stehen wechselsweise, sind kurz gestielt, lanzettförmig, stumpf zugespitzt, 5 Z. lang, über 2 Z. breit, an der Basis und Spitze schmaler, am Rande entweder weitläuftig gezahnt, oder ganz, oder auch mit kaum merklichen Zähnen versehen, auf der Oberfläche dunkelgrün, glatt, und nur in der Nähe der Adern mit einzelnen, sehr kleinen Härchen besetzt; auf der Unterseite sind sie mit einem dünnen weißen Filze bedeckt. Die weißen Blumen kommen einzeln an der Spitze der Zweige

auf

auf kurzen Stielen. Die Früchte sind die größten in dieser Gattung, umgekehrt kegelförmig, mit dem stehen gebliebenen Kelch besetzt, und sind nicht eher genießbar, als bis sie in Gährung gekommen sind, oder, wie man es zu nennen pflegt, bis sie moll (teig) sind. Man hat von dieser Art einige Veränderungen. 1) **Gemeiner großer holländischer Mispelbaum**, macht keinen so aufrechten Stamm, als die beyden folgenden Sorten, deren Blätter schmaler, und deren Früchte und Blumen kleiner sind. 2) **Nottingham-Mispelbaum**, dessen Früchte zwar kleiner, jedoch von erhabnerem und piquanteren Geschmack sind. 3) **Birnförmiger italienischer**. Diese letzte Art hat **Miller** im *Dict.* unter n. 1. als eine besondere Art aufgeführt, und nennt sie Mespilus (sylvestris) inermis, foliis lanceolatis dentatis acuminatis, subtus tomentosis, calycibus acuminatis. — Die beyden ersten Arten werden gewöhnlich als Fruchtbäume unterhalten. Er kommt überall fort, wenn der Boden nicht allzu schlecht ist, und wächst auch an schattigen Orten sehr gut, wo andere Bäume kränklich bleiben würden. In gutem feuchten Boden erhalten die Früchte eine ansehnliche Größe, da sie im Gegentheil im trocknen Boden kleiner bleiben, jedoch allezeit schmackhafter werden. Der Mispelbaum wächst nicht sehr regelmäßig, sondern mehr unförmlich, erreicht eine Höhe von 12 bis 15—20 Fuß. Er bringt seine Blumen und Früchte einzeln an der Seite seiner 2 oder 3 oder mehrzähnigen Zweige, und oftmals auf kurzen Augenträgern; und da dieselben Zweige viele Jahre tragbar bleiben, so muß man sie im Ganzen, ohne sie zu verkürzen, fortwachsen lassen — außer wenn etwa ein Zweig zufälliger Weise zu weit umher ausschweifen sollte. Man zieht ihn übrigens in den Gärten in allerley Formen, ganz hochstämmig, halbhochstämmig, als Spalierbaum ꝛc. und er verdient in jeder Form eine Stelle in jeder Sammlung von Obstbäumen, wegen seiner Früchte, und in jeder Sammlung von wilden Bäumen und Sträuchern, wegen seines äußern Ansehns.

Als Bäume oder Sträucher zur Vermehrung der Mannigfaltigkeit in Lustgebüschen, kann man den Mispelbaum sehr leicht aus den Kernen in großer Menge anziehen. Man bringt dieselben im Nov. oder Dec. 1 Zoll tief, oder noch etwas tiefer in die Erde, da sie dann meistens im folgenden Frühjahre aufgehen. Wenn die jungen Stämme ein oder 2 Jahre alt sind, versetzt man sie in die Baumschule, und zieht sie daselbst, wie man sie haben will, und gebrauchen kann.

Bey dieser Art der Erziehung aber kann man nicht immer von der Güte der Früchte gewiß seyn und deswegen ist es besser, die jungen Stämme, gleich andern Obstbäumen, durchs Pfropfen und Oculiren fortzupflanzen, wobey man dann die Pfropfreiser von solchen Stämmen nehmen kann, deren Früchte man als gut kennt. Zur Unterlage bey dieser Vermehrungsart, kann man entweder die aus den Kernen erzogenen jungen Mispelbäume nehmen, oder in deren Ermangelung auch junge Quittenstämme, Birnstämme, ja selbst Weißdornstämme, wobey man dann nach den bekannten Methoden, wie bey andern Obstbäumen verfährt.

Auch kann man den Mispelbaum sehr leicht durch Absenker vermehren. Wenn man einen strauchförmig erzogenen Mispelstamm hat, oder ei-

einen ältern Stamm ½ Fuß hoch in der Absicht abhauet, daß er junge Triebe aus der Wurzel machen soll, so beugt man vom Herbste an, den Winter hindurch, bis ins Frühjahr, niedrige junge Zweige nach der gewöhnlichen Methode in die Erde, pflanzt solche im folgenden Herbst, da sie bewurzelt zu seyn pflegen, in die Baumschule, und behandelt sie als andere ächte Stämmchen.

Die Früchte der Mispeln vollenden ihren Wachsthum am Ende Oct. und im Anfange Nov. und man kann sie, bis sich die Nachtfröste einstellen, am Baume lassen. Dann werden sie aber abgenommen und in der Obstkammer auf Stroh hingelegt, wo sie nach und nach genießbar werden. Um solches zu beschleunigen, legt man sie entweder in feuchte Kleye, oder deckt sie mit Stroh oder Tüchern zu.

Mespilus (Pyracantha) spinosa, foliis lanceolato-ovatis crenatis, calycibus fructus obtusis. Linn. Pfl. Syst. I. 780. *Spec. plant. edit. Willd.* II. 1011. *Mill. Dict.* n. 3. Willd. b. B. n. 2. *du Roi* I. 413. Lueder l. c. n. 5. Immergrüner Dorn, stachlichter Mispelbaum, Feuerstrauch, Mehlfäßleinbaum. Er wächst im südlichen Frankreich, Italien und auf dem Caucasus. Der Stamm ist jederzeit strauchig, und wird nur 5 bis 8 Fuß hoch, ist sehr ästig und buschig, und häufig ganz darniederliegend. Die Zweige haben eine graubraune rußige Rinde, und sind biegsam, und so schwach, daß sie meistens nicht ohne Stützen sich aufrecht erhalten können; sie sind mit vielen spitzigen, ½ Zoll langen Dornen besetzt. Die Blätter stehen wechselsweise, und in einzelne Büschel gestellt, sie sind immer grün, gestielt, läng-

lich

lich lanzettförmig, lederartig, an beyden Enden schmal und stumpf, am Rande dicht mit runden Zähnen besetzt, auf der Oberfläche dunkelgrün und glänzend, auf der Unterfläche blaßgrün und glatt. Die jungen Blätter sind auf der untern Seite etwas sparsam behaart. Die meisten Blumen kommen im Jun. und Jul. aus den Winkeln der Blätter, aus den Winkeln der Dornen, oder aus den Spitzen der kleinen Zweige, in ästigen, ausgebreiteten, vielblumigen Doldentrauben. Die Blumenstiele sind mit weißlichen kurzen Härchen dicht bedeckt. An der Basis eines jeden Blumenstiels steht ein kleines pfriemförmiges Nebenblättchen. Die Frucht ist von der Größe einer Erbse, scharlach brennend roth und bleibt den ganzen Winter über sitzen, welches diesem immer grünen Strauch ein prächtiges Ansehn giebt. — Dieser Strauch ist sehr dauerhaft und leidet niemals durch unsere Winter.

3. Mespilus (Chamae-Mespilus) inermis, foliis ovalibus acute serratis glabris, floribus corymboso-capitatis. Linn. Pfl. Syst. III. 652. *Spec. Plant. edit. Willd.* II. 1011. *Mill.* n. 8. Lueder l. c. n. 2. *du Roi.* Willdenow b. B. 193. Niedriger Mispel, Zwergmispel, wächst in den österreichischen, schweizerischen und pyrenäischen Gebirgen. Es ist ein 2 bis 3 Fuß hoher Strauch, der unser Clima sehr gut erträgt, und dessen Zweige rund, graubraun und ohne Dornen sind. Die Blätter stehen wechselsweise, sind gestielt, elliptisch, an der Basis schmaler, vorn stumpf zugespitzt, am Rande doppelt fein gezähnt, die Basis ohne Zähne; sie sind an 2 Zoll lang, und 1 Zoll breit, auf der Oberfläche dunkelgrün, und an der Basis

der

der Mittelrippe kurz weiß behaart, auf der Unterfläche blaßgrün, mit einzelnen Härchen an den flachgedrückten Adern. Die Blumen kommen im May an der Spitze der Zweige, in einer ausgebreiteten Doldentraube. Die Blumenkrone ist weiß, an den Spitzen roth, mit aufrecht stehenden Blumenblättern, die sich niemals, wie bey den andern Arten, flach legen. Die Früchte sind länglich rund, schwarz, mit einer weißen Wolle überzogen.

4. Mespilus (Cotoneaster) inermis, foliis ovatis integerrimis, subtus tomentosis. Linn. Pfl. Syst. III. 653. *Spec. Plant. Edit. Willd.* II. 1011. *Mill.* n. 7. Luder l. c. n. 3. *du Roi* I. 420. Willdenow b. B. 194. Quittenmispel, wilde oder Bergquitte, Zwergquitte. Vaterland das nördliche Europa auf sonnigen Hügeln, auf den Pyrenäen, in Sibirien und auf dem Berge Ararat. Dieser 4 — 5 Fuß hohe Strauch, der gegen die Kälte sehr unempfindlich ist, hat runde, gefurchte, braune, glänzende Zweige ohne Dornen. Die Blätter stehen wechselsweise, sind gestielt, eyförmig, rund, fast anderthalb Zoll lang, einen Zoll breit, an der Basis abgerundet, an der Spitze stumpf zugespitzt, am Rande ohne Zähne, auf der Oberfläche vollkommen glatt, und dunkelgrün, auf der untern Seite mit einem dichten weißen Filz bedeckt. Die Blumen kommen im May an den Spitzen der kleinern Zweige in 4 bis 5 blumigen hangenden Doldentrauben, sind langgestielt und röthlich weiß. Die Blumenstiele sind mit kurzen weißen Härchen besetzt. Die Beeren sind rund und glänzend roth. Es giebt auch eine Abart mit schwarzen Beeren.

5) Mespilus (Xanthocarpus) ſpinoſa, foliis ſubcuneiformibus crenatis, floribus ſolitariis, laciniis calycinis ſubſoliaceis inciſo-ſerratis longis, reflexis, fructibus ſubturbinatis punctato-verrucoſis. *Linn. ſuppl. plant.* p. 254. Hirſchfelds Gartenkal. 1783. S. 189. Tüpelmiſpel. Crataegus (tomentoſa) foliis cuneiformi-ovatis, ſerratis ſubglandulatis, ſubvilloſis ramis ſpinoſis. Linn. Pfl. Syſt. I. 766. *Mill.* n. 9. *du Roi I.* 183. **Filziger Weißdorn, virginiſcher Weißdorn mit gelber Frucht, Stachelbeerblättriger virginiſcher Weißdorn.** Dieſe Art iſt nur ſtrauchig, unregelmäßig äſtig, 6—8 Fuß hoch, die Zweige dünn, und mit Stacheln dicht beſetzt. Die Blätter ſind faſt keilförmig, gekerbt, ziemlich dick, faſt filzig, ſehr kurz geſtielt. Die Blumen kommen auf den Enden der kleinen Zweige auf einzelnen filzigen Stielen, am Ende des May, ſind klein, weiß, und haben faſt blättrige, eingeſchnitten-ſägeförmige, lange, zurückgebogene Kelchlappen. Die blaßgelben Früchte ſind faſt kreuſelartig, mit ganz kleinen ſchwarzen Warzen punktirt. Sie ſind von der Größe einer Krieche, und werden ſpät im Herbſte reif.

Alle dieſe Arten des Mespilus ſind ſehr ſchickliche Gegenſtände für alle Verzierungspflanzungen, weil ſie mit ihren verſchiedenen Blättern eine ſehr angenehme Mannigfaltigkeit machen. Die im Winter unbelaubten Arten müſſen zwiſchen andere ſolche Sträucher, die immergrüne Art aber zwiſchen immergrüne Sträucher gepflanzt werden. Weil aber M. Pyracantha nicht nur wegen ſeiner immergrünen Blätter, ſondern auch wegen ſeiner ſonderbar ſchönen, zahlreichen, herr-

lich-

lichrothen, und seine Zweige im Winter bedeckenden Beerenbüschel gar mächtig verschönert, so muß er vorzüglich auf solche Stellen gepflanzt werden, wo er recht ins Auge fällt. Weil seine Zweige sehr biegsam sind, so pflanzt man ihn auch häufig gegen Mauren und vor die Fronte der Häuser, damit man nicht nur seinen schwachen Zweigen eine Unterstützung geben könne, sondern seine Beeren auch in einem höhern Grade verzierend ins Auge fallen mögen; und man findet in England wenig Städte, in denen nicht die Fronte mehrerer Häuser mit diesem Strauche verziert wäre. Er wird dann mit der Scheere beschnitten, und die Eigenthümer pflegen auf diese Verzierung nicht wenig stolz zu seyn; erreicht dann auch eine weit größere Höhe, als wenn er frey stehet. Wegen seiner dicht beysammenstehender Blätter, schickt er sich an Häuser auch besser, als irgend ein anderer Strauch, indem er nicht nur alles bedeckt, was dem Auge unangenehm seyn könnte, sondern auch die Wände den ganzen Winter über mit seinen schwelgerischen Beeren im höchsten Grade ziert. Ohngeachtet aber seine Zweige so sehr biegsam sind, so pflegt er doch in Wildnissen stärker und holziger zu werden, und mit seinen blätterreichen Zweigen auf eine angenehme Art umher zu schweifen; daher er auch hochstämmig gezogen, und gleich den andern Arten in Lustgebüsche gepflanzt werden kann, woselbst man ihnen und alle die andern Arten, zur Bildung einer sich umher ausbreitenden Krone, der Natur überlassen muß.

Man pflanzt alle diese Mispelarten fort — durch **Pfropfen und Oculiren:** — dieser Methode bedienet man sich am gewöhnlichsten

zur

zur Fortpflanzung besonderer Sorten, aber man kann auch alle Arten auf diese Weise vermehren, und nimmt dazu gewöhnlich gemeine Weißdornstämme, auf denen sie größer zu werden, ein besseres Ansehn zu bekommen, und sowohl blumen- als fruchtreicher zu werden pflegen; außer, daß man zu den zu Fruchtbäumen bestimmten Mispeln lieber Birnstämme nimmt, weil die Früchte dadurch sehr im Geschmacke gewinnen. — Aus Samen: vermittelst desselben kann man alle obige Arten in freyem Lande in Menge erziehen, und man verfährt damit also: die beste Zeit den Samen zu säen ist, sobald er reif ist, d. i. im Oct. oder Nov. oder doch wenigstens sehr zeitig im folgenden Frühjahre. Sie müssen in frische, fette leichte Erde, entweder über das ganze Beet, oder in Furchen gesäet, und 1 — 1½ Zoll mit Erde bedeckt werden. Weil sie aber meistens erst im folgenden 2ten Frühjahre aufgehen, so pflegt man sie erst, ehe man sie förmlich säet, in einen trocknen Boden in ein Loch auf einen Haufen in der Erde zu legen, und sie so ein Jahr lang liegen zu lassen, binnen welcher Zeit sie sich zum Keimen anschicken, so daß, wenn man sie im Oct. Nov. oder Dec. des einen Jahres in die Erde gelegt hat, und sie in derselben bis in den spätern Herbst des folgenden Jahres liegen läßt, und sie dann förmlich säet, sie im folgenden Frühjahre größtentheils aufgehen. Wenn sie indessen im ersten Herbste sogleich förmlich 1 — 2 Z. tief gesäet werden, so pflegen sie alle, wegen des beständigen Einflusses, welchen Sonne Luft und Regen auf sie haben, nicht nur im 2ten Frühjahre nachher gut aufzugehen, sondern auch gemeiniglich regelmäßiger wachsende, und stärkere Pflanzen zu

 geben,

geben, als nach jener Methode. Das Samenbeet muß in beyden Fällen von Unkraut rein gehalten, und zu der Zeit, da die Pflanzen hervorzukeimen beginnen, wie auch den ganzen Sommer über bey trockner Witterung gehörig begossen werden, welches zu ihrem schnellern Wachsthum viel beyzutragen pflegt. Die Beeren des M. Pyracantha bleiben oft 2 Jahre lang an dem Strauche hangen, und solche alte Beeren pflegen oft schon im ersten Jahre aufzugehen. — Durch Absenker: im Herbste, oder bis zum März lege man junge Zweige ein, welche im folgenden Herbste bewurzelt zu seyn pflegen. M. Pyracantha schlägt sogar dann fast an allen Gelenken Wurzeln, wenn auf seine nahe an der Erde liegenden Zweige nur von ungefähr etwas Erde kommt.

Mist. Unter diesem Worte versteht man nicht blos im engern Sinne den Auswurf der Thiere, sondern im allgemeinen alles, was dazu dienen kann, und wirklich dazu gebraucht wird, das Gartenland fruchtbar zu machen. Es ist schon an mehrern Stellen bemerkt worden, daß jedes Gewächs seine besondere Nahrungstheile gebraucht, und daß, wenn ein und dasselbe Gewächs mehrmalen hinter einander auf einer Stelle gezogen wird, es aus Mangel an Nahrung immer schlechter wird. Deßwegen aber folgt noch nicht, daß nun der Boden mit einemmale aller Nahrungstheile beraubt sey. Es werden vielmehr noch manche andere Gewächse in demselben sehr glücklich fortkommen. Daraus folgt, daß:

1. eine richtige Abwechselung mit den Gewächsen ein zweckmäßiges Mittel sey, die Fruchtbarkeit des Gartenlandes zu erhalten, oder richtiger: die Gartengewächse

in möglichster Vollkommenheit zu erziehen. Dies ist so nöthig, daß selbst die beste Düngung nicht im Stande ist, den Abgang von Nahrungstheilen zu ersetzen, wenn man eine Art von Gewächsen immer auf einer Stelle erziehen wollte. Ein anderes Mittel den Boden ohne Dünger fruchtbar zu machen, ist

2. Ruhe. Dies weiß jeder Neuling in der Oeconomie, und er läßt deßwegen, wenn sein Acker, nach Verhältniß seiner Güte, 2 oder auch noch mehrere Saaten getragen, denselben wieder ruhen, oder Brache liegen, damit er durch den Einfluß der Luft und Sonne, des Frosts und Regens, während keine darauf gesäeten Gewächse die Nahrung aussaugen können, wieder mit neuer Fruchtbarkeit geschwängert werde. Ueber die großen Vortheile einer richtigen Brache bey Ackerbestellung sind alle erfahrene Oeconomen längst einverstanden, nur ist es Schade, daß dieses heilsame Mittel nicht auch im Garten angewendet werden kann. Dies ist aber nicht wohl möglich, theils weil niemand leicht mehr Gartenland hat, als er zu seiner jährlichen Bestellung gebraucht, und weil, wenn er auch Ueberfluß hätte, es doch immer in gut unterhaltenen Gärten einen großen Uebelstand machen würde, wenn ein oder mehrere Quartiere desselben ungebauet lägen. Ueberdem ist es in der Gartenbestellung eine Hauptsache, daß man soviel als möglich alles Unkraut zu unterdrücken suche, und den Garten nach Möglichkeit davon reinige. Dies würde aber durch die Brache im Garten

ten ganz unmöglich gemacht werden, weil das Unkraut in derselben Zeit haben würde, recht einzuwuchern, und seinen reifen Samen über den ganzen Garten auszustreuen. Bey der Gartenbestellung muß man daher zu den Düngungsarten seine Zuflucht nehmen, und durch sie die Fruchtbarkeit des Gartens erhalten.

Man hat offenbar eine zweyfache Art von Düngung, eine vegetabilische, die aus vermoderten Pflanzen, und eine animalische oder thierische, die in dem Auswurf der Thiere bestehet Alle Dünger-Arten enthalten Erde, Wasser, Salz und Oel in einer natürlichen Verbindung in sich, und bestehen folglich aus denjenigen Dingen, die die Pflanzen zu ihrer Nahrung und Wachsthum fordern. Diese Theile sind aber in den verschiedenen Düngerarten sehr ungleich gemischt, und daher ist eine Düngerart brauchbarer als die andere. Die verschiedene Düngerarten sind folgende.

1) **Die reine und unvermischte Dammerde.** Diese ist eins der besten Düngungsmittel in der Gartenbestellung. Sie ist nach und nach aus vermoderten Pflanzen entstanden, und enthält also einen reichen Vorrath von Pflanzennahrung. Sie ist keine ursprüngliche Erdart; denn ob sie gleich zum Glück für die Erhaltung der Thiere und Menschen, und zur Verschönerung des Erdbodens mit allen Arten von grünenden Pflanzen auf der Oberfläche der Erde die häufigste ist, und wenn sie sich auch nicht allein findet, ihre Theile doch häufig mit unter die übrigen Erdarten vermischt sind, so findet man sie doch nie in Schichten unter der Oberfläche, wie die übrigen

Erdarten; es sey dann, daß sie durch Ueberschwemmung, vulkanische Ausbrüche, oder andere Ursachen mit Lagen von andern Erden bedeckt sey. Sie entsteht aus den jährlich vermodernden Gewächsen, die darin verfaulen, sich in ihre Bestandtheile auflösen, und eben deßwegen den besten Nahrungsstoff für künftige Generationen abgeben. Je saftiger die Gewächse sind, desto geschwinder lösen sie sich auf, und eine desto bessere Erde geben sie; wie die Grasarten und die Blätter der Laubbäume beweisen, die auf dem Felde und in den Wäldern die Fruchtbarkeit so sichtbar erhöhen. Die Gewohnheit, dem Stallviehe, zur Wärme und Reinigung, Stroh, Blätter, schlechtes Heu u. d. gl. unterzustreuen, vermehrt nicht nur, sondern verbessert auch den thierischen Dünger. Von der Anwendung dieser Dammerde als Düngung, wird am Schlusse dieses Artikels noch mehr vorkommen.

2) Die Holzerde, die sich auf Holzstätten, von dem Abgange des Brennholzes, und von den Sägespänen auf Baustellen erzeuget. Es gilt von dieser Erde im Allgemeinen eben das, was überhaupt von der Dammerde gilt. Da sie durch Verwesung des Holzes entstanden, so enthält sie gleichfalls einen beträchtlichen Vorrath von Pflanzennahrung, und giebt besonders eine sehr leichte und lockere Erde, die sehr geschickt ist, einen feuchten und steifen Boden auszutrocknen und milder zu machen. Als Düngung und Verbesserungsmittel hat sie daher allerdings ihren Werth. Allein sie muß mit großer Vorsicht gebraucht werden, daß sie theils nicht in zu großer Menge angewendet wird, weil sie sonst den Boden zu leicht macht, so daß es den Gewächsen darin meistentheils

theils an Feuchtigkeit fehlt, theils, daß sie nie gebraucht wird, ohne vorher durch ein Erdsieb geworfen zu seyn, weil sich vieles den Gewächsen schädliches Gewürme darin erzeugt, und weil die noch unverweseten Holzstöcke durch ihr Schimmeln den Wurzeln der Pflanzen schädlich werden.

3) Die Holzasche, hat mit dem Kalch und Sande als Verbesserungsmittel die Eigenschaft gemein, daß sie dem Lehmboden auflockert, indem sie den festen Zusammenhang seiner Theile trennt. Sie verzehrt die nachtheilige Säure und widersteht der überflüssigen Nässe, und dadurch trägt sie zu dessen Erwärmung bey. Sie verbessert aber nicht nur den Thonboden, sondern sie düngt ihn auch zugleich. Die Asche enthält zwar kein Oel, aber destomehr Salz, wodurch die Fettigkeit, deren der Thonboden ohnedem schon hinreichend besitzt, aufgelöset und zur Ernährung der Pflanzen verbreitet wird. Die frische Asche ist füglich die beste, man kann sich aber auch der ausgelaugten Asche, oder sogenannte Beuchasche mit Nutzen zu diesem Zwecke bedienen.

4) **Der Ruß aus den Oefen und Schornsteinen** ist ein sehr wirksames Düngungsmittel, und es ist daher sehr unrecht, wenn er als ganz unnütz weggeworfen wird. Es ist dies sehr leicht zu begreifen, wenn man bedenkt, daß derselbe aus den öligen und salzigen Theilen entstanden ist, die bey dem Verbrennen des Holzes auf dem Herde verflüchtiget wurden, mit dem Rauche aufsteigen, und sich in dieser Gestalt an der Mauer des Schornstein festsetzten. Wenn man denselben bey der Reinigung des Schornsteins ammlet, zu einem feinen Staube zerklopft, und über Beete junger Pflanzen herstreuet, so hält man

man dies für ein gutes Mittel zur Vertreibung der Erdflöhe; und sollte auch diese Absicht nicht erreicht werden, so ist es denselben doch als eine gute Düngung heilsam. Nur darf man dies Mittel nie anders, als kurz vor einem Regen anwenden. Damit nichts davon auf den Pflanzen selbst liegen bleibt, sondern alles sogleich abgespület wird. Sollte der Regen ausbleiben, so muß man dies durch nachdrückliches Besprengen zu erreichen suchen.

5) **Der Schlamm aus Teichen, zugeschlämmten Teichen u. s. w.**, ist das herrlichste Verbesserungsmittel und die schicklichste Düngung für sandigen Boden. Dieser Schlamm ist von Wasserpflanzen, Laub, Holz, von thierischen Körpern, u. dergl. Dingen, die in denselben verfault sind, entstanden, und enthält daher viele fette und nahrhafte Theile. Wenn diese Schlammerde zur Herbstzeit, wenn die Erde gewöhnlich am wenigsten Wasser enthält, aus den Teichen herausgeschaft wird, und entweder auf einen Haufen liegen bleibt, damit die Einwirkung der Luft und Witterung dieselbe von ihren groben und sauren Theilen reinigen möge, oder sogleich auf sandigen Plätzen wenigstens 6 Zoll dick ausgebreitet wird, den Winter hindurch liegen bleibt, und im Frühjahre untergegraben wird, so daß sie sich mit dem Sandboden vermischt, so kann der schlechteste Sand dadurch in kurzer Zeit tragbar gemacht werden.

6) **Der Straßenkoth**, der aus thierischen und vegetabilischen Materialien vermischt zu seyn pflegt, hat mit dem Teichschlamm gleiche Wirkung. Wird er naß zusammen geworfen, so muß er ebenfalls erst einige Zeit auf Haufen gelegen haben,

ben, und durch die Einwirkung der Luft gemildert und vorbereitet seyn. — Ein noch zu sehr verkanntes, vortreffliches Düngungsmittel ist

7) die **Mistjauche**, die **Rammelt** in seinen öconomischen Abhandlungen nicht unrichtig die Quintessenz alles Mistes nennt. Fast allgemein sucht man sich derselben als einer unnützen Sache zu entledigen, und leitet sie ab. Aber wenn man bedenkt, daß sie der Abfluß der Miststätte ist, und die besten Oele und Salze des Mistes enthält, so wird man leicht einsehen, wie unrecht es sey, sie als unnütz wegzuwerfen. Man kann sie entweder in ihrer natürlichen Beschaffenheit anwenden, und z. E. die Grasplätze im Garten damit besprengen, welche sehr dadurch gedüngt, und im Wachsthum gefördert werden; oder man läßt sie, wenn sie gefroren ist, in großen Tafeln aushauen, in den Garten bringen, und auf die Beete legen. Wenn die Eistafeln alsdann bey eintretendem Thauwetter zerschmelzen, und ihr fettes Wasser in die Erde zieht, so geben sie den Beeten eine vortreffliche Düngung. Man gebraucht diese Art zu düngen insbesondere auf solchen Beeten sehr gerne, auf welchem Gewächse stehen, an deren Wurzeln man nicht gut graben kann, ohne die Wurzelkeime zu beschädigen. Was endlich

8) die **eigentlichen Mistarten** selbst betrifft, die hauptsächlich in dem Auswurf der zahmen Hausthiere bestehen, den man in den Ställen und auf dem Hofe sammlet, so ist derselbe sowohl nach der Natur der Thiere selbst, als nach der Art ihrer Nahrung sehr verschieden. Da sich die verschiedenen Thierarten nicht von einerley Nahrungsmittel ernähren, und die verschie-

schiedenen Nahrungsmittel überdem noch verschieden verdauet, abgesondert, und mit eigenthümlichen Säften vermischt werden, so ist auch der Mist selbst sehr verschieden. Allgemein läßt sich annehmen, daß diejenigen Thiere die sich von Korn nähren, einen Auswurf geben, der weniger öligte, aber mehr salzige Theile enthält, wodurch er hitzig und treibend, aber weniger nährend wird. Diese Eigenschaft hat der Mist der Pferde, Hüner, Enten u. s. w. Er muß daher mit Vorsicht und Sparsamkeit gebraucht werden, zumal in einem sandigen, und schon von Natur warmen Boden, weil er sonst durch seine Hitze den Gewächsen schaden würde. Andere Thiere, die von den Blättern der Gewächse leben, als das Rindvieh, die Schaafe, Ziegen ꝛc. liefern einen fetten, nahrhaften Mist, der weniger Salz, aber mehrere öligte Theile enthält, und eine vorzügliche Düngung abgiebt. Er wirkt zwar weniger und langsamer als jener, aber anhaltender. — Man nennt überhaupt den Mist fett, wenn er viel nährende Theile, besonders mehr Oel als Salz enthält, und mager, wenn er eine beträchtliche Beymischung von Erdtheilen hat. Deßwegen ist der Mist dieser oder jener Thierart unter sich sehr verschieden, je nachdem dieselbe mehr oder minder nahrhaftes Futter erhält. Das Rindvieh, das mit bloßem Stroh, oder schlechtem Heu kärglich gefüttert wird, giebt nicht den fetten und nahrhaften Mist, als wenn es im vollen Grase gehet, oder auf dem Stalle gut und reichlich genährt wird. — Darnach kann man den Mist der verschiedenen Hausthiere ungefähr so beurtheilen:

Der **Pferdemist** hat viele salzige Theile in sich, und ist von hitziger Natur. Frisch in

Menge

Menge gebraucht, erhitzt er sich in einem solchen Grade, daß man in 2 Minuten ein Ey darin kochen kann. Er hat daher für einen kalten und thonigen Boden viele Vorzüge, indem er ihn erwärmt. Ein leichtes lockeres Land würde durch den Pferdemist noch lockrer durstiger und unfruchtbarer werden. In der Mistbeetgärtnerey ist er von unschätzbarem Werthe, weil ohne ihn in derselben wenig auszurichten seyn würde. Ueberdem ist er aber bey der Gartenkultur von weit geringerem Werthe, als:

Der Kuhmist, der weniger Hitze hat, und ungleich stärker nährt, und daher im Allgemeinen der meisten Empfehlung werth ist. Er ist nicht nur allen Gartengewächsen zuträglich, sondern seine nährende Kraft bleibt auch weit länger im Lande, als bey irgend einer andern Mistart.

Der Mist von Schaafen ist sehr hitzig und treibend, welche Eigenschaft er aber meistens durch den salzigen Urin der Schaafe, womit er vermischt ist, empfängt. In Gärten ist er daher gleichfalls nur auf kalten und steifen Plätzen anzuwenden, die er erwärmt und verbessert.

Der Mist von Schweinen, die eine sehr gemischte Nahrung aus dem Pflanzen- und Thierreiche genießen, ist sehr stark und wirksam, muß aber behutsam angewendet, und mit viel Stroh und Erde vermischt werden, um seine Heftigkeit zu mindern.

Der Mist des zahmen Federviehes, welches sich meistens von Körnern nährt, hat viel Salz, und deßwegen viel treibende, und weniger anhaltend nährende Kraft. Ehe er gebraucht werden soll, muß er zuvor erst einige Zeit draußen an der Luft liegen, damit die Luft erst seine

Schärfe

Schärfe mildere, und seine feurige Hitze mäßige. Weil er aber in der Nässe sehr leicht zusammenklebt, muß man ihn, ehe er ausgestreuet wird, zuvor recht trocken werden lassen.

Diese Düngerarten dürfen aber nicht so frisch, als sie aus dem Stalle kommen, in den Garten gebracht werden, sondern müssen in gewisser Art erst gehörig zubereitet werden, ehe sie den möglichst besten Vortheil bringen. Diese Zubereitung und die Anwendung des Düngers will ich in folgende allgemeine Regeln zusammenfassen.

1. Regel: **Man muß sich nicht auf eine Mistart allein einschränken.** Jede derselben hat ihre Vorzüge und ihre Fehler, die in der Vermischung sich gegenseitig aufheben und verbessern. Doch thut man am besten, wenn man unter dieser Mischung des Kuhmistes den größten Theil nimmt. Er hat nicht nur die meisten nährenden Theile, sondern ist gewöhnlich auch am leichtesten anzuschaffen.

2. Regel: **Man muß den Dünger nie so frisch, als er aus dem Stalle kömmt, in den Garten bringen; sondern ihn erst einige Zeit liegen lassen.** Der Mist muß erst von seiner Schärfe, und von seinem übermäßigen Salze, das ihm besonders vom Urin mitgetheilt wird, gereiniget werden, ehe er zur Fruchtbarmachung geschickt wird; frisch schadet er den Gewächsen durch seine Schärfe, und nährt weniger. Durch eine hinlängliche Gährung, der man ihn unter dem Einflusse der Luft und einiger Feuchtigkeit aussetzt, reiniget er sich von seinen scharfen salzigen Theilen, und geht durch Vermoderung der ganzen Masse, in eine weiche, sehr nahrhafte

Erde über. Der frische Mist schadet überdem den Wurzeln der Gewächse, wenn sie denselben unmittelbar berühren. Die Gährung des Mistes, wenn er sich in der Erde erhitzt, verdirbt die kleinen Saugwurzeln, macht sie schwarz und kraus, erregt den Schimmel und an den größern Wurzeln den Brand. Endlich ist der frische Mist auch die wichtigste Ursache alles Unkrauts im Garten. Der Unkrautsaame, der meistens unverdauet durch den Magen des Viehes gehet, kömmt mit dem frischen Miste in den Garten, geht auf, und überzieht denselben mit einer solchen Menge Pflanzen von allerley Art, daß die eigentlichen Gartengewächse darunter ersticken müssen, oder wenigstens das Geschäft der Reinigung dreyfach erschweret wird. Ist der Mist besonders sehr strohig, so dient er den Erdmäusen, und allerley anderm schädlichen Ungeziefer, als Maulwürfen, Engerlingen 2c. zum Aufenthalt. Alle diese Unbequemlichkeiten vermeidet man, wenn man den Mist, der für den Garten bestimmt ist, erst eine Zeitlang liegen und zusammenbrennen läßt. Nur zu den Mistbeeten und Treibereyen ist Pferdemist frisch aus dem Stalle zu gebrauchen, worüber im nächstfolgenden Artikel Mistbeet das Nöthige mitgetheilt werden wird. Im übrigen aber muß man sich vor allem frischen Dünger hüten. — Wie lange man ihn liegen lassen soll, läßt sich so allgemein nicht bestimmen, und hängt von eines jeden Umständen ab — aber wenigstens muß er ein halbes Jahr liegen; kann es ein ganzes Jahr seyn, so wird der Dünger um so vorzüglicher werden. Es ist aber nicht genug, daß man ihn diese Zeit über auf einen Haufen ungerührt liegen lasse, sondern er muß wenigstens alle 6 —

8 Wochen einmal umgearbeitet werden, damit der untenliegende oben, und der obere unten zu liegen komme. Dieses Durcharbeiten hat unleugbar den doppelten Nutzen, daß der Mist durchaus gleich brennt, und alle Theile der nöthigen Gährung ausgesetzt werden, und daß die Luft nicht nur den obern, sondern auch den untenliegenden durchwirken, und mit fruchtbarmachenden Theilen schwängern könne. Die Kosten, die das Umstechen verursacht, darf man sich nicht gereuen lassen, weil man dieselben offenbar bey der nöthigen Reinigung des Gartens zehnfach ersparen wird.

Durch dies Zusammenbrennen des Düngers verliert man freylich an der Quantität desselben beträchtlich, aber man gewinnt dafür auf der andern Seite an der Güte desselben, und an seiner Wirksamkeit, daß man bey diesem Verfahren am Ende noch Dünger ersparen wird. Denn anstatt daß andere ihr Gartenland alle Jahre mit frischem Miste düngen, ist es völlig hinreichend, wenn man dasselbe mit solchem zusammengebrannten Dünger alle 3 Jahre einmal nachdrücklich düngt. Man gebraucht also alle 3 Jahre nur den dritten Theil des Düngers, den man bey frischer Düngung gebrauchen würde.

Hierbey muß man aber einen allgemeinen Fehler zu verhüten suchen, der in Absicht des Düngers begangen wird: daß man ihn nicht zu naß liegen lasse. Zu viel Nässe am Orte seiner Zubereitung saugt die öligen und salzigen Theile aus, und macht den Dünger folglich mager und unfruchtbar. Ist gar die Miststätte abhängig, so daß die Nässe wegfließen kann, so führt sie die Lauge des Mistes, die die kräftigsten Theile enthält, fort. Ist im Gegentheil der Mist allzutrok-

ken

ken, so erhitzt er sich zu stark, und seine besten Kräfte verdünsten. Man bringt daher den Mist, der für den Garten bestimmt ist, am besten auf einen freyen, offenen und ebenen Platz, nicht weit vom Garten, wo er allen Abwechselungen der Witterung ausgesetzt ist. Denn im Freyen modert der Mist am geschwindesten durch die Einwirkung der Luft und Witterung; Hitze und Kälte beschleuniget seine Auflösung; Regen und Schnee vermehren seine fruchtbaren Theile. Bey anhaltender Dürre des Sommers muß man ihn zuweilen nachdrücklich begießen, um die nöthige Gährung zu unterhalten, und das zu starke Brennen zu verhüten.

3. Regel. Wenn man mit dergleichen Dünger so stark dünget, daß, wenn er auf dem Lande von einander geworfen ist, dasselbe ganz davon bedeckt ist, so sind die gedüngten Quartire reichlich auf 3 Jahre versorgt. Es läßt sich indessen diese Regel nicht ganz allgemein annehmen. Je mehr das Gartenland durch fortgesetzte Cultur und Düngung verbessert wird, und je besser es zugleich von Natur ist, desto weniger Dünger ist erforderlich, und umgekehrt.

4. Regel. Der Dünger muß bey dem Untergraben so tief als möglich untergebracht werden, weil die Gewächse, wenn ihre zarten Wurzeln im Miste zu stehen kommen, und gleichsam von demselben eingeschlossen werden, gar zu leicht bey erfolgender starken Hitze Schaden leide. Man darf keinesweges besorgen, daß man ihn dadurch an seiner Wirksamkeit hindere. Es ist unleugbar gewiß, daß alle Gewächse tief hinunter

feine Wurzeln schlagen, die zum Theil dem blossen Auge nicht einmal sichtbar sind, und nur durch Vergrößerungsgläser sichtbar sind. Mit diesen, die eigentlich die Ernährung der Pflanzen besorgen, werden sie gewiß die Kraft des Mistes aus der Tiefe heraufhohlen. Ueberdem ist es ja nicht das Stroh, und der Auswurf der Thiere selbst, der die Nahrung der Pflanzen ausmacht, man mag den Dünger frisch und verweset in die Erde bringen, sondern die öligen und salzigen Theile, die er enthält. Wenn daher der Dünger auch in der Tiefe liegt, seine nahrhaften Theile werden gewiß, von der Sonnenwärme entwickelt, aufsteigen, und die Wurzeln der Pflanzen erreichen.

5. Regel: **Man bringe den Dünger im Herbste und im Anfange des Winters unter die Erde, dies ist offenbar die schicklichste Zeit.** Da überhaupt, wie vielfache Erfahrungen es bestätiget haben, das Umgraben des Gartenlandes im Herbste viele Vorzüge vor dem Umgraben im Frühjahre hat, und da ein solches im Herbste gegrabenes Land nicht nöthig hat, im Frühjahre noch einmal gegraben zu werden; so folgt daraus von selbst, daß das Land, welches einer neuen Düngung bedarf, auch sogleich im Herbste damit versehen werden müsse. Es ist ein bloßes Vorurtheil, wenn man glaubt, daß der Dünger sich den Winter hindurch, besonders im nassen Boden, verzehre, ohne daß die künftigen Gewächse einen Nutzen davon zögen. Die Erfahrung wird einen jeden sehr bald überzeugen, daß die Früchte im folgenden Jahre weit schöner wachsen werden, wenn der Mist den Winter hindurch in der Erde gelegen hat, als wenn er erst

kurz vor der Bestellung des Bodens in die Erde gebracht ist. Die im Dünger steckende Kraft wird durch die Winterfeuchtigkeit aufgelöset, im ganzen Beete ausgebreitet, und demselben gleichsam einverleibet. Die auf einem solchen Beete gesaeten und gepflanzten Gewächse wachsen auch viel besser, weil sich die Hitze des Düngers bereits abgekühlt hat. Denn bey der sorgfältigsten Bearbeitung des Düngers können sich doch immer noch Stellen finden, die noch nicht völlig vermodert sind, und folglich noch einer Gährung und dadurch erzeugten Hitze fähig sind. Diese Gährung wird dann vollendet, ehe das Beet besäet wird, und man ist alsdann um so sicherer, daß der Dünger die Wurzeln nicht mehr brennt, sondern bloß mit seiner Fettigkeit nährt.

Zu diesen allgemeinen Regeln füge ich noch die Bemerkung hinzu, daß man auf dem Misthaufen selbst, und in der Nachbarschaft desselben kein Unkraut aufkommen, wenigstens nicht zur Reife kommen lassen müsse. Denn weil nach der ersten stärksten Gährung und Erhitzung des Haufens die Hitze desselben nachläßt; so würde der Saame sein Vermögen aufzugehen, behalten, und man würde sich den Garten damit besaamen, und einen der wichtigsten Vortheile von der Zubereitung des Düngers dadurch verlieren.

Es ist weiter oben von der Dammerde gesagt, daß sie die beste Pflanzennahrung enthalte. Man findet dieselbe zwar allenthalben, bald in stärkern, bald schwächeren Lagen, und je stärker die Lage ist, desto besser ist der Boden zur Pflanzenerziehung. Man kann sich aber diese Dammerde, als ein sehr gutes Düngungsmittel selbst bereiten, und dies ist im sogenannten Düngermaga-

zin,

zin, zu dessen Anlegung und Gebrauch ich noch das Nöthige hinzusetzen will.

Ich erinnere gleich anfangs, daß das Düngermagazin wesentlich von den Mistbergen verschieden sey, von denen eben gesagt ist. Im Düngermagazin soll nicht der schon vorher vorhandene Dünger zubereitet, sondern zur Ersparung des wirklichen Düngers eine düngende Erde hervorgebracht werden. Die ganze Erfindung des Düngermagazins gründet sich auf den Grundsatz, daß die Pflanzen bey ihrer Verwesung in eine mit den besten Nahrungssäften vermischte Erde aufgelöset werden, und daß diese Erde, wenn sie zur Ernährung der Pflanzen angewendet wird, die besten Dienste leistet. Ein Düngermagazin ist also nichts anders, als ein Haufen solcher Dinge, die dazu gesammlet werden, durch die Fäulniß in eine düngende Erde verwandelt zu werden. Je saftreicher diese Dinge sind, desto mehr Ausbeute geben sie. Man kann daher in das Düngermagazin alles von grünen Kräutern bringen, was man zu andern Absichten nicht gebrauchen kann. Dahin gehört vorzüglich alles ausgegätete Unkraut, welches sonst gewöhnlich als unnütz weggeworfen wird, besonders des kürzern, welches bey der Reinigung der Wege ausgeharket wird; ferner die Stängel der großen Bohnen, und die Ranken der Vitsbohnen; das Erdtoffelkraut, wenn man es nicht zur Fütterung des Viehes gebraucht; die abgefallenen gelben Blätter aller Kohlarten; das Baumlaub, welches man im Herbste zusammenharken läßt. Ferner aller Abfall von den grünen Gemüsen in der Küche, auch selbst Federn, Knochen, die ausgelaugte Asche vom Beuchen (Bücken); aller Unrath der aus dem Hause, der Sand, der aus den Zimmern gefegt wird. Zu dieser Absicht kann man auch allen übrigen unbrauchbaren Abgang in der Wirthschaft gebrauchen, als z. B. den Lehmen von alten eingefallenen Wänden, den Schutt, der bey dem Ausweißen der Zimmer weggeschaft werden muß; nur mit der Vorsicht, daß die Steine ausgelesen, und die groben Schollen klein geschlagen werden; Sägespäne, Holzerde rc.

Alles dies und noch mehr dergleichen, was die Gelegenheit an die Hand giebt, läßt man ohne Unterschied, außerhalb des Gartens, oder in einem abgelegenen Winkel desselben, auf einen Haufen werfen. Je sorgfältiger man dabey verfährt, alles Unnütze dorthin zu tragen, desto geschwinder wird der Haufen wachsen. Mit diesem Haufen verfährt man dann eben so, wie bey dem Düngerhaufen gelehrt worden, daß man ihn alle 6 — 8 Wochen einmal bis auf dem Grund umgraben läßt, damit sich nicht nur die verschiedenartigen Dinge gehörig mit einander vermischen, sondern auch immer neue Oberflächen der Einwirkung der Luft bloßgestellt werden. Da aber ein Jahr nicht hinreicht, aus allen diesen verschiedenen Dingen eine gleichförmige fruchtbare Erde hervorzubringen; so fährt man mit der Sammlung eines Haufens ein Jahrlang fort, und fängt alsdann in einiger Entfernung einen neuen an, den man wie den ersten behandelt; und so fährt man einige Jahre fort, bis man findet, daß im ersten Jahre alles gehörig vergangen sey, und sich mit einander vermischt habe. Hiebey sind aber folgende Vorsichtsregeln nöthig.

1. Man muß sich sorgfältig hüten, dergleichen Unkraut in diese Haufen zu bringen, das sich durch seine Wurzeln fortpflanzt, als Gurken,

Sam-

Saudisteln, oder auch die Keime des Meerrettig bey dessen Reinigung in der Küche. Diese vergehen so wenig, daß sie vielmehr den ganzen Haufen durchwuchern, und mit in den Garten kommen. Desgleichen muß kein Unkraut auf den Haufen gebracht werden, welches schon reifen Saamen trägt. Weil diese Haufen sich nicht in dem Grunde durchbrennen, wie die Misthaufen, so kann auch der Saame nicht darin zerstört werden, und er gehet nachher zum großen Nachtheil der Gewächse auf. Sollte aber doch wider Vermuthen dergleichen Saame in den Haufen kommen, so muß man den Haufen einmal öfter umgraben lassen, damit der darin liegende Saame hervorkeimen, und jedesmal zerstört werden könne, ehe die Pflanzen zur Blüte kommen. Daß man in der Nähe der Haufen kein Unkraut zum Saamentragen kommen lassen dürfe, ist schon bey den Mistbergen erinnert.

2. Wenn einmal besonders viel grünes Kraut auf den Haufen gebracht wird, so muß man etwas Erde, (allenfalls vom nächsten Haufen, wenn man keinen andern zur Hand hat) Schlamm, oder sonst dergleichen etwas unter dasselbe gemischt werden, damit es sich nicht zu stark entzünde, wenn es sich brennt. Dies geschieht sehr leicht, wenn es in großen Haufen auf einander liegt, und demselben nicht durch Vermischung mit Erde vorgebeugt wird. Dies Bedecken hat auch den Nutzen, daß die feinern Salze, wenn die Haufen in Gährung sind, nicht verfliegen.

3. Es kömmt endlich auf den Gebrauch an, den man von der Erde aus den Düngermagazinen machen will, wie man sie am Ende behandelt. Will man sie bloß zur Erhöhung der

Gründe gebrauchen, die aller Sorgfalt ungeachtet in den Quartiren des Gartens nicht selten entstehen, so kann man sie so gebrauchen, wie man sie in den Haufen findet, vorausgesetzt, daß in den Haufen alles gehörig vergangen, und die Erde durch Vermischung zubereitet ist. Will man dieselbe aber zur Bedeckung kleiner Sämereyen, die viel Fettigkeit fordern, als Thymian, Majoran ꝛc. gebrauchen, oder sie in Töpfe füllen, um feinere Gewächse in dieselben zu pflanzen, so muß sie zuvor durch ein Erdsieb geworfen werden, damit alle noch vorhandene Schollen und Steine zurückbleiben, die zu einem folgenden Haufen geworfen werden können.

Sollte einmal in einem Jahre der Erdhaufen nicht groß genug werden, so kann am vortheilhaftesten der Rasen von einer Viehweide, den man 8 bis 10 Zoll tief abstechen läßt, dazu angewendet werden. Da dieser eine geruhete Erde enthält, die durch Erziehung der Gartengewächse in ihr noch nicht entkräftet, im Gegentheil durch Dünger, den das Vieh auf der Weide hat fallen lassen, fruchtbar gemacht ist, so kann man mit derselben nicht nur die Erdhaufen sehr leicht vermehren, sondern zugleich verbessern.

Mistbeete. Diese sind nicht bloß in der Küchengärtnerey nützlich, um Melonen darauf zu erziehen, Gurken, Radies, Carotten, Sallat, Bohnen u. dgl. Gewächse einige Monate früher zum Genuß zu haben, als es im freyen Lande möglich ist, sondern sie werden auch hauptsächlich in der Lustgärtnerey gebraucht, um solche Pflanzen, die, in einem wärmern Clima einheimisch, unsere kalten Frühlinge nicht ertragen können, und folglich in ihrer Jugend geschützt werden müssen, dadurch

im

im Wachsthum zu fördern. Man hat zweyerley Mistbeete, nähmlich freye, wenn der Mist ganz frey auf einander gelegt, und mit Erde bedeckt, aber nicht mit Bretter eingeschlossen wird; (man bedient sich ihrer besonders in wärmern Ländern, z. B. Frankreich, sie haben bey uns aber wenigen Nutzen, und können höchstens im Sommer zu Gurken, späten Melonen, u. d. gl. gebraucht werden) und eingefaßte Mistbeete. Diese sind wieder entweder ganz eingefaßte, wenn beydes, die Erde und der Mist mit Brettern eingefaßt, und mit Fenstern oder Matten bedeckt werden, oder halbeingefaßte, (halbfreye Mistbeete) wenn der Mist frey liegt, und nur die überzuschüttende Erde mit einem Kasten eingefaßt wird.

Alle Mistbeete müssen frey liegen und gegen Morgen und Mittag eine offene Lage haben, damit die volle Sonne sie erwärmen, und der Wärme vom Miste zu Hülfe kommen kann. Gegen Abend und Mitternacht hingegen müssen sie gegen die kalten Winde Schutz haben, und wenn daher die Mistbeete nicht so angelegt werden können, daß sie nach diesen Seiten durch Gebäude oder Mauern geschützt sind, so muß man ihnen durch vorgepflanzte Hecken oder Rohrwände den nöthigen Schutz verschaffen.

Man darf sie dabey in keiner feuchten Gegend anlegen; folglich nicht nahe am Wasser, — nicht auf einem im Grunde morasigen Platze, — nicht so, daß das Regenwasser nach ihnen zu Abfluß habe; sondern auf einem festen trocknen kiesigen Grunde, etwas erhöhet, damit kein Regenwasser an ihnen stehen bleibe; allenfalls auch auf einem Sandboden, wiewohl der Mist auf demselben viel von seiner Kraft verliert. Ein lehmiger

Bo-

Boden muß erst etwas ausgegraben, und mit Grand, Kies, oder mit kleinen Steinen, und diese wieder mit etwas leichter Erde belegt werden.

Zu den Mistbeeten ist keine andere Art Mist, als von Pferden zu gebrauchen; so könnte man auch den Mist von Eseln, wenn man davon so viel bekommen könnte, auch den Mist von Maulеseln nehmen. Alle übrige Mistarten sind dazu untauglich. — Je frischer der Mist ist, desto besser. Er darf nicht schon naß geworden seyn; nicht sich schon in Klumpen, besonders nicht in feste, ausgebrannte, trockne, mit weißem Schimmel durchwachsene Klumpen gesetzt haben. Wenn man an einem Tage nicht so viel frischen Mist haben kann, als zur Anlegung eines Mistbeets erfordert wird, so muß der jeden Morgen frisch ausgebrachte Mist unter ein Schauer gebracht werden, bis man eine genugsame Menge hat, damit er nicht beregne. Wie viel Mist nöthig sey, darüber lassen sich keine allgemeine Regeln geben. Die Erfahrung wird einen jeden belehren, wie viel Fuder zu 3 oder 4 Fenstern zu jeder Jahreszeit nöthig sind.

Bey der Anlegung der Mistbeete verfahren die Gärtner sehr verschieden, indem einige den Mist in Gruben bringen, andere ihn hingegen flach auf die Erde legen, ohne dieselbe auszugraben. Beyde Verfahrungsarten haben ihr Gutes, und muß man die Umstände gehörig unterscheiden. In feuchten Gärten, wo zu furchten stehet, daß sich in $1\frac{1}{2}$ bis 2 Fuß tiefen Gruben Wasser sammlen möchte, welches offenbar dem Dünger alle Kraft und Wärme entziehen würde, macht man entweder gar keine Gruben, und legt den Mist auf die flache Erde, oder man macht sie wenigstens nur sehr flach, um den grossen Nachtheil, der von der Nässe entstehen könnte, zu verhüten. Ist der Boden hingegen trocken, und hat man also von Wasser in den Gruben nichts zu befürchten, so thut man besser, die Mistbeete in Gruben anzulegen. Der Mist liegt darin gedrängter, seine Hitze wird also mehr zusammengehalten; sie werden dann auch nicht so hoch, und man kann sie folglich bequemer behandeln, und die Fenster und die Stroh- und Bretterdecken bequemer auf und abbringen; und wenn endlich eine Nachheize um das Beet her erforderlich ist, so gehört dazu nicht die Hälfte des Düngers, als wenn die Beete über der Erde angelegt werden.

Die Größe der auszuwerfenden Gruben richtet sich nach der Größe der Kasten, und diese nach der Menge und Größe der darauf zu bringenden Fenster. Wer Mistbeete anlegen will, muß vor allen Dingen für einen hinreichenden Vorrath von Fenstern sorgen. Diese Fenster haben zwar kein gewisses Maaß, allein die Erfahrung hat gelehrt, daß sie zu allen Arten von Mistbeeten die besten sind, wenn sie 3 Fuß 5 bis 6 Zoll breit und 5 Fuß 6 — 7 Zoll hoch sind. Sind sie größer, so werden sie zu schwer und sind zu unbehülflich zu regieren, sind sie aber viel kleiner, so wird der Raum in den Beeten zu beschränkt. Es ist ein großer Vortheil, wenn alle Fenster ganz genau nach einem Maaße gemacht sind, weil sie dann zu allen Kasten gebraucht werden können, und überall gehörig schliessen werden. Zu diesen Fenstern muß man trocknes, leichtes, dauerhaftes Holz nehmen, das sich nicht wirft, nicht springet, nicht eintrocknet, und in den Fugen

nicht

nicht nachläßt. Deßwegen nimmt mon dazu nicht gern Eichenholz, weil sich dies fast immer ziehet und durchspannt, und zu schwer ist. Gutes kieniges Fichtenholz ist das beste. Das Rahmholz muß nicht zu schwach, und dicker als breit seyn; wenn sie $3\frac{1}{2}$ Zoll breit sind, so müssen sie $2\frac{1}{2}$ bis 3 Z. dick seyn. Die Rahmen müssen an den Ecken mit Winkeleisen (Fig II 18) und in der Mitte an beiden Vorderseiten mit beweglichen Handhaben oder eisernen Ringen (Fig. II. 20) versehen seyn. Will man den Winkeleisen, wie dies viele thun, lieber an die Seiten der Rahmstücke schlagen (Fig. II. 19), so müssen sie in das Holz eingelassen werden, weil die Fenster sonst nicht gehörig schließen. Wenn die fertigen Fensterröhren m : Oelfarbe angestrichen werden, und der Anstrich nach einigen Jahren, wenn er etwa abspringen sollte, wieder erneuert wird, so werden dieselben dadurch um sehr vieles dauerhafter. Zur Ersparung der Oelfarbe kann man sie auch bloß mit unter einander geschmolzenem Pech und Theer bestreichen. Die Glasscheiben, die in die Fenster kommen sollen, muß man nicht zu klein machen, damit das viele Bley oder Holz, von welchem sie zusammengehalten werden, nicht zu viel Schatten auf das Beet werfen. Man kann die Scheiben entweder in Bley fassen, oder mit Kitt in Holz legen. In jenem erstern Falle wird das Bley nicht, wie bey Stubenfenstern in das Holz eingeschoben, sondern blos von oben in einen Falz eingesenkt, der $\frac{1}{4}$ Z. breit und so tief als die Bleidicke beträgt, an den Rahmenstöcken vorher ausgestoßen ist. Dies geschieht darum, damit das Regenwasser desto leichter von den Fenstern abfließen könne. Unter jeder Querreihe des

des Bleyes muß ein starkes Windeisen befestiget werden, damit das Glas die nöthige Festigkeit bekomme.

Diesen Bleyfenstern zieht man aber jetzt die Küttfenstern noch vor. In diesem Falle werden in den Rahmen der Länge nach herunter (Fig. II. 21.) 2 bis 3 Leisten, 2 Z. hoch und 1½ Z. breit eingefugt, welche eben so, wie die Rahmstücke ausgefalzet werden, so daß eben eine Glasscheibe darin liegen kann. Dann werden die Scheiben von unten herauf mit Kütte also in die Falzen gelegt, daß sie mit dem Holze gleich und fest liegen; die folgenden treten ½ Z. über die untern (Fig. I. II. 23) ungefähr wie die Ziegel auf einem Dache. Schließt das Glas fest auf einander, so wird nichts dazwischen gemacht; sollte aber eine Scheibe etwas schief seyn, so wird ein wenig Kütt dazwischen gestrichen. Sobald die Fenster fertig sind, muß der Kütt mit Oelfarbe angestrichen werden, damit er dauerhafter werde, und der Nässe besser widerstehen möge. Unter den Leisten wird in der Mitte eine Querleiste (Fig. I. II. 22) gezogen, um ihnen die nöthige Steifigkeit zu geben.

Nachdem die Fenster fertig sind, wird nach diesen die bretterne Einfassung, oder der Mistbeetkasten verfertiget. Die Breite des Kastens muß sich genau nach der Länge der Fenster richten, und die Länge wird darnach bestimmt, ob 3, 4 oder noch mehr Fenster auf einen Kasten kommen sollen. Dies ist zwar völlig gleichgültig, aber man nimmt doch nicht gern unter 3 und auch nicht gern über 5 Fenster zu einem Kasten. Sind sie kleiner als 3 Fenster, so ist der Raum auf den Beeten zu eingeschränkt,

und

und sind sie über 5 Fenster lang, so werfen sich die Seitenbretter leicht, und man muß unten einen Querriegel einlassen, der mancherley Unbequemlichkeit hat. — Die Höhe der Seitenwände des Kastens muß sich nach der Höhe der Pflanzen richten, die man auf dem Mistbeete erziehen will. Von der Oberfläche der Erde (Fig. I. ef) bis unter die Fenster darf nicht mehr Raum bleiben, als die Blätter der Pflanzen eben nöthig haben, daß sie nicht unter die Fenster treten. Die gewöhnliche Höhe der Kasten an der niedrigsten Seite gegen Süden ist zur Erziehung junger, nachher zu versetzender Pflanzen 8 Zoll hoch, nemlich 4 Z. für die Erde und eben so viel für das Kraut, 2) zu Wurzeln, Radies ꝛc. 12—15 Z. hoch, nemlich 8—9 Z. hoch Erde, und 4—6 Z. für das Kraut. 3) zu Gurken, Salad 10—12 Z. hoch, nemlich 5—6 Zoll hoch Erde und eben so viel für das Kraut. 4) Zu Melonen 8—9 Z. hoch, nemlich 3 Z. hoch Erde und 6—7 Z. hoch für die Blätter. Jedoch mag man den Kasten vorne nur 6 Z. hoch machen, und die Erde, weil er hinten 10 Zoll höher ist, nach der Linie ef in Fig. I. steigen lassen, und dann in der Folge, damit die Blätter unter den Fenstern Raum genug haben, den Kasten heben.

Auf die Weite eines jeden Fensters müssen oben in den Kasten Zwerghölzer (Fig. I. und II. 9) eingelassen werden, auf welchen die Fenster ruhen. In der Mitte der Querhölzer wird eine Hohlkehle oder Rinne ausgehobelt, damit das Regenwasser, welches zwischen den Fensterrähmen eindringet, abfließen könne.

Der Kasten selbst wird von 1½ bis 2 Zoll dicken Tannen-Brettern, entweder zusammen genagelt,

nagelt, oder noch besser, damit sie, vermittelst loszuschlagender Keile (Fig. I. 7) auseinander genommen, und im Winter in Schutz gebracht werden können, nur mit Zapfen zusammen gefügt. Der Dauer wegen können sie inwendig verpicht, und auswendig angestrichen und vertheert werden. — Die Hinterwand des Kastens muß in jedem Falle 9—10 Zoll höher seyn, als die Vorderwand, deren Breite schon vorhin näher bestimmt ist. Die Seitenwände hingegen müssen keilförmig seyn, und am hintern Ende mit der Hinterwand, und am vordern Ende mit der Vorderwand gleiche Breite haben. Auch muß der ganze obere Rand des Kastens eine gleichförmige schräge Fläche ausmachen, damit die aufliegenden Fensterrahmen durchgehends fest an den Rahmen anschließen, und das volle Holz fassen. Die obere Kante des Kastens muß, sonderlich unten und an beyden Seiten, mit einer etwa 1½ Z. hervorstehenden Latte oder Leiste Fig. I. und II. 8 eingefaßt seyn, in welcher die Fenster eingeschlossen sind, und wodurch nicht nur das Herabgleiten der Fenster, sondern auch das Eindringen der Luft verhindert wird. — Wer mehr als 4 bis 5 Fenstern zu Mistbeeten verlangt, der muß dazu mehrere Kasten haben, und es ist am besten, wenn man alle Kasten in einer langen Reihe anlegen kann, und zwar so, daß die niedrige Seite aller Kasten gegen Mittag, und die Höhe gegen Mitternacht siehet. Wenn solches der Raum aber nicht zuläßt, macht man jede Reihe so lang, als man kann, und legt die übrigen in so viel Reihen hinter einander an, als nöthig sind. Zwischen den Kästen und Reihen müssen geräumliche

Gänge bleiben, die man vom Miste rein hält, damit kein Wasser stehen bleibe.

Bey der Anlage der Mistbeete selbst verfährt man also:

Zuerst wird die Größe der Grube nach dem darauf zu deckenden Kasten so abgezeichnet, daß man rund herum für den Fuß des Mistes noch ½ Fuß zugebe. (Fig. I. und II. 24) Diese so abgezeichneten Gruben werden dann nach Beschaffenheit des trocknern oder feuchtern Bodens 1½ bis 2 Fuß ausgeworfen, in der Art, daß man in der Mitte der Länge nach eine Erhöhung läßt.

Der einzubringende Pferdemist muß mit allem Fleiß aufgeschüttelt werden, damit gleichsam jeder Strohhalm auseinander fahre, und nicht die mindesten Klumpen darin bleiben. Der Mist muß auch durchaus gleich darin zu liegen kommen, und keine Höhlungen darin bleiben. Wenn er nicht alle von gleicher Güte ist, muß er mit dem übrigen überall gleich versetzt werden. So wie solchergestalt die erste Lage Mist, als die Grundlage, auf welcher das meiste beruhet, verarbeitet ist, wird die 2te Lage überher getragen, und auf gleiche Weise aufgeschüttelt, und zu rechte gelegt 2c., bis das Beet die erforderliche Höhe hat. Wenn das Beet in der Mitte etwas erhaben gemacht ist, so muß der Mist an den Seiten dicker gelegt werden, daß die Lagen oben gerade werden; doch so, daß, da die Beete schräge gegen die Sonne liegen müssen, auch der Mist an der Nordseite so viel dicker gestreuet werde, und daselbst wenigstens 1 Fuß höher seyn, als vorne, weil sich der Mist nachher doch senket, und die Fenster am Ende doch horizontal zu liegen kommen werden. Wenn man Loherde hat, schüttet

tet man zwischen jede Schicht Mist einer Hand-hoch derselben. — Wenn der Mist hoch genug zu liegen scheinet, muß er Fuß vor Fuß recht fest getreten werden. Weil er sich hernach aber doch, wenn der Kasten darauf kommt, noch um ein Drittheil senket, so muß man darnach den Ueberschlag machen, und allenfalls, wenn es nöthig ist, noch eine Schicht nachtragen.

Was die Höhe des Mistes in den Mistbeeten betrifft, so richtet sich dieselbe entweder a) nach der Zeit. Frühe Mistbeete müssen, wenn der Mist festgetreten ist, 4 — 5 Fuß hoch Mist haben. Zu späteren sind oft 2 Fuß hoch genug. Im April braucht man nur halb so hoch Mist, als im Jan. und Febr. b) Nach dem **Grunde und Boden.** In einem recht trocknen warmen Boden richten 2 Fuß hoch Mist mehr aus, als 5 Fuß hoch in einem nassen, kalten Boden. c) Nach der **Absicht der Beete.** Melonen erfordern eine höhere Lage Mist, als solche Beete, auf welchen bloß junges Pflanzenwerk erzogen werden soll, und endlich d) nach dem **Vorrath von Mist;** wo der Mist sparsam und kostbar anzuschaffen ist, muß man ihn zu sparen bedacht seyn.

Wenn die Lage von Mist fertig ist, wie sie seyn soll, so wird der Kasten darauf gesetzt, die Erde darauf geschüttet, und mit den Fenstern bedeckt. Den Mist erst frey liegen zu lassen, taugt nicht; und wenn es regnen sollte, ist es gar gefährlich. Der Kasten muß durchgehends gleich an den Mist anschließen. Die hineingebrachte Erde wird demnächst eben gemacht, an der hintern Seite aber höher (Fig. I. ef) und nach Süden abhängig. So wie der Mist sich zu er-

hitzen

hitzen anfängt, wird der Dampf in großer Menge aufsteigen. Dann muß man durch Oefnung der Fenster diesem Dampfe einen Ausweg verschaffen, und sie auf der Nordseite lüften. — Anfangs nur wenig Erde auf den Mist zu schütten, taugt nicht; lieber anfangs mehr Erde, als nöthig scheinet, weil sich die lockere Erde doch nachher noch setzet. An den Seiten des Kastens muß die Erde etwas höher geschüttet werden, weil der Kasten den Mist daselbst mehr niederdrückt: auch müssen die daselbst entstandenen Ritzen nachher nachgefüllt werden.

Wenn das Mistbeet nach dieser Vorschrift vollendet ist, muß man die rechte Zeit zur Besäung, und Bepflanzung zu treffen wissen. Geschieht es zu früh, so verbrennt der Saame, oder die Pflanzen; oder sie werden übertrieben; geschieht es zu spät, so fehlt die erforderliche Wärme. Man muß also wenigstens 6 bis 7 Tage zu Zeiten auch wohl 10 bis 12 Tage warten, bis das Dampfen aufhört, und man es ertragen kann, mit der Hand tief in die Erde bis auf den Mist zu fassen. Nach dem Besäen oder Bepflanzen muß man das Mistbeet so viel möglich in gleichem Grade der Wärme zu erhalten suchen. Die Pflanzen bleiben sonst entweder zurück, oder fallen um und verderben. Wenn einige Tage nach einander warmer Sonnenschein gewesen, und darauf ein warmer Regen folgt, pflegen sich die Mistbeete plötzlich zu stark zu erhitzen, und hier und da junge Pflanzen umzufallen. Dann muß man sie sogleich schröpfen, d. i. mit einem starken Pflanzholze durch die Erde Luftlöcher machen, und den Fenstern etwas Oefnung geben, damit der Dampf ausziehe. Sobald aber

die

die Hitze nachläßt, höchstens nach 24 Stunden, müssen die Löcher wieder verschlossen werden. — Ohne frische Luft wachsen die Pflanzen zu frech auf, und bey strengen Winden und starker Kälte können sie durch die schnelle Abwechselung in wenig Minuten zu Grunde gerichtet werden.

Bey strenger Kälte sind die Fenster zur Bedeckung der Mistbeete nicht hinreichend, sondern sie verlangen noch eine andere Bedeckung. — Hölzerne Boden lassen die Kälte zu sehr durch. Eine Bedeckung mit trocknem Pferdemiste, die viele anrathen, ist nicht nur den Fenstern schädlich, sondern auch bey schnell eintretender wärmeren Witterung, zu unbequem wegzuschaffen. Die beste Bedeckung sind Matten oder Decken von Rohr oder langem Roggenstroh, besonders die letztern, weil die Rohrdecken meistens schwer und unbequem zu regieren sind. — Bey recht kaltem und dabey trüben Wetter dürfen die Matten und Decken von den Fenstern nicht abgenommen werden, sondern nur bey Sonnenschein. Nach einem Regen müssen sie, damit sie abtrocknen, und das Wasser von den Fenstern abfliesse, gleichfalls abgenommen, und mit trocknen verwechselt, auch der Schnee jedesmal abgefegt werden. Bey zu befürchtendem Hagelwetter müssen die Fenster geschwinde bedeckt werden. — So oft die Matten abgenommen werden, müssen die Fenster mit einer Bürste oder Besen gereiniget, die Feuchtigkeit mit einem Schwamme oder wollenen Lappen abgewischt, und die Fenster jährlich wenigstens einmal mit Bleyweiß und Brandtewein abgerieben werden.

Wie bald die Fenster von einer jeden Art Pflanzen ganz abgenommen werden müssen, muß

muß die Erfahrung lehren. Carotten, Vitsbohnen, Zwergerbsen treiben, wenn sie nicht viel Luft haben, bloß ins Kraut. Melonen aber ertragen in unsern kältern Gegenden bis zur Reife eingeschlossen zu seyn.

So lange die Fenster auf einem Mistbeet liegen, pflegt das Begießen selten nöthig zu seyn. Frühe Mistbeete haben es gar nicht nöthig, auch wollen Melonen sehr wenig begossen seyn. Beete aber, welche mehr offen und frey gelassen werden, und also eher austrocknen, müssen mit einer Gießkanne begossen werden, jedoch nicht eher, als bis das Laub welk werden will; und zwar mit verschlagenem Wasser, des Morgens, bey Oefnung der Beete.

Wenn Mistbeete die Wärme verlieren, muß man sie nachheizen, d. i. den rechten Grad der Hitze wieder herzustellen suchen. Bey frühen Mistbeeten ist dies oft schon 14 Tage nach der Bestellung nöthig. Man legt nemlich rund um das Beet 2 Fuß breit frischen warmen Mist; oder füllet, wenn 2 Beete nahe an einander liegen, die Zwischenräume damit aus, so daß dieser sich bald senkende Mist, höher als die Kasten liege, und auch den Kasten umher erwärmet. Nach einigen Tagen muß dieser Mist wieder aufgeschüttelt, und mit etwas frischem Mist erfrischt, und diese Nachheize gemeiniglich zwischen 10 bis 14 Tagen erneuert werden, wozu nicht allein frischer Mist nöthig ist, sondern nur der alte recht aufgeschüttelt, und mit der Hälfte frischen Mist vermischt werden kann.

Mistel, der, Viscum Linn., ist eine Schmarozer-Pflanze, die im Winter grün bleibt, und nicht in der Erde, sondern auf Bäume wächst. Sie

gehört

gehört in die vierte Ordnung der 22sten Pflanzenklasse (Dioecia Tetrandria). Sowohl die männliche als weibliche Blume dieser Gattung haben keine Blumenkrone; jene haben einen in 4 Stücke zertheilten Kelch, und 4 ohne Staubfäden an den Kelch angewachsene Staubeutel. Diese aber 4 auf dem Fruchtknoten sitzende Kelchblättern, und eine kleine stumpfe Narbe ohne Griffel, und hinterlassen eine Beere mit einem einzigen herzförmigen Samenkorne — Es ist von dieser Gattung nur eine Art bey uns einheimisch, nemlich:

Viscum (album) foliis lanceolatis obtusis, caule dichotomo, spicis axillaribus. Linn. Pfl. Syst. IV. 579. *Miller dict.* Lueder b. p. Lustgartn. IV. 386. Diese niedrige immergrüne Staude wächst in ganz Europa und Asien auf mancherley Bäumen. Sie sitzt ohne sichtbare Wurzel auf den Aesten derselben, schlägt aber viele feine Fasern in die Rinde, welche bis in die holzige Substanz hineinlaufen. Sie treiben aus einem kurzen graden Stämmchen viele kurze grade Zweige nach allen Seiten, die sich gabelförmig unter sehr stumpfen Winkeln in kleinere zertheilen. Die Zweige haben eine grüne oder gelblichte, den Blättern gleichfarbige Rinde, und sind an ihrem Ursprunge und an der Abtheilung dick und knotig. Die Blätter befinden sich nur an den Enden der Zweige, und zwar an der Spitze eines jeden Zweiges nur ein Paar gegen einander über, etwa 1 Zoll lang, ungezähnt und stumpf, und gegen die Basis zu verschmälert, dick, trocken und mürbe, auf beyden Flächen gleichfarbig, ohne Adern und glatt. Die Blützeit ist im März. Die männlichen Blumen kommen in den

Winkeln der Blätter in längern Aehren; die weiblichen stehen zu 3 bis 4 an den Enden der Zweige. Die Blumen sind klein und mit den Blättern gleichfarbig. Die Beeren werden im Sept. und Oct. reif, sind weiß, von der Größe einer Erbse, und enthalten unter einem zähen Schleim einen flachen, mit einer silberweißen Haut bekleideten Samen. Diese außerordentliche Pflanze, wächst am Stamme und den Aesten der Eschen, Ahorn, Apfelbäume, Cratägus-Arten, Haselsträucher, Eichen ꝛc., ist sehr ästig, breitet sich weit umher aus, oft eben so weit, als sie an Höhe zunimmt, daher sie dann meistens eine runde Figur hat.

In den Gehölzen wird sie von den Vögeln, die ihre Beeren im Winter zu ihrer Nahrung begierig suchen, fortgepflanzt. Indem sie die reifen Beeren von Baum zu Baum schleppen, bleiben hier und da, vermöge des klebrigen Saftes, Samenkörner an der Rinde der Bäume kleben, aus welchen Pflanzen anwachsen. Wer der Seltenheit wegen in Lustgebüschen einige Pflanzen dieser Gattung erziehen will, muß diesen Methodus der Fortpflanzung, als den einzig möglichen, nachahmen. Man drücke deßwegen, an denjenigen Bäumen, an welchen man sie verlangt, und wenn man Beeren genug hat, an mehrere Zweige derselben, auf eine recht glatte Stelle, einige Beeren, die dann daselbst wegen ihres klebrigen Wesens kleben bleiben; oder man mache in der äußern Rinde mit einem Messer einen kleinen Einschnitt, und drücke in denselben eine Beere. Daß inzwischen diese Bemühung oft vergeblich ist, davon ist die Ursache vielleicht diese, daß etwa in der Nähe der weiblichen Pflanze,

von

von welcher die Beeren sind, keine männliche Pflanze vorhanden war, und die Blumen derselben also nicht befruchtet wurden; man muß also bey mißlungenen Versuchen die Hoffnung eines bessern Erfolgs für die Zukunft nicht aufgeben. Wenn man inzwischen auch seinen Zweck erreicht, so haben die Pflanzen dennoch meistens nur einen langsamen Wuchs, und der runde Busch, welchen sie bilden, wird oft binnen 12 Jahren nicht über 1 Fuß im Durchmesser stark. Sie fallen in Pflanzungen von solchen Bäumen am besten ins Auge, die im Winter unbelaubt sind, und schicken sich also in solche Pflanzungen am besten.

Mistmelde, Mercurialis L. s. **Bingelkraut**, Th. II. S. 76.

Mitella, L. s. **Bischofsmütze**, Th. II. S. 246.

Mitschelinsholz, Evonymus europaea L. s. Spillbaum.

Modelgeer, Gentiana cruciata L. Th. II. S. 666.

Möhren, Daucus Linn. eine Pflanzengattung mit 5 Staubfäden und 2 Staubwegen, welche in die fünfte Linnéische Pflanzenklasse, in die 2te Ordnung (Pentandria Monogynia) gehört. Sie ist ein Doldengewächs. Die allgemeine sowohl als besondere Blumendolde besteht aus vielen Strahlen. Sie sind alle beyde während der Blüte flach, wenn aber der Same reift, in der Mitte vertieft, und gleichsam in Gestalt eines Vogelnests ausgehöhlt. Die gemeinschaftliche sowohl als die besonderen Doldenhüllen bestehen aus Blättlein, die in schmale gleichbreite Querstücke zertheilet sind; die Blümlein sind entweder alle, oder nur zum Theil fruchtbar, und die äußern

Blu-

Blumenblättlein, vornemlich bey denen im Umkreis, etwas größer, als die andern; die Samen sind mit steifen Härchen oder Borsten bekleidet.

Die erste, hier folgende, Art dieser Gattung ist ein sehr bekanntes und beliebtes Küchengartengewächs, die übrigen 5 Arten werden nur der Mannigfaltigkeit wegen, und meistens nur in botanischen Gärten unterhalten.

1) Daucus (Carota) seminibus hispidis, petiolis subtus nervosis. Linn. Pfl. Syst. VI. 48. *Spec. Plantar. Edit. Willd.* I. 1389. *Mill. dict.* n. 1 und 2. **Gemeine Möhre, Mohrrübe, Carotte, gelbe Wurzel,** wächst in allen Europäischen Ländern an den Wegen, auf den Aeckern und Brachfeldern, und trocknen Wiesen. Die zahme Möhre ist offenbar durch Cultur aus der wildwachsenden entstanden, und wird in allen Küchengärten angetroffen. **Miller** will in seinem Garten-Dict. behaupten, er habe beyde Arten mehrere Jahre mit Sorgfalt neben einander gebauet, aber keine Veränderung der wilden Sorten bewürken können. Ihre Wurzeln bleiben immer gleich klein, faserigt, und beißend vom Geschmack, und deßwegen hält er dafür, daß sie wesentlich von einander verschieden sind. Dieser Unterschied aber, der bloß in der mehrern oder mindern Brauchbarkeit der Wurzel liegt, ist wohl zu gering, und Linné und andere vereinigen sie daher mit einander. Beyde haben eine spindelförmige Wurzel, die bey der wilden klein, hart, weiß und von scharfem Geschmack, bey der zahmen Möhre hingegen größer, fleischiger, von angenehmen Geschmack, und mehr oder weniger gelber, oft purpurrother Farbe ist. Die Pflanzen sind 2jährig; sie treiben im ersten Jahre glänzende,

de, dunkelgrüne, zweyfach gefiederte Blätter, mit tiefzerschnittenen und gezähnten Blättchen, mit unten rund und oben vertieften Aederchen, und sind mit einer Menge kleiner weißer Härchen besetzt. Im 2ten Jahre treibt zwischen den Blättern ein 4 — 5 Fuß hoher, aufrechter, zweytheiliger Stängel hervor, der sich in viele Zweige ausbreitet, und auf allen Ecken derselben Blumendolden trägt. Die allgemeinen Blumendolden bestehen oft aus 40 Strahlen, und die besondern haben fast eben so viel. Die weißen Blümlein haben röthliche Staubbeutel, und insgemein sind die mittelsten Blümlein einer Dolde höher als die übrigen. Die ganze Pflanze hat einen besondern gewürzhaften Geruch und Geschmack. Die süßen Wurzeln werden nicht allein als eine angenehme und gesunde Speise sowohl allein, als mit andern Speisen häufig und gern von Menschen gegessen, sondern geben auch ein gutes Futter für das Vieh.

Es giebt von den Möhren verschiedene Arten, von denen folgende die bekanntesten sind:

1) die eigentlich sogenannten **Carotten**, welche kurz, dick, und von sehr dunkler Farbe sind, unten stumpf zu gehen, und lange dünne Schwänze haben. Sie werden etwas früher, als die andern Arten, brauchbar. Ihr Kraut ist etwas feiner zerschnitten und dunkler von Farbe.

2) Die **langen gelben Möhren** treiben hellgelbe, oft $1\frac{1}{2}$ Fuß lange Wurzeln, die oft eine ansehnliche Stärke erreichen, aber meistens viele Nebenzacken treiben, und einen holzigen Kern haben. Zur Fütterung des Viehes sind sie sehr gut zu gebrauchen, und liefern einen reichlichen Ertrag, aber zur Speise werden sie wenig geachtet.

3) Die **langen rothen Möhren** stehen zwischen den vorigen beyden Arten in der Mitte. Sie gleichen den ersten in der Farbe und im Geschmacke, und in der zarten Beschaffenheit ihres Fleisches, und in der Gestalt der 2ten Art. Da sie überdem auch eine ziemliche Stärke erreichen, so sind sie des Anbaues vorzüglich würdig. Zum frühen Gebrauch ist die erste Art die beste, weil sie eher genießbar wird, da sie nicht so sehr in die Länge wächst, und daher bald die nöthige Stärke erlangt. Zur Hauptsaat ist indessen die dritte Art die vorzüglichste.

Die Möhren lieben einen warmen, sandigen, leichten, lockern, tief umgegrabenen Boden, damit sie mit ihren langen Wurzeln ungehindert in die Erde dringen können. Der Boden muß überdem, so viel möglich ist, klar gegraben, und von allen Steinen und dergleichen gereiniget seyn, auch keinen sichtbaren Mist mehr enthalten, weil die Möhren davon Zacken an den Wurzeln und Rostflecke bekommen. Bey dem Aussäen derselben wird viel Vorsicht erfordert, wenn man den Samen, der nicht nur sehr leicht, sondern an seiner ganzen Oberfläche mit feinen Haaren besetzt ist, und also an einander hängt, und sich schwer ausstreuen läßt, gleichförmig aussäen will. Deßwegen thut man wohl, wenn man den Samen vor dem Aussäen erst stark zwischen den Händen reibt, bis er diese Haare verloren hat, oder bis sie wenigstens im Säen nicht mehr hinderlich sind. Ueberdem muß man, seiner Leichtigkeit wegen zum Aussäen einen windstillen Tag wählen. Man muß den Samen so dünne säen, daß die aufgehenden Pflanzen wenigstens 4 Zoll nach allen Seiten Raum haben, sonst ists un-

möglich,

möglich, daß sie die erforderliche Stärke erlangen, und den rechten Nutzen bringen. Dies gilt füglich nur von der Hauptaussaat, die zum wirthschaftlichen Gebrauch bestimmt ist. Bey dieser muß man bey der nachmaligen Reinigung die überflüssigen Pflanzen bis auf die angegebene Entfernung ausziehen lassen. Bey denen hingegen, die jungen verspeiset werden sollen, sind 2½ Z. Entfernung hinreichend, weil diese nicht so lange stehen bleiben, daß sie bey größerer Stärke einander drängen könnten.

Da der Möhren-Same lange in der Erde liegt, ehe er aufgehet, und da die aufgegangenen Pflanzen anfänglich sehr zart sind, und leicht ersticken können, so muß man auf die Vertilgung des früher heranwachsenden Unkrautes zeitig bedacht seyn, und mit gleicher Sorgfalt den Sommer hindurch fortfahren. Je reiner sie vom Unkraute gehalten werden, und je dünner sie stehen, desto stärker werden sie. Sobald sie die Stärke eines kleinen Fingers haben, pflegt man anzufangen, die stärksten zum Gebrauch herauszuziehen. Allein dies ist nicht gut, denn die stehenbleibenden pflegen dadurch sehr im Wachsthum aufgehalten zu werden. Besser ist es daher, wenn man mehrere kleinere Beete, statt eines größern säet, und eines nach dem andern verbrauchet, oder bey einem größern Beet auf einem Ende anfängt, und die Möhren nach der Reihe aufziehet.

Die größte Schönheit der Möhren besteht darin, wenn sie noch jung und zart sind. Man muß deßwegen zu verschiedenen Zeiten etwas Samen aussäen, damit eine solche Aussaat bald verbraucht werde, und eine Aussaat immer auf die andere folgen könne.

Die

Die erste Aussaat zum Sommergebrauche kann man schon früh im Januar, auch, wenn die Witterung es zuläßt, schon in der letzten Hälfte des Decembers machen. Der Saame leidet vom Froste nicht, und wird etwa im März aufgehen, und gegen Johannis, mit den ersten Erbsen zugleich, brauchbare Wurzeln liefern. Die zweyte Aussaat macht man im Anfange des März, und eine dritte im Anfange des April. Von diesen 3 Aussaaten kann man dann den ganzen Sommer hindurch Möhren zur Speise haben. Die Haupt-Aussaat, die besonders zum Herbst und Wintergebrauch bestimmt ist, macht man aber nicht eher, als im Anfange des May. Diese giebt gegen Michaelis die vollkommensten Wurzeln, die sich den ganzen Winter hindurch erhalten.

Will man zeitiger im Frühjahre, als von der ersten Aussaat im December möglich ist, junge Möhren haben, so muß man den Saamen dazu in der ersten Hälfte des Augusts säen, und dazu den eigentlichen Carottensaamen nehmen. Das Beet, welches man dazu wählt, muß nicht so nahrhaft als zu den Sommerrüben seyn, damit sie nicht vor dem Winter zu schnell in die Höhe wachsen, und zart genug bleiben. Man darf aber nicht eher säen, als bis es einmal nachdrücklich geregnet hat, weil der Saame sonst in dieser wärmern Jahreszeit nicht aufgehen kann. Das Beet muß entweder ein solches seyn, welches von andern Gewächsen ledig geworden, und welches man zu diesem Zwecke nur gehörig reiniget und dann besäet, ohne es von neuem graben zu lassen, oder man muß das frisch gegrabene Beet fest treten lassen, weil sich die Erde sonst im Winter senkt, und die jungen Möhren dann einen

hal-

halben Zoll lang aus der Erde hervor treten und dann bitter werden. Die Wintercarotten müssen, so wie alle Wintergewächse, weit genug stehen, daß sie sich nicht berühren, weil ihr Kraut sonst leicht fault. Sie pflegen schon in der letzten Hälfte des Herbstes, wenn dann offene Witterung ist, zur Speise brauchbar zu seyn, und halten sich den Winter hindurch unverdorben, bis in den April, wo sie stockigt und unbrauchbar werden, wo sie dann anfangen, in den Saamenstängel zu treiben. Wenn man einen Theil des Beets mit langem strohigen Pferdemist bedeckt, damit der Frost nicht in die Erde dringen kann, welches den Carotten am Geschmack nicht hinderlich ist, so kann man sie den ganzen Winter hindurch frisch aus der Erde zur Speise haben.

Was die Durchwinterung der Möhren betrifft, so sind sie, als ein bey uns einheimisches Gewächs, dauerhaft genug, unsern Winter im freyen Lande auszuhalten, wenn der Boden, in welchem sie stehen, nicht feucht ist. Allein da die Mäuse, Erdratzen rc. ihnen sehr nachtrachten, und in kurzer Zeit ganze Beete verwüsten können, wenn sie dieselben einmal gefunden haben, da man sie ferner zur Zeit des Frostes nicht immer bequem haben kann, und da sie überdem endlich gegen das Frühjahr in der Erde bald stockig zu werden pflegen; so gräbt man sie im Oct. aus, schneidet ihnen das Kraut, ohne jedoch den Kopf der Wurzel zu verletzen, dicht weg, läßt sie, wo möglich unter Obdach, einige Zeit dünn ausgebreitet liegen, damit sie gehörig abtrocknen, ohne welk zu werden, und gräbt sie alsdann an einem erhabenen und wasserfreyen Orte, wie Erdtoffeln und andere ähnliche Gewächse so tief ein, daß sie

we-

wenigstens 1 Fuß hoch Erde über sich haben. Hier erhalten sie sich den Winter hirdurch vollkommen unverdorben. Will man im Winter von Zeit zu Zeit von dem eingegrabenen Vorrathe zum Gebrauche aus dieser Grube heraus nehmen, so muß man die Erddecke derselben mit langem Pferdemiste so stark bedecken, daß die Kälte nicht bis zur Erde durchdringen kann. In Kellern, die luftig und trocken sind, erhalten sie sich auch sehr lange unverdorben, in dumpfigen Gewölben hingegen, wo keine Luft hinzu kommen kann, faulen sie leicht. Ist die Durchwinterung zu warm, so wachsen sie gern lang aus, und werden dann holzig, und zum Genusse unbrauchbar. In Kellern und Gewölben erhält man sie am besten, wenn man sie an einer Wand ordentlich aufschichtet. Man streuet längs der Wand, die dazu bestimmt ist, eine ganz dünne Lage trocknen Sandes, legt darauf eine Schicht Möhren, eine neben der andern längs der Wand hin, und zwar mit den Schwänzen gegen die Wand, und mit dem Kopfe gegen den Keller gekehret, füllt die Zwischenräume mit Sande aus, und ebnet dadurch die Schicht, und legt dann darauf eine 2te Schicht in eben der Ordnung, auf diese eine dritte u. s. f. bis der Vorrath von Möhren aufgeschichtet ist. Ist der Sand naß, so wachsen die Rüben vor der Zeit aus und werden unbrauchbar.

Zur Erziehung des Möhrensaamens erwählet man im Frühjahre von den gut durchwinterten Möhren die besten Exemplare, die nach den verschiedenen Arten, (die man bey der Durchwinterung nicht vermischen, und auch bey dem Aussetzen zum Saamentragen sorgfältig von einander trennen muß) den oben gegebenen Beschreibungen

gen am nächsten kommen, keine Nebenzacken haben, und am Kopfe nicht eingefaulet sind, sondern bereits zum Auskeimen sich anschicken. — Diese setzt man auf ein nicht frisch gedüngtes, doch aber nicht mageres Beet 1 Fuß nach allen Seiten so tief ein, daß der Kopf mit der Erde gleich stehe. Besser setzt man aber 2 Möhren etwa 4 Zoll entfernt von einander und 1½ Fuß davon ein 2tes Paar. Man gewinnt dabey an Raum, und ersparet dabey die Hälfte der zur Unterstützung nöthigen Pfähle. Will man mehrere dergleichen Reihen auspflanzen, so muß zwischen jeden 2 Reihen ein 1½ Fuß breiter Weg gelassen werden. Bald nach dem Einsetzen fangen sie an, die Saamenstängel hervor zu treiben. Sobald diese etwa 1 Fuß hoch geworden, muß bey jeder Saamenstaude, oder nach der letztern Art, zwischen jeden 2 Möhren ein 4 — 5 Fuß hoher Stab eingestoßen werden, an welchen die Saamenstängel, deren jede Pflanze mehrere, oft 10 — 12 treibt, locker mit Matte angebunden werden. Das Anbinden muß, so wie sie höher treiben, noch 1 bis 2mal wiederhohlet werden, damit sie nicht umfallen können. Die an den Enden der Stängel zum Vorschein kommenden Dolden blühen weiß, und setzen bald darauf ihren Saamen an. Sobald diese Dolden braun werden, müssen sie einzeln ausgeschnitten werden, weil der Saame sonst leicht abfällt, und verloren gehet, und weil die Dolden nur nach und nach reif werden. Wenn die Dolden auf einem luftigen Boden liegend nachgereift und trocken geworden sind, wird der Saame von denselben mit der Hand abgerieben.

Mohn, Papaver L., ist eine Pflanzengattung, welche mehrere Arten unter sich begreift. Sie gehört nach dem Linnéischen System in die 1ste Ordnung der 13ten Pflanzenklasse (Polyandria Monagynia) und hat folgende Gattungskennzeichen. Die Blumendecke, die gleich nach Oeffnung der Blume abfällt, ist 2blätterig, die Blumenkrone 4blätterig, (oft sehr stark gefüllt) und ihre Blätter sind wechselsweise kleiner. Die vielen Staubfäden sind kürzer als die Blumenkrone. Der große rundliche Fruchtknoten hat keinen Staubweg, aber eine flache, schildförmige gestrahlte Narbe. Die einfächerige, oder unvollkommen 4fächerige Saamenkapsel ist mit der großen flachen Narbe bedeckt, unter welcher sie mit mehrern Löchern aufspringt. Die vielen kleinen Saamen sitzen inwendig an so vielen häutigen Rippen, als die Narbe Strahlen hat.

Diese Gattung begreift sehr dauerhafte, überall gut fortkommende, krautartige, zaserwurzlichte, theils einjährige, theils perennirende Blumen und Arzenenpflanzen, mit aufrechten, 1 — 3 Fuß hohen Stängeln, die mit großen, tief eingeschnitte-

nen

nen und geschlitzten Blättern besetzt sind, und große, aus 4 großen rundlichen Blättern bestehende Blumen tragen, welche meistens im Jun. und Jul. blühen, und sehr große rundliche, mit zahlreichen, sehr kleinen im Herbste reifenden Saamen angefüllte Kapseln hinterlassen.

a). Einjährige Arten.

1. Papaver (somniferum) calycibus capsulisque glabris, foliis amplexicaulibus incisis. Linn. Syst. VII. 200. *Spec. Plant. Edit. Willd.* II. 1147. *Mill. Dict.* n. 8. **Lueder b. p. Lustg. III. S. 8. Gartenmohn, schlafbringender Mohn, Olmagen, Magsamen**, wächst im südlichen Europa in steinigtem Grunde. Der aufrechte ästige Stängel wird 3 F. hoch und noch darüber. Die großen, tief eingeschnittenen Blätter umfassen den Stängel. Die Blumen sind groß, offen, dunkelpurpurroth. Eine 2te Art, mit weißen Blumen, und sehr großen Saamenkapseln, welche oft über 8000 Saamenkörner enthalten, führt Mill. l. c. als eine besondere Species auf und nennt sie P. (album) capsulis ovatis glabris, foliis latioribus amplexicaulibus, marginibus inciso-serratis n. 9, ist aber nur eine bloße Abart.

Von beyden Arten giebt es eine große Verschiedenheit der Spielarten, die sich in Ansehung der Größe, der Fülle und Zeichnung ihrer Blumen unterscheiden, und sehr zur Verzierung gereichen, und von welchen folgende die wichtigsten sind: a) **purpurroth**, b) **roth**, c) **weiß**, d) **purpurroth und weiß gescheckt**, e) **roth und weiß gescheckt**, f) **roth und weiß gefleckt**, g) **mit krausen Blumen**, h) **mit gefranz-**

franzten Blumen, i) mit gefederten Blumen; — und alle diese Sorten sowohl einfach als gefüllt. Den meisten Werth für die Lustgärtnerey haben freylich die Arten mit gefüllten Blumen, die nicht nur meistens sehr groß, und außerordentlich stark gefüllt sind, sondern auch oft von einer so lebhaften und feinen Zeichnung sind, daß sie von den schönsten Nelken kaum übertroffen werden; doch machen auch die einfachen Sorten ein gutes Ansehn.

2. Papaver (Rhoeas) capsulis globosis, caule piloso multifloro, foliis pinnatifidis incisis. Linn. Pfl. Syst. VII. 198. *Edit. Willd.* II. 1146. *Mill.* n. 1. Lueder l. c. n. 2. **Wilder Mohn, Feldmohn, kleine Oelmagen, Katzenmagen, Klatschrose, Klapperrose, Schnallen,** wächst in ganz Europa auf Aeckern unter dem Korne, und treibt 1½ — 2 F. hohe Stängel, die mit borstigen Haaren besetzt sind, und sich in Zweige theilen. Die ziemlich langen Blätter sind tief eingeschlitzt. Die großen rothen, im Stande der Wildheit einfachen Blumen kommen im Jun. und Jul., und hinterlassen glatte kugelige Kapseln. Unter der Kultur werden die Blumen nicht nur häufig gefüllt, sondern ändern auch die Farben; denn man hat auch purpurrothe, weiße, gescheckte, mit schöner Zeichnung. Diese Sorte ist in ihrem wilden Zustande eine sehr officinelle Pflanze.

3. Papaver (dubium) capsulis oblongis glabris, caule multifloro, setis adpressis, foliis pinnatifidis incisis. Linn. Pfl Syst. VII. 200. *Edit. Willd.* II. 1146 Lueder l. c. n. 3. **Zweifelhafter Mohn, Saat-Mohn,** wächst im nördlichern Europa unter den Saaten.

4. Papaver (hybridum) capsulis subglobosis torosis hispidis, caule folioso multifloro. *Linn.* Pfl. Syst. VII. 195. *Edit. Willd.* II. 1144. *Mill.* n. 2. Lueder l. c. n. 4. **Unächter oder Bastard-Mohn, kleiner Mohn,** wächst im südlichen Europa.

Diese beyden letztern Arten sind von Papaver Rhoeas sehr wenig unterschieden, ausgenommen, daß n. 3 am Stängel angedrückte Borsten hat, und daß n. 4. im Ganzen kleiner ist, und daß die Saamenkapseln der Länge nach durch Furchen in Wulste getheilet sind.

5. Papaver (Argemone) capsulis clavatis hispidis, caule folioso multifloro. *Linn.* Pfl. Syst. VII. 195. *Edit. Willd.* II. 1144. *Mill.* n. 3. Lued. l. c. n. 5. **Keulenförmiger oder Acker-Mohn,** findet sich in Europa auf sandigen Feldern. Die Stängel sind blättrig, vielblumig, selten über 1 F. hoch. Die kleinen kupferfarbigen Blumen hinterlassen lange, dünne, steifborstige, keulenförmige Kapseln.

6. Papaver (nudicaule) capsulis hispidis, scapo unifloro nudo hispido, foliis simplicibus pinnato-sinuatis. Linn. Pfl. Syst. VII. 198. *Edit. Willd.* II. 1145. *Mill. Dict.* n. 5. Lueder l. c. n. 6. **Nacktstänglichter Mohn, Sibirischer Mohn,** gehört, wie der Name sagt, in Sibirien zu Hause, und ist eine zweyjährige Pflanze. Die einfachen, buchtig-gefiederten Blätter sind rauchhaarig. Der Blumenschaft ist dünn, nackt, einblumig, steifborstig, etwa 2 F. hoch. Die blaßgelben Blumen haben einen vortrefflichen Geruch, und hinterlassen steifborstige Kapseln.

Alle diese Arten, besonders aber die beyden ersten, machen in den verschiedenen Theilen der Lustgärten, trippelweise umher vertheilt, ein ungemein verzierendes Ansehn, vorzüglich aber die gefüllten Sorten. Den Saamen derselben säet man im Herbste oder Frühjahre sogleich an Ort und Stelle, bedeckt ihn etwas mit Erde, verzieht die jungen Pflanzen, wenn sie etwa 2 — 3 Zoll hoch sind, und läßt auf jedem Trippel nur etwa 3 — 4 stehen. Wenn sie ihre Blüthe zeigen, schneidet man diejenigen, die schlechte Farben haben, oder nur schwach oder gar nicht gefüllt sind, an der Erde ab, und läßt nur die wirklich schönen gefüllten Blumen stehen. Die Blumen sind zwar nur von kurzer Dauer, bey sehr heißer Witterung oft nur 1 Tag. Es blühen aber an ihrer Stelle immer wieder andere auf derselben Pflanze auf. Sie geben eine Menge Saamen, aus welchem, wenn man ihn ausfallen läßt, von selbst wieder neue Pflanzen entstehen.

Die beyden ersten Arten werden auch sehr häufig um des Saamens willen in großer Menge angebauet, da man diesen Saamen nicht nur in vielen Haushaltungen, nachdem man ihn etwa 12 Stunden im Wasser eingeweicht hat, mit einer besonders dazu verfertigten hölzernen Keule in einem irdenen Napfe reibt, und statt Milch an vielen Speisen gebraucht, sondern auch ein vortreffliches Oel daraus schlägt, welches dem reinen Provencer-Oel wenig nachgiebt. In dieser Absicht wird der Saame über das ganze, dazu bestimmte, Beet so dünne als möglich ausgesäet, eingeharkt, und sobald die aufgegangenen Pflanzen etwa 3 Zoll hoch sind, bis auf 9 — 12 Z.

verzogen, damit sie den nöthigen Raum erhalten, und sich nicht unter einander ersticken.

2. Perennirende Arten.

7. Papaver (orientale) capsulis glabris oblongis, caulibus unifloris scabris foliosis, foliis pinnatis serratis. *Linn.* Pfl. Syst. VII. 205. *Edit. Willd.* II. 1148. *Mill. Dict.* n. 7. **Lueder** l. c. n. 8. **Orientalischer Mohn, morgenländische Klapprose,** wächst im Oriente, treibt eine große, dicke Wurzel, und aus derselben aufrechte, rauhe, 2 Fuß hohe, unten blättrige, einblumige Stängel. Die Blume ist hochroth, kommt im May, und hinterläßt eine runde Kapsel mit purpurrothen Saamen. Man hat eine **Abart mit gefüllten Blumen,** an welcher auch die Farben zu wechseln pflegen.

8. Papaver (cambricum) capsulis glabris oblongis caule multifloro laevi, foliis pinnatis incisis. **Linn.** Pfl. Syst. VII. 204. *Spec. plant. edit. Willd.* II. 1147. *Mill. Dict.* n. 5. **Lueder** l. c. n. 7. **Walliser Mohn, englischer Mohn,** wächst in Nordwallis in schattigen Wäldern, auf den Pyrenäen :c. Ihre Blätter kommen größtentheils aus der Wurzel, sind gefiedert, und bestehen aus tief eingeschnittenen Blättchen; die Stängel 1½ F. hoch, ziemlich nackt, aufrecht, glatt, vielblumig. Die Blumen sind groß, hellgelb, blühen im Jun., und hinterlassen runde Kapseln mit purpurbraunen Saamen.

9. Papaver (alpinum) capsula hispida, scapo unifloro nudo hispido, foliis bipinnatis. **Linn.** Pfl. Syst. VII. 199. *Spec. plant. edit. Willd.* II. 1145. *Mill.* n. 4. **Lueder** l.

l. c. n. 9. Alpenmohn, ist auf den schweizerischen, Oesterreichischen und Pyrenäischen Alpen zu Hause, und ist eine kleine Bergpflanze, deren Blätter doppelt gefiedert, deren Blumenschaft dünn, nackt, steifborstig, einblumig ist, und im May kleine gelbe Blumen trägt.

Den Saamen dieser 3 perennirenden Arten kann man gleich im Herbste, wenn er reif ist, oder zeitig im Frühjahre aussäen. Man thut dies aber nicht gleich an Ort und Stelle, sondern auf einem besondern Beete, und versetzt die jungen Pflanzen, sobald sie dazu groß genug sind, auf ein anderes Beet weiter aus einander, damit sie vor der förmlichen Verpflanzung, die im Herbste vorgenommen wird, sich gehörig ausbreiten können. Sie dauern dann mehrere Jahre in der Wurzel fort, durch deren Zertheilung sie sich in der Folge sehr leicht vermehren lassen.

Mohn, stachlichter, Argemone L., ist mit der vorhergehenden Gattung sehr nahe verwandt; sie hat 3 rundliche, hohle, abfällige Kelchblätter, sechs große, rundliche, aufrechte oder ausgebreitete Blumenblätter, viele fadenförmige Staubfäden, und einen eyrunden, fünfeckigen Fruchtknoten, mit einer dicken, stumpfen, fünfspaltigen, zurückgebogenen, bleibenden Narbe ohne Griffel; sie hinterläßt eine eyrunde, fünfeckige einfächerige Kapsel, welche sich zur Hälfte in 3 oder mehrere Schalenstücke zertheilt, und viele sehr kleine Saamen enthält. Linn. setzt diese Gattung in die erste Ordnung der 13ten Pflanzenklasse (Polyandria Monogynia) und führt 3 Arten, wovon besonders die hier folgende eine Art, ihres sonderbaren Ansehns wegen, häufig in den Gärten angebauet wird.

Ar-

Argemone (mexicana) capsulis sexvalvibus, foliis spinosis. Linn. Pfl. Syst. VII. 207. *Spec. Plant. edit. Willd.* II. 1148. *Mill. Dict.* Lueder Lustg. III. p. 12. Mexicanische Argemone, Halbklappen, stachlichter oder Stachelmohn, ist in Mexico, Jamaica, den caraibischen Inseln, jetzt auch im südlichen Europa einheimisch. Der Stängel, der in Jamaica 5 F. hoch wird, wächst in unsern Gärten höchstens 1½ F. hoch, und ist dick und rund. Die großen Blätter sind länglich, sehr viel eingeschnitten, am Rande mit sehr spitzen, steifen gelben Dornen besetzt, von Farbe glänzend hellgrün, und mit schönen weißen Adern durchzogen. Die Blumen sind sehr groß, vortrefflich gelb, kommen im Jul. oder August und hinterlassen eyrunde, stachlichte Saamenkapseln, welche sich von selbst bis zur Hälfte in 6 Schalenstücke zertheilen.

Die Cultur dieser einjährigen Pflanze macht nicht viel Mühe. Man säe den Saamen im Frühjahre an Ort und Stelle, und verdünne die Pflanzen nur und halte sie rein. Um aber einige noch früher in der Blüthe zu haben, säe man auch schon im Herbste etwas Saamen. Sie pflanzen sich nachher durch den ausfallenden Saamen von selbst fort, und nehmen mit jedem Boden und Lage vorlieb.

Mohn-Anemonen, heißen die einfachen Anemonen deswegen, weil sie mit der Blüthe des Mohns viel Aehnlichkeit haben. S. Anemone Th. I. S. 281.

Mohrbeere, s. **Heidelbeere** n. 2. III. p. 503.

Mollugo, Galium Mollugo. S. **Labkraut** n. 9. IV. 647.

Molten, Atriplex I. 526.

Mo-

Moly und
Moly. S. Lauch IV. 695.

Monarde, Monarda L., ist eine Pflanzengattung, welche in die 1ste Ordnung der 2ten Pflanzenklasse (Diandria Monogynia) gehört. Die Blume hat einen 5zähnigen Kelch, eine Blumenkrone mit 2lippiger Mündung, deren Oberlippe aufrecht, ganz und sehr schmal, und eng, die untere aber zurückgebogen und 3theilig ist; und 2 Staubfäden, welche nebst dem einfachen Griffel von der Oberlippe der Blumenkrone eingehüllt sind; sie hinterläßt vier Saamen, welche bloß im Kelche sitzen. Diese Gattung enthält krautartige, zaserwurzlichte, theils perennirende, theils 2jährige, aufrechtwachsende, zur Verzierung der Lustgärten sehr schickliche, Blumenpflanzen, mit eckigen, aufrechten, 2 — 3 Fuß hohen Stängeln, die mit länglichen einfachen Blättern besetzt sind, und sich mit großen, mit einer blättrigen Hülle versehenen Blumenköpfen von einblättrigen rachenförmigen Blumen endigen. Sie sind theils perennirend, theils einjährig.

1) Perennirende Arten.

1. Monarda (fistulosa) capitulis terminalibus, caule obtusangulo. Linn. Pfl. Syst. V. 140 *Spec. Plant. Edit. Willd.* I. 124. *Mill. Dict.* n. 2. Lueder Lustgärt. I. 46. n. 1. **Röhrige, oder canadische oder purpurrothe Monarde.** Sie ist in Canada einheimisch. Die Wurzel ist sehr zaserig, stark, sich weit ausbreitend. Die aufrechten, steifen, stumpfeckigen Stängel sind haarig und an 3 F. hoch. Die Blätter stehen auf kurzen haarigen Stielen gerade gegen einander über, und sind eyrund oder läng-

länglicht, scharfzugespitzt, am Rande etwas sägeartig gezähnt, runzelicht und von dunkelgrüner Farbe. Am Ende der Stängel entstehen im Jul. Köpfe von schönen, ansehnlichen, blut- oder purpurfarbigen Blumen. Die ganze Pflanze hat, zwischen den Fingern zerrieben, einen angenehmen Geruch.

2) Monarda (clinopodia) floribus capitatis, foliis laevissimis serratis. **Linn. Pfl. Syst.** V. 142. *Spec. plant. Edit. Willd.* I. 125. **Lueder** l. c. n. 3. **Wirbeldostblättrige, virginische oder fleischfarbene Monarde,** wächst ursprünglich in Virginien. Die starke Wurzel ist kriechend, und läuft in kurzem beträchtlich weit aus. Die 2 F. hohen Stängel sind 4eckig und oben ästig. Die Blätter eyrund länglich, lanzettförmig, scharf gespitzt, auf beyden Flächen ganz eben, und stehen auf kurzen Stielen gegen einander über. Die Blumen sind hellpurpurroth, stehen auf den Enden der Stängel in runden Köpfen, auch zuweilen um die Gelenke der Stängel in Quirlen, haben einen schönen Geruch, und blühen oft in ununterbrochener Folge so lange fort, bis der Frost der Flor ein Ende macht.

3) Monarda (didyma) floribus capitatis subdidynamis, caule acutangulo. **Linn. Pfl. Syst.** V. 141. *Spec. Plant. Edit. Willd.* I. 125. *Mill.* n. 2. **Lued.** l. c. n. 2. **vierfädige oder pensilvanische oder scharlachrothe Monarde,** wächst ursprünglich in Pensilvanien, Neu-York ꝛc. Die kriechende Wurzel treibt aufrechte, oben ästige, scharf viereckige Stängel von etwa 4 F. hoch. Die Blätter ganz glatt, stehen auf kurzen Stielen, gerade gegen einander über,

über, und sind eyrund=lanzettförmig, am Rande gezähnt. Die Blumen entspringen an den Enden der Zweige in großen Köpfen, — die oft noch einen kleinen Kopf treiben — glänzendroth, haben zuweilen außer den 2 größern vollkommenen Staubfäden noch 2 kleinere unächte, ohne Staubbeutel. Wenn man die Blätter zerreibt, geben sie einen angenehmen erquickenden Geruch. Sie blühet oft in ununterbrochener Folge bis zum Ende des Sept.

2. Ein= oder zweyjährige Art.

4) Monarda (punctata) floribus verticillatis, corollis punctatis, bracteis coloratis. Linn. Pfl. Syst. V. 143. *Spec. plant.* I. 126. *Mill. dict.* n. 3. Lueder l. c. n. 4., getüpfelte oder gefleckte, oder punktirte Monarde, wächst ursprünglich in Virginien. Die Wurzeln sind zaserig; die 2 Fuß hohen Stängel treiben ganz von unten bis oben Zweige und sind ebenfalls 4eckig. Die Blätter sind lanzettförmig, sägeförmig, ungleich groß, und stehen an den Gelenken in Büscheln, von angenehmen Geruch. Die großen, gelben, purpurroth punktirten Blumen stehen in Quirlen um den Stängeln. Deren jeder eine große Hülle von 10 bis 12 schmalen, lanzettförmigen, gefärbten Deckblättern hat. Eine schöne Pflanze, die im Herbste reifen Samen giebt.

Alle diese Monarden blühen im Jul., und zwar sehr reichlich, und haben dann ein sehr verzierendes Ansehn, und sind so dauerhaft, daß sie in freyer Luft fortkommen. Sie kommen in jeder offenen Lage fort, und schicken sich sehr gut

zur

zur Verzierung der Lustgärten. Wenn sie in einem feuchten Boden und in einer schattigen Lage stehen, so dauert ihre Flor noch länger. M. didyma verdient auch in Küchengärten in Menge gezogen zu werden, weil ihre Blätter einen höchst angenehmen und erfrischenden Thee geben, der für sehr gesund gehalten wird.

Die Arten der Monarde können alle aus dem Samen gezogen werden, den man schon im Herbste, oder zeitig im Frühjahre ins freye Land in gute Erde säet. Die im Frühjahre aufgehenden Pflanzen warte man sorgfältig mit Jäten, Begießen und Verdünnen, wenn sie zu dick stehen, und versetze sie, wenn sie im May oder Jun. dazu groß genug sind, auf einen schattigen Platz in leichte Erde, wo sie schon im folgenden Sommer blühen werden. Wenn der Same erst im Frühjahre gesäet wird, so gehet er oft erst im 2ten Jahre auf. — Wenn man den Samen der M. punct. säet, sobald er reif ist, so gehen die Pflanzen zeitig im Frühjahre auf; dann läßt man die stärksten unverpflanzt stehen, damit sie noch in demselben Jahre blühen, und auch bey günstiger Witterung vielleicht noch reifen Samen geben. Die schwächern pflanzt man 1 Fuß weit auseinander, und diese kommen im folgenden Jahre gewiß zur Blüte. Durch Zertheilung können die perennirenden Arten fast zu jeder Zeit im Jahre, besonders aber im Herbste und Frühjahre vermehret werden. Man nimmt zu dem Ende alte Stöcke auf, zerreißt sie in kleine Stücke, welche insgesamt leicht anschlagen, und keine weitere Wartung fordern, als Reinigung vom Unkraute, und schon im folgenden Sommer blühen. — Auch durch abgeschnittene

Zweige,

Zweige, 5 — 6 Z. lang, welche auf einer schattigen Rabatte, bis auf ⅔ ihrer Länge in die Erde gesteckt werden, lassen sich dieselben sehr leicht fortpflanzen, wenn man die Schnittlinge besonders anfänglich gehörig feucht hält.

Monatblümchen, s. **Maslieben**.

Monaterdbeere, s. **Erdbeere**, n. 2. II. 692.

Monat-Radies, s. **Radies**.

Monat-Rettig, s. **Rettig**.

Monat-Rose, s. **Rose**.

Mondklee, **Schneckenklee**, s. **Klee**, IV. 279.

Mondkraut, Lunaria, s. **Mondviole**.

Mondsame. Menispermum Linn. eine Pflanzengattung, welche in die 9te Ordnung der 22ten Pflanzenklasse, (Dioecia Decandria) gehört. Sowohl männliche als weibliche Blumen dieser Gattung haben 2 Kelchblättlein und eine Blumenkrone, welche aus 4 äußern und 8 innern Blumenblättern bestehet; jene haben 16 Staubfäden; diese haben aber nur 8 und zwar unfruchtbare, und 2 Fruchtknoten, deren jeder einen Griffel hat, und sich in eine einsamige Beere verwandelt.

Die ersten 3 Arten sind dauerhaft genug in unsern Gärten im Freyen auszuhalten, und sind kletternde, theils strauchige, theils krautige Lustgebüsch-Pflanzen, die in Nordamerica einheimisch sind.

1) Menispermum (canadense) foliis peltatis cordatis, subrotundo - angulatis. **Linn. Pfl. Syst. IV.** *Mill.* n. 1. *du Roi* I. 405. *Willd.* **Berl. Baumz.** 192. **Canadischer Mondsame**, wächst in Nordamerica. Der Stamm dieses Strauchs ist windend, und klettert an 12 Fuß hoch, daher wird er auch zu

Lauben

Lauben und dunklen Gängen genommen, die er sehr schattig macht. Die jungen Zweige sind rund, gestreift und sehr sparsam behaart. Die Blätter stehen wechselsweise auf sehr langen Stielen, sind rund, an der Basis herzförmig, am Rande ohne Zähne, und etwas eckig, so daß der Umfang des Blattes 5eckig wird; die Spitze ist fadenförmig verlängert. Der Blattstiel steht nicht ganz am Ende, sondern ist in der Substanz desselben befestigt. Die grünlichen Blumen kommen im Jun. und Jul. aus den Winkeln der Blätter, in einer langen schmalen Rispe, und sind wie die Blatt- und Blumenstiele auswendig fein behaart. Die Frucht kommt in einer Traube, und bestehet aus schwarzen runden Beeren, die etwas größer als eine schwarze Johannisbeere sind. In der Entfernung sehen sie einer kleinen schwarzen Weintraube nicht unähnlich. Jede Beere hat einen grünen Saft, und ein flaches, mondförmiges Samenkorn, das in seiner Mitte einen erhabenen Strich hat.

2) Menispermum (virginicum) foliis peltatis cordatis lobatis. **Linn. Pfl. Syst. IV. 611.** *Mill.* n. 2. **Lueder** l. c. n. 2. **Virginischer Mondsame,** wächst in Virginien, Canada, am Meeresstrande. Er unterscheidet sich von der ersten Art wenig anders, als daß die schildförmigen Blätter lappig, und denen des gemeinen Epheu ziemlich ähnlich sind.

3) Menispermum (Carolinum) foliis cordatis subtus tomentosis. **Linn. Pfl Syst. IV. 613.** *Mill. dict.* n. 3. **Lueder** l. c. n. 3. **Carolinischer Mondsame.** Der Stängel dieser Sorte ist nicht holzig, sondern krautartig, aber gleichfalls 10—12 F. hoch kletternd. Die Blätter

ter sind herzförmig, nicht lappig, die Unterfläche zottig, die Oberfläche aber von starkgrüner Farbe, und viel kleiner, als die der 2 andern Arten.

Diese 3 dauerhaften Arten lassen sich sehr leicht fortpflanzen: — **Durch Samen**, den man im Frühlinge ins freye Land säet, und etwa ½ Z. hoch mit Erde bedeckt. Wenn man den Pflanzen gehörigen Raum giebt, und vom Unkraute rein erhält, so kann man sie 2 Jahre stehen lassen, und dann sogleich an Ort und Stelle versetzen. — **Durch Zertheilung und Nebenschüsse.** In einem leichten Boden laufen ihre Wurzeln so weit umher aus, daß man die Pflanzen aus den Nebenschüssen reichlich vermehren kann, welches vom Oct. bis März zu jeder Zeit geschehen kann. — **Durch Absenker.** Wenn man junge Schösse im Herbste mit Erde bedeckt, so bewurzeln sie sich binnen einem Jahre recht gut.

Mondveil, s. **Mondviole.**

Mondviole, Lunaria L. eine Pflanzengattung, welche in die 1ste Ordnung der 15ten Pflanzen-Klasse (Tetradynamia siliculosa) gehört, und hauptsächlich an den silberweißen, runden, ganz flach gedrückten Samenschötchen sehr kenntlich ist. Die Schötchen sind elliptisch, zusammengedrückt-flach, gestielt, und bestehen aus flachen, gleichförmigen Schalenstücken, welche mit der Scheidewand parallel laufen. — Es sind von dieser Gattung nur 2 Arten bekannt, und dies sind krautartige, dauerhafte, und in jedem Boden fortkommende Verzierungspflanzen für die Lustgärten, mit ästigen, aufrechten 2—3 F. hohen Stängeln, die einjährige mit herzförmigen, die perennirende mit eyrund-lanzettförmigen Blättern, jene mit Trau-

ben,

ben, diese mit Aehren von zahlreichen, aus 4 herzförmigen, übers Kreuz gestellten Blättern bestehenden Blumen, welche breite, rundliche, flache, sehr dünne, mondförmige, atlasartige Schötchen hinterlassen, die so durchsichtig sind, daß man die Saamen durchscheinen siehet.

1) Lunaria (rediviva) foliis alternis. Linn. Pfl. Syst. VIII. 265. *Mill.* n. 1. Lueder Lustgärt. III. 259. n. 2. **Perrennirende Mondviole, Pfennigkraut, Mondkraut, Silberblatt, Silberblume, Atlasblume,** wächst im nördlichen Europa, Deutschland. Die zaserige Wurzel ist perennirend, und treibt aufrechte, steife, ästige, etwa 2 F. hohe Stängel, und an derselben eyrund-lanzettförmige, gespitzte, rauhe, abwechselnde Blätter. Die Blumen kommen an den Enden der Zweige, und haben einen angenehmen Geruch; sie blühen im Junius, und hinterlassen im Herbste längliche, flache Schötchen. Man hat davon verschiedene Sorten: mit purpurrothen, mit weißen, mit gelben Blumen rc.

2) Lunaria (annua) foliis oppositis. Linn. Pfl. Syst. VIII. 260. *Mill.* n. 2. Lueder l. c. n. 1. **Einjährige Mondviole;** auch diese ist in Deutschland zu Hause. Die Blätter groß, herzförmig, länglich gezähnt, haarig, auf langen Stielen gegenüber stehend. Der Stängel erhebt sich aus der Mitte der Blätter, aufrecht, steif, ringsumher ästig, oft röthlich, 3 F. hoch, mit herzförmigen, unten gegenüberstehenden, oben abwechselnden, ungestielten Blättern besetzt. Die Blumen kommen an den Enden und Seiten aller Zweige, in purpurrothen Trauben, im May und Jun.

Beyde Arten der Lunaria machen mit ihren zahlreichen, weißen, atlasartigen, durchscheinenden, an den Zweigen lange bleibenden Schötchen ein ganz eigenes, angenehmes Ansehn, weswegen man ihre Stängel wohl im Sept. abzuschneiden, zu trocknen, und in lockere Bündel zusammengebunden in großen Zimmern aufzuhängen pflegt, woselbst sie im Winter eine schöne Verzierung machen, und besonders dann, wenn sich ihre äußere Haut abgelöset hat, weil sie dann noch silberweißer, atlasartiger und glänzender sind.

Beyde Arten werden aus dem Samen erzogen, den man am besten schon im Herbste, so bald er reif ist, auf ein Gartenbeet ausstreuet, wo sie stehen bleiben sollen; denn wegen ihrer zähen und tief eindringenden Wurzeln blühen allemal diejenigen Pflanzen am stärksten, welche unverpflanzt stehen bleiben. Man lasse daher von den aufgehenden Pflanzen nur so viele stehen, als bequem Raum haben. — Die erste Art dauert viele Jahre auf derselben Stelle, besonders in einem leichten, sandigen oder schattigen und trocknen Boden; in einem feuchten und fetten Boden hingegen gehet die Wurzel leicht in Fäulniß, und erfriert auch gern in harten Wintern. Ihre Blumenstängel sterben in jedem Herbste nach der Vollendung des Samens ab, an deren Stelle aber die Wurzel in jedem Frühjahre wieder neue hervortreibt.

Die 2te Art ist einjährig, in der Art, daß jede Pflanze nur einmal blühet, und dann ausgehet. Dies ist der Fall, wenn der Same zeitig im Herbste, sobald er reif ist, gesäet wird; die Pflanzen gehen dann noch vor Winters auf, und blühen im folgenden Sommer. Wird derselbe

aber

aber erst im Frühjahre gesäet, so kommen die Pflanzen selten in demselben Jahre zur Blüte. Sie pflanzen sich, wenn man sie einmal im Garten hat, durch den ausfallenden Samen, wie Unkraut in so großer Menge fort, daß man sie in der Folge nur zu verdünnen, und da, wo sie nicht auf schicklichen Stellen stehen, auszureißen gebraucht.

Monelli, Anagallis Monelli. S. I. 219.

Monnierie, Monnieria (trifolia) L. in der 2ten Ordnung der 17ten Pflanzenklasse (Diadelphia Pentandria). Ist eine Südamerikanische Pflanze, die wenig auszeichnendes hat, und um so weniger der Kultur werth ist, weil sie auf warmen Mistbeeten unterhalten werden muß, und also Mühe und sorgfältige Wartung fordert.

Monotropa, **Ohnblatt**, **Waldsommerwurz**, **Schmerwurz**, **Fichtenspargel**, **Baumwurzelsauger**, Monotropa Linn., eine Schmarozerpflanze an den Wurzeln der Bäume, die wenig Schönheit hat, und schwer fortzubringen ist.

Moosbeere, s. Heide, II. 499.

Moosrose, s. Rose.

Moossilene, s. Leimkraut, 32. IV. 776.

Morine. Morina L. eine Pflanzengattung, die in die erste Ordnung der 2ten Klasse gehört (Diandria Monogynia). Die Blume dieser Gattung hat eine lange röhrenförmige, auf dem Fruchtknoten sitzende Blumenkrone, mit einer 2lippigen, stumpfen, flach ausgebreiteten Mündung, deren Oberlippe zweyspaltig, die untere aber dreyspaltig ist; einen doppelten Kelch, wovon der eine auf dem Fruchtknoten sitzt, und in 2 stumpfe Lappen getheilt ist, der andere aber unter dem Fruchtknoten sitzt, und verschiedene spitze scharfe Zähne hat,

von

von denen 2 gegeneinander überstehende länger als die andern sind; zwei Staubfäden und einen einfachen Staubweg, sie hinterläßt einen einzigen, mit dem obern, oder Blumenkelch gekrönten Samen, welcher in dem untern Kelche sitzt. Es ist nur eine Art derselben bekannt, und diese ist eine dauerhafte perennirende Blumenpflanze, welche zwischen andern perennirenden Blumenpflanzen eine angenehme Mannigfaltigkeit macht, wenig Wartung fordert, und also in jedem Garten gezogen zu werden verdienet.

Morina (persica) Linn. Pfl. Syst. V. 170. *Spec. Plant. Ed. Willd.* I. 150. Morina orientalis. *Mill. dict.* n. 1. Lueder Lustgärt. I. 61. **Persische Morine.** Sie wächst in Persien nahe bey Ispahan. Die große, spindelförmige Wurzel dringt tief in den Boden, und ist mit starken fleischigen Fasern besetzt. Die Wurzelblätter sind sehr groß, länglich, am Rande getheilt und mit Stacheln besetzt, auf der Oberfläche glänzend grün, auf der Unterfläche etwas blasser und ein wenig haarig. Die Stängel sind aufrecht, glatt, stark, meistens unten röthlich, oben grün und haarig, 3 F. hoch, an den Gelenken mit 3 — Blättern besetzt, die den Wurzelblättern gleich sehen, aber kleiner sind. Die Blumen kommen an den Seiten und Enden der Stängel in kleinen Köpfchen im Jul. und geben bey günstiger Witterung im Herbste reifen Samen. In Absicht der Farbe ihrer Blumen hat man weiße, purpurrothe, blaßrothe und hochrothe.

Sie werden durch den Samen fortgepflanzt, welcher, da sie ihrer starken spindelförmigen Wurzel wegen sich nicht gut versetzen lassen, am besten sogleich an Ort und Stelle in ein doppelt so tief,

als

als gewöhnlich gegrabenes und fein geharkt s Land ausgeſäet wird. Geſchieht dies im Frü • linge, ſo liegt der Same gewöhnlich bis ins 2t Jahr ehe er aufgehet. Gewöhnlich fangen die Pflanzen, die wenigſtens 1½ Fuß Raum haben müſſen, im folgenden Sommer an zu blühen, und fahren damit mehrere Jahre fort, wenn ſie nicht geſtöret werden. Wenn man in jedem Winter die Erde um ſie her auflockert, und etwas friſche fette Erde aus dem Magazin darüberſchuttet, treiben ſie um ſo viel beſſer. Sie fordern ſonſt keine Wartung, als Reinigung vom Unkraute.

Mützchen, Trifolium arvenſe L. ſ. Klee. Th. VI. 239.

Mundholz, Liguſtrum vulgare, ſ. Liguſter IV. p. 805.

Murchenkraut, ſ. Flöhkraut. II. 830.

Muſe, Muſa L. ſ. Piſang.

Muscari, Hyacinthus Muscari, Th. II. 649.

Muskaten-Hyacinthe, ſ. ebendaſelbſt.

Muskatellerkraut, ſ. Salbey.

Muskatennußpomeranze, Aurantium. S. I. p. 572.

Muscipula. 1. Dionaea Muscipula, ſ. Fliegenfalle der Venus. II. 715.

— — 2. Silene Muſcipula. Leimkraut, n. 21. Th. IV. 771.

Mutterbirke, ſ. Birke. Th. II. 86.

Mutterkraut, Matricaria L. ſiehe Kamille. Th. III. 908.

— — — Chryſanthemum indicum, ſ. Wucherblume.

Mutterwurz. Arnica montana, ſ. den Art. Th. I. S. 429.

— — — Aethuſa Meum, ſ. Schierling.

— — — Ariſtolochia rotunda, ſ. Th. I. S. 401.

Muttry und Mutterne. Phellandrium, ſ. Pferdeſaame.

Myrika oder Gagel, Myrica L. iſt eine Pflanzengattung, die der Ritter v. Linné in die 4te Ordnung der 22ſten Pflanzenklaſſe (Dioecia Tetrandria) ſetzt, und beſchreibt ſie: ſowohl die männlichen als weiblichen Blumen dieſer Gattung haben weder Kelch noch Blumenkrone, und bilden ein längliches Kätzchen, das aus mondförmigen, einblumigen Schuppen beſtehet; die männlichen

Blumen

Blumen haben 4, (selten 6) Staubfäden; die weiblichen aber einen Fruchtknoten mit 2 Griffeln, und hinterlassen eine einsamige Beere.

Die Arten dieser Gattung sind theils dauerhafte, im Winter unbelaubte Sträucher, theils zärtliche, immergrüne Gewächshaussträucher, mit strauchigen, ästigen, 3—5 Fuß hohen Stämmen, mit länglichen, einfachen, ungetheilten Blättern, mit kleinen weißlichen Blumen, und mit Trauben von kleinen Beeren, welche bey einigen Arten ein grünes Wachs geben, welches in allen Fällen als Wachs gebraucht werden kann. Sie blühen alle im Jun. und Jul. in länglich eyrunden Kätzchen, und die beyden dauerhaften Arten bringen auch bey uns reife Beeren. Aber weder ihre Blumen noch ihre Beeren sind verzierend; sondern ihr Werth beruhet blos auf der durch ihre Blätter zu bewirkenden Mannigfaltigkeit, und auf deren gewürzhaften Wohlgeruch, welcher ihnen auf die Aufnahme in jede gute Sammlung einen gegründeten Anspruch giebt. Die beyden dauerhaften Arten sind folgende:

1) Myrica (Gale) foliis lanceolatis subserratis, caule suffruticoso. Linn. Pfl. Syst. IV. 589. *Mill. Dict.* n. 1. Lued. Lustgärt. IV. p. 391. n. 2. Willdenows berl. Baumg. p. 198. **Europäischer oder gemeiner Gagel, Porst, auch niederl. oder brabantische Myrthe.** Wächst auf Sümpfen des nördlichen Europa und America. Er ist ein kleiner Strauch, 2—3 F. hoch, mit braunen, rissigen, mit sparsam zerstreueten weichen Haaren besetzten Zweigen. Die ganze Staude ist gewürzhaft. Die Blätter sind gestielt, über 2 Zoll lang, stehen wechselsweise, sind keilförmig, an der Spitze mit 4 bis 5

spitzigen Zähnen auf beyden Seiten besetzt, übrigens am Rande ganz, auf der Oberfläche glatt, dunkelgrün, auf der Unterfläche mit einem dünnen weißen Filze überzogen, und mit zerstreueten kleinen, gelblichen, durchsichtigen Harzpunkten besäet. Die Blumen kommen am Ende des Aprils, Anfange Mays, an den Seiten der Zweige in braunen Kätzchen.

2) Myrica (cerifera) foliis lanceolatis subserratis, caule arborescente. **Linn. Pfl. Syst.** IV. 591. *Mill. dict.* n. 2. **Lued.** l. c. n. 1. **Willd.** n. 2. **Wachsbringender Gagel, Wachsbaum, Kerzenbeerenbaum. Talgstrauch.** Vaterland Nordamerika. Er wird ein 4 — 5 F. hoher Strauch, der in gelinden Wintern seine Blätter behält, und in allen seinen Theilen gewürzhaft ist. Die Zweige sind braun, glänzend, sparsam mit einzelnen Härchen besetzt und rund. Die gestielten, lanzettförmigen, 2 Z. langen, ¾ Z. breiten, stumpf zugespitzten Blätter stehen wechselsweise, sind an der Basis keilförmig verlängert, am Rande ganz, und nur nach der Spitze zu bisweilen auf jeder Seite mit einem oder 2 Zähnen besetzt. Auf der Oberfläche sind sie dunkelgrün, glänzend glatt; auf der Unterfläche blaßgrün, und mit durchsichtigen, gelben, kleinen Harzpünktchen dicht besäet, und von steifer Substanz. Die Blumen kommen im May an den vierjährigen Trieben in sehr kurzen Kätzchen. Die Frucht ist mit einem weißen Mehle dicht bedeckt, welches beym Abschmelzen in kochendem Wasser sich als Wachs zeiget. Hr. **Doktor und Professor Willdenow** wirft in seiner berl. Baumzucht bey dieser Gelegenheit die Frage auf, ob nicht vielleicht der Anbau dieses

kleinen

kleinen Strauchs von großem Nutzen seyn könnte, da ein einziger Strauch in vollem Wachsthume schon eine ziemlich ansehnliche Menge Wachs gebe, und zu erwarten stehe, daß durch eine sorgfältigere Cultur vielleicht noch mehr gewonnen werden könne. Der Strauch ist überdem sehr dauerhaft.

Die Myrica (caroliniensis) foliis lanceolatis serratis, caule suffruticoso. *Mill.* n. 3. *du Roi* I. 440. **niedriger Carolinischer Wachsbaum, Zwergwachsbaum**, ist wahrscheinlich nur eine Abart von der vorstehenden Art, und unterscheidet sich von derselben nur durch einen niedrigern Wuchs und kürzere und breitere Blätter.

Diese Art mit ihrer Abart schickt sich sehr gut in die Lustgebüsche. So lange sie noch jung sind, behalten sie ihre Blätter den größten Theil des Winters, gleich als ob sie immergrün wären; sobald sie aber älter werden, werfen sie ihre Blätter allezeit im Winter ab. Die Blätter und die Rinde ihrer jungen Triebe geben gerieben einen sehr angenehmen, erfrischenden, gewürzhaften Geruch von sich, der dem der Myrtenblätter sehr ähnlich ist, und weder von diesem, noch andern gewürzhaften Sträuchern übertroffen wird.

Beyde Arten werden fortgepflanzt, — **durch Samen**, welcher von der 2ten Art in Töpfe oder Kasten in fette Erde gesäet werden muß, damit man die jungen Pflanzen etwa in den ersten bis 2ten Winter etwas gegen die Kälte schützen könne. Wenn sie aber durch den Winter gebracht sind, nimmt man sie aus den Kästen heraus, verpflanzt sie erst noch auf einige Jahre in eine Pflanzschule, damit sie die nöthige Größe

und

und Stärke erlangen, und endlich in die Lustgebüsche auf die für sie bestimmten Stellen. Der Same der 2ten Art kann sogleich ins Freye gesäet werde, weil die Pflanzen gegen die Kälte dauerhaft genug sind. Hat man erst einige Sträuche von der Art, so kann man sie leicht durch ihre Nebenschösse vermehren, die sie in großer Menge zu treiben pflegen. Diese nimmt man im Herbste auf, und pflanzt die größern und am besten bewurzelten erst auf 1—2 Jahre in die Pflanzschule. Sollte es bey den ältern Pflanzen an dergleichen Nebentrieben fehlen, so kann man sie sehr leicht durch Absenker vermehren. Man lege zu dieser Absicht im Herbste junge Zweige, denen zuvor ein Einschnitt gegeben, ein, und begieße dieselben im folgenden Sommer bey trockner Witterung reichlich. Sie pflegen alsdann im folgenden Sommer bewurzelt zu seyn; und im Falle, daß sie dies noch nicht seyn sollten, läßt man sie noch 1 Jahr am Mutterstamme, und pflanzt sie dann auf so lange, bis sie für die Lustgebüsche groß genug sind, in die Pflanzschule. Diese Sträuche durch eingesteckte Schnittlinge vermehren zu wollen, ist wohl nicht zu empfehlen.

3) Myrica (quercifolia) foliis oblongis opposite sinuatis glabris. Linn. Pfl. Syst. IV. 594. *Mill. Dict.* n. 5. Eichenblättriger Gagel. Vaterland. Das Vorgebürge der guten Hoffnung. Es ist ein 3 bis 4 F. hoher Strauch, dessen Stämmchen dünn, braun, in kleine Zweige getheilet, und so wie die Blätter sparsam mit Haaren besetzt sind. Die Blätter sind etwa $1\frac{1}{2}$ Z. lang und fast 1 Z. breit, steif, glänzendgrün, kurzgestielt, dicht an den Zweigen stehend, und

immergrün. Einige von ihnen haben 2, andere 3 tiefe Einkerbungen, die einander grade über stehen. Die Blumen kommen zwischen den Blättern in eyrunden Kätzlein, und hinterlassen kleine, runde, glatte, gestielte Beeren.

4) Myrica (cordifolia) foliis subcordatis serratis sessilibus; **Linn. Pfl. Syst.** IV. 594. *Mill. dict.* n. 7. **Herzblättrichter Gagel.** Vaterland ebenfalls das Cap. Dieser Strauch hat einen schwachen, staudenartigen Stängel, der 5—6 F. hoch wird, und viele lange, zarte Zweige treibet, die ihrer ganzen Länge nach dicht mit kleinen herzförmigen Blättern besetzt sind, welche ungestielt am Rande seicht gekerbt, wellenförmig, und immergrün sind. Die Blumen kommen zwischen Blättern in rundlichen Büscheln zum Vorschein, und haben eine ungewisse Anzahl Staubfäden, die alle in einer gemeinschaftlichen schuppichten Hülle eingeschlossen sind.

Diese beyden letztern Sorten sind zu weichlich, unsere Winter im Freyen auszuhalten, und müssen daher, wie andere capische Pflanzen in einem guten Gewächshause durchwintert, und im Sommer in eine gut geschützte warme Lage, gegen eine Mauer oder Hecke gestellt werden. Da sie bey uns nie reifen Samen bringen, so kann man sie nicht anders, als durch das **Absenken** fortpflanzen. Diese Absenker müssen, nach der gewöhnlichen Art durch einen Einschnitt gemacht werden, und liegen dennoch oft 2 Jahre, ehe sie hinreichend Wurzeln zum Versetzen gemacht haben; und ehe sie diese nicht haben, muß man sie nicht von der Mutterpflanze absondern, weil sie selten wachsen, wenn sie ohne hinreichende Wurzeln verpflanzt werden. Wenn man sie von der alten

alten Pflanze abgenommen hat, müssen sie einzeln in besondere Töpfe gesetzt werden, die mit einer weichen, fetten, lehmigen Erde angefüllt sind. Diese Töpfe stellt man unter einen Mistbeetkasten, unter Fenstern, und giebt ihnen in den Mittagsstunden Schatten, dann werden sie sehr bald anwachsen. Die beste Zeit zum Einlegen der Absenker ist im Jul. Solche Ableger pflegen dann im folgenden Jahre um eben die Zeit zum Versetzen tauglich zu seyn.

Durch das **Einsenken** abgeschnittener Zweige wollen sich diese beyden Sträuche durchaus nicht vermehren lassen, und wurzeln, bey aller Sorgfalt und Mühe, welche man auf sie verwendet, sehr schwer, oder gar nicht ein.

Ob ihre Blumen gleich von gar keiner Bedeutung sind; so machen doch ihre dicht mit steifen glänzend grünen Blättern besetzten Zweige unter andern Sträuchen von einem ähnlichen Wuchse, eine angenehme Mannigfaltigkeit. Und da sie besonders ihre Blätter im Winter nicht abwerfen, so reichen sie einem Gewächshause zur Zierde.

Myrobelan und

Myrobelanbaum, Phyllanthus Emblica L. s. Blätterblume. II. 251.

Myrrhenkerbel, Chaerophyllum sylvestre L. s. Kerbel. IV. 44.

Myrrhenschierling, s. ebendaselbst.

Myrte. Myrtus L. eine Pflanzengattung, die in die 1ste Ordnung der 12ten Pflanzenklasse (Icosandria Monogynia) gehört. Die Blume sitzt auf dem Fruchtknoten, und bestehet aus einem fünfblättrigen Kelch, und 5 Blumenblättern; die darauf folgende Frucht ist eine mit dem Kelche gekrönte,

krönte, dreyfächerichte Beere, welche in jedem Fache einen oder etliche Samen enthält. Doch giebt es unter dieser Gattung einige Arten, welche nur 4 Blumenblätter und einen 4spaltigen Blumenkelch haben; ja bey einigen ist der Kelch gar nicht getheilt.

Es giebt von dieser Gattung sehr viele Arten, die theils zu den Bäumen, theils zu den Sträuchen gehören, und alle zu zärtlich sind, die Kälte unserer Winter im Freyen auszuhalten. Mehrere Arten indessen, die in Italien, im südlichen Frankreich und unter ähnlichen Klimaten einheimisch sind, verlangen nur in einem gemäßigten Gewächshause gegen den Frost geschützt zu werden, und vertragen es sehr wohl, vom May bis September mit ähnlichen Pflanzen im freyen Garten zu stehen. Die übrigen aber verlangen eine wärmere Durchwinterung.

1) Myrtus (communis) floribus solitariis, involucro diphyllo. Linn. Pfl. Syst. III. 643. *Willd. Spec. Plant.* II. p. 967 Der gemeine Myrtenbaum. Dies ist ein Strauch, der in Asien, Afrika und allen mittäglichen Ländern von Europa von selbst wächst. Man hat von dieser Art mehrere Varietäten, die in den Gärten ihres schönen Ansehns, des Wohlgeruchs ihrer Blätter und Zweige wegen, und auch einige wegen ihrer Blumen unterhalten werden. Diese Varietäten, die meistens nur in der Gestalt und Größe ihrer Blätter, und in der Größe und Farbe ihrer Blumen von einander abweichen, und von den gemeinen Gärtnern als eben so viele besondere Arten angesehen werden, sind nach Miller im Dict. folgende:

a) Myrtus (communis) foliis ovatis, pedunculis longioribus, breitblätteriger römischer Myrtenbaum, gemeine Myrte, ist eine von den dauerhaftesten Arten. Die Blätter sind anderthalb Zoll lang, einen Zoll breit, haben eine glänzend grüne Farbe, und stehen auf kurzen Stielen. Die Blumen sind größer als an den andern Sorten, und kommen an den Seiten der Zweige auf sehr langen Stielen zum Vorschein. Auf dieselben folgen Beeren von dunkelpurpurrother Farbe, die 3 — 4 harte nierenförmige Saamen enthalten. Sie blühet im Jul. und Aug. und die Beeren werden im Winter reif. Man nennt diese Sorte: die blühende Myrte, weil sie mehr und größere Blumen als die andern Sorten hat.

b) Myrtus (Farentina) foliis ovatis, baccis rotundioribus. *Mill.* n. 6. Gemeine kleine Myrte, buchsblättrige Myrte. Vaterland das untere Italien. Die Blätter sind eyrund, klein und sitzen dicht an den Zweigen. Sie haben eine glänzend grüne Farbe, und endigen sich mit zugestumpften Spitzen. Die Zweige sind schwach, hangen meistens unterwärts, wenn man sie, ohne sie abzukürzen, wachsen läßt, und haben eine graue Rinde. Die Blumen sind klein und kommen spät im Sommer zum Vorschein. Die Beeren sind klein und rund.

c) Myrtus (Italica) foliis ovato-lanceolatis acutis, ramis erectioribus. *Mill. dict.* n. 5. Gemeiner italienischer

Myr-

Myrtenbaum. Er hat eyrunde, lanzettförmige Blätter, welche sich in scharfen Spitzen endigen. Die Zweige wachsen gerade aufwärts, und dies gilt auch von den Blättern, daher er von den Gärtnern der **gerade stehende Myrtenbaum** genannt wird. Die Blumen sind nicht groß, und ihre Blätter haben purpurrothe Flecken an der Spitze, so lange sie noch zugeschlossen sind; die Beeren sind klein, eyrund und purpurroth. Man hat hiervon eine Varietät mit **weißen Beeren**, die sich sonst in nichts von derselben unterscheidet.

d) Myrtus (Boetica) foliis ovato-lanceolatis confertis. *Mill.* n. 4. Der **pomeranzenblättrige Myrtenbaum, oder der Myrtenbaum mit dem Lorbeerblatte.** Er hat ein stärkeres Wachsthum, als die bisher beschriebenen Arten, und wird auch höher. Seine Blätter sind eyrund lanzettförmig und stehen büschelweise um die Zweige herum. Von Farbe sind sie dunkelgrün und glänzend. Die Blumen sind von einer mittlern Größe, und kommen sparsam zwischen den Blättern hervor. Die Beeren sind eyrund und etwas kleiner, als an der ersten Sorte. Diese Art ist nicht so dauerhaft, als die vorher beschriebenen.

e) Myrtus (Lusitanica) foliis lanceolato-ovatis acutis. *Mill.* n. 3, der sie Myrtus acuta nennt. **Wilder Myrtenbaum mit sehr scharf gespitzten Blättern.** Die Blätter sind viel kleiner, als bey der folgenden Sorte, und haben keinen

nen ganzen Zoll in der Länge und ½ Z. in der Breite, sind eyrund-lanzettförmig, sitzen dicht an den Zweigen, sind dunkelgrün, und endigen sich mit scharfen Spitzen. Die Blumen sind kleiner als an der ersten Sorte, und kommen aus den Winkeln der Blätter gegen das Ende der Zweige zum Vorschein; die Beeren sind klein und eyrund.

f) Myrtus (Belgica) foliis lanceolatis acuminatis. *Mill.* n. 2. **Breitblättriger holländischer Myrtenbaum.** Die Blätter sind kleiner und sitzen dichter an den Zweigen, als an der ersten Sorte. Die Mittelribbe an der unteren Seite der Blätter ist purpurfarbig; sie haben eine dunkelgrüne glänzende Farbe. Die Blumen sind kleiner und haben kürzere Stiele, blühen auch später im Sommer, als bey der ersten Sorte.

g) Myrtus (mucronata) foliis lineari-acuminatis. *Mill. Dict.* n. 7. Der **rosmarinblättrige Myrtenbaum**, oder **Myrtenbaum mit dem Thymianblatte.** Seine Zweige wachsen sehr gerade; die Blätter stehen dicht an den Zweigen, sind klein, schmal, und endigen sich mit scharfen Spitzen. Sie haben eine glänzend grüne Farbe, und einen starken Geruch, wenn sie gerieben werden. Die Blumen sind klein, und kommen spät im Jahre zum Vorschein. Es erfolgen selten Beeren darauf.

Außer diesen verschiedenen Abarten des gemeinen Myrtenbaums, giebt es besonders noch eine

eine **Myrte mit gefüllter Blüthe**, die wahrscheinlich eine Varietät von n. 6. Myrtus belgica ist; denn das Wachsthum der Pflanze, die Blätter, die Größe der Blumen, und die Blüthzeit stimmt besser mit dieser, als mit irgend einer andern Art überein.

Diese verschiedenen Arten können aus abgeschnittenen Zweigen fortgepflanzt werden, welches am besten zu Anfange des Julius geschiehet. Man sucht dazu die stärksten und kräftigsten Reiser aus, die 6 — 8 Zoll lang sind. Am untern Ende streift man etwa 2 Zoll lang die Blätter ab, und drehet dieses untere Ende etwas. Man kann, 2 Zoll weit von einander, mehrere Reiser in einen Topf setzen, den man mit leichter fetter Erde angefüllt hat, drückt die Erde an die Reiser an, und begießt sie nachdrücklich, damit sich die Erde an die Reiser gut anlege. Die bepflanzten Töpfe bringt man unter die Fenster eines Mistbeets, das seine Hitze verloren hat, und senkt sie in den Mist ein, damit die Erde nicht so leicht austrockne; dabey müssen sie bey der Tageshitze sorgfältigst mit Matten bedeckt und im Schatten erhalten werden. Auch muß man ihnen nach Beschaffenheit der Witterung frische Luft geben, und sie um den 2ten oder 3ten Tag begießen. Bey dieser Wartung pflegen die Reiser innerhalb 6 Wochen Wurzeln zu treiben und zu wachsen anzufangen, da man sie dann nach und nach an die freye Luft gewöhnen, und zu Ende August oder zu Anfange Sept. derselben völlig aussetzen kann, doch so, daß sie gegen die kalten Winde geschützt stehen. Hier können sie bis in die Mitte oder bis gegen das Ende des Sept. bleiben, wo sie dann in das Gewächshaus ge-

gebracht werden, wo ihnen der kühlste Platz angewiesen werden muß, und wo man im Stande ist, ihnen bey gelindem Wetter Luft zu geben; denn sie wollen nur gegen die strengste Kälte verwahret seyn, ausgenommen der **Myrtenbaum mit dem Pomeranzen-Blatte**, und der **italienische Myrtenbaum**, den viele Gärtner den **Muskatennuß-Myrtenbaum** nennen, welche beyde etwas zarter sind, und daher wärmer stehen wollen. — Den Winter über müssen sie öfter, aber ganz mäßig begossen werden. Wenn man an den Pflanzen abgestorbene Blätter gewahr wird, muß man sie beständig abpflücken, und die Töpfe vom Unkraute rein halten. Wenn man Gelegenheit hat, sie unter einem Mistbeetkasten gegen den Frost zu schützen, wo man ihnen bey gelinder Witterung viel frische Luft geben kann, so werden die jungen Pflanzen da weit besser fortkommen, als in einem Gewächshause, wofern sie nur nicht zu naß gehalten, und zu dicht bedeckt werden, wodurch sie schimmeln und ihre Blätter abwerfen.

Im folgenden Frühjahre muß man die Pflanzen sorgfältig aus den Töpfen nehmen, so daß eine jede einen Erdballen an den Wurzeln behalte, und sie einzeln in kleine Töpfe mit leichter fetter Erde pflanzen, sogleich angießen, und an einen schattigen Ort des Gewächshauses stellen, bis sie gehörig eingewurzelt sind, und sie dann an Sonne und Luft gewöhnen. Im May oder Junius setzt man sie endlich ganz ins Freye gegen eine Hecke oder Wand, um sie vor den Winden zu schützen.

Den Sommer hindurch müssen sie fleißig begossen werden, besonders auch deswegen, weil sie in so kleinen Töpfen stehen, welche in dieser

Jah-

Jahreszeit so leicht austrocknen. Daher muß man sie auch, wenn es möglich ist, so stellen, daß sie allein die Morgensonne haben, weil die Mittagssonne die Erde zum Nachtheil ihrer Wurzeln zu stark ausdörren würde. Im folgenden Auguste muß man nachsehen, ob die Wurzeln der Pflanzen nicht durch die Abzugslöcher der Töpfe herausgedrungen sind. Wenn man dies findet, so muß man sie in größere Töpfe umsetzen, die mit der nämlichen Erde angefüllet sind, wobey zu bemerken, daß man die Wurzeln, die an den Seiten der Töpfe mit einander verwickelt sind, beschneide, und die Erde außerhalb an den Ballen herum mit der Hand ein wenig auflockere, auch etwas davon hinwegnehme, damit die Wurzeln sich desto leichter in der frischen Erde ausbreiten können. Wenn man sie hierauf angegossen, muß man sie so stellen, daß sie gegen starke Winde geschützt stehen. Auch kann man die jungen Stämmchen um diese Zeit beschneiden, um ihnen eine regelmäßige Form zu geben. Sollten sie krumm wachsen wollen, so muß man einen dünnen geraden Stab dabey stecken, und sie an demselben anbinden, um gerade ziehen zu können. Werden sie auf diese Art, wenn sie noch jung sind, gezogen, so werden hernach ihre Stämme auch gerade bleiben, wenn sie stärker werden. Die erste und sechste Sorte, die hauptsächlich ihrer Blüthe wegen gezogen werden, besonders die Abart mit gefüllter Blüthe, dürfen nicht beschnitten werden, weil man sie dadurch ihrer schönsten Zierde beraubt, indem man das Blühen verhindert. Die übrigen erziehet man gewöhnlich zu Kegeln oder Pyramiden, und hält sie hernach mit der Scheere in der gehörigen Form.

So wie die Pflanzen grösser werden, muß man sie auch jährlich in größere Töpfe umsetzen, die mit ihrem Wurzelvermögen im richtigen Verhältnisse stehen; aber sich dabey auch vorsehen, daß man sie nicht in allzu große Töpfe setzt, weil sie sonst schwach und flatterig werden, und nicht selten ganz ausgehen. Bey diesem Versetzen muß man die alte Erde außerhalb umher wegräumen und die neuere auflockern, damit die Wurzeln Luft bekommen und nicht so sehr eingeschränkt seyn mögen. Hernach setzt man sie wieder in die nämlichen Töpfe, wenn sie nicht zu klein sind, füllt sie auf dem Boden und an den Seiten mit frischer Erde, und begießet sie stark, daß die Erde sich fest an den Wurzeln lege. Ueberhaupt muß dies Begießen öfters wiederhohlt werden, weil sie sowohl im Winter als im Sommer häufig begossen seyn wollen. Die beste Zeit zum Versetzen ist entweder im April oder August. Geschiehet es im Frühjahre zeitiger, ehe die Pflanzen wachsen, so können sie nicht sobald Wurzeln treiben; nimmt man es aber im späten Herbste vor, so ist die eintretende kalte Witterung dem Anwachsen hinderlich. Vielweniger ist solches in der großen Sommerhitze zu thun, rathsam, weil sie viel begossen seyn wollen, und viel Schatten fordern, und dem ungeachtet leicht umschlagen. Und da überdem die verschiedenen Myrten=Sorten im Sommer mit andern ausländischen Gewächsen zur Zierde des Gartens ins Freye gestellt werden, und solches nicht eher geschehen kann, als bis sie wieder Wurzeln gemacht haben; so ist das Frühjahr und das Ende des Sommers zu ihrer Versetzung die bequemste Zeit.

Wenn im Herbste die Nächte frostig werden, muß man die Pflanzen ins Gewächshaus stellen; so lange aber keine starke Nachtfröste eintreten, und wenn es auch bis spät in den Oct. seyn sollte, können dieselben draußen bleiben. Man muß sie also nie zu früh in ihr Winterquartier bringen, weil sie sonst leicht von neuem zu treiben anfangen, und diese Triebe bey der nachfolgenden Winterkälte verderben würden. Deswegen muß man sie im Herbste so lange draußen lassen, als es die Witterung erlaubt, und sie im Frühlinge wieder hinaussetzen, ehe sie treiben. Den Winter über aber, während sie im Gewächshause stehen, muß man ihnen so viele frische Luft geben, als nur immer möglich ist.

Miller versichert in seinem Dict., daß er die 1ste, 5te und 6te Sorte in einer warmen Lage und in einem trocknen Boden draußen stehen, und die Winterkälte etliche Jahre wohl ausstehen gesehen habe, wenn man sie nur bey recht starker Kälte mit 2 — 3 Matten bedeckte, und auf dem Boden etwas Spreu legte, daß die Kälte nicht durchdringen könnte. In Cornwall und Devonshiere, wo die Winter immer gelinder sind, als in den meisten andern Theilen Englands, gebe es große Hecken von Myrten, die vor etlichen Jahren gepflanzt wären, wohl trieben, und zum Theil 6 Fuß Höhe hätten; ja er glaube auch, daß die gefüllten Sorten, wenn sie in das Freye gesetzt würden, die Kälte so gut als jede andere Sorte vertragen können, da sie ursprünglich im südlichen Frankreich zu Hause gehöre.

Etwas ähnliches behauptet der Regierungsr. Medicus in seinen Beytr. zur sch. G. Kunst. 358: Ob die Myrthen ebenfalls ihre Blätter

des

des Winters beybehalten werden, wird mich erst eine längere Erfahrung lehren. Bis jetzt (1782) stehen einige Stauden, die ich im Hornung 1781 ins Freye gesetzt habe, recht gut, und eine von diesen, die ohne Bedeckung damals ausgesetzt ward, stehet gegenwärtig am allerschönsten. Die zeitherigen Fröste haben nicht die mindeste Veränderung weder auf den Stand, noch auf die Farbe der Blätter gehabt, und dies giebt mir Hoffnung, daß unsere Pfalz bald werde Myrthenhecken aufweisen können.

2. Myrtus (Zeilanica) pedunculis multifloris, foliis ovatis subpetiolatis. Linn. Pfl. Syst. I. 718. *Spec. Plant. edit. Willd.* II. 972. *Mill. Dict.* n. 8. Zeilanische Myrte. Vaterland Zeilon. Sie ist zärtlicher, als alle übrige Arten, die bisher beschrieben sind, und kann ohne künstliche Wärme bey uns nicht erhalten werden. Sie hat einen geraden, starken, aufrechten Stamm, der sich in viele steife Zweige zertheilet, welche, wie der Stamm, mit einer glatten grauen Rinde überzogen sind. Die 2 Zoll lange und 1¼ Zoll breiten, eyrunden, glänzend grünen Blätter stehen auf kurzen Stielen gegen einander über. Die Blumen kommen an den Enden der Zweige in zusammengesetzten, dreyfach getheilten Rispen, sind weiß, und den Blumen des italienischen Myrtenbaums ähnlich, kommen im Dec. und Jan. zum Vorschein, und hinterlassen niemals bey uns Saamen.

3. Myrtus (Androsaemoides) pedunculis trifido multifloris, foliis subovalibus. Linn. Pfl. Syst. I. 719. *Spec. plant.* edit. *Willd.*

II. 972. Apocynumblättriger oder Konradskrautblättriger Myrtenbaum. Vaterl. Zeilon. Stamm aufrecht, gerade, hoch; Zweige rund, glatt. Blätter, gegen einander über stehend, haben keine Stiele, sind eine Handbreit lang, und also in Vergleichung mit den übrigen dieser Gattungen sehr groß, haben eine länglich eyrunde Figur, und sind stumpf und glatt. Die Blumen wachsen in zusammengesetzten, dreyfach zertheilten Rispen an den Enden der Zweige, und sind in 4 fast unmerkliche Abschnitte getheilet.

4. Myrtus (caryophyllata) pedunculis trifido-multifloris, foliis obovatis. Linn. Pfl. Syst. I. 720. *Spec. Plant. Edit. Willd.* II. 973. Nelken-Myrte, scharfe Myrte. Vaterl. Ostindien, Brasilien, Zeilon, ein sehr schöner Baum. Stamm ansehnlich, ganz gerade, und endigt sich mit einer langen, pyramidenförmigen, dichten schönen Krone. Die Rinde ist bey jungen Stämmen bräunlich, und hernach grau, und bey alten weiß, mit gelben Flecken. Das Holz ist roth, schwer, fest, und außerordentlich hart. Die jungen Zweige sind scharf viereckig, und grün. Sie sind mit zahlreichen Blättern besetzt, welche auf kurzen Stielen alle gerade gegen einander über stehen, länglicht, umgekehrt eyrund, am Ende stumpf gegen den Stiel zu ein wenig schmaler sind, und einen glatten Rand haben, von Substanz lederartig und von Farbe glänzend grün. Die Blumen sind klein, röthlich weiß, und hinterlassen runde Beeren, welche etwas größer als Erbsen sind.

Diese 3 Sorten des Myrtenbaums sind sehr empfindlich gegen unsere Winterkälte, und verlangen, wie die meisten übrigen Gewächse aus den wärmeren Klimaten, in warmen Glas äusern unterhalten zu werden. Sie können höchstens im Jul. und August an die freye Luft gestellt werden, und müssen auch dann noch einen warmen Stand, und Schutz gegen Winde haben. Wenn man ihnen im Winter den erforderlichen Grad der Wärme geben kann, so blühen sie sehr schön.

Sie bringen bey uns nie reifen Saamen, folglich kann man sie nicht anders, als durch **Absenker und Steckreiser fortpflanzen.** Die beste Zeit dazu ist der May. Man setzt die Steckreiser, zu welchem man vorjährige Triebe nimmt, die unten noch etwas altes Holz haben, in kleine Töpfe, welche mit lehmiger fetter Erde angefüllt sind; gräbt dieselben in ein gemäßigtes Mistbeet von Lohe, deckt die Fenster darüber, und beschützet die Pflanzen gegen die Sonnenhitze durch übergedeckte Matten. Wenn man sie dabey sorgfältig begießet, so werden sie im Jul. Wurzeln haben. Dann gewöhne man sie stufenweise an die Luft, so daß man sie noch von der letzten Hälfte dieses Monats an, bis in den Sept. in dieselbe stellen kann. Dann müssen sie aber wieder in das Glashaus gebracht, und den Winter über wenig begossen werden. Im Frühjahre hebt man sie mit möglichst vieler Erde aus, setzt sie einzeln in kleine Töpfe in gute fette Küchengartenerde, und in der Folge, so wie sie es bedürfen, in größere Töpfe.

Myrtenbeere, Vaccinum Myrtillus L., s. **Heidelbeere Th. III. 501.**

Myrtennelken, Myrtus cariophyllata L., s. **Myrte n. 4.**

Myrtillus, s. Heidelbeere Th. III. 501.

Myxa, *Myxaria*, *Myxus*, s. Brustbeere Th. II. 371.

N. N.

Nabelkraut, Cotyledon L., eine Pflanzengattung, welche in die 5te Ordnung der 10ten Pflanzenklasse, Decandria Pentagynia gehört. Die Blume hat einen fünfspaltigen Kelch, eine glokkenförmige, ebenfalls fünfspaltige Blumenkrone, zehn Staubfäden, und fünf Fruchtknoten, deren jeder einen Griffel mit einer einfachen Narbe hat, und an der Basis mit einer Honigschuppe besetzt ist. Sie hinterläßt 5 mit vielen kleinen Saamen angefüllte Kapseln. Es giebt von dieser Gattung mehrere Arten, die theils bey uns im Freyen ausdauern, theils in Gewächshäusern unterhalten werden müssen. Die dauerhafteren Arten sind folgende:

1. Cotyledon (spinosa) foliis oblongis spinoso-mucronatis, caule spicato. *Mill. Dict.* n. 2. Lueder b. p. Lustg. II. p. 482. n. 1 Stachlichtes Nabelkraut, wächst in Siberien. Linn. Pfl. Syst. VI. 279. und *Sp. plant. Edit. Willd.* I. 1554. zählen dieselbe zur Crassula in die 5te Klasse 5te Ordnung. Da aber Pallas und Murray 10 Staubfäden in derselben gefunden haben, so gehört sie offenbar hierher. Die länglichen, fleischigen Blätter sind

sind gespitzt, und endigen sich mit einem steifen Stachel. Die Stängel erheben sich zwischen den Blättern etwa 1 F. hoch. Jeder trägt 4 — 5 weißliche Blumen, die im May blühen, und zuweilen im Herbste reifen Saamen geben.

2. Cotyledon (Umbilicus Veneris) foliis cucullato - peltatis, serrato dentatis alternis, caule ramaso, floribus erectis. Linn. Pfl. Syst. III. 600. *Spec. Plant. Edit. Willd.* II. 757. *Mill. Dict.* n. 1. Lueder l. c. n. 2. **Gemeines Nabelkraut, Frauen-Nabel**, Vaterland Portugal, Spanien, England. Es giebt von dieser Art einige Abänderungen in Ansehung ihrer Wurzeln und Blumen. Die Wurzel ist entweder dick und einer Zwiebel gleich, oder dünn und kriechend, oder sehr knotig und voll großer Knollen. Die Blätter sind rund, fleischig, voll Saft, sägeartig gezähnt, kappen - schildförmig. Stängel erheben sich 2 oder 3 zwischen den Blättern, nach dem Unterschied der Lage von 4 Zoll bis 3 Fuß lang, unten mit einigen wenigen Blättern abwechselnd besetzt, und oben mit einer aufrechten langen Aehre von Blumen, die entweder weißlich, oder röthlich, oder gestreift, am gewöhnlichsten aber gelb ist, welches für die schönste Sorte gehalten wird.

3. Cotyledon (serrata) foliis ovalibus crenatis, caule spicato. Linn. Pfl. Syst. III. 600. *Spec. Plant. Edit. Willd.* II. p. 757. *Mill.* n. 3. Lueder im Anhange Band IV. p. 486. **Sägeförmiges oder gesägtes Nabelkraut.** Vaterland Sibirien, Creta. Es hat eine zaserige Wurzel, Stängel 1½ Fuß hoch, aufrecht, saftig, ohne Zweige; die Blätter sind oval, gekerbt, dick, saftig, und stehen abwechselnd. Die

Blumen stehen in lockern Aehren auf den Enden der Stängel, röthlich purpurroth, und blühen im Jun.

Diese 3 Pflanzen kommen in jedem Boden fort; jedoch verlangt die erste eine schattige Lage, und die zweyte und dritte kommen am besten in den Ritzen alter Mauern, Gebäude, Grotten, Ruinen ꝛc. fort, denen sie zu einer großen Verzierung gereichen. Sie können die strengste Kälte ohne Schaden ertragen. Den Saamen aller drey Pflanzen kann man sogleich an Ort und Stelle säen, und braucht die Pflanzen nur zu verdünnen.

4. Cotyledon (hispanica) foliis oblongis subteretibus, floribus fasciculatis. Linn. Pfl. Syst. III. 603. *Sp. pl. Edit. Willd.* II. p. 759. Lueder im Mspt. Spanisches Nabelkraut. Vaterl. Spanien, Africa, der Orient. Es ist eine zweyjährige Pflanze, welche aus einer zaserigen Wurzel, aufrechte, runde, etwa Fingerslange Stängel treibt. Ihre Blätter sind länglich, fast rund, ziemlich stumpf, oben etwas flach und haarig, mit gelbrothen Flecken überstreuet, und ungestielt. Die Blumen kommen auf den Enden der Stängel in Büscheln. Die Blumenkrone ist trichterförmig, etwas haarig, auswendig gelblich; die Mündung ist flach, in 5 Abschnitte getheilt, welche spitz, oberhalb hellroth, mit drey dunkelrothen Streifen gezeichnet und auf der Spitze purpurroth ist. Diese Art blühet im Jun., und giebt im Sept. reifen Saamen. — Abarten davon a) mit gelben, b) mit vortrefflich rothen, an der Spitze schön purpurrothen Blumen.

Den

Den Saamen dieser Sorte säe man in Töpfe, in leichte fette Erde, und stelle diese im Winter unter ein Obdach. Die Pflanzen blühen dann im folgenden Sommer, und geben reifen Saamen.

5 Cotyledon (laciniata) foliis laciniatis, floribus quadrifidis Linn. Pfl. Syst. III. 60. *Spec. Plant. Edit. Willd.* II. p. 758. *Mill Dict.* n. 10. Zu der Nspt. Schlitzblättriges Nabelkraut, gewöhnlich Entenfuß genannt. Vaterland Egypten, Indien. Der Stängel ist aufrecht, gegliedert, saftig, perennirend, 3 — 4 Fuß hoch. Die Blätter liegen einigermaßen über einander, sind breit, dick, dreyspaltig, am Rande zerrissen, auf langen Stielen stehend. Die Blumen stehen an den Enden der Zweige, auf langen 7 — 8 blumigen Stielen, sind klein, goldgelb, und blühen zu verschiedenen Zeiten im Jahre. Diese Blumen unterscheiden sich von allen übrigen Arten dieser Gattung besonders dadurch, daß ihr Rand nur in 4 Theile zertheilt ist, und daß die Blumen nicht 10, sondern nur 8 Staubfäden haben.

Diese Art, welche ein wahrer Strauch ist, wird durch Stecklinge fortgepflanzt, indem man 3 — 5 — 6 Z. lange Stücke ihrer saftigen Zweige, steckt, welche, damit die verwundete Stelle zuvor wieder überheilen möge, erst 8 — 10 Tage auf eine trockne Stelle gelegt werden müssen. Vom May bis August nämlich pflanze man solche Stöcke einzeln in leichte, sandige trockne Erde, in Töpfe, senke diese in ein Lohbeet oder in ein Mistbeet ein, beschatte sie gehörig, begieße sie wöchentlich einmal, und wenn sie sich nach 4 — 6 Wochen gehörig bewurzelt haben, bringe man sie in ein mäßiges Glashaus, in welchem sie beständig bleiben

ben müssen, und kaum in den heißesten Sommermonaten hinausgestellt werden dürfen, weil sie bey einfallendem vielen Regen leicht in Fäulniß gehen würden. Um dies zu verhüten, muß man sie nie ganz unbedeckt stehen lassen, sondern sie entweder unter ein Vordeck, oder in ein Gewächshaus stellen, oder mit großen Handgläsern bedecken, und sie im Herbste wieder früh ins Glashaus bringen.

6. Cotyledon (orbiculata) foliis orbiculatis carnosis planis integerrimis caule fruticoso. Linn. Pfl. Syst. III. 597. *Spec. Plant. edit. Willd.* II. 753. *Mill. Dict.* n. 5. Luder Mspt. Kreisförmiges Nabelkraut. Vaterl. das Cap. Der Stängel ist strauchig, dick, holzig, glatt, saftig, perennirend, mit vielen gekrümmten unregelmäßigen Zweigen, nach Verschiedenheit der Varietäten 1 — 3 Fuß hoch und darüber. Die kreisförmigen, dicken, fleischigen, saftigen, flachen Blätter sind glatträndig, seegrün, am Rande purpurröthlich. Die Blumen kommen an den Enden der Zweige in doldenförmigen Trauben, und stehen auf kurzen Stielen, blühen im Jul., Aug. und September. Millers 3 Sorten n. 5. 6. 7, nämlich orbiculata, ramosissima und arborescens sind bloße Abarten dieser Linnéischen Art.

7. Cotyledon (spuria) foliis spatulato-lanceolatis, carnosis integerrimis, caule fruticoso. Linn. Pfl. Syst. III. 598. *Spec. Plant. Edit Willd.* II. 754. *Mill. Dict.* n. 9. Lueder im Mspt. Unächtes Nabelkraut, gehört gleichfalls auf dem Cap zu Hause. Der strauchige Stängel ist dick, fleischig, saftig, holzig, 2 — 3 Fuß hoch. Die Blätter sind lang, spatel-lanzettförmig, schmal, glatträndig, dick, fleischig,

schig, voll Saft, abwechselnd. Die Blumen stehen an den Enden der Zweige, viele beysammen, auf langen, nackten, fleischigen Stielen, gelblich von Farbe, und kommen im Jul., Aug. und September, bisweilen auch im October.

8. Cotyledon (hemisphaerica) foliis semiglobosis. Linn. Pfl. Syst. III. 599. *Spec. plant. Edit. Willd.* II. 756. *Mill.* n. 4. Lueder l. c. n. 8. Halbkugelförmiges Nabelkraut. Vaterl. Aethiopien. Der dicke, saftige, sehr ästige perennirende Stängel ist nur 6 — 8 Z. hoch. Die Blätter sind halbkugelförmig, kurz, dick, fleischig, auf der Oberfläche flach, auf der Unterfläche convex, mit purpurröthlichem Rande, voll Saft, ungestielt. Die Blumen erscheinen an den Enden der Stängel und Zweige auf langen, nackten, etwa 6blumigen Stielen, an welchen dieselben abwechselnd und ungestielt stehen, grünlich mit purpurrothen Spitzen. Im Jul. und August.

Diese 3 Arten sind Sträucher, welche am Vorgebirge der guten Hoffnung einheimisch sind, lassen sich auf eben die Art, wie C. laciniata durch Steckreiser vermehren, sind aber nicht völlig so weichlich. Wenn sie sich daher bewurzelt haben, muß man sie nach und nach an die freye Luft gewöhnen, und hernach hinausstellen. Sie schlagen jedoch auch recht gut Wurzeln, wenn, sobald sie gesteckt, und die Töpfe nur in ein Gewächshaus, oder nur in einen Mistbeetkasten, in welchen sie beschattet, und gegen Regen bedeckt werden können, gestellt, und daselbst wöchentlich einmal begossen werden. Sobald sie dann nach 4 — 6 Wochen Wachsthum zeigen, stelle man sie hinaus, und bringe sie endlich im Oct. mit an-

andern saftigen Pflanzen in eine Glascasse, damit sie reichlich Luft und Sonne haben, oder in ein Gewächshaus. Im Winter müssen sie nur sehr wenig Wasser haben. Ob sie viel Wasser nöthig haben, kann man an dem Einschrumpfen ihrer Blätter wahrnehmen. Man muß sie aber nie so lange dursten lassen. Wenn sie inzwischen eingeschrumpft seyn sollten, so müssen sie vorerst zwar oft, jedesmal jedoch nur wenig Wasser haben, weil ihre Gefäße zu sehr zusammengezogen sind, als daß sie sich zu vieler Feuchtigkeit wiederum entledigen könnten. Sie lieben eine leichte, sandige, frische Erde, und eine Mischung von ½ fetter Erde von einer Weide nebst Rasen, und ½ Triebsand, die ein Jahr auf einem Haufen gelegen, und oft umgestochen, ist ihnen am zuträglichsten.

Nachtblume. Jasminum L., s. **Jasmin.** III. S. 703.

— — — Nyctanthes L. eine Pflanzengattung, welche Linné in die erste Ordnung der 2ten Pflanzenklasse stellt. (Diandria Monogynia) Die Blumenkrone bestehet aus einem Stücke, ist tellerförmig, und unten am Fruchtknoten angewachsen; sie ist in 8 Abschnitte gespalten, und auch eben so der sie umgebende Kelch; das Samengehäuse bestehet in einer 2knöpfigen und 2fächerichten Beere. Die älteren Botaniker zählten mehrere Arten zu dieser Gattung, welche die Neuern aber alle bis auf die hier folgende Art unter die Gattung Jasminum rechnen.

Nyctanthes (Arbor tristis) caule tetragono foliis ovatis acuminatis, pericarpiis membranaceis compressis. Linn. Pfl. Syst. I. 209. *Edit. Willd.* I. 35. **Indischer Trauerbaum.**

baum. Vaterland Ostindien auf sandigem Boden. Er breitet seine Wurzeln weit umher aus, und treibt einen ziemlich starken Stamm, und eine ausgebreitete, dicht mit Blättern bewachsene Krone. Seine Blätter stehen an knotigen Zweigen, grade gegen einander über, sind dick und rauh, an der Basis breit, und vorne, gegen die Spitze zu ganz schmal, auf der obern Seite dunkelgrün, auf der untern Weißlicht, etwas wolligt, und am Rande etwas gekerbt. Aus den Winkeln der Blätter entspringen steife Stiele, welche sich in 3 Theile spalten, an deren jeglichem fünf weißlichte Blümchen sitzen, welche aus 6, 7 oder 8 glänzenden Blättchen bestehen, und 2 Staubfäden mit dicken Staubbeuteln enthalten. Die Blumenstiele sind röthlich. Die Frucht ist eine grüne, trockne, platte Samenkapsel, welche eine Nath in der Quere hat, und inwendig 2 plattrunde, durch eine Scheidewand von einander abgesonderte Samen hat. Die Blumen zeigen sich nur während der Nacht in ihrem vollen Glanze, und geben auch dann nur ihren erquickenden und angenehmen Geruch von sich, der sich verliert, sobald die Sonne aufgehet. Dies hat zur Benennung dieser Gattung Ursache gegeben.

Da diese Gattung so nahe mit dem Jasmin verwandt ist, so pflegt man dieselbe nicht selten auf Stämme des gemeinen Jasmins zu oculiren, auf welchen sie auch gut fortkommt. Allein solche Stämme haben kein Ansehn, wenn sie älter werden, und die beständig hervorkommenden Wurzeltriebe, so sorgfältig man sie auch unterdrückt, nehmen dem oculirten Stamme leicht die Nahrung, und verderben ihn. Die beste Art seiner Fortpflanzung ist also durch Ableger oder abgeschnittene Zweige. Da die erstern selten zu haben sind, so legt man vom May bis August abgeschnittene Zweige in Töpfe, die mit einer weichen lehmigen Erde angefüllt sind, und die man nachgehends in ein gemäßigtes Mistbeet von Gärberlohe einsenken muß. Wenn die Töpfe groß genug dazu sind, so kann man mehrere in einen Topf beysammen setzen. Während der Hitze des Tages müssen sie beschattet, und wenn die Erde trocken wird, begossen werden. Gegen den Herbst pflegen die Schnittlinge bey dieser Wartung Wurzeln getrieben zu haben, und dann kann man sie einzeln in Töpfe setzen, welche man wieder in ein Lohbeet eingräbt, bis sie von neuem Wurzeln getrieben haben.

Nachtfrau, Cestrum nocturnum L., s. Hammerstrauch, Th III. 436.

Nachtkerze, Oenothera L. Pflanzensystem Kl. 8. Ordn. 1. (Octandria Monogynia). Die Blume sitzt auf dem Fruchtknoten, und hat einen abfälligen, langen, cylindrischen Kelch, mit einer zurückgeschlagenen, vierspaltigen Mündung; vier umgekehrt herzförmige, dem Schlunde des Kelchs einverleibte Blumenblättlein, 8 pfriemenförmige, dem Schlunde des Kelchs einverleibte Staubfäden, und einen cylindrischen Fruchtknoten, mit einem fadenförmigen Griffel und zurückgebogener vierspaltiger Narbe. Sie hinterläßt eine lange, cylindrische, 4eckige, 4fächerige, 4schaalige Kapsel, mit vielen eckigen, nackten Samen.

Diese Gattung bestehet aus dauerhaften, krautartigen, theils 2jährigen, theils perennirenden, theils strauchähnlichen perennirenden, insgesammt zur Verzierung der Lustgebüsche schicklichen Blumenpflanzen, mit aufrechten steifen Stängeln,

von

von 1 — 3 — 4 F. Höhe, mit ziemlich großen, entweder eyrunden oder lanzettförmigen Blättern, und mit mäßig großen, vierblättrigen, sehr langröhrigen, schlüsselblumenförmigen, sich meistens erst gegen Abend öfnenden, gelben Blumen, von schönem Ansehn, welche an allen Seiten der Stängel entspringen, vom Jun. oder Jul. bis zum Oct. blühen, und im Herbste meistens eine Menge reifen Samen geben.

a. 2jährige Arten.

1) Oenothera (biennis) foliis ovato-lanceolatis planis, caule muricato - villoso. Linn. Pfl. Syst. VI. 413. *Spec. Plant. Edit. Willd.* II. 306. *Mill.* n. 1. Lueder Lustgärt. II. p. 338. **Gemeine Nachtkerze, 2jährige Nachtkerze, gehörnter Weiderich, gelbe Rapunzel.** Vaterland Virginien. Die lange, dicke, spindelförmige Wurzel dringt tief ein, und treibt viele große, eyrund lanzettförmige, flache, auf dem Boden umher ausgebreitete Blätter. Der Stängel ist aufrecht, dick, voll Mark, jedoch steif, mit weichen Spitzen besetzt, zottig, blaßgrün, oft auch braun und gefleckt, 3 — 4 — 5 F. hoch, mit langen, schmalen, lanzenförmigen, ungestielten, unregelmäßig entspringenden Blättern besetzt. Die Blumen kommen aus den Winkeln der Blätter, mehr als die halbe Länge des Stängels hinauf, groß, glänzendgelb, öfnen sich vornemlich am Abend, und bey trüber Witterung; daher wird die Pflanze auch **Nachtschlüsselblume** genannt.

2) Oenothera (octovalvis) foliis lanceolatis oblongis arcuminatis planis glabris. Linn.

Linn. Pfl. Syst. VI. 416. Lueder l. c. n. 2. Achtschalige oder Persicarienblättrige Nachtkerze. Vaterland America. Stängel aufrecht, steif, voll Mark, etwas haarig, 3 — F. hoch. Die Blätter sind lanzettförmig länglich, scharf gespitzt, flach, glatt, hochgrün. In den Winkeln derselben entspringen einzelne große, gelbe ungestielte Blumen, welche eine einfächerige Kapsel hinterlassen, die sich in 8 Schalenstücke zertheilt, und eine Menge sehr kleiner, eckiger Samen enthält.

3) Oenothera (parviflora) foliis ovato-lanceolatis planis, caule brevi subvilloso. Linn. Pfl. Syst. VI. 414. *Spec. Plant. Edit. Willd.* II. 306. *Mill.* n. 2. Lued. l. c. n. 3. Kleinblumige Nachtkerze. Vaterland Nordamerica. Der Stängel ist aufrecht, eben, ein wenig zottig, voll Mark, etwa 3 F. hoch. Blätter eyrund-lanzettförmig, flach, ein wenig gezähnt, größtentheils rückwärts gekrümmt. Die Blumen gleichen denen der vorhergehenden Art, nur kleiner, gelb. Die Kapseln 4schalig.

4) Oenothera (longiflora) foliis dentatis, caulibus simplicibus pilosis-petalis distantibus bilobis. Linn. Pfl. Syst. VI. 415. *Spec. Plant. Edit. Willd.* II. 307. Langblumige Nachtkerze. Vaterland. Buenos, Ayres in Westindien. Die zahlreichen Wurzelblätter sind lanzettförmig-breit, gezähnt, Stängel öfters 5, erheben sich zwischen den Wurzelblättern, sind einfach, aufrecht, haarig; die Blätter an den Stängeln sind länglich eyförmig, gezähnt, ungestielt, und den Wurzelblättern ähnlich. Die Blumen kommen aus den Winkeln der obern Blätter, und ihre Fruchtknoten und Kelche sind haarig. Die Kelchröhre sehr lang. Blumenblätter

4,

4, gelb, umgekehrt, herzförmig, von der Grösse, wie bey der ersten Art, oft grösser Die Frucht ist wie bey O. biennis, aber länger, unten schmaler.

5) Oenothera (molissima) foliis lanceolatis undulatis. Linn. Pfl. Syst. VI 417. *Spec plant. Edit. Willd.* II. 308 *Mill.* n. 4. Lueder l. c. n. 4. weichblättrige Nachtkerze. Sie hat mit der vorigen gleiches Vaterl. und wächst auf Sandfeldern. Sie hat einen aufrechten, steifen 2 — 3 Fuß hohen Stängel, mit langen, schmalen, spitzigen, am Rande gezähnten Blättern. In den Winkeln derselben entspringen einzelne kleine Blumen, die anfangs hellgelb sind, ehe sie aber abfallen, pomeranzengelb werden. Sie öfnen sich, wie bey den andern nur des Abends, und fallen schon den andern Tag ab.

6) Oenothera (sinuata) foliis dentato-sinuatis, caulis apice nutante Linn. Pfl. Syst. VI. 418. *Spec. Plant. Edit. Willd.* II 309. Ausgeschweifte Nachtkerze. Vaterl. Virginien. Der einfache, runde, aufrechte, 1 Fuß hohe, mit der Spitze niederhangende Stängel ist anfangs haarig, und wird hernach glatter Die Zweige stehen abwechselnd, eben so auch die Blätter, und diese sind ungestielt, breit-lanzettförmig, nackt, schief. Die Blumen kommen aus den Winkeln der Blätter, einzeln, ungestielt, am Kelche und Fruchtknoten haarig. Die gelbe Blume hat 4 umgekehrt herzförmige Blätter, die so lang als die Kelchblätter sind.

7) Oenothera (purpurea) foliis glaucescentibus glabris lanceolatis, integerrimis utrinque attenuatis obtusis, capsulis sessilibus, angulatis ovatis. *Linn. Spec. Pl. Edit. Willd.*

Willd. II. 311. Purpurfarbner. Vaterland das nördliche Amerika. Der ½ Fuß hohe Stängel ist rund, aufrecht und glatt. Die Blätter sind gelbgrün, glatt, ganz. Die Blumen sind groß, und von einer schön purpurrothen Farbe. Die Kelchröhre ist kürzer, als die Blumenkrone. Die stumpfen, nicht ausgerandeten Blumenblätter sind etwas wellenförmig. Die Narbe ist dunkelroth.

Diese 3 letzten Arten sind nur Sommergewächse.

b. Perennirende Arten.

8) Oenothera (fruticosa) foliis lanceolatis subdentatis, capsulis pedicellatis acutangulis, racemo pedunculato. Linn. Pfl. Syst. VI. 418. *Spec. Pl. Edit. Willd.* II. 310. Lued. l. c. n. 5. Staudige Nachtkerze. Vaterl. Virginien. Sie hat eine perennirende Wurzel, und einen rothen, mit wechselsweise stehenden, schmalen, lanzettförmigen, meistens schwarzgefleckten Blättern besetzten Stängel. Die Blumen bilden am Ende des Stängels eine rispenförmige Traube, sind groß, schön, haben weiße, (gelbe, Willdenow) Blumenblätter, und einen röthlichen Kelch, der eine enge, öfters auf einer Seite aufgerissene Röhre, und 4 spaltige Mündung hat. Die Samenkapseln haben vier scharfe, zusammengedrückte Ecken, wovon sie zierlich gestreift oder gefurcht aussehen.

9) Oenothera (pumila) foliis lanceolatis obtusis glabris, subpetiolatis, caulibus prostratis, capsulis acutangulis. Linn. Pfl. Syst. VI. 419. *Spec. Pl. Edit. Willd.* II.

 310.

310. *Mill.* n. 5. Lued. l. c. n. 6. **Niedrige Nachtkerze.** Vaterl. das nördliche Amerika. Die zaserige Wurzel treibt handlange, krautartige, runde, schwache, dünne Stängel, welche ohne Unterstützung gestreckt darnieder liegen, und mit einigen wenigen, lanzettförmigen, ungestielten, glattrandigen, lichtgrünen Blättern besetzt sind. Die Blumen kommen einzeln aus den Winkeln der Blätter, sind kurzgestielt, glänzend gelb, und hinterlassen kleine, fast eyrunde, stumpfe, scharfwinklichte Kapseln. Die Wurzel perenniret.

10) Oenothera (hirta) foliis supra glabris. Linn. Pfl. Syst. VI. 417. **Rauhe Nachtkerze.** Sie gehört in den heißesten Theilen von Amerika zu Hause, kömmt aber doch bey uns in einer gut geschützten Lage recht gut fort. Ihre Blätter gleichen den Oleander-Blättern, und sind nur auf der obersten Seite glatt; die ganze übrige Pflanze ist zottig und borstig. In den Winkeln der Blätter wachsen einzelne große gelbe Blumen.

11) Oenothera (odorata) foliis lineari-lanceolatis denticulatis undulatis pubescentibus glaucis, caule hirto. *Linn. Spec. Pl. Edit. Willd.* II. 308. **Wohlriechende Nachtkerze**, wächst in Patagonien. Die Wurzel ist perennirend, und treibt runde, rauhe Stängel. Die Blätter sind sehr kurzgestielt, fast ansitzend, strich-lanzettförmig, steif, wellenförmig, auf beyden Seiten rauch. Die Blumen sind gelb, von der Größe derer der O. longiflora. Die Kelchröhre ist von der Länge der Blumenblätter. Die Blumenblätter umgekehrt herzförmig.

12) Oenothera (tetraptera) foliis lanceolatis basi pinnatifido-dentatis, capsulis pe-

pedicellatis, obovatis quadrialatis. *Linn. Spec. Plant. Edit. Willd.* II. 309. Vierflüglichte Nachtkerze, ist in Neu-Spanien einheimisch. Die lanzettförmigen, gestielten Blätter sind von unten bis zur Mitte geschlitzt. Die gestielten Blumen sind fast die größten unter denen dieser Art, glänzend weiß, und werden im Verblühen purpurroth. Die Kelchröhre ist oben erweitert.

Alle diese Pflanzen sind dauerhaft genug, daß sie in jedem Boden und in jeder Lage fortkommen (n. 10 ausgenommen). Sie sind insgesammt schickliche Gegenstände zur Verzierung und Verschönerung der Lustgärten, und machen allenthalben, wohin sie gepflanzt werden, mit ihren schönen Blumen 3—4 Monat nach einander eine sehr angenehme Mannigfaltigkeit. Die ein- und zweyjährigen Pflanzen sterben allezeit nach geendigter Flor ab, und müssen also jährlich neu aus dem Samen erzogen werden, den sie reichlich bringen. Die perennirenden Arten dauern viele Jahre, und können nicht nur aus dem Samen, sondern auch durch Zertheilung fortgepflanzt werden. — Durch Zertheilung. Dies kann im Herbste, im Winter, oder im Frühjahre geschehen, und jedes eingesetzte Stöckchen blühet schon im folgenden Sommer. Die Samenpflanzen haben aber vor ihnen einen großen Vorzug. — Aus Samen: man säe denselben im Herbste, so bald er reif ist, oder zeitig im Frühjahre in gemeine Gartenerde. Der im Herbste gesäete Same gehet im folgenden Frühjahre stark und zeitig auf; der im Frühjahre gesäete liegt oft ein Jahr in der Erde. Im May und Junius, wenn die Pflanzen 2—3 Z. groß sind, verdünne man dieselben,

selben, und halte sie vom Unkraute rein, und pflanze sie endlich im Herbste mit einem Ballen Erde auf die ihnen bestimmten Stellen. Im folgenden Sommer kommen sie zur Blüte, und wenn man ihren Samen ausfallen läßt, so entspringen aus demselben von selbst neue Pflanzen.

Die erste Sorte, O. biennis wird auch als Küchengartenpflanze sehr geschätzt, da ihre dicke spindelförmige Wurzel in Scheiben zerschnitten, und mit Oel und Essig gemischt, einen köstlichen und wohlschmeckenden Wintersalat giebt, der den, welcher aus der Sellerie auf eben die Weise bereitet wird, an Zartheit und Wohlgeschmack noch übertrifft.

Nachtschatten, Solanum L., s. **Kartoffel**. Th. III. 940.

— — — (rother) s. **Judenkirsche**. Th. III. S. 811.

— — — (amerikanischer) s. **Kermesbeere**. Th. IV. S. 56.

Nachtschlüsselblume. Oenothera biennis s. den Artikel **Nachtkerze**.

Nachtveil, s. **Nachtviole**.

Nachtviole. Hesperis L. ist eine Pflanzengattung, die in die 2te Ordnung der 15ten Pflanzenklasse (Tetradynamia siliquosa) gehört. Die Blume dieser Gattung hat 4 schiefgebogene Kronblättchen, einen geschlossenen Kelch, eine Drüse, welche zwischen 2 kurzen Staubfäden sitzt; eine Narbe, welche an der Basis zweygabelicht ist, sich aber auf der Spitze wieder einfügt, und eine starrende Schote.

Die vornehmsten Arten dieser Gattung sind dauerhafte, krautartige, zweyjährige oder perennirende, zaserwurzlichte Blumenpflanzen, mit einjähjährigen aufrechten Stängeln, mit einfachen, langen, in großen Büscheln auf der Wurzel beysammenstehenden Blättern, und auf den Stängeln mit ansehnlich großen Aehren von 4blättrigen, kreuzförmigen, zum Theil sehr wohlriechenden, zahlreichen, im Jun. und Jul. blühenden, und im Aug. reifen Samen gebenden Blumen.

a. Zweyjährige Arten.

1) Hesperis (matronalis) caule simplici erecto, foliis ovato-lanceolatis denticulatis, petalis mucrone emarginatis. Linn. Pfl. Syst. VIII. 324. *Mill. Dict.* n. 1. Lued. Lustgärt. III. 284. n. 1. Frauen-Veil, Frauen-Nachtveil. Matronalviole, Viola matronalis genannt. Vaterl. Deutschland, Schweiz, Sibirien. Die Wurzelblätter sind eyrund-lanzettförmig, groß, rauh, gezähnelt. Die Stängel einfach, rund haarig. 2 F. hoch, mit ungestielten Blättern. Blumen in großen Aehren auf den Stängeln, und in kleinern, die aus den Winkeln der Blätter kommen, sind sehr wohlriechend; die Blumenblätter sind mit einer steifen Spitze ausgerandet.

Man findet von dieser Pflanze verschiedene Sorten in unsern Gärten

a) weiß. Hesperis (albus) — petalis integris. *Mill.* n. 2.
   α) einfach β) gefüllt.
b) purpurroth. Dies ist eigentlich die Sorte, welche Miller unter n. 1 beschreibt,
   α) einfach β) gefüllt.
c) purpurroth und weiß,
d) carmosinroth, einfach.

Die

Die gefüllten Sorten sind zwar die schönsten, die einfachen haben aber den stärksten Geruch, und müssen in der Nähe der Wohnzimmer in größerer Anzahl gepflanzt, oder auch in Töpfe gesetzt werden.

Die **Sibirische Matronalviole**, Hesperis (Sibirica) caule simplici, foliis lanceolatis dentato-serratis, petalis obtusissimis integris. *Mill.* n. 5. ist eine bloße Abart von jener. Die Blätter lanzettförmig, gezähnt-sägeförmig, Stängel 4 F. hoch, einfach; die Blumen purpurroth, die Blätter sehr stumpf und ganz. Dies ist eine sehr vortreffliche Pflanze, die zwischen andern von ähnlichem Wuchse eine sehr gute Mannigfaltigkeit macht.

2) Hesperis (tristis) caule hispido ramoso patente. Linn. Pfl. Syst. VIII. 323. *Mill. Dict.* n. 4. Lueder l. c. n. 3. **Trauriger Nachtveil, melancholischer Nachtveil,** insgemein **Nachtviole** genannt. Vaterl. Oesterreich, Ungarn, auf Aeckern. Der ästige, abstehende, steifborstige Stängel wird 2 — 3 F. hoch. Die Blätter sind lanzettförmig, gespitzt. Die Blumen klein, blaßpurpurroth, in lockern Rispen, und geben am Abende den erhabensten Wohlgeruch.

3) Hesperis (inodora) caule simplici erecto, foliis subhastatis dentatis, petalis obtusis. Linn. Pfl. Syst. VIII. 325. *Mill. Dict.* n. 3. Lueder l. c. n. 2. **Geruchlose Matronalviole.** Vaterl. Wien, Montpellier. Der Stängel rund, steif, 2 F. hoch. Die Blätter lanzettförmig, (fast spießförmig) scharfgespitzt, scharfgezähnt, ungestielt, die Blumen, geruchlos mit stumpfen Blumenblättern.

Auch

Auch von dieser Art hat man verschiedene Sorten mit weißen und purpurrothen, sowohl einfachen als gefüllten Blumen, die der Matronalviole sehr ähnlich sehen.

Diese 3 Pflanzen sind bald 2jährig, bald perennirend. Denn wenn sie in einem Jahre aus dem Samen erzogen werden, so blühen sie im folgenden Jahre, und sterben dann gewöhnlich ab, besonders die einfachen Sorten; können jedoch noch mehrere Jahre erhalten, und also in diesem Betrachte perennirend genannt werden. Denn wenn man ihre Blumenstängel, so bald sie verwelken, oder zu blühen aufhören, über der Erde abschneidet, so treiben sie aus der Wurzel aufs neue, und können dann im Herbste zertheilet, und auf diese Weise von einem Jahre zum andern fortgepflanzt werden.

Die Matronalviolen sind so dauerhaft, daß sie in jeder Gartenerde und in jeder Lage fortkommen; die Nachtviole kann aber weder strengen Frost, noch viele Nässe im Winter ertragen, sondern verlangt eine trockne warme Lage. Deßwegen thut man auch wohl, einige Pflanzen in Töpfen zu unterhalten, um sie gegen ungünstige Witterung zu schützen. — Sie sind alle zur Verzierung der freyen Rabatten in den Lustgärten sehr schicklich, und können auch zur Verzierung der ansehnlichsten, an Rasenstücke und große Wege stoßenden Strauchgruppen angewendet, und vor deren Fronte zwischen andre krautartige Pflanzen umher vertheilet werden. Die gefüllten Sorten der Matronalviolen sind außerordentlich schöne Blumenpflanzen, weil ihre Blumen eben so groß, und eben so gefüllt sind, als die der gefüllten Winterlevkoyen. — Sie lassen sich alle

im

im Frühjahre, ehe sie neue Stängel treiben, verpflanzen; müssen aber mit einem Ballen Erde so sorgfältig versetzt werden, daß sie es kaum empfinden.

Sie können alle auf eine dreyfache Art vermehret werden. — **Durch Samen.** Man säe denselben im März und April sogleich an Ort und Stelle, und verdünne hernach die Pflanzen nur, weil sie unversetzt am stärksten blühen; oder man säe ihn auf ein Samenbeet in leichte Erde, und harke ihn entweder ein, oder bedecke ihn ½ Z. hoch mit leichter Erde; pflanze die jungen Pflanzen, sobald sie 3—4 Z. hoch sind, auf ein anderes Beet 6 Z. weit auseinander, und endlich im Oct. oder erst im Frühjahre auf die ihnen zur Flor bestimmten Stellen. Die mehrsten derselben pflegen zwar nur einfach zu blühen, und viele von diesem schon nach vollendeter Flor abzusterben. Weil sie sich aber sehr leicht in Menge aus dem Samen ziehen lassen; so verlohnt es sich allerdings der Mühe, jährlich neue Samenpflanzen, zur Vertheilung auf die Rabatten, zu erziehen.

Durch Zertheilung, welche nebst der folgenden diejenigen Methoden sind, durch welche die gefüllten, und die einfachen gestreiften Sorten fortgepflanzt werden können, indem diese nur sparsam aus dem Samen entspringen, und sich auch nur wenig aus der Wurzel vermehren, wenn ihnen die Kunst nicht zu Hülfe kommt, sondern oft nach der Flor ganz absterben. Man pflanze also einige zur Fortpflanzung bestimmte gute Pflanzen von jeder Art, zu dieser Absicht auf eine schattige, jedoch freye Rabatte, und lasse sie nicht ganz zur Blüte kommen, sondern schneide ihre

ihre Stängel, sobald sie 8—10 Z. hoch sind, über der Erde ab, und wiederhohle dieses, so oft sie aufs neue in Stängel treiben, damit sie Ableger zu treiben gezwungen werden. Dann nehme man im August oder September die ganzen Pflanzen auf, zertheile dieselben, und pflanze die gemachten Ableger vorerst 6 Z. weit auf ein besonderes Beet, und zeitig im Frühjahre an Ort und Stelle.

Durch Stecklinge. Die nach der vorhergehenden Vorschrift über der Erde abgeschnittenen Stängel theile man in 2 Längen von 4—5 Z. lang, stecke dieselben auf einer feuchten, schattigen Rabatte zu $\frac{2}{3}$ ihrer Länge, 3 Z. weit von einander in die Erde, gieße sie an, und wiederhohle dies Begießen fleißig. Viele derselben pflegen schon binnen 6—8 Wochen zu bewurzeln. Bedeckt man sie mit gläsernen Glocken, so werden sie noch leichter bewurzeln; man muß dieselben aber sogleich wieder wegnehmen, wenn die Stecklinge Wachsthum zeigen. Man kann zu solchen Stecklingen auch solche Stängel nehmen, welche so eben abgeblühet haben; doch geben diese nie so gute Pflanzen, als diejenigen, die schon früh im Sommer gemacht sind. — Wenn man diese verschiedenen Vermehrungsarten jährlich vornimmt, so wird es nie an einer hinreichenden Anzahl Pflanzen dieser Arten fehlen. Wenn man indessen auch nur einmal ein Jahr überschlägt, so ist man in Gefahr um die ganze Art zu kommen.

b. Einjährige Arten.

4) Hesperis (africana) caule ramosissimo diffuso, foliis lanceolatis petiolatis acute dentatis

tatis scabris, siliquis, sessilibus. Linn. Pfl. Syst. VIII. 326. *Mill. Dict.* n. 8. Lueder l. c. n. 4. **Africanische Nachtviole.** Vaterland das nördliche Africa und das südliche Europa. Stängel sehr ästig, weitschweifig, selten über 10 Zoll hoch. Die gestielten Blätter sind lanzettförmig, scharfgezähnt, sehr rauh. Die sehr kleinen purpurröthlichen Blumen kommen im Jun. und Jul. in lockere Rispen. Die Schoten sind ungestielt. Von dieser Art hat man auch Abarten mit **rothen** und mit **gelben Blumen.** Diese leztere hat *Mill. Dict.* n. 6. als eine besondere Art angesehen, und nennt sie Hesperis (exigua) caule ramosissimo diffuso, foliis lineari-lanceolatis dentatis, siliquis apice truncatis.

5) Hesperis (verna) caule erecto ramoso, foliis cordatis amplexicaulibus serratis villosis. Linn. Pfl. Syst. VIII. 326. *Mill.* n. 9. Lueder l. c. n. 5. **Frühlings- oder französische Nachtviole.** Vaterl. die Provence am Meeresstrande. Der aufrechte ästige Stängel ist etwa 9 Zoll hoch. Die herzförmigen, gesägten, zottigen Blätter umfassen den Stängel. Die Wurzelblätter liegen auf der Erde, und ihrer sind nur wenige. Die Blumen kommen schon im Frühjahre in einer Art einer lockern Rispe, und sehen purpurroth oder violett aus. Der Same wird bald nachher reif.

Diese beyden Pflanzen haben zwar keine große Schönheit, bedürfen aber auch keine besondere Cultur, kommen überall fort, und pflanzen sich durch den ausfallenden Samen selbst fort. Die eigentliche Zeit ihrer Aussaat ist der Herbst. Der Same gehet bald auf, und die jungen

Pflanzen

Pflanzen ertragen den Winter sehr gut, und blühen im folgenden Jahre früh. Außerdem kann man aber auch noch im März eine Aussaat machen, von welcher die Pflanzen später blühen, wodurch man also ihre Flor merklich verlängern kann.

Nachtzaserblume. Mesembryanthemum noctiflorum, s. Feige. Th. II. S. 772.

Nackenblume, s. Halsblume. Campanula Trachelium. L. Th. III. 433.

Nackte Jungfer. Colchicum L. s. Zeitlose.

— — — Bulbocodium L. s. Uchtblume.

Nackte Hure, s. ebendaselbst.

Nadelkerbel. Scandix odorata L. s. Kerbel. Th. IV. 51.

Nadelkissen. Opuntia curassavica L. s. Feige. II. 766.

Nägelein. (Berg:) Auricula ursi L. Th. I. S. 620.

Nägeleingras. Cerastium arvense. L. s. Hornkraut. Th. II. 573.

Nägelkraut. Draba L. s. Hungerblümchen, II. 589.

Nageleinwurz. Geum urbanum L. s. Benedictenwurz. Th. II. S. 1.

Nägelkraut. Hieracium Pilosella L. s. Habichtskraut. III. 392.

— — — Illecebrum L. s. Knorpelblume. Th. IV. 358.

Napäe, Napaea L. eine Pflanzengattung, welche in die 12te Ordnung der 22sten Pflanzenklasse (Dioecia Monadelphia) gehört, und männliche und weibliche Blumen auf verschiedenen Pflanzen trägt. Männliche Blumen, der Kelch ist fünfspaltig, und die Krone fünfblättrig. Die

Staub=

Staubfäden sind alle mit Staubbeuteln versehen, in Menge vorhanden, und sämmtlich mit einander verwachsen. Die Griffel sind beynahe in gleicher Anzahl vorhanden, werden aber nicht befruchtet. **Weibliche Blätter**; diese haben Kelch und Krone wie die vorigen: die Staubfäden sind gleichfalls mit einander verwachsen, in großer Menge vorhanden, aber unfruchtbar. Auch die Griffel sind zahlreich, und länger als die Staubfäden. Ihr zirkelrundes, niedergedrücktes, zehnfächerichtes Samengehäuse schließt viele einzelne Samen ein.

Die 2 Arten dieser Gattung sind krautartige, dauerhafte, perennirende Pflanzen mit handförmigen Blättern, und mit weißen, im Jul. blühenden Blumen. Sie lieben vorzüglich einen tiefen, fetten, feuchten Boden, und eine schattige Lage, und dann einen stärkern und größern Wuchs, und ein schöners Ansehn.

1) Napaea (laevis) pedunculis nudis laevibus, foliis lobatis glabris. Linn. Pfl. Syst. X. 303. N. hermaphrodita. *Mill.* n. 2. Luder Lustgärt. IV. S. 432. n. 1. **Glatte Napäe.** Vaterland Virginien. Sie hat eine zaserige kriechende Wurzel, welche steife, aufrechte, glatte, 4 — 5 F hohe Stängel treibt. Die Blätter sind handförmig, bestehen gewöhnlich aus 5 Hauptlappen, welche scharfgespitzt, und in manche lanzettförmige, glänzend grüne, glatte Abschnitte zertheilet sind, und stehen abwechselnd auf etwas langen Stielen. Die Blumen stehen an der Basis der Blätter, auf jedem Stiele 3 — 4 Stück, die Stiele nackt, glatt, steif. Diese Art läßt sich, und zwar am besten, im Herbste, durch Zertheilung vermehren, und muß, damit sie sich durch

ihre

ihre kriechende Wurzel nicht zu weit umher ausbreiten, um jedes andere Jahr eingeschränkt werden.

2) Napaea (scabra) pedunculis involucratis angulatis, foliis palmatis scabris. Linn. Pfl Syst. X. 304. *Mill.* n. 1. Lueder l. c. n. 2. **Rauhe Napäe**, ist auch in Virginien zu Hause. Sie hat keine kriechende, sondern eine aus vielen fleischigen Fasern bestehende Wurzel. Der Stängel ist größer, rauh, haarig, ästig 6 bis 8 F. hoch. Die Blätter sind fast schildförmig, doch aber bis an den Blattstiel eingeschnitten, und zwar die untern in 7, die mittlern in 5 und die obern in 3 Lappen zertheilt, am Rande eingeschnitten oder gezähnt, auf sehr langen, dikken, abstehenden Stielen stehend. Die Blumen stehen an den Gelenken der Stängel, auf langen, ästigen, eingehüllten, winklichten Stielen, mit vielen Blumen.

Diese Pflanze wird am besten aus dem Samen gezogen, den man im Frühjahre auf ein Beet von guter Erde säet. Wenn man sie, so wie sie heranwachsen verdünnet, daß sie den hinreichenden Raum haben, vom Unkraute reiniget, und bey trockner Witterung den Sommer hindurch begießet; so kann man sie im Herbste dahin versetzen, wo sie stehen sollen, und wo sie dann mehrere Jahre blühen werden.

Napell und Napellenkraut, desgleichen *Napellus*, Aconitum Napellus L. S. Th. I. 101.

Napobrassica. **Kohlrübe**, s. **Kohl**. Th. IV. 425.

Narcisse. Narcissus L. eine Pflanzengattung, welche in die erste Ordnung der 6ten Klasse gehört. (Hexan-

(Hexandria Monogynia). Die Blumenkrone besteht aus 6 gleichförmigen Blättern, und einem trichterförmigen, einblättrigen Honigbehältnisse, in welchem die Staubfäden befestiget sind.

Diese Gattung bestehet aus einer ziemlichen Anzahl von vortrefflichen, krautartigen, perennirenden, zur Verschönerung der Lustgärten schicklichen Zwiebelblumenpflanzen, deren Wurzel eine große eingehüllte Zwiebel ist, welche in jedem Frühjahre aus ihrer Spitze neue, lange, schmale Blätter, und aus deren Mitte Einen, aufrechten, blattlosen Blumenstängel oder Blumenschaft treibt, welcher sich etwa 10 — 15 — 18 Zoll hoch erhebt, und aus einer an der Seite sich öfnenden, nachher aber verwelkenden Scheide, in welcher sich derselbe endet, nur eine, bey manchen aber mehrere große, ansehnliche, vom März oder April bis im Jun. blühende sechsblättrige Blumen mit einem großen Honigbehältnisse, welches in der Gärtnersprache, aber irrig der Kelch genannt wird, im Mittelpunkte hervorbrechen läßt, — und von denen einigen es zahlreiche schöne Sorten giebt. N. Pseudo-Narcissus ausgenommen, stammen die meisten übrigen aus fremden Ländern her; sind jedoch für unsere Blumenrabatten dauerhaft genug, und die meisten sind auch schon lange in unsern Gärten als Verzierungspflanzen bekannt. Sie sind zwar größtentheils nur einblumig, sind jedoch alle sehr verzierend, obgleich die vielblumigen Arten den Vorzug verdienen, und von den Blumenliebhabern am höchsten geachtet werden.

1) Narcissus (poeticus) spatha uniflora, nectario rotato brevissimo scarioso crenulato, Linn. Pfl. Syst. XI. 150. *Spec. plant.* II. 35.

35. *Mill. dict.* n. 2. **Lueder b. p. Lustg.** II. p. 185. n. 3. **Dichter-Narcisse, gemeine weiße Narcisse, rothrandige Narcisse.** Ihr Vaterland ist Languedoc, Italien, die Schweiz, Deutschland. Die Wurzel ist eine große, rundliche, mit einer braunen Haut überzogene Zwiebel. Die Blätter sind denen der gemeinen gelben Narcisse gleich, doch etwas länger und schmaler, 1 F. lang, ½ Z. breit, lichtgrün, und der Mitte entlängs etwas ausgehöhlt. Der Blumenschaft erhebt sich aus der Mitte der Blätter, weißlich grün, hohl, ziemlich flach, ein wenig winklich, 12 bis 15 Z. hoch. Blumen auf dem Gipfel des Schaftes, in einer einblumigen, dürren, rauschenden Scheide, groß, auf eine angenehme Art ausgebreitet, ein wenig überhangend, rein weiß; die Blumenblätter sind am Rande abgerundet, und in ihrer Mitte befindet sich ein sehr kurzes, radförmiges, rauschendes, am Rande fein gekerbtes und gefranztes Honigbehältniß, mit einem purpurrothen Rande. Sie blühet im May und hat einen sehr starken Wohlgeruch.

Man hat von dieser Sorte verschiedene Arten: a) die eben beschriebene mit **purpurrothem Kranze,** b) mit einem **hochgelben Kranze,** c) **gefüllt,** d) **halbgefüllt.** Alle 4 Arten haben rein weiße Blätter.

2. Narcissus (Pseudo-Narcissus) spatha uniflora, nectario campanulato erecto crispo, aequante petala ovata. **Linn. Pfl. Syst.** XI. *Spec. Plant. Edit. Willd.* II. 35. *Mill.* n. 1. **Lued.** l. c. **Unächte oder gemeine gelbe Narcisse, wilde gelbe Narcisse.** Vaterland, Frankreich, England, Spanien, Italien in Wäldern, Deutschland auf Wiesen. Die Wur-

zel

zel ist eine große, länglichte, eingehüllte Zwiebel. Die Blätter sind lang, schmal, lichtgrün, ins Bläuliche fallend, etwa 1 F. lang und ½ Z. breit, ihrer Länge nach in der Mitte etwas ausgehöhlt. In ihrer Mitte erhebt sich der 12 — 15 Z. hohe Blumenschaft, von eben der Farbe, wie die Blätter, aufrecht, hohl, mit 2 gegeneinander über entlängs laufenden Rippen. Die Blumen kommen auf den Enden des Blumenschaftes, aus einer häutigen, verwelkenden, und nach dem Aufblühen der Blume in einem ausgedienten und zerlumpten Zustande fortdauernden Scheide, aus welcher eine große gelbe Blume hervorbricht, mit eyrunden, blaßgelben Blumenblättern, und einem glockenförmigen, krausen, aufrechten, goldgelben oder hochgelben Honigbehältnisse, welches mit den Blumenblättern von gleicher Größe ist. Sie blühet im März oder Anfange des April.

Sorten: a) gemeine einfache blaß- oder bleichgelbe Narcisse, b) hochgelbe, c) mit goldgelben Honigbehältnisse, d) mit gefüllten Blumen, e) mit einer langen Röhre, f) mit kurzer Röhre, g) Zwergnarcisse mit niedrigem Stängel, h) mit halbgefüllten Blumen.

So gemein diese Art auch ist, indem sie häufig wildwachsend angetroffen wird, so sind doch ihre frühen, schönen, majestätischen Blumen, ihre außerordentliche Dauerhaftigkeit, und ihre überaus leichte Kultur Verdienste genug, zu einem gegründeten Anspruch auf eine Stelle in einem jeden Garten. Sie sind von einer so langen Dauer, daß man sie sogar in solchen Gärten, deren Boden seit vielen Jahren ganz mit Grase überzogen ist, alles Unkrautes, Grases und Anlaufes vom

Wie-

Wiehe ungeachtet, eben so herrlich und prächtig blühen siehet, als in dem kultivirtesten Boden.

3. Narcissus (bicolor) spatha uniflora, nectario campanulato, margine patulo crispo, aequante petala. Linn. Pfl. Syst. XI. 153. *Spec. Plant. Edit. Willd.* II. 36. *Mill. Dict.* Lueder l. c. n. 2 Zweyfarbige Narcisse. Vaterl. das mittägige Europa, die pyrenäischen Gebirge. Die Wurzel ist eine längliche Zwiebel, groß. Die langen schmalen dunkelgrünen Blätter sind 12 — 14 Z lang. Der Blumenschaft ist aufrecht, etwa 15 Z. hoch, und trägt auf seinem Gipfel eine einblumige Scheide, aus welcher eine große Blume hervorbricht, welche weiße Blumenblätter, und ein glockenförmiges, abstehendes, goldgelbes Honigbehältniß hat, dessen Rand kraus, und welches so groß ist, als die Blumenblätter. Sie blühet im April. — Diese Art hat übrigens mit der 2ten große Aehnlichkeit.

Sorten davon sind a) gemeine einfache, b) halbgefüllte, c) gefüllte, d) gefüllte, deren innere Blumenblätter theils weiß, theils gelb sind.

Lueder rechnet die Narcissus (incomparabilis) spatha uniflora, nectario campanulato, petalo dimidio breviore. *Mill.* n. 3. Schöne Narcisse, zu den Arten der N. (bicolor); allein Willd. in seiner neuen Ausgabe des Linn. Syst. giebt sie auch als eine abgesonderte Sorte an, weil sie doppelt so breite Blätter als N. poëticus, der sie übrigens am meisten ähnlich ist, und größere Blumen hat. Die Blumen sind gelb, und das Honigbehältniß ist im Grunde gelb, größer, und wellenförmig gefaltet.

4. Narcissus (minor) spatha uniflora, nectario obconico erecto crispo sexfido, aequante petala lanceolata Linn. Pfl Syst. XI. 153. *Spec. plant. edit. Willd.* II. 36. Kleine gelbe Winternarcisse. Vaterl. Spanien. Die Wurzel ist eine kleine Zwiebel. Die 8 — 10 Z. langen Blätter sind flach, über ½ Z. breit. Der Blumenschaft ist kaum 1 Fuß hoch, aufrecht, steif, gestreift. Die Scheide ist einblumig, grün; die Blume vortrefflich gelb, mehr als andere überhangend, groß; das Honigbehältniß ist umgekehrt kegelförmig, aufrecht, gewöhnlich in 6, oft aber auch in 12 Stücke zerspalten, am Rande kraus, und mit den lanzettförmigen Blumenblättern von gleicher Länge. Diese Art blühet oft schon im Winter, oder doch zeitig im Frühjahre, und also zu einer Zeit, wo nur noch wenige Blumen blühen, welches ihr, die sonst mit der gelben Narcisse sehr nahe verwandt ist, jedoch in allen Stücken fast dreymal kleiner ist, einen vorzüglichen Werth giebt.

5. Narcissus (moschatus) spatha uniflora, nectario cylindrico - truncato subrepando, aequante petala oblonga. Linn. Pfl Syst. XI. 154. *Edit. Willd.* II. 37. Lueder l. c. n. 13. Bisam = Narcisse. Ihr Vaterland ist Spanien. Diese Art ist besonders wegen ihres Bisamgeruchs beliebt. Die Blumen kommen in einer einblumigen Scheide; die Blume ist überhangend, ihre Blumenblätter sind länglich, weiß, ihr Honigbehältniß aber gelb. Letzteres ist das unterscheidendste bey dieser Art, es ist walzenförmig, abgestutzt, der Rand unmerklich ausgeschweift, ohne kraus oder gezähnt zu seyn, und eben so lang als die Blumenblätter.

6. Narcissus (triandrus) spatha subuniflora, nectario campanulato crenulato, dimidio breviore petalis, staminibus ternis. Linn. Pfl. Syst. XI. 155. *Spec. plant. edit. Willd.* II. 37. Lueder l. c. n. 10. **Dreyfädige Narcisse.** Ihr Vaterland sind die Pyrenäen. Sie hat mit der N. poëticus die meiste Aehnlichkeit, ist aber in allen Theilen viel kleiner. Besonders sind die Blätter um die Hälfte schmaler, binsenartig, rinnenförmig, blaßgrün. Die Scheide auf dem Ende des Stängels bringt meistens eine, zuweilen 2 schneeweiße Blumen, deren Honigbehältniß glockenförmig, am Rande ungleichförmig, feingekerbt, und um die Hälfte kürzer ist, als ihre eyrund länglichen Blumenblätter. — Diese Art unterscheidet sich, wie der Name sagt, von den andern Sorten hauptsächlich dadurch, daß man bey ihr meistens nur 3, höchst selten 6 Staubfäden antrifft. Die Staubbeutel sind gelb und kürzer als das Honigbehältniß.

7. Narcissus (orientalis) spatha subbiflora, nectario campanulato-trifido emarginato, petalis triplo breviore. Linn. Pfl. Syst. XI. 155. *Spec. Plant. Edit. Willd.* II. 38. **Orientalische Narcisse.** Sie ist ursprünglich im Oriente zu Hause. Sie gleicht der bald folgenden Tazette am meisten. Die Blätter sind sehr breit, Blumen kommen öfters, nicht immer 2 aus einer Scheide, sie sind weiß, das Honigbehältniß ist safrangelb, aufrechtstehend, 2mal oder 3mal kürzer als die Blumenblätter, und in 3 ausgerandete Lappen gespalten.

8. Narcissus (trilobus) spatha submultiflora, nectario campanulato subtrifido integerrimo, petalis dimidio breviore. Linn.

Pfl. Syst. XI. 156. *Spec. Plant. Edit. Willd.* II. 38. Lueder l. c. n. II. **Dreylappige Narcisse.** Ihr Vaterland ist das mittägige Europa. Sie treibt aus ihrer Zwiebelwurzel binsenartige Blätter, und einen aufrechten Blumenschaft, welcher eine Scheide trägt, aus welcher oft nur eine oder 2, oft aber auch mehrere Blumen von gelber Farbe hervorkommen. — Diese Art, welche der Jonquille sehr nahe kommt, unterscheidet sich hauptsächlich dadurch, daß ihr glockenförmiges oder vielmehr walzenförmiges Honigbehältniß, welches um die Hälfte kürzer ist, als die Blumenblätter, nicht kraus, sondern in 3 unmerkliche Lappen zerspalten ist, und einen gelben Rand hat.

9. Narcissus (odorus) spatha subbiflora, nectario campanulato sexfido laevi, dimidio petalis breviore, foliis semicylindricis. Linn. Pfl. Syst. XI. 156. *Spec. Plant. Edit. Willd.* II. 58. Lueder l. c. n. 9. **Wohlriechende oder gelbe sternförmige Narcisse.** Vaterl. das mittägige Europa. Die Blätter sind schmal, halbwalzenförmig. Der aufrechte Blumenschaft wird 1 F. hoch und darüber. Die Blumen kommen in einer oft vielblumigen Scheide auf dem Ende des Schaftes, der aber auch zuweilen nur 2 bis 3, bisweilen gar nur eine Blume bringt. Die Blumen sind ganz gelb, sehr groß und schön. Die Blumenblätter breiten sich strahlenförmig aus und das glockenförmige Honigbehältniß ist nicht gefranzt, sondern in 6 stumpfe Lappen gespalten, eben, und um die Hälfte kürzer, als die Blumenblätter. — Diese Art giebt wegen der Größe ihrer Blumen, welche dreymal größer sind als die der Tazetten, und wegen der glän=

glänzend gelben Farbe und des Wohlgeruchs derselben, schwerlich einer der übrigen Narcissenarten den Rang.

10. Narcissus (calathinus) spatha multiflora, nectario campanulato subaequante petala, foliis planis. Linn. Pfl. Syst. XI. 157. *Spec. Plant. Edit. Willd.* II. 39. Lueder l. c. n. 8. Glockenförmige oder korbartige Narcisse (ihres großen Honigbehältnisses wegen so genannt.) Vaterl. das südliche Europa, der Orient. Die große Zwiebel treibt lange, schmale, flache, feingrüne Blätter, und zwischen denselben einen aufrechten, starken Blumenschaft, auf dessen Gipfel aus einer vielblumigen Scheide viele große, ganz gelbe Blumen von edlem Ansehn hervorbrechen, deren Honigbehältniß glockenförmig, und mit den Blumenblättern fast von gleicher Länge ist. Eine sehr vortreffliche, und mit der Tazette sehr nahe verwandte Blumenpflanze, deren Blumen sich von denen der Tazetten durch ihre etwas breiteren und spitzeren Blumenblätter, und durch ihr mit diesen gleichgroßes Honigbehältniß unterscheiden.

11. Narcissus (Tazetta) spatha multiflora, nectario campanulato plicato truncato triplo petalis breviore, foliis planis. Linn. Pfl. Syst. XI. 157. *Spec. Plant. Edit. Willd.* II. 39. *Mill.* n. 8. Lueder l. c. n. 6. Tazette. Traubennarcisse. Sie wächst in Portugal, Spanien und dem südlichen Frankreich auf feuchten, am Meere gelegenen Wiesen eben so häufig wild, als bey uns der gemeine Löwenzahn. (Leontodon taraxacum) so daß sie dem Graswuchse beträchtlich hinderlich sind. Ihre Wurzel ist eine große rundliche, bräunliche Zwiebel. Die

Blätter sind lang, schmal, flach, nur wenig ausgehöhlt, von angenehmer grüner Farbe, und von steifer Consistenz. Der Blumenschaft rund, steif, aufrecht, nackt, nach dem Unterschiede der Sorten von verschiedener Höhe, 10 — 12 — 15 — 18 Zoll hoch. Die Blumen kommen auf dem Ende des Blumenschaftes in einer vielblumigen Scheide, stehen in einem Büschel, bald weiß, bald gelb, und haben abstehende Blätter. Das Honigbehältniß ist glockenförmig, oder stellt, wie Linné sagt, ein vollkommenes Becherchen vor, ist gelb durch alle Nüancen, gefalten abgestutzt, und dreymal kürzer als die Blumenblätter. Die Blumen blühen, nach Verschiedenheit der Sorten, vom Febr. bis April, und sind sehr wohlriechend. — Es giebt von dieser Art sehr viele Sorten, die sich aber unter folgende Hauptsorten bringen lassen: a. weiß und zwar α) ganz weiß, β) mit gelben, γ) mit schwefelgelben, δ) mit orangegelben Honigbehältnissen. b. gelb, und zwar α) ganz gelb, β) mit schwefelgelben und γ) mit orangegelben Honigbehältnissen. c. gefüllt, von allen vorgenannten Sorten. Alle diese Sorten sind vielblumig, das heißt aus jeder Scheide bricht ein Blumenbüschel hervor, welcher ein vortreffliches Ansehn hat, und überall zur Zierde gereicht, und zugleich im Winter zur Zierde der Zimmer auf Wasser, oder in Töpfen sehr gut zur Blüte gebracht werden können. Vorzüglich dient die kleinblumige, weiße, wohlriechende zu dieser Absicht eine besondere Achtung. Man hat von ihr 4 bis 5 Sorten. Ihre Blumen sind schneeweiß, und zwar nur klein; dagegen sind ihre Blumenbüschel sehr groß.

12) Narcissus (dubius) spatha multiflora, nectario campanulato truncato triplo petalis ovatis aequalibus breviore. Linn. Pfl. Syst. XI. *Spec. Plant. Edit. Willd.* II. 40. Zweifelhafte Narcisse. Sie wächst bey Montpellier. Sie ist dreymal kleiner als die Tazette. Der Blumenschaft ist fast zweyschneidig; die 5—6 strichförmigen, bandlangen Blätter sind kürzer als der Schaft, und kaum ¼ Zoll breit. Die Scheide ist von der Länge der Blumenstiele, und giebt in ihrem Vaterlande 3, in unsern Gärten 6 bis 7 Blumen. Die eyförmigen Blumenblätter sind gleichförmig. Das Honigbehältniß ist weiß, ganz, und 3mal kürzer als die Blumenblätter.

13) Narcissus (Bulbocodium) spatha uniflora, nectario turbinato, petalis majore, genitalibus declinatis. Linn. Pfl Syst. XI. 159. *Spec. Plant. Edit. Willd.* II. 40. *Mill. Dict.* n. 6. Lueder l c. n. 4. Aufrechte oder schmalblättrige Bergnarcisse, großkelchige Narcisse. Vaterl. zwischen Lissabon und Sevilla. Ihre Wurzel ist eine kleine Zwiebel. Die Blätter sind schmal, pfriemförmig, kurz, binsenartig, 6 — 8 Z lang, an einer Seite etwas gefurcht. Der Blumenschaft dünn, kurz, selten über 6 Z hoch, rund. Aus der Scheide, die auf dem Ende des Schaftes stehet, kömmt Eine Blume welche gelb ist, spitze Blumenblätter und niedergebogene Staubfäden und Griffel hat. Das Honigbehältniß ist kreiselförmig, groß, 3 — 4mal länger als die kaum ½ Z. langen Blumenblätter, und also über 2 Z. lang, unten schmal, und sich nach oben stufenweise erweiternd. Die Blume blühet im April.

14. Narcissus (serotinus) spatha uniflora, nectario sexpartito brevissimo, foliis subulatis. Linn. Psl. Syst. XI. 160. *Spec. Plant. Edit. Willd.* II. 41. *Mill. dict.* n. 7. Lueder l. c. n. 5. Späte Narcisse oder weiße Herbstnarcisse. Vaterl. Spanien, Italien, die Barbarey. Die Wurzel ist eine sehr kleine Zwiebel, welche einige wenige, schmale, pfriemförmige Blätter und einen gegliederten, nicht über 8 — 9 Z. hohen Blumenschaft treibt. Die weißen Blumen kommen aus der einblumigen Scheide, und in denselben ist ein sehr kurzes, sechstheiliges, gelbes Honigbehältniß befindlich. Sie blühen im Herbste. Eine kleine aber doch sehr schöne Blumenpflanze, welche besonders wegen der späten Blüthezeit sehr geachtet, und zur Vertheilung unter andere, im Herbste gleichfalls blühende Pflanzen sehr gesucht wird.

15. Narcissus (Jonquilla) spatha multiflora, nectario campanulato brevi, foliis subulatis. Linn. Psl Syst. XI. 161. *Spec. Plant. Edit. Willd.* II. 41. *Mill. Dict.* n. 9 Lueder l. c. n. 7. Jonquille. Vaterland zwischen Sevilla und Gibraltar, bey Toledo und im Oriente im Schlammgrunde. Sie hat eine längliche braune Zwiebel, welche längliche, halbrunde, binsenartige, leuchtend grüne Blätter, und zwischen denselben einen aufrechten, grünen, 12 — 15 Z hohen Blumenschaft treibt. Die vielblumige Scheide bringt 6 — 8 oft mehr gelbe, strahlenförmig ausgebreitete Blumen. Die gefüllten Sorten bringen weniger, oft sogar nur eine Blume. Das Honigbehältniß ist halbkugelig, und kürzer, als die Blumenblätter. Sie blühen im April und haben meistens einen angenehmen

Wohl-

Wohlgeruch. — Man hat von den Jonquillen verschiedene Sorten: a) kleine einfache, b) große einfache, c) sternförmige, d) gelb- und weißblumige, e) weißblumige, f) halbgefüllte, g) gefüllte wohlriechende, h) große gefüllte, ohne Geruch. Alle diese Sorten sind so schön von Farbe, so zart vom Bau, und, die letzte ausgenommen, so angenehm von Geruch, daß sie unter die angenehmen Frühlingsblumen mit Recht zu zählen sind. Alle diese verschiedene Narcissen-Sorten (N. serotinus ausgenommen) geben spätstens im Jul. reifen Saamen, und dann sterben ihre Blätter ab, und ihre Zwiebeln hören alsdann auf einige Zeit auf zu wachsen. Sie sind so dauerhaft, daß sie in jeder Gartenerde, auf allen freyen Rabatten und Blumenbeeten gut fortkommen; die Tazetten und Jonquillen etwa ausgenommen, welche eine warme Lage, und im Winter eine Bedeckung verlangen. Auch die weiße Herbstnarcisse wird im Winter leicht von übler Witterung zu Grunde gerichtet, wofern man ihr nicht eine warme Lage, und einen leichten sandigen Boden giebt.

In Rücksicht auf ihren Werth als Blumenpflanzen können alle 15 Sorten zu den schönsten, zur Verzierung der Rabatten rc. in den Lustgärten schicklichen Frühlings-Zwiebelblumen gezählt werden, weil sie zwischen andern ähnlichen Blumen trippelweise umher vertheilt, sich sehr vortrefflich ausnehmen.

Die allgemeine beste Zeit, die Zwiebeln aller jener Sorten zu pflanzen, ist der Herbst, und zwar vom Anfange oder der Mitte des Sept. bis zum November, weil sie dann ungleich stärker blühen, und mehr junge Zwiebelbrut ansetzen, als wenn sie später, oder gar erst im Frühjahre gepflanzt werden. Einen Theil Zwiebeln mag man indessen bis zum Febr. zurückbehalten, um die Flor zu verlängern. Solche so spät gepflanzte Zwiebeln blühen indessen nicht nur überhaupt viel schwächer, sondern zum Theil auch gar nicht einmal, und wenn sie auch aufs beste blühen, so setzen sie doch wenig und schlechte Brut an. Für die zur Hauptflor bestimmten Zwiebeln ist der Herbst also allezeit die beste Pflanzungszeit. Man kann sie nach einer von folgenden 2 Methoden pflanzen.

Diejenigen, welche man zwischen andern Zwiebelblumen auf freye Rabatten oder andere Abtheilungen des Gartens umher vertheilen will, pflanze man trippelweise, 3 — 4 Zwiebeln auf jeder Stelle, entweder mit einem stumpfen Pflanzstocke, oder in eine mit der Gartenkelle gemachte Oeffnung, 4 Z. tief. Sie zeigen sich dann in der Flor weit ansehnlicher und verzierender, als wenn sie einzeln umher gepflanzt wären, weil dann jeder Trippel einen Büschel von Blumen darstellt, welcher sehr angenehm ins Auge fällt.

Wenn man aber die eine oder andere Art, wie es in Ansehung der Tazetten und Jonquillen gewöhnlich ist, auf besondere Beete zusammenpflanzen will, um auf einer Stelle eine ganze Flor auf einmal vor Augen zu haben, so theile man dazu 4 Fuß breite Beete ab, und pflanze die Zwiebeln die Beete entlängs einzeln in 9 Z. weit von einander entfernte Reihen, entweder mit einem stumpfen Pflanzstocke, oder in kleine mit einer schmalen Hacke gemachte Furchen, etwa 4 Zoll tief, und in der Reihe 6 Z. weit aus einander,

ander, bedecke sie mit Erde, und harke das Beet eben.

Die vielblumigen Arten, nämlich die Tazetten, Jonquillen und einige andere werden, um sie, weil sie vor den andern Arten an Werth und Schönheit den Vorzug haben, zur möglichsten Vollkommenheit der Flor zu bringen, von passionirten Blumisten einer besonders vorzüglichen Pflege und Wartung gewürdiget, indem einige derselben für sie, und besonders für die Tazetten, eben wie für die feinsten Hyacinthen eine besondere Erde zubereiten, und sie auf eine ähnliche Art warten, wovon nachher noch mehr. Wer aber zu einer solchen zubereiteten Erde keine Gelegenheit hat, darf deswegen für seine Zwiebeln nicht besorgt seyn. Denn sie lassen sich sehr gut ziehen, wenn man ihnen nur eine leichte gute Gartenerde, in einer warmen, sonnigen und gedeckten Lage giebt, und zugleich das Beet, damit sich in demselben im Winter keine überflüssige Nässe sammeln könne, etwas erhöhet, und dasselbe im Winter, und im Anfange des Frühlings, zumal dann, wenn sich die Blumenknospen zeigen, so oft es nöthig ist, gegen schneidenden Frost und üble Witterung mit Matten bedeckt.

Alle Arten der Narcisse, sie mögen nach der einen oder andern Methode gepflanzt seyn, können 2 — 3 Jahre und darüber unaufgenommen liegen bleiben, binnen welcher Zeit sie, vermittelst ihrer jungen Brut zu großen Büscheln erwachsen zu seyn pflegen, deren jeder alsdann mehrere Blumenstängel zugleich treibt, und folglich einen großen Büschel macht, welches sich ungleich ansehnlicher und schöner ausnimmt, als wenn nur einzelne Blumenstängel zum Vorschein kommen. Indessen

dessen müssen sie doch regelmäßig um jedes 3te oder 4te Jahr auf- und die junge Brut abgenommen werden, weil sich solche binnen dieser Zeit so ansehnlich vermehrt zu haben pflegt, daß sich die dicht an einander liegenden Zwiebeln drücken, und die innern dergestalt zusammengepreßt und geschwächt werden, daß es ihnen an genugsamer Stärke zum Blühen fehlet.

Die einzige schickliche Zeit zum Aufnehmen der Zwiebeln ist diejenige im Sommer, wenn sie abgeblühet haben, und ihre Blätter und Blumenstängel abzusterben anfangen. Dann nehme man sie auf, und sondere die kleinern von den größern ab, — die großen zur neuen Pflanzung auf die vornehmsten Abtheilungen des Gartens zur Flor für das künftige Jahr, die kleinern aber zur Pflanzung auf besondere Beete, damit sie auf denselben erst die für tragbare Zwiebeln erforderliche Stärke erlangen mögen; zu welchem Zweck sie in 3 Zoll tiefe Furchen, 6 Z. weit von einander gepflanzt werden müssen, und dann binnen 1 bis 2 Jahren so stark zu werden pflegen, daß sie in Vollkommenheit blühen, und dann zu der gehörigen Zeit aufgenommen, und im Herbst auf die Rabatten 2c gepflanzt werden können.

Die aufgenommenen Zwiebeln können entweder schon gleich, oder auch erst nach 4—6—8 und mehrere Wochen wieder eingepflanzt werden, wie schon weiter oben gesagt ist.

Man kann alle obige Arten auch aus dem Samen erziehen, welches jedoch nur selten geschiehet, und womit es sehr langweilig zugehet, weil gewöhnlich 6—7 Jahre drüber hingehen, ehe die aus dem Samen gezogenen Pflanzen zur Blüte kommen. Und da sie sich besonders durch ihre Nebenbrut überflüssig stark vermehren, so würde die Erziehung aus dem Samen gar nicht nöthig seyn, wenn es nicht darum geschiehet, neue Sorten zu erhalten. Wer sich also damit abgeben will, und Geduld dazu hat, der säe den Samen, der aber, um gute neue Sorten zu gewinnen, von den allerbesten Sorten aufgenommen seyn muß, im Jun. oder Jul. sobald er reif ist, in Töpfe oder Kästen, in gute, leichte und fette Erde, ½ bis ¾ Z. tief; stelle diese auf einen solchen Platz, wohin nur die Morgensonne scheinet, jedoch nicht zu nahe an Mauern und Gebäude, im Sept. aber an die volle Sonne, und bey eintretendem Winter auf einen warmen und geschützten Platz, und bedecke sie daselbst gegen strengen Frost, oder stelle sie während des Frostes in ein Gewächshaus. Die jungen Pflanzen, die im März oder April aufzugehen pflegen, besprenge man fleißig mit Wasser; senke sie bis an den Rand der Töpfe in die Erde ein, und beschatte sie bey ihrem Hervorkeimen gegen die Mittagssonne. Bey eintretender wärmeren Witterung stelle man sie in eine östliche Lage, wo sie nur bis 10 oder 11 Uhr die Morgensonne haben. Im Jun. oder Jul. da ihre Blätter abzusterben pflegen, von welcher Zeit an sie nun nicht mehr begossen werden dürfen, lockere man die Oberfläche der Erde behutsam auf, reinige sie von den verwelkten Blättern, Unkraute und Moose, und übersichte sie mit feiner fetter Erde ½ Zoll hoch, wiederhohle dies im Oct. oder November; stelle sie den Winter über auf einen warmen und geschützten Platz, oder bedecke sie; lasse die jungen Pflanzen bis ins dritte Jahr unaufgenommen liegen, und behandle sie bis dahin jährlich eben

so;

so; endlich im dritten Sommer nehme man sie um die Zeit, da ihre Blätter absterben, aus der Erde, lasse die größten Zwiebeln aus, und pflanze dieselben auf Beete, in 3 Zoll tiefe Furchen, reihenweise, 5—6 Zoll weit von einander. Die kleinern aber, sammt der Erde streue man auf ein anderes Beet, bedecke die Oberfläche desselben 2—3 Z. mit feiner Erde, und im nachher folgenden Jahre pflanze man sie ebenfalls auf ein besonders Beet. Auf diesen Beeten lasse man sie ungestört zur Blüte kommen; wenn sie dann daselbst zum zweiten oder drittenmale blühen, da man von ihrer Güte erst urtheilen kann, zeichne man die besten Sorten aus, und behandle solche wie andere tragbare Zwiebeln.

Alle obige Narcissen-Sorten können auch im Winter, und zeitig im Frühjahre, ehe die im Garten gepflanzten Zwiebeln zur Blüte kommen, auf Gläsern und in Töpfen, in Zimmer zur Blüte gebracht werden. Die Zwiebeln, die man dazu gebrauchen will, müssen zur gehörigen Zeit aus der Erde genommen werden. Die Gläser deren man sich dazu bedient, sind die bekannten Blumengläser, unten breit, oben schmal, mit einem Rande versehen, in welchen die Zwiebel gesetzt wird. Diese füllt man mit frischem weichen Wasser so hoch an, daß die aufzulegende Zwiebel dasselbe so eben mit ihrem Fuße erreichen kann, legt die Zwiebel darauf, und stellt das Glas alsdann in ein helles warmes Zimmer auf die Fensterbank, wohin die Sonne scheinen kann. Die Zwiebel pflegt alsdann bald in das Wasser Wurzel und über demselben Blätter und Blumenstängel zu treiben, und zu blühen. Das Wasser muß aber allezeit in gehöriger Höhe erhalten, und

um

um jede 3te oder 4te Woche abgegossen, und frisches hineingegossen werden. Wenn man aber diese Blumen in Töpfen zur Blüte bringen will, so füllt man die Töpfe mit leichter fetter Erde, setze die Zwiebeln hinein, und stellt dieselben ebenfalls in ein warmes Zimmer ins Fenster, tränkt sie, so oft die Erde einer Anfeuchtung bedarf, vermittelst eines untergesetzten Tellers von unten. Auch auf diese Art kommen sie zeitig zur Blüte. In Glashäusern und Mistbeeten ist diese Absicht noch leichter und geschwinder zu erreichen. — Zu einer solchen **Winterflor** müssen allezeit die größten Zwiebeln genommen werden, weil es sonst unmöglich ist, sie zu irgend einem Grade der Vollkommenheit zu bringen. Die dazu gebrauchten Zwiebeln taugen zwar selten zum abermaligen Treiben; man braucht sie indessen darum nicht verloren zu geben, sondern kann sie wieder ins Land pflanzen. Nemlich wenn sie ausgeblühet haben, nehme man sie vom Wasser ab, oder aus den Töpfen heraus, schneide oberhalb die Blätter und unterhalb die Wurzelfasern ab, pflanze sie in den Garten, und nehme sie nachher zur gewöhnlichen Zeit wieder auf.

Eifrige Gartenliebhaber warten die feinen Sorten der Tazetten nach folgender Vorschrift: sie machen für die Tazetten eine warme, gegen Winde gut geschützte, und wo möglich gegen Morgen gelegene Lage; und wenn der Boden daselbst wirklich gut ist, bringen sie auf denselben 4 — 5 Karren voll Erde aus einem alten Hyacinthen-Beete, und 2 — 3 Karren voll Triebsand, breiten beydes über demselben aus, und graben es so unter, daß es mit dem natürlichen Boden gehörig vermischt werde. Andere, um noch eine

größere

größere Vollkommenheit der Blumen zu erreichen, graben das ihnen bestimmte Beet 3 F. tief aus, und bringen in den Grund desselben so viel vermoderten Kuhdünger, Lohe, oder Ueberbleibsel eines alten Hyacinthenbeetes, daß alles dieses, wenn es sich gehörig gesenkt hat, 14 Z. hoch liege. Auf diese Unterlage bringen sie eine Lage Aurikelerde, 1½ F. hoch (diese Erde ist für die Tazetten die beste). so, daß wenn es sich allein gesenkt hat, das Beet etwa 4 Zoll tiefer als die Oberfläche des Gartens bleibe. Nachdem die Erde eben geharkt, ziehen sie nach der Länge und Breite 8 Z. von einander entfernte Linien, stellen die Zwiebeln auf die Durchschnittspunkte der Linien, und tragen dann noch so viel Erde über dieselben, daß sie 6 Zoll tief zu stehen kommen. Das Beet ist nach dieser Vorschrift etwa 3 Z. über der Oberfläche des Garten erhaben. Dies gilt aber nur in trocknen Gärten. In einem feuchten und thonichten Boden muß dasselbe wohl 1 — 1½ F. erhaben, und damit die Erde nicht in die Wege falle, mit Brettern eingefaßt seyn. Das Pflanzen der Zwiebeln vor dem Ende des Sept. oder Anfang des Oct. ist nicht anzurathen. Denn wenn sie früher gelegt werden, pflegen sie nachher zu früh, und bisweilen schon im Januar zu treiben, und von Frösten beschädiget zu werden. Sobald die Flor zur Erde ist, und die Blätter ganz vertrocknet sind, müssen dieselben abgelesen, und die Beete wieder aufgepußt werden. Dabey müssen sie beständig vom Unkraute rein gehalten, und zur Beförderung des wohlthätigen Einflusses der Sonne und der Luft, das Beet wenigstens monathlich einmal in seiner Oberfläche sanft aufgelockert werden. Sie können auch hier 3 — 4

Jahr

Jahr ungestört liegen bleiben. Sie blühen alsdann stärker, und jede Staude treibt mehrere Blumenstängel. Sie jedoch länger liegen zu lassen, ist auch nicht rathsam, wovon die Ursachen schon weiter oben angegeben sind.

Narcissenlilie, Amaryllis L. s. Amaryllis in Suppl. B.

Narcissus, s. d. vorigen Art.

Narden, celtische. Valeriana celtica L. s. Valeriana.

Nardensame, Nigella L. s. schwarzer Kümmel, IV. 604.

Nardenwurz, Geum L. s. Benedictenwurz, II. S. 1.

Nardus, wilder, Asarum L. Th. I. 452.

Narrenhoden, Orchis L. s. Knabenkraut, Th. IV. 330.

Narrenkappe, Aconitum L. Th. I. 101.

Nasturtium indicum, Tropaeolum majus L. s. indianische Kresse, IV. S. 509.

— — — hortense, Lepedium sativum L. s. Kresse, Th. IV. 496.

— — — pratense, Cardamine L. s. Gauchblume, Th. III. 188.

— — — Sisymbrium Nasturtium L. s. Rauken.

Natterblume. Polygala L. s. Kreuzblume, Th. IV. 517.

Natterkopf. Echium L., eine Pflanzengattung, die im System in der ersten Ordnung der 5ten Klasse stehet. Die Blume umgiebt den Fruchtknoten, und hat einen 5theiligen Kelch; eine glockenförmige Blumenkrone, mit ungleich gespaltener fünftheiliger Mündung, und offnem nackten Schlunde, 5 ungleiche Staubfäden und einen

Staubweg. Sie hinterläßt 4 im Kelche sitzende Samen.

1) Echium (creticum) caule procumbente, calycibus fructescentibus distantibus. Linn. Pfl. Syst. V. 452. *Spec. Plant. Edit. Willd.* I. 788. *Mill. Dict.* n. 5. Lueder Lustg. I. 227. n. 1. Dietrichs Garten-Lexicon. 3. 717. Celtischer, oder Candischer oder breitblättriger Natterkopf. Vaterland, Creta, der Orient. Er treibt einen dünnen, haarigen, ästigen Stängel, etwa 1 F. lang, der ohne Unterstützung gestreckt liegt. Die Blätter sind gleichbreit, schmal, haarig, 3 Z. lang, ungestielt. Die Blumen kommen aus den Winkeln der Blätter in dünnen Aehren, mit weit von einander stehenden Fruchtkelchen, dunkelroth. Die Staubfäden sind länger als die Blumenkrone; blühet im Julius bis in den September, und giebt im Herbst reifen Samen.

Das Echium angustifolium *Mill. dict.* n. 6. ist nur eine bloße Abart der vorigen.

Art und Abart sind bloße Sommergewächse, deren Samen man im Frühjahre sogleich an Ort und Stelle säet. Die Pflanzen bedürfen gar keiner weitern Wartung. Säet man den Samen schon im Herbste, so kommen die Pflanzen noch etwas früher zur Blüte, und blühen stärker. Hat man sie aber einmal im Garten, so pflanzen sie sich durch den ausfallenden Samen von selbst fort.

2) Echium (violaceum) corollis stamina aequantibus, tubo calyce breviore. *Linn. Spec. Plant. Edit. Willd.* I. 788. Pfl. Syst. V. 452. Dietrich G. L. III. 724. Violetter Natterkopf. Vaterl. Italien, Oesterreich und

in einigen anderen Gegenden Deutschlands, auf Aeckern und Ackerrändern. Er hat einen ausgebreiteten, ästigen Stängel, und lanzettförmige Blätter. Die Blumen haben eine violette oder röthlich blaue Farbe. Die Kelche sind fast länger als die Blumenkronen. Die Staubfäden sind roth, und ragen nicht über der Blumenkrone hervor.

3) Echium (orientale) caule ramoso, foliis caulinis ovatis, floribus solitariis lateralibus. Linn. Pfl. Syst. V. 453. *Spec. Pl. Edit. Willd.* I. 789. Dietrich G L. III. 721. Orientalischer Natterkopf. Das Vaterland zeigt der Name. Diese Pflanze hat einen ästigen Stängel, eyrunde Blätter und einzelne, seitwärts stehende Blumen. Sie wird ungefähr 2 F. hoch. Die Wurzelblätter sind haariger und größer, als die am Stängel, welche wechselsweise stehen und ungestielt sind. Jene sind einen Fuß, diese kaum ½ F. lang. Die Blumen sind groß, blaßblau oder perlfarbig, und haben an den 3 obern Abschnitten 2 breite rothe Streifen auf einem sehr hellpurpurrothen Grunde. Die Staubfäden weiß, der Griffel roth, und beyde nicht länger als die Blumenkrone.

4) Echium (maritimum) foliis spathulato-lanceolatis, villoso-strigosis, staminibus corolla brevioribus. *Linn. Spec. Plant. Edit. Willd.* I. 788. Dietrich G. L. III. 720. Meerstrands-Natterkopf. Vaterl. Sicilien und Italien am Meeresstrande. Die Blätter sind mit langen weißen anliegenden Haaren dicht bedeckt. Die Wurzelblätter sind spatel-lanzettförmig einer Spanne lang und drüber; die Stängelblätter sind strich-lanzettförmig, etwas stumpf und

 kürzer.

kürzer. Der Stamm ist 2 bis $2\frac{1}{2}$ Fuß hoch, sehr haarig, krautartig. Die Blumen kommen auf den Enden in Trauben, sind groß, blau, die Blumenkrone ungleich, die Staubfäden kürzer als die Blumenkrone. Sie blühet vom Jul. bis in den August.

5) Echium (rubrum) caule erecto hispido, foliis lineari-lanceolatis hispidis, spica composita terminali, corollis subaequalibus. *Linn. Spec. Plant. Edit. Willd.* I. 787. **Dietrich G. L.** III. 722. **Rother Natterkopf.** Vaterland Oesterreich, Ungarn auf Wiesen. Der Stängel ist aufrecht, mit Borsten besetzt. Die linienlanzettförmigen Blätter sind ebenfalls steifborstig. Die ährenförmig zusammengesetzten Blumen entspringen an dem Ende der Stängel, sind roth und fast gleichförmig, und blühen im Jul.

6) Echium (plantagineum) foliis radicalibus ovatis lineatis petiolatis. *Linn. Spec. Plant. Edit. Willd.* I. 786. **Dietrich G. L.** III. 722. **Wegetrittblättriger Natterkopf.** Vaterl. Italien. Der Stängel ist mit weichen Haaren besetzt, die Wurzelblätter gleichen denen des gemeinen Wegetritts, sind eyförmig, linirt, ungetheilt, gestielt, die Stängelblätter sind lanzettförmig und ansitzend; die Blumen violett; die Blumenblätter halb herzförmig und so lang als die Kelche. Sie blühet vom Jul. bis in den October.

Den Samen dieser 5 Pflanzen, welche sämmtlich nur 1 jährig sind, säet man sogleich an Ort und Stelle, wo die Pflanzen Blüthen und Samen bringen sollen. In der Folge gebraucht man sich nicht weiter um dieselben zu bekümmern,

weil

weil aus dem ausfallenden Samen immer von selbst neue Pflanzen entstehen.

7) Echium (vulgare) caule tuberculato hispido, foliis caulinis lanceolatis hispidis, floribus spicatis lateralibus. Linn. Pfl. Syst. V. p. 451. *Spec. Plant.* I. 787. *Mill. dict.* n. 1. Dietr. III. 724. Luder l. c. n. 2. Gemeiner Natterkopf, Otterkopf, Natterkraut, Schlangenkraut. Vaterl. Europa an Wegen und Feldern. Der Stängel ist nach Verschiedenheit des Bodens 2 — 3 Fuß und noch mehr hoch, ist ästig, und die Zweige breiten sich regelmäßig aus. Er ist höckerig und steifborstig. Die Blätter sind lanzettförmig, warzig, steifborstig, und stehen wechselsweise. Die Blumen kommen in seitwärts stehenden Aehren, sind blau, die Krone ungleichförmig, fünfspaltig, die Einschnitte gerundet. Die Staubfäden sind länger, als die Krone, und sind in die Röhre eingefügt; blühet vom Junius bis in den August.

8) Echium (italicum) caule erecto piloso, spicis hirsutis, corollis subaequalibus, staminibus longissimis. Linn. Pfl. Syst. V. 450. *Spec. Pl. Edit. Willd.* I. 786. *Mill. dict.* n 3. Dietr. G. L. n. 14. Lueder l. c. n. 3. Italienischer Natterkopf. Vaterland England, Italien, die Schweiz, Montpellier auf trocknen Hügeln. Der Stängel ist krautartig, behaart, oft fein gefleckt, aufrecht, beynahe 2 F. hoch. Die Blätter linienlanzettförmig, gestrichelt, schmal, gespitzt, haarig, gewöhnlich blaßgrün. Die kleinen bläulichweißen Blumen mit gleichförmigen Blumenkronen kommen im Jul. und August an den Seiten der Zweige in steifborstigen Aehren; die Staubfäden sind länger als die Krone. Es

giebt

giebt von dieser Art einige Varietäten, die sich in Ansehung des Wuchses, der Farbe der Blumen (es giebt weiße, hochblaue und purpurrothe) und in Ansehung der Länge der Staubfäden unterschieden.

9) Echium (Lusitanicum) corollis stamina longioribus. Linn. Pfl. Syst. V. p. 454. *Spec. Plant. Edit. Willd.* I. 789. *Mill. dict.* n. 4. Dietr. G. L. n. 16. Lueder l. c. n. 4. Portugiesischer Natterkopf. Vaterland das südliche Europa. Der ungetheilte Stängel ist aufrecht, etwa 2 F. hoch. Die Wurzelblätter 1 F. lang 2 Z. breit, und mit weichen Haaren überzogen. Die Stängelblätter kleiner, lanzettförmig, seidenweich anzufühlen. Die Blumen kommen an den Seiten der Zweige in kurzen Aehren; die Kronblätter kürzer als die Staubfäden; blühen im Jul. und August.

Diese 3 letzten Arten (7. 8. 9.) haben zähe harte Wurzeln, und dauern in einigen Lagen viele Jahre, in andern Lagen sterben sie aber schon im 2ten Jahre ab, sobald sie geblühet, und reifen Samen gegeben haben. — Der Same muß im Frühjahre sogleich auf die ihnen bestimmte Stelle gesäet werden. Wenn man die Pflanzen nachher gehörig verdünnt, und vom Unkraute rein hält, so fordern sie keine weitere Wartung. Im 2ten Sommer kommen sie zur Blüte und geben reifen Samen. Sollten sie alsdann auch gleich absterben, so kann man sich doch aus dem ausgefallenen Samen neue Pflanzen versprechen, und hat nicht nöthig, sich weitere Mühe um sie zu geben. — Sie lieben einen kiesigen, sandigen Boden, und wachsen gerne auf alten Mauern.

10) Echium (fruticosum) caule fruticoso, ramis foliisque pilosis. Linn. Pfl. Syst. V. p. 447. *Spec. Plant.* I. 782. *Mill. dict.* n. 7. Dietr. G. L. n. 8. Lueder im Mspt. n. 5 Strauchartiger Natterkopf. Vaterland Aethiopien. Der strauchartige, ästige, etwa 3 F. hohe Stängel ist behaart; die Blätter sind lanzettförmig, an der Basis verdünnt, zottig, geadert, ungestielt, hellgrün. Die Blumen kommen in wechselsweise stehenden, gestielten Aehren, sind purpurroth, und haben lanzettförmige, zugespitzte Kelchläppchen; im Jul. blühend.

11) Echium (laevigatum) caule laevi, foliis lanceolatis nudis, margine apiceque scabris, corollis aequalibus. Linn. Pfl. Syst. V. p. 449. *Spec. Pl. Edit. Willd.* I. 785. Dietr. G. L. n. 15. Lueder im Mspt. n. 6. Geglätteter auch gefranzter Natterkopf. Vaterland das Cap. Die staudigen glatten Stängel werden etwa 1 F. hoch. Die Blätter sind lanzettförmig, länglich, an der Spitze, am Rande und an der Rückenschärfe von schwieligen, steifgespitzten Punkten gefranzt, übrigens glatt. Die Blumen kommen in den Winkeln der Blätter in lockern Aehren oder Blumentrauben; die Blumen sind blau, haben glatte Kelche, und abwärts gebogene Staubfäden; blühen im Jun. und Jul. Abart mit purpurrothen Blumen.

12) Echium (candicans) caule fruticoso, foliis lanceolatis nervosis, ramisque hirsutis, foliolis calycinis oblongis, lanceolatis acutis, stylis hirtis. *Linn. Syst. Pl. Edit. Willd.* I. 782. Dietr. G. L. n. 3. weißlichter Natterkopf, wächst an Bergen und hochliegenden Gegenden in Madera. Ein schöner

Strauch, mit holzigen und filzigen Stämmen und Zweigen; und mit lanzettförmigen, zugespitzten, an der Basis verdünnten nervigten Blättern, welche mit weißlichten Härchen besetzt sind. Die untersten sind 4 bis 6 auch 8 Zoll lang, die obern werden allmählig kleiner, schmal, linienförmig. Die Blumen sind blau, und stehen in einseitigen gebogenen Aehrchen am Ende der Zweige. Wegen des vortrefflichen Anstandes und der zierlichen Blumenrispen ist sie den Blumenfreunden zu empfehlen. Man kann sie auch im Zimmer durchwintern.

13) Echium (giganteum) fruticosum, ramis canis glabris, foliis lineari-lanceolatis scabriusculis sessilibus, thyrso terminali, spicis simplicissimis *Linn. Spec. Plant. Edit. Willd.* I. 782. Dietr. G. L. n. 9. Höchster Natterkopf, wächst auf Felsen auf der Insel Teneriffa. Es ist ein ziemlicher Strauch mit aufrechten, steifen Nägeln und lanzettförmigen an der Basis verdünnten, mit kurzen steifen Haaren besetzten Blättern. Die Blumensträußer erscheinen am Ende der Stängel und an den Spitzen der Zweige, im Jul. Die Aehrchen sind einfach, einseitig, die Staubfäden länger, als die weiße Blumenkrone.

14) Echium (strictum) fruticosum, foliis petiolatis ellipticis hispidis scabris, caule reverse hispido, pedunculis axillaribus spicato-capitatis, *Linn. Spec. Pl. Edit. Willd.* I. 783. Dietr. G. Lex. n. 26. Steifer Natterkopf, hat mit der vorigen Art gleiches Vaterl. Sie unterscheidet sich durch einen steifen Stängel, länglich lanzettförmige, gestielte haarige Blätter. Die blauen, fast glockenformigen Blumen

sind in den Winkeln der Blätter zusammengehäuft; die Staubfäden sind länger als die Krone. Sie blühet fast den ganzen Sommer hindurch.

15) Echium (argenteum) caule foliisque lanceolatis acutis, sericeo-villosis, spica terminali simplici foliosa. *Linn. Spec. Plant. Ed. Willd.* I. 783. Dietr. G. L. n. 1. Silberfarbener Natterkopf. Vaterland das Cap; hat einen strauchartigen sehr ästigen Stängel, lanzettförmige, zugespitzte Blätter, welche mit silberweißen, glänzenden Härchen besetzt sind, und einfache beblätterte Blumenähren, die am Ende des Stängels und an den Spitzen der Zweige zum Vorschein kommen.

16) Echium (sericeum) foliis lineari-cuneatis, cauleque suffruticoso canis. *Linn. Spec. Plant. Edit. Willd.* I. 783. Dietr. G. L. n. 24. Seidenartiger Natterkopf. Vaterl. Egypten. Die strauchartigen ausgebreiteten Stängel sind unten holzig, weichhaarig, oben scharf und blaßgrau. Die Blätter sind gleichbreit-keilförmig, unten 2—4 Z. lang, und auf beyden Seiten mit seidenartigen Härchen besetzt. Die Aehren sind einseitig, und mit grauen Haaren bekleidet. Die Nebenblätter eyrund lanzettförmig, stumpf, und die Blumenkrone auswendig weichhaarig.

17) Echium (setosum) foliis linari-lanceolatis, cauleque suffruticoso procumbente hispidis incanis. *Linn. Spec. Plant. Edit. Willd.* I. 784. Dietrich G. L. n. 24. Borstiger Natterkopf. Vaterl. Egypten. Die Stängel liegen darnieder, 8 bis 10 Zoll lang, unten ästig, scharf, und so wie die ganze Pflanze mit vielen

Warzen,

Warzen, und steifen weißen Borsten bedeckt. Die Blätter sind linien-lanzettförmig, borstig, festsitzend steif. Die Blumen stehen ährenförmig, die unteren gehäuft. Die Staubfäden sind länger als die Krone, und die Nebenblätter eyförmig. Sie blühet im Jul.

18. Echium (capitatum) caule villoso, foliis lanceolatis calloso-pilosis, spicis paniculatis. *Linn. Sp. pl. Edit. Willd.* I. 785. Dietr. G. L. n. 4. Kopfförmiger Natterkopf. Vaterl. das Vorgebirge der guten Hoffnung. Der holzige ästige Stängel ist behaart. Die Blätter lanzettförmig, mit kurzen steifen, durchsichtigen Borsten besetzt. Die Blumen stehen dicht in Köpfchen auf den Enden der Stängel und Zweige. Die Blumen sind gleichförmig, trichterförmig, röhrig. Die Staubfäden sind doppelt so lang als die Blumenkrone, und der Griffel doppelt so lang als die Staubfäden.

Alle diese 9 Arten (10 — 18) sind Sträucher aus wärmern Climaten, welche unsere Winter nicht ertragen können. Man kann dieselben sehr leicht aus dem Saamen erziehen, den die mehrsten Sorten bey uns in Menge bringen, und den man im Herbste, sobald er reif ist, in Töpfe in leichte, sandige, frische Erde säet, und diese Töpfe den Winter über in ein Gewächshaus oder unter einen Mistbeetkasten stellt, damit sie vor dem Froste gesichert sind. Im Frühjahre (im März) senke man sie in ein mäßiges Mistbeet ein, welches die jungen Pflanzen zum Vorschein bringen wird. Sobald sie pflanzbar sind, pflanze man sie einzeln in Töpfe, senke sie, zur Beförderung des Anwachsens, wieder in ein Mistbeet ein, befeuchte und beschatte sie, bis sie angewachsen

sind;

sind; gewöhne sie dann stufenweise an die freye Luft, und stelle sie endlich auf einen warmen, gutgeschützten Platz hinaus. Gegen den Herbst bringe man sie endlich in ein Gewächshaus, noch besser aber in eine Glascasse, wiewohl sie in Ermangelung derselben auch in einem guten Gewächshause recht gut fortkommen.

Natterwurz, Polygonum Bistorta L., s. Wegetritt.

— — Scorzonera humilis. s. Scorzonore.

Natterzünglein, Senecio vulgaris L., s. Kreuzblume Th. IV. 517.

Natterzunge, Ophioglossum.

Nectarinen, ein Name der glatten Pfirschen, s. Pfirsche.

Negundo, Acer Negundo L., s. Acer I. 70.

Negundo-Baum,

— — Strauch, Acer Negundo L.

Nelke, Dianthus L. Dies ist eine Pflanzengattung, die in die 2te Ordnung der 10ten Pflanzenklasse (Decandria Digynia) gehört. Sie hat einen bleibenden cylindrischen, fünfzähnigen, an der Basis mit 4 fest angedrückten Schuppen umgebenen Kelch; 5 mit Nägeln, die so lang als der Kelch sind, versehene Blumenblättchen; zehn pfriemenförmige Staubfäden, und einen Fruchtknoten mit 2 pfriemenförmigen Griffeln mit zurückgerollter Narbe. Sie hinterläßt eine cylindrische, einfächerige, am Ende vierspaltige Kapsel mit vielen Saamen.

Diese Gattung enthält eine starke Anzahl von krautartigen, zaserwurzlichen, schönen, dauerhaften, theils perennirenden, theils 2, theils einjährigen Verzierungspflanzen für die Lustgärten, welche ihre Blätter beständig behalten, und in jedem

dem Jahre neue 1 — 3 F. hohe Stängel treiben, deren Gipfel mit sehr ansehnlichen, fünfblättrigen, theils einzelnen, theils gehäuften Blumen gezieret sind. Die vorzüglichern wirklichen Arten, welche sich wegen irgend eines beträchtlichen Verdienstes zur allgemeinen Cultur für die Blumengärten empfehlen, sind zwar nur 4, nämlich D. caryophyllus, D. deltoides, D. barbatus und D. chinensis, von deren jeder es noch verschiedene schöne Sorten giebt. Die übrigen Arten aber, ob dieselben gleich minder beträchtlich sind, haben jedoch auch so viele Schönheit, daß sie der Aufnahme in die Gärten nicht unwürdig sind. Linné und mehrere nach ihm theilen diese Pflanzengattung nach ihrem Blumenstande in 4 Classen, 1. mit gehäuften Blumen, 2. mit einzelnen Blumen, deren sich mehrere auf einem Stängel befinden, 3. mit einem einblumigen krautartigen Stängel und 4. strauchartige.

a. Mit gehäuften Blumen.

1) Dianthus (barbatus) floribus aggregatis fasciculatis, squamis calycinis ovato-subalatis tubum aequantibus, foliis lanceolatis. Linn. Pfl. Syst. VI. S. 559. *Spec. plant. Edit. Willd.* II. 671. *Mill. Dict.* n. 7. Dietr. G. L. n. 8. Lueder Lustgärt. II. 460. Die Bartnelke. Vaterland Krain, Deutschland. Der Stängel wird 1 — 2 Fuß hoch, ist glatt, durch mehrere Knoten in Gelenke getheilt, breitet sich oben in einige Aeste aus, und trägt gehäufte, bündelweise zusammengesetzte Blumen, welche eyrunde, pfriemförmige Kelchschuppen haben, die so groß als die Kronröhre sind. Die Wurzelblätter sind lanzettförmig, und größer als

die

die Stängelblätter; blühet vom Junius bis August. Man hat von dieser Bartnelke 2 Hauptarten.

a) Schmalblättrige, und von diesem 1. hochrothe, 2. blaßrothe, 3. blaßrothe und fleischfarbige, 4. purpurröthlich mit weißem Auge, 5. schneeweiß, 6. weiß und fleischfarbig, 7. weiß und purpurroth, 8. weißgefleckt, 9. roth mit weißem Rande, und alle diese Arten sowohl einfach als gefüllt. Auch hat man davon eine Art mit glänzend rothen, sehr gefüllten, etwas wohlriechenden Blumen, in etwas kleiner angehäuften Büscheln.

b) Breitblättrige Bartnelke, 1) mit hohen hochrothen, 2. mit hohen fleischfarbenen, 3. rein weißen, 4. weißen getüpfelten Blumen, 5. mit gestreiften Blättern und rothen Blumen, 6. mit großen gefüllten rosenfarbigen wohlriechenden Blumen, eine vorzügliche Sorte, mit sehr vollkommenen gefüllten Blumen, von vortrefflicher Rosenfarbe, und einem sie sehr empfehlenden Wohlgeruche, 7. mit großen gefüllten hochpurpurrothen platzenden Blumen, 8. mit gefüllten scheckigen Blumen.

Die Bartnelke wächst zwar, wie schon bemerkt, in mehreren Gegenden Deutschlands wild, aber sie verdient es, häufig in den Gärten erzogen zu werden. Denn wenn dieselbe mit ihren verschiedenen Abänderungen unter andere Gewächse, die ihrem Wuchse und ihrer Größe angemessen sind, gepflanzt wird, so gewährt dieselbe in der Blüthe in der That einen reizenden Anblick. Ihre Blüthen sind nicht allein sehr schön gezeichnet, son-

sondern haben auch eine solche Lage, daß sie dem Auge in ihrer völligen Schönheit erscheinen. Sie sind in ihrem natürlichen Zustande zwar nur fünfblätterig, werden aber durch Cultur sehr schön gefüllt, groß und vielblätterig, und entspringen aus dem Saamen der einfachen; ob man freylich wohl gegen 10 — 20 und mehr Pflanzen mit einfachen Blumen oft nur Eine Pflanze mit gefüllten Blumen erhält. Beyde, sowohl die einfachen, als die gefüllten Sorten, sind außerordentlich vortreffliche, und in einem sehr hohen Grade verzierende Blumenpflanzen. Alle ihre Stängel und Zweige tragen große, doldenähnliche, 6 Wochen lang blühende Blumenbüschel, die aber (die eine genannte Abänderung ausgenommen) keinen Geruch haben. Sie sind so dauerhaft, daß sie in jeder gemeinen Gartenerde gut fortkommen, und sich auch im freyen Lande in Menge aus Saamen erziehen lassen. Sie dauern zwar gewöhnlich viele Jahre; sobald sie aber einmal geblühet haben, werden ihre Senkerzweige gewöhnlich sehr lang und umherschweifend, und nehmen dann einen unansehnlichen Wuchs an. Es ist daher sehr zu rathen, jährlich eine Anzahl Pflanzen aus dem Saamen zu erziehen, und die schönsten und gefüllten Sorten durch Absenker zu vermehren, weil einjährige (Senker- oder Saamen) Pflanzen allemal einen dichten buschigen Wuchs haben, und ungleich stärker blühen, als ältere Pflanzen.

Ihre Vermehrung ist sehr leicht, theils aus Saamen, theils aus Ablegern, theils endlich durch Zertheilung der Wurzeln.

Zu der Vermehrung aus Saamen ist erforderlich, daß man sich um guten Saamen bemühe, den man zwar für einen geringen Preis

von

von Saamenhändlern erhalten kann, wobey man aber sicherer gehet, wenn man sich denselben selbst von den schönsten Sorten, sowohl nach Farbe als Zeichnung sammlet; wobey man zugleich die Vorsicht gebraucht, daß man neben solchen zum Saamentragen ausgezeichneten Blumen alle aufblühende schlechtere Blumen sogleich abpflückt, als sie sich öffnen, damit die guten nicht von ihnen befruchtet, und der Saame verdorben werde. Der Saame ist gewöhnlich im August oder Anfang Sept. reif, und dann kann man ihn sogleich aussäen, und zwar in gemeine, doch fein geharkte Gartenerde. Die Pflanzen gehen innerhalb 2 — 3 Wochen auf, und pflegen vor Eintritt des Frostes noch ziemlich stark zu werden. Dann verdünne man sie vorläufig, wo sie zu dichte stehen, und pflanze die ausgehobenen Pflanzen auf andere Plätze. Im folgenden Frühjahre halte man sie vom Unkraute rein, und begieße sie bey trockner Witterung. Im Jul. nachher pflegen sie schon zu blühen, aber noch nicht so vollkommen, als im Jul. des folgenden Jahres. Dann kann man die besten Sorten auszeichnen, und die schlechtern ausmerzen.

Die **Vermehrung durch Ableger** ist die einzig sichere, die feinen gefüllten Sorten fortzupflanzen und zu erhalten. Bey den eigentlichen **Gartennelken** D. caryophyllus, wird eine bestimmte Anweisung zum Ablegen der Nelken gegeben werden, die auch hier vortheilhaft angewendet werden kann. Die gemachten Ableger muß man bey trockner Witterung einigemal begießen, und nach 6 — 8 Wochen, da sie völlig bewurzelt zu seyn pflegen, abnehmen, und auf ein anderes Beet in leichte Erde pflanzen. Die Bartnelken

nelken sind zwar als einheimische Pflanzen gegen die Winterkälte vollkommen dauerhaft; allein da die Absenker noch kein so dauerhaftes Wurzelvermögen haben, und nach ihrer Versetzung sich noch nicht so fest haben bewurzeln können, so thut man wohl, wenn man von den schönsten Sorten einige Pflanzen in Töpfe setzt, um dieselben zum Schutz gegen strenge Kälte beysetzen zu können.

Man kann die Bartnelken auch allenfalls durch Zerspaltung der älteren Pflanzen vermehren. Man nehme im März oder April oder October einjährige Pflanzen auf, spalte solche in der Mitte herunter bis durch die Wurzel so, daß jedes Stück einige Wurzelfasern behalte, und pflanze solche sogleich auf die zu ihrer Flor bestimmten Stellen. Sie werden aber nie so gute Pflanzen, als die aus Saamen und Ablegern, und blühen gewöhnlich auch nicht stark.

2) Dianthus (Carthusianorum) floribus subaggregatis, squamis calycinis ovatis, aristatis tubum subaequantibus, foliis trinerviis. Linn. Pfl. Syst. VI. 560. *Spec. Plant.* II. 671. Dietr. G. L. n. 10. Die Carthäusernelke. Vaterl. Deutschland, Italien, Sicilien, Frankreich, Oesterreich, auf unfruchtbaren sonnigen Orten, und blühet im Jun. und Jul. Sie ist sehr häufig mit der vorhergehenden Bartnelke verwechselt worden. Sie unterscheidet sich von derselben durch ihren schwächern, etwas rauchen Stängel, durch schmälere, steife, zugespitzte Blätter, und durch den gekerbten, feinbehaarten Saum ihrer Blumenblätter. Auch von dieser Art giebt es in den Gärten verschiedene schöne, durch Cultur erzeugte, Abarten.

Ue-

Uebrigens hat diese Sorte ihre Cultur in den Gärten mit der vorhergehenden gemein.

3) Dianthus (atrorubens) floribus aggregatis capitatis, squamis calycinis ovatis aristatis tubo brevioribus, involucro ovato, aristato longitudine capituli, foliis lineari-lanceolatis enerviis. *Linn. Sp. plant. Edit. Willd.* II. 672. Dietr. G. L. n. 6. Kopfförmige Nelke. Vaterl. Italien und Taurien. Mit gehäuften, kopfförmig zusammengesetzten Blumen, und eyförmigen, begrannten Kelchschuppen, welche kürzer sind, als die Kronröhre. Die Blätter des Stängels sind Linienlanzettförmig und ohne Nerven. Sie ist der vorigen Carthäusernelke sehr ähnlich; unterscheidet sich aber von derselben durch die kurzgestielten, festsitzenden, in dichte Köpfe zusammengedrängte Blumen, breiteren nervenlosen Blättern, und höhern Stängel.

4) Dianthus (ferrugineus) floribus aggregatis, petalis bifidis, laciniis tridentatis. Linn. Pfl. Syst. VI. p. 561. *Spec Plant. Edit. Willd.* II. 672. Dietr. G. L. n. 18. Rostfarbige Nelke. Vaterl. Abruzzo in Italien. Sie ist der vorhergehenden sehr ähnlich, hat aber einen dünnern Stängel, und mehr grasartige, mit einer merklichern Rückenschärfe versehene Blätter; auch haben ihre Blumen eine aus dem röthlichen ins blaßgelbe fallende Farbe, oder sind an einer Pflanze röthlich und blaßgelb unter einander.

5. Dianthus (Armeria) floribus aggregatis fasciculatis; squamis calycinis lanceolatis villosis, tubum aequantibus. Linn. Pfl. Syst. VI. 562. *Spec. Plant. edit. Willd.* II. 673. n. 5. *Mill. dict.* n. 6. Dietr. G.

L. n. 5. Lued. l. c. n. 13. Büschelnelke, auch von einigen wilde Nelke genannt. Vaterl. unfruchtbare Hügel in Gothland, Deutschland, Frankreich, Italien, Schweiz, Dännemark. Sie wird von einigen für eine jährige Pflanze gehalten, ist aber wohl richtiger perennirend. Die zähe Wurzel ist aus vielen Fasern zusammengesetzt. Der Stängel ist 2 Fuß hoch, dünn, gestreckt, an den Gelenken wurzelnd. Die Blumen stehen an den Enden des Stängels und der Zweige in dichten Büscheln, mit lanzettförmigen, zottigen Kelchschuppen, von der Länge des Kelchs. Die Blumen sind roth und blühen im Jul.

6) Dianthus (prolifer) floribus aggregatis capitatis, squamis calycinis ovatis obtusis muticis tubum superantibus. Linn. Pfl. Syst. VI. 562. *Spec. Plant. Edit. Willd.* II. 673 n. 7. Dietr. G. L. n. 25. *Mill. Dict.* n. 8. Lueder l. c. n. 14. Sprossende Nelke, rothe Nelke, Kopfnägelein. Vaterland. Sie wächst in Deutschland auf Bergen und sonnigen trocknen Orten. Die kleinen rosenrothen Blumen sind gehäuft, kopfförmig, die Kelchschuppen eyförmig, stumpf, unbehaart, und größer als die Blumenröhren, welche dadurch gleichsam eingehüllt sind; sie sind aber hohl und stehen etwas ab. Die Stängelblätter sind schmal und pfriemenförmig. Sie blühet im Jun. und Jul. Die Wurzel ist einjährig, und pflanzt sich durch den ausfallenden Saamen fort.

b. Mit einzelnen Blumen, deren sich mehrere auf einem Stängel befinden.

7) Dianthus (caryophyllus) floribus solitariis, squamis calycinis ovatis acutis brevis-

vissimis, petalis crenatis imberbibus. Linn. Pfl. Syst. VI. p. 564. *Spec. Plant.* II. 674. *Mill. Dict.* n. 5. Dietr. G. L. n. 11. Lueder l. c. n. 1. Garten-Nelke, Grasblume, Nägelein. Vaterl. Italien, die Schweiz, die südlichen Gegenden von Deutschland. Die perennirende Wurzel treibt mehrere kurze, gestreckte Senkerzweige, deren jeder mit langen, sehr schmalen, immer grünen Blättern besetzt ist, und aus deren Mitte sich ein aufrechter, dünner Blumenstängel von 1 — 3 F. Höhe erhebt, welcher an den Gelenken Seitenzweige treibt, welche, gleich dem Hauptstängel, große einzelne Blumen, mit sehr kurzen, fast eyrunden Kelchschuppen, und mit gekerbten Blumenblättern tragen.

Von dieser Blumensorte, die schon längst die Zierde aller guter Pflanzensammlungen in großen und kleinen Lustgärten gewesen ist, giebt es eine außerordentliche Anzahl Abänderungen, die nie bestimmt angegeben werden können, da beständig neue Sorten aus dem Saamen gezogen werden. Die Blumenliebhaber pflegen die guten Sorten unter Nummern aufzuführen, und ihnen eigene Namen beyzulegen, die entweder aus der Götterlehre, oder von berühmten Personen, oder von irgend einer Eigenschaft, die sich an der Blume selbst befindet, hergenommen sind. Man findet mehrere gedruckte und geschriebene Catalogen, die vielleicht mehrere Hunderte, ja bis 1000 Sorten von Nelken enthalten, die immer auf eine und die andere Art von den übrigen unterschieden sind. Da diese beygelegten Namen bloß willkührlich sind, so gehören sie nicht hieher, wohl aber die allgemein angenommene Classification, nach welchen sie in solchen Catalogen aufgeführt werden; denn in dieser allgemeinen Abtheilung sind sich die Blumenliebhaber einig. Man theilt nämlich die Blumen der Nelken nach **ihrer Farbe und Zeichnung** ein in

1. **einfarbige**, deren Schönheit allein durch ihre Größe und ihren Bau bestimmt wird.
2. in **Picotten** oder **2farbige**, wo auf einer weißen oder gelben, oder endlich aschgrauen Grundfarbe sich eine andere Farbe als Zeichnung findet. Zur Schönheit der Picotten gehört, daß die Zeichnung bestimmt, deutlich, reinlich und nicht verwaschen sey, und daß sie nur am Rande des Blattes bleibe, und sich nicht bis in den Kelch hinunter ziehen; dies gehört wenigstens zu den **deutschen Picotten**. Die **holländische** Zeichnung geht tiefer in den Kelch.
3. **Picott-Bisarden**, wenn eine Picotte mit 2 Farben gezeichnet ist, die Zeichnung aber nicht bis in den Kelch gehet, sondern am Rande des Blattes bleibt.
4. **Bisarden**, da die Zeichnung gewunden und unordentlich sich in den Blumenkelch verbirgt. Die Grundfarbe ist auch hier wieder weiß, gelb oder aschgrau, und verliert sich oft in der Schattirung. Sind sie mit 2 Farben schattirt, so heißen sie **Doubletten**; sie sind aber oft mit 3, 4 Farben gezeichnet.
5. **Feuerfaxe**, deren Zeichnung sich nicht rein von der Grundfarbe unterscheidet, sondern wo die Farben, wie getuscht, mit einander verwaschen sind.

6.

6. Fameusen, die man auch verkehrte Welt nennt, deren obere Seite des Blattes mit Farben gezeichnet, die untere aber weiß ist.
7. Concordien, Farbe auf Farbe, wo Grundfarbe und Zeichnung einander gleich und nur in dem Grade der Stärke verschieden sind. Z. B. hellrother Grund mit dunkelrother Zeichnung.

In Ansehung des Baues der Blumen, das heißt der Lage ihrer Blätter, hat man ebenfalls verschiedene Sorten, nämlich sie haben entweder

1. einen Nelkenbau, das ist, die Blätter in den Blumen liegen dachziegelförmig über einander, oder
2. Ranunkelbau, eben so, aber sie erheben sich in der Mitte etwas, so daß die Blume oben eine flache Halbkugel bildet.
3. Der Rosenbau. Bey diesen ist der Rand der Blätter aufwärts gekrümmt.
4. Der Kegelbau, wo sich die mittleren Blätter erheben.
5. Der Triangelbau, welcher jedes Blumenblatt in einem scharfen Winkel aufwärts krümmt, und endlich
6. der gemischte Bau, der von den Eigenschaften der vorigen Arten etwas annimmt.

In Ansehung der Zeichnungsfarben giebt es eine unendliche Mannigfaltigkeit, indem sich fast alle Farben des Regenbogens, die grünen und blauen ausgenommen, durch alle ihre feinsten Nüancen, in den Nelken finden; und dies giebt die unendliche Mannigfaltigkeit.

Die

Die Blumen aller dieser Sorten haben in ihrem natürlichen Zustande, d. i. als einfache Blumen, nur 5 Blumenblätter. Aber die gefüllten Sorten haben zahlreiche Blumenblätter, mit denen sie ganz bis an den Mittelpunkt der Blume angefüllt sind. Sie sind bisweilen erstaunlich groß, und halten, zumal die dickknospigen, welche man **Platzer** nennt, im Durchschnitte oft 3 — 4 Z. Es giebt solcher Platzer sehr viele, besonders unter den Doubletten und Bizarden. Und daher entsteht die Eintheilung der Nelken in **dickknospige** und **langhälsige**. a) **Langhälsige**, oder frey aufblühende Nelken, sind diejenigen, deren Kelch lang und gleichförmig ist, und sich oben überall so gleichförmig öffnet, daß sich die Blumenblätter rings umher frey ausbreiten können. Ihre Blumen sind zwar kleiner, als die der dickknospigen Nelken; dafür sind aber auch ihre Blumenblätter allezeit regelmäßiger, und natürlich umher ausgebreitet, und machen also in Ansehung ihrer Wartung ungleich weniger Mühe. b) **Dickknospige Nelken** oder **Platzer**, sind diejenigen, deren Kelch groß und gleichsam aufgeschwollen ist. Solche Blumen platzen leicht auf, das heißt der Kelch, der dem innern Drange der so zahlreichen Blumenblätter nicht genug nachgeben kann, reißt auf der einen Seite ein, wodurch dann die Blumenblätter aus ihren Schranken weichen, in Unordnung gerathen, und die Blumen also ein sehr unregelmäßiges Ansehn bekommen. Wenn man dieselben bey Zeiten bindet, und den Kelch an den entgegengesetzten Seiten ein wenig einschneidet, so daß sie nicht zum Platzen kommen können; so sind dies allerdings die schönsten und größten Blumen. Da indessen dies Binden immer ein gro-

großer Uebelstand ist, und besonders bey einer größern Menge von Blumen viel Zeit und Mühe kostet, die nicht jeder Gartenfreund daran wenden kann und will; so werden diese Platzer weniger geachtet, und die langhälsigen Nelken vorgezogen, weil solche ohne jene Bemühung, sowohl in Töpfen als im freyen Lande allezeit regelmäßiger blühen.

Die Schätzung des Werthes der einen Blume vor der andern beruhet freylich größtens auf Liebhaberey, und auf den individuellen Geschmack des Beobachters; doch hat man folgende Eigenschaften als unerläßlich bey einer jeden guten Nelke fast allgemein angenommen. 1. Der Blumenstängel muß mäßig hoch, d. i. 18 — 30 Z. hoch und verhältnißmäßig stark seyn, und besonders oben die nöthige Steifigkeit haben, die Blumen ganz aufrecht, oder doch so zu tragen, daß sie nicht so sehr überhangen. 2. Die Blume muß groß und gefüllt seyn, d. i. sie muß so zahlreiche Blumenblätter haben, daß sie mit denselben bis völlig in den Mittelpunkt angefüllt ist. 3. Die Blumenblätter müssen lang, breit und steif seyn, und sich, wenn sie sich entwickeln, regelmäßig, ungezwungen und frey umher ausbreiten, und sich in dieser Ordnung erhalten. 4. Wenn die Blume völlig aufgeblühet ist, so müssen sich ihre Blätter weder zu hoch erheben, noch auch so niedrig bleiben, daß sie eine flache Oberfläche hätte; sondern sie müssen sich in der Mitte stufenweise auf eine solche Art erheben, daß die Oberfläche der Blume beynahe kugelig sey; so wie sie sich auch im Ganzen so regelmäßig umher ausbreiten müssen, daß ihr äußerster Rand oder ihr Umkreis völlig zirkelrund ist.

ist. 5. Die Farben müssen glänzend, klar, stark, lebhaft, schön und rein, und nach der Natur derjenigen der vorgenannten Classen, zu welcher die Blume gehöret, auf die möglichste vollkommenste Art, und die Streifen, und andere Arten der Illumination überall so regelmäßig aufgetragen seyn, daß die Zeichnung der Blätter einer und eben derselben Blume nicht sehr von einander abweicht. Zu diesen allgemein angenommenen Eigenschaften einer guten Nelke setzen einige noch 6. die Stärke der Gelenke der Blumenstängel. Diese giebt freylich dem Stängel selbst mehr Steifigkeit, seine Blumen aufrecht zu tragen, und in so fern gehört diese Eigenschaft schon zu n. 1. und wird sich bey den dort verlangten Stängeln meistens von selbst finden. — Eine der Hauptschönheiten einer guten und feinen Nelke, nämlich die Lebhaftigkeit der aufgetragenen Farben, pflegt sich wohl zuweilen zu verlieren, und die Blumen matt, wohl gar einfarbig zu werden; und dies geschieht meistens um so häufiger, je fetter die Erde ist, in welcher man sie unterhält. Wem also darum zu thun ist, sein Nelken-Sortiment rein und bey völliger Lebhaftigkeit der Farben zu erhalten, und dabey von jeder Nummer mehrere Exemplare hat; der pflanze von jeder Nummer einen oder einige Ableger in das Land in gemeine Gartenerde, welche zudem mehr mager als fett ist. Man wird dann nicht nur jenen Zweck erreichen, sondern, wenn man nachher von diesen Pflanzen Ableger in fette Erde in Töpfe pflanzt, so haben solche alsdann einen ungleich frischern Wuchs und blühen auch viel stärker, als andere.

Die

Die Nelken gehören unter die Zahl derjenigen edlen Blumen, in deren Erziehung und möglichster Vervollkommnung die Blumisten mit einander wetteifern. Sie erhalten dieselben gewöhnlich in Töpfen, besonders die feinern Arten; und dies hat allerdings sein Gutes. Denn dadurch sind sie um so leichter im Stande, sie gegen die Winterkälte zu schützen. Ob die Nelken gleich dauerhaft genug sind, um im Winter in freyer Luft ausdauern zu können, so leiden sie doch oft bey streng m Froste so sehr, daß sie hernach nur einen schwachen Trieb haben. Wenn sie aber in einer guten Winterung, (wovon weiter unten mehr) oder unter einem Mistbeetkasten, oder irgend einer andern Bedeckung gegen die strengsten Fröste geschützt werden, so behalten sie ihre Lebhaftigkeit, und haben dann mehr Kraft, Ableger zu treiben, und in größerer Vollkommenheit zu blühen. Ueberdem fallen solche in Töpfen stehende und dann auf ein sogenanntes Blumengerüste gestellte Nelken in ihrer Flor weit vortheilhafter und reizender in die Augen, als solche, welche auf freyen Rabatten stehen Und überdem kann man dieselben auf solchen Gerüsten sehr leicht gegen die brennenden Strahlen der Mittagssonne und gegen R gen durch ein schicklich angebrachtes Obdach schützen, wodurch die Schönheit und Dauer ihrer Flor merklich vermehrt wird. — Außer diesen Topfnelken muß man auch eine Anzahl derselben auf die Blumenrabatten, und auf andere ins Auge fallende Abtheilungen der Lustgärten, theils zur Verzierung, theils um der vorhin angeführten Ursache willen pflanzen. Sie kommen in jeder gemeinen Gartenerde fort, und blühen in derselben in ziemlicher Vollkommenheit. Und wenn man in die-

dieser Absicht mehrere Sorten unter einander mischt, so machen sie 6 Wochen lang, von der Mitte des Julius bis Ende Augusts ein sehr liebliches verzierendes Ansehn. — Man kann die Nelken auch zeitig im Frühjahre in der Flor haben, wenn man sie im Januar oder Februar oder März in ein Glashaus oder in einen Treibkasten stellt.

Die Erziehung und Wartung der guten Nelkensorten in Töpfen, will ich jetzt nach den besten Anweisungen dazu, unter folgenden Ueberschriften zu zeigen suchen.

1) **Von der zur Erziehung der Nelken in Töpfen brauchbarsten Erde.** Ob die Nelken gleich in jeder gemeinen Gartenerde, die nur nicht steif oder zu naß ist, recht gut fortkommen, so giebt eine besonders für sie bereitete Erde ihnen doch noch eine merkliche Schönheit. Man hat dazu viele Anweisungen, und fast jeder Blumiste giebt ein anders Rezept zu ihrer Bereitung; indessen scheint mir folgende Zusammensetzung die vortheilhafteste: ein Theil Holzerde; ein Theil gut durchgewinterter Straßenmoder oder alter Teichschlamm, der wenigstens 1 Jahr auf Haufen gelegen; ein Theil Erde aus dem Erdmagazin, von wohl vermodertem Unkraute und Rasen; ein Theil gemeine Gartenerde, die zwar nicht unfruchtbar seyn, aber auch keinen sichtbaren Mist mehr enthalten muß, und endlich 2 Theile Flußsand. Alle diese Theile werden durch ein grobes Sieb geschlagen, dann wohl durcheinander geschaufelt und mit einander vermischt. Solche Erde sehr fein zu sichten ist nicht rathsam, weil sie sich sonst nach dem Begießen in den Töpfen zu feste zusammenlegt, zu fest wird, und dadurch

durch den Nelken schädlich werden kann. Eigentlichen Dünger zu der Nelkenerde zu nehmen, ist nicht anzurathen. Kann man diese Mischung schon eine Zeitlang vor dem Gebrauche machen, auf einen Haufen werfen, und alle 3 bis 4 Wochen einmal umstechen, so ist dies um so vortheilhafter.

2) **Von Erziehung der Nelken aus dem Samen.** Da das Ablegen der schon vorhandenen Nelken-Sorten nur die Arten, die man schon hat, erhält und vervielfältiget, aber dadurch eben so wenig, als durch die Veredlungsarten in den Baumschulen neue Sorten entstehen; so ist es zur Vermehrung des Sortiments sehr gut, wenn man alle Jahre von seinen guten Nelken Samen aufnimmt, und denselben in jedem folgenden Frühjahre zur Erhaltung neuer Sorten aussäet. Es steht freylich nicht zu erwarten, daß aus dem ausgesäeten Samen, wenn er auch von den schönsten und edelsten Sorten aufgenommen worden, lauter gute neue Sorten entstehen werden; es kommen vielleicht nicht einmal lauter Gefüllte, sondern auch viele Einfache. Indessen kann man doch auch gewiß seyn, daß die eine oder die andere gute neue Art die Mühe des Säens und Wartens belohnen wird.

Man säe den Samen nicht, wie manche Gartenbücher vorschreiben, zeitig im Frühjahre, etwa in der ersten Hälfte des Aprils. Von einer solchen frühen Aussaat werden die aufgegangenen Pflänzchen bald pflanzbar, und erreichen meistens vor dem Winter ihr vollkommenes Wachsthum. Dies hat aber einen doppelten wesentlichen Nachtheil. Einmal werden sie am meisten zu sehr starken Büschen, zwischen denen sich die Feuchtigkeit

tigkeit zu ihrem Nachtheil zu lange aufhält, und also leichter faulen, als kleinere. Besonders aber verschwenden solche starke Büsche gleich im ersten Jahre alle Kraft Ableger zu machen; im folgenden Frühlinge gehen alle ihre Triebe in die Blüte, machen gar keine neue Ableger, und man freuet sich oft über eine neue schöne Art vergebens, weil man keine Ableger behält, und sich die Pflanze, wie man sagt, zu Tode blühet. — Besser ist es daher, den Samen erst in der letzten Hälfte des Mays zu säen. Die Pflänzchen pflegen binnen 4 Wochen aufzugehen, und können nach abermals 4—6 Wochen, wenn sie die nöthige Stärke zum Versetzen erreicht haben, weiter verpflanzt werden. Die Aussaat selbst macht man am besten im freyen Lande, in eine leichte aber hinreichend fette Rabatte, wo man den Samen leicht einharkt, oder ¼ Zoll hoch mit feiner Erde übersichtet. Bey trockner Witterung muß das Beet mäßig begossen werden, damit die Pflanzen regelmäßiger hervorkeimen mögen; und damit sie zum Verpflanzen stämmig genug werden, halte man das Beet beständig vom Unkraute rein. Zu ihrer Verpflanzung im Jun. wählt man ein Beet, welches eine offene Lage, und eine mehr trocken als nasse Lage und leichte Erde hat. Hier setzt man die Pflanzen in Reihen zu 9 Zoll nach allen Seiten von einander entfernt, giesst sie einige Male an, und hält sie vom Unkraute rein. Wenn man gegen den Herbst, wenn sie sich etwas ausgebreitet haben, die Erde reihenweise mit einer kleinen Harke an die Pflanzen anziehet, so werden ihre niederliegenden Zweige dadurch etwas von der Erde aufgehoben, und sie werden um so weniger faulen. So läßt man sie dann den

Winter

Winter über stehen. Sie mit Matten oder andern leichten Dingen zu bedecken, ist nicht nur nicht nöthig, sondern auch nicht einmal rathsam, weil sie darunter weichlich werden, und von den Frühlingsfrösten um so mehr leiden. Wenn sie sonst nur gesund und stark sind, so hindert ihnen keine Winterkälte. Im folgenden Frühjahre lokkert man den Boden zwischen ihnen auf, hält sie vom Unkraute rein, und wenn sie im Junius ihren Blumenstängel zu treiben anfangen, bindet man dieselben an beygesteckte kleine Stäbe. Sie kommen dann gewöhnlich alle zur Blüte. Sobald sie diese zeigen, reiße man zuförderst alle Pflanzen mit einfachen Blumen, sobald man dieselben nur erkennen kann, aus, um den bessern mehr Raum zu verschaffen. Wem es nicht um die Menge der Pflanzen sowohl, als um die Schönheit der Sorten zu thun ist; der kann auch nach vorgängiger Untersuchung die unbedeutenden unter den gefüllten noch wegschaffen, und die stehenbleibenden nach ihrem Werthe zeichnen und numeriren. Von diesen guten kann man denn sogleich, als man sich von ihrem Werthe überzeugt hat, Absenker machen.

3) **Vermehrung der Nelken durch Ablegen oder Absenken.** Durch dieses Verfahren ist man allein im Stande, die einmal vorhandenen Sorten unverändert fortzupflanzen, da unter mehreren hundert Samenpflanzen vielleicht nicht eine seyn wird, die der Mutterpflanze, von welcher der Same genommen wurde, vollkommen gleicht. Es ist schon bemerkt, daß man solche Ableger zu der Zeit macht, wenn die Nelken zu blühen anfangen, und man kann mit dieser Arbeit den ganzen Jul. und August hindurch fortfahren.

fahren. Je früher man aber die Arbeit vollenden kann, desto besser, weil sie sich dann vor dem Winter um so schöner bewurzeln, und in Zweige ausbreiten.

Unter Ableger verstehet man bey den Nelken die aus den Wurzeln hervorgesproßten, mit Blättern besetzten Zweige der Nelken, die nicht in den Samenstängel getrieben haben, denn solche taugen dazu nicht. In Ermangelung derselben kann man allenfalls auch die Nebenzweige der größern blühenden Zweige gebrauchen; diese pflegen aber meistens nicht die gehörige Stärke zu haben. — Das Ablegen selbst geschieht auf folgende Art: zuerst nimmt man den einzulegenden Zweigen ihre untern, an den Gelenken sitzenden Blätter, um zum Einschneiden freyen Raum zu haben, und verkürzet auch ihre obern umherflatternden Blätter etwas, damit sie bey der Operation nicht hinderlich sind; doch muß dies nie so tief geschehen, daß ihre innern jungen Herzblätter dadurch verkürzt würden. Dann lockere man die Erde rings um die Pflanze her auf, und wenn es, um die Ableger desto bequemer einlegen zu können, nöthig ist, lege man über dieselbe noch etwas frische Erde. Alsdann macht man den Einschnitt mit einem vorzüglich scharfen Messerchen, wozu man am besten ein Federmesser wählt. Dies geschieht an einem starken Gelenke oder Knoten, etwa in der Mitte des von den Blättern entblößten Theils. Man schneidet auf der von der Pflanze abgekehrten Seite in dies Gelenk bis auf die Hälfte ein; beugt dann das Messer aufwärts, und fährt mit demselben grade in der Mitte fast bis zum nächsten Gelenk hinauf. Dadurch hat nun der Ableger eine Art von Zunge

bekom-

bekommen, von deren geschwollener Spitze die auf derselben befindliche Haut, (welche der Fuß des Blattes ist, das daselbst gesessen hat) abgelöset werden muß. Damit dieselbe das Austreiben der Wurzeln nicht hindern, weil seine Wurzeln allemal aus dieser Gelenkspitze entspringen. Dann mache man mit den Fingern ein Loch in die Erde; beuge den eingeschnittenen Ableger ganz sanft waagrecht nieder, so daß die Zunge senkrecht in das Loch treffe, er selbst also aufrecht stehe, und der Spalt offen bleibe; befestige ihn dann mit einem Häklein, damit er die ihm gegebene Stellung behalte, und ziehe dann 1 — 2 Zoll hoch Erde an ihm, und drücke dieselbe fest. Solche gemachte Ableger sehen alsdann aus, als ob es lauter besondere Pflanzen wären, und schon nach 3 — 4 Wochen pflegen sie Wurzeln getrieben zu haben. Noch erinnere ich, daß, wenn auf diese Art alle an einem Nelkenstocke befindlichen Ableger abgelegt sind, man zwischen ihn und seinen Ablegern so hoch feine Erde bringen müsse, wie dieselbe an der Außenseite an die Ableger angehäuft ist; man gießet die Ableger gleich ein wenig an, damit sich die Erde fest an dieselben anschließe; welches Begießen man auch bey trockner Witterung noch einigemal wiederhohlen kann. Auch muß man, um die Arbeit nicht aufzuhalten, schon vorher für den nöthigen Vorrath von kleinen, etwa 4 Zoll langen, und unten gut spitzgeschnittenen Häkchen sorgen, welche man am besten aus den Reisern eines alten Besens machen kann.

4) **Verpflanzung der gemachten Nelkenableger und Durchwinterung derselben.** Sie pflegen sich 5 — 6 Wochen nachher alle gut bewurzelt zu haben. Es ist oft darüber gestrit-

ten,

ten, ob das frühere oder spätere Verpflanzen der Nelken Ableger besser sey. Indessen die Erfahrung scheint das frühere Versetzen zu begünstigen. Denn wenn ein solcher Ableger in der ersten Hälfte des Augusts verpflanzt wird, so ist oft die kleinste Wurzelfaser hinreichend zum glücklichen Anwachsen. Hingegen Ende Sept. oder im Oct. versetzte Ableger gehen oft aus, wenn sie nicht recht gute Wurzeln haben. — Wenn man dieselben aufnehmen will, trenne man sie erst von der Mutterpflanze mit einem Messer, ziehe das Häkchen, mit welchen sie befestiget sind, heraus, und hebe sie ohne Beschädigung der Wurzeln aus, indem man mit dem Messer oder einer Gartenkelle nachhilft; schneide den an ihnen befindlichen nackten Theil des Mutterstammes dicht neben der Wurzel ab, und verkürze ihre obere Blätter ein wenig. Wohin man die aufgenommenen Absenker verpflanze, kömmt auf die Art der Durchwinterung an, die man bey denselben anwenden will, — also entweder ins Land oder in Töpfe. Es ist schon bey den Samennelken erwähnt worden, daß die Nelken gegen die Winterkälte unempfindlich sind, und daß man sie folglich mit sicherm Herzen im freyen Lande durchwintern kann. Bey den Absenkern leidet dies indessen in sofern eine Ausnahme, daß sie nicht die Kraft und Dauer der Samenpflanzen haben und später als diese versetzt werden, und also noch nicht so vollständig eingewurzelt sind. Wenn sie also im freyen Lande durchwintert werden sollen, so wähle man dazu ein Beet, welches durch ein Gebäude, Hecke, Mauer, oder dergleichen gegen die Morgensonne geschützt ist, und erst von der Mittagssonne beschienen wird. Nicht die Winterkälte

terkälte selbst ist die Ursache des Erfrierens, sondern die öftere schnelle Abwechselung von Gefrieren und Aufthauen. Meistens wird man finden, daß die Nelken erst gegen das Frühjahr hin Schaden leiden; und dies kömmt daher, wenn bey dem Eintreten der wärmern Witterung die Pflanzen bey Tage aufthauen und in der Nacht wieder frieren. Durch den Frost werden die Säfte verdickt und die Saftgefäße ausgedehnt. Wird dieser Zustand plötzlich wieder aufgehoben, dadurch, daß sie von der Morgensonne beschienen werden, so ist das Andringen der Säfte in den erweiterten Gefäßen zu stark, es entsteht eine Stockung, und das Verderben der Pflanze ist gewiß. Kann aber die Sonne die gefrornen Pflanzen nicht eher treffen, als bis die erwärmte Luft den Frost allmählig weggenommen hat, so bleiben die Pflanzen gesund. In einer solchen, gegen die Morgensonne geschützte Lage, wenn sie nicht an sich zu niedrig und feucht ist, oder wenn nicht etwa der Tropfenfall von Bäumen oder Dächern den Pflanzen nachtheilig werden kann, werden sie am vortheilhaftesten durch den Winter gebracht werden können. Auf einem solchen Beete pflanze man sie reihenweise 6 — 8 Z. weit nach allen Seiten von einander, indem man zur Schonung ihrer Wurzeln die Pflanzlöcher mit einem Pflanzstocke macht. und sie nach dem Einsetzen nicht nur sogleich angießt, sondern dies Gießen auch noch einige Zeit, bis sie Wachsthum zeigen, fortsetzt.

Will man die Absenker in Töpfen durchwintern, so kann man, zur Ersparung des Raums in der Durchwinterung, dieselben entweder zu 4 bis 6 Stück in größere Töpfe setzen, oder jede einzelne Pflanze in ganz kleine Töpfe. Sie sogleich in diejenige Töpfe setzen zu wollen, in welchen sie im folgenden Sommer blühen sollen, ist nicht einmal gut; denn es ist ihnen vortheilhafter, wenn sie im folgenden Frühjahre in größere Töpfe gepfanzt, und mit frischer Erde versorgt werden. Es gilt von diesen Nelken in Töpfen eben das, was von denen im freyen Lande gesagt ist, daß sie nicht eigentlich Schutz gegen Kälte, sondern nur gegen das plötzliche Aufthauen verlangen. Es ist daher nicht nöthig, dieselben in ein Gewächshaus zu bringen. Ein luftiges, die Mittagssonne habendes Zimmer im Hause, eine Gallerie, ein Portal oder dergleichen, wo sie gegen allzu vielen Schnee geschützt sind, und bey gelinder Witterung der freyen Luft genießen können, ist für sie die passendste Durchwinterung. Hier stellt man sie auf Brettern dicht an einander hin. Wer aber eine solche Gelegenheit nicht hat, kann sie in einen Mistbeetkasten stellen, und mit Fenstern oder auch nur mit bretternen Läden bedecken, wo man ihnen aber bey günstiger Witterung so viel frische Luft als möglich zukommen lassen muß. Wer Blumengerüste hat, die von oben mit einem Dache oder Wetterschirm versehen sind, kann die Töpfe darauf stellen, und sie werden daselbst sehr gut durchwintern. Manche erhöhen eine Rabatte auf 6 Zoll mit Sand, und senken die Töpfe in derselben bis an den Rand ein, oder stellen sie dicht neben einander auf eine Rabatte, und füllen den Zwischenraum mit Sande oder dichter Erde aus, welches allerdings den Wurzeln sehr vortheilhaft ist. Dann muß man ihnen aber ein auf Pfählen und Stangen ruhendes Verdeck geben.

5) **Wartung derselben im Frühjahre.**
Wenn die wärmere Witterung im März eintritt, nimmt man die Töpfe aus der Winterung, und stellt sie vor einer Wand oder Hecke, wo sie nur die Mittags- und Nachmittagssonne haben, damit sie sich völlig wieder an die freye Luft gewöhnen; aber doch aus den vorhin angegebenen Gründen gegen die Morgensonne und gegen die kalten schneidenden Ost- und Nordwinde geschützt sind. Gegen das Ende des Aprils aber nehme man sie mit einem Ballen Erde an den Wurzeln aus den Töpfen, stutze ihre Blätter etwas ein, und setze sie in größere Töpfe, in welchen sie blühen sollen. Diese Töpfe müssen wenigstens 10 Zoll weit seyn, damit man Raum zum Ablegen behalte. Solche Töpfe füllt man bis zur Hälfte mit der unter n. 1. beschriebenen Erde an, nachdem man die Abzugslöcher desselben zuvor mit hohlen Scherben von zerbrochenen Töpfen oder Austerschalen bedeckt hat, damit die Nässe abfließen kann, stelle auf diese Erde den Absenker mit seinem Erdballen, und fülle den übrigen Raum des Topfs mit eben der Erde an, daß sie fast mit dem obern Rande des Topfs gleich sey, und gieße die Pflanze sogleich nachdrücklich an, daß sich die Erde überall recht anlege. Die Töpfe stelle man anfangs auf eine schattige Stelle, bis sie gehörig angewachsen sind, und hernach auf die Postamente oder Blumengerüste, auf welchen sie blühen sollen. Das Begießen muß hernach wöchentlich 2 — 3 mal wiederhohlt werden, nachdem es die Nothdurft erfordert, weil die Erde in den Töpfen natürlich leichter austrocknet, als im freyen Lande. Da aber von dem öftern Begießen die Erde in den Töpfen hart zu werden pflegt, so

lockere man die Oberfläche derselben von Zeit zu Zeit etwas auf, wodurch zugleich alles hervorkeimende Unkraut unterdrückt wird, und die Töpfe selbst ein gefälligers Ansehn erhalten. Gegen das Ende des Mays fangen sie an ihre Blumenstängel zu treiben. Dann muß man zu deren Unterstützung Stöcke dabey stecken. Dazu sind dünne Stöcke von Haseln, Weiden :c. Ruthen, von der Stärke eines kleinen Fingers, und 2½ bis 3 Fuß lang, abgeschälet oder nicht, und am dicken Ende spitzgeschnitten, völlig hinreichend. Viele aber nehmen der Zierlichkeit wegen, besonders dazu aus dünnen Brettern geschnittene, auf allen Seiten sorgfältig behobelte, viereckige, dazu noch oben mit einem Knopfe versehene, und mit Oelfarbe grün, weiß, roth :c. angestrichene Stäbe. Von solchen Stäben wird bey jeder Pflanze einer gesteckt, und die aufschießenden Blumenschäfte an demselben mit Baststreifen sauber angebunden, und dies Anbinden noch einigemal wiederhohlt, bis die Stängel ihre volle Höhe erreicht haben. Die Stäbe müssen nicht zu dick seyn, weil sie sonst zu viel Raum einnehmen, und müssen nicht zu nahe an der Pflanze eingesteckt werden, weil man sonst die Wurzeln leicht beschädigen kann.

6) **Von den Nelken-Postamenten oder Nelkengerüsten.** So lange die Nelken im Winterquartiere, oder nachher vor der Flor an einer Hecke oder geschützten Wand stehen, stellt man die Nelkentöpfe auf Ziegelsteine. Es ist nicht gut, dieselben auf die bloße Erde zu stellen, weil sonst die Wurzeln der Nelken, die öfters zu den Abzugslöchern der Töpfe hervordringen, in die Erde wurzeln, und dann verderben, wenn man den Topf aufhebt. Wenn sie sich aber der

Blüte

Blüte nähern, stellt man sie lieber auf besonders dazu verfertigte Gerüste, damit ihre vereinigte Flor in dieser erhabene Lage desto vortheilhafter in die Augen falle. Solche Gerüste bestehen gewöhnlich aus 2 oder 3 stufenweise hinter einander erhöheten, und der Länge nach hinlaufenden Brettern, auf welche man folglich 2 oder 3 Reihen Nelkentöpfe stellen kann. Sie werden auf mancherley Art gemacht, je nachdem sie jemand mehr oder weniger zierlich haben will. Gewöhnlich errichtet man von 8 zu 8 Fuß Entfernung an jeder Stelle so viele Pfosten, von starkem eichenen Holze, als das Gerüste Stufen haben soll, wovon der vorderste 1½, der zweyte 2, und der dritte oder hinterste 2½ Fuß über der Erde hervorragt. Ueber diese Pfosten nagelt man entweder 8—9 Zoll breite Bretter, oder da diese bey der beständigen Abwechselung von Nässe und Dürre sich so leicht werfen, so daß sie in der Mitte ihrer Länge nach vertieft sind, und die Ränder sich aufheben, und dann um so leichter faulen, da die Nässe nicht abfließen kann, auch die Töpfe dann auf ihnen nicht feststehen; so nagelt man lieber 2 starke Latten (etwa 2 Zoll dick und 3 Z. breit) neben einander, von welchen das Wasser vom Regen und Begießen leichter abfließen kann. Die Länge solcher Gerüste hängt von der Menge von Töpfen ab, die darauf gestellt werden sollen. Wird dasselbe mit Oelfarbe 2mal überstrichen, so dauert es um so viel länger. Ist ein solches Gerüste längst einer Wand oder Mauer angelegt, so kann man an derselben, 8 F. hoch von der Erde hölzerne Rahmen, die mit Leinewand oder starkem Papiere überzogen und mit Oelfarbe überstrichen sind, oder bretterne Läden

den vermöge einiger Gewindehespen befestigen, die mit einer Schnur, welche über einer Rolle gehet, aufgezogen, oder dachförmig zum Schutze der Nelken gegen die brennende Sonne und gegen Regen niedergelassen werden können. Dadurch wird die Schönheit der Blumen merklich erhöhet, und das Vergnügen der Flor gewiß um einige Wochen verlängert. Bey freystehenden Nelkengerüsten errichtet man zu eben dieser Absicht hinter denselben eine Reihe Pfosten, befestiget auf denselben eine breite Latte, und an derselben die vorhin beschriebenen Rähmen oder Läden, die an einem davor stehenden Pfahle vermittelst einer Schnur und Rolle aufgezogen und niedergelassen werden können.

Diese Nelkengerüste müssen gegen Süden oder Südost Fronte machen, und wo möglich in einiger Entfernung gegen die Gewalt der Winde, die in der Flor oft große Verwüstungen unter den Nelken anrichten, durch Hecken oder Bäume geschützt seyn.

7) **Wartung der Nelken während der Flor.** Von der Zeit an, da sich die Blumen zu öfnen anfangen, muß man die Nelken täglich 2mal durchgehen, und den besten Sorten zu Hülfe kommen, damit sich ihre Blumenblätter ordentlich öfnen und regelmäßig ausbreiten. Dieser Beyhülfe bedürfen besonders die großen dickknospigen Sorten, welche an ihrer Seite so leicht aufreißen, und wenn man ihnen nicht zu Hülfe kommt, ihre Blumenblätter auf einer Seite umher werfen. Sobald man also gewahr wird, daß der Kelch einer solchen Blume auf einer Seite aufzureißen beginnt, mache man an 2 andern Stellen der Blume mit einer feinen Scheere in gleichen Entfernungen

fernungen von einander ebenmäßige Einschnitte in den Kelch, damit die Blumenblätter völlige Freyheit bekommen, sich gleichförmig, und insgesammt, und folglich regelmäßig zu entwickeln. Wenn aber eine Blume an einer Seite geschwinder aufblühet, als an der andern, so drehe man den Topf um, und kehre die bisherige Rückseite gegen die Sonne, welches zu einer mehr gleichförmigen Entwickelung der Blumen viel beyzutragen pflegt. — Eifrige Liebhaber solcher dickknospigen Nelken wenden noch manche andere Künsteleyen zur Beförderung eines richtigen Aufblühens solcher Blumen an, indem sie theils die Knospen vor dem Entfalten mit einem Faden unterbinden, oder besonders dazu gemachte kleine Ringe von steifem Papier über die Kelche schieben, damit sie nicht platzen können, oder den Blumenblättern eine Unterlage von steifem Papiere geben, die auf den zurückgebogenen Zähnen des Kelches ruhet, und auf welcher die ausgebreiteten Blätter ruhen rc., doch ich halte mich nicht weiter dabey auf. Dieser Mühe wegen, die die sogenannten Platzer machen, sie zu einer vollkommenen Flor zu bringen, behalten die langhälsigen immer vor jenen den Vorzug, weil sie gewöhnlich ohne Beyhülfe ihrer Natur gemäß aufblühen.

Da jede Nässe den Nelken in ihrer Flor nachtheilig ist, und die Schönheit und Lebhaftigkeit der Farben verdirbt; so müssen sie durch die niedergelassenen Schirmdächer dagegen sorgfältig geschützt werden. Bey guter Witterung hingegen muß ihnen so viel Luft als möglich und Sonnenschein gegeben, und also die Schirme aufgezogen, und nur in der brennenden Mittagssonne niedergelassen werden. — Bey warmer trockner

Witte-

Witterung müssen sie immerfort täglich begossen werden, damit sie nicht nur größere Blumen machen, sondern auch ihre Ableger stärker werden.

8) **Von der Gewinnung eines guten Nelkensamens.** Es ist schon oben bemerkt, daß alle gute Nelkensorten einzig und allein aus dem Samen zu erhalten sind; es bleibt nur immer die Schwierigkeit, recht guten Nelkensamen zu erhalten. Es ist bey den Nelken, wie bey den meisten andern gefüllten Blumen der Fall, daß die Fülle ihrer Blumenblätter daher entstehet, wenn die Staubfäden und Staubwege sich in Blumenblätter verwandeln. Wahre Botaniker werden daher alle gefüllte Blumen immer als Bastarde ansehen, die von der wahren Natur ihrer Art abgewichen sind. Daher wird man auch bey den Nelken finden: je stärker eine dergleichen Blume gefüllt ist, je mehr sind ihre Geschlechtstheile in Blätter verwandelt, und desto weniger Samen giebt sie; ganz gefüllte Blumen haben nie Samen. Dazu kommt noch ein anderes allgemein bemerktes Naturgesetz: je öfter und länger ein Gewächs nicht durch Samen, sondern durch Absenker, Schnittlinge und Wurzelzertheilung fortgepflanzt ist, desto mehr verliert es die Kraft, sich durch Samen fortzupflanzen. Daher geben auch Blumen von Absenkern unter den Nelken weniger Samen, als Samenpflanzen. Diese letztern sind es, die hauptsächlich zur Gewinnung des Samens am geschicktesten sind. An diesen, im freyen Lande stehenden Samennelken, muß man also diejenigen Blumen stehen lassen, an denen man die Gegenwart der weiblichen Geschlechtstheile, die kleinen weißen Hörner gleich

über

über der Blume hervorragen, bemerkt. Daß man in der Nachbarschaft derselben keine einfachen, oder sonst schlechte Blumen stehen lasse, ist der falschen Befruchtung wegen durchaus nöthig. Diese zum Samentragen bestimmten Pflanzen muß man besonders fleißig begießen, bis ihre Samenkapseln nach vollendeter Blüte aufzuschwellen anfangen. Wenn die Kapseln braun werden, muß man sie nach einander bey trockner Witterung einsammlen, und noch einige Zeit in einem trocknen, luftigen und schattigen Zimmer auf Papier nachreifen lassen. Da die Blumen nicht zu gleicher Zeit blühen, so werden auch die Kapseln nicht zugleich reif; wenn sie aber länger am Stocke sitzen bleiben, so lassen sie gern den Samen aus den offenen Hülsen fallen. Wenn alle Kapseln trocken sind, reibt man den Samen aus, und bewahrt ihn in Papier bis zur Aussaat auf.

Nach einer Schrift: **deutliche Anweisung, die Nelken durch Schnittlinge schneller zu vermehren rc. von J v. Wiese, Churfürstl. Sächs. Premier-Lieutenant, Halle bey Hendel** — soll diese Vermehrungsart noch weit vortheilhafter seyn. — Da ich aber noch keine Erfahrung damit gemacht habe, so kann ich nichts darüber sagen.

9) Dianthus (sylvestris) floribus solitariis; squamis calycinis octonis florem superantibus. Linn. Pfl. Syst. *Spec. Plant. Edit. Willd.* II. 675. Dietrich G. L. n. 31. **Wilde Nelke, Waldnelke.** Vaterl. die Alpen in der Schweiz und Oesterreich. Sie hat schmale pfriemförmige, oben sichelförmig gebogene Blätter, und einzeln stehende Blumen. Die Kelchschuppen fast eyrund und die Kronblätter gekerbt.

10) Dianthus (pomeridianus) floribus solitariis, squamis calycinis binis cordatis brevissimis, corollis emarginatis subintegerrimis. Linn. Pfl. Syst. VI. 565. *Spec. plant. Edit. Willd.* II. p. 676. Dietr. G. L. n. 22. **Orientalische Nelke.** Vaterland bey Constantinopel und in Palästina. Sie gleicht der gemeinen Garten-Nelke in ihrem Aeußern sehr. Die sehr einfache Wurzel treibt einen Blumenstängel, welcher sich in 3 bis 4 Zweige theilet, welche einblumig sind. Die Blumen haben nur 2 Kelchschuppen, welche kurz, scharf, aber nicht gespitzt sind. Die Blumenblätter sind oben gelb, unten weißgrün, an den Seiten rückwärts gekrümmt, und kürzer als die Kelchröhre, sehr stumpf, wenig ausgerandet. Die weißen Staubfäden sind so lang, als der Kelch. Die Blume blühet im Jun. und Jul., und hat die Eigenschaft, daß sie sich am Tage nach 12 Uhr öffnet, und des Nachts um 10 Uhr wieder schließt.

11. Dianthus (deltoides) floribus solitariis, squamis calycinis lanceolatis binis, corollis crenatis. Linn. Pfl. Syst. VI. 565. *Spec. Plant. Edit. Willd.* II. 676. *Mill. Dict.* n. 1. Dietr. G. L. n. 16. Lueder l. c. n. 2. **Deltafleckige Nelke, kleine Grasnelke, Heidenelke, Donnernelke, kriechende Feldnelke.** Vaterl. Europa auf Weiden und in Gehölzen. Ihre Wurzel treibt zahlreiche, kurze, blättrige Senkerzweige, mit einem dicht auf dem Boden liegenden, mit kleinen schmalen Blättern dicht besetzten Blätterbusch. Auch die 8 — 12 — 15 Z. hohen Blumenstängel liegen vor der Blühtezeit meistens gestreckt; wenn sich aber die Blumen dem Aufblühen nähern, richten sie sich

mit ihren Spitzen meistens aufwärts. Die Blumen stehen einzeln, haben 2 lanzettförmige unbehaarte Kelchschuppen, und dunkelrothe gekerbte Kronenblätter.

Dianthus (glaucus) floribus solitariis, squamis calycinis lanceolatis quaternis brevibus, corollis crenatis. Linn. Pfl. Syst. IV. 566. *Mill.* n. 3. und Lueder n. 4. ist nach neuern Ausgaben des Linn. eine bloße Abart der vorigen.

12) Dianthus (albens) floribus solitariis, squamis calycinis lanceolatis quaternis brevibus, corollis emarginatis. *Linn. Spec. Plant. Edit. Willd.* II. 677. Dietr. G. L. n. 1. **Weißliche Nelke.** Vaterl. das Vorgebirge der guten Hoffnung. Die Blumen stehen einzeln; der Kelch hat am Grunde vier kurze, lanzettförmige Schuppen. Die ausgeschnittenen Blumenblätter sind oben weißlich, unten grünlich weiß, und an beyden Spitzen violett. Sie ist perennirend, und muß in Töpfen unterhalten und wie andere capische Gewächse von ähnlicher Dauer behandelt werden.

13) Dianthus (chinensis) floribus solitariis, squamis calycinis subulatis patulis foliaceis tubum aequantibus, petalis crenatis, foliis lanceolatis. Linn. Pfl Syst. VI. 567. *Spec. Plant. Edit. Willd.* II. 677 *Mill. Dict.* n. 10. Dietr. G. L. n. 13. Lueder l. c. n. 9. **Chineser Nelke, Sineser Nelke.** Ihr Vaterland ist China. Der Blumenstängel ist aufrecht, steif, mit mehreren aufrechten Seitenzweigen, zusammen 8 — 12 Zoll und darüber hoch. Die Blumen stehen einzeln auf den Spizzen der Zweige. Die Kelchschuppen sind pfrie-

menförmig, stehen ab, und haben die Länge der Kelchröhre. Die Kronblätter sind gekerbt, und die Blätter des Stängels linienlanzettförmig. Sie blühen sehr zahlreich vom Jul. an 2 bis 3 Monate, oft auch bis in den November, bis der Frost der Flor ein Ende macht, und geben im Herbste eine Menge reifen Saamen. — Eine schöne Pflanze, welche wegen der vortrefflichen Schattirung ihrer Blumen eben sowohl, als die Bartnelken zur Verschönerung der Gärten dienlich ist. Man hat davon mehrere Sorten: a) mit glänzend rothen, b) purpurrothen, c) weißen, d) scheckigen Blumen. Von diesen Hauptfarben giebt es wieder manche Sorten, welche durch ihre Zwischenfarben und Zeichnung von einander unterschieden sind, besonders aber bey den scheckigen Sorten, welche durchgehends lebhafte und vortreffliche Blumen haben. Auch giebt es von allen diesen Sorten einfache und gefüllte. Auch die einfachen verdienen, wenn gleich in geringerer Zahl, neben den gefüllten gezogen zu werden; ihre Farben sind so außerordentlich glänzend und rein, und ihre Zeichnung oft so klar, daß sie von manchen sogar den gefüllten oft vorgezogen werden. Inzwischen sind die Gefüllten doch die schönsten, weil sie groß, und oft bis ganz in den Mittelpunkt mit Blumenblättern angefüllt sind. Ob sie sich gleich in einem warmen trocknen Boden und wenn sie gegen strengen Frost geschützt werden, allenfalls durchwintern lassen, und dann im folgenden Sommer noch einmal, und zwar mit stärkeren Blumenstängeln und zahlreicheren Blumen blühen, so ist dies doch immer mißlich, und es ist also rathsamer und sicherer, sie alle Jahre neu aus dem Saamen zu erziehen,

den

den man jährlich in Menge von denselben erhält, und welchen nicht nur die einfachen, sondern auch die gefüllten reichlich geben; wobey noch zu bemerken, daß sich jede dieser beyden Hauptarten ziemlich unverändert durch den Saamen fortpflanzt, so daß der Saame von einfachen Sorten selten gefüllte, und umgekehrt, giebt. Man kann beyderley Saamen zwar sogleich ins freye Land säen, allein um ihre Blumen früher zu haben, säet man denselben am besten frühzeitig auf ein mäßig warmes Mistbeet, giebt den bald aufgehenden und heranwachsenden Pflanzen möglichst viel frische Luft, und pflanze sie darnach auf die ihnen bestimmte Stelle ins Land, wo man sie zu 3 bis 4 Pflanzen nahe bey einander setzen kann, wo sich ihre Flor alsdann besser ausnehmen wird, als wenn sie einzeln stehen. Nach Dietrichs Garten-Lexicon a. a. Orte soll man einen Theil des Saamens später aussäen, sodann die Pflänzchen in Blumentöpfe setzen, und in einem Glashause, oder in einem Zimmer von 3 bis 8 Grad Wärme überwintern; solche Pflanzen würden im künftigen Frühjahre blühen, und zwischen andern Topfpflanzen ein prächtiges Ansehn gewähren. Er setzt hinzu: die dunkelrothe, fast schwarze, mit weiß gezeichnete gefüllte chineser Nelke werde vorzüglich von den Blumenliebhabern geschätzt.

14) Dianthus (monspeliacus) floribus solitariis, squamis calycinis subulatis, rectis tubo parum brevioribus, corollis multifidis caule erecto. Linn. Pfl. Syst. VI. p. 567. *Spec. plant. edit. Willd.* II. 677. Dietr. G. L. n. 22. Lueder l. c. n. 8. Französische Nelke, Nelke von Montpellier. Vater-

terland Frankreich bey Montpellier, Verona. Der dünne gegliederte Stängel ist etwa 6 Z. hoch, und trägt mehrere, doch einzeln stehende Blumen, auf ziemlich langen Stielen. Die Kelchschuppen sind pfriemenförmig, und so lang als der Kelch. Die Blumenblätter vierspaltig, und tief eingeschnitten.

15) Dianthus (plumarius) floribus solitariis, squamis calycinis subovatis brevissimis, corollis multifidis fauce pubescentibus. Linn. Pfl. Syst. VI. p. 568. *Spec. Plant. Edit. Willd.* II. 678. *Mill. dict.* n. 4. Dietr. G. L. n. 23. Lueder l. c. n. 5. Federnelke, kleine Gartennelke, Marientröpfchen. Vaterl. Deutschland auf schattigen Triften. Mit einem aufrechten, oder aufwärts gebogenen glatten Stängel, schmalen glatten Blättern und einzelnen Blumen, welche sehr kurze, fast eyförmige Kelchschuppen haben. Die Blätter der Blumenkrone sind vielfach zertheilt, und nach innen zu an der Mündung mit etwas Haaren besetzt. Ihre Blumen sind theils einfach, theils gefüllt, und von sehr verschiedenen Farben, und auch zugleich von verschiedener Blühtezeit, so daß sie einen beträchtlichen Theil des Sommers hindurch blühen. Die wichtigsten Sorten sind:

a. **Die gemeine rothe Federnelke.**

b. **Die Damascener Federnelke, mit röthlich purpurrothen, nur halb gefüllten, merklich wohlriechenden Blumen.**

c. **Weiße Federnelke, mit reinweißen Blumen von erhabenem Wohlgeruch, deren Blätter am Rande ungleich weniger gekerbt sind.**

d.

d. **Weiße gefranzte Federnelke**; hat gleichfalls rein weiße Blumen, die aber am Rande sehr stark gezähnt sind, und daher die zottige oder langhaarige Federnelke genannt wird.

e. **Federnelke mit purpurrothem Auge, mit weißlichen oder röthlichen großen Blumen**, in deren Mitte ein purpurrother Fleck ist, den man das Auge nennt, und zur Benennung: das Fasanenauge, Gelegenheit gegeben hat. Von dieser giebt es mehrere Abänderungen, die alle ein solches Auge haben, aber in der Farbe und Größe der Blumen verschieden sind.

f. **Die glänzendrothe Federnelke von vortrefflichem Geruch.**

Von allen diesen Sorten giebt es theils einfache, theils gefüllte. Die einfachen, deren man genug aus dem Saamen erhält, werden nicht sonderlich geachtet. Die gefüllten hingegen empfehlen sich durch die Menge ihrer Blumenblätter zur allgemeinen Cultur. Die Sorten mit kleinern Blumen blühen zum Theil schon im May, oder Anfange Junius, z. B. die Damascener und die weiße gefranzte, und auf diese folgen dann die mit dem purpurrothen Auge, und halten sich so lange, daß sie noch mit den gewöhnlichen Gartennelken zusammentreffen.

Die Federnelken sind sehr schickliche Gegenstände zur Verzierung der Lustgärten, und sind wegen ihrer zahlreichen Blumen, die jede auch noch so kleine Pflanze bringt, wegen der Zierlichkeit und des Wohlgeruchs ihrer Blumen und mannigfaltigen Farbenveränderung nicht minder

die

die Gärten verzierende Pflanzen, als die Nelken selbst. Sie verdienen daher in jedem großen Garten in Menge unterhalten zu werden. Sie schicken sich nicht nur sehr gut zur Verzierung der gewöhnlichen Blumenrabatten, sondern auch der ledigen Plätze in der Fronte kleiner Strauchgruppen. Weil sie aber einen buschigen Wuchs haben, sich auf dem Boden weit umher ausbreiten, und viele Blumenstängel treiben, so müssen sie einzeln umher vertheilt werden. Nach **Dietrich** sind sie auch sehr vortheilhaft in großen Anlagen, zur Einfassung der Blumenbeete, Strauchgruppen und Pflanzungen sehr gut zu gebrauchen, wo sie auch außer der Blühtezeit sich sehr gut ausnehmen, wenn nicht besonders auf eine zierliche schmale Einfassung gesehen wird, weil sie sich meistens etwas ausbreiten. Wenn man sie zu dieser Absicht benutzen will, so müssen die Stängel nach der Blühtezeit dicht über den jungen Sprossen abgeschnitten, und die Pflanzen allemal über das 2te oder 3te Jahr umgelegt werden.

Die Vermehrung derselben ist leicht. — **Aus Saamen**, den sie in großer Menge bringen, kann man in der Geschwindigkeit zu einer großen Anzahl Pflanzen gelangen, die im Sommer des 2ten Jahres blühen, und unter denen oft gefüllte und auch wohl neue Sorten zu seyn pflegen. Wenn man Pflanzen zur Einfassung verlangt, so säe man den Saamen sogleich an Ort und Stelle in flache Furchen $\frac{1}{4}$ Z. tief in die Erde, und lasse die aufgehenden Pflanzen unverpflanzt stehen. Zu andern Absichten säet man den Saamen im März oder April in gemeine, doch fette, leichte, gut zubereitete Erde über das ganze Beet. Binnen 4 bis 5 Wochen pflegen die jungen Pflanzen zahl-

reich

reich zum Vorschein zu kommen. Diese Pflanzen setze man im Jul. und August, wenn sie dazu groß genug sind, entweder auf besondere Beete bis in den Herbst, oder sogleich an Ort und Stelle, wo sie künftig blühen sollen. Am besten läßt man sie auf den Pflanzschulenbeeten erst zur Blühte kommen, da man ihren Werth erst beurtheilen, und die schlechten, besonders die einfachen, ausreißen kann. — **Durch Ableger.** Man kann diese nach der weiter zurück zu den Gartennelken gegebenen Vorschrift sehr leicht machen. Da sie indessen lange, gestreckte, flach auf der Erde liegende Senkerzweige treiben, so hat man nichts nöthig, als diese Zweige mit Erde zu bedecken, wo sie sehr leicht Wurzeln treiben, und im folgenden Herbste abgenommen und weiter versetzt werden können. — **Auch durch abgerissene Zweige, und Zertheilung der Wurzeln.** Man zerreiße im Frühjahre alte Pflanzen von guten Sorten in lauter einzelne Zweige, setze diese 6 Z. weit von einander bis fast an ihren Blätterbusch in die Erde, und gieße sie sogleich an. Wenn das Begießen bey trockner Witterung wiederhohlt wird, so schlagen sie leicht Wurzeln, und werden gegen den Herbst gute Pflanzen.

16) Dianthus (superbus) floribus solitariis paniculatis, squamis calycinis brevissimis acuminatis petalis multifidis capillaribus, caule erecto. Linn. Pfl. Syst. VI. 569. *Mill.* n. 13. Dietr. n. 30. Lueder l. c. n. 11. **Stolze Nelke, Prachtnelke, hohe Federnelke, Flaumennelke, Buschnelke.** Vaterland Frankreich, Deutschland, Dännemark. Ein prächtiges Gewächs, mit einem 2 — 3 F. hohen glatten, knotigen Stängel, welcher sich oben ris-

penartig in Zweige theilet, und mehrere, jedoch einzeln stehende Blumen trägt. Die Kelchschuppen sind viel kürzer, als die Blumenröhre, zugespitzt, und liegen dicht an derselben. Die Kronblätter sind vielspaltig, die Einschnitte haarförmig, weißlich oder blauroth. Der Stängel ist noch überdies mit entgegengesetzten, gleichbreiten, zugespitzten, an der Basis verwachsenen Blättern bekleidet. Sie blühet im Jul. und August. Diese zierliche Pflanze wird wegen der zierlichgetheilten, haarförmigen, vortrefflichen in Rispen stehenden Blumen als Zierpflanze sehr gesucht, und mit andern schönblühenden Gewächsen vermischt, in die Pflanzungen vertheilt. Diese Pflanze zeigt sich nach der Verschiedenheit des Bodens auch sehr verschieden. An einem etwas schattigen Standorte und in einem fetten Boden wird der Stängel viel größer, die Blumen erscheinen zahlreicher und sind vollkommener; in einem magern und sandigen Erdreiche hingegen liegt der Stängel auf der Erde, und trägt wenige, ja zuweilen nur einzelne, meist weiße Blumen. Auch hat der Standort auf die Dauer der Pflanze viel Einfluß; denn an einem Orte ist es eine jährige, an andern eine perennirende Pflanze. Man thut jedoch wohl, daß man alle Jahre etwas Saamen aussäet, und auf Pflanzenvorrath bedacht ist; wiewohl sie sich auch in den Gärten durch den ausfallenden Saamen selbst fortpflanzt.

17) Dianthus (virgineus) caule subunifloro, corollis crenatis, squamis calycinis brevissimis, foliis subulatis. Linn. Pfl. Syst. VI. p. 571. *Spec. plant. edit. Willd.* II. 680. *Mill. Dict.* n. 2. Dietr. G. L. n. 32. Lued. l. c. n. 3. **Jungfern-Nelke.** Vaterland

land bey Montpellier, Oesterreich, Sibirien. Aus einer perennirenden Wurzel kommen viele aufrechte, scharfe, ziegelförmig geordnete Blätter, welche in einem verwirrten dichten Büschel an der Erde liegen, und mehrere 6 — 8 Zoll hohe Blumenstängel, deren jeder nur eine kleine rothe Blume mit gekerbten Blättern und mit sehr kurzen Kelchschuppen trägt. Man hat eine Abart mit fleischfarbigen Blumen.

c. Mit einem einblumigen krautartigen Stängel.

18) Dianthus (arenarius) caulibus subunifloris: squamis calycinis ovatis obtusis, corollis multifidis, foliis linearibus. Linn. Pfl. Syst. VI. p. 569. *Sp. pl. Edit. Willd.* II. 687. *Mill. Dict.* n. 11. Dietr. G. L. n. 4. Lueder l. c. n. 6. Sandnelke. Vaterland das kältere Europa im Flugsande. Die perennirende Wurzel treibt 1 — 2 auch mehrere meistens einblumige Stängel, welche mit gleichbreiten Blättern besetzt sind. Die Blumenblätter sind vielspaltig, und die Kelchschuppen stumpf, oft aber zugespitzt. Die Blumen sind größtentheils weiß, auch röthlich, roth und bläulich. Sie sind zwar nur klein und haben wenig Ansehn, aber einen recht angenehmen Geruch.

d. Strauchartige.

19) Dianthus (arboreus) caule fruticoso, foliis oblongis subcarnosis, squamis calycinis numerosis obtusis arcte imbricatis brevissimis. Linn. Pfl. Syst. VI. p. 572. *Spec. Plant. Edit. Willd.* II. 683. Dietr. G. L. n. 3. Baumnelke, Nelkenbaum. Vaterland

Creta, Griechenland. Der strauchartige Stängel ist mit länglichen pfriemförmigen, etwas fleischigen Blättern besetzt. Die Kelchschuppen liegen ziegelförmig über einander und die Blumenblätter sind sägeartig gezähnt.

Dieser Strauch wird in einem Gewächshause durchwintert, und folglich in Töpfen unterhalten, und mit andern ähnlichen Gewächsen im Sommer ins Freye gesetzt.

Man hat von der gewöhnlichen **Gartennelke** D. caryophyllus eine Varietät, welche einen strauchartigen Stängel hat, und oft eine ansehnliche Höhe erreicht, und oft der Nelkenstrauch oder die **Baumnelke** genannt wird, mit welcher also die vorstehende Sorte nicht verwechselt werden muß.

Von D. Barbatus, Carthusianorum, Caryophyllus, Chinensis, plumarius, albens und arboreus ist bey einer jeden schon die Cultur und Erziehung angegeben worden. Die übrigen lassen sich alle sehr leicht aus dem Saamen, den sie in hinreichender Menge jährlich geben, fortpflanzen, und sich alle auf den freyen Rabatten unterhalten.

Nelke=(Bart) siehe den vorigen Art. **Nelke** n. 1.
— (Cartheuser=) — n. 2.
— (Chineser=) — n. 12.
— (Donner=) — n. 10.
— (Feder=) — n. 14.
— (Flaum=) — n. 16.
— (gemeine) — n. 7.
— (Garten=) — n. 7.
— (Heide=) — n. 10.
— (Jungfern=) — n. 17.
— (Pracht=) — n. 16.

Nelke (Sand-) s. den vorigen Art. Nelke n. 18.
— (Sineser-) — n. 12.
Nelkenbaum — n. 19.
— strauch — n. 19.

Nelkenlilie, Aphyllanthes L. Eine Pflanzengattung, welche in die erste Ordnung der 6ten Pflanzenklasse, (Hexandria monogynia) gehört. Es ist ein Zwiebelgewächs, welches eine sechsblättrige Blumenkrone, und 6 Staubfäden hat, die dem Kronschlunde einverleibt sind; sie umschliessen einen länglichen Fruchtknoten; die Bälge des Kelch's liegen wie Dachziegel über einander.

Es ist von dieser Pflanze nur eine Art bekannt:

Aphyllanthes monspeliensis. Linn. Pfl. Syst. XI. 201. *Spec. Plant. Edit. Willd.* II. 63. Dietr. G. L. Lueder Lustg. II. 210. Nelkenlilie, Montpelliersche Blattlose. Ihr Vaterland zeigt der Name. Sie hat eine kriechende, perennirende Wurzel, welche zwar einige ganz schmale kleine Blätter hervortreibt, die aber ziemlich verwelkt sind, wenn der Blumenschaft hervortreibt. Die Blumenschäfte stehen einzeln, sind ½ F. hoch, nackend, und an ihrer Basis mit verschiedenen Scheiden wie die Binsen umgeben. Auf ihrer Spitze tragen sie 2klappige Bälglein, von welchem jedes 2 Blumen von schön blauer Farbe einschließen, die den Nelken ähnlich sind.

Die Pflanzen können aus dem Saamen gezogen werden. Man säe denselben im Frühjahre auf einem etwas trocknen hochliegenden Boden, halte sie vom Unkraute rein, und begieße sie bey trockner Witterung fleißig; verpflanze sie im Jul. oder zeitig im August mit einem Erdballen um

ihre

ihre Wurzeln auf die ihnen bestimmten Stellen; begieße sie einmal stark, und wiederhohle das Begießen bey trockner Witterung, und beschatte sie, bis sie völlig angeschlagen sind. Im folgenden Sommer pflegen sie zu blühen, und reifen Saamen zu geben. Man kann sie in der Folge sehr leicht durch Zertheilung ihrer kriechenden Wurzeln vermehren, welches am besten im Herbste, aber auch im Winter und zeitig im Frühjahre, ehe sie wieder an zu blühen fangen, geschehen kann.

Nessel, Urtica L., eine Pflanzengattung, die in die vierte Ordnung der 21sten Pflanzenklasse (Monoecia Tetrandria) gehört, und folgende Gattungskennzeichen hat: Bey den männlichen Blumen ist der Kelch vierblätterig, Blumenkrone fehlt, das Honigbehältniß steht in der Mitte und ist becherförmig. Bey den weiblichen Blumen besteht der Kelch aus 2 Hälften, die Blumenkrone fehlt auch, und die Blume hinterläßt einen glänzenden Saamen.

Diese Gattung bestehet aus dauerhaften, theils ein= theils 2jährigen, jährlich neue Stängel treibenden, zaserwurzlichten, im Jul. und Aug. an den Seiten und Enden der Stängel in Kätzchen blühenden, im Herbste reifen Saamen gebenden, und in jeder gemeinen Erde fortkommenden Pflanzen, deren einige z. B. U. dioica, die gemeine oder große Nessel, und U. urens, die kleine oder Brennessel, allgemein bekannte Unkräuter sind; einige der übrigen aber als ausländische Pflanzen, mit aufrechten Stängeln, und entweder länglichen oder eyrunden Blättern, zur Vermehrung der Mannigfaltigkeit in Lustgärten unterhalten werden.

1. Urtica (cannabina) foliis oppositis tripartitis incisis. Linn. Pfl. Syst. X. 178. *Mill. Dict.* n. 5. Lueder Lustgärt. IV. 266. n. 1. Hanfnessel, Sibirische oder Tartarische Nessel. Vaterl. Sibirien. Die zaserige Wurzel treibt viele viereckige, 5 — 6 Fuß hohe, mit stehenden Haaren besetzte Stängel, die viel stärker, als die der gemeinen Art brennen. Die Blätter sind länglich, dreytheilig, tief eingeschnitten, stechend, auf langen Stielen gegen einander über stehend. Die Blumen kommen in den Winkeln der Blätter in langen Kätzchen an den obern Theilen der Stängel im Jul.

2. Urtica (canadensis) foliis alternis ovato-cordatis, amentis ramosis distichis erectis. Linn. Pfl. Syst. X. 181. *Mill. Dict.* n. 8. Lueder l. c. n. 2. Canadische Nessel. Vaterland Cana, Sibirien. Der Stamm ist 2 F. hoch, glatt, breitet sich in viele Zweige aus und ist mit sehr kurz gestielten, herzförmig-eyrunden, abwechselnd stehenden Blättern besetzt. Die Blumen kommen in ästigen, zweyzeiligen, aufrechten Kätzchen im August.

3. Urtica (cylindrica) foliis oppositis, amentis cylindricis solitariis indivisis sessilibus. Linn. Pfl. Syst. X. 179. *Mill. Dict.* n. 6. Lueder l. c. n. 3. Walzenförmige Nessel. Vaterl. Jamaica, Virginien, Canada auf wäßrigen Plätzen. Die viereckigen ästigen Stängel sind 3 — 4 F. hoch. Die Blätter sind gegenüber stehend, länglich, gerippt, sägeförmig, gestielt. Die Blumen in walzenförmigen, einzelnen, ungetheilten, ungestielten Kätzchen, welche im Jul. aus den Winkeln der Blätter kommen.

4.

4. Urtica (divaricata) foliis alternis ovatis, racemis compositis divaricatis. Linn. Pfl. Syst. X. 181. Lueder l. c. n. 4. Ausgesperrte Nessel. Vaterl. Virginien, Canada. Die ästigen Stängel sind 2 — 3 F. hoch. Die eyrunden Blätter stehen abwechselnd und sind brennend, doch nicht in einem so hohen Grade, als die gemeine Brennessel. Die Blumen stehen in zusammengesetzten, ausgesperrten Trauben, sind grünlich und blühen im Jul. und Aug.

5. Urtica (nivea) foliis alternis suborbiculatis utrinque acutis, subtus tomentosis. Linn. Pfl. Syst. X. 183. *Mill. Dict.* n. 9. Lueder l. c. n. 4. Silberweiße oder schneeweiße Nessel. Vaterl. die chinesische Mauer. Die Stängel sind bey starken Pflanzen sehr zahlreich 3 — 4 F. hoch. Die abwechselnd stehenden Blätter sind fast kreisrund, an beyden Enden spitzig, auf der Unterseite filzig, silberweiß und aderig, auf der Oberfläche hochgrün, auf langen dünnen Stielen stehend. Die Blumen kommen an den Enden der Stängel in lockern, abstehenden Büscheln, blühen im Winter.

Diese Pflanzen, deren Blumen mehr sonderbar als schön sind, mögen auf die freyen Rabatten der Lustgärten, und auf andere Abtheilungen gepflanzt werden. Sie dauern daselbst viele Jahre und blühen jährlich. Sie können sehr leicht durch Saamen fortgepflanzt werden, wenn man dergleichen zu erlangen Gelegenheit hat, da dieselben selten in unsern Gärten reifen Saamen zu bringen pflegen. Er wird zeitig im Frühjahre ins freye Land auf ein Beet von leichter Erde gesäet, und die Pflanzen hernach versetzt. Sie sind allesamt perennirende Pflanzen, die aus einer bleibenden

Wur-

Wurzel jährlich neue Stängel treiben. Wer sie daher einmal hat, kann sie hernach sehr leicht durch Zertheilung der Wurzel fortpflanzen, wozu der Herbst die passendste Zeit ist.

Die ersten 4 Arten werden gemeiniglich nur der Vollständigkeit wegen in Pflanzungen aufgenommen, und unterhalten. U. nivea hingegen wird wegen des sonderbaren Ansehns ihrer filzigen silberweissen Blätter sehr geachtet. Sie ist aber gegen die Kälte sehr empfindlich, und wird gemeiniglich nur in den warmen Sommermonaten ins Freye gestellt, im Winter aber in einem Glashause durchwintert. Man hält sie indessen wohl für zärtlicher, als sie wirklich ist. Da der ꝛc. Medicus in seinen Beyträgen zur schönen Gartenkunst ausdrücklich versichert, daß sie in Manheim in freyer Luft sehr gut ausgedauert habe.

6. Urtica (pilulifera) foliis oppositis ovatis serratis, amentis fructiferis globosis. **Linn.** Pfl. Syst. X. 171. *Mill.* n. 3. **Lueder** l. c. n. 6. **Pillentragende oder römische Nessel.** Vaterl. das südliche Europa. Die dicken runden paarweise ästigen Stängel sind 2 F. hoch, und mit scharfen stechenden Haaren dicht besetzt. Die Blätter sind gegenüberstehend, eyrund, sägeförmig, etwas langgestielt. Die Blumen kommen in den Winkeln der Blätter, den Zweigen fast ganz entlängs, in saamentragenden kugeligen Kätzchen im Jul., August und Sept.

7. Urtica (balearica) foliis oppositis serratis, amentis fructiferis globosis. **Linn.** Pfl. Syst. X. 172. *Mill. Dict.* n. 10. **Lueder** l. c. n. 7. **Balearische Nessel.** Vaterl. Ostindien. Die dicken, gewöhnlich purpurröthlichen Stängel sind stechend, paarweise ästig, 2

bis

bis 3 F. hoch. Die Blätter sind herz- und sägeförmig, gegenüber stehend. Die Blumen kommen in kugeligen Kätzchen, in den Winkeln der Blätter, den Zweigen fast ganz entlängs im Jul. und August.

8. Urtica (Dodartii) foliis oppositis ovatis subintegerrimis, amentis fructiferis globosis. Linn. Pfl. Syst. X. 173. *Mill.* n. 4. Lueder l. c. n. 8. Dodartische Nessel. Vaterland ist unbekannt. Die Stängel sind rund, stechend, paarweise ästig, 2 — 3 F. hoch. Die Blätter sind dünn gestielt, gegenüber stehend, eyrund, fast glatträndig. Die Blumen kommen in den Winkeln der Blätter, in kugeligen, saamentragenden Kätzchen, auf kurzen dünnen Stielen, weißlich grün, im Jul., Aug. und Sept.

9. Urtica (aestuans) foliis alternis cordatis, racemis dichotomis, fructibus orbiculato-corymbosis. Linn. Pfl. Syst. X. 180. *Mill.* Lueder l. c. n. 9. Surinamsche Nessel. Vaterl. Surinam. Die einfachen Stängel sind 1 F. hoch. Die Blätter herzförmig, dreyribbig, rauch, die untern gegenüberstehend, die übrigen abwechselnd. Die Blumen in 2 theiligen Trauben in den Winkeln der Blätter, grünlich, die Staubbeutel schneeweiß, mit kreisförmig straußartig beysammenstehenden Früchten, im Jul. und August.

Die Saamen dieser 4 einjährigen Arten säe man im Herbste, sobald er reif ist, oder im folgenden Frühjahre, und verdünne die jungen Pflanzen, damit sie einzeln stehen, und stark blühen. Sie pflanzen sich nachher durch den ausfallenden Saamen selbst fort.

Nessel, (taube) Bienensaug. Lamium L. Eine Pflanzengattung, welche in die 1ste Ordnung der 14ten Pflanzenklasse (Dydinamia Gymnospermia) gehört. Der Kelch dieser Gattung ist röhrenförmig, und hat an der Mündung 5 ziemlich gleiche, in eine Granne auslaufende Zähne; die Blumenkrone hat einen aufgeblasenen Schlund, welcher am Rande zu beyden Seiten mit einem zurückgebogenen borstenförmigen Zähnchen besetzt ist, eine gewölbte, stumpfe, unzertheilte Oberlippe, und eine zurückgebogene, kürzere, in zwei Lappen getheilte Unterlippe; nach der Blüthe enthält der Kelch 4 dreyeckige Samen.

1) Lamium (Orvala) foliis cordatis inaequaliter arguteque serratis, corollis fauce inflata, calyce colorato. Linn. Pfl. Syst. VII. 458. Lueder Lustgärt. III. 150. n. 1. **Orvala, Ortelkraut, ungarische taube Nessel.** Vaterl. Ungarn, Italien, Istrien. Stängel 2 F. hoch. Die Blätter sind ungleichförmig, scharfsägeförmig. Die Blumen groß, vortrefflich purpurroth, in ungestielten Blumenwirteln. Der Blumenkelch ist oben weit und bauchig. Die Oberlippe der Blumenkrone ist am Ende sägeartig gezähnt, die Unterlippe zierlich gefleckt, und am Rande fein gekerbt.

2) Lamium (laevigatum) foliis cordatis rugosis, caule laevi, calycibus glabris longitudine tubi corollae. Pfl. Syst. VII. 460. Lueder l. c. n. 2. **Geglättete Taubenessel oder sibirische T.** Vaterl. Italien, die Schweiz, Sibirien. Die perennirende Wurzel treibt fast 2 F. hohe, röthliche, ebene Stängel, die mit herzförmigen, spitzigen, sägeartig gezähnten, kaum etwas haarigen Blättern besetzt sind. Ihre Blumen

sind auch roth, und haben viel Aehnlichkeit mit denen der vorhergehenden Art, die Kelche glatt, und so lang wie die Röhre der Blumenkrone.

3) Lamium (Garganicum) fol. cordatis pubescentibus, corollis fauce inflata tubo recto, dente utrinque gemino. **Linn. Pfl. Syst.** VII. 460. *Mill.* n. 3. **Lueder** l. c. n. 3. **Garganische Taubenessel.** Vaterl. die garganischen Gebirge in Italien. Der Stängel wird 1 F. hoch, die Blätter sind etwas haarig, die Blumen blaß purpurroth, der Schlund aufgeblasen, die Röhre grade, zu beyden Seiten mit einem doppelten Zahn versehen.

4) Lamium (maculatum) foliis cordatis acuminatis, verticillis decemfloris. **Linn. Pfl. Syst.** VII. 461. **Lueder** l. c. n. 4. **Gefleckte oder Italienische Taubenessel.** Vaterl. Italien, Deutschland, Schlesien. Stängel einem Theile nach darnieder liegend, 1½ F. lang. Die Blätter sind scharfgespitzt, am Rande lichtgrün, in der Mitte weiß. Die purpurrothen Blumen stehen in 10blumigen Quirlen, an jeder Seite 5 Blumen.

Die Stängel aller dieser perennirenden Arten, und der folgenden jährigen Art, sind 4eckig, ihre Blätter herzförmig, und stehen paarweise gegeneinander über, und ihre Blumen sind quirlförmig geordnet, blühen vom May an fast den ganzen Sommer, und geben eine Menge reifen Samen. Sie sind dauerhaft, und kommen fast in jedem Boden und in jeder Lage fort; lieben jedoch vorzüglich eine schattige Lage, und eine fette, leichte, frische Erde, und lassen sich fortpflanzen — **durch Samen.** Man säe denselben auf eine schattige Rabatte, begieße das Samenbeet

menbeet bey trockner Witterung um jeden dritten Abend, weil dann die Pflanzen bald aufgehen, und die Pflanzen den Sommer über um jeden andern Abend; verpflanze die stärksten Pflanzen schon im Herbste, die übrigen aber endlich im folgenden Frühjahre. Einige derselben blühen alsdann schon in demselben Jahre, die übrigen aber im folgenden. — Nach der Zeit kann man sie sehr leicht durch Zertheilung vermehren, welches am besten im Herbste geschiehet.

5) Lamium (amplexicaule) foliis floralibus sessilibus amplexicaulibus obtusis. **Linn. Pfl. Syst.** VII. 464. **Lueder** l. c. n. 5. **Ungestielte Taubenessel.** Vaterl. Europa im gebaueten Lande. Stängel, einem Theile nach darnieder liegend, 1 F. lang. Die Blätter rauh, die zunächst an den Blumen stehenden stumpf, ungestielt, den Stängel umfassend. Die Blumen sind bläulich purpurroth.

Der Same dieser einjährigen Art, kann, sobald er reif ist, in jedem Boden und jeder Lage, an Ort und Stelle gesäet werden. Die nachher aus dem ausfallenden Samen entspringenden Pflanzen blühen ununterbrochen vom März bis zum Ende des Sommers.

Lamium album und purpureum L. sind in unseren Gärten bekannt, und lästige Unkräuter.

Nierenbaum. Anacardium L. eine Pflanzengattung, die in die 1ste Ordnung der 9ten Pflanzenklasse gehört. **Linné** setzte sie in die 10te Klasse, (Decandria) sie gehört abet offenbar nach neuern Beobachtungen in die 9te Klasse, weil sie nur mit 9 fruchtbaren Fäden versehen ist. Man findet auch oft Blumen, die nur 7 oder 8 Staubfäden haben, die in diesen Fällen alle fruchtbar sind.

sind. Der Kelch der Blume ist 5mal getheilet, und umschließt eine 5blättrige Krone, deren Blätter rückwärts geschlagen sind. In dieser befinden sich meistens 9 fruchtbare und 1 unfruchtbarer Staubfaden. Die nierenförmige Nuß sitzt auf einem fleischigen, fruchtförmigen (birnförmigen) Boden. Es ist nur eine Art bekannt:

Anacardium occidentale. Linn. Pfl. Syst. I. 539. *Spec. Plant. Edit. Willd.* II. 486. *Mill. dict.* Dietrich G. L. **Westindischer Nierenbaum, gemeiner Nierenbaum, Kaschunußbaum, Elephantenlaubbaum; Malacknüsse, weiße Mahagony, Acajonbaum.** Vaterland, beyde Indien, soll aber ursprünglich in Brasilien zu Hause seyn. Er ist ein schöner Baum, der ungefähr einen 20 Fuß hohen Stamm treibt, sich oben in mehrere Aeste verbreitet, und eine regelmäßige Krone bildet, die aber, wenn der Baum auf einem guten Boden und freyen Platze stehet, ein viel schöneres Ansehn gewährt, als wenn er von dichtem Gebüsch umgeben ist. Die Zweige sind mit Stützen versehen und ungleich. Die Blätter stehen an denselben zerstreut und abwechselnd; sie sind lederartig, umgekehrt eyrund, verlängert, ungetheilt, gestielt. Die afterdoldenartigen, weitschweifigen Blumenrispen kommen an den Spitzen der Zweige hervor, stehen anfangs aufrecht, breiten sich nach und nach auseinander, und hängen abwärts. Sie bestehen aus unzähligen kleinen wohlriechenden Blumen, die auf einem länglichen Blumenboden sitzen, den man kaum vom Blumenstiel unterscheiden kann. Daß die Blumen in Absicht der Zahl und Bildung der Zeugungsorgane sehr verschieden sind, ist schon bemerkt; ja man trift

auch

auch blos weibliche Blüten an, wo die männlichen Theile ganz fehlen; daher diese Pflanze gewisser-maßen zur XXIIIten Klasse gehört, oder Veranlassung geben könnte, daß sie von einigen dahin gerechnet würde. — Nach vollendeter Befruchtung verlängert sich der Fruchtknoten, und es folgt auf die rothe 5blättrige Blume eine ganz sonderbare Frucht; ein fleischiger, eyförmiger, gleichsam gewundener Körper, der ungefähr die Größe eines Gänseeyes hat, ruht unterwärts auf einem Stiele, und oben sitzt eine nierenförmige Nuß. Dieser fleischige Körper ist außerhalb glatt, glänzend, und hat eine purpurrothe Farbe; inwendig ist das Fleisch weiß, saftig und schwammicht. Man bedient sich des Fleisches der völlig reifen Frucht, welches einen säuerlichen Saft enthält in den Küchen; vorzüglich aber giebt der ausgepreßte Saft mit Citronsaft versetzt, einen Punsch; dann ist aber das Fleisch unbrauchbar. Die Schale der oben aufsitzenden nierenförmigen Nuß, besteht aus einer doppelten Haut, welche ein scharfes Gift führt, dessen schleimige Auflösung im Wasser, oder dessen Rauch Geschwulst des Körpers zuwege bringt; aber in der Schale liegt ein nierenförmiger mandelartiger Kern, der größtentheils gebraten gegessen wird. Das Holz des Baums hat eine röthliche Farbe, und ist zu Tischler- und Drechslerarbeiten sehr geschickt, und ist an manchen Orten unter dem Namen des weißen **Mahagonyholzes** bekannt.

Miller sagt in seinem Lexicon, daß man diesen Baum sehr leicht aus Samen, die aus seinem Vaterlande kommen, ziehen könne, und daß die jungen Pflanzen in den ersten 2 Monaten nach dem Hervorkeimen sehr schnell, hernach sehr

schwer

schwer und langsam wachsen. Es ist sehr natürlich, daß diese Pflanzen in der Jugend, wenn sich die Wurzeln ungehindert ausbreiten können, viel schneller wachsen, als zu der Zeit, wenn sie das Gefäß, in welches die Pflanzen aus dem Samenbeet gesetzt worden sind, ausgefüllt haben, und nun gepreßt aufeinander liegen, oder in einander verwebt sind. Dieser Umstand zeigt die Nothwendigkeit eines Erdbeets, für dergleichen Pflanzen, in einem Treibhause; denn wenn man solche Pflanzen, die im Alter große Bäume bilden, aus dem Samenbeete, oder aus den Töpfen, in welche die Samen gelegt worden sind, aushebt, und in ein Erdbeet bringt, in welchem sie beständig stehen können, ohne daß ihre Wurzeln durch das Versetzen aus ihrer Lage gebracht werden, so werden sie in ihrem Wuchse nicht unterbrochen, und wachsen demnach in ihrem Alter eben so gut, als in ihrer Jugend, wiewohl nicht so schnell, aber sie bleiben auch nicht zurück.

Wenn die Samen nicht zu alt sind, so kann man sie in einem neuangelegten Mistbeete aussäen, in welchem sie nach 4—6 Wochen aufgehen; widrigenfalls, wenn nemlich die Nüsse schon 2 bis 3 Jahre gelegen haben, muß man sie in Blumentöpfe, die mit einer leichten Erde angefüllt sind, einlegen, und dann die letztern bis an den Rand in ein warmes Lohbeet einsenken; die Töpfe können, wenn das erste Beet kalt ist, in ein wärmeres gebracht, und die Nüsse auf solche Art zum Keimen gezwungen werden. Dabey ist aber zu bemerken nöthig, daß die in den Töpfen befindliche Erde beständig in dem gehörigen Grade von Feuchtigkeit erhalten wird. Eben so nothwendig ist es auch, daß man die Sonnenstrahlen in der ersten Zeit sorgfältig von dem hervorkeimenden Samen abhält; denn so wohlthätig die Sonnenwärme den Gewächsen im Alter ist, oder wenn sie zu einer gewissen Größe herangewachsen sind, so nachtheilig ist sie den jungen sich über der Erde erhebenden Pflänzchen.

Wenn die Nierenbaumpflanzen 4 – 6 Zoll hoch erwachsen sind, so kann man sie entweder sogleich aus der Samenschule in das im Treibhause befindliche Erdbeet setzen, wo sie beständig stehen bleiben können, oder man pflanzt sie zuvor einzeln in Töpfe, läßt sie darin einen Monat wachsen, und setzt sie hernach an den Ort ihrer Bestimmung. In diesem Alter, und wenn sie 8 bis 10 Z. Höhe erreicht haben, sind sie auch fähig, die Sonnenwärme zu ertragen, ja es ist das Sonnenlicht, und eine gelinde atmosphärische Luft zu dem künftigen Wachsthum höchst nothwendig; nur muß man die Pflänzchen allmählig daran gewöhnen. Diesen Baum auf andern Wegen, z. B. durch Ableger, Stecklinge und Wurzeltheile zu vermehren, habe ich zwar noch keine Versuche gemacht, glaube aber, daß sie nicht misglücken würden, wenn die nöthigen Vorsichtsregeln gehörig dabey beobachtet würden.

In einem gemischten Erdreiche, das aus fetten, jedoch leichten und sandigen Erdarten besteht, wächst dieser Baum sehr gut, und dauert viel länger als in einem schweren Boden. Die Befeuchtung der Erde darf im Winter nur sehr mäßig geschehen, denn diese würde in der Zeit den Wurzeln sehr schädlich seyn, und wenn man auch in andern Fällen das Stämmchen noch so gut behandelt. Wenn die Stämmchen in dem Erdbeete einen Platz erhalten, so können sie fast den ganzen Winter hindurch, ohne begossen zu werden stehen, und denjenigen, welche in Töpfe gepflanzt sind, braucht man in den Wintermonaten alle 14 Tage oder 3 Wochen etwas Wasser zu geben; denn es ist für die Dauer der Wurzeln nichts schädlicher, als zu viel Feuchtigkeit in der Erde, besonders wenn sie nicht beständig den erforderlichen Grad von Wärme genießen. In unserm Clima können sie auch nicht in den Sommertagen füglich im Freyen stehen, wenn man nemlich aus Mangel eines Erdbeetes im Treibhause, die Stämmchen in Töpfen ziehen müßte, und dann dieselben im Sommer ins Freye stellen wollte; sondern sie gedeihen am besten, wenn sie den ganzen Sommer in einem Treibhause von 13 — 17 oder wenigstens von 8 — 12 Grad Wärme R. leben können. (Dietrichs Garten-Lexicon I. 407. seqq.)

Niesekraut, Achillea Ptarmica. L.

Nieswurz, Helleborus L. eine Pflanzengattung, welche in die 7te Ordnung der 13ten Pflanzenklasse (Polyandria Polygynia) gehört. Die Blume hat keinen Kelch; meistens 5, bisweilen mehrere (bey den meisten Sorten bleibende) Blumenblätter; viele röhrenförmige, an der Mündung in 2 Lippen getheilte Nektarblättlein; viele pfriemenförmige Staubfäden und ungefähr 6 zusammengedrückte Fruchtknoten mit pfriemenförmigen Griffeln, und etwas dicken Narben. Sie hinterläßt ziemlich aufrechte Kapseln mit vielen Samen.

Diese Gattung enthält dauerhafte, krautartige perennirende, in jeder gemeinen Gartenerde fortkommende, sehr leicht zu vermehrende, nur einer geringen Cultur bedürfende Verzierungs- und

zum

zum Theil officinelle Pflanzen, mit theils 3 bis 4 Zoll, theils 1 — 2 Fuß hohen Blumenstängeln, theils viellappigen, theils handförmigen Blättern, und Blumen von 5 rundlichen Blättern und zahlreichen Staubfäden; zur Verzierung der Blumenrabatten und der Lustgärten schicklich.

1) Helleborus (niger) scapo subbifloro subnudo, foliis pedatis. Linn. Pfl. Syst. VII. 371. *Spec. Plant. Edit. Willd.* II. 1336. *Mill. dict.* n. 3. Lueder Lustgärt. III. 119. n. 1. Schwarze Niesewurz, Christwurz, weiße Christblume. Vaterland, Oesterreich, Toskana, auf Gebürgen und rauhen Plätzen. Die Wurzel besteht aus vielen dicken, fleischigen, umher ausgebreiteten Fasern. Die Blätter stehen auf dicken, fleischigen runden Stielen, in einem dichten Büschel, fußförmig, aus 7—8 großen, fleischigen, glatten, stumpfen und sägeförmigen Lappen zusammen gesetzt. Blumenschäfte 3—4 Z. hoch erheben sich unmittelbar aus der Wurzel, dick, fleischig, nahe über der Wurzel röthlich, fast nackt, bisweilen aber nahe unter dem Gipfel mit 1—2 kleinen, ovalen ausgehöhlten Blättern versehen, fast zweyblumig. Blumen groß, schön, beträchtlich größer und schöner als die der übrigen Arten, weiß, nehmen gegen die Zeit, da sie verblühen wollen, bisweilen eine zierliche rothe, oder eine purpurrothe Farbe an, blühen um Weinachten, oder bald nachher, und fahren aller Witterung zum Trotz bis in den Febr. in der Flor fort.

Diese Pflanze, welche die officinelle, wahre schwarze Niesewurz ist, hat beydes, wegen der großen Schönheit ihrer, einer einfachen weißen Rose ziemlich ähnlichen Blumen, und wegen der ſonderbaren Eigenſchaft, daß ſie mitten im Winter ſchwelgeriſch reichlich blühet, einen großen Werth. Sie kömmt zwar auf freyen Rabatten und in jeder Erde gut fort, blühet aber am früheſten, ſchönſten und reichlichſten vor der Fronte einer warmen ſonnigen Rabatte, in einem leichten und fetten Boden, und muß alſo in eine ſolche warme und gut gedeckte Lage gepflanzt werden, weil ſie ſonſt nur wenig Blumen macht, und oft erſt um die Mitte des Febr. an zu blühen fängt. Sie kann auch, um ſie zur Verzierung aufzuſtellen, in Töpfe gepflanzt werden. Die Verpflanzung geſchieht am beſten in Sept. Oct. und November; je früher es jedoch im Herbſte geſchiehet, deſto ſtärker blühet ſie ſchon im nächſten Winter. Man kann ſie aber auch im Frühjahre nach vollendeter Flor pflanzen, ſo wie man ſie zu dieſen beyden Zeiten durch Zertheilung vermehren kann, ſie jedoch nicht in gar zu kleine Theile zerſtücken muß. — Samen trägt ſie in unſern Gärten ſelten; ſollte man aber denſelben erhalten, ſo ſäe man ihn, ſobald er reif geworden und einige Tage lang abgetrocknet und hart geworden iſt, in leichte Erde in Käſten, und ſtelle dieſe in den Schatten; warte die jungen Pflanzen, welche in kurzer Zeit aufzugehen pflegen, den Sommer über mit Gäten, und bey trockner Witterung mit Begießen; ſtelle ſie im Herbſte auf einen ſonnigen und gut gedeckten Platz; und verpflanze ſie im März vorläufig 4 Z. weit von einander, und endlich im Herbſte auf die ihnen beſtimmten Stellen.

2) Helleborus (hyemalis) flore folio insidente. Pfl. Syſt. VII. 370. *Spec. Plant. Edit. Willd.* II. 1335. *Mill. dict.* n. 5.

Lueder

Lueder l. c. n. 2. Chriſtwurz, Winterwolfswurz, kl. gelbes Wolfskraut. Vaterl. die Lombarden, Schweiz, Italien, die appeninischen Gebirge, Oeſterreich. Die Wurzel iſt klein, zwiebelig, braun. Die Blätter erheben ſich auf kleinen, dünnen, weichen, nur 2 Z. hohen Stielen, deren jeder ein einzelnes, vieltheiliges Blatt von ſtarker, angenehmer, grüner Farbe trägt. Die kleinen goldgelben Blumen ſitzen auf der Mitte der Blätter, und blühen Ende Januar oder Anfang Febr. ſehr verzierend.

Dieſe Pflanze wird wegen ihrer frühen Flor geſchätzt. Sie iſt zwar nur eine kleine Pflanze; ſie blühet aber mit ihren goldgelben Blumen früh im Frühjahre, und alſo zu einer Zeit, da noch wenig andere Blumen blühen, ſehr verzierend, und ſchickt ſich ſehr gut zur Verzierung des Randes der Rabatten, und anderer Blumenquartiere, woſelbſt ſie zwiſchen Schneetropfen ꝛc., und zwar trippelweiſe umher vertheilet werden muß, und unter ſolchen alsdann eine angenehme Miſchung macht. Denn weil die Pflanzen nur klein ſind, und ſich nahe an der Erde halten, und folglich einzeln nicht anſehnlich ins Auge fallen, ſo müſſen ihrer allezeit mehrere bey einander gepflanzt, und jede Zwiebel 2 — 3 Z. tief gelegt werden. Man kann ſie hier 3 Jahr, oder ſo lange, bis ſie zu großen Büſchen geworden, liegen laſſen, und ſie alsdann, nachdem ihre Blätter abgeſtorben, vom Monat Jun. bis Oct. umlegen. Sie vermehren ſich, wie andere Zwiebelgewächſe, ſehr ſtark durch junge Nebenzwiebeln, und können, wenn man ſie vervielfältigen will bey ihrem Aufnehmen von einander genommen werden.

3)

3) Helleborus (foetidus) caule multifloro folioso, foliis pedatis. Linn. Pfl. Syst. VII. 374. *Spec. Plant. Edit. Willd.* II. 1337. *Mill.* n. 1. Lueder l. c. n. 3. Stinkende Nießwurz, oder große schwarze Nießwurz, Läusekraut. Vaterl. Deutschland, Frankreich, die Schweiz. Die Wurzel ist groß, zaserig, die Stängel aufrecht, glatt, theilen sich in verschiedene Zweige, die eine buschige Krone bilden, 2 F. hoch mit Blättern besetzt, welche groß, fußförmig und dunkelgrün sind, und etwa aus 9 langen, schmalen, glatten, spitzen, sägeförmigen Blättchen bestehen. Die Blumen sind zahlreich, stehen an den Enden der Zweige, grünlich, oft mit purpurrothem Rande, blühen früh im Winter, und bringen im Frühjahre Samen in Menge.

Man hat von dieser Art 2 Abänderungen.

a) mit breitern Blättern und höhern Stängeln, b) mit dreyblättrigen Blättern, aus welchen *Miller* in seinen Dict. 2 besondere Arten macht. Die erste nennt er H. (latifolius) caule multifloro folioso, foliis digitatis-serratis amplioribus N. 6. und die 2te H. (trifolius) caule multifloro, foliis ternatis integerrimis n. 4.

4) Helleborus (viridis) caule bifido, ramis foliosis bifloris, foliis digitatis. Linn. Pfl. Syst. VII. 373. *Spec. Plant. Edit. Willd.* II. 1336. *Mill. Dict.* n. 2. Lueder n. 4. grüne oder gemeine Nießwurz, wilde schwarze Nießwurz. Vaterl. Italien, Frankreich, Oesterreich, die Schweiz, auf Gebirgen. Die Wurzel ist dick, faserig, die großen fingerförmigen Blätter sind dunkelgrün, von etwa 9 langen, schmalen, sägeförmigen Lappen, auf langen dicken

dicken Stielen. Der steife aufrechte, etwa 1 Fuß hohe Stängel, theilt sich nahe unter dem Gipfel in einige wenige Zweige, welche mit einigen wenigen schmalen, sägeförmigen, ungestielten Blättern besetzt, und 2 blumig sind. Blumen an den Enden und Theilungswinkeln der Zweige, grün oder grünlich, im Jan. oder Febr. Der Same wird in Menge im May reif.

5) Helleborus (trifolius) scapo unifloro, foliis ternatis. Linn. Pfl. Syst. VII. 376. *Spec. Plant. Edit. Willd.* II. 1338. Lueder l. c. n. 5. Dreyblättrige Nießwurz. Vaterl. Canada, Sibirien in schattigen Wäldern, auch auf Island. Die Blätter sind dreyfach, dunkelgrün, erheben sich auf der Wurzel auf starken Stielen. Die einblumigen Blumenschäfte erheben sich zwischen den Blättern. Die Blumen sind weißlich oder blaßgrün, und blühen im Winter. Den Samen geben sie nicht in solcher Menge, wie die beyden vorhergehenden Arten.

Diese Arten sind große, immergrüne in keinem Boden und in keiner Lage fehlschlagende, außerordentlich dauerhafte Pflanzen, besonders H. foetidus, welche aller Witterung ungeachtet mitten im Winter, und zeitig im Frühjahre blühen, und in allen Jahreszeiten eine angenehme Mannigfaltigkeit machen. Ihre Blumen sind zwar nicht zierlich; weil die Pflanzen selbst aber allezeit grün bleiben, ein festes gesundes Ansehn haben, und in einer solchen Jahreszeit blühen, da sich kaum irgend eine andere Blume sehen läßt; so sind sie schickliche Verzierungen für große freye Rabatten, und besonders für Lustgebüsche und Wildnisse, woselbst sie im Winter mit ihren grünen Blumen einen artigen Effect machen; da

sie

sie überdem sogar unter Sträuchern, und unter dem Schatten der Bäume gut gedeihen, in großer Menge aus Samen gezogen werden können, und aus ihrem ausfallenden Samen freywillig so viele junge Pflanzen entspringen, daß man sogar Mühe hat, sie auf eine gehörige Anzahl zurück zu bringen, und in Schranken zu erhalten. — Sie werden beyde durch Samen fortgepflanzt, den man sobald er reif ist, ins freye Land, in gemeine Erde säet und einharkt. Er pflegt leicht aufzugehen, und die jungen Pflanzen schon im Herbste zur förmlichen Verpflanzung groß genug zu seyn.

Niesekraut, Gratiola L. s. **Gnadenkraut**, III. 310.

— — — Sedum acre L. s. **Hauslaub**, III. 461.

Nigella, Nardensame, Nigella L. s. **Kümmel** (schwarz). IV. 604.

Nil, Convolvulus Nil L. s. **Winde**.

Ninsi, Sium Ninsi, s. in den Supplementen **Mark**.

Niruri, Phyllanthus Niruri L. s. **Blattblume**, II. p. 250.

Nixblume, Nymphaea L. s. **Seeblume**.

Nolane, Nolana L. eine Pflanzengattung mit 5 Staubfäden und 1 Staubweg, welche also in die 1ste Ordnung der 5ten Pflanzenklasse, (Pentandria Monogynia) gehört. Die Blume dieser Gattung umgiebt den Fruchtknoten, und hat einen bleibenden 5theiligen Kelch; eine glockenförmige, fünfspaltige Blumenkrone; 5 Staubfäden und einen Staubweg, und hinterläßt 5 beerenartige, 2 oder 4fächerichte Samen. Die einzige bekannte Art ist:

Nolana

Nolana prostrata. Linn. Pfl. Syst. V. 456. *Spec. Plant.* I. 794. *Mill. dict.* Lueder Lustgärt. I. 229. Darnieder liegende Nolane, ägyptischer Nachtschatten. Vaterland, Peru. Die Wurzel dieser einjährigen Pflanze ist zaserig. Stängel sind einige wenige, gestreckt, mit Blättern besetzt, welche deltaförmig, etwa 1 Zoll lang und breit, und mattgrün sind. Die Blumen an den Seiten der Zweige, schön blau, von der Grundfläche herauf bis zur Mündung auf die Hälfte mit dunklen Strichen gezeichnet; und mit lichtblauen Staubbeuteln, welches die Blume sehr verschönert, und weßwegen sie sehr geschätzt wird. Sie muß als ein Sommergewächs jährlich aus dem Samen neu erzogen werden. Diesen säet man im Frühjahre auf ein Mistbeet, gewöhnt die Pflanzen stufenweise an die Luft, und pflanzt sie hernach entweder in Töpfe, oder mit voller Erde in den Garten, wo sie den größten Theil des Sommers hindurch blühen.

Noli me tangere, Impatiens Noli me tangere L. s. Balsamine, I. 657.

— — — —. Momordica Elaterium L. s. Eselsgurke. II. p. 657.

Nonnenkraut, Fumaria officinarum L. s. Erdrauch, II. 735.

— — nägelein } Nigella sativa L. s. Kümmel (schwarz), IV. 606.
— — Nelken }

Nuces heracleae, } Corylus Avellana. Nußstrauch, s. Haselstaude, III. 442.
— — *ponticae,* }
— — *praenestinae,* }

— — *Sardianae.* Fagus Castanea, s. Kastanie. IV. 5.

Nüßleinsalad. Valeriana L. s. d. Art.

Nummularia. Lysimachia nummularia L. s. Lysimachie. IV. 908.

Nußbaum. Juglans L. eine Pflanzengattung die Linné in die 8te Ordnung der 21sten Pflanzenklasse setzt, (Monoecia Polyandria) und deren Gattungskennzeichen er also beschreibt: männliche und weibliche Geschlechtstheile sind getrennt, aber auf einer Pflanze. Die männlichen Blumen bilden lange schuppichte Kätzchen; ihr Kelch besteht aus einer einzigen Schuppe, ihre Blumenkrone ist in 6 Blättlein zertheilt, und enthält 12—18 Staubfäden; die weiblichen Blumen, deren je 2 oder 3 ohne Stielchen beysammen sitzen, haben einen vierspaltigen Kelch, eine in 4 Blättlein zertheilte Blumenkrone, und einen Fruchtknoten, mit zwei Griffeln, welcher unter der Blume sitzt, und sich in eine 2schalige gefurchte Nuß verwandelt, die mit einem Pulster überzogen ist, und einen runzlichten oder gefurchten, vierlappigen Kern in sich schließt. Diese Gattung bestehet aus großen, sehr dauerhaften, in jedem Erdreiche fortkommenden, im Winter unbelaubten Bäumen, die nicht nur als Frucht-, sondern auch als Forst- und Verzierungsbäume berühmt sind, 30—40 bis 50 Fuß hoch wachsen, mit ihren weit umher ausgebreiteten Aesten eine große Krone bilden, mit vortrefflich gefiederten, im May ausbrechenden, und mit dem ersten Froste wieder abfallenden Blättern bekleidet, und mit gewöhnlich im April und May blühenden männlichen und weiblichen Blumen auf einem Baume versehen sind, die männlichen gewöhnlich in länglichen, walzenförmigen Kätzchen, die weiblichen in dichten Büscheln, welche letztern große rundliche grüne Früchte hinterlassen, in welchen sich eine im Sept. und Oct. reif werdende bende Nuß befindet, die in einer harten Kapsel einen eßbaren Kern enthält; und bey der gemeinen Wallnuß am größten und wohlschmeckendsten ist.

Es sind davon folgende Sorten bekannt:

1) Juglans (regia) foliolis ovatis glabris subserratis subaequalibus. Linn. Pfl Syst. II. 312. *Mill. Dict.* n. 1. Lueder Lustgärt. IV. 300. Desselben Fruchtbäume. Willdenow Berl. Baumz. 153. *du Roi* I. 323. Gemeine Wallnuß, wälsche Nuß. Vaterl. Persien. Dieser gemeine, in unsere Gärten überall angepflanzte Baum verträgt unsere gewöhnliche Winterkälte sehr gut, nur bey außerordentlichen Wintern leidet er zuweilen sehr, wenn er keine schickliche Lage hat. Die jungen Zweige sind braunglänzend, mit weißen Punkten besetzt. Die Blätter sind ungepaart gefiedert, stehen wechselsweise, und bestehen aus 5—7 oder 9 Blättchen. Die Blättchen sind eyförmig spitz, an ihrer Basis gleich, ungezähnt, auf beyden Seiten glatt, und auf der Unterseite in den Winkeln der Adern mit kleinen Haarbüscheln besetzt. Zuweilen finden sich einzelne, ganz kleine Zähnchen am Rande der Blättchen. Die Blumen kommen mit den Blättern zugleich, Ende April oder Anfange Mays hervor. Es giebt von dieser Art verschiedene Varietäten.

1) Die gemeine ovale Wallnuß, 2) runde Wallnuß, 3) große Wallnuß oder Pferdenuß, 4) kleine Wallnuß, 5) zweymal im Jahre tragende Wallnuß, 6) frühe Wallnuß, 7) späte Wallnuß oder Johannisnuß, deren Blätter erst gegen Johannis ausbrechen, 8) dünnschalige oder Meisen-

nuß,

nuß, 9) harte dickschalige oder französische Nuß u. s. w. Es entspringen aus den Nüssen eines und eben desselben Baumes, so wie aus dem Saamen anderer Fruchtbäume, allezeit noch mehrere Sorten. Das Holz, die Blätter und die grüne Hülle der Früchte ist außerordentlich bitter, so wie auch die den Kern umgebende Haut einen starken bittern, zusammenziehenden Geschmack, der Kern hingegen einen sehr angenehmen Geschmack hat.

2) Juglans (alba) foliolis septenis lanceolatis serratis; impari sessili. Linn. Pfl. Syst. II. 316. *Mill. Dict.* n. 4. *Du Roi* I. 334. *Willd.* l. c. p. 154. Lueder l. c. n. 3. **Weiße Wallnuß, die Hickerywallnuß.** Vaterl. Nordamerika. Der Stamm dieser Wallnuß wird 40 und mehr, ja oft 70 Fuß hoch. Die jungen Zweige sind braun und weißgefleckt. Die Blätter sind ungepaart gefiedert, wechselsweise stehend, und bestehen aus 5 oder 7 Blättchen. Die Blättchen sind eyförmig, sehr lang zugespitzt, an der Basis schmaler und ungleich, am Rande scharf gesägt, auf beyden Seiten vollkommen glatt. In der Jugend sind die Blättchen unterhalb mit Härchen besetzt, die aber in der Folge verschwinden. Das äußerste Blättchen an der Spitze des gefiederten Blattes verlängert sich mit seiner Basis bis zum ersten Paare. Die Blumen kommen in den ersten Tagen des May, sind ungleich dünner, zarter und kürzer, als bey der gewöhnlichen Wallnuß. Die Frucht wird weit später reif, ist ellyptisch, und halb so groß, als die der ersten Art. Die grüne Schale zerspringt von der Spitze an in 4 Theile. Auch die Nuß ist ellyptisch und an beyden Enden zugespitzt.

3)

3) Juglans (nigra) foliolis quindenis lanceolatis serratis; exterioribus minoribus, gemmulis superaxillaribus. Linn. Pfl. Syst. II. 317. *Mill. dict.* n. 2. *Willd.* l. c. n. Lueder l. c. n. 2. *du Roi* I. 329. Schwarze Wallnuß, wächst in Nordamerika. Er wird ein hoher Baum, 40 — 50 Fuß hoch. Die jungen Zweige sind braun, mit sehr feinen weißen Härchen bedeckt. Die Blätter sind ungepaart gefiedert, und bestehen aus 15 — 23 Blättchen, welche kurz gestielt, lanzettförmig, lang zugespitzt, fein gesägt, an der Basis schmaler zulaufend, auf einer Seite breiter als auf der andern, auf der Oberfläche glatt, auf der untern zwischen den Adern mit feinen zarten Härchen besetzt sind. Die obern Blättchen sind kleiner als die untern. Die Blumen sind so groß, als bey der gemeinen Wallnuß, und kommen im Anfange des May zum Vorschein. Die Früchte sind so groß, als bey der gemeinen Wallnuß, mit kleinen erhabenen Punkten bedeckt und rund. Die Nuß hat eine harte Schale, ist rund, und etwas zugespitzt. Der Kern ist schmackhaft.

4) Juglans (sulcata) foliis subseptenis, foliolis oblongis utrinque acuminatis serratis, terminali sessili; fructibus ellipticis quadrisulcatis. Willd. berl. B. 154. Gefurchte Wallnuß. v. Linné rechnet dieselbe irrig mit zur Juglans alba; ist aber von derselben gewiß bestimmt verschieden. Sie gehört auch in Nordamerika zu Hause, und macht einen ansehnlichen, sehr dauerhaften Baum. Seine Zweige sind braunglänzend, mit weißen Punkten bestreuet. Die Blätter sind ungepaart, gefiedert, und bestehen aus 7 oder 9 Blättchen. Die Blättchen sind läng-

lich,

lich, lang zugespitzt, an der Basis schmal zulaufend und ungleich, am Rande gesägt, auf der Oberfläche glatt, auf der untern mit kurzen, zarten, weichen kleinen Haaren besetzt. Das Blättchen an der Spitze des Hauptstiels, der dicht fein behaart ist, verlängert sich mit der Basis bis an das erste Paar der Blättchen. Die obern Blättchen sind größer als die untern, das letzte Paar ist um den dritten Theil kleiner, als das erste. Die Blumen kommen Ende May zum Vorschein. Die Frucht ist klein, nur einen Zoll lang, eyförmig zugespitzt. Die äußere Schale ist glatt, von der Spitze bis zur Mitte mit 4 erhabenen Furchen versehen. Die Nuß ist ellyptisch und lang zugespitzt. Der Kern hat einen faden Geschmack.

5) Juglans (cinerea) foliis undenis lanceolatis basi altera breviore. Linn. Pfl. Syst. II. 320. *Mill.* Dict. n. 4. *du Roi* I. 332. *Willd.* p. 156. Lueder l. c. n. 5. Graue Wallnuß, lange schwarze Wallnuß. Er ist auch in Nordamerika einheimisch, und wird ein noch ansehnlicherer Baum. Die Blätter sind ungepaart gefiedert, und bestehen aus 11 bis 17 sehr kurz gestielten Blättchen. Die Blättchen sind ey- und lanzettförmig, lang zugespitzt, auf der einen Seite breit, auf der andern an der Basis schief und ungleich, am Rande gezähnt, auf der Oberfläche glatt, oder nur sparsam haarig, auf der untern mit sehr kurzen feinen Haaren bedeckt, so daß sie sich weich anfühlen lassen. Die Blumen sind gelblich. Die Früchte von der Größe der gemeinen Wallnuß, eyförmig, stark zugespitzt, und der Länge nach gefurcht. Die Nuß ist ellyptisch und stark zugespitzt.

Der Nußbaum mit seinen Abänderungen gehört theils zu den **Fruchtbäumen**, theils auch zu den **Verzierungsbäumen**. In der ersten Absicht wird er sehr häufig angepflanzt, um seine Nüsse, die einen sehr wohlschmeckenden Kern einschließen, zu gewinnen. In dieser Absicht verdient der gemeine Wallnußbaum, J. regia, vor allen übrigen den Vorzug, und nächst dem der nordamerikanische schwarze, weil die übrigen Arten nur sehr kleine Nüsse liefern, deren Kerne auch zum Theil einen schlechten Geschmack haben. Von der erstern Art hat man aber verschiedene Abänderungen, die sehr schätzbar sind, wohin die oben angeführte Abart n. 3. die **Pferde-Nuß**, und n. 8. dünnschalige oder **Meisennuß**, oder **Butternuß**, vorzüglich gehören. Die letztere hat eine so weiche Schale, daß man sie zwischen den Fingern zerreiben kann, wie das bey den Knackmandeln der Fall ist.

Der Wallnußbaum, besonders der gemeine Wallnußbaum, ist zwar unter uns so allgemein, daß nicht leicht ein Eigenthümer gefunden wird, der nicht auf seinem Hofe oder in seinem Garten einen oder mehrere besitzen sollte. Gleichwohl wird er aber lange so sehr nicht angebauet, als er es verdiente; denn er hat einen sehr ausgebreiteten Nutzen. Die Früchte werden allgemein gesucht, gewähren also, wo sie in Menge gebauet werden, einen ergiebigen Handel, und dies um so leichter, da sie so bequem fort zu bringen sind, und auf dem Transporte keinen Schaden leiden. Die aus den Schalen herausgenommenen Kerne geben ein vortreffliches Oel, welches zum Verspeisen, zum Brennen, ganz vortrefflich ist, und besonders für manche Künstler, z. B. für Oelmaler ganz unententbehrlich ist. Vor allen verdient das Holz alle Achtung. Seine angenehm braune Farbe, und geflammte Zeichnung giebt ihm zu Meublen einen hohen Werth, und sein schneller Wachsthum giebt ihm völliges Recht, als Forstbaum behandelt zu werden, wenn er gleich nicht zum eigentlichen Bauholze brauchbar ist. Nach allgemeinen Bemerkungen giebt er, besonders der schwarze Wallnußbaum, in 50 Jahren schon so viel Holz, als der Eichbaum kaum in 100 Jahren liefert. Und da er in Ansehung seines Standorts gar nicht eigensinnig ist, sondern ziemlich mit jeder Lage und Boden vorlieb nimmt, ja was noch mehr, da ein leichter Boden ihm der zuträglichste zu seyn scheinet, und er sich im Freyen dauerhafter bezeiget, als in eingeschlossenen Lagen; so verdiente er gar sehr, daß man so manchen unbenutzten Fleck mit demselben bepflanzte. Am besten schickte er sich zur Besetzung der Landstraßen, zu Alleen, und zur Bepflanzung einzeln liegender Hügel, die sonst nicht wichtig genützt werden können. In Gärten zwischen andern Obstbäumen taugt er nicht. Seine weit auslaufenden Wurzeln nehmen andern Gewächsen nicht nur alle Nahrung, sondern die Erfahrung lehrt überdem, daß unter seinem Schatten keine andere Gewächse fortkommen wollen. Ja man hat bemerkt, daß Gewächse, als Kohl, Sallat, Spinad und dergl., welche der Tropfenfall seiner Blätter nach einem Regen erreichen konnte, davon einen bittern Geschmack angenommen haben; so wie auch eben dieser Tropfenfall, wenn er auf weiße Leinewand, Papier rc. fällt, braune Flecke zurückläßt.

In den Rheingegenden, auf dem Hundsrück rc. findet man ganze Wälder von dieser nutzbaren

baren Baumart, und die Besitzer derselben ziehen beträchtlichen Gewinn aus denselben.

Er ist auch, besonders im Freyen, sehr wenig gegen die Kälte empfindlich; und wenn gleich in dem Winter 17$\frac{88}{89}$ viele Wallnußbäume vom Froste Schaden gelitten haben, so findet man doch immer noch viele Nußbäume, die fast den Eichen nahe kommen, und es beweisen, daß er so ganz zärtlich nicht sey; und dies um so weniger, da nicht nur viel dauerhaftere Baumarten in diesem Winter Schaden litten, sondern da er selbst in viel nördlicher gelegenen Ländern noch sehr gut fortkommt. Der schwarze Wallnußbaum besonders, der in Ansehung der Güte des Holzes den gemeinen noch weit übertrifft, kommt noch tief in Finnland und Norwegen sehr gut fort.

Für die Lustgärtnerey kann von allen Arten des Wallnußbaums ein mannigfaltiger Gebrauch gemacht werden. Wegen ihrer großen, weit umher ausgebreiteten regelmäßigen Krone schicken sie sich sehr gut zu isolirten Gegenständen in Parks, und umzäunten Plätzen in Thiergärten; machen auch in Gruppen zu 3 oder mehrern Bäumen, so weit von einander entfernt gepflanzt, daß sich ihre Kronen ungehindert ausbreiten können, einen vortrefflichen Effect. Nicht weniger schicken sie sich sehr gut, wie ich schon vorhin bemerkt habe, zu Alleen, wie auch zu einzelnen Reihen zur Umkränzung der Felder und anderer offener Plätze, weil sie fast in jedem, auch in steinigen, kalkigen und Mergelboden, nicht nur auf Ebenen, sondern auch an den Seiten der Hügel und in Thälern gut fortkommen. Sie haben alle einen großen, weit umher ausgebreiteten Wuchs. Den größten Wuchs haben aber die gemeine, und die schwarze

Wallnuß, deren Stämme eine beträchtliche Statur und Stärke bekommen, sich in sehr große Aeste theilen, und eine große Krone bilden; besonders die gemeine, da hingegen die schwarze einen mehr aufrechten Wuchs annimmt.

Man erzieht den Wallnußbaum aus seinen Nüssen, wozu man die besten, größten und vollkommen reifen sammlet, und zwar von jeder Art von Nüssen, die man fortpflanzen will, besonders. Denn eine jede Art pflegt sich so ziemlich unverändert fortzupflanzen, und dieselben Früchte bey der künftigen Tragbarkeit der Bäume zu geben, von welchen die Nüsse eingelegt wurden. Man hat zwar Beyspiele, daß neue Arten oder wenigstens merkliche Verschiedenheiten aus dem Saamen entstanden sind; allein dies lag wohl in einer vorhergegangenen Vermischung des Saamenstaubes zweyer neben einander stehender Nußbäume von verschiedener Art.

Viele legen die Nüsse mit ihrer grünen Schale sogleich im Herbste, wenn sie reif sind, also im Oct. oder Anfang Novembers. Die grüne bittere Schale soll die Erdmäuse abhalten, die ihnen begierig nachstellen, und ganze Reihen ausscharren, wenn sie dieselben einmal entdeckt haben, und sich durch diese Schale nicht abhalten lassen. — Besser ist es daher, wenn man sie, nachdem sie vorher gehörig abgetrocknet sind, in einem Topfe liegend, wo keine Mäuse dazu kommen können, in einem frostfreyen Zimmer, oder sehr luftigen Keller durchwintert, und dann im Frühjahre im März in die Erde leget. Sie halten sich auf diese Art den Winter hindurch sehr gut, und gehen gewöhnlich nach 5 — 6 Wochen auf. Viele rathen, die Nüsse den Winter über in Sand zu

packen

packen und in den Keller zu setzen, wo sie schon an zu keimen fangen. Sikler im t Obstgä t. widerräth aber das Verfahren, und sagt: Ich halte diese Methode nicht für so sehr zuträglich; denn erstlich stößt man immer viele Keime bey dem Herausnehmen aus dem Sande, in welchem sie bisweilen sehr fest verwachsen, ab, sodann trifft 2tens der aus seiner Schale getretene Keim im Frühjahre nicht immer solche Witterung im Freyen an, die ihm behagt, und wird auch wohl bey einer plötzlichen und starken Veränderung des Wetters, besonders beym Froste, sogar getödtet.

Die Nüsse werden in 2 Zoll tiefe Furchen gelegt, etwa 9 — 12 Zoll nach allen Seiten von einander entfernt, und zwar so, daß die Spitze nach oben, und das dickere Ende am Stiel nach unten zu stehen komme. Die aufgegangenen Pflanzen verlangen bey trockner Witterung ein gelindes Begießen, weil sie bey ihrem starken Wachsthum viel Nahrungssaft nöthig haben. Gegen den Winter kann man ihnen allenfalls eine Bedeckung mit Laub geben, weil ihre zarten Spitzen leicht vom Froste leiden. Sie wachsen dann in wenigen Jahren schnell heran. Und deswegen hängt ihre Behandlung vom 2ten Jahre an größtentheils von ihrer künftigen Bestimmung ab. Sollen sie an Orte gepflanzt werden, wo sie vor dem Anlaufe des Viehes geschützt sind, so ist eine frühe Versetzung vorzuziehen, und sie sind dann schon im dritten Jahre dazu völlig stark genug. Sollen sie aber zu Alleen oder zu andern Anlagen im Freyen gebraucht, oder vor den Häusern und auf den Höfen gepflanzt werden, wozu sie schon eine gewisse Stärke nöthig haben, so können sie nicht so lange in den Saamenbeeten bleiben, sondern müssen nach ein oder 2 Jahren in 3 Fuß von einander entfernte Reihen in die Baumschule versetzt werden, bis sie stark genug sind. Bey dem Versetzen selbst muß man alle Beschädigung der Wurzeln und Zweige möglichst zu verhüten suchen, und an ihnen weiter nicht schneiden, als daß man die Pfahlwurzel so weit verkürzt, daß er sich ohne Beschwerde wieder in die Erde bringen läßt. Auch in der Folge verträgt der Nußbaum das Beschneiden an seinen jungen Zweigen nicht gut, weil dieselben ein so schwammiges Mark haben, in welchem die eindringende Feuchtigkeit und Luft so leicht Fäulniß erzeugen kann, die sich dann immer weiter nach innen ziehet, und dadurch unheilbare Wunden veranlaßt, die endlich den völligen Untergang des Stammes nach sich ziehen. Ist das Schneiden aber nöthig, so muß solches im August oder September geschehen, damit die Wunde noch vor dem Eintritte der Kälte verwachsen könne. Auch müssen die Schnitte immer dicht am Holze geführt und keine Stumpfe gelassen werden, weil der Stumpf allemal verdirbt, und dem Baume das Verderben mittheilt. Die Zeit des Verpflanzens ist im Herbste, wenn sie ihr Laub abgeworfen haben, und in der Zwischenzeit, bis in den März. Jedoch verdient die Versetzung im Frühlinge wohl den Vorzug, weil dieser Baum von Natur etwas weichlich ist, und die Winterkälte den Stämmen, die sich noch nicht bewurzelt haben, offenbar weit leichter schadet. Man lasse dem Nußbaume seinen völlig freyen Willen, seine Krone rings umher auszubreiten, und seine Zweige zu treiben, ohne sie zu verkürzen, und nehme bloß die einzelnen, gar zu unregelmäßigen oder niedrig hangenden

genden, oder unten und in der Mitte am Stamme austreibenden Zweige weg.

Die Weite, in welcher die Nußbäume gepflanzt werden müssen, ist 30 — 40 Fuß, wenn ihrer mehrere bey einander stehen. Da sie ihre Kronen sehr weit umher ausbreiten, so dürfen sie nicht enger stehen, weil sie sich sonst drängen, und deswegen die Luft nicht zwischen ihnen hinstreichen kann, wodurch ihre Fruchtbarkeit sehr gehindert wird. In geschlossenen Pflanzungen ist es also nicht unrecht, wenn man ihnen noch eine größere Weite giebt. Sind sie hingegen in einzelnen Reihen gepflanzt, so nehmen sie auch mit geringerer Entfernung vorlieb.

Sie bedürfen nachher, wenn sie einmal im Wachsthume sind, keine weitere Wartung. Im sechsten oder 8ten Jahre fangen sie an zu tragen, und ihr Ertrag nimmt von Jahr zu Jahre zu, so wie sich ihre Krone weiter ausbreitet.

Der Wallnußbaum nimmt mit jedem Erdboden vorlieb. Er kommt sowohl in einem steinigen, als fetten und thonigen Boden fort; nur darf er nicht zu naß stehen. Eine feuchte niedrige Lage ist die Hauptursache seines Erfrierens in kalten Wintern. Man hat in den strengen Wintern von 1740 und 1788 allgemein bemerkt, daß die Nußbäume in steinigen, sandigen Boden und in hohen, trocknen Lagen unverdorben blieben, da hingegen eine entgegengesetzte Lage und Boden ihnen den Untergang zuzog. — Ein lehmiger mit Gewächserde vermischter Boden scheint den Nußbäumen indessen doch der angenehmste zu seyn. Ein fetter Boden beschleuniget zwar seinen Wachsthum, aber er wird dadurch weichlicher gegen den Frost, und sein Holz verliert an

Güte,

Güte, wie an Stärke und Festigkeit. Ein magerer Boden hingegen macht es fester, dunkler, glänzender und mehr gemasert. Trockne Anhöhen mit einigem Schutze gegen die Winde, scheinen ihr die beste Lage zu geben.

Das Einsammeln der Früchte, wie es gewöhnlich geschiehet, daß man sie nämlich mit Stangen abschlägt, ist mühsam, gefährlich, und zugleich den Bäumen sehr schädlich. Der Nußbaum trägt seine Früchte nur an den äußersten Spitzen. Man findet sie daher nur in seinem Gipfel und im Umkreise seiner Krone, wo man mit Stangen von unten nicht ankommen kann, und wo man sich, nicht ohne Gefahr, von innen auf den Aesten so weit hinaus wagen muß, um sie zu erreichen, so wie das starke Schlagen, weil sie meistens sehr fest an den Zweigen hangen, den jungen Zweigen selbst sehr nachtheilig ist. Wo man sie ohne Gefahr der Beraubung so lange sitzen lassen kann, bis die grünen Schalen von selbst aufspringen und die Nüsse fallen lassen, da hat man dies mühsame Einsammeln nicht nur nicht nöthig, sondern die Nüsse haben auch ein weit reineres und besseres Ansehn, als wenn sie mit dem Messer aus ihrer grünen Schale herausgebracht sind. — Hat man sie mit den grünen Schalen eingesammlet, so werden sie gewöhnlich in große Haufen aufgeschüttet, damit sie sich etwas erhitzen, und desto leichter aus der Schale herausgehen; aber man muß fleißig darnach sehen, denn es ist oft in wenig Tagen geschehen, so sind sie alle zusammen gefault, und es ist dann eine beschwerliche und schmutzige Arbeit, sie aus diesem Schlamme heraus zu hohlen, wovon auch sehr viele leicht verderben. Denn die in der grünen

Schale

Schale sich befindende Feuchtigkeit, die durch die Fäulniß aufgelöset wird, dringt mit ihrer Schärfe selbst zwischen den hölzernen Schalen durch, und macht den Kern schwarz und unschmackhaft. — Die ausgelüfteten (aus den Schalen gemachten) Nüsse dürfen nicht zu hoch über einander, oder an vor der Luft verschlossenen Orten geschüttet werden, sondern der Luft ausgesetzt bleiben, damit die überflüssige Feuchtigkeit verdünsten könne, weil sie sonst leicht inwendig schimmeln, und dadurch unbrauchbar werden.

Nußdolde, Cachrys L., eine Pflanzengattung, die in die 2te Ordnung der 5ten Pflanzenklasse gehört, (Pentandria Digynia). Es ist ein Doldengewächs, bey welchem sowohl die allgemeine als besondere Blumendolde aus vielen Strahlen bestehet, und beyde eine Hülle haben, die aus vielen lanzettförmigen Blättchen bestehet; die Blümchen sind alle fruchtbar und haben lanzettförmige, ziemlich aufrechte und flache Blumenblättchen, welche alle von gleicher Größe sind. Sie hinterlassen zwey sehr große, ziemlich eyrunde, eckige Saamen, welche in einer korkartigen Schale einen eyrunden länglichen Kern enthalten.

1) Cachrys (Libanotis) foliis bipinnatis, foliolis acutis multifidis, seminibus sulcatis laevibus. **Linn. Pfl. Syst.** VI. 82. *Spec. Plant. Edit. Willd.* I. 1409. *Mill. Dict.* n. 3. **Dietr. G. L.** n. 2. **Lueder Lustg.** II. p. 79. n. 1. **Gefurchte Nußdolde.** Vaterland Sicilien, Sibirien. Die große, fleischige, tiefeindringende dauerhafte Wurzel trägt krautartige, runde, hohle gestreifte, gegliederte, 3 F hohe Stängel mit doppelt gefiederten Blättern, deren zugespitzte Läppchen vielfach gefiedert sind. Sie

sind

sind sehr groß und machen ein schönes Ansehn. Die Frucht ist mit Stielchen versehen, welche kleine Rinnen bilden.

2) Cachrys (ſicula) foliis bipinnatis, foliolis linearibus acutis, ſeminibus ſulcatis hispidis. Linn. Pfl. Syſt. VI. 82. *Spec. plant. edit. Willd* I 1410. *Mill.* n. 2. Dietrich G. L. n. 6. Lueder l. c. n. 2. Sicilische Nußdolde. Vaterl. Sicilien, Spanien. Die dicke, tief eindringende Wurzel hat einen angenehmen Geruch. Der krautartige 4 — 5 F. hohe, glatte, gegliederte Stängel ist mit doppelt gefiederten Blättern besetzt, deren gleichbreite Blättchen zugespitzt sind. Die Dolden, welche an den Spitzen der Stängel stehen, liefern gefurchte steifborstige Saamen.

3) Cachrys (odontalgica) foliis bipinnatis, foliolis lineari-lanceolatis pubescentibus, ſeminibus laevissimis. *Linn. Spec. Plant. Edit. Willd.* I. 1406. Dietr. G. L. Sibirische Nußdolde. Vaterl. Sibirien. Aus einer langen ästigen und faserigen Wurzel erhebt sich ein krautartiger Stängel, der sich oben in einige Aeste abtheilt, und eyrund längliche, mit einer ebenen, korkartigen Rinde umgebene Saamen trägt. Die Wurzelblätter sind doppelt zusammengesetzt, und haben filzige Läppchen.

4) Cachrys (Moriſoni) foliis ſupradecompoſitis ferulaceis, laciniis ſetaceis brevibus, ſeminibus laevibus non ſulcatis. *Linn. Spec. Plant. Edit. Willd.* I. 1409. Dietr. G. L. n. 3. Glattſaamige Nußdolde. Vaterl. Spanien, das südliche Frankreich und Italien und Oesterreich. Sie hat eine perennirende Wurzel, und einen ästigen, gestreiften Stängel

gel mit gegen einander über stehenden Zweigen. Die Blätter sind vierfach gefiedert, und haben zugespitzte Läppchen. Die Saamen sind glatt.

5) Cachrys (taurica) foliis bipinnatis, foliosis linearibus acutis, seminibus sulcatis tuberculatis. *Spec Plant Edit. Willd* I. 140. Dietrich G. L. 7. Taurische Nußdolde. Vaterl. Taurien und Sibirien. Die Blätter gleichen denen von n. 2, sind aber schmäler. Die allgemeine Blumenhülle fehlt, die besondere ist vielblättrig (8 — 10) mit strichförmigen Blättern. Die Saamen sind dreymal kleiner als in n. 2, gefurcht.

6) Cachrys (panacisfolia) foliis pinnatis ternatisque, foliolis oblongis crenatis, seminibus hirsutis. *Linn. Sp. pl. Edit. Willd.* I. 140. Dietr. G. L. n. 5. Pastinakblättrige Nußdolde. Vaterl. Neucastilien, Sicilien, die Barbarey. Die Blätter sind gefiedert. Die Blättchen eyrund länglich, flach, fast lappig, und am Rande gezähnt. Der Saame ist mit einer rauhen Rinde versehen. — Diese Art verlangt in unsern Gärten, wie n. 4, eine geschützte und eine warme Lage, und vorzüglich muß man darauf sehen, daß die Wurzel in einen etwas trocknen Boden gepflanzt wird; denn in einem nassen und schweren Erdreiche leiden sie sehr leicht vom Froste und sind folglich dem Verderben leicht ausgesetzt

Die Pflanzen lassen sich sehr leicht aus dem Saamen erziehen, welcher, sobald er reif ist, auf die für sie bestimmte Stelle gesäet werden muß. Wenn sie einen schwelgerischen und starken Wuchs annehmen sollen, so muß der Boden fett, und tief gegraben seyn, damit die Wurzeln tief einGrindringen können, auch die Lage schattig seyn, und die aufgegangenen Pflanzen zu 3 F. weit verdünnt werden, weil sie sich sonst nicht gehörig ausbreiten können. Wenn der Saame im Herbste gesäet ist, pflegen die Pflanzen im folgenden Frühjahre zu erscheinen, und gebrauchen dann nur zu ihrer gehörigen Weite verdünnt, vom Unkraute rein gehalten, im ersten Sommer bey trockner Witterung begossen, und im Winter der Zwischenraum zwischen ihnen umgegraben zu werden. Im folgenden Sommer kommen sie zur Blüte und geben reifen Saamen. Im Herbste sterben ihre Stängel bis auf die Wurzel ab, und treiben im folgenden Frühjahre aufs neue hervor. — Sie können auch durch Zertheilung der Wurzeln fortgepflanzt werden; doch muß man dabey vorsichtig verfahren, daß die alten Wurzeln nicht zu sehr verletzt werden.

O. O.

Oberkohlrabi, } Brassica Gongylodes L., s.
Oberkohlrübe, } Kohl n. 5. Th. IV. S. 422.

Obst. Darunter verstehet man alle eßbaren Baumfrüchte, die bey uns im freyen Garten gezogen werden können. Deswegen rechnet man gewöhnlich die Orangenfrüchte nicht dahin, weil diese einer Durchwinterung in Gebäuden bedürfen, und nur im Sommer im Freyen stehen. Vielmehr gehören dahin die botanischen Geschlechter, Pyrus, Prunus, Amygdalus Juglans, Fagus, Co-

Corylus, Cornus, Mespilus, Ribes, Rubus, Morus, Rosa, Berberis, Vitis. In pomologischer Hinsicht theilt man die sämmtlichen Obstarten ein, in

1. Kernfrüchte, welches solche Baumfrüchte sind, die in der Mitte einer eßbaren fleischigen Frucht ihren Saamen in Kernen enthalten. Diese Klasse enthält die einzige Gattung Pyrus, und dahin gehören
   Pyrus communis der Birnbaum,
   — Malus der Apfelbaum,
   — Cydonia der Quittenbaum.
2. Steinfrüchte, oder solche Baumfrüchte, deren harte steinähnliche Saamenschale mit einer weichen, fleischigen, eßbaren Hülle umgeben ist. Dahin gehören
   Prunus cerasus der Kirschbaum,
   — domestica der Pflaumbaum
   — armeniaca der Aprikosenbaum,
   Amygdalus communis der Mandelbaum,
   — Persica der Pfirsichbaum,
   Cornus der Kornelkirschenbaum.
3. Schalenfrüchte, das sind solche, deren Früchte in eßbaren Nüssen bestehen, welchen der fleischige Umschlag fehlt. Dahin gehören
   Juglans der Wallnußbaum,
   Corylus der Haselnußstrauch,
   Fagus castanea die Kastanie.
4. Beerenfrüchte, das sind solche, deren Saamen in einem vollen, saftigen und eßbaren Gehäuse liegen, ohne eine andere Einfassung zu haben. Dahin gehören
   Morus der Maulbeerbaum,

Mes-

Mespilus der Mispelbaum,
Rosa villosa der Hanbuttenstrauch,
Berberis vulgaris der Berberitzenstrauch,
Rubus idaeus der Himbeerstrauch,
Ribes rubrum der Johannisbeerstrauch,
Ribes Grossularia der Stachelbeerstrauch,
Vitis vinifera der Weinstock.

Von allen diesen verschiedenen Fruchtsorten ist entweder schon unter den dahin gehörigen Artikeln in diesem Werke gehandelt, oder wird noch im Verfolg dieses Werkes gehandelt werden; ich muß also dahin verweisen, und will hier nur nach Hirschfeld in seiner Fruchtlehre von dem Vaterlande und der Art, wie sie zu uns gekommen, noch etwas hinzusetzen.

Die meisten und edelsten Fruchtbäume, die jetzt Europa besitzt, sind zuerst von den Römern aus Asien und Africa nach Europa gebracht, als sie sowohl durch ihre Eroberungen und Siege, als auch durch ihre Reisen mit den Naturschätzen anderer Länder bekannter wurden. Verschiedene vortreffliche Fruchtgattungen waren indessen schon in den ältesten Zeiten in Italien, welches von allen Ländern Europens zuerst angebauet wurde. Die Römer hohlten sie aus Griechenland, wohin manche feine und edle Gattungen ebenfalls erst aus andern Ländern verpflanzt waren. Schon zu den Zeiten der Könige bekamen sie aus dem mitternächtlichen Asien den Wallnußbaum. Etwa 600 Jahre nach Erbauung Roms fing in Italien der Weinbau an, der aus den Morgenländern eingeführt ward. Der Pflaumenbaum war

war schon lange in Griechenland bekannt, ehe man ihn in Italien anzuziehen anfing. Cölesiriens berühmtes Thal Algota und Gura, das schönste unter Asiens Paradiesen, scheint das ursprüngliche Vaterland des Pflaumbaums zu seyn. Verschiedene der vorzüglichsten Sorten führen noch den Namen Damascener, von Damascus, der Hauptstadt dieses Landes. Von hier kam der Pflaumenbaum nach Griechenland, und als dieses den Römern zinsbar wurde, nach Italien. Obgleich der Holzapfel und die Waldbirne in ganz Europa wachsen, so kamen doch die besten Aepfel und Birnen aus Egypten, Syrien, Numidien und Griechenland nach Rom, und vom Sextus Papinianus ist es bekannt, daß er sie dahin brachte. Den Appischen Apfel brachte Appius, die Bergamotten kamen aus Asien. Die ersten edlern Kirschbäume, von denen die wilde Stammsorte in unsern Wäldern angetroffen wird, verpflanzte Lucull aus Pontus nach Italien. Aus Persien erhielten die Römer zuerst den Pfirschenbaum und den schwarzen Maulbeerbaum, aus Asien die Feigen, aus Palästina, Syrien und den Inseln des Archipelagus den Oelbaum. Aus Cydonia in Creta den Quittenbaum, aus Griechenland zur Zeit des ältern Cato den Mandelbaum, und eben daher den Apricosenbaum, der dahin aus Armenien verpflanzt war, und erst nach der Regierung des August in Italien häufiger ward. Die besten Nüsse heißen nach ihrem Vaterlande pontische Nüsse. Der Granatbaum aus dem punischen Gebiet in Africa. Der Pomeranzenbaum, der Citronenbaum und Limonienbaum stammen ursprünglich aus Africa,

und

und wurden aus Griechenland, das sie schon früh kannte, nach Italien gebracht.

Aus Italien verpflanzten darauf die Römer diese edlern Fruchtbäume zuerst nach **Frankreich**, und besonders nach der **Provence**. Das herrliche Klima dieser Provinz, das dem italienischen fast ähnlich ist, veranlaßte die Römer früh, hier ein zweytes Italien anzubauen. Nach der Grundlegung von **Marseille** ward der Landbau der gallischen Völker bekannt. Der Handel dieser Stadt eröffnete zugleich eine Gemeinschaft mit Italien, Griechenland und selbst mit Africa, die nach und nach viele Bäume und Sträucher lieferten. Anfangs wurden sie nur in dem Gebiete von Marseille, und in den Pflanzstädten der römischen Colonien angebauet, in der Folge aber durch die ganze Provence verbreitet. Schon vor den Zeiten des Cäsar hatte man bey Marseille Weinstöcke. Unter dem Kaiser Honorius war dies Land mit einem Ueberflusse an den schönsten Früchten fremder Himmelsstriche gesegnet. Gewiß ist es, daß alle aus Asien und Africa abstammende Fruchtarten, die jetzt in Frankreich gezogen werden, sich aus der Provence weiter verbreitet haben. Der **Apfelbaum**, wovon die Provence über 100 edle Arten hat, scheint unter allen europäischen Obstbäumen hier am meisten einheimisch geworden zu seyn.

So wie sich diese Fruchtbäume aus der Provence in die übrigen Provinzen von Frankreich verbreiteten, so sind sie von da allmählig weiter nach der **Schweiz**, nach **Großbritannien**, **Holland**, **Deutschland** und den **nordischen Reichen** verpflanzt und vervielfältiget worden. Einige Arten von Fruchtbäumen wurden nach und nach aus andern Erdstrichen herbeygeführt. Erst im 16ten Jahrhunderte kam der Johannisbeerstrauch aus der Insel Zante nach England, und in dem vorigen der schwarze Wallnußbaum aus Nordamerica nach Deutschland.

Unsere ältesten Vorfahren in Deutschland hatten nach dem Bericht des Tacitus, keine besondere Plätze, wo sie Obstbäume pflanzten. Die Römer hielten den Boden, wegen seiner damaligen waldigen Verwilderung und vernachläßigten Kultur, sogar für unfähig, Fruchtbäume zu tragen. Die Deutschen begnügten sich mit Holzäpfeln und Waldbirnen, die ihnen die Natur in ihren Wildnissen anwies, und die sie nicht zu veredeln verstanden. Viele Jahrhunderte verflossen, in denen der Gartenbau noch vernachläßiget wurde. Die Barbarey der Zeiten, die beständigen Kriege und einheimischen Fehden, der Geschmack an abentheuerlichen und ritterlichen Unternehmungen, die Zerstreuungen einer umherschweifenden Lebensart, waren gewiß dem Anbau der Fruchtgärten nicht günstig, eben so wenig, als die öftern Völkerwanderungen und die daraus entstehenden Unordnungen. Es ist ein unerwiesenes Vorgeben, daß die Römer die Deutschen in der Kunst zu pfropfen unterrichtet hätten. Diese Kunst ist wahrscheinlich erst in den spätern Zeiten aus Italien zu uns gebracht worden. Die allmählige Ausbreitung des Handels, und die durch Reisen noch mehr erweiterten Verbindungen mit dem südlichen Europa, machten die Deutschen nach und nach mit den besten ausländischen Fruchtarten bekannt, und die Kenntnisse und Behandlungsarten in der Fruchtbaumzucht fingen an auch unter ihnen sich auszubreiten. Glückliche Erfahrungen, und die natürliche Annehmlichkeit dieser Beschäftigungen beförderten die weitern Fortschritte. Die Ruhe, die auf so viele Kriege erfolgte, erweckte wieder das Gefühl für die Vortheile des Landlebens, und das zunehmende Licht der Aufklärung ließ auch einen erwärmenden Strahl aufgehen, worunter Wildnisse zu Gärten aufzublühen anfingen. **Kaiser Karl der Große** suchte den Geschmack an Obstbäumen unter den kriegerischen Sachsen zu verbreiten. Er selbst verordnete in seinen Gärten eine große Mannigfaltigkeit von Fruchtbäumen zu erziehen. Die Franken hatten sowohl im Freyen, als auch bey ihren Wohnungen gute Obstbäume, und sie haben vermuthlich manche Kenntnisse und manche Fruchtarten uns zugebracht. Nicht weniger haben es in den mittlern Zeiten die Reisen unserer Fürsten nach Italien, und später die häufigen Wanderungen unsers Adels nach Frankreich zugeführt. Es ist unstreitig, daß wir die erste Verpflanzung der edlen Obstbäume zu uns, und die Verbesserung des Gartenbaues aus **Italien** und **Frankreich** gehohlt, und daß **Holland** und **England** demnächst viel zu unserer Bereicherung beygetragen haben. Unsere verbesserte Fruchtbaumzucht ist nicht alt, aber wir haben in neuern Zeiten selbst eigene und glückliche Fortschritte gethan.

Die wirthschaftliche Behandlung des Obstes, das Abnehmen, Aufbewahren, und die Anwendung desselben zu allerley wirthschaftliche Zwecke gehört nach dem Plane dieses Werks nicht hieher, und wird also übergangen.

Obstorangerie. Unter dem Namen **Orangerie**, der von dem Namen Orange, und **Pomeranze** herkömmt, versteht man im eigentlichen und engern Verstande eine Sammlung von Pomeranzen, Citronen, Limonien, Apfelsinen und dergleichen ausländischen und aus wärmeren Gegenden abstammenden Fruchtbäumen, die in Töpfen, Kübeln und Kästen unterhalten werden, weil man sie im Winter gegen die Kälte schützen muß. Im weitläuftigern Sinn pflegt man auch wohl alle ausländischen Gewächse, die bey uns im Freyen nicht ausdauern, und deswegen im Winter durch Gewächshäuser gegen die Kälte geschützt, und im Sommer nur in den wärmern Monaten ins Freye gestellt werden, mit unter dem Namen der Orangerie zu begreifen. Solche Orangerieen werden offenbar meistens nur des Vergnügens wegen unterhalten, und oft große Summen darauf verwendet. Denn wenn die eigentlichen Orangenbäume gleich bey richtiger Pflege gute Früchte liefern, und Mühe und Kosten vielleicht reichlich bezahlen, so giebt es unter ihnen doch so viele andere Gewächse die keinen Nutzen bringen.

Diese Betrachtung leitete den **Hoffrath und Doktor Diel zu Diez an der Lahn und Brunnenarzt zu Ems** auf die Idee, unsere gewöhnlichen Fruchtbäume auf eine ähnliche Art zu behandeln, und mit geringern Kosten Vergnügen und Nutzen mit einander zu verbinden. Er hat nach mannigfaltigen Versuchen und in diesem Fache gesammelten Erfahrungen, eine **Anweisung zur Behandlung der Obstbäume in Töpfen** bekannt gemacht, und benennt die solchergestalt behandelten Bäume mit dem sehr analogen Namen **Obstorangerie**. Es würde ein sehr voreiliges Urtheil verrathen, wenn man glauben wollte, daß dies eine unnütze Spielerey sey. Er giebt selbst die Vortheile davon in der Einleitung an.

1) Vielen Liebhabern der Pomologie ist das Vergnügen versagt, sich mit der Obstkultur zu beschäftigen, weil sie keinen Garten besitzen. Durch dieses Mittel aber sind sie in den Stand gesetzt, ihrer Neigung zu folgen. Denn von diesen kleinen Bäumchen läßt sich eine große Menge auf einem kleinen Platze aufstellen. Ja selbst vor den Fenstern seiner Zimmer kann er sich einen Fruchtgarten schaffen. Mancher besorgt zwey bis dreyhundert Blumentöpfe, in welchen er nur Blumen oder andere seltene Gewächse hat, die ihn mit weiter nichts, als der bloßen Blüte belustigen, die vielleicht nur wenige Tage dauert. Wenn nun der Liebhaber der Obstkultur sich noch hinzudenkt, daß er nach der schönen Blüte seiner kleinen Obstbäumchen nun auch goldene Früchte von den mannigfaltigsten Sorten daran erwarten kann; wenn er ihren Wachsthum und Ausbildung genau beobachten kann, u. s. w., so muß dies gewiß um so viel mehr Reiz für ihn haben, sich eben so emsig mit seinen Bäumchen zu beschäftigen, als andere, die sich den ganzen Tag mit ihren Blumentöpfen tragen. Freylich kann man keine Körbe voll Obst von diesen Bäumen sammeln, und der Gewinn wird also immer nicht groß seyn, aber doch immer beträchtlicher als von bloßen Blumengewächsen.

2) Die **Entdeckung neuer Obstsorten.** Gesetzt auch, daß es kein großer Gewinn wäre, neue Sorten zu entdecken, und zu den vorigen hinzu zu thun, da wir immer von den meisten

Obst,

Obstarten schon eine große Mannigfaltigkeit besitzen; so ist es doch in einer andern Rücksicht sehr wichtig. Wir wissen immer noch so wenig, welchen Einfluß der wilde Stamm, den wir zur Unterlage bey der Veredlung unserer Bäume gebrauchen, auf das Reis, welches wir auf ihn setzen, und dessen künftiger Frucht hat, wissen nicht, welche Sorten, wild und edel, am besten für einander passen; wissen aber dagegen, daß z. B. manche Birnarten besser aus Quitten, andere besser auf Birnwildlingen fortkommen, und können daher mit Sicherheit annehmen, daß, obgleich uns noch unbekannt, sich vielleicht unendlich viele solche gute und schlechte Verbindungen auffinden lassen, bey deren bestimmterer Entdeckung die Güte unseres Obstes, und die Dauer unserer Obstbäume gewinnen würde. So wie hier also noch ein weites Feld zu Versuchen offen ist, so kann hier die Obstorangerie die leichteste Gelegenheit zu dergleichen Versuchen darbieten.

3) Für den Kenner ist sie ein **Mittel, künstliche, reine und selbstgewählte Befruchtung anzustellen,** und reine Obstkerne von reinen Sorten zu erhalten. Wenigstens würde die Wahrheit, die **Köhlreuter** bey den Blumen zu bewähren gesucht hat, auch bey der Blüte der Obstbäume dadurch bewährt werden. Man kann hier, was in einem Obstgarten nicht möglich ist, die blühenden Bäumchen von andern absondern, trennen, und bestimmte andere leicht zusammensetzen, und unter der Decke eines dünnen Flohrs vor aller Berührung von anderm Blumenstaube verwahren können.

4) Endlich ist eine solche Obstorangerie das sicherste und leichteste Mittel, wodurch die **baby-**

lonische Namenverwirrung der Obstsorten endlich einmal aufs Reine gebracht werden kann. Da die Obstorangeriebäumchen meistens schon im 2ten Jahre nach der Veredlung tragen, so kann man in wenigen Jahren zu richtiger Kenntniß einer großen Menge von Obstsorten gelangen, und durch Vergleichung des Wachsthums, Zeit der Reife, Farbe, Gestalt und Geschmack der Früchte die vorkommenden Zweifel und Irrthümer lösen. Und wenn man auf diese Art fortfährt, immer neue Sorten anschafft, (wozu eigentlich nur Pfropfreiser nöthig sind, wenn man immer den nöthigen Vorrath von Stämmen zur Veredlung zu haben sucht) und veredelt, und wenn sich besonders zu diesem Zweck mehrere Obstliebhaber freundschaftlich verbänden, so würde dadurch viel Licht in der Nomenclatur der Obstsorten verbreitet werden.

Um zur Erreichung dieses vielfachen nicht unbeträchtlichen Nutzens den Obstliebhabern Gelegenheit zu verschaffen, will ich ihnen, wie schon Hr. Sikler im t. Obstgärtner that, einen Auszug aus der Anleitung des Hrn. Diel diese Bäumchen zu erziehen und zu behandeln, hier mittheilen.

Von Aepfeln.

Die Reiser der Sorten, die man zu besitzen und als Orangeriebäumchen zu behandeln wünscht, werden nach den gewöhnlichen Regeln auf die dazu bestimmten Unterlagen gesetzt. Nur ist zu bemerken, daß zu diesem Zweck nicht alle Arten von Unterlagen brauchbar sind, und darüber sagt er folgendes:

Für

Für die Aepfel liefert uns die Natur zu Unterlagen 2 verschiedene Sorten, den **wilden hochstämmigen Apfelstamm**, und den **wilden Apfelstrauch**. Den ersten kann man zu diesen Orangeriebäumchen nicht gebrauchen, weil sein Trieb zu stark ist, und sein Wurzelvermögen sich nicht leicht in den engen Raum eines Topfes oder Kastens einschliessen läßt, und er so spät tragbar wird. Der **Apfelstrauch** hingegen vereiniget in sich alle Vortheile, die uns einen Zwergbaum schäzbar machen können, große Fruchtbarkeit, keine Wildheit am Triebe, der deswegen leicht im Schnitt zu erhalten ist. — Dieser wilde Apfelstrauch hat nach der Zeit seiner Fruchtreife den Namen **Johannisstamm** erhalten, und heißt auch **Paradiesapfelbaum** Pomme de St. Jean, Pomme de Paradis. Dieser Baum, der eigentlich zu den Sträuchen gehört, wird an seinem Stamme selten über 3 Zoll dick und über 8 — 10 Fuß hoch, und bringt süßliche, fade schmeckende Früchte. Er treibt, wie alle Sträucher, nie eine Pfahlwurzel, sondern nur kriechende Wurzeln, und hat nur einen langsamen Wuchs. So wie aber diese Art des Wurzelvermögens der Grund seines langsamen Wuchses ist, so macht auch dasselbe ihn zu fruchtbaren Zwergbäumen brauchbar. Auch die Fortpflanzung geschieht, wie bey Sträuchen, durch die Ausläufer, die derselbe, auch wenn er veredelt ist, in Menge heraustreibt, aber nicht leicht an seinen Nahrungswurzeln, sondern aus seinem einfachen Stamm der Herzwurzel. Ihn aus **Stecklingen** zu erziehen, ist nicht rathsam. — Seine Bewurzelung ist ihm ganz eigenthümlich. Es bilden sich nämlich an dem einfachen Wurzelschafte kleine in die Quere laufende,

fende, ovale, oder auch ganz runde Erhabenheiten, die fast wie Warzen aussehen. Aus dieser Erhabenheit erheben sich eine Menge weißer Knöpfchen, die zu lauter feinen Nahrungswurzeln werden, und einem Barte nicht unähnlich sind. Ja steht ein solcher Johannisstamm an einer feuchten beschatteten Stelle an der Mauer, so schießen solche Bartwurzeln gegen die Mauer hin in freyer Luft heraus, und wurzeln in die Mauerspalten. Man siehet daher oft an ihnen die Wurzeln gleichsam auf der Erde nur hinkriechen. Diese bloßen **Haar- und Nahrungswurzeln** sind es, wodurch die darauf veredelten Bäume nicht frech wachsen, und nun durch die langsamere Circulation des Baumsaftes bald und vieles Fruchtholz bilden.

Wir haben von diesem wilden Apfelstrauch zweyerley Arten, wovon die eine in ganz Deutschland, gewöhnlich auch jedem Gärtner bekannt ist. Diese bleibt im Wuchse am kleinsten, ist reicher an Bartwurzeln, und die Blätter sind kleiner und spitziger. In Holland ist die 2te Art mit größeren Blättern, und etwas stärkere gewöhnlich, und wird zu allen Zwergapfelbäumen verwandelt. Die Franzosen nennen diese Art Doçain, und heißt sonst der **holländische Paradiesapfel.**

An unserm Johannisstamm haben wir für Aepfel zu Orangeriebäumchen ein unverbesserliches Subject. Sein Wurzelvermögen ist klein, und läßt sich auf jede Weise einschränken: denn nach den Gesetzen der Natur ist eingeschränktes Wurzelvermögen der Grund zur frühern Fruchtbarkeit und kürzerer Lebensdauer, so wie umgekehrt wildes Wachsthum späte Fruchtbarkeit und hohes Alter zur Folge hat.

Die

Die Zubereitung solcher Johannisstämme zu Orangeriebäumchen ist folgende: Man sucht sich junge, nicht über $\frac{1}{2}$ Z. dicke Johannisstämmchen aus, schneidet die Mutterwurzel, mit einigen darüber stehenden Nahrungswurzeln (jemehr bleiben können, desto besser) — auf 2 — 3 Zoll von dem aus der Erde stehenden Rand ab, stutzt mit einem scharfen Messer die feinen Nahrungswurzeln auf anderthalb Zoll, und setzt dieses Stämmchen, wenn es auch am Stamme beschnitten ist, einen Zoll tiefer, als es vorher gestanden hat, in die Baumschule. — Hat ein solches Bäumchen ein Jahr gestanden, ist freudig gewachsen, und man hebt dasselbe im Herbste noch einmal aus, stutzt die neuen Wurzeln, die es nun in Menge hat, wieder auf anderthalb Zoll ab, so hat man ein Scherbenbäumchen zu erwarten, daß gleichsam einen Wald der schönsten Nahrungswurzeln, und somit alle Eigenschaft eines vollkommenen Orangeriebäumchens hat.

Nun wird das Stämmchen, noch in der Baumschule stehend, veredelt, und bleibt dann noch 2 Jahre ruhig in der Baumschule stehen. Sein erster Sommertrieb wird im folgenden Frühling gehörig zugeschnitten, und dann im Herbste unbeschnitten, oder im Frühjahre, erst vorher beschnitten, in den Topf gesetzt. Nach vollendetem Trieb des 2ten Jahres ist es nun gewöhnlich ein gebildetes Orangeriebäumchen, das im folgenden Jahre oft schon die schönsten Früchte liefert — Daraus ist also leicht begreiflich, daß es unrecht seyn würde, ein solches Stämmchen gleich anfangs in einen Topf zu setzen, und in demselben veredeln zu wollen. Dies würde zu nichts helfen, als daß das Stämmchen die Erde im Topfe ohne

Noth einige Jahre früher aussaugt und den Topf zu frühzeitig mit Wurzeln anfüllt.

Die Veredlung selbst kann man am besten so hoch vornehmen, als der Schaft am Bäumchen bleiben soll; man erspart dadurch wenigstens ein Jahr, weil die Triebe des Edelreises selbst dann schon die erste Anlage zur Krone machen.

Jeder Ausläufer und Sprößling, wozu die Johannisstämme ohnehin so sehr geneigt sind, muß bey den Orangeriebäumchen sogleich mit Sorgfalt vertilgt werden. Der Ausläufer muß, wo möglich, an der Wurzel, aus der er hervorgewachsen ist, ausgebrochen werden, und man räumt zu diesem Zweck vorsichtig die Erde um ihn hinweg. Das scharfe Abschneiden verhindert neue Ausläufer auf der Stelle nicht immer.

Von den Birnen.

Sollen uns die Birnen in Töpfen Freude machen, und frühzeitig schöne Früchte bringen, so ist es unumgänglich nöthig, daß sie auf Quitten veredelt werden. — Der Quittenbaum gehört in die Mitte zwischen Baum und Strauch. Er wächst langsam und hat keine wahre Pfahlwurzeln, sondern nur etwas scharfe, tief in die Erde dringende Haftwurzeln, im übrigen aber einen Wald von feinen Nahrungswurzeln. Wegen des Mangels an Pfahlwurzeln kann er nie zu wahren Hochstämmen veredelt werden. Jeder Sturm würde ihn umwerfen: aber Halbstämme liefert er, die an Fruchtbarkeit unerschöpflich sind. Seine Fortpflanzung geschieht durch Ausläufer, die man in Baumschulen durch Kunst tausendfach vermehrt. Ihn durch Stecklinge fortpflanzen zu wollen,

len, ist wie bey dem Johannisstamme der Mühe nicht werth (s. davon mehr unter Quittenbaum).

Der Ausläufer von Quitten ist also die wahre Unterlage für Birnen, die unsere Obstorangerie zieren sollen. Die Schönheit des Wuchses bey dem Birnbaume in einem Topfe übertrifft noch durch das vortreffliche glänzende Grün der meisten Birnblätter den Apfelbaum weit, nur trägt letzterer reichlicher.

Gewöhnlich hat der Ausläufer einer Quitte ganz nahe unter der Erde eine Menge feiner Nahrungswurzeln. Diese werden, wie bey dem Johannisstamme, verstutzt, und die Mutterwurzel nur 3 Zoll lang gelassen. Setzt man diese Ausläufer nach der Regel in ein etwas feuchtes, beschattetes Land, wohin nur kaum den halben Tag die Sonne scheinet; so treibt er in einem einzigen Jahre einen ganzen Wald von Nahrungswurzeln, und bedarf keiner 2ten Versetzung, um für den Topf einen noch größern Vorrath feiner, schöner Nahrungswurzeln hervorzutreiben.

Seine ihm angemessenste Veredlung ist das Oculiren, und er schickt sich, ohne vorhergegangene Veredlung zum Setzen in den Topf noch weniger, als der Johannisstamm. Bey der Veredlung muß man die möglichste Niedrigkeit am Stamme wählen, und der Erde fast gleich oculiren: denn bey Orangeriebäumchen fällt die schlecht aussehende Rinde des Quittenbaums gegen die glatte schöne Rinde des Birnbaums, nicht gut ins Auge.

Jede Birnsorte gedeihet indessen nicht gut auf Quitten, wie der allgemeine Glaube sagt. Es

sind

sind aber darüber noch so wenig bestimmte Erfahrungen, daß ich mich dabey nicht aufhalte.

Von dem Steinobste.

Steinobst läßt zu Orangeriebäumchen, sowohl in der Blüte, als mit seinen schönen Früchten, vorzüglich schön. Die sogenannte arabische Kirsche (Kirschpflaume) blühet so gedrängt, daß sie fast den Schlehenstrauch übertrifft. Kirschen und Apricosen verdrängen in ihrer Blüte jeden Blumenstock. Fur alle Sorten von Steinobst giebt es aber zu unsern Orangeriebäumchen nur eigentlich 2 verschiedene taugliche Wildlinge: die Jacobs- oder Haberpflaume, zur Noth auch die sogenannten Zwetschenstämmchen und — die Kirschenwildlinge. Die von den Steinen erzogenen Mandel- Pfirschen- und Aprikosenwildlinge taugen hierzu durchaus nichts. Sie haben nur wenige in die Tiefe gehende Wurzeln, und man wählt daher mit Recht den Mandelbaum für Pfirschen und Aprikosen, die in trocknen und leichten Boden durch tief eindringende Wurzeln Feuchtigkeit suchen müssen; so wie hierin auch bloß der Grund liegt, daß Pfirschen, Mandeln und Apricosen, die man aus ihren Steinen an der Stelle, wo sie stehen bleiben sollen, erzieht, viel dauerhafter, und gegen Fröste weniger empfindlich sind.

Zu einer Menge der obigen Pflaumenausläufer verhilft uns jeder Pflaumenbaum der gesagten Art, oder alte auf Pflaumenstämme veredelte Apricosen und Pfirschen in Menge. Die Ausläufer sitzen aber stets als Schmarotzer auf den Mutterwurzeln, wachsen deshalb wuchernd, und müssen durchaus erst, um viele eigenthümliche Wurzeln, deren sie fast immer sehr wenige haben, zu bekommen, nach obigen Regeln beschnitten, und einigemal in der Baumschule versetzt werden. Dadurch werden die jedesmal abgestutzten starken Wurzeln zu einem Bart von feinen Nahrungswurzeln.

Auf diese nun gehörig vorbereiteten Pflaumenstämmchen oculirt man alsdann Pfirschen, Apricosen, Mandeln, und jede Gattung der großen Klasse von Pflaumensorten.

Da diese Pflaumenbäumchen einen schönen Schaft machen, so ist es am besten, sie stets in der Höhe zu veredeln, wo sie die Krone machen sollen.

Von den Unterlagen zu den verschiedenen Kirschsorten, ihrer Behandlung und Veredlung zu Orangeriebäumchen ist schon das hieher gehörige unter dem Art. Kirsche IV. 195 sq. gesagt worden.

Von den Töpfen zur Obstorangerie, wie vom Einsetzen der Stämmchen in dieselben.

Die Töpfe von Steingut oder Thon, wovon die allgemein bekannten Mineralwasser-Krüge gebrannt werden, verdienen ihrer Dauer wegen, und daß sie dem Froste sehr widerstehen, vor allen andern den Vorzug. Doch sind auch andere gut gebrannte Töpfe vollkommen brauchbar. Jeder Topf muß aber, wenn er vollständig seyn soll, dabey einen Teller haben, in welchen man den Topf stellt. Die Höhe des Randes vom Teller muß 3 Z., und der Durchmesser wenigstens 2 Z.

grö-

größer, als der Boden des Topfs seyn. Dieser Teller hat den großen Nutzen, daß keine Regenwürmer, die von den Wurzeln der Bäumchen leben, durch die untern Löcher in den Topf kriechen, und daß man in der größten Sommerhitze den Bäumchen zu jeder Stunde des Tages die größte Erquickung geben könne.

Die gehörige Größe eines solchen Topfes muß wenigstens gegen 90 Cubitzoll Erde fassen können. Die schönste Form hierzu ist eine Weite von 10 und eine Tiefe von 9 Zoll, oder gleiche Höhe und Weite. In einem solchen Topfe gedeihet ein jedes Bäumchen, und liefert die schönsten Früchte. Es versteht sich indessen wohl von selbst, daß die Größe der Krone des Bäumchens, und die Menge der Früchte stets mit der Größe des Topfes im geraden Verhältniß stehe.

Hölzerne Kübel, die schön mit Oelfarbe angestrichen, und mit 2 eisernen Reifen versehen sind, machen eine wahre Zierde des Gartens aus. Ja wenn man auch die Schönheit nicht in Anschlag bringt, so verzinsen sich sogar Pfirschen, Apricosen, Pflaumen, Kirschen in denselben. Sind sie 15 Zoll hoch und 18 Zoll weit (dies ist ihre schönste Form) so muß der Schaft des Bäumchens, wenn es dem Auge gefallen soll, anderthalb bis 2 Fuß hoch seyn. Der Schaft kann in einem solchen Kübel über 2 Zoll dick werden.

Diese Töpfe oder Kübel müssen mit einer fruchtbaren, von allen den Raum unnützerweise einnehmenden Steinen gereinigten Erde angefüllt werden. **Kraftvoll und fruchtbar, nicht zu leicht und nicht zu schwer** muß diese Erde seyn. Eine zu leichte sandige Erde enthält der nährenden Stoffe zu wenige, wird zu schnell trocken,

giebt

giebt den Wurzeln keinen festen kühlen Haft, und des Begießens wird im Sommer kein Ende. Ist die Erde hingegen zu schwer, zu thonartig, so hindert sie das freudige Ausbreiten der Wurzeln, sie wird beym Trockenwerden steinhart, und bekommt Risse, die den Wurzeln höchst schädlich sind.

Wer die Obstorangerie betreiben will, thut am besten, sich zu diesem Behuf ein Erdmagazin anzulegen. Es muß dasselbe aber nicht in einer Erdgrube angelegt werden, sondern in einem der Sonne und allen Einflüssen der Luft ausgesetzten Erdhaufen bestehen, den man den Sommer über wenigstens 4 mal umsticht, und wieder aufhäuft. Eine solche Erde bleibt ohne alles sie schwächende Unkraut, wird mit allen ihren Theilen den befruchtenden Einflüssen des Himmels ausgesetzt, und wird nicht in wenigen Jahren entkräftet. Die besten Ingredienzen zu einem solchen Erdmagazine sind: — süßer, einige Zoll tief ausgestochener Rasen, Gassenkoth, Teichschlamm und alte verwesete Erde aus Mistbeeten. Man nimmt von ersteren 2 Theile, von dem 2ten und 3ten einen Theil, und von der letztern einen halben Theil. Alles dieses wird schichtweise auf einem, der Sonne völlig ausgesetztem Orte, aufgeschlagen, alle 4 oder 6 Wochen durchstochen; so hat man in 2 Jahren eine ganz vortreffliche Erde zu Orangeriebäumchen. Sie ist sehr nahrhaft und kühl, wie sie eben für Bäume am zuträglichsten ist.

Anfänglich bis man eine so zubereitete Erde haben kann, ist auch eine, ein Jahr vorher mit Kuhmist gedüngte Gartenerde brauchbar, nachdem man sie von allem noch unverwesten Miste gereiniget.

Mit dieser Erde füllt man die Töpfe oder Kübel vor dem Einsetzen der Bäume bis zur Hälfte, und drückt dieselbe dermaßen ein, daß sie nachher nicht mehr wohl im Stande ist, sich tiefer zu setzen. Jetzt nimmt man das Bäumchen, und sieht zu, ob die Erde nun so hoch stehet, daß dessen oberste Wurzeln nicht tiefer, als einen Zoll hoch vom Rande des Topfs zu stehen kommen, so daß die oberste Erde die letzten Wurzeln nur höchstens einen halben Zoll hoch bedecke. Die starken, oder die Hauptwurzeln müssen von der Wand des Topfs wo möglich 2 Zoll abstehen, und die feinen Nahrungswurzeln stutzt man auf 2 Zoll ab. Die sämmtlichen Wurzeln werden fast flach liegend auseinander gebreitet, daß sie gleichsam einen Stern bilden. Jede sich mit einer andern kreuzende Wurzel wird entfaltet und ausgestreckt. Hierauf schüttet man, indem die eine Hand die Wurzeln in ihrer gehörigen Lage hält, feine Erde über dieselben, und stößelt das Bäumchen ganz gemach am Stamme, bis sich die Erde um alle Wurzeln schön angelegt und beygerüttelt hat. Der Topf wird nun bis auf einen Zoll hoch mit Erde angefüllt, und dieselbe sanft angedrückt. Ein Hauptgeschäft ist nun noch übrig, um die Erde fest um die Wurzeln ansitzend zu machen, ein Geschäft, welches bey dem Setzen eines jeden Baums im Frühjahre, und zumal bey trockner Witterung, oder in einer trocknen Erdlage zum Gedeihen der Bäume äußerst wichtig ist. — **Das Begießen oder Einschlämmen.** Man verrichtet dies Begießen mit einer feinen Gießkanne sanft, und so lange, bis alle Erde völlig durchwässert ist. Die ersten 24 Stunden wird das Bäumchen im Schatten erhalten, alsdann

über

über die nasse glatte Erddecke etwas frische Erde gestreuet, und man läßt dem Topfe in den ersten 8 Tagen nur einige Stunden Morgen- oder Abendsonne. Bey diesen Bäumchen muß man aber nie Stäbe zur Befestigung stecken. Das Faulen derselben beschädigt die Wurzeln, und das Wasser läuft in der Folge an denselben zu schnell herunter, und aus dem Topf. Den Sommer über werden diese Bäume in Töpfen überhaupt so oft sanft begossen, wie ungefähr die Blumenstöcke. Im hohen Sommer aber, bey großer Hitze, und zumal wenn der Baum Früchte hat, muß dieses täglich geschehen. Dieses Begießen ist überhaupt, so lange die Bäume im Garten stehen, und wenn sie der Sonne den ganzen Tag ausgesetzt sind, überhaupt so oft nöthig, als die obere Erde in den Töpfen einen halben Zoll tief trocken geworden. Auch ist es gut, den Topf zuweilen umzudrehen, damit nicht immer eine Seite von den Wurzeln im Topfe der Sonnenhitze ausgesetzt sey.

Höchst nöthig aber ist es, daß das Wasser im Topfe gut und leicht abziehet. Geschieht dies nicht, so ersäuft die Erde, sie wird klößigt, bleibt oben beständig naß, bekommt eine grüne, schmierige, modrige Kruste, und der Baum geht bald verloren. Hier muß sogleich durch größere, freyere Abgießlöcher am Boden des Topfes geholfen werden. Den Herbst versetzt man aber jedesmal ein solches Bäumchen von neuem, weil sich die Erde nie gut erhohlt, und das Bäumchen sonst kränklich wird. Von Anfang muß daher schon für das leichte Abziehen gesorgt werden, indem man, wie bekannt, über die Abzugslöcher hohl liegende Scherben zerbrochener Töpfe liegt. Auch ist es

gut,

gut, wenn die unterste Erde in dem Topfe aus einem Zoll hoch guter alter Holzerde bestehet, die immer ein passendes Sieb bleibt.

Hat der Baum Früchte, und sollen diese schön und groß werden, so muß es nie an Feuchtigkeit fehlen. Zu vieles Gießen, daß gleichsam das Wasser aus den Scherben wieder ausläuft, und das immer nachtheilig ist, spült alle Nahrungstheile aus der Erde hinweg, und beraubt sie frühzeitig ihrer Kraft. Ueberdem darf man nie gießen, so lange die Sonne auf die Töpfe scheinet, und daher ist der kommende Abend für dies Geschäft am passendsten.

Der Teller unter dem Topfe leistet hier den größten Nutzen. Er liefert den Wurzeln unmittelbar schnelle Erquickung, und schwächt dadurch die Erde nicht. Gießt man diesen des Mittags bey brennender Sonnenhitze voll Wasser, so ist es eine Freude zu sehen, wie er oft in einer halben Stunde ausgesogen ist, und wie frisch nun der Baum da stehet.

Nahet der Winter heran, dann sind einige Vorsorgen für diese Bäumchen nöthig. Die Hauptregel ist, **dieselben nicht vor den ersten gelinden Frösten**, die noch keinem Topfe schaden, und nur höchstens die Erde etwas gefrieren machen, **unter Obdach zu bringen**. Aber dieses muß, wenn es möglicher Weise die Witterung erlaubt, nicht mit ganz nasser Erde geschehen. Den Vorwinter hindurch stehen sie am besten auf dem Speicher (auf einem luftigen Boden) der Zugluft ausgesetzt, zumal wenn die Erde in den Töpfen noch naß ist. Wird die Kälte nun strenge, fängt die Erde in den Töpfen auch auf dem Boden einen halben Zoll tief zu frieren

an,

an, so bringe man sie in ein geschlossenes Zimmer, wo nur die größte Kälte die Erde in den Töpfen etwas gefrieren zu machen im Stande ist. Friert der Erdballen in einem Topfe ganz durch, so ist der Baum ohne Rettung verloren, besonders da die feinen Nahrungswurzeln sich an den Rand des Topfes anlegen, und dadurch in weit größerer Gefahr sind. Jeder muß daher seine Orangeriebäumchen so bewahren, daß sie —

im Winter durch Wärme nicht treiben, aber auch mit der Erde nicht zusammenfrieren.

Das zweyte ist nach Gründen des Pflanzenlebens, sie

mehr trocken als naß zu erhalten.

Feuchtigkeit kann nur gefrieren, und die Erde friert um so leichter, je mehr sie damit getränkt ist. Außerdem liefert eine zu feuchte Erde dem Bäumchen zu viel Saft, wodurch dessen Lebenskraft in zu vieler Thätigkeit erhalten, und gegen den Reiz der Kälte um so empfindlicher gemacht wird. Besonders schadet aber zu viele Feuchtigkeit auch dadurch, daß sie in der eingeschlossenen Luft modert, in eine dem Baume nachtheilige gährende Schärfe übergehet und den Baum dadurch kränklich macht. — Man muß daher die Erde so zu erhalten suchen, daß sie, wenn man einen Zoll tief nachforscht, nur noch eben feucht scheinet, und den Finger nicht befeuchtet. Würde die Erde aber zu trocken, so gießt man etwas Wasser darauf, welches eine Nacht in einem geheizten Zimmer gestanden, und dadurch verschlagen geworden.

Nach dem Ueberwintern bringt man diese Orangeriebäumchen entweder wieder sogleich ins

Freye, oder, was besonders bey Pfirschen, Aprikosen und Mandeln rathsamer ist, so lange erst auf den Boden, oder in ein offenes Zimmer, bis keine Nachtfröste von Bedeutung mehr zu befürchten sind. Soll uns aber keine Witterung unsere Pfirschen und Apricosen rauben, so müssen diese jede kalte, mit Frost drohende Nacht, und selbst den Tag über bey Schloßen und kalten Regen unter Obdach gebracht werden, bis sie ihre Früchte schön angesetzt haben. Damit sich diese aber fest und gut ansetzen, muß ihnen durchaus frische Luft, und wo möglich einige Stunden Sonnenschein geschafft, und die Feuchtigkeit in den Töpfen mäßig, aber gleichförmig unterhalten werden.

Will man hingegen frühzeitig im Zimmer den Blütenmay haben, indeß die ganze übrige Natur noch zu schlummern scheint, so nimmt man Kirschen= oder Apfelbäume, als die tauglichsten dazu, und bringt sie Anfang Märzes in das Wohnzimmer, doch in der möglichsten Entfernung vom Ofen. Den Tag über werden sie, wenn die Witterung nicht zu rauh ist, vor das Fenster, die Nacht über aber in das Zimmer gestellt, und die Erde mäßig feucht gehalten. Auf diese Art behandelt blühen sie früh, und haben schon kleine Früchte, wenn noch jede andere Frühlingsknospe unentwickelt ruht. Man übergiebt nachher diese Bäumchen dem Freyen, wenn die Frühlingsfröste vorüber sind.

Späte, oder bey schlechten Herbsten langsam zeitigende Pfirschen und Nektarinen erlangen auf diese Weise jedes Jahr ihre vollkommene Güte, zumal wenn man sie auch im Herbste wieder in das Zimmer bringt.

Vom Versetzen.

Soll ein Orangeriebäumchen, es sey zur Freude, oder zum Genusse, viele Jahre in einem Topfe ausdauern, jedes Jahr kraftvoll wachsen und schöne Früchte bringen, so muß

1. dessen Erde jedes Jahr sowohl mit neuen Nahrungstheilen, als auch zum Theil mit frischer Erde versorgt werden.
2. Das ganze Bäumchen zuweilen versetzt werden.

Jedes Frühjahr räumt man in dieser Rücksicht mit einem nicht zu spitzen Holze, damit die Wurzeln nicht verletzt werden, einen, ja an mehrern Stellen, 2 Zoll tief, die obere Erde hinweg, und versetzt diese wieder mit neuer aus dem Erdmagazine. Diese bedeckt man alsdann mit einer alten zweyjährigen Mistbeeterde, höher als der Topf ist, und begießt hierauf das Bäumchen wenig, aber oft; so flößt sie neue Kraft in die Erde ein. — Dieses nennt man das **halbe Versetzen.** — Die Mistbeeterde streicht man nach 8 oder 14 Tage wieder ab. — Eine wahre Panacea ist es aber auch für die Bäume, wenn man im Sommer etwas reinen Kuhmist in Wasser legt, diese Mischung 4 bis 6 Wochen in der Sonne stehen läßt, das verdünstete Wasser gelegentlich ersetzt, und hiemit die Bäume 2 bis 3 mal im Sommer, bey trübem Wetter, befeuchtet.

Will es aber mit den Orangeriebäumchen nicht recht mehr fort, treiben sie keine neue Sommersprossen mehr, sondern bloße Laub- und Fruchtaugen, sind die Blätter mager, gelblich, haben sie ein kränkliches Ansehn, so ist es ein Beweis,

 wenn

wenn kein Fehler am Bäumchen selbst ist, daß die Erde zu entkräftet, und der Wurzeln im Topfe zu viel sind; und dann ist das ganze Versetzen nöthig. — Das Bäumchen mit seiner etwas trocken gewordenen Erde wird im März, ehe dasselbe einen Trieb verräth, durch Umstürzung des Topfs in die Hand mit seinem ganzen Erdballen herausgenommen. Die Trockenheit der Erde macht, daß der Erdballen fast bey einander bleibt. Man wird nun finden, daß die Wurzeln in unzählbaren Windungen am Rande des Topfs fast ein Netz bilden, und mit ihren Saugewurzeln fast außerhalb der Erde sind. Alle diese Wurzeln werden mit einem scharfen Messer in ihrem Umfange herum anderthalb bis 2 Zoll tief abgestutzt; der Fuß hingegen 3 — 4 Zoll, so daß man der alten einfachen Mutterwurzel fast auf 2 Zoll nahe kömmt. — Hierauf wird wieder frische gute Erde aus dem Magazine nach der obigen Vorschrift in den Topf nach der Höhe der abgeschnittenen Bodenhöhe eingedrückt, und das Bäumchen mit seinem beschnittenen Ballen darauf gesetzt, und dieser vorher erst sanfte begossen. Wird ohne diese Vorsicht die frische Erde sogleich um den Rand herum eingedrückt, so bleibt der trockene Ballen oft lange dürre, die neue Erde vereiniget sich nicht mit ihm sogleich, und alles Wasser rutscht an demselben durch die neue Erde heraus. Man füllet nun den Topf mit Erde, und verfährt ganz, wie bey der halben Versetzung.

Man hält diese versetzten Bäumchen in den ersten 8 Tagen, wie die andern frisch gesetzten, oder läßt sie 14 Tage auf dem Boden stehen.

Sollte

Sollte das Begießen im Sommer beschwerlich seyn, oder will der Kenner fast ohne Mühe viele Proben anstellen; so gräbt man die Töpfe im Frühlinge bis an den Rand auf Rabatten, oder Ländern mit niedrigen Sommergewächsen ein, und begießt diese Bäumchen, besonders wenn sie Früchte haben, nur bey großer Dürre.

Desgleichen, wenn der Raum im Hause zu enge ist, oder man der Orangeriebäumchen zu viele hat, so gräbt man Aepfel, Birnen und Kirschen vor Winter mit den Töpfen, einige Zoll über dieselben, damit sie vom Froste nicht springen, in die Erde ein. Im Frühjahre sind diese frischer als die andern, welche im Hause gestanden haben, zumal wenn man zu mehrerer Sicherheit etwas Stroh über die Erde gelegt hat. Es erfrieren keine, selbst in den strengsten Wintern nicht.

Vom Schnitt der Orangeriebäumchen.

Erster Trieb nach der Veredlung.

Sind die Wildlinge in derjenigen Höhe veredelt, daß sie den Schaft des Bäumchens abgeben sollen, so wird der erste Trieb schon zur Krone des Bäumchens verwendet. Hier treten nun 2 Fälle ein, entweder ist der Trieb nur einfach, wie dies bey den oculirten Stämmchen immer der Fall ist; oder er treibt zwey auch drey Sommertriebe, wie bey gepfropften und copulirten Stämmen. Diese letztern läßt man ungestört zur künftigen Krone fortwachsen, und sucht nur, wenn sie zu gerade in die Höhe wachsen wollen, sie durch ein Sperrholz aus einander zu treiben. — Hat man

es

es aber mit einem einzelnen Sommertriebe zu thun, so läßt man diesen bis Ende May bis 6 Zoll und darüber fortwachsen, und bricht im Anfange des Junius den Frühlingstrieb so hoch ab, daß noch 4 Zoll übrig bleiben. Dadurch entwikkeln sich noch vor Johannis an dem übriggebliebenen Theile des Sommertriebes 3 — 4 schöne Triebe, die die schönste Krone zu bilden im Stande sind.

Soll hingegen der neue Edeltrieb erst den Schaft bilden, so muß der Sommertrieb den ganzen Sommer hindurch ungestört fortwachsen, und wenn durch Pfropfen und Copuliren mehrere zugegen sind, nur der mittlere gerade in die Höhe gehende, zu dessen größerer Stärke allein gelassen werden. Man bricht am besten in diesem Falle, wenn der oberste Trieb im vollen Wachsthume ist, die andern sogleich vorsichtig aus. — Sollte aber der Trieb bis Ende Mays schon seine Schafthöhe erreicht haben, so bricht man nur die Spitze aus, und kann dann noch sicher Seitenäste zur Krone erwarten.

Nach diesem Geschäft bleiben die Bäumchen bis zum künftigen Frühjahre ungestört, ausgenommen, was man mit Auflockern der Erde ꝛc. in jeder Baumschule zu thun hat.

Hier ist noch zu erinnern, daß man bey jedem künftigen Schnitt auf die Richtung der Augen am Sommertriebe, so wie auf ihre Auswahl wohl zu merken habe. Die Regel im Ganzen ist hier: jedesmal ein nach außen auf den Stamm stehendes Auge zu wählen, damit der Baum in seiner Krone breit, und in der Mitte nicht mit Holz angefüllt werde. Dieses hat aber 2 Hauptausnahmen:

1) Wenn ein Ast zu tief gegen die andern nach der Erde stehet, so schneidet man ein nach innen stehendes Auge, um dessen Wuchs mehr aufrecht zu befördern.

2) Wenn die Zweige nicht in regelmäßiger Weite von einander stehen; so schneidet man diejenigen Augen an den zu weit abstehenden Zweigen, welche sich einwärts ansetzen; das heißt der Schnitt aufs Seitenauge.

Eine Hauptregel bey allem Schneiden ist, daß der Schnitt allemal gerade über der Spitze des Auges endigen muß. Der schönste Schnitt ist allemal, der dem Auge am Zweige gegenüber am Fuße anfängt, und an der Spitze des Auges endiget. Jedes höher stehen gebliebene Holz wird dürre, und macht einen Stummel, wie Knorren, oder, was das unschädlichste ist, einen Sporn.

Von den Zweigen und ihren Augen.

Wie manche haben vielleicht noch nicht mit Aufmerksamkeit die Sommerzweige betrachtet, und doch ist wahre Kenntniß in diesem Stücke zum Schnitt nöthig. Ich bemerke hierüber folgendes als das Wichtigste.

Der Sommertrieb, der sich aus einem Laubauge entwickelt, ist seiner Natur nach ein Leitzweig, Absatzweise mit Augen und Blättern besetzt, davon das letzte die Verlängerung des Zweiges für die Zukunft zum Zweck hat. Nur der Stand des Sommertriebes gegen den aufsteigenden Baumsaft macht ihn zum Holzzweige oder Fruchttriebe. Nach dem Naturtriebe des Baumsaftes

saftes ist er in der größten Entfernung von der Wurzel am thätigsten. Aus diesem Grunde treibt der einjährige Sommerzweig nach Natur, Jugend und Kraft das 2te Jahr die 2, 3, ja 4 obersten Augen zu Leitzweigen, die den Baum vergrößern. Nach diesen kommen die Fruchtruthen, hierauf die Fruchtspieße, alsdann die Blütaugen und Fruchtaugen. Dies ist der Gang der reinen Natur.

Das erste Auge an der Spitze des Jahrestriebes erfährt die erste Bewegung des Baumsaftes, und die untersten die späteste oder gar keine. Diese letztern Augen nach Beschaffenheit des Baums in die ihnen gehörige fruchtbringende Thätigkeit zu setzen, macht die ganze Philosophie des Baumschnitts aus, und beruhet auf obiger Anzahl, oder Mangel der Triebe und Augen.

Wo der Sommertrieb am vorjährigen Zweige oben ausstößt, sammlen sich mehrere Blätter in einem Büschel, wovon die untersten sehr klein sind. Diese bilden einen Ringelwuchs zum Gelenk und zur Mäßigung des Baumsaftes. Die größern sind für die schlafenden, und die größten für dieses Jahr am Sommerzweige, zumal bey Birnen, für die blinden Augen und Augennarben. Erfolgt der Trieb nicht, so bildet dieser Blätterbüschel ein Blüt= manchmal ein Fruchtauge, dessen Früchte aber abfallen. Die Blätter, über welche schon so viel Hypothesen scheiterten, und deren Nutzen noch lange nicht erschöpft ist, beweisen auch hier, daß die weise Natur in ihrer Oeconomie durch einfache Mittel vielfache Zwecke zu erreichen wisse. Pascal sagt so schön: „Unsere Einbildungskraft „wird eher, als der Stoff dazu, in der Natur „erschöpft seyn.“ Die Blätter sind für das Gewächs selbst die Lungen und der Magen. — Ein

bis

bis jetzt noch nicht gedachter Gegenstand von dem sehr wichtigen Endzwecke der Blätter ist die Bildung des Auges an den Sommertrieben. Kein Auge ohne Blatt, kein Blatt ohne Auge, ist Grundwahrheit. — Und was ist nun das Blatt? Ein Mutterkuchen mit einer Nabelschnur für das sich bildende Auge. Das Blatt ist der wahre Conduktor des Baumsaftes, und das Organ, für die wesentliche Zubereitung desselben zur Bildung der mancherley Augen. Ist diese Operation vollendet, so consolodiren sich die Gefäße auf dem Augenträger, das Blatt zeitigt, wie die Frucht, wird specifisch leichter, sein Zusammenhang aufgehoben, und ein Spiel der Winde. Nicht Kälte, nicht rückgängiger, oder gar zäher gewordener Baumsaft, nicht gehinderte Ausdünstung wegen Mangel des Sonnenlichts u. s. w. sind die Ursachen des Abfallens der Blätter. Alles dieses widerlegt die Natur selbst.

Aus dem großen Nutzen zur Bildung der Augen läßt sich z. B. deutlich erklären, warum die erste Entwickelung jedes Keims im Blatte besteht; — warum die Frucht abfällt, wenn das Laubauge fehlt; — warum bey noch unvollendeten Augen die Blätter erst in der größten Kälte erfrieren; — warum sich keine, oder nur kränkliche schlechte Augen bilden, wenn Blatt- und Schildläuse die Blätter unorganisch machen; — warum bey denen im Anfange des Sommertriebes bald abfallenden Blättern nur Augennarben, bey den andern Blättern hingegen, die auf diese folgen, und größer sind, an denen aber der Baumsaft zu schnell vorüberrauscht, nur schlafende Augen, Augenspitzen entstehen können; warum wir durch das Abpflücken der Blätter die frechen

Triebe

Triebe schwächen können; — warum sich in der Mitte des Sommertriebes, wo die Blätter am schönsten und regelmäßigsten sind, auch die vollkommensten Augen vorfinden, die wir deshalb zum Oculiren und Pfropfen wählen; u. s. w.

Alle diese Augen sind für den Kunstschnitt nur relativ. Unter dem geschickten Messer verwandelt sich nach Bedürfniß, das blinde schlafende Auge so gut zum Fruchtauge als zum Leitzweig, und ersteres wieder zu letzterem, wovon der Grund in dem einfachen Bau der Pflanzen liegt.

Bey den viel einfachern Orangeriebäumchen in ihrer Art des Wachsthums ist es nun eine Hauptregel:

> So viel Augen als möglich ist, ganz nahe an den Stammästen in Leben und Thätigkeit zu setzen.

Hierdurch erreicht man das Bedürfniß, der Frucht nahe am Stamme eine haltbare Stütze zu geben, ihr vielen Saft zu verschaffen, und in einer kleinen, nicht vielen Baumsaft unnütz verzehrenden Krone viele Blüt- und Fruchtaugen zu entwickeln.

Gewöhnlich treiben die Orangeriebäumchen aus dem vorjährigen Triebe nur einen Sommerschoß, und die übrigen gebildeten, schlafenden und blinden Augen bleiben, bey fehlerhaftem Schnitt, entweder ohne Leben, oder es bildet sich ein Fruchtspieß, oder ein Fruchtauge zu weit vom Stamme an einem schwachen Triebe.

Vom Schnitt des Kernobstes.

Dieser erfordert aus obigen Gründen deshalb nur höchstens 2 sichtbare, ausgebildete Augen

gen an dem einjährigen Triebe übrig zu lassen, das heißt, den Sommertrieb scharf auf 2 Augen zu schneiden, so daß gewöhnlich die übrige Länge des abgeschnittenen Zweiges 2 bis höchstens 3 Z. beträgt, aus dessen vorderstem Auge sich alsdann der Sommerzweig entwickelt. Bey dem Beschneiden muß man aber immer die obigen Regeln von der Richtung der Augen in Acht nehmen.

Aus dem abgeschnittenen Sommertriebe entwickelt sich nun, außer dem Leitzweige aus dem obersten Auge, gleich darunter mehrentheils eine 2 — 3 Zoll lange **Fruchtruthe**, oder ein anderthalb Zoll langer, vielleicht auch kürzerer **Fruchtspieß**, und unterhalb, oder auf diesem, oder statt dessen, ein Blüt- oder ein Fruchtauge, deren weitere Behandlung den Gegenstand des Schnitts ausmacht.

Wir hätten nun ein 2jähriges, entweder schon ein Jahr im Topfe stehendes, oder nun erst einzusetzendes Bäumchen vor uns. An diesen finden sich:

Mehrere Leitzweige, die zur fernern Ausbildung der Krone und zur Erzeugung neuer Fruchttriebe bestimmt sind. 3 oder 6 solcher **Leitzweige (Mutterzweige)** sind die schönste Anzahl zur Bildung der Krone, und diese müssen in dem möglichsten Ebenmaße von einander stehen, da jedes Orangeriebäumchen einen Kesselbaum in Miniatur vorstellen soll, und durchaus nicht geschlossen, sondern offen und hohl seyn muß. Sollten deshalb ein oder mehrere Zweige zu unregelmäßig stehen, so zwingt man sie durch Anbinden an beygesteckte Pfähle.

Fehlen die Aeste auf einer Seite, so bekömmt das Bäumchen nur eine halbe, häßlich stehende

hende Krone. Diesem Fehler hilft man oft dadurch etwas ab, daß man die Seitenaugen nach dieser Lücke hin so tief als möglich aussucht und schneidet. Schneidet man aber alle Leitzweige auf das blinde Auge, so bricht noch oft aus der kahlen Seite ein Zweig heraus, der dem Uebelstande abhilft.

Stehen hingegen alle Leitzweige in gehöriger Ordnung, so schneidet man dieselben alle an einem nach außen stehenden Auge, und nur, wie oben erinnert, im Fall des Bedürfnisses aufs Seitenauge. Ein nach oben stehendes Auge wählt man nur in dem Falle, wenn hangende Aeste aufwärts getrieben werden sollen.

Außer einem Leitzweige sind nur selten andere Zweige an diesen Bäumchen, als kleine Fruchtspieße, von einem oder anderthalb Zoll Länge und Blüt- und Fruchtaugen. Diese werden mit einander ohne Störung gelassen, denn sie sind Fruchtmagazine.

Fände sich aber unterhalb des Leitzweiges bey starkem Wuchs eine Fruchtruthe von 3 bis 4 Zoll Länge, so wird diese auf 2 sichtbare Augen beschnitten, und nie darauf gesehen, wenn auch an ihrem Ende, wie oft der Fall ist, ein Fruchtauge sitzt. Sind die Töpfe aber groß, und die Bäume werden fleißig begossen, so treibt der Schnitt auch wohl manchmal 2 Leitzweige. In diesem Falle ist es nothwendig, den untersten nur auf ein sichtbares Auge, oder in der Kunstsprache, auf Fruchtholz zu schneiden.

Die **Fruchtspieße** sind bey unsern Orangeriebäumchen — wie an jedem andern Hochstamme und Zwergbaume — der Reichthum an Obst, und das Magazin künftiger Generationen. —

Sie

Sie haben gewöhnlich an ihrer Spitze ein Fruchtauge, und hinter sich mehrere, kurz beysammen sitzende, starke sichtbare Augen. Blühet das vordere Auge, so treibt das nächste nach ihm, gewöhnlich bey jungen Bäumen, eine Fruchtruthe, die der Conduktor für den Baumsaft wird, und ohne welche die Frucht gewöhnlich abfällt; oder das nächste Auge bildet sich zu einem neuen Fruchtauge für das künftige Jahr, und der, dieses umgebende Blätterbusch ersetzt dann für die Früchte und das Fruchtauge die obige Fruchtruthe.

Außerdem muß eine jede Frucht, wenn sie zeitigen und nicht abfallen soll, auf einem Fruchtkuchen stehen. Noch wenige haben diesem Fruchtkuchen ihre Aufmerksamkeit gewidmet, die er so sehr verdienet, und obiger Name soll für dieses Organ das nämliche bezeichnen, was im Thierreiche ganz analog der Mutterkuchen ist. Er bestehet aus lauter Zellen zur Zubereitung und sanftern Umlaufe des Baumsaftes. Auf ihm sitzt der Blütenbüschel, und nachher die Frucht mit ihrem Stiele. Er schwillt mit dem Wachsthume der Frucht allmählig auf, enthält den Grund der Zeitigung und des Abfallens der Früchte, und bleibt am Fruchtspieße sitzen, bis ihn die Winterkälte vernichtet. Ohne diesen Fruchtkuchen haftet keine Frucht.

Die Fruchtspieße bilden nach und nach ein krummes, knorriges, aus unzähligen, mit blinden und schlafenden Augen versehenen Ringelwüchsen, bestehendes Ansehen, das 8 — 15 Jahr alt wird. Jedes Jahr bildet sich an jedem einzelnen Stummel ein Fruchtauge, unter demselben, meistens gegenüber, ein Blütauge, und neue Augenspitze,

so,

so daß man immer eine 4 — 5jährige Fruchtgeneration an selbigem beobachten kann. Durch diese so weise Oeconomie der Fruchtspieße werden sie an Fruchtbarkeit unerschöpflich. Ihr Studium ist beym Zwergobste wichtig, und auf ihre Behandlung beruhet bey allen Bäumen die Verjüngerung oder ihr Grab.

Bey dem Kernobste haben die Orangeriebäumchen, besonders die alten, einige Unarten in Ansehung ihrer Fruchtaugen.

Die Fruchtaugen setzen sich nicht nur häufig an den Spitzen der Fruchtruthen an, sondern sie bilden sich auch oft an den Seiten derselben. Ja bey alten Bäumchen ist auch oft jedes Trieb- oder Leitauge für das künftige Jahr ein Fruchtauge. — So erwünscht nun dieses für die Gewinnung baldiger Früchte ist, so wenig darf hingegen bey einem schönen Zug der Orangeriebäumchen der Geiz das Messer leiten. Nicht nur werden häufig die an einem unrechten Ort stehenden Fruchtaugen aus Mangel eines Fruchtkuchens und Blätterbüschels, keine zeitigen Früchte liefern; sondern der Wuchs des Bäumchens wird auch entstellt, und die an einem schwankenden Zweige hangende Frucht wird leicht mit dem Zweige von ihrer Schwere oder vom Winde abgerissen. — Man schneidet daher alle Fruchtaugen, die an den Fruchtruthen oder gar an den Leitzweigen stehen, nach der obigen Regel hinweg, als ob sie nicht da gestanden hätten. Steht hingegen ein Fruchtauge auf der Seite dieser Zweige, und tiefer, als der regelmäßige Schnitt gehen müßte, so kann es bleiben. Nie darf man aber an einem falschen Auge den Schnitt machen; die Frucht geht ver-

loren,

loren, und bey Orangeriebäumchen treibt nicht leicht ein Leitzweig hervor.

Für dauerhafte und schöne Orangeriebäumchen steht die Regel fest:

1. Jeder Leitzweig, der zur Bildung der fernern Krone und künftiger Fruchtaugen dienen muß, sey er am Ende oder in der Mitte mit Fruchtaugen versehen, nach der Regel auf ein oder 2 sichtbare Augen zurückzuschneiden.

2. Jede Fruchtruthe von 3 bis 6 Zoll Länge, wenn sie auch das schönste Fruchtauge auf ihrer Spitze trägt, auf 2 sichtbare Augen zu einem künstlichen Fruchtspieß zu verstutzen; denn ohne das Fruchtauge würde sie zu einem langen nackenden Zweige fortwachsen, und dann im 2jährigen Holze geschnitten werden müssen. Dieser scheinbare Schaden wird durch größere Schönheit des Baums und gewissere, regelmäßig sitzende Früchte, sehr bald ersetzt.

Noch eine wichtige Anomalie bestehet darin, daß in großen Töpfen sehr leicht 2 Leitzweige von gleicher Größe treiben. Steht nun der erste am unrechten Ort in Rücksicht seiner Richtung, und macht der 2te eine schönere Krone, so schneidet man den 2ten auf ein Auge, so giebt er eine Fruchtruthe oder Fruchtspieß.

Vom Schnitt des Steinobstes.

Das Steinobst unterscheidet sich durchaus in der Art seine Früchte zu bilden, anzusetzen und zu ernähren, vom Kernobste, und erfordert deswegen auch einen verschiedenen Schnitt.

1. Das Kernobst trägt nach der Regel der Natur nie am einjährigen Holze, das

heißt

heißt an vorjährigen Sommertrieben, und Ausnahmen hiervon machen nur sehr fruchtbare Sorten, besonders dürre Jahreszeiten und Boden. Die Früchte fallen aber vor Johannis ab. 2. Die Fruchtaugen fordern zu ihrer völligen Ausbildung gewöhnlich 3 und bey manchen Sorten 4 bis 5 Jahre.

Das Steinobst blühet hingegen stets am einjährigen Holze, nie an ältern, und es bedarf der Blätteraugen zur Vorbereitung nicht, da sich die Fruchtaugen — die Blütknospen — an jedem Sommertriebe des nämlichen Jahres völlig ausbilden. Eben so verschieden sind auch bey dem Steinobste die Fruchtruthen und Fruchtspieße. Diese machen kein Ringelholz mit schlafenden Augen, die durch rückwärts gehende Vegetation neue Fruchtaugen entwickeln; sondern hier ist immer die Vegetation vorwärts schreitend, und alles retrograde Holz auf ewig unfruchtbar. Jedes Jahr treiben die Fruchtspieße vorwärts, oft nur einige Linien lang. Diese letztern kurzen Triebe bilden die oben angeführten Bouquetzweige, an welchen die Fruchtaugen so nahe bey einander sitzen, daß sie eine einzige Gruppe bilden, auf deren Spitze ein einziges Laubauge sitzt, von dessen unversehrtem Daseyn das Leben und die künftige Fruchtbarkeit dieser Zweige abhängt. Nur der Pfirschenbaum macht hierin, wie in vielen Stücken zur Erschwerung des Schnitts einige Ausnahmen.

Alles Steinobst theilt sich nun, in Rücksicht der Art, die Fruchtaugen anzusetzen, in 3, bey dem Schnitte wohl zu bemerkende Classen:

1) Alle Fruchtaugen sitzen jedesmal neben einem Laubauge, und hier

fin=

findet man denn mehrentheils 2 Fruchtaugen und zwischen ihnen das spitze Laubauge. Ja bey Apricosen sitzen oft 4 und mehr Blütknospen um das Laubauge, die aber zum Theil unentwickelt abfallen.

2) Die Fruchtaugen stehen einzeln am vorjährigen Triebe, und es findet sich nur vorn an der Spitze des Fruchtholzes ein einziges Laubauge.

3) Oder die Laubaugen sitzen, so wie die Fruchtaugen an den Zweigen vertheilt, doch so, daß stets das oberste Auge ein Laubauge ist.

Zur ersten Klasse gehören alle Pflaumen, und diese sind daher leicht, und fast nach den Regeln des Kernobstes zu schneiden. Sie haben nur die Unart, daß sich die Fruchtaugen an den Sommerzweigen, oft erst hoch und bis an das Ende des Triebes ansetzen. Dies muß man nicht achten, und immer wie bey den Fruchtruthen des Kernobstes, nach der Regel schneiden, damit man wahre, immer fruchtbare Fruchtspieße erhalte. Da der Wuchs indessen frecher und wilder, als bey dem Kernobste ist, so schneidet man sie in den ersten 2 Jahren in großen Töpfen auf 4 in Kübeln auf 5 sichtbare Augen. Alsdann treiben sie eine Menge Fruchtspieße und kleine Fruchtruthen, die sich reich mit Früchten behangen, und eine wahre Zierde sind.

Zu dieser Klasse gehört auch gewissermaßen der **Pfirschen-, Apricosen- und Mandelbaum.** Eigentlich aber gehören sie leider in alle 3 Klassen, und erfordern deshalb beym Schnitt die größte Vorsicht von allen. Daher trifft man denn auch keine Bäume häufiger in einer so elenden Verfassung an, als eben diese.

Für die Orangeriebäumchen dieser Art ist es für uns hinreichend zu wissen, daß man die Leitzweige auf 4, die Fruchtaugen hingegen auf 3 gebildete Augen schneiden muß, und dieses im Frühjahre nicht eher, als sie blühen wollen, oder schon geblühet haben. Man begehet alsdann gewiß keinen Fehler, und hat dann stets die Gewißheit, an jedem zu beschneidenden Triebe einen neuen Leitzweig zu erhalten, daß wir immer ein Laubauge zum Schnitt auswählen können.

Zur 2ten Klasse gehören eigentlich nur verschiedene Arten von Kirschen. Diese vertragen durchaus keinen Frühlingsschnitt, wenn nicht jeder Zweig absterben soll. Hier giebt uns aber die schnellere Entwickelung der Blüte, als bey dem Kernobste, und die allgemeine Harmonie der Blätter mit der Blüte, den Kunstgriff und die Vortheile des Sommerschnitts an die Hand, wodurch wir die Blüte in Laub und Zweige verwandeln können. Von diesem Sommerschnitt finden wir in den wichtigsten Büchern, die vom Schnitt handeln, sehr wenig, und doch ist derselbe sehr wichtig, und bey manchen Kirschsorten unentbehrlich. Die rechte Zeit ist vor Johannis, so lange der Frühlingstrieb noch in seiner Entwickelung fortgehet, und kein Auge an seiner Spitze gebildet hat, das aber auch oft nach Johannis wieder von neuem treibt, — der bekannte Johannistrieb — wodurch in heißen Ländern das doppelte Fruchttragen bewirkt wird. Vor Johannis sind die Fruchtaugen noch nicht ausgebildet, wozu nach dieser Zeit der stillere Umlauf des Baumsaftes, und die größere Vollkommenheit der Blätter er-

for-

fordert wird. Sucht man also einen stärkern Antrieb des Baumsaftes in diese sich bildenden Augen zu leiten, so werden die Blütentheile zu Blättern und fortwachsenden Zweigen. — Aus dieser Ursache schneidet man solche Kirschen vor Johannis auf 3 bis 5 gebildete Augen, je nachdem der Trieb stark ist, und man bekommt einen auch 2 neue Leitzweige, die den Baum schöner belauben, und sich im Frühjahre, wenn sich die Blüten entwickeln, nach Gefallen oft beschneiden lassen, da diese Johannistriebe oft keine, oft nur die untersten Augen zu Fruchtaugen gebildet haben. Fänden sich aber auch diese wieder bis auf das vorderste mit Fruchtaugen besetzt, so darf nichts geschnitten werden, und nur die unnützen, zu häufigen und zu gedrängt stehenden Triebe werden rein ausgeschnitten. Bey solchen Sorten müssen wir uns begnügen, durch den Sommerschnitt ihren zu starken Wuchs zu hemmen.

Wenn die Orangeriebäumchen alt werden, so treiben sie oft nur sehr kurze Sommerzweige, oft gar keine, und sind blos mit Fruchtaugen besetzt.

Das Kernobst entwickelt dann aus seinen Ringelwüchsen nur die schlafenden Augen und treibt keine neuen Zweige mehr, wodurch aber das Bäumchen bald erschöpft wird. In diesem Falle kann man dasselbe auf dreyerley Art verjüngen: 1) Man beschneidet die Wurzeln nach den gegebenen Regeln, und setzt es wieder in einen größern Topf, wobey alle Zweige scharf zugeschnitten werden müssen; — oder 2) man setzt es nach beschnittenem Erdballen wieder in den nämlichen Topf, stutzt aber die höher stehenden alten Zweige auf die näher nach dem Stamm hin scharf an diesen ab, d. i. man schneidet sie zurück, wodurch die letztern wieder munter austreiben. Oder 3) Man beschneidet den Erdballen sehr stark, schneidet alle alte Aeste auf die untersten zurück, setzt das Bäumchen in das Land, so erhalten wir sicher wieder ein ganz junges Bäumchen, mit den schönsten Zweigen, die bey dem Einsetzen in den Topf wieder nach der Regel beschnitten werden.

Bey dem Steinobste geht dies alles eigentlich nicht an, da wir hier mit schlafenden Augen nichts zu thun haben, und das Entwickeln der Zweige aus alter Rinde nur bey den Pflaumensorten sicher gelingt, und doch selten außerhalb dem Lande. Hier ist das Versetzen in größere Töpfe, und das jährliche Einschneiden der vorstehenden Sommertriebe auf die unterhalb stehenden das einzige Mittel, diese Bäumchen in einer kleinen, schönbelaubten Krone zu erhalten.

Zur **dritten Klasse, wo die Laubaugen mit den Blütknospen an den vorjährigen Zweigen vertheilt sitzen,** gehören ebenfalls mancherley Kirschsorten, z. B. die große Maykirsche, die portugiesische, die Momorenci, die große Glaskirsche, die Oranienkirsche u. s. w. Für diese ist der Sommerschnitt vortrefflich, und wir können sie auch im Frühjahre, wenn die Blütknospe und das Laubauge jedem kenntlich ist, oft nach den, bey den Pfirschen gegebenen Regeln schneiden.

So viel vom Schnitt der Orangeriebäumchen.

Von

Von der Größe des Obstes in Töpfen.

Wer sich nicht gewöhnt hat, nach physischen Gesetzen der Vegetation über so manche Erscheinungen bey den Gewächsen nachzudenken, der wird sicher zum voraus glauben, daß kleine Bäume auch kleines Obst liefern müßten. Dieser Glaube würde nun bey Orangeriebäumchen gerade das Gegentheil seyn. — Nur schlechte Pflege, und hohes Alter bringt die Orangeriebäumchen dahin, daß sie, wie jeder Hochstamm, zu einem Krüppel werden, wenn bey letztern die fortschreitende Vegetation aufhört, oder ein schlechter beschränkter Boden seinem Wurzelvermögen zu große Gränzen setzt. Der Wuchs eines jeden Baumes stehet mit seinem Vermögen, jedes Jahr neue Wurzeln zu treiben, und dadurch neuen Bast für die neuen Sommerzweige anzulegen, in geradem Verhältnisse, und hängt von letztern ab. — Die jährlichen neuen Wurzeln sind weiß, dick, sehr weich, und voll Saft, daß man sie mit den Fingern leicht zerdrücken kann. Erst im folgenden Jahre verholzen sie sich, und die neue Verlängerung schreitet weiter. Dieses zarte weiche Organ ist gleichsam ein Schwamm, zur Einsaugung und ersten Vorbereitung des Baumsaftes. Oft ist diese neue wachsende Wurzel 3 bis 6mal dicker, als das schon verholzte braune Würzelchen, aus dem es austreibt.

Jedes Gewächs hat aber zu seinem unwandelbaren Gesetz das Bestreben, sich erst selbst zu vervollkommnen, ehe es Früchte trägt, oder sich anschickt, sein Individuum der Nachwelt zu überliefern. Wenn deshalb das Lebensprincip in dem Wurzelvermögen groß, starkwirkend ist, so trägt der Baum erst spät, seine Jugend verwendet er auf sein Wachsthum. Daher blühen und tragen versetzte junge Bäume oft im 2ten 3ten Jahre, und wenn sich ihr Wurzelvermögen erst wieder ausgebreitet hat, nachher oft in vielen Jahren nicht.

Die frühe Tragbarkeit der Orangeriebäumchen beruhet einzig auf der Einschränkung dieses Wurzelvermögens, wodurch der Baumsaft gemäßigter in seinem Umlaufe wird, und also das langsamere Wachsthum der Sommertriebe den Fruchtaugen eine schnellere Entwickelung gestattet. Die Menge der Nahrungswurzeln aber bestimmt die Schönheit, die Munterkeit des Wachsthums, und die Größe der Früchte. Daher sind solche Stämmchen zur Veredlung so nothwendig, die leicht einen Wald von Nahrungswurzeln bilden, und dadurch überflüssige Nahrung herbey führen können.

Ein beständig gehörig feucht erhaltenes Orangeriebäumchen, das in einer guten Erde stehet, jedes Jahr die halbe Versetzung, und alle 4 — 5 Jahr die ganze Versetzung bekommt, liefert Früchte, die so groß, und oft größer sind, als die ausgesuchtesten Stücke eines volltragenden Hochstammes. Sicher, und nach einer tausendfachen Erfahrung, erreichen die Früchte an Orangeriebäumchen, auch bey einer gewöhnlichen Blumenpflege, gewiß stets die Größe der Mittelsorten, und gerade diese sind es, die ihrer wahren und eigenthümlichen Bildung am ähnlichsten bleiben. Nie sollte man zu Zeichnungen und Beschreibungen die ausgesucht großen Sorten, zumal nicht von Spaliren wählen, denn fast immer haben diese etwas Fremdes in der Form. Der Flügelmann von 14 Zoll ist

sel-

selten proportionirt, und nicht das wahre Muster seiner Menschenrace. Für den Kenner sind die Früchte gut unterhaltener Orangeriebäumchen zuverläßige Muster; ja hat ein solches kraftvolles Bäumchen nur wenige Früchte, fehlt es den Sommer über nie an gehöriger Feuchtigkeit, und giebt man dem Bäumchen einigemal das Dungwasser: so werden diese wenigen Früchte größer, als sie ihrer Natur nach seyn sollten, und kommen den schönsten Spalierfrüchten gleich.

Ueberdenkt man aber auch nur bloß analogisch, daß ein solches Bäumchen stark beschnitten wird, die Wurzeln hingegen im Topfe einen Wald bilden, der bey gehörigem Begießen Nahrung im Ueberflusse herbeyführen kann, so läßt sich schon ohne genauere Kenntniß von den Gesetzen der Vegetation erwarten, daß die Früchte an solchen Bäumchen Zufuhr genug haben müssen, um sich zu ihrer natürlichen Größe ausbilden zu können. — Wollen wir nun noch überdies berechnen, daß der Vorrath von Wurzeln an einem großen Baume, der nie geschnitten wurde, allen Aesten sammt dem Stamme gleich komme, — welches doch aber große Ausnahmen leidet — so würde ein Zweig von einem Hochstamme, der die Größe eines Orangeriebäumchens hätte, nicht nur so viele Wurzeln zu seinem Antheil nicht haben, sondern die dazu gehörige Erde, mit ihrem Vorrathe von Nahrungsstoffen gegen die Erde im Topfe in gar keinem Verhältnisse stehen.

Ist ein Zwerg- oder Hochstamm mit Früchten überladen, so bleiben sie klein, und daher die große Nothwendigkeit des Auspflückens, wenn man schöne Früchte haben will. Die beste Regel bey Orangeriebäumchen ist, ihnen nicht mehr Früchte

zu

zu lassen, als ein verhältnißmäßig großer, gehörig behangener Zweig am Hochstamme liefert. Meine Gewohnheit ist, dem 2jährigen Kernobststämmchen in einem gegen 70 Kubiczoll Erde haltenden Topfe, von Obstsorten, die 2 bis 2½ Zoll im Durchmesser haben, nur 2 Stück, dem 3jährigen 4, und nachher nie über 8 — 10 zu lassen. Bey noch größern weniger, und bey kleinern etwa ⅓ mehr. — Indessen stößt auch hier das Bäumchen, besonders bey dem Steinobste, seine ihm lästigen Früchte selbst ab, und behält nicht mehr, als es bequem ernähren kann. Nie muß man aber 2 Stück von Aepfeln, Birnen, Apricosen und Pfirschen beysammen stehen lassen, und Ausnahmen machen nur die Büschelweise wachsenden Birnsorten, z. B. Sucré vert. petit Blanquet, und der Pomme d'Api.

Das in Töpfen erzogene Obst ist jedesmal zarter, schmackhafter, und früher reif, als an Hochstämmen. Die Ursache davon liegt darin, daß die Wurzeln den ganzen Sommer über in einer gleichsam durchwärmten Erde stehen.

Ochererbse, Pisum Ochrus L., eine Art der Gattung Erbse, welche im 2ten Theil des Gartenfreundes ausgelassen ist, und hier nachgeholt wird. Sie hat Gattungskennzeichen, Classification 2c. mit der gewöhnlichen Gartenerbse gemein. S. II. S. 673. Diese Art wird als eine Blumenpflanze in Gärten unterhalten.

Pisum (Ochrus) petiolis decurrentibus membranaceis, diphyllis pedunculis unifloris. Linn. Pfl. Syst. VIII. 584. *Mill. Dict.* n. 6. Lueder Lustgärt. III. S. 375. Italienische Erbse, Ochererbse. Vaterl. Italien, Creta unter den Saaten. Die Stängel sind winklicht, beynahe 3 Fuß lang. Die Blätter sind 2blättrig, auf herablaufenden häutigen Stielen. Die Blumen stehen auf einblumigen Stielen, sind klein, blaßgelb, erbsenartig und blühen im Sommer. Die länglichen Hülsen enthalten rundliche, zusammengedrückte Saamen, die gegen das Ende des Sommers reif werden.

Den Saamen dieser Pflanze lege man im Frühjahre in 3 F. weit von einander entfernte Reihen, und ziehe nachher ihre, ohne Unterstützung auf die Erde liegende Stängel, wie Gartenerbsen in die Höhe.

Ochsenauge, Chrysanthemum Leucanthemum L., s. **Goldbaum** III. 324.

— — Anthemis arvensis L., s. **Kamille** III. 914.

— **Kopfampfer**, Rumex bucephalophorus. S. **Grindwurzel** III. S. 353.

— **zunge**, Rumex acutus L., s. **Grindwurzel** III. S. 341.

Ochsenzunge, Anchusa L., eine Pflanzengattung, die in die 1ste Ordnung der 5ten Pflanzenklasse (Pentandria Monogynia) gehört. Die Kennzeichen sind folgende: Der Kelch ist bis über die Hälfte in 5 zugespitzte Abschnitte getheilet, und umschließt eine einblättrige, trichterförmige Krone, die einen durch 5 kleine Schuppen geschlossenen Schlund hat, der meistentheils die 5 kleinen Staubgefäße bedeckt. Der Griffel ist zugestumpft, und nur ein wenig eingekerbt; die Saamen sind länglich stumpf, höckerig, und mit ihrem untern Theile im Grunde des bleibenden Kelchs befestiget. Gewöhnlich sitzen 4 Saamen in demselben bey einander.

Die

Die Ochsenzungenarten sind größtentheils schönblühende, die Gärten verzierende Pflanzen, welche, wenn sie in ein trocknes und sandiges Erdreich gepflanzt werden, nicht allein länger dauern, sondern auch zwischen andern, besonders weiß blühenden Staudengewächsen ein prächtiges Ansehn machen. Sie sind insgesammt perennirende Pflanzen, die aus einer ausdauernden Wurzel theils aufrechte, theils gestreckte Stängel, und meistens sehr rauhe einfache, längliche Blätter treiben. Die Blumen kommen an den Enden der Stängel und Zweige in Trauben oder Aehren, sie blühen nach den verschiedenen Arten vom Frühjahre bis in den Herbst, und geben im Herbste reifen Saamen.

1) Anchusa (officinalis) foliis lanceolatis, spicis imbricatis secundis. **Linn. Pfl. Syst.** V. 415. *Spec. Plant. Edit. Willd.* I. 756. *Mill. Dict.* n. 1. Dietr. G. L. n. 3. **Lueder Lustg.** n. 1. **Gemeine Ochsenzunge.** Vaterl. Deutschland an Wegen, auf Schutthaufen und ungebaueten Plätzen. Die Wurzel ist etwa fingersdick, ziemlich lang, ästig, holzartig, inwendig gelbweißlich, auswendig braun. Die Blätter sind lanzettförmig, zugespitzt, gestriegelt; sie sind nämlich auf beyden Seiten mit liegenden, dicht angepreßten, kleinen Borsten besetzt, die nach unten zu dicker sind. Der Stängel ist ebenfalls rauh, und trägt eine einseitige Blumenähre, an welcher die Blumen schuppenförmig über einander liegen. Die Blumen sind in ihrer ersten Periode hellroth; so wie sie sich aber völlig ausgebildet haben, bekommen sie eine schöne himmelblaue Farbe, die der Pflanze einen Platz in Lustgärten verschafft. Diese Pflanze variirt überhaupt

haupt in der Farbe ihrer Blumen; denn man hat Abarten mit weißen, mit rothen und mit purpurrothen Blumen.

2) Anchusa (capensis) foliis lanceolatis, callosis villosis, racemis trichotomis. *Linn. Spec. Plant. Edit. Willd.* I. 756. Dietr. G. L. n. 1. Capische Ochsenzunge. Das Vaterl. zeigt der Name. Sie hat eine fleischige, ästige Wurzel, viele Faserwurzelchen, und treibt mehrere lanzettförmige haarige Blätter hervor, welche sich größtentheils auf der Erde ausbreiten. Zwischen denselben erhebt sich ein aufrechter, etwas ästiger Stängel, der mit 2theiligen Blütentrauben gekrönt ist.

3) Anchusa (paniculata) foliis lanceolatis strigosis integerrimis, panicula dichotoma divaricata, floribus pedunculatis, calycibus quinque-partitis, laciniis subulatis. *Linn. Spec. Plant. Edit. Willd.* I. 756. Dietr. G. L. n. 2. Rispenblättrige Ochsenzunge. Vaterl. die Insel Madera. Der Stängel trägt 2theilige, auseinandergesperrte Blütenrispen, deren Kelche bis an die Basis 5theilig sind. Die Wurzel- und Stängelblätter sind lanzettförmig, zugespitzt und mit einem anliegenden borstigen Ueberzug, wie bey n. 1, doch stärker als alle übrige Arten. Der Kelch ist bis auf den Grund in 5 Theile gespalten.

4) Anchusa (tinctoria) tomentosa, foliis lanceolatis obtusis, staminibus corolla brevioribus. Linn. Pfl. Syst. V. 418. *Spec. Plant. edit. Willd.* I. 758. *Mill. dict.* n. 8. Dietr. G. L. n. 4. Lueder l. c. n. 6. Färbende Ochsenzunge, Alkannawurzel, rothe Ochsenzungenwurzel. Vaterl. Montpellier.

lier. Die Pflanze hat eine walzenförmige Wurzel, eines Fingers dick und unten zugespitzt. Die ganze Pflanze ist filzig; die Blätter sind lanzettförmig und stumpf. Die Blumen haben eine überaus schöne dunkelbraune oder purpurrothe Farbe.

5) Anchusa (italica) foliis lanceolatis undulatis, summis acuminatis, squamis faucis corolla penicilliformibus. *Linn. Spec. Plant. edit. Willd.* I. 756. Dietr. G. L. n. 5. Italienische Ochsenzunge. Vaterland, das südliche Europa. Der Stängel wird 3 — 4 Fuß hoch, ist rauch, und mit lanzettförmigen, hellgrünen, wellenförmigen, kleinborstigen, glänzenden Blättern besetzt. Die Blumentrauben sind 2theilig, die Blumen stehen schuppenartig über einander, und der Schlund ist behaart.

6) Anchusa (augustifolia) racemis subnudis conjugatis. Linn. Pfl. Syst. V. 417. *Spec. Plant. Edit. Willd.* I. 757. *Mill. Dict.* n. 2. Dietrich G. L. n. 6. Lueder n. 4. Schmalblättrige Ochsenzunge. Vaterland, Italien, Deutschland auf trocknen Plätzen. Diese Art ist der gemeinen Ochsenzunge sehr ähnlich, und hat in Absicht auf die Blütenfarben auch wie diese einige Abänderungen, nämlich mit weißen, und mit purpurrothen Blumen. Die Blätter sind aber bey dieser viel schmaler und langgespitzt, übrigens haben sie eben die Bekleidung. Sie blühet im Junius und liefert einige Wochen nachher reifen Saamen.

7) Anchusa (undulata) strigosa, foliis linearibus dentatis, pedicellis bractea minoribus, calycibus fructiferis inflatis. Linn. Pfl. Syst. V. 417. *Spec. pl. edit. Willd.* I. 757.

757. *Mill. Dict.* n. 3. Dietr. G. L. n. 7. Lueder n. 7. Wellenblättrige Ochsenzunge. Vaterl. Spanien, Portugal, Sibirien auf Wiesen. Ein 2 — 3 F. hoher rauher Stängel ist mit gleichbreiten, am Rande wellenförmigen und gezähnten Blättern besetzt. Die Blumen kommen im Jul., sind schön himmelblau, und haben aufgeblasene Kelche, welche rauch sind. Ihre Dauer hängt blos von ihrem Standorte ab: in einem nassen und feuchten Erdreiche dauert sie selten länger als 1 bis 2 Jahre, und fordert daher in den Gärten ein trocknes sandiges Erdreich.

8) Anchusa (hispida) pedunculis axillaribus diphyllis, foliis lanceolatis, repando-dentatis hispidis. *Linn. Spec. plant. Edit. Willd.* I. 758. Dietr. G. L. n. 8. Rauhe Ochsenzunge. Vaterl. Egypten. Der Stängel ist weitschweifig, ästig, und so wie die ganze Pflanze mit steifen Borsten besetzt. Die Blätter sind lanzettförmig, zugestumpft, sägezähnig, sitzen oben am Stängel dicht bey einander, und sind mit weißen Punkten oder Schwielen versehen. Die Kelche sind steifborstig, die Nebenblätter lanzettförmig, gespitzt, die Frucht länglich, glatt.

9) Anchusa (virginica) floribus sparsis, caule glabro. Linn. Pfl. Syst. V. 419. *Sp. plant.* edit. *Willd.* I. p. 758. *Mill. Dict.* n. 5. Dietr. G. L. n. 9. Lueder n 3. Virginische Ochsenzunge. Vaterland, Virginien. Die Wurzel liefert eine rothe Farbe, und dient in einigen Gegenden von Nordamerica, wo sie häufig wild wächst, zur Schminke. Der Stängel ist glatt, wird etwa 1 Fuß hoch und trägt viele hellblaue Blumen, die ziemlich groß sind, und in einer ausgesperrten Rispe stehen.

Sie

Sie blühet zu Ende März oder im April, und hat eine Abänderung mit kleinen blaßgelben Blumen. Wegen der frühen Blützeit sowohl, als der schönen gelben oder blauen Blumen empfiehlt sich diese Art als Zierpflanze, und findet an der Fronte eines Lustwäldchens einen guten Standort. Sie verträgt den Winter im Freyen ohne Bedeckung, und wächst fast in jedem Boden gut, nur darf letzterer nicht zu feucht seyn.

10) Anchusa (lanata) foliis villosis, calycibus hirsutis, staminibus corolla longioribus. Linn. Pfl. Syst. V. 419 *Spec. Plant. Edit. Willd.* I. 758. *Mill. dict.* n. 3. Dietr. G. L. n. 10. Lueder n. 5. Wollige Ochsenzunge. Vaterl. Algier. Der einfache, etwa 1 Fuß hohe Stängel, ist mit lanzettförmigen, welligen und wechselsweise stehenden Blättern besetzt. Am Ende der Zweige sitzen mehrere himmelblaue Blumen, deren Staubfäden länger als die Krone sind. Sie blühet im May und Junius. In Deutschland ist sie etwas zärtlicher, und wenn ihr ein nasser und feuchter Boden gegeben wird, dauert sie selten über 2 Jahr. Es ist daher für die Dauer und Erhaltung der Pflanze von einem nicht geringen Nutzen, wenn man in einem kalten und rauhen Klima immer einige Pflanzen um des Saamens willen in Töpfen erziehet, und dieselben entweder in einem sehr mäßigen Glashause, oder in einem Pflanzenbehälter durchwintert. Denn da die Pflanze auch der Zierde wegen in Gärten erzogen zu werden verdienet, so kann man alljährlich etwas Saamen aussäen, die Pflanzen in Kästen oder zu 3 — 4 in Töpfe setzen, und an einem vor dem eindringenden Froste geschützten Orte durchwintern; dann wer-

werden sie im Frühjahre an die bestimmte Stelle gesetzt, wo sie blühen.

11) Anchusa (sempervirens) pedunculis diphyllis capitatis. Linn. Pfl. Syst. V. 420. *Spec. plant. edit. Willd.* I. 759. *Mill. Dict.* n. 6. Dietr. G. L. n. 11. Lueder l. c. n. 2. Breitblättrige Ochsenzunge. Vaterl. England, Spanien. Die Blätter kommen unmittelbar aus einer dicken ästigen Wurzel hervor. Sie sind eyförmig, ziemlich groß, rauchhaarig, gestielt und größtentheils mit weißen Flekken versehen. Zwischen denselben kommen die Blumenstiele hervor, welche mit vortrefflichen himmelblauen Blumen gekrönet sind. Die Pflanze hat zwar einen niedrigen Wuchs; wenn sie aber vor der Fronte einer Strauchgruppe, oder auf eine Rabatte gepflanzt wird, so macht sie zwischen andern niedrigen Gewächsen ein prächtiges Ansehn, zumal da sie fast den ganzen Sommer hindurch, ja oft vom May bis spät in den Herbst blühen. Sie verträgt auch überall den Winter in unsern Gärten sehr gut; jedoch steht sie in einem etwas trocknen Erdreiche viel länger, als in einem nassen schwammigen Boden.

12) Anchusa (cespitosa) foliis linearibus obtusis basi attenuatis caule longioribus, racemo terminali simplici subquadrifloro. *Linn. Spec. Plant. Edit. Willd.* I. 759. Dietr. G. L. n. 12. Rasenblättrige Ochsenzunge. Vaterl. Creta. Aus einer dicken fleischigen Wurzel kommen gleichbreite, an der Basis zugespitzte, steifborstige Blätter hervor, welche in einem Büschel beysammen stehen, und sich nach allen Seiten ausbreiten. Der einfache Stängel

gel ist mit einer 2 — 4theiligen Blumentraube gekrönet.

Alle diese Ochsenzungenarten lieben von Natur einen trocknen Standort, und eine sonnige Lage, und daher muß man denselben auch in den Gärten einen solchen Standort und Erdreich geben; davon hängt ihre ganze Dauer allein ab. In einem nassen feuchten Erdreiche sind die meisten, die bey uns im Freyen aushalten, nur 2jährige Gewächse. Die Vermehrung kann sehr leicht durch den Saamen geschehen, der entweder, sobald er reif ist, oder im Frühjahre, an der Stelle, wo die Pflanzen stehen bleiben sollen, ausgesäet werden kann. Im Alter lassen sie sich, ihrer fleischigen oder holzartigen, mit wenigen Fasern versehenen Wurzeln nicht leicht versetzen, es sey denn, daß man dieselben, ohne die Wurzeln zu beschädigen, ausheben, und an einem andern Orte pflanzen könnte. Da jedoch der Saame alle Jahre in Menge reif wird, so ist die Vermehrung derselben aus dem Saamen allemal die zweckmäßigste. Auch säen sich die meisten Arten von selbst aus, und pflanzen sich durch den ausfallenden Saamen fort, so daß man in solchen Fällen nur die jungen Pflänzchen auszuheben, und dahin zu pflanzen nöthig hat, wo man sie haben will. A. capensis hält bey uns nicht im freyen Lande aus, sondern muß entweder in einem Gewächshause von 1 — 5 Grad Wärme, oder in einem Pflanzenbehälter überwintert werden.

Octoberkirsche, Prunus semperflorens, s. Kirsche IV. 149.

Oculiren, heißt: ein Auge eines edlen Reises in die Rinde eines Wildlings dergestalt einschieben,

daß

daß es in derselben einwächst und einen Zweig treibt, der in der Folge einen Baum macht, welcher eben solche Früchte trägt, als der Baum trug, von dem das Auge genommen war. Das **Oculiren** ist also eine von den Arten Bäume zu veredeln, und hat seinen Namen von den Augen oder **Knospen** an den Reisern. Aus eben dem Grunde heißt es auch **Aeugeln**. Man nennt es auch **Impfen**, und weil das Stück Rinde, welches man zur Sicherheit mit dem Auge zugleich ablöset, die Form eines Schildes der Alten hat, so heißt es auch **Schilden, Anschilden, Pfropfen mit dem Schilde.**

Unter allen Arten der Baumveredlung ist dies Oculiren wohl unstreitig eine der vorzüglichsten, und behauptet nach dem Kopuliren wohl den ersten Rang. Ihr Werth erhellet aus folgenden Bemerkungen:

1. **Es giebt keine Art der Veredlung, bey welcher dem Stamme weniger Gewalt angethan wird.** Es wird blos ein Schnitt in die Rinde gethan, und dieselbe ein wenig gelüftet, und sobald das Schild eingeschoben, wieder zugebunden. Das Holz bleibt am ganzen Stamme unverletzt. In dieser Rücksicht hat das Oculiren selbst vor dem Kopuliren den Vorzug. Das eingesetzte Auge bemerkt es kaum, daß es auf einer andern Stelle zu stehen kömmt. Es verläßt nur auf einen Augenblick seinen saftigen Sitz, und kömmt gleich auf einen andern eben so saftigen.

2. **Es fordert die wenigsten Geräthschaften.** Ein Oculirmesser, in dessen Ermangelung man auch ein Federmesser gebrauchen kann, und ein Baststreifen sind alles, was dazu erforderlich ist. Viele verlangen auch noch einen Ab-

schieber, der aber auch nicht durchaus nöthig ist, weil man auch wohl die Augen mit den Fingern ausbrechen kann, und weil bey dem Oculiren mit dem Holze die Augen ausgeschnitten werden.

3. Das Oculiren **giebt sehr gesunde Bäume**, die nicht nur munter wachsen, und ein gesundes Ansehn haben, sondern auch gewöhnlich früh tragbar werden; denn die äußerst geringe Verwundung heilet so bald und so völlig über, daß keine Spur davon bleibt; und endlich

4. Das Oculiren ist die **reinlichste und angenehmste Art** der Baumveredlung, bey welcher man die Hände mit nichts beschmutzt.

Da das Geschäft des Oculirens auf mehr als eine Art verrichtet wird, so muß auch die Anweisung dazu getrennt werden.

1.

Das gewöhnliche Oculiren.

a) **Von der Zeit, in welcher man oculirt.** In dieser Rücksicht hat man 2 Arten zu Oculiren, nämlich das **Oculiren aufs treibende und aufs schlafende Auge.** Im Allgemeinen ist leicht zu begreifen, daß zu keiner andern Zeit oculirt werden kann, als wenn der Saft im Stamme und in den Reisern in voller Bewegung ist, weil die ganze Hauptsache auf das **Lösen der Rinde** sowohl am Stamme als den Reisern beruhet. Weil nun nach allen Erfahrungen der Saft 2mal im Jahre in vorzüglicher Bewegung ist, oder weil man vom ersten und zweyten Safte redet, so entstehen daraus jene 2 Arten des Oculirens. Die erstere wird in der ersten Hälfte des

Ju-

Junius verrichtet, und die um diese Zeit eingesetzte Augen treiben bald hernach bey dem Eintritte des zweyten Saftes aus, und machen oft noch in demselben Sommer beträchtliche Triebe, daher der Name **Oculiren aufs treibende Auge.** Weil die Augen, die dazu gebraucht werden sollen, nur von den Trieben desselben Jahres genommen werden können, und diese auch erst eine gewisse Stärke erreicht haben müssen, so darf man sich nicht damit übereilen, und kann in solchen Jahren, wo das Frühjahr spät eintrat, oft nicht vor Johannis anfangen. Es bleibt diese Art immer unsicherer als die 2te, weil die Augen oft noch nicht ihre Reife erlangt haben. — Das **Oculiren aufs schlafende Auge** hingegen wird späterhin, nach dem Eintritt des 2ten Saftes vorgenommen, vom Ende des Julius bis in den September. Diese so spät eingesetzten Augen pflegen in der Regel nicht in demselben Sommer auszutreiben, sondern gleichsam bis ins folgende Frühjahr zu schlafen; und daher der Name: **aufs schlafende Auge.** Bisweilen finden sich auch Augen, die schon in demselben Jahre Wachsthum zeigen, es ist aber nicht zu wünschen, weil solche Triebe zu schwach bleiben, und meistens im Winter zu Grunde gehen. Es ist daher nicht rathsam, vor dem August damit den Anfang zu machen. Und da nicht alle Obstsorten in der Zeit der Reife ihrer Früchte gleich sind; so muß man auch darauf bey dem Oculiren Rücksicht nehmen. Je früher eine Fruchtart reift, desto eher hat sie für das Jahr ihren Wachsthum vollendet und ihr Saft verdickt sich. Frühpflaumen können also nicht mehr so spät aufs schlafende Auge oculirt werden, als die späten Sorten. — Das Sommerobst nicht mit dem Winterobste. Auch kann die Witterung und Lage der Baumschule einen erheblichen Unterschied in der Zeit machen. In trocknen Sommern, und in einer hohen warmen Lage wird das Wachsthum der Bäume beschleuniget, und man muß mehr mit dem Oculiren eilen, als in nassen Jahren, und in einer niedrigen Lage, wo die Bäume ihren Saft länger behalten. In Ansehung der Handgriffe sind beyde Arten einander gleich.

b) **Von den Stämmen zum Oculiren.**

Man nimmt dazu lieber junge Stämme, deren Rinde noch zart und glatt ist, sich gut löset, und bequemer, als bey stärkern Stämmen abgebogen werden kann. Aeltere Stämme, von der Stärke eines Besenstiels und darüber, haben gemeiniglich schon eine dicke, oft schon rauhe Rinde, die sich nicht gut will behandeln lassen, und bey dem Ueberlegen über das Schild nicht biegsam genug ist, um allenthalben richtig anzuschließen. Auch wird im folgenden Jahre, wenn der wilde Stamm über dem ausgetriebenen Auge weggeschnitten werden soll, die Wunde zu groß. Bey solchen Stämmen setzt man die Augen lieber in die Aeste der Krone, oder man wirft ihn nahe über der Erde ab, und pfropft ihn in den Spalt oder in die Rinde. Auch ganz kleine Stämme, von der Stärke eines Pfeifenstiels und darunter wählt man nicht dazu, weil der Einschnitt in die Rinde bey solchen ganz dünnen Stämmchen nach Verhältniß der Dicke zu groß, und fast rund um den Stamm gemacht werden muß, um Oeffnung genug zum Einschieben des Schildes zu gewinnen. Fingersdicke Stämme sind die besten.

c) **Von der Zubereitung der Stämme zum Oculiren.**

Ueber diese Zubereitung sind die Meinungen getheilt. Einige rathen, denselben vorher zu beschneiden, andere widerrathen es ganz. Es scheint aber, daß beyde Partheyen Recht haben können. **Vor dem Oculiren ist es nachtheilig, bey der Arbeit selbst ist es nützlich.** — Wenn manche Gärtner einige Tage vor dem Oculiren die Bäumchen abstutzen, weil sie glauben, daß der Saft alsdann im Stamme beysammen bleiben solle, und daß die Rinde alsdann desto besser lösen und die eingesetzten Augen desto früher anwachsen werden, so irren sie sich sehr. Die Erfahrung lehrt, daß ein Stamm, der von seinen Zweigen und Blättern entblößt wird, seinen Saft verliert, wenn er dessen auch vorher noch so viel hatte, und daß die Rinde dann nicht lösen will. Und dies ist ganz natürlich. Durch das Abwerfen der Zweige wird der Kreislauf der Säfte gestört, und eben dadurch das Wachsthum aufgehalten. Wer also vor dem Oculiren an den Stämmen schneidet, wird die Arbeit dadurch sehr erschweren, wenn nicht ganz vereiteln.

Ganz anders ist es bey dem Oculiren selbst. Da ist es nicht nur unschädlich, wenn man diesen oder jenen im Wege sitzenden Zweig wegnimmt, sondern es ist in manchen Fällen, besonders bey stark wachsenden Wildlingen, und in fruchtbaren Jahren sehr nöthig. Die gar zu große Fülle des Nahrungssaftes ist mehr schädlich als nützlich, und hindert oft bey dem Veredeln der Bäume den glücklichen Erfolg. Und dies ist bey dem Oculiren besonders der Fall. Wenn das umgesetzte Auge durch allzu starken Zufluß des Saftes gleichsam überschwemmt wird, so kann es sich nicht fest genug ansaugen und einwurzeln.

Bey dem Oculiren mit dem schlafenden Auge, welches in den heißen Sommertagen geschiehet, will die Rinde oft nicht gut lösen, weil die Stämme bey der Hitze mehr Saft verdünsten als sie einsaugen können, und also Mangel an Saft haben. In diesem Falle ist es gut, wenn man die Stämme in den Tagen vor dem Oculiren einigemal nachdrücklich begießt. Dadurch erhalten sie den nöthigen Zufluß von Saft, ohne welchen die Rinde nicht löset, und das Auge nicht anwachsen kann.

d) **Von den Oculir-Reisern und Augen und dem Zurechtschneiden des Schildes.**

Zu dem Oculiren aufs treibende Auge kann man die gewöhnlichen Pfropfreiser gebrauchen, die man schon früher gebrochen und einige Zeit in der Erde aufbewahrt hat, oder man kann sie frisch vom Baume nehmen. Daß sich die Augen nicht so gut, als um Johannis lösen, hindert nicht, weil man um diese Zeit am sichersten mit dem Holze oculirt, und dann ist die wenige Saftigkeit dem bessern Anwachsen beförderlich.

Zum Oculiren aufs schlafende Auge hingegen werden Triebe desselben Jahres genommen, wobey als allgemeine Regel zu bemerken, daß man solche Reiser nur von tragbaren, gesunden, im frischen Wachsthum stehenden, nicht alten abgestorbenen Bäumen, und an den Bäumen selbst auf der Mittagsseite, und so viel möglich hoch von der Erde, und an einer freyen Stelle brechen müsse, damit sie reif sind. Da diese Reiser in vollem Triebe gebrochen werden, und ihrer ganzen Länge nach mit Blättern besetzt sind, so dünsten

sie

sie sehr stark aus, und können nicht lange aufbewahret werden, sondern man muß sie bald verbrauchen. Man kann sie zwar im Wasser ziemlich lange frisch erhalten, dies darf aber nicht länger, als höchstens 2 Tage geschehen. Sie lösen, auch länger aufbewahrt, wohl noch recht gut, aber sie wachsen dann nicht gut an, weil der natürliche Saft des Baums durch zu viele eingesogene wäßrige Feuchtigkeit dann zu sehr verdünnt und dadurch verdorben ist. Besser ist es, wenn man jeden Tag nicht mehr Reiser bricht, als man zu verbrauchen gedenkt. — Gut ist es auch, wenn man die Reiser des Morgens im Kühlen bricht, und sogleich die Hälfte der Blätter wegschneidet, wodurch die allzugroße Ausdünstung beschränkt wird.

An den Reisern sind gewöhnlich die unteren Augen klein und lassen sich schwer ablösen und noch schwerer einschieben; die gegen die Spitze hin sind meistens noch schwammig und nicht reif; die dick aufgeschwollenen, die die Mitte des Reises einnehmen, sind allemal die besten. Die Hälfte des Blattes muß mit dem Stiele am Auge sitzen bleiben, weil es dazu dient, das ausgelösete Auge daran anzufassen, und in dem Einschnitt der Rinde einzuschieben.

Zum Ablösen des Auges werden sehr verschiedene Anweisungen gegeben, sowohl in Ansehung der Methode, als der Gestalt des Schildes, — so nennt man das Stück Rinde, welches man, um der bequemen Behandlung willen, mit dem Auge zugleich ablöset, und welches meistens die Gestalt eines Schildes hat. Aber diese Methoden und Formen sind alle gut, und haben auf das richtige Anwachsen des Auges keinen weitern

Ein-

Einfluß, sobald das Auge selbst nur rein ablöset und der Keim bey der Operation nicht verloren gehet, ohne welchen alle Mühe vergeblich ist. —

Die gewöhnliche Methode ist: Man fasse das Reis mit der linken Hand gerade so, wie man eine Schreibfeder faßt, die man schneiden will, macht etwa $\frac{1}{4}$ Zoll über dem auszulösenden Auge einen Querschnitt mit dem Oculirmesser durch die Rinde bis auf das Holz; von diesem Querschnitt ziehet man mit der Spitze des Messers, auf den beyden Seiten des Auges neben herunter, einen etwa $\frac{3}{4}$ Z. langen Einschnitt, und zwar so, daß diese beyden Einschnitte unterhalb des Auges in einen Punkt zusammen laufen, und diese 3 Einschnitte die Figur eines länglichen Dreyecks ▽ bilden. Dies Stück Rinde, an dessen obere Hälfte das Auge befindlich ist, nennt man nun das Schild, und sieht mit seinem Blattstiele, wenn es abgelöset ist, aus, wie Fig. 1. Taf. II. zeiget. Dies Ablösen muß aber mit der größten Vorsicht geschehen, damit weder das Schild zerrissen und beschädiget, noch der Keim verschoben werde. Ist das Reis saftig, und dabey glatt, und ohne Höcker unter dem Auge, so ist es meistens schon genug, wenn man die Ränder des Schildes rund herum mit der Spitze des Messers etwas löset, und dann mit einem sanften Druck des Daumens nach einer Seite das Schild völlig löset. Doch kann man sich nicht allemal darauf verlassen, und man thut daher wohl, wenn es nöthig ist, den Abschieber zu Hülfe zu nehmen. (Den Abschieber und das Oculirmesser will ich am Ende dieses Artikels beschreiben.)

Mit diesem Abschieber fährt man behutsam unter dem Schilde, zwischen der Rinde und dem Holze

Holze hin, bis das Schild vom Holze getrennt ist. Der Abschieber muß gut scharf seyn, ein stumpfer stößt den Keim sehr leicht ab.

Bey dieser ganzen Operation ist aber die Hauptsache, daß der Keim im Auge nicht nur gegenwärtig sey, sondern auch in seiner richtigen Lage erhalten werde. Dieser Keim, — der auch die Seele, der Geist, der Kern genannt wird — ist ein kleiner weißer Punkt, kaum von der Größe eines Mohnkörnchens, von einer mehr markigen, als holzigen Substanz, welcher zwischen dem Holze und der Rinde die inwendige Höhlung des Auges ausfüllt. Dieser Keim hängt weder am Auge noch am Holze ganz fest, bleibt bey dem Abschieben und Abbrechen des Schildes bald am Holze bald am Schilde sitzen, und fällt oft so ganz weg, daß er an beyden Theilen nicht zu finden ist. Da dieser Keim nach allen Erfahrungen die Grundlage des künftigen Zweiges ist, so muß man jedes Auge, bevor es eingesetzt wird, genau untersuchen, ob man denselben mitgefaßt habe, oder nicht. Fehlt dieser Keim, so wächst das Auge nicht an, sondern vertrocknet und fällt ab. Und wenn auch das Schild, wie zuweilen geschiehet, grün bleibet und anwächst, so schrumpft doch das Auge ein, und der erwartete Schuß bleibt aus. Die Kennzeichen, woran man sein Daseyn erkennt, sind etwa folgende: Ist er am Reise geblieben, so sieht man ihn sehr deutlich in Gestalt eines kleinen, länglichrunden Knöpfchens sitzen. (Nur muß dies gerade auf der Stelle seyn, wo das Auge des Schildes stand, weil man sonst sehr leicht durch eine losgerissene und zusammengerollte Faser der Splintlage getäuscht werden kann.) In diesem Falle ist auch seine Abwewesenheit im Auge sehr leicht an dem halbdurchsichtigen Punkte zu erkennen, der seine Stelle, wo er im Auge gesessen hatte, sehr kenntlich macht. Findet sich aber, wenn man das Schild gegen das Licht hält, die inwendige Seite gegen das Auge gekehrt, kein durchsichtiger Punkt, und ist inwendig alles glatt und eben, so ist dies ein sicherer Beweis, daß der Keim im Schilde vorhanden. — Alle Schilder, in denen der Keim nicht mit Gewißheit vorhanden, oder in welchen er aus seiner richtigen Lage gerückt ist, welches man bey genauer Besichtigung sehr leicht erkennen kann, wenn er seine Höhle im Schilde nicht gleichförmig ausfüllt, wrest man gleich weg, weil alle Mühe an ihnen verloren ist.

Es giebt aber, besonders unter den Birnen, verschiedene Reiser, die bey jedem Auge knieförmig gebogen sind. Von solchen Reisern abgelöste Schilder müssen also durchaus inwendig eine starke Vertiefung haben. Durch diese Vertiefung muß man sich aber nicht irren lassen, und glauben, daß sie Merkmale des folgenden Keims seyen. Hier sitzt der Keim im Grunde dieser Vertiefung, und da muß man ihn suchen.

Viele schneiden das Schild umgekehrt, so daß es einem umgekehrten Λ gleichet. Im Grunde ist es wohl einerley, ob man das Schild in die Rinde des Wildlings von oben herunter oder von unten hinauf einschiebt; wenn sonst nur alles richtig gemacht ist, so ist am Gelingen der Operation kein Zweifel. Doch giebt der Herr von Münchhausen in seinem Hausvater der ersten Methode aus folgenden physischen Gründen den Vorzug. „Die Säfte eines Baums müssen, ehe „sie neue feste Theile zu bilden geschickt sind, erst

„durch

„durch die Pflanze circuliren und gereiniget wer„den. Wenn man einen Baum fest umbindet, „und dadurch den Lauf der Säfte hemmt, so „bildet sich dadurch ein Wulst, aber nicht unter, „sondern über dem Verbande. Daher urtheilt „man mit Recht, daß das Auge seine Nahrung „nicht von dem aus der Wurzel aufsteigenden ro„hen Safte, sondern von denen in den Blättern „und Zweigen zubereiteten, und aus diesen zurück„tretenden Säften nehme. In diesem Betracht „sollte man glauben, daß es besser sey, das „Schild oben gerade und unten spitz zu schnei„den, folglich von oben so einzuschieben, daß die „obern Saftröhren am mehrsten mit denen vom „wilden Stamme zusammen schließen."

Die Länge und Breite der Schilder ist eigentlich willkührlich, doch scheint $\frac{3}{4}$ Z. Länge und $\frac{1}{4}$ Z. Breite das richtigste Verhältniß zu seyn. Ist das Schild kürzer, so kann man es nicht gehörig befestigen; ist es länger, so muß der Einschnitt in die Rinde so lang gemacht werden. Eben so verhält es sich mit der Breite. Ist es zu schmal, so können die Lippen des Stammes das Schild nicht fassen, und es hebt sich wieder in die Höhe und schrumpft zusammen; ist es zu breit, so muß man den horizontalen Schnitt am Stamme zu lang machen, die Lippen wachsen mit dem Schilde nicht zusammen, öffnen sich, fangen Wasser auf, und befördern das Absterben des Auges.

e) Vom Schnitt in den Wildlingen.

Sobald das Schild fertig ist, muß ohne Verzug der Einschnitt in die Rinde des Wildlings gemacht werden. Unterdessen faßt man das Schild bey dem Blatte zwischen den 4ten und

5ten

5ten Finger der linken Hand, so daß das Schild frey in der hohlen Hand schwebt. Das Schild am Blattstiele zwischen den Lippen zu fassen, oder gar dasselbe bis zum Gebrauch im Wasser zu legen, ist nicht zu rathen, weil jede heterogene Feuchtigkeit nachtheilig ist, weswegen man auch nie während eines Regens oculiren muß.

Man sucht an dem Wildlinge eine Stelle aus, wo die Rinde rein und glatt, ohne Risse und Schurfen ist, und zwar so, daß der Einschnitt bequem gemacht werden kann, ohne eins der vorhandenen Augen zu berühren, da die Augen bey dem Lösen der Rinde oft hinderlich sind.

Nach der allgemeinen Meinung soll das Auge so tief am Stamme, als möglich, kaum einer Handbreit hoch über der Erde eingesetzt werden. Dies ist aber eben so wenig, als bey dem Kopuliren nöthig. Man sagt, stärkere Stämme bekommen an der Oculirstelle, weil der Stamm, wenn das Auge getrieben hat, über demselben abgeworfen werden muß eine knieförmige Biegung, die nie ganz wieder verwächst. Das ist wahr; aber solche Stämme werden entweder an den Zweigen der Krone oculirt, oder lieber gepfropft. Schwächere Stämmchen aber oculirt man sicherer höher hinauf und man thut besser, nicht sowohl auf die Entfernung von der Erde, als auf die schönste Beschaffenheit der Rinde zu sehen.

Nach der Verschiedenheit des Schildes muß auch der Einschnitt in den Wildling verrichtet werden. Kehrt der Schild die breite Seite nach oben, so erhält der Einschnitt die Gestalt eines lateinischen T; ist der Schild aber unten breiter, so muß der Einschnitt ⊥ umgekehrt gemacht werden. In beyden Fällen macht man zuerst einen

Ein-

Einschnitt quer am Stamme, der etwas länger seyn muß, als die Breite des Schildes. Dieser Einschnitt muß nur eben die Rinde durchschneiden, aber nicht ins Holz dringen, und dasselbe verletzen. — Von der Mitte dieses Querschnitts fährt man entweder mit der Spitze des Messers hinauf, oder herunter, je nachdem die Beschaffenheit des Schildes es nöthig macht. Auch dieser Schnitt muß nur bis auf das Holz geführt werden, und $\frac{1}{4}$ Z. länger als der Schild seyn. Wenn die Rinde überall, so weit es nöthig ist, bis auf das Holz durchschnitten ist, so hebt man dieselbe zuerst in den Ecken bey a und b mit der Spitze des Messers

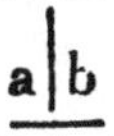

so weit vorsichtig auf, daß man mit dem Beinchen am Oculirmesser hinunter kommen kann, um sie auf beyden Seiten so weit vom Holze zu lösen, daß der Schild eingeschoben werden könne. Diese getheilten und abgelöseten Stücken Rinde heißen die Flügel, und man muß dabey Acht haben, daß solche mit dem Beinchen nicht zerrissen werden, weder durch eine ungeschickte Dicke des Beinchens, noch durch allzu große Schärfe desselben, noch durch unvorsichtiges Regieren desselben mit der Hand, wobey sehr nützlich ist, daß man das Beinchen immer von außen mit dem Daumen begleitet, so wie es unter der Rinde hinfährt, und überhaupt alle Gewaltthätigkeiten vermeidet.

f) Vom Einschieben des Auges.

Sobald die Rinde des Wildlings so weit gelöset ist, daß der Schild mit dem Auge eingeschoben werden kann, faßt man den Schild mit dem Daumen und Zeigefinger der linken Hand, an dem Blattstiele, so daß die hohle Seite desselben gegen den Stamm gekehrt ist', steckt die Spitze unter die Flügel des Einschnittes, und fährt damit hinunter, so weit es ohne Gewaltthätigkeit geschehen kann. Will der Schild auf diese Art nicht tief genug hinein, so hilft man mit dem Beinchen des Messers vorsichtig nach, indem man bald den einen, bald den andern Flügel des Wildlings etwas aufhebt, während man die Spitze des Schildes immer behende mit dem Beinchen andrückt. Dabey muß man aber die obere Hälfte des Schildes mit dem Auge am Blattstiele immer mehr zurückhalten, als andrükken. Dadurch wird nicht nur die Oeffnung zwischen dem Holze und den Flügeln weiter, und das Einschieben merklich erleichtert, sondern auch der Saft, sowohl am Stamme als am Schilde geschonet, daß er nicht an manchen Stellen abgewischt, und an andern auf Haufen geschoben werde.

Die Hauptsache bey dem Einschieben ist: daß der obere Querschnitt am Schilde ganz genau mit dem Querschnitte am Wildlinge zusammenstoße. Um davon ganz gewiß zu seyn, schiebt man erst das Auge etwa einer Linie breit tiefer ein, als nöthig ist, und ziehet alsdann das Schild am Blattstiele wieder so weit aufwärts, daß die Querschnitte genau auf einander passen. Wenn das Schild nun die richtige Lage, sowohl nach oben, als nach den Seiten hat, und von den Flügeln gleichförmig bedeckt wird, so drückt man es mit dem Daumen sachte an, damit nirgend Höhlungen bleiben. Eben so streicht man auch die Flügel der Rinde mit dem Pfalzbeinchen gegen den Schild zu an, damit sie denselben allenthalben richtig bedecken.

Bis

Bis hieher ist es nöthig, die Arbeit zu beschleunigen, damit alles saftig und frisch in einander komme.

g) **Vom Einbinden des Auges.**

Zum Verbande sind schmale, 1 bis $1\frac{1}{2}$ Fuß lange Streifen von Matte, wie sie die Kaufleute zum Einpacken ihrer Waaren gebrauchen, die besten. Das Verband muß fest, glatt und dünn seyn. Ist es dick und rauch, so saugt es zu viel Regen ein, und die Rinde stockt unter demselben. Ist es mürbe, so läßt es sich nicht fest genug anziehen.

Auf ein richtiges Umwinden der Oculirstelle kömmt viel an, und es muß mit Aufmerksamkeit gemacht werden, damit nicht nur die Flügel überall fest anschließen, und keine Höhlen und Falten entstehen, sondern auch das Schild in seiner richtigen Lage bleibe. Das Umwinden muß daher nie von einer Seite, wie bey dem Pfropfen und Kopuliren geschehen, weil dadurch der eine Flügel mehr als der andere angezogen werden würde, sondern man muß es von beyden Seiten, oder übers Kreuz verrichten, daß es, wenn es fertig ist, das Ansehn einer zugeschnürten Schnürbrust hat, wie in Fig. 2. Taf. II. zu sehen ist.

Man lege die Mitte des Bandes auf der dem Auge gegenüberstehenden Seite so an, daß wenn man ihn von beyden Seiten herum nimmt, zuerst der Querschnitt bedeckt werde; sodann wird es noch einmal über dem Auge, doch so, daß dasselbe frey bleibt, und nicht bedeckt wird, herumgeschlungen, und dann beyde Theile zuerst behende unter dem Auge herumgelegt, und so weiter herunter umschlungen, bis der lange Schnitt bedeckt ist. Da immer eine Hand wechselsweise

der

der andern das Band mittheilt, so ergiebt sich von selbst, daß es 2mal ein überschlungenes Kreuz giebt, wovon man eins vorn auf den geraden Schnitt richtet, um ihn meist zu bedecken. Es braucht aber nicht alles bedeckt zu seyn, es ist vielmehr gut, wenn die Rinde abwechselnd hervorsiehet. Dieses Kreuzbinden hat außer seiner Haltbarkeit, da man zuletzt einen Knoten macht, auch noch den Vortheil, daß beyde Flügel gehörig gegen einander gezogen werden, weil zu gleicher Zeit die rechte und linke Hand anziehet, und weil man bey diesem Anziehen und Gegenstämmen die Flügel über das Schild drängen kann; da im Gegentheil, wenn nur in der Rundung oder spiralmäßig herumgewickelt wird, sich immer ein Flügel etwas zurückdrängt.

Bey diesem Binden ist vorzüglich dahin zu sehen, daß das Band dicht über und unter dem Auge stark genug angezogen werde. Wenn der Keim im Auge durchaus zum Anwachsen des Schildes erforderlich ist, so muß er auch das Holz berühren, um sich mit demselben innig genug vereinigen zu können. Bey gewöhnlichen Augen, die von geraden und glatten Reisern genommen sind, ist dies eben nicht zu besorgen. Aber bey Schildern von kniefömig gebogenen Reisern sitzt das Auge gewöhnlich in einer mehr oder weniger tiefen Höhle, und kann ohne stärkeres Anziehen des Bandes das Holz nicht erreichen. Auch muß man das Band so nahe über und unter dem Auge umschlagen, als es, ohne dasselbe zu bedecken und zu verletzen, geschehen kann. Bey erhabenen und abstehenden Augen kann man das Band unter der Spitze des Auges, und unterhalb desselben dicht unter dem

Blattstiele anlegen. Weiter hinunter wird das Band immer gelinder angezogen, um das Bäumchen nicht ohne Noth zu pressen.

Ich setze noch einige allgemeine Bemerkungen hinzu.

Wer sich auf die Geschicklichkeit seiner Hand verlassen kann, hat nicht nöthig, mehr als ein Auge in jeden Stamm einzusetzen. Warum wollte man dem Stamme ohne Noth Wunden beybringen. Wer indessen mehr als ein Auge, der Sicherheit wegen einsetzen will, muß diese Augen in verschiedener Höhe am Stamme, und auf verschiedenen Seiten einsetzen, damit jedes einen freyen Zufluß von Nahrungssäften habe. Wenn mehr als eins anschlagen, so behält man das beste, und schneidet die übrigen weg.

Auf welcher Seite am Stamme man das Auge einsetze, ist wohl ganz gleichgültig. Da indessen auf der Mittagsseite eingesetzte Augen von der Sonne leicht zu stark ausgetrocknet und verdorben werden könnten, so haben die Morgen- und Abend-Seite wohl in dieser Rücksicht den Vorzug.

2.

Vom Oculiren mit dem Holze.

Es ist dem eben beschriebenen gewöhnlichen Oculiren in allen Stücken gleich, das eine ausgenommen, daß man im Schilde unter dem Auge einen zarten Holzspan sitzen läßt. Dies muß aber immer nur wenig, nur so viel seyn, daß der Keim dadurch vor Verletzung gesichert ist, als worauf das ganze Gedeihen der eingesetzten Augen beruhet. Dies kann man aber einem abgeschobenen Auge, in welchem man den Keim wirklich noch siehet, dennoch nicht immer ansehen, und manches gut scheinende Auge bleibt aus dieser Ursache zurück. Wenn man aber das Auge, mit einer dünnen Holzlage unter demselben, auslöset, und mit diesem Holze in die Rinde des Wildlings einschiebet, so kann man über das Daseyn des Keims ruhig seyn, und solche mit Holz oculirte Stämme gerathen daher weit sicherer, als ohne Holz oculirte Stämme, so daß die Besorgniß, als ob das Holz nachtheilig sey, völlig ungegründet ist. Henne in seiner Anweisung zur Baumschule im Großen, der ein sehr guter praktischer Baumgärtner, aber nichts weniger als ein Pflanzen-Physiologe war, äußert eine solche Besorgniß, und sagt S. 272 seiner Anweisung: „Sollten die Augen einmal nicht recht gut lösen wollen, so kann man wohl inwendig in dem Schilde etwas Holz sitzen lassen, und das Schild so gut machen, als sich will thun lassen. Dies thut man aber nur im äußersten Nothfalle. Denn man muß vermuthen, daß das Stückchen Holz nicht werde mit dem Holze des Stammes zusammen wachsen, sondern verdorren, und in Zukunft daselbst eine schadhafte Stelle hinterlassen. Hat man Reiser im Ueberfluß, so kann man solches unterlassen, und macht lauter solche Schilder, die gut lösen."

Diese Besorgniß ist nicht nur ganz ungegründet, da die Erfahrung für diese Art zu oculiren spricht, und auf diese Art die gesundesten Bäume gezogen sind, sondern dies Verfahren ist

auch

auch in der Theorie richtig. Zwischen dem Holze und der Rinde eines Baumes entstehen ja immer die neuen Holzlagen, durch welche sich ein Baum von Jahr zu Jahr verstärkt. Frisches, unverdorbenes Holz zwischen Holz und Rinde geschoben, muß sich also als ein völlig gleichartiger Körper sehr leicht damit vereinigen. Dies ist ja auch bey jeder andern Art der Veredlung der Fall; und das Holz am Reise ist ja weder bey dem Pfropfen noch bey dem Kopuliren dem glücklichen Ansaugen hinderlich, sondern beförderlich. Es kann ja also auch bey dieser Art zu oculiren nicht schädlich seyn.

Duhamel, der sich um die Pflanzen-Physiologie so verdient gemacht hat, und über das Wachsthum der Pflanzen so glückliche Erfahrungen anstellte, hat durch wiederhohlte Versuche auch hierin alle Zweifel gehoben. Er erzählt in seiner Naturgeschichte der Bäume, Theil II. Buch V. Cap. III. die Versuche, welche er über das Wachsthum der Bäume, ihre Ausdehnung, in der Länge und Dicke, und besonders über die Entstehung neuer Holzlagen angestellt hat. Um die verschiedenen Meinungen der Naturkundiger, ob die neuen Holzlagen, die die Dicke eines Baums vermehren, durch die Rinde, oder durch den Holzkörper hervorgebracht würden, zu prüfen, setzte er Augen von Pfirschenbäumen in die Rinde junger Pflaumenbäume, um durch die verschiedene Farbe des Holzes beyder Baumarten etwas Entscheidendes zu erfahren. Den Erfolg beschreibt er am ang. O. „Im Jenner — 5 Monate nach dem Oculiren — schnitt ich einige ab, und setzte diese Stücke Holz ins Wasser, um die

Rinde abzulösen, ohne die Holzlagen zu beschädigen, wenn schon einige vorhanden wären. Ehe die Stücke Holz völlig erkaltet, lösete ich die Rinde ganz leicht vom Holze ab, und erblickte durch dies Mittel unter dem Schilde eine sehr dünne Lage von Pfirsich-Holz, welches am Rande mit dem Holze vom Pflaumenbaum vereiniget war. Es ist zu bemerken, daß man bey dem gewöhnlichen Oculiren sehr sorgfältig darauf siehet, wie kein Holz an dem innern Theile des Schildes zurückbleiben möge. Es muß dieser Schild nur ein mit einem Stück Rinde umgebener Knopf (Auge) seyn, als die sich zur Saftzeit ganz leicht und vollkommen ablöset. Hieraus folgt, daß dieses Holzblättchen seit dem Einsetzen des Schildes, und durch die Rinde des Pfirschenbaums gebildet worden sey. Denn wenn das Holz des Pflaumenbaums etwas ausgetrieben hätte, so würde das Holzblättchen die Farbe des Pflaumenbaums gehabt haben. Es war aber sehr leicht für Holz des Pfirschenbaums zu erkennen." Und nun fährt er S. 27 unten weiter fort: „Da mir aber daran gelegen war, keinen Zweifel in dieser Sache übrig zu lassen, so machte ich Versuche, die noch entscheidender sind. Ich lösete Sücken Rinde ab; ehe ich sie aber wieder an ihren Ort brachte, bedeckte ich den Holzkörper mit einem Blättchen von geschlagenem Zinn, wie man zu den Spiegeln gebraucht (Folie). Die Rinde wurde wieder aufgelegt, wie sie vorhin war, und heilete an. Ungeachtet der Folie bildeten sich zwischen derselben und der Rinde Holzlagen, die so dick waren, als ob die Rinde unmittelbar auf dem Holze aufgelegen hätte.

Die-

Dieser und mehrere ähnliche Versuche, die Duhamel a. a. O. beschreibt, beweisen hinreichend, daß das Holzblättchen unter dem Auge dem Anwachsen keinesweges hinderlich sey, da die Folie des Duhamel und so mancher anderer heterogene Körper so leicht im Holze einwächst, und eine schadhafte Stelle verursacht.

Man kann aber im Gegentheile mit Gewißheit behaupten, daß das Holz im Schilde wichtige Vortheile bringe, und das Geschäft sicherer mache. Denn

a) bey Augen ohne Holz kann ich bey der möglichsten Vorsicht nicht mit Sicherheit wissen, ob der Keim nicht in seiner richtigen Lage verrückt sey. Wird aber das Auge nicht vom Holze gelöset, sondern mit einem Holzblättchen eingesetzt, so ist das Verrücken des Keims durchaus unmöglich.

b) Vertrocknet das einzusetzende Auge nicht so leicht und geschwinde, als dergleichen ohne Holz. Freylich muß man auch dabey nicht lange zaudern; allein das Holz kann doch nach Verhältniß die Luft länger ertragen, als die bloße schwammige Rinde; und ist der klebrige Saft einmal ausgetrocknet, so kann das Auge unmöglich anwachsen.

c) Solche Augen mit dem Holze haben mehr Stärke und Steifigkeit, und sind also viel bequemer einzuschieben, als die ohne Holz und mit einer schwachen dünnen Rinde, welche sich oft biegt, weswegen

man

man auch die Ablösung der Flügel stärker machen muß. Daher auch der Umstand zum leichtern Anschlagen beyträgt, daß der holzige Schild sich selbst bey dem Einschieben noch Platz machet, und sich also alles bequemer in einander fügt, und nicht so viel Luft dazwischen treten kann, als bey den oft weit auseinander gesperrten Flügeln.

d) Eingesetzte Augen mit Holz sind weit leichter zu verbinden, als die mit bloßer Rinde. Bey den letztern kann sehr leicht durch allzu hartes Anschnüren des Bandes verhindert werden, daß der Saft in das Auge dringe; aber bey dem Holze soll das Band absichtlich stark angezogen werden. Endlich kann man auch als einen wichtigen Vortheil des Oculirens mit dem Holze noch hieher rechnen,

e) daß man dazu auch solche Augen gebrauchen kann, die sich nicht wohl lösen lassen, und zum Ausbrechen untauglich seyn würden. Hier ist dann das Verhältniß, wie bey dem Pfropfen. Ein etwas mattes, halbwelkes Auge gedeihet besser auf einem Wildling, als ein freches und saftiges, welches oftmals den ihm zuströmenden Saft nicht verarbeiten kann, und gleichsam in seinem Safte erstickt. Wenn der Wildling also nur saftig ist, so zieht er auch das Holz an.

Der Hauptunterschied dieser Art zu oculiren von der gewöhnlichen bestehet, wie schon der Name zei-

zeiget, in dem kleinen Holzkörper, der im Auge gelassen wird, und also in der Zurechtschneidung des Schildes. Man kann dabey mit weit größerer Sicherheit und Schnelligkeit zu Werke gehen, als bey andern Schildern, und macht es also:

Man schneidet das Reis ½ Zoll über und unter dem Auge, das man einsetzen will, gerade durch, spaltet diesen kleinen Cylinder der Länge nach von einander, so daß das Auge unverletzt bleibt, schneidet das Holz unter dem Auge so weit weg, daß nur ein dünner Span davon zurück bleibt, welchen man noch auf beyden Enden abschärft, damit die Rinde fest genug anschließen könne. — Bey starken Reisern kann man das Auge gleich mit einem Spahne herausschneiden, und dann nur noch etwas nachputzen; und von knieförmigen Reisern nimmt ein scharfgeschliffener stählerner Abschieber gleich so viel Holz mit weg, als zu dieser Absicht nöthig ist.

Man mag aber das Auge mit dem Holze auf die eine oder andere Art zuschneiden, so muß dabey folgendes beobachtet werden:

a) Das Holz unter dem Auge muß nur dünne seyn; nur so dick, daß die richtige Lage des Keims dadurch gesichert wird. Ist es zu dick, so können die Flügel es nicht hinreichend bedecken, es bleiben Zwischenräume, in welchen der Baumsaft, zum Nachtheil des Stammes, keine Heilung der Wunde bewirken kann. Weswegen auch

b) die Rinder des Holzes nach allen Seiten um das Auge her abgeschärft, und auf die Oberhaut der Rinde auf der äußern Seite des Schildes am Rande umher weggenommen werden muß.

c) Es muß bey dieser Art zu oculiren so viel als möglich eine Gleichheit zwischen Reis und Stamm beobachtet werden, weil Augen mit Holz von starken Reisern in die Rinde schwacher Stämme geschoben, nothwendig leere Zwischenräume lassen müssen. Um dies, wo man es nicht vermeiden kann, zu verhüten, muß das Holz des Schildes inwendig etwas hohl geschnitten, oder von dem Wildlinge, nachdem die Flügel aufgehoben, ein kleiner Spahn abgeschnitten werden.

d) Auch hier ist, wie bey jeder andern Veredlungsart, Reinigkeit und Schärfe des Messers durchaus nothwendig, damit Holz und Rinde des Schildes ohne alle Fasern glatt und scharf zugeschnitten sey.

In Ansehung des Einschnittes in die Rinde des Stämmchens ist zu merken, daß man den senkrechten Schnitt nicht so lang, als bey dem gewöhnlichen Oculiren macht, auch die Rindenflügel nicht so weit aufhebt. Da ein Schild mit dem Holze die nöthige Festigkeit hat, so kann es sich bey dem Einschieben schon selbst etwas Raum machen, wenn nur vorher etwas Raum geschafft ist. Und es ist nicht nur möglich, sondern auch nützlich, daß das Schild sich selbst etwas eindrängt,

drängt, weil man dann um so gewisser ist, daß die Rinde des Stammes das Schild allenthalben umgiebt.

3.

Das Oculiren mit dem Röhrchen.

Das Oculiren mit dem Röhrchen, welches auch das Röhren oder Anpfeifen genannt wird, verdient nur der Vollständigkeit wegen angeführt zu werden, weil es in der Baumschule nur wenig Nutzen stiftet, und nur in einzelnen Fällen anzuwenden ist.

Man nimmt ein völlig glattes und rundes Reis von dem letzten Triebe, von gleicher Stärke mit dem Wildlinge oder mit dem Zweige, worauf man oculiren will. Das Reis schneidet man einige Linien breit über dem Auge, das man gebrauchen will, ab. Unter demselben oder unter dem nächstfolgenden Auge, wenn man derselben 2 gebrauchen will, schneidet man die Rinde rund herum ein, indem man das Reis unter der Schneide eines Gartenmessers herumdrehet. Sodann drehet man die Rinde über dem Einschnitte, daß sie sich vom Holze löse, und ziehet die aus der Rinde bestehende Röhre, die 3 bis 4 Finger breit lang ist, vom Holze ab. An dem abgeschnittenen Wildlinge nimmt man eine eben so lange Rindenröhre weg, und schiebt die abgezogene Röhre des Edelreises auf diesen von der Röhre entblößten Wildling. Den Ort wo die Rinden zusammenstoßen, und das Ende des Wildlings bedeckt man mit Baumwachs, damit der Regen

nicht

nicht eindringe. Ist der entblößte Theil vom Wildlinge länger, als das aufgesteckte Röhrchen, so schneidet man ganz dünne und kleine Spähne, welche wie ein Sonnenschirm über das Ende der Pfropfung umgebogen werden.

Es kömmt also bey dieser ganzen Veredlungsart hauptsächlich auf folgende 3 Punkte an.

a) **Der Wildling und das Reis müssen genau gleiche Stärke haben,** weil die Röhre sonst nicht passen, und überall fest genug anschließen kann. Man kann sich aber in dieser Absicht dadurch helfen, daß man vom Anfange nicht zu tief am Wildlinge wegnimmt, und wenn dann die aufgeschobene Röhre noch nicht fest genug anschließt, in kleinen Ringen noch mehr Rinde ablöset, bis die Röhre fest genug anschließt.

b) **Daß, wie bey jeder andern Oculirmethode, der Kern im Auge der Röhre nicht aus seiner Lage gerückt werde.** Dies macht hier mehr Schwierigkeit. Denn hier kann ich weder mit einem Messer noch Abschieber ankommen, sondern die Rinde des Reises muß durch bloßes Drücken gelöset und abgeschoben werden, wobey dem Auge sehr leicht Gewalt angethan werden kann. Und wenn auch dem Anschein nach die Röhre glücklich vom Reise abgeschoben ist, so ist man doch immer nicht im Stande, hineinzusehen, und sich zu überzeugen, ob der Kern auch gewiß nicht aus seiner Lage gerückt ist.

c)

c) Das Reis und der Wildling müssen durchaus gerade, glatt und rund seyn, weil sich sonst weder die Röhre abziehen, noch auf den Wildling aufschieben läßt; und eben so, wenn das Reis knieförmig ist, und die mit vieler Mühe abgezogene Röhre soll auf einen geraden und glatten Wildling geschoben werden, so werden die Augen nicht anschließen, und die Arbeit ist vergebens.

Dies alles überzeugt sehr leicht von den Schwierigkeiten, die mit dieser Methode verbunden sind. Man kann indessen der Sache noch zu Hülfe kommen, und das ganze Geschäft dadurch leichter und sicherer machen, daß man das zur Röhre bestimmte Stück Rinde des Oculirreises auf der dem Auge gegenüber stehenden Seite der Länge nach aufschneidet, und so mit Hülfe eines Messers vorsichtig ablöset, die Rinde des Wildlings hingegen in Streifen abziehet, und dann die Rinde des Reises umschlägt, und mit Bast, wie bey dem gewöhnlichen Oculiren, fest bindet. Hier kann man bey dem Ablösen zu Hülfe kommen, daß der Keim nicht verloren gehe. Auch ist es alsdann nicht so durchaus erforderlich, daß Stamm und Reis gleiche Dicke haben. Ist das Stämmchen schwächer als das Reis, so wird die Rinde zu weit seyn und über einander schlagen; dann ist es leicht, hinterwärts so viel von derselben wegzunehmen, daß sie genau schließt. Ist der Stamm stärker und die Rinde zu eng, so legt man einen Streifen der Rinde, der vom Wildlinge abgezogen worden, darüber, und bindet alles fest.

Von

Von diesen 3 Arten zu oculiren bleibt die 2te, das Oculiren mit dem Holze, die sicherste, und bey einiger Aufmerksamkeit die leichteste.

Was nach dem Oculiren zu bemerken.

Das erste und sicherste Kennzeichen, woran man erkennen kann, ob die eingesetzten Augen anwachsen wollen, zeigt sich am Blattstiel. Sobald nämlich das Auge sich in seiner neuen Lage angesogen hat, fängt es an aufzuschwellen. Der Stiel bleibt bis dahin grün und steif, wenn gleich die Lappen desselben gelb werden, und das Auge stößt denselben in eben der Art ab, wie die Blätter im Herbste abzufallen pflegen. Sobald dies geschieht, kann man eines glücklichen Erfolges gewiß seyn. Wenn aber der Blattstiel einige Tage nach dem Oculiren welkt, sich krümmend und windend verdorret, und so am Auge hangen bleibt, so hat sich das Auge nicht angesogen, und die Arbeit ist vergebens.

Sobald man von dem letztern überzeugt ist, muß man das Verband abnehmen, um den jungen Stamm zu erleichtern, und das Einschneiden in der Rinde zu verhüten, muß mit der Spitze des Messers das Auge herausreißen, die Rindenflügel hart an der gesunden Rinde wegschneiden, und ein Pflaster von Baumwachs, auf Leinewand oder Papier gestrichen, darüber legen, damit sich unter demselben die Wunde desto glatter verheile.

Ist unterdessen die Zeit des Oculirens noch nicht verflossen, so kann man die Arbeit sogleich an einer andern Stelle wiederhohlen.

In Ansehung der wirklich angewachsenen Augen wird gewöhnlich die Regel gegeben, man solle, so bald das Blatt abgefallen, und man daran merkt, daß das Auge angewachsen sey, das Verband lösen, und den lockeren wieder umlegen. Diese Regel leidet aber ihre großen Einschränkungen. Der Stiel fällt gewöhnlich schon nach 14 Tagen ab, und dann ist es offenbar mit dem Lösen noch zu früh. Wenn sich die Augen gleich angesogen haben, so sind sie doch noch nicht angewachsen; die Verbindung ist noch zu schwach, und man läuft Gefahr, die Augen zu beschädigen und zu verrücken. Bey schwachtreibenden Stämmchen ist das Lösen des Verbandes, bey dem Oculiren aufs schlafende Auge, in dem Herbste gar nicht nöthig; es kann also ungestört bis ins Frühjahr sitzen bleiben. Wenn hingegen starktreibende Stämmchen sich gegen den Herbst merklich in die Dicke ausdehnen, und das Band läßt nicht nach, so schneidet es zum Nachtheil des Wachsthums des Baums in die Rinde ein, und kann dadurch oft großen Schaden thun. Dann ist es nöthig, dem Baume Luft zu machen. Es läßt sich also gar keine sichere Regel über das Lösen des Verbandes geben, als die: Von der 4ten Woche nach dem Oculiren an, muß man öfters seine oculirten Stämme durchsehen, ob das Band einzuschneiden anfängt. Wo die Rinde noch glatt ist, bedarf es keines Lösens, wo sie aber über das Band hervorzutreten anfängt, da muß es abgenommen und etwas lockerer wieder umgeschlagen werden. Es dann schon ganz wegwerfen zu wollen, ist nicht zu wagen, weil weder Schild noch Rindenflügel ganz angewachsen sind. — Von den aufs schlafende Auge oculirten wird weiter

nichts

nichts erwartet, als daß sie sich im Herbste in der Rinde festsetzen, den Winter hindurch unverdorben erhalten, und im Frühjahre erst austreiben.

Mit denen aufs treibende Auge verhält es sich ganz anders. Diese werden gegen den Eintritt des 2ten Saftes eingesetzt, wo ihnen der Stamm die ganze Fülle des Saftes mittheilen kann. Hier saugt sich das Auge nicht blos an, sondern treibt auch nach einigen Wochen aus. Sobald das letztere geschehen, kann das Verband ganz abgenommen werden, weil das Auge wirklich fest eingewachsen ist, sobald es einen Zweig zu treiben anfängt. Auch von diesen bleibt wohl zuweilen, wiewohl selten, ein Auge bis aufs Frühjahr schlafend, und dies kann sein Verband bis dahin behalten. Im Frühjahre müssen alle Bänder ohne Ausnahme abgenommen werden.

Um eben diese Zeit muß nun der Stamm über dem Auge, oder wenn man mehr als ein Auge eingesetzt hat, über dem besten weggeschnitten werden. Weil es immer mit vielen Schwierigkeiten verbunden ist, und viele Genauigkeit erfordert, den Stamm dicht über dem Auge glatt, und ohne Beschädigung des Auges wegzuschneiden, so schneiden viele den Stamm 6 — 8 Zoll hoch über dem Auge weg, und lasse den Stummel bis in den Sommer sitzen, bis das Auge schon einen beträchtlichen Trieb gemacht hat, und nicht mehr so leicht beschädiget werden kann. Dies hat aber seine große Unbequemlichkeiten.

a) Weil der Baumsaft seiner Natur nach immer aufwärts strebt, so wird der stehen ge-

gebliebene Stummel eine Menge wilder Schöße treiben, die dem edlen Auge die Nahrung entziehen, und das gerade Aufwachsen des edlen Triebes hindern. Dieses wird auf der Seite Raum suchen, da es über sich keinen findet, und dadurch entsteht eine Krümme, die oft für immer bleibt, weil das Wachsthum eines eingesetzten Auges auf einem gesunden Stamme oft so schwelgerisch ist, daß es nach anderthalb Monaten schon 3 bis 4 Fuß hoch und stärker als ein Finger ist. Diese Krümme läßt sich dann nur mit Mühe wegschaffen, und oft gar nicht. Wenn dagegen der Stummel dicht über dem Auge weggeschnitten wird, ehe das Auge austreibt, so geht der Schoß gleich gerade und ohne Krümmung in die Höhe.

b) Wer anfänglich einen Stummel sitzen läßt, macht sich dadurch nur doppelte Arbeit, die er mit einemmale verrichten könnte, und dem Baum doppelte Wunden, die sein Wachsthum aufhalten.

c) Ueberdem ist bekanntlich alles Schneiden in der spätern Jahreszeit weit schädlicher, als es im Frühjahre ist.

Daher geht man am sichersten, wenn man den wilden Stamm über dem eingesetzten Auge zeitig im Frühjahre mit einemmale ganz wegnimmt. Dabey muß man aber vorsichtig verfahren, weil ein unsicherer Schnitt alle Arbeit des vorigen, und die Hoffnung künftiger Jahre zerstören kann.

Man

Man faßt den jungen Stamm, nahe unter dem eingesetzten Auge, mit der vollen linken Hand, ohne, wie sonst gewöhnlich bey dem Beschneiden der Bäume gerathen wird, den Daumen gegen den abzuschneidenden Stamm zu stemmen. Dies könnte hier nachtheilig werden, weil der Daumen gerade auf das eingesetzte Auge treffen würde, und dasselbe leicht wieder losstoßen könnte. Dann setzt man das Messer dem Auge gegenüber, und zwar etwa ½ Zoll tiefer, an, und führt den Schnitt rehfußartig durch den Stamm, so, daß er dicht über der Spitze des eingesetzten Auges endet. Eine geübte Hand wird diesen Schnitt mit einem Messerzuge vollenden. Ist aber derselbe nicht rein genug, so muß man das nöthige nachbessern, damit er ohne Zerreißung der Rinde, glatt und weder hohl noch erhaben sey. Da aber, bey der größten Vorsicht, wegen der Kraft, womit der Schnitt geführet werden muß, da, wo derselbe endet, nicht nur etwas Rinde, sondern selbst ein Theil des Holzes abspalten kann, und da dies gerade die Rolle ist, wo das Auge eingesetzt ist; so ist es gut, wenn man dicht über dem Auge erst 1 — 2 Linien tief horizontal einschneidet, und dann den schrägen Schnitt so führt, daß man entweder über dem Auge die Spitze treffe, oder allenfalls eine kleine Platte einer halben Linie breit stehen lasse, die bey dem Ueberwachsen nicht hinderlich ist.

Der Schnitt muß nachher, damit er nicht austrockne, bedeckt werden, indem man entweder ein bloßes Kügelchen Baumwachs darauf drückt, oder ein Baumwachs-Pflaster darüber klebt. Unter diesem Pflaster wird sich der Schnitt schön

und

und glatt überwölben, und je mehr das ausgetriebene Reis an Stärke zunimmt, immer mehr verwachsen, daß er dem gesunden und schönen Ansehn des Stammes nicht hinderlich ist.

Ich füge diesem Artikel vom Oculiren noch die Beschreibung der dazu nöthigen Instrumente, die in einem Oculirmesser und Abschieber bestehen, hinzu.

Ob man zum Oculiren gleich allenfalls jedes scharfe Messer gebrauchen kann, so hat man doch besonders dazu bestimmte Messerchen, die die Sache sehr erleichtern. Wie Fig. 3. Taf. II. zeigt, haben sie eine rückwärts gekrümmte Spitze und Schneide, und dies gewährt den erheblichen Vortheil, daß bey dem Einschneiden der Rinde des Wildlings die Schneide nur die Rinde durchschneidet, aber nicht ins Holz dringet, und dasselbe verwundet, welches bey einem spitzen Messer unvermeidlich geschehen würde. Das Pfalzbeinchen, welches in das untere Ende des Messers eingeniethet ist, und welches dazu bestimmt ist, das Schild abzulösen und die Flügel der Rinde aufzuheben, und bey dem Einschieben des Auges nachzuhelfen, muß von Elfenbein, Knochen oder sehr hartem Holze seyn, welches sich dünn und glatt schaben läßt; doch muß es nicht scharf seyn, damit es bey dem Gebrauche nicht schneidet, und die Flügel verdirbt.

Zum Abschieben der Augen bey dem Oculiren, besonders bey denjenigen Sorten, deren Reiser bey jedem Auge gebogen sind, muß man sich ei-

eines Abschiebers bedienen. Meistens nimmt man dazu starke Federspuhlen, die man vorn stumpf, und der ganzen Länge der Spuhle nach, halb wegschneidet. Weil sie einen halben Cylinder machen, und ungefähr die Rundung des Reises haben, so sind sie zu der verlangten Absicht geschickt. Sie haben aber den Fehler, daß sie bey wiederholtem Gebrauch bald weich, und dadurch unbrauchbar werden; man muß also immer mehrere zur Hand haben, damit man die weichgewordenen ruhen, und wieder hart werden lassen kann. Man bedient sich aber auch eines besonders dazu verfertigten stählernen Abschiebers, den Hr. Sikler im t. Obstgärtner II. 31. so beschreibt und zeichnet. „Die Fig. 4. Taf. II. stellt ein nützliches und bequemes Instrument beym Oculiren vor. Es ist von Stahl, und hat vorn eine halbrunde, wie ein gespaltener Federkiel gestaltete, oder einem kleinen Hohleisen ähnliche, scharfe Schneide. Diese Art von Lanzette ist hinter der Holzschneide etwas gebogen, und steckt in einem kleinen hölzernen Handgriffe. Man kann damit entweder das Auge mit dem Keim, ohne zu fehlen, von dem Oculirreise ablösen, oder wenn man mit Holz am Auge oculiret, so viel Holz mit wegnehmen, als man will.“

Oculus Christi, Inula (Oculus christi) L., siehe Christauge II. S. 454.

Ocymoides, Euphorbia Ocymoides, s. Euphorbie II. 672.

Ocymum L. s. Basilien I. S. 664.

Oder=

Odermennig, Agrimonia L. I. 120.

Odontites, Euphrasia Odontites L., s. Euphrasia II. 677.

Oelbaum (wilder), Elaeagnus L., eine Pflanzengattung, die in die erste Ordnung der 4ten Pflanzenklasse (Tetrandria Monogynia) gehört. Die Blumen haben keine Blumenkrone, sondern nur einen glockenförmigen, vierspaltigen, inwendig gefärbten Kelch, welcher auf dem Fruchtknoten sitzt, und abfällt. Der Fruchtknoten hat einen einfachen Griffel, mit einer einfachen Narbe, und verwandelt sich in eine Steinfrucht, welche unter dem Kelche stehet und einsaamig ist.

1) Elaeagnus (angustifolia) foliis lanceolatis. Linn. Pfl. Syst. III. 129. *Spec. Plant. Edit. Willd.* I. 688. *Mill. Dict.* n. 2. *du Roi* Harbk. Baumz. I. 219. Willdenow berl. Baumz. 103. Dietr. G. L. n. 1. Lueder b. p. Lustgärt. I. S. 184. **Schmalblättriger Oleaster, wilder gemeiner Oelbaum, Paradiesbaum.** Vaterland, Böhmen, Portugal, Spanien, Syrien. Er wird ein 15 — 20 Fuß hoher Baum, der den Pflanzungen durch sein schönes Laub eine angenehme Abwechselung giebt. Die Zweige haben eine glatte braune Rinde; die jungen Triebe sind glatt und glänzend silberweiß, und beynahe filzig: auch sind sie mit einzelnen Dornen besetzt. Die Blätter sind bey erwachsenen Bäumen über 2 Zoll lang, schmal, und gleichen den Weidenblättern, endigen sich aber in einer stumpfen Spitze. Sie sind auf beyden Seiten glatt, auf der obern weißlich grün, auf der untern glänzend silberweiß.

Statt der Haare sind, auf beyden Seiten der Blätter anliegende, platte, silberglänzende Schuppen, die man nur durch eine mäßige Vergrößerung entdecken kann. Die Blätter sind an jungen Bäumen noch einmal so breit, mehr eyförmig oder ellyptisch, an der Spitze stark abgerundet, und unten silberweiß. Die Blumen stehen im Julius zu 2 bis 3 auf kurzen Stielen, in den Winkeln der Blätter, und haben einen angenehmen Geruch. Der Kelch ist glockenförmig, lederartig, außerhalb silberfarbig, inwendig gelb, und hat 4, zuweilen auch 5 Einschnitte. Die Frucht hat Aehnlichkeit mit einer Olive, kommt aber bey uns selten zur Vollkommenheit. Man benutzt diesen Baum wegen des Silberglanzes seiner Blätter, häufig zur Verschönerung der Naturgärten. Der Geruch seiner Blumen ist so stark, besonders wenn mehrere Bäume beysammen stehen, daß er vielen Menschen zuwider wird. In seiner Jugend ist er etwas zärtlich, im Alter vollkommen dauerhaft gegen die Winterkälte. In einem guten, feuchten Boden, wächst er ziemlich rasch, kömmt aber auch in einem mäßigen, mit etwas Kies vermischten Erdreiche fort. Die Blätter bleiben oft den Winter hindurch an den jungen Zweigen sitzen. Die Vermehrung kann sehr leicht durch Stecklinge geschehen, welche im Frühjahre an einer schicklichen Stelle in einem feuchten Boden eingesteckt werden.

In den Gärten findet man auch eine Varietät, mit **längern und breitern Blättern.** Diese nennt man in einigen Gärten falschlich E. latifolia, von der sie aber wesentlich verschieden ist. Indessen ist diese Varietät, welche nur durch ei-

einen besonders fetten Boden hervorgebracht zu werden scheinet, zur Vermehrung der Mannigfaltigkeit in den Pflanzungen sehr brauchbar.

Nach Lueder giebt es von der ersten Art auch eine Varietät mit gelben Blumen.

2) Elaeagnus (orientalis) foliis oblongis ovatis. Linn. Pfl. Syst. III. 130. *Spec. Plant. Edit. Willd.* I. 669. Dietr. G. L. n. 7. Levantischer Oleaster. Vaterl. die Levante. Er gleicht dem schmalblättrigen Oleaster, aber die Blätter sind noch einmal so breit, eyrund stumpf gespitzt, auf beyden Seiten weichhaarig, auf der Unterfläche silberweiß, und glänzend; auch ist die Blume und Frucht etwas größer, als bey jenem. Er blühet im Jun. und Jul.

Es hält schwer, denselben an unser Clima zu gewöhnen, ob gleich schon manche Versuche damit gemacht sind. Es ist daher am sichersten, besonders im nördlichen Deutschland, denselben in einem Glashause von 1 bis 5 Grad Wärme zu durchwintern; im südlichen Deutschland kommt er an einer geschützten Stelle im Freyen fort. Die Fortpflanzung kann eben so, wie bey dem schmalblättrigen Oleaster, durch Stecklinge und junge Sprossen geschehen; die Stecklinge können im Frühjahre entweder in einem temperirten Mistbeete, oder in Blumentöpfen eingesteckt werden, mit welchen man sie an einem schattigen Orte stellt.

3) Elaeagnus (spinosa) foliis ellipticis. Linn. Pfl. Syst. III. 130. *Sp. plant.* edit. *Willd.* I. 689. Dietr. G. L. n. 9. Dorniger

niger Oleaster. Vaterl. Egypten. Er hat an allen Aesten lange starke Dornen. Die Blätter sind ellyptisch, nicht so breit als an der vorhergehenden Art, auch die Blumen sind kleiner. Auch diese Art hält im südlichen Deutschland im Freyen aus; im nördlichen Deutschland ist sie dazu zu weichlich, und man muß sie daher wie die vorige Art behandeln.

4) Elaeagnus (pungens) ramulis spinescentibus, foliis oblongis undulatis, floribus axillaribus binis. *Linn. Spec. plant. Edit. Willd.* I. 689. Dietr. G. L. n. 8. Stechender Oleaster. Vaterl. Japan. Die jüngern Zweige sind dornicht. Die Blätter länglich, wellenförmig, breiter als bey E. spinosa. Die Blumen stehen in den Winkeln der Blätter zu zweyen auch zu dreyen beysammen. Sie kommt im Freyen nicht fort, sondern fordert ein Glashaus zur Unterhaltung.

5) Elaeagnus (latifolia) foliis ovatis. Linn. Pfl. Syst. III. 131. *Spec. Plant. Edit. Willd.* I 689. Dietr. G. L. n. 4. Breitblättriger Oleaster. Vaterl. Zeilon. Die Aeste stehen wechselsweise, die Blätter sind eyförmig, fast rund, mehr oder weniger gefleckt; die Blumen stehen einzeln, oder zu zweyen beysammen, in den Winkeln der Blätter.

Man kann denselben aus dem Saamen erziehen, den man aus seinem Vaterlande zu erhalten suchen muß. Man säe denselben im Frühjahre auf ein Mistbeet, verpflanze die jungen Pflanzen, sobald sie pflanzbar sind, einzeln in Töpfe, und senke sie in ein zweytes Mistbeet ein;

gebe ihnen, wenn dieses seine Hitze verloren hat, ein drittes Mistbeet, in welchem sie den ganzen Sommer bleiben müssen, und stelle sie dann im Herbste in ein temperirtes Glashaus, und behandle sie daselbst wie andere Gewächse, die nur eines mittelmäßigen Grades von Hitze bedürfen. Sie lassen sich auch durch Stecklinge fortpflanzen, die binnen einem Jahre völlig bewurzelt zu seyn pflegen. Man stecke dieselben in gute leichte Erde in Töpfe, senke sie in ein Mistbeet ein, und beschatte und befeuchte sie daselbst so lange beständig, bis sie Wachsthum zeigen; gebe ihnen, wenn das Mistbeet seine Hitze verloren hat, um ihr Wachsthum anzuspornen, ein zweytes Mistbeet, damit sie recht schöne Pflanzen werden; lasse sie in demselben den ganzen Sommer, und nehme die Fenster bey gelinder Witterung und warmen Regen ganz ab. Im Herbste bringe man sie in ein Glashaus.

6) Elaeagnus (crispa) inermis, foliis lanceolato-oblongis obtusis undulatis, floribus solitariis. *Linn. Spec. plant. edit. Willd.* I. 689. Dietr G. L. 2. Krauser Oleaster. Vaterl. Japan. Der Stamm und Aeste sind unbewehrt. Die Blätter sind lanzettförmig, länglich stumpf, am Rande wellenförmig erhaben; die Blumen stehen einzeln. — Er hat mit dem vorigen gleiche Cultur.

7) Elaeagnus (multiflora) inermis, foliis obovatis obtusis floribus axillaribus aggregatis, pedunculis flore longioribus. *Linn. Spec. Plant. edit. Willd.* I. 690. Dietr. G. L. n. 6. Vielblütiger Oleaster. Vaterl. wie der vorhergehende. Die Zweige sind unbewehrt;

wehrt; die Blätter eyförmig und stumpf. Die Blumen sind in den Winkeln der Blätter zusammengehäuft. Sie hat mit n. 5. gleiche Cultur.

8) Elaeagnus (macrophylla) inermis, foliis rotundato-ovatis argenteis. *Linn. Spec. Plant. Edit. Willd.* I. 690. Dietr. G. L. n. 5. Großblättriger Oleaster. Vaterland Japan. Die Zweige und Aeste sind unbewehrt; die Blätter groß, rundlich, eyförmig, silberfarbig. Cultur wie n. 5.

Oelbeerbaum, Prunus Padus L., s. Kirschbaum IV. 128.

Oelkohl, Brassica L., s. Kohl IV. p. 432.

Oelmagen, Papaver L., s. Mohn.

Oelpalme, Elais L., eine Palmart, die in die 22ste Pflanzenklasse gehört; denn die Geschlechter sind ganz getrennt; die Scheide ist einblättrig, der Kelch blättrig, die Krone 6spaltig; die männlichen Blumen haben 6 Staubfäden, die weiblichen 3 Narben. Die Steinfrucht ist lederartig, faserig, die Nuß dreyeckig. Die eine davon bekannte Art ist:

Elais guinensis. Linn. Pfl. Syst. I. 132. Dietr. G. L. Guineische Oelpalme. Es ist eine hohe Palme mit gefiederten Blättern, deren Stiele sich auseinander breiten, und mit Zähnen besetzt sind. Die oberen Zähne sind zurück gekrümmt. Die länglich runde Frucht hat die Gestalt und Größe eines Taubeneyes, und wird in ihrem Vaterlande von den Affen und andern Thieren gefressen.

Wenn

Wenn diese Palmenart, so wie auch die andere Arten, in einem Treibhause in ein Erdbeet gepflanzt wird, wo ihre Wurzeln sich ungehindert ausbreiten können; so wachsen sie viel schneller, als wenn die Stämme in Kübeln oder Blumentöpfen stehen. Sie lieben einen lehmigen, mit Dammerde und $\frac{1}{3}$ Sand vermischten Boden. Im Sommer muß man aber diese Erdarten mehr befeuchten, als im Winter. Auch wird ihr Wachsthum dadurch ungemein begünstiget, wenn man in den warmen Sommermonaten die Fenster des Treibhauses öffnet, und viele atmosphärische Luft einläßt; wozu auch das Bespritzen der Blätter in den Abendstunden nicht wenig beyträgt. — Die Vermehrung und Anzucht durch den Saamen ist wohl die zweckmäßigste, da bey diesen nicht so oft, wie bey andern Palmen zu geschehen pflegt, junge Sprossen aus den Wurzeln hervorkommen. Wenn man die Saamen aus den warmen Gegenden, wo diese Palmen einheimisch sind, kommen läßt, so ist nöthig, daß dieselben in einem dazu schicklichen Behälter gepackt, und vor dem Austrocknen geschützt werden; denn wenn die Saamen vor der Aussaat zu sehr austrocknen; so dauert es nachher sehr lange, ehe sich der Keim entwickelt. Man kann den Saamen in Töpfe legen, die mit dem gedachten Erdreiche gefüllt sind, sodann die Töpfe bis an den Rand in ein Lohbeet senken, oder an einen andern warmen Ort stellen, wo die Saamen beständig die zu ihrer Entwickelung nöthige Wärme genießen.

Oelsaame, Brassica L., s. **Kohl** IV. p. 432.

Oelsnich, Selinum, s. **Silge**.

Oenoplia, Rhamnus oenoplia, s. **Wegedorn**.

Ohmkraut, Alchemilla vulgaris L., s. Alchemilla I. p. 124.

Ohnblatt, Monotropa L., eine Pflanzengattung mit 10 Stubwegen und 1 Staubweg, die also in die 1ste Ordnung der 10ten Pflanzenklasse (Decandria Monogynia) gehört. Die Blume dieser Gattung umgiebt den Fruchtknoten, und hat keinen Kelch, sondern 10 längliche Blumenblättchen, von denen die 5 äußern, die einige den Kelch nennen, etwas länger sind, und eine auswendig höckrige, inwendig vertiefte Basis haben, und daselbst einen Honig ausschwitzen; 10 pfriemenförmige Staubfäden; und einen Fruchtknoten mit einem cylindrischen Griffel und einer stumpfen kegelförmigen Narbe; sie hinterläßt eine eyrunde, stumpfe, fünfeckige, fünfschaalige Kapsel mit vielen, sehr kleinen Saamen. Es sind davon 2 Arten bekannt.

1) Monotropa (Hypopithys) floribus lateralibus octandris, terminali decandro. Linn. Pfl. Syst. VI. 494. *Spec. pl. edit. Willd.* II. 573. Lueder Lustgärt. II. 390. Fichten-Ohnblatt, Fichten-Monotrope, Waldsommerwurz, Schmeerwurz, Fichtenspargel, Baumwurzelsauger. Vaterl. Schweden, Deutschland, England, Canada in Wäldern, — eine Schmarotzerpflanze auf den Wurzeln der Bäume. Die Wurzel ist lang und dick. Der Stängel dick, gewunden, gelb mit einigen wenigen schuppigen Häuten anstatt der Blätter, die locker und weitläuftig an dem Stängel sitzen, unterhalb der Erde denselben aber dicht bedecken. Er wird über der Erde etwa 8 — 10 Z. hoch, und trägt auf seiner Spitze eine ährenförmige

Trau-

Traube von ungefähr 9 Blumen, von denen allein die oberste zehn Blumenblätter und 10 Staubfäden hat, und eine 5fächerige Kapsel hinterläßt, die zur Seite stehenden aber nur 8 Staubfäden, 8 Blumenblätter haben, und eine 4fächerige Saamenkapsel hinterlassen. Sie blühen im Jun. und Jul und riechen dann angenehm, wie Schlüsselblumen. Nach der Flor verwelken die Stängel, werden schwarz und stinken häßlich.

Wenn diese Pflanze am Ende des Sommers, wenn die Stängel verwelken und schwarz werden, aufgenommen, und in Wildnisse an den Wurzeln gepflanzt wird, so wächst sie und blühet im folgenden Sommer.

2) Monotropa (uniflora) caule unifloro, flore decandro. Linn. Pfl. Syst. VI. 496. *Spec. Plant. Edit. Willd* II. 573. Lueder n. 2. Einblumige Monotrope, einblumiges Ohnblatt. Vaterl. Mayland, Virginien, Canada. Die Wurzel lang, dick. Der Stängel dünn, saftig, braun, etwa 6 Z. hoch. Die Blumen stehen einzeln an den Enden der Stängel, sind groß, bräunlichgelb, und untersich sehend.

Diese 2te Art kann nicht anders als durch Saamen fortgepflanzt werden, welcher, sobald er reif ist, unter Bäumen und an die Wurzeln derselben, besonders unter Buchen, gesäet werden muß.

Oleander, Nerium L, eine Pflanzengattung mit 5 Staubfäden und 1 Staubweg (Pentandria Monogynia). Die Blume umgiebt den Fruchtknoten, und ist, ehe sie sich öffnet, schief mit der Bewegung der Sonne zusammengedrehet; sie hat ei-

einen sehr kleinen bleibenden 5zähnigen Kelch; eine trichterförmige, an der Mündung in 5 stumpfe Abschnitte zertheilte, und oben am Schlunde ihrer Röhre mit einem zerschlissenen Nectarkranze besetzte Blumenkrone; fünf der Blumenkrone einverleibte Staubfäden, und einen einfachen Griffel mit einer einfachen Narbe. Sie hinterläßt 2 einfache, lange, runde, aufrechte Fruchtbälge, in denen viele mit einer Federkrone versehene Saamen eingeschlossen sind.

1) Nerium (Oleander) foliis lineari-lanceolatis, ternis; corollis coronatis. Linn. Pfl. Syst. III. 323. *Sp. pl. Edit. Willd.* I. 1234. *Mill. dict.* n. 1. **Gemeiner Oleander.** Vaterl. Ostindien, Griechenland, Spanien. Dieser Strauch oder kleiner Baum wächst in wäßrigem Boden an Flüssen. Er macht mehrere Stängel, von 8 bis 10 Fuß Höhe. Die Zweige stehen meistens zu dreyen um den Stängel her, haben eine glatte Rinde. Auch die Blätter stehen meistens zu dreyen, auf kurzen Stielen, mit aufrechten Spitzen, dunkelgrün, 3 — 4 Zoll lang, sehr steif, und endigen sich mit scharfen Spitzen. Die Blumen kommen am Ende der Zweige in lockeren Büscheln, hellpurpurfarbig oder carmosinroth. Sie haben kurze Röhren, und breiten sich in 5 tief eingeschnittene, stumpfe Abschnitte, weit aus, die unten gedrehet sind, und also gegen die Röhre schief stehen. Die Frucht ist eine doppelte Schote, 4 Zoll lang, die sich an einer Seite öffnet, und eine Reihe dachziegelförmig über einander liegender Saamen enthält, die eine Haarkrone haben. Die Blumen haben einen angenehmen und starken bisamartigen Geruch.

Man

Man hat davon verschiedene Abarten, mit weissen, mit gefüllten, mit bunten Blumen, mit längern und breitern Blättern.

2) Nerium (Zeilanicum) foliis lanceolatis, oppositis; ramis rectis. Linn. Pfl. Syst. III. 325. *Spec. Plant. Edit. Willd.* I. 1236. Zeilonischer Oleander. Vaterland zeigt der Name. Diese Art ist kleiner, als die vorhergehende, und hat auch kleinere Blätter und Blumen. Sie unterscheidet sich überdies von derselben durch die Stellung ihrer Blätter, so wie von der folgenden durch ihre geraden und aufrechten Zweige. Sie ist noch wenig in Europa bekannt.]

3) Nerium (divaricatum) sperrhafter Oleander. Linn. Pfl. Syst. III. 326. *Sp. Plant. Edit. Willd.* I. 1236. hat mit der vorigen gleiches Vaterland. Er hat dicke, runzliche, sperrhaft, oder unter großen Winkeln auseinander laufende Zweige, und lanzettförmig = eyrunde, an beyden Enden zugespitzte, glatte ungezähnte Blätter, welche auf Stielen gerade gegen einander über stehen. Aus den Winkeln der Zweige entspringen die Blumenstiele, und jeder derselben trägt einige wenige, große weiße, geruchlose Blumen.

4) Nerium (antidysentericum) foliis ovatis acuminatis, petiolatis. Linn. Pfl. Syst. III. 326. *Spec. Plant. Edit. Willd.* I. 1236. Der ruhrstillende Oleander. Vaterl. Malabar, Ceylon, Rußland. Diese Art ist wie die vorhergehende, ein Strauch oder kleiner Baum. Ihre Blätter stehen auf merklichen Stielen, und

sind nicht an beyden Enden zugespitzt, sondern an dem untern oder an der Basis mehr eyrund. Seine Blumen sind weiß, und haben einen angenehmen Jasmin-Geruch. Die darauf folgenden Fruchtbälglein sind sehr lang.

Man ziehet die Pflanzen gewöhnlich aus **Absenkern.** Denn obgleich die abgeschnittenen Zweige zuweilen Wurzeln schlagen, so ist diese Methode doch unsicherer. Und da die Pflanzen, wie alle Sträucher, gern Wurzelbrut treiben, so kann man sehr leicht dazu gelangen. Diese werden an einem Knoten oder Gelenke, wie man es bey den Nelken macht, eingeschnitten, wodurch das Wurzeltreiben erleichtert wird. Werden sie im Herbste abgelegt, und hinlänglich begossen, so treiben sie innerhalb eines Jahres Wurzeln. Alsdann muß man sie vom Mutterstamme trennen, und sorgfältig ausheben. Zur Verbesserung ihrer Wurzeln setzt man sie meist noch in ein mäßiges Mistbeet, begießet und schützt sie gegen die Sonnenhitze, pflanzt sie hernach in Töpfe und setzt sie in ein Gewächshaus. — Die erste Art kann vom Frühjahre an, wenn die Fröste ausbleiben, bis in den Herbst im freyen Garten unter andern ähnlichen Gewächsen stehen; aber gegen die Winterkälte ist sie zu empfindlich.

Oleaster, Elaeagnus L., s. **Oelbaum (wilder)**

Oliven, die Frucht des **Olivenbaums**.

Olivenbaum, Oelbaum, Olea L., eine Pflanzengattung, die in die erste Ordnung der 2ten Pflanzenklasse (Diandria Monogynia) gehört. Die Blume hat einen kleinen röhrigen Kelch, der aus einem einzigen Blatt bestehet, welches oben in 4

Abschnitte zertheilet ist. Die Blumenkrone ist einblättrig röhrenförmig, am Rande in 4 Abschnitte gespalten, die sich ausbreiten. Sie hat 2 kurze Staubfäden, und einen Staubweg. Die Blume hinterläßt eine Steinfrucht mit einem einzigen Kern.

1) Olea (europaea) foliis lanceolatis, ramis teretiusculis. Linn. Pfl. Syst. I. 195. *Sp. Plant. Edit. Willd.* I. 44. *Mill. Dict.* n. 1. 2 und 3. (O. Gallica, Hispanica und Sylvestris). Der **Europäische Oelbaum.** Vaterl. das südliche Europa und das nördliche Africa. Der Oelbaum ist mehr strauchartig, weil er selten einen geraden glatten Schaft macht, sondern meistentheils aus einer Wurzel 2 bis 3 Stämme treibt, die 20 bis 30 Fuß hoch werden und meistens von unten bis oben mit Zweigen besetzt sind, die eine graue Rinde haben, und mit steifen, 2½ Z. langen und in der Mitte ½ Zoll breiten, nach beyden Enden spitz auslaufenden Blättern besetzt sind, die oben lebhaft grün, unten grau, und einander gegenüberstehend sind. Sie gleichen ziemlich den Weidenblättern, sind aber kleiner, stehen auf kurzen Stielen, und bleiben Winter und Sommer grün. Die Blumen, welche in kleinen Büscheln zwischen den Blättern hervorwachsen, sind klein und von weißer Farbe; auf diesen folgen die Früchte, welche man Oliven nennt, welche ebenfalls büschelweise beysammen sitzen, länglich rund, anfänglich grün von Farbe, welche hernach bleich, dann purpurroth und endlich schwarz werden. In Ansehung der Farbe der Früchte giebt es grüne, rothe, schwarze und weiße, es giebt große und kleine, längliche und runde,

und besonders noch mehrere Arten, die in dem Geschmacke sehr variiren. Die Früchte sind zum Rohessen zwar nicht brauchbar, aber sie werden sehr häufig eingemacht, und ihr wichtigster Gebrauch ist, das bekannte Baumöhl daraus zu pressen, womit in Italien, im südlichen Frankreich, in Spanien u. s. w. ein beträchtlicher Handel getrieben wird. In diesen Ländern vermehrt man sie meistens **durch ihre Wurzelbrut**, die abgenommen, weiter verpflanzt, und mit Reisern von denjenigen Sorten veredelt werden, die als die besten bekannt sind. In unserm nördlichen Deutschland halten sie die Kälte des Winters im freyen Lande nicht aus. **Hr. Regierungsrath Medikus hat im Manheimischen Garten** einige Versuche gemacht, die seine Ausdauer zu beweisen schienen, aber die Sache doch immer noch unentschieden gelassen haben. In England hat man schon längst Olivenbäume im Freyen, aber unter dem Schutze einer warmen Wand, ausdauern sehen. Allein in jedem Falle sind ihm sowohl in England als in Deutschland die Sommer nicht heiß genug, um Früchte zur Reife zu bringen. Als nutzbarer Baum werden wir ihn also immer nicht anbauen können, sondern als Gewächshaus-Strauch, in welchem er mit andern Bäumen seines Vaterlandes unterhalten werden will, mit denen er auch eine gleichförmige Cultur verlangt, nachdem er vorher entweder aus den Steinen seiner frischen Früchte, wo man dieselben haben kann, oder durch **Absenker** gezogen ist, die aber schwer Wurzeln treiben, und gewöhnlich 2 Jahr Zeit fordern, ehe sie von den Mutterstämmen abgenommen werden können.

Oltkirsche, Prunus Padus L., s. Kirsche IV. S. 128.

Omphalodes, Cynoglossum Omphal. L., siehe Hundszunge III. S. 596.

Onobrychis, Hedysarum Onobrychis L., siehe Schildklee IV. 309.

Opalus, Acer Opalus, s. Acer I. 72.

Opalus, s. ebendaselbst.

Ophrys, Knabenkraut, Zweyblatt. Ophrys L., eine Pflanzengattung, die in die 1ste Ordnung der 20sten Pflanzenklasse (Gynandria Diandria) gehört. Die Blume hat keinen Kelch. Sie besteht aus 5 länglichen Blumenblättern, welche in die Höhe steigen und in Gestalt eines Helms mit einander vereiniget sind. Das untere ist zweyspaltig. Das Honigbehältniß ist abhängig und hinten nachenförmig. Sie hat 2 kurze Staubfäden, welche an dem Stängel sitzen, mit aufrecht stehenden Kölbchen, welche an der innern Einfassung des Honigbehältnisses befestiget sind. Unter der Blume befindet sich ein länglich gedreheter Eyerstock. Aus dem Eyerstocke wird nachgehends eine eyrunde, dreyeckige, zugestumpfte Kapsel, mit einem einzigen Fache, das mit kleinen Saamen, wie Staub, angefüllt ist.

Diese Gattung begreift mehrere Arten unter sich, welche krautartig sind, deren zwiebelartige Wurzel aber perennirt. Sie sind zwar größtentheils bey uns auf Wiesen und Triften und in Gehölzen einheimisch, werden aber auch wegen des sonderbaren Ansehns ihrer Blumen in den Gärten aufgenommen. Sie sind meistens niedrige Pflanzen, mit jährlich neuen, 3 — 4 Zoll bis 1 Fuß hohen, aufrechten, entweder nackten oder blättrigen Stängeln, welche sich in eine Aehre von kleinen fünfblättrigen, mit einem Honigbehältnisse versehenen, im Sommer, und zwar nach dem Unterschiede der Arten vom May bis in den Julius blühenden Blumen endigen, deren Figur sehr sonderbar ist, indem sie, nach dem Unterschiede der Arten, bald einem Menschen, bald verschiedenen Insecten, z. B. Fliegen, Bienen, u. s. w. ähnlich sind.

1) Ophrys (ovata) bulbo fibroso, caule bifolio, fol ovatis, nectarii labio bifido. Linn. Pfl. Syst. XI. 600. Lueder Lustg. IV. p. 225. n. 1. Eyrundes Zweyblatt, Gemeine Ophrys. Vaterl. Europa auf etwas feuchten Wiesen. Die Wurzel ist eine Zwiebel mit vielen dicken starken Fasern. Blätter nur 2, eyrund, breit, stumpf, aderig, nahe über dem Fuße des Stängels gegen einander über stehend. Die Stängel sind 6 — 8 Z. hoch, rund, saftig, zart, grün, über den 2 Blättern nackt. Die Blumen stehen in lockern Aehren, grünlich, von solchem Ansehn, als ob es am Stängel sitzende Mücken wären. Im Jun. und Jul.

2) Ophrys (spiralis) bulbis aggregatis oblongis, caule subfolioso, floribus spirali-secundis, nectarii labio indiviso crenulato. Linn. Pfl. Syst. XI. 598. *Mill. Dict.* n. 3. Lueder l. c. n. 2. Spiralförmige, oder gewundene oder wohlriechende Ophrys. Vaterl. Sibirien, Deutschland, Frankreich, die Schweiz, Italien, in grasigem Boden. Wurzeln, viele längliche, gehäuft bey einander stehende Zwiebeln. Die Blätter sind eyrund, gespitzt, gerippt, auf der Krone der Wurzel einen Büschel bildend; der einfache zarte, fast blättrige Stängel ist etwa 6 Z. hoch. Die Blumen stehen in einer

ner langen spiralförmigen Aehre, sind seitwärts gekehrt, klein, weiß, von vortrefflichem Geruch. Die Lippe des Honigbehältnisses ungetheilt, fein gekerbt. Sie blühen gewöhnlich im August.

3) Ophrys (Nidus Avis) bulbis fibroso-fasciculatis, caule vaginato aphyllo, nectarii labio bifido. **Linn.** **Pfl.** **Syst.** XI. 595. *Mill. dict.* n. 1. **Lueder** l. c. n. 3. **Vogelnest, Margendreher, Wurmwurz, Vogelwurz, wild Knabenwurz, nackte Stendelwurz, Waldknabenkraut.** Vaterl. Schweden, Deutschland, Frankreich in Gebüschen. Die Wurzel bestehet aus zaserigen, büschelartig beysammenstehenden Wurzeln, welche wurmförmig in einander verwachsen und verwebt sind. Der Stängel dick, rund, saftig, 1 F. hoch, blattlos, von den Wurzelblättern fast der ganzen Länge nach wie mit einer Scheide umgeben. Die blaßbraunen Blumen stehen in einer lockern Aehre, blühen im May und Jun.

4) Ophrys (anthropophora) bulbis subrotundis, scapo folioso, nectarii labio lineari-tripartito, medio elongato bifido. **Linn.** **Pfl.** **Syst.** XI. 614. *Mill.* n. 5. **Lueder** l. c. n. 4. **Menschenähnliches Knabenkraut.** Eine recht sonderbare Pflanze, die in Portugal, Frankreich, Italien, der Schweiz einheimisch ist. Die Wurzel ist aus rundlichen Zwiebeln zusammengesetzt. Die Blätter länglich, auf jeder Wurzel 3 — 4 Stück. Die Stängel sind dick, 1½ Fuß hoch, mit einigen schmalen Blättern besetzt. Die Blumen sind grünlich, von Figur wie ein nackter Mensch, die Lippe des Honigbehältnisses strichförmig und 3theilig, das mittlere Stück verlängert und zweyspaltig; blühen im Jun. und

Jul. Man hat eine Abart mit bräunlichen Blumen.

5) Ophrys (insectifera) bulbis subrotundis, scapo folioso, nectarii labio subquinquelobo. Linn. Pfl. Syst. XI. 616. *Mill.* n. 6. Lueder l. c. n. 5. Insectentragendes Knabenkraut. Ist ebenfalls eine wunderbare Pflanze. Vaterl. das gemäßigte Europa. Die Wurzel besteht aus 2 rundlichen, mit einigen Fasern versehenen Zwiebeln. Blätter, länglich, gewöhnlich gespitzt, aber doch nach dem Unterschiede der Abarten verschieden. Der Stängel ist blättrig, 6 — 8 — 12 Z. hoch. Die Blumen stehen in Aehren, insectenförmig, grünlich, auch von andern Farben. Die Lippe des Honigbehältnisses ist fast 5 lappig; blühet im Jun.

Lueder führt von dieser Art, nach den englischen Gartenschriftstellern und auch nach Linné verschiedene Abarten an, die davon angetroffen werden.

a. Ophrys floribus muscam exprimens, kleine Fliegen-Ophrys.

b. — — — major, große Fliegen Ophrys.

c. — — — — lutea, gelbe Fliegen-Ophrys.

d. — muscam coeruleam majorem repraesentans, große blaue Fliegen-Ophrys.

e. — myodes lutea lusitanica, portugiesische gelbe Fliegen-Ophrys.

f. Ophrys apem repraesentans, Bienen-Ophrys.

g. — Arachnites, große Bienen —

h.

h. Ophrys sphaegodes, grün geflügelte Bienen-Ophrys.
i. — — schwarz — —
k. O. scarabaeum referens, Käfer —
l. O. arachnites, Spinnen —

Linn. sagt davon: Man trift oft verschiedene vollständige Exemplare an, wo es dann, besonders bey dem ersten Anblicke scheint, als ob Fliegen oder andere geflügelte Insecten, statt der Blumen, auf der Spitze des Schaftes säßen, und die Vorstellung darf eben nicht sonderlich lebhaft seyn, denn oft scheint die Blume auch bey einer nähern Betrachtung eine ähnliche Figur vorzustellen, wenn man noch hinzu nimmt, daß immer nur wenige Blumen, oft nur 2 oder 3, selten über 6 — 8 in der Aehre sitzen.

6) Ophrys (monorchis) bulbo globoso, scapo nudo, nectarii labio trifido cruciato. Linn. Pfl. Syst. XI. *Mill.* n. 4. Lueder l. c. n. 6. **Einhodiges, oder Bisam-Knabenkraut.** Vaterl. Europa auf sumpfigen Wiesen. Die Wurzel ist eine rundliche Zwiebel, deren jedoch oft mehrere gehäuft bey einander zu stehen pflegen. Blätter auf jeder Wurzel gewöhnlich 3 — 4, länglich; der Blumenschaft ist nackt, dünn, 6 Z. hoch. Die gelblichen, einen angenehmen Bisamgeruch duftenden Blumen stehen in lockern Aehren; die Lippe des Honigbehältnisses ist dreyspaltig und kreuzförmig; blühen gewöhnlich im August. Sorten davon sind: a) mit weißen, b) mit gelben, c) mit blaßgrünen, d) mit gelblichgrünen Blumen, e) mit glatten Blättern, f) mit steifhaarigen Blättern.

7) Ophrys (corallorhiza) bulbis ramosis flexuosis, caule vaginato aphyllo, nectarii la-

labio trifido. Linn. Pfl. Syst. XI. 596. Lueder l. c. n. 7. Corallenwurzel. Vaterl. Europa in Wildnissen. Die Wurzel ist eine ästige gebogene Zwiebel, oder die Wurzel ist aus vielen länglichen, ästigen, zwiebelartigen, gewöhnlich sehr hochrothen Theilen zusammengesetzt. Der Stängel ist rund, saftig, blattlos, von den Wurzelblättern fast bis oben schneidenartig umgeben, 6 — 8 Zoll hoch. Die Blumen (etwa 12 Stück) sind weiß, die Lippe des Honigbehältnisses dreyspaltig; sie stehen in einer Aehre und blühen im May und Jun.

8) Ophrys (cernua) bulbis fasciculatis, caule folioso, floribus cernuis nectarii labio oblongo integro acuto. Linn. Pfl. Syst. XI. 600. Umgebogene Ophrys. Vaterland, Virginien, Canada. Wurzel, bündelförmig beysammenstehende Zwiebeln, oder sehr viele, dicke, fleischige, gehäuft bey einander stehende Fasern. Die Blätter sind strichförmig, lang in einem großen Büschel. Die Stängel sind dick, rund, saftig, mit einigen wenigen kurzen Blättern besetzt, die ihn fast bis oben hinauf umfassen. Die Blumen in dichten Aehren, klein, umgebogen, die Lippe des Honigbehältnisses längl.), ganz und spitz. Diese Art blühet gewöhnlich im Jul.

9) Ophrys (cordata) bulbo fibroso, caule bifolio, foliis cordatis. Linn. Pfl. Syst. XI. 602. *Mill.* n. 2. Lueder l. c. n. 9. Kleinstes Zweyblatt, herzförmige Ophrys. Vaterl. das kalte Europa in feuchten Wäldern. Die Wurzel ist eine kleine Zwiebel, die viele starke Fasern treibt; der Stängel ist rund, dünn, etwa 4 Z. hoch, nahe über dem Fuße mit 2 kleinen herzförmigen, gerippten, gegenüberstehenden Blät-

Blättern besetzt. Die Blumen kommen in Aehren, sind klein, krautartig, von Ansehn wie Mücken, im Jun. und Jul., Abart mit purpurröthlich safrangelben Blumen.

10) Ophrys (lilifolia) bulbo subrotundo, scapo nudo, foliis lanceolatis, nectarii labio integro, petalis dorsalibus linearibus. Linn. Pfl. Syst. XI. 604. Lueder 10. Lilienblättriges Knabenkraut, Zwergorchis, kleine Ophrys. Vaterl. Virginien, Canada, Schweden rc. in Sümpfen. Die Wurzel ist eine rundliche Zwiebel. Die Blätter sind lanzettförmig, schmal, auf jeder Wurzel gewöhnlich 2. Der Blumenschaft ist nackt, rund, zart, 5 — 6 Zoll hoch. Blumen in Aehren, klein, die Lippe des Honigbehältnisses ganz; die Rückblättchen strichförmig, blühen im Jul.

11) Ophrys (Loeselii) bulbo subrotundo, scapo nudo trigono, nectarii labello ovato. Linn. Pfl. Syst. XI. 607. Lueder n. 11. Loesels- oder preußische Ophrys. Vaterl. Preußen, Schweden in Sümpfen. Die Wurzel ist eine runde Zwiebel; 2 lanzettförmige Blätter sind fast so lang als der Blumenschaft. Der Schaft ist nackt, und fast rund, oben aber dreyeckig. Blumen 5 — 8 Stück in einer lockern Aehre; die Lippe des Honigbehältnisses sehr groß und eyrund. Die Kronblätter schmal und zurückgebogen, gelblichgrün, blühen im Jul.

12) Ophrys (paludosa) bulbo subrotundo, scapo subnudo pentagono, foliis apice scabris, nectarii labio integro. Linn. Pfl. Syst. XI. 608. Lueder l. c. n. 12. Sumpf-Ophrys, Sumpf Knabenkraut. Vaterland, Schweden, Deutschland, Rußland in torfigen

Süm-

Sümpfen. Die Wurzel ist seine kleine runde Zwiebel. Die Blätter sind spatelförmig, an der Spitze sehr rauch, auf jeder Wurzel 3 — 4 Stück. Der Blumenschaft ist fast nackt, fünfeckig, 3 — 4 Z. hoch. Die Blumen stehen in lockern Aehren, viele, grünlichgelb; die Lippe des Honigbehältnisses ganz, blühen im Jun. und Jul.

13) Ophrys (monophyllos) bulbo rotundo, scapo nudo, folio ovato, nectarii labio integro. Linn. Pfl. Syst. Lueder l. c. n. 13. Einblättrige Ophrys. Vaterl. Preußen, Schweden, Schweiz in waldigen Sümpfen. Die Wurzel ist eine kleine rundliche Zwiebel, welche ein eyrundes Blatt treibt. Der zarte, nackte, saftige Schaft, 5 — 6 Zoll hoch, erhebt sich neben dem Blatte, und ist von oben auf $\frac{1}{3}$ seiner Länge mit sehr kleinen Blümchen locker besetzt. Sie sind grünlich, die Lippen des Honigbehältnisses ganz, und blühen etwa im Jun. und Jul.

14) Ophrys (alpina) bulbis ovatis, scapo nudo, foliis subulatis, nectarii labio indiviso obtuso utrinque unidentato. Linn. Pfl. Syst. XI. 612. Lueder l. c. n. 14. Alpenophrys, Alpenknabenkraut. Vaterl. die Alpen in Lappland und in der Schweiz. Die Wurzel besteht in 2 oben mit einander verbundenen Zwiebeln, welche eyrund sind, und gewöhnlich 4 lange, dünne, pfriemenförmige Blätter treiben. Der dünne Schaft ist unten von den Blättern umschlossen, oben nackt, etwa 4 Z. hoch. Blumen nur 4 — 5, abwechselnd geordnet, blaßgrünlich, die Lippe des Honigbehältnisses ungetheilt, stumpf, auf beyden Seiten einzähnig, blühen gewöhnlich im August.

Diese

Diese Pflanzen scheinen von der Natur nicht zu Gartenpflanzen bestimmt zu seyn, weil sie nur auf ihren natürlichen Standörtern in vollkommener Schönheit blühen. Sie lassen sich zwar auch im Gartenlande fortbringen, wenn man sie zu der Zeit, da ihre Stängel absterben, aufnimmt, und sie sogleich in einen ähnlichen Boden pflanzt, und pflegen dann im folgenden Sommer zu blühen; nehmen dann jedoch oft ein schlechtes Ansehn an, bringen ihre Blumenähren meistens nicht zur Vollkommenheit, und geben oft nur schlechtgefärbte Blumen. Sie scheinen keine Art der Cultur des Bodens zu vertragen, und man kann sie also nur in großen Gärten in Wildnißquartiren pflanzen. In dieser Absicht muß man sie während der Flor auf ihren natürlichen Standörtern mit kleinen Stäben zeichnen, um sie nach der Flor, wenn ihre Stängel abgestorben sind, wieder finden zu können; denn dies ist die beste Zeit zu ihrer Versetzung. Man grabe sie dann mit einem großen Ballen Erde um ihre Wurzeln auf, trage sie in großen Körben behutsam auf die für sie bestimmte Stelle, deren Boden und Lage von ähnlicher Natur seyn muß.

Nach **Walters Gartenkunst** können sie aus dem Saamen erzogen werden, wenn man mit demselben, wie mit dem Aurikel-Saamen verfährt. S. I. 630 ffg.

Opobalsamstrauch und

Opobalsamum, Amyris Opobalsamum, s. **Balsamstrauch** in d. Suppl.

Opoponax. Pastinaca Opoponax L., s. **Pastinak**.

Opulus, Viburnum Opulus L., s. **Schwelken**.

Opuntia, Cactus Opuntia, s. **Feige** II. 760.

Opuntien, s. Feige II. 760.

Orangenapricose, Prunus Armeniaca L., siehe Armeniaca I. 415.

Orange, und

Oranienbaum, s. Aurantium. I. 566.

Orangerie, nennt man eine Sammlung von Pomeranzen-, Citronen-, Apfelsinen- und dergleichen Bäumen, die ihrer Früchte, mehr aber des Vergnügens wegen unterhalten werden. Im weitläuftigern Sinn gehören dahin auch diejenigen Bäume, Sträucher und andere Pflanzen, die mit jenen ungefähr eine ähnliche Behandlung fordern, im Frühjahre, nachdem die Fröste aufgehört haben, ins Freye gestellt werden, und da so lange bleiben, bis die frühen Herbstfröste eintreten, dann aber zum Schutze gegen die Kälte in das Winterquartier gebracht werden müssen. Dahin z. B. die Myrthenbäume, Lorbeerbäume, Feigenbäume, Cactus, Cereus, dauerhafte Geranien ꝛc. gehören.

Orangeriehaus, s. Gewächshaus Th. III. S. 238.

Orant, Antirrhinum L., s. den Art. I. 311.

Orchis L. Knabenkraut Th. IV. 329.

Orchis, guineische, Haemanthus puniceus. Blutblume II. 278.

Orleanbaum, Bixa Linn., eine Pflanzengattung, welche in die erste Ordnung der 13ten Pflanzenklasse (Polyandria Monogynia) gehört. Der Kelch ist mit 5 Zähnen versehen, umschließt eine zehnblättrige Blumenkrone, und viele Staubfäden, welche in den Blumenboden eingefügt sind, und einen Griffel. Die eyförmige, zackige, zweyspaltige Kapsel ist mit steifen Borsten besetzt, und enthält viele kleine Saamen.

Es

Es ist von dieser Gattung nur eine einzige Art bekannt, welche ein immer grüner Lohglashausstrauch ist.

Bixa Orellana. Linn. Pfl. Syst. II. 8. *Spec. Plant. Edit. Willd.* II. 1154. *Mill. Dict.* Dietr. G. L. Lueder. **Gemeiner Orleanbaum, Arnetta, Roukou.** Vaterland, das wärmere America an Wassergräben. Es ist ein Baum von mittelmäßiger Größe, oder vielmehr ein Strauch, mit herzförmigen, zugespitzten Blättern, und traubenförmig bey einander stehenden Blumen, von weißer oder röthlicher Farbe. Die Frucht besteht in länglichrunden, auf den Seiten zusammengedrückten Kapseln, die 2 — 3 Zoll lang, und auswendig stark mit Borsten besetzt sind. Inwendig liegen die Saamenkörner in einem sehr schönen rothen Brey oder Teig, der sehr stark an den Fingern klebt, und aus welchem, zusammt den Saamenkörnern, durch sorgfältige Zubereitung die bekannte schöne rothe oder pomeranzengelbe Orleanfarbe bereitet wird.

Der Orleanbaum kann zwar aus Saamen gezogen werden, wenn man denselben im Frühjahre in leichte fette Erde in Töpfe säet, diese in ein Lohbeet einsenkt, die nach 4 Wochen aufgehenden Pflanzen, wenn sie groß genug dazu sind, einzeln in Töpfe in eben solche Erde pflanzt, beschattet und begießt, ihnen nachher möglichst viel frische Luft giebt und einen Tag um den andern begießt, und sie im Herbste für immer in das wärmste Lohbeet, und noch besser in ein Erdbeet im wärmsten Glashause bringt; aber kann auch durch Stecklinge und Absenker, vermittelst der Anhängetöpfe vermehrt und fortgepflanzt werden.

Or-

Ornus, Fraxinus Ornus L., s. Esche II. 650.
Orontium, Antirrhinum Oront. L., s. den Art. I. 311.
Orubica, Verbena (Orubica) L., s. Eisenkraut II. 640.
Osterblume, Anemone Pulsatilla L., s. Küchenscheile IV. 574.
Osterblümchen, Bellis L., s. Masliebe Th. IV.
Osterlucey, Aristolochia L., s. d. Art. Th. I. S. 399.
Osterlung, s. ebendas. 405.
Otter, und
Otterbaum, Alnus L., s. Th. I. 151.
Otterkopf, Echium, s. Natterkopf.
Otterlauch, ein Name des Allium Victorialis Linn.
Ottermennige, Agrimonia L., s. den Art. I. S. 121.
Ottig, Sambucus Ebulus L., s. Hohlunder III. S. 537.
Oxalis, Säuerling, Sauerklee, s. Acetosella I. 86.
Oxelbaum, Crataegus Aria, s. Weißdorn.
Oxyacantha, Crataegus Oxyacantha, s. Weißdorn.
Oxycedrus, Juniperus L., s. Wachholder.
Oxycoccos, Vaccinium oxycoccos, eine Art der Heidelbeere.
Oxys, Oxalis L., s. Acetosella I. 86.

Ein Kasten mit Fens

und von ober

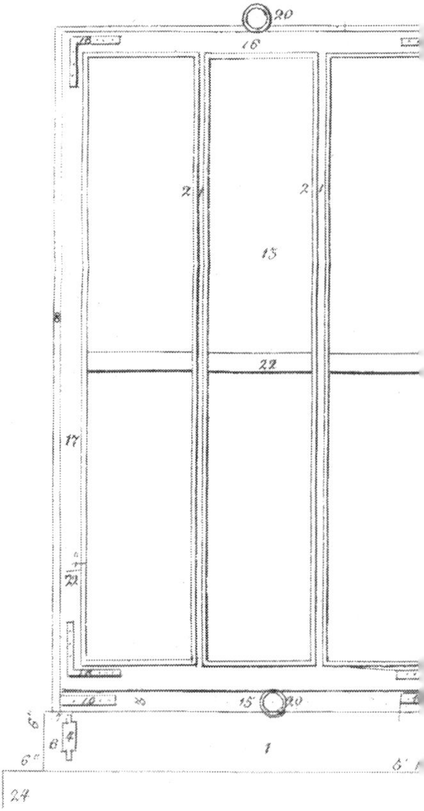

1.

zu Mistbeeten von vorn,

uſehen.

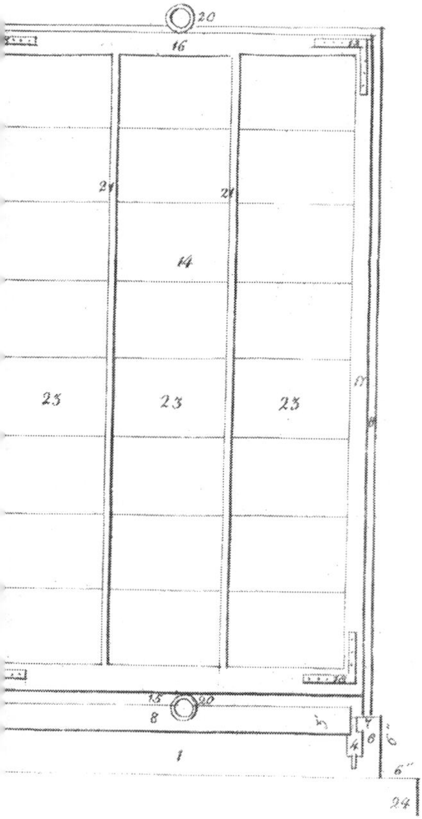

Ein Kasten mit Fenstern zu Mistbeeten wie er im Durchschnitt ist

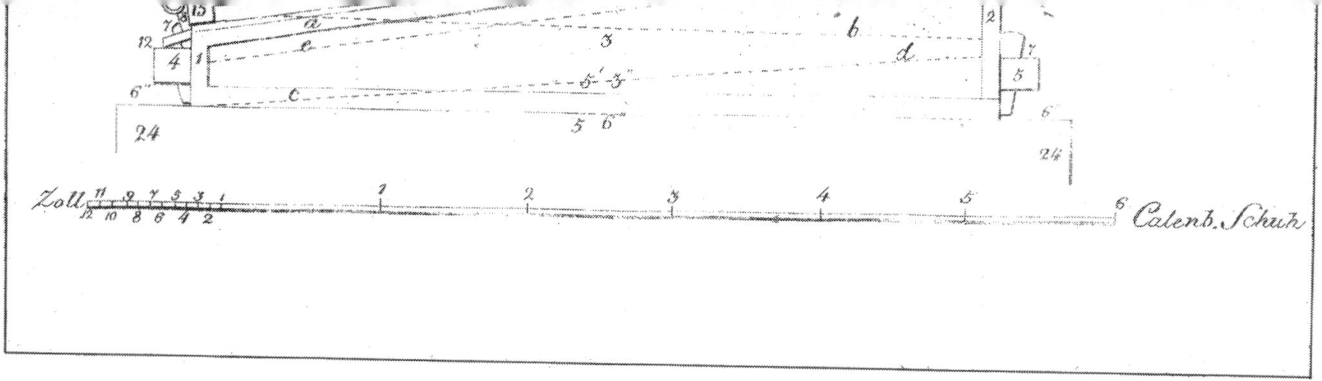

a
b
c
d
e
Zoll
Calenb. Schuh

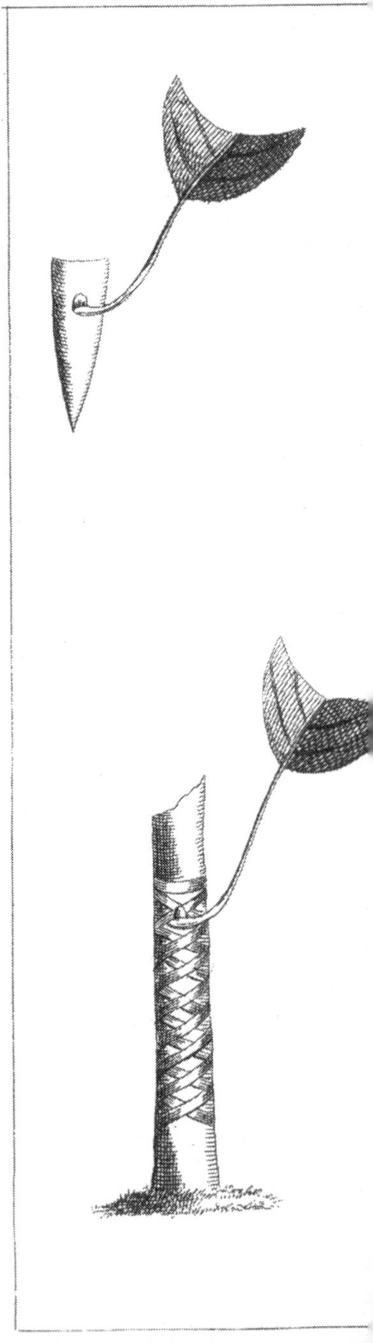

3.

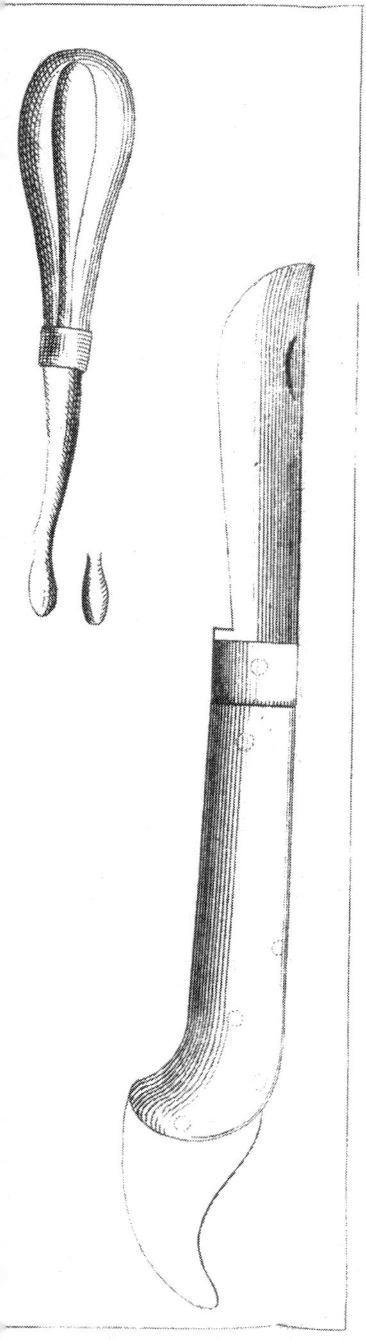

Kolibri 360 GmbH
Ferdinand-Jühlke-Straße 7
99095 Erfurt, Deutschland
produktsicherheit@kolibri360.de